技工学校机械类通用教材

焊工工艺学

第 5 版

技工学校机械类通用教材编审委员会　编

机 械 工 业 出 版 社

本书是根据2004年版修订的，在仍保持原各章基本结构的前提下，结合教学实践、职业技能鉴定的需求和焊接技术的不断发展，对部分章节作了适当的调整和内容上的更新，并增加了部分实例。本书全面采用了最新国标、最新名词术语以及法定计量单位。书中将理论知识和实践融于一体，较详细地介绍了各种常用焊接方法（如焊条电弧焊、埋弧焊、气体保护焊和气焊等）和焊接工艺；对焊接电弧、金属熔焊原理、焊接材料、焊接设备、常用金属材料的焊接等都作了较详细的阐述；书中还对其他焊接方法和切割技术，常见焊接缺陷及检验方法，焊接应力与变形的形成机理及其预防措施等也作了一定的叙述。修订版特别增加了焊接结构质量控制的内容，同时对焊工考核及焊接工艺规程的制定也作了阐述。

本书供技工学校、各类职业技术学校、机械类焊接专业、热加工专业的师生使用，也可作为厂矿企业业余焊工学习和培训的教材。

图书在版编目（CIP）数据

焊工工艺学/《技工学校机械类通用教材》编审委员会编．—5版．—北京：机械工业出版社，2013.8（2026.1重印）
技工学校机械类通用教材
ISBN 978-7-111-43133-6

Ⅰ.①焊…　Ⅱ.①技…　Ⅲ.①焊接工艺－技工学校－教材
Ⅳ.①TG44

中国版本图书馆CIP数据核字（2013）第146120号

机械工业出版社（北京市百万庄大街22号　邮政编码100037）
策划编辑：俞逢英　侯宪国　责任编辑：俞逢英　侯宪国
版式设计：霍永明　责任校对：姜艳丽
责任印制：单爱军
北京盛通数码印刷有限公司印刷
2026年1月第5版第8次印刷
184mm×260mm·26.25印张·649千字
标准书号：ISBN 978-7-111-43133-6
定价：55.00元

电话服务　　　　　　　　网络服务
客服电话：010-88361066　　机　工　官　网：www.cmpbook.com
010-88379833　　机　工　官　博：weibo.com/cmp1952
010-68326294　　金　书　网：www.golden-book.com
封底无防伪标均为盗版　　机工教育服务网：www.cmpedu.com

第5版前言

技工学校机械类通用教材自1980年出版以来，经过1986年第2版、1991年第3版和2004年第4版的修订，内容不断充实和完善，在技工学校、职业技术学校的教学，工矿企业工人的技术培训等方面发挥了很大的作用，取得了较好的社会效益，受到了广大读者的欢迎和好评。

但随着时间的推移，现代科学技术不断发展，教学内容不断完善，新的国家和行业技术标准也相继颁布和实施，本套教材的部分内容已不能适应教学的需要。为保证教学质量，决定组织第4版各门课程的大部分原作者，并适当吸收教学一线的教师，对第4版部分教材进行修订，以更好地满足目前技工学校、职业技术学校教学的实际需要。

为保持本套教材的延续性和原有的读者层次，本次修订在原有教材风格和特点的基础上，根据教学实践，针对原教材的不足进行了改进，以充分反映教学的需要。对原教材中结构安排不合理之处进行了一些调整，对过时的技术内容与错误进行了订正，并删繁就简，使教材内容更具有科学性和实用性；同时根据教学需要补充增加了部分新知识、新技术、新工艺和新方法方面的内容，使教材内容更具有先进性。全套教材还全面采用了新的技术标准、名词术语和法定计量单位。

本次共修订五门基础课和四门专业课的教材，具体包括：机械制图、机械基础、工程力学、金属工艺学、电工与电子基础、车工工艺学、钳工工艺学、焊工工艺学、电工工艺学及相应的习题集。

本套教材的修订工作得到了各位编者的支持，参加教材修订的人员基本上都是参加前4版教材编写的老作者，保证了本套教材能够按计划有序地进行，在此对参加修订的各位作者和前4版的各位编审者的支持和配合表示感谢。

参加本书第1版编写的是：林圣武、张德禄、郑应国、魏育樟、黄世麟，参加审稿的有隋立华、梅启钟、张学津和崔德华。

参加本书第2版修订的是：林圣武、张德禄、洪松涛，参加审稿的有顾溥锦、陈融如。

参加本书第3版修订的是：张德禄、洪松涛，参加审稿的有顾溥锦、陈融如。

参加本书第4版修订的是：洪松涛、张德禄、彭玮华，由洪松涛任主编，林圣武审稿。

参加本书第5版修订的是：洪松涛、张德禄、彭晧华、沈镛、张勇，由洪松涛任主编，林圣武审稿。

由于修订时间仓促，编者水平有限，调查研究不够深入，书中难免仍有缺点和错误，我们恳切希望读者批评指正。

技工学校机械类通用教材编审委员会

目　录

绪 论

一、焊接概念和焊接方法的分类

在金属结构和机器的制造中，经常需要将两个或两个以上的零件按一定形式和位置连接起来，通常可以根据这些连接的特点，将其分为两大类：一类是临时性的连接，即不必毁坏零件就可以拆卸，如螺栓联接、键联接等，如图 0-1 所示；另一类是永久性的连接，其拆卸只有在毁坏零件后才能实现，如铆接、焊接等，如图 0-2 所示。

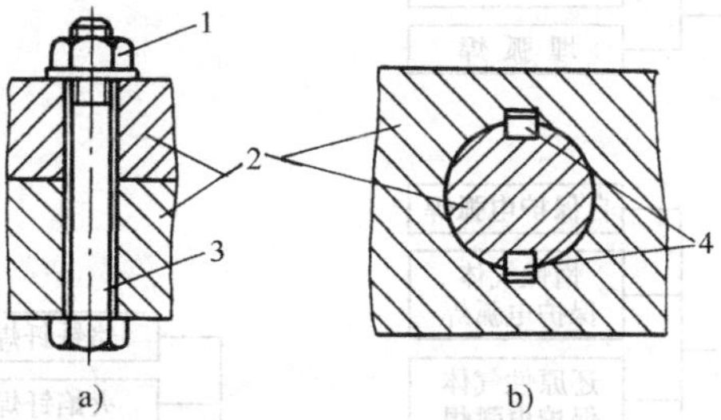

图 0-1　可拆连接

a）螺栓联接　b）键联接

1—螺母　2—零件　3—螺钉　4—键

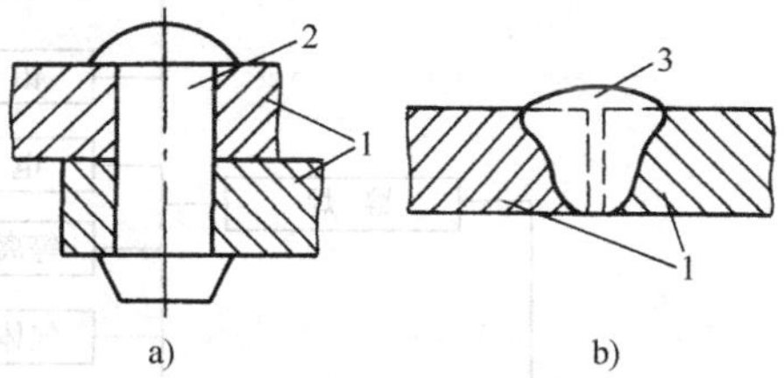

图 0-2　不可拆连接

a）铆接　b）焊接

1—零件　2—铆钉　3—焊缝

焊接不仅可以使金属材料永久地连接起来，而且也可以使某些非金属材料达到永久连接的目的，如玻璃焊接、塑料焊接等，但最广泛的还是用于金属材料的连接。

焊接就是通过加热或加压，或两者并用，并且用或不用填充材料，使焊件达到结合的一种加工方法。金属的焊接则是对金属材料而言。

要使两部分金属材料达到永久连接的目的，就必须使分离的金属相互非常接近，只有这样才能使原子间产生足够大的结合力，形成牢固的接头。这对液体来说是很容易的，而对固体来说则比较困难，需要外部给予很大的能量，以使金属接触表面达到原子间的距离。为此，金属焊接时必须采用加热、加压或两者并用的方法。焊接能量可来自电能、化学能、机械能、光能、超声波能等。

按照焊接过程中金属所处的状态不同，可以把焊接方法分为熔焊、压焊和钎焊三类。

熔焊是在焊接过程中，将焊件接头加热至熔化状态，不加压力完成焊接的方法。由于在加热的条件下，增强了金属原子的动能，促进原子间的相互扩散，当被焊金属加热至熔化状态形成液态熔池时，原子之间可以充分扩散和紧密接触，因此冷却凝固后，即可形成牢固的焊接接头。常见的气焊、电弧焊、电渣焊、气体保护电弧焊等都属于熔焊的方法。

压焊是在焊接过程中，必须对焊件施加压力（加热或不加热），以完成焊接的方法。这类焊接有两种形式：一是将被焊金属接触部分加热至塑性状态或局部熔化状态，然后，施加一定的压力，以使金属原子间相互结合而形成牢固的焊接接头，如锻焊、电阻焊、摩擦焊和气压焊等；二是不进行加热，仅在被焊金属的接触面上施加足够大的压力，借助于压力所引起的塑性变形，而使原子间相互接近直至获得牢固的压挤接头，如冷压焊、爆炸焊等均属此种方法。

钎焊是采用比母材熔点低的金属材料作为钎料，将焊件和钎料加热到高于钎料的熔点，低于母材熔化温度，利用液态钎料润湿母材，填充接头间隙并与母材相互扩散实现连接的方法。钎焊是一种古老的金属连接方法，但其金属结合的机理与熔焊和压焊是不同的，并且具有一些特殊的性能，所以在现代焊接技术中仍占有很重要的地位，目前已形成了一个独立的体系。常见的钎焊方法有烙铁钎焊、火焰钎焊等。

近百年来，随着社会生产和科学技术的发展，对金属的焊接也提出了越来越高的要求，为了满足工业生产和尖端技术的焊接需要，今后各种新的焊接方法仍将不断地出现。目前金属焊接的简单分类如图0-3所示。

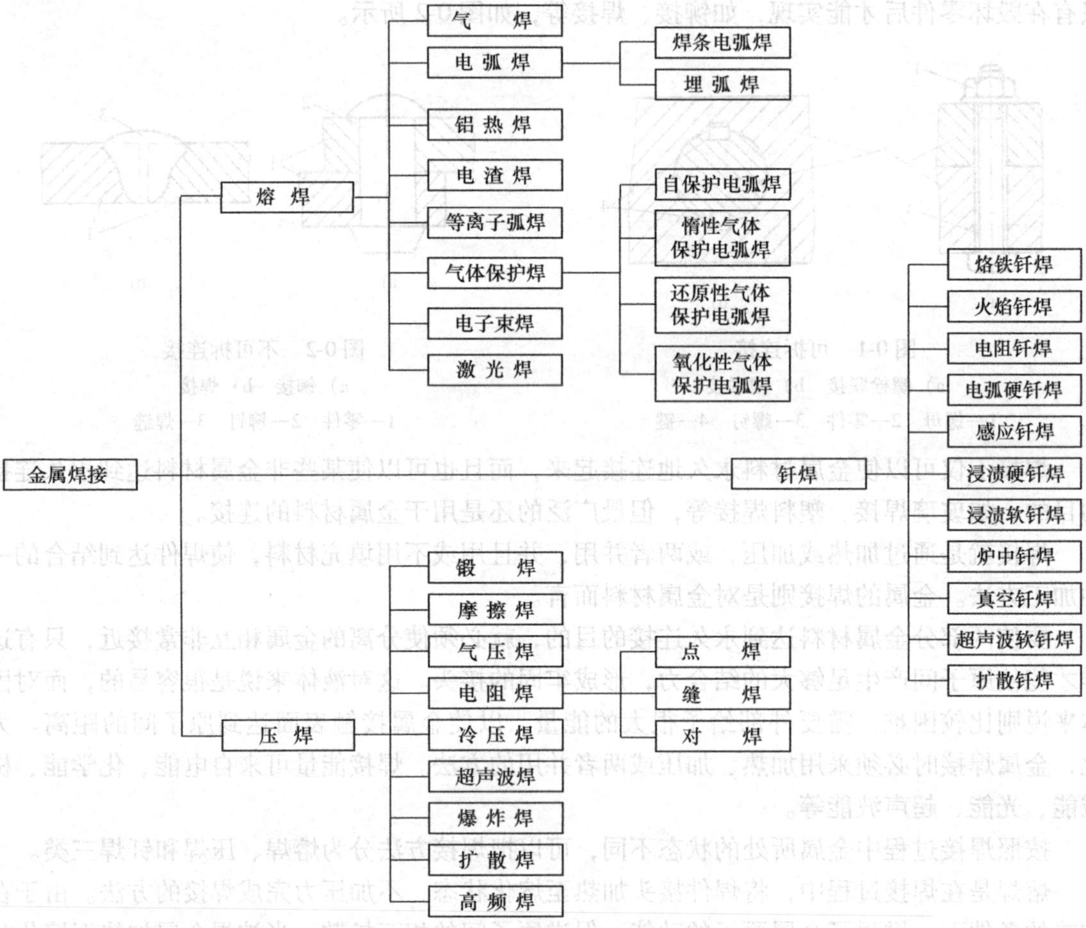

图0-3 金属焊接的分类

二、焊接技术发展概况与展望

焊接作为一门科学，它与其他科学技术一样均是人类社会发展的必然产物。远在2000多年前，我国古代的战国时期就有焊接工艺的存在，如在河南辉县出土的文物以及世界著称的秦始皇陵出土的文物（铜车马）中都证实有钎焊的焊缝。明朝宋应星所著的《天工开物》中就有关于锻焊的记载："凡铁性逐节粘合，涂上黄泥于接口之上，入火挥槌，泥滓成枵而去。取其神为媒合，胶接之后，非灼红斧斩，永不可断也。……"另记有："凡钎铁之法，……小钎用白铜末，大钎则竭力挥槌而强合之，……”等，这些记载充分说明，我国早在数千年前就已在生产中应用了焊接技术。

现代焊接技术是从19世纪80年代末才开始发展起来的，其历史虽然不长，但发展速度却非常迅速。从20世纪开始，几乎每隔10年就出现一种新的焊接能源或焊接方法，目前已发展到几十种。当前，除了以电弧为能源的各种常规焊接方法外，还有以电阻热为能源的电阻焊和电渣焊等，在生产中亦得到了广泛的应用。并且，以高速运动电子束为能源的电子束焊接，以激光为能源的激光焊，以等离子为能源的等离子弧焊等高能量密度的焊接方法，也越来越多地应用于各个生产领域。

随着新能源的开发与焊接质量的提高，焊接技术的应用范围不断地扩展。目前一些现代化大型设备，如大型高参数的压力容器与储罐、大吨位油轮、超音速飞机、大功率的核发电设备等，都大量采用了焊接结构。焊接技术还用于电子元器件、火箭、宇宙飞船以及航空、航天核工业领域等尖端技术产品的制造。

随着科学技术的发展，对焊接结构的技术要求越来越高，因而对焊接技术现代化的要求日益迫切。许多传统的焊接方法，在技术改革中得到不断地改进和更新；焊接新工艺、新材料和新设备的研制及推广，也取得了不少的成果。总之，焊接技术在工业中的优越性和重要性越来越显现。目前我国每年至少有40%以上的钢用于焊接结构的制造，用于焊接材料的超过了100万吨。随着经济建设的进一步发展，焊接仍是钢材的主导加工方法。另外，逐渐兴起的复合材料及其大量的应用，也为焊接技术的创新提出了更高的要求。

随着焊接技术应用范围的扩大，对焊接质量也提出了更高的要求，同时又促进了焊接方法、焊接工艺、焊接设备、焊接材料、焊接结构设计和焊接质量检测方法等的持续发展。

一个国家焊接技术的发展水平，往往也是一个国家工业和科学技术现代化发展的一个标志。目前世界已进入信息化的时代，互联网的发展在以惊人的速度影响着人类生活的各个方面，又一次宏伟的工业革命正呈现在我们的面前。焊接生产的信息化、系统化、集成化、智能化、自动化，以及焊接的远程控制都已成为现实，作为焊接专业的工作者，必须要努力掌握专业知识，尽职尽责，在实践中不断为推动我国焊接事业的蓬勃发展作出应有的贡献。

复习题

1. 什么是金属的焊接？为什么在焊接时要加热、加压？
2. 什么是熔焊？常用的熔焊方法有哪几种？
3. 焊接方法分为哪三大类？熔焊与钎焊主要区别有哪些？
4. 为促进我国焊接技术的发展应该做些什么？

第一章 焊接电弧

电弧能放出强烈的光和大量的热。电弧焊接就是利用其热能来熔化填充金属和母材的。因此，焊接时电弧的稳定性及热特性等，对焊接质量有着直接的影响。

本章就是从理论上对焊接电弧的性质及作用进行分析。通过学习，使我们能把焊接电弧的理论知识应用到实际的焊接工作中去，从而达到提高焊接质量的目的。

第一节 焊接电弧的引燃

一、焊接电弧及其形成的基本知识

（一）焊接电弧的概念

电弧是通过气体放电的现象之一，在日常生活中经常可以看到气体放电的现象。如电车行驶时，电刷与电线间有时会出现闪光，以及大自然中出现的闪电等。

焊接电弧则是焊接时存在于焊条端部与焊件的间隙中（见图 1-1），它与日常所见的气体放电现象有所不同。焊接电弧不仅能量大，而且持续稳定。由焊接电源供给的，具有一定电压的两电极间或电极与焊件间，在气体介质中，产生的强烈而持久的放电现象称为焊接电弧。

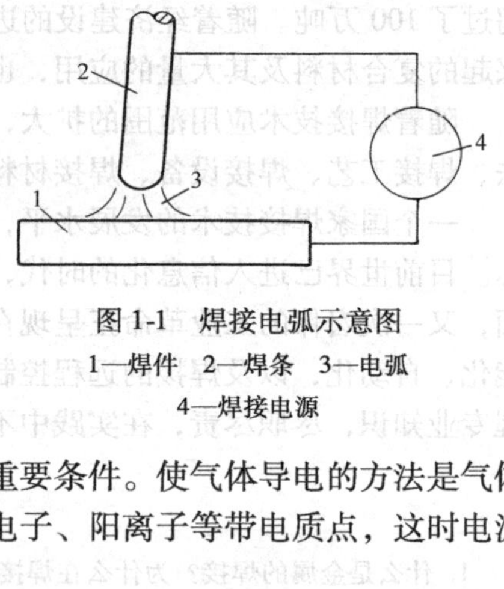

图 1-1 焊接电弧示意图

1—焊件 2—焊条 3—电弧

4—焊接电源

气体的分子和原子在正常的情况下都是呈中性的，由于气体中没有游离的带电质点，不可能导电，因此，电流也就通不过。要使电弧引燃和连续燃烧，就必须使两极间的气体变成电的导体，这是电弧产生和维持的重要条件。使气体导电的方法是气体电离。气体电离后，原来气体中的一些中性微粒转变为电子、阳离子等带电质点，这时电流才能通过气体间隙而形成电弧。

（二）气体电离

自然界的一切物质，都是由原子组成的。原子本身又由带正电荷的原子核及带负电荷的电子组成，电子则是按照一定的轨道环绕原子核运动。在常态下，原子核所带的正电荷与核外电子所带的负电荷相等，这时原子是呈中性的。如果此时气体受到电场或热能的作用，就会使气体原子中的电子获得足够的能量，以克服原子核对它的引力而成为自由电子；同时，中性的原子由于失去了带负电荷的电子而变成带正电荷的正离子。这种使中性的气体分子或原子释放电子形成正离子的过程称做气体电离。

要使电子克服原子核对它的引力，需要供给一定的能量。供给气体电离的能量有：

电离电位——消耗于使电子与原子核分离的能，称为电离的功；以电子伏特来表示的功叫做电离电位或电离势。

激励电位——为了使电子转移到距原子核更远的轨道，应使电子具有一定的速度。消耗在使电子具有这种速度的能，则称为激励电位，以电子伏特来表示。

电离电位与激励电位的大小取决于各种元素原子的性质。电离现象不但发生于气体元素中，而且更容易发生在金属元素中。表1-1是表示各种元素所具有的电离电位和激励电位的大小。

表1-1 某些元素的电离电位、激励电位和电子逸出功

电位/eV	元素													
	K	Na	Ca	Ti	Mn	Mg	Fe	W	H	O	N	Ar	F	He
电离	4.33	5.11	6.10	6.80	7.40	7.61	7.83	8.0	13.5	13.6	14.5	15.7	16.9	24.5
激励	1.60	2.10	1.90	3.30	3.10		4.79		10.2	7.90	6.30	11.6	14.5	19.7
电子逸出功	2.26	2.33	2.90	3.92	3.76	3.78	4.18	4.54						

常态下，碱土金属的原子具有较小的电离电位，因而较容易失去电子，电离成阳离子。而卤族元素的原子电离电位较大，较难电离成阳离子，相反却容易形成阴离子。电弧中的带电质点主要是电子和阳离子，如果电弧中阴离子较多，就容易与阳离子结合成中性粒子而降低电弧的稳定性。因此，常在焊条中加入一些低电离电位的物质，如水玻璃、碳酸钠等，以提高焊接电弧的稳定性。

电弧焊时，造成气体电离的方式主要有：电场作用下的电离、热电离和光电离等。

1. 电场作用下的电离　电场作用下的电离实质上就是带电质点与中性原子相互碰撞而发生电离的过程。带电粒子在电场作用下，各作定向高速运动，产生较大的动能，当它们撞击中性原子时，就把能量传给中性原子，这时如果撞击的能量大于原子核与电子间的引力时，则使该原子发生电离。当带电粒子不断与中性原子碰撞时，则中性原子不断电离成电子和阳离子。

如果被电离气体原子的电离电位越低，阴极电子发射越强烈，则电离的作用越剧烈。当电弧长度不变，两电极间的电压越高，电场力作用越大，则电离作用越大，电弧燃烧越稳定。

2. 热电离　在高温下，由于气体原子受热的作用而产生的电离称为热电离。其实质是由于原子间的热碰撞而产生的一种电离。气体原子的运动速度与温度有关，当气体温度越高时，原子运动速度也越高，动能也越大，则热电离作用也越强烈。在某一温度下，气体原子的质量越小，其运动速度越高。由于气体原子的热运动是无规则的运动，原子间会发生频繁碰撞，当原子的运动速度足够大时，原子间的碰撞会引起气体原子的电离或激励。焊接电弧中心的温度约在6000K以上，热电离在该部分极易发生。

3. 光电离　中性原子受光辐射的作用而产生的电离，称为光电离。

(三) 阴极电子发射

阴极表面的原子或分子，吸收了外界的某种能量而发射出自由电子的现象，称为阴极电子发射。焊接时，气体的电离是产生电弧的必要条件，但是，如果只有气体电离而阴极不能发射电子，没有电流通过，那么电弧还是不能形成。因此阴极电子发射也和气体电离一样，两者都是电弧产生和维持的重要条件。

一般情况下，电子是不能自由离开金属表面向外发射的。要使电子逸出电极金属表面而产生电子发射，就必须加给电子一定的能量，使它克服电极金属内部正电荷对它的静电引力。所加的能量越大，促使阴极产生电子发射的作用就越强烈。电子从阴极金属表面逸出所需要的能量称为逸出功，电子逸出功的大小与阴极的成分有关。不同金属其逸出功是不一样的（表1-1）。若所加的能量相同，则逸出功小的金属其阴极电子发射程度就越大。如电极中或电极表面含有稀土金属、碱金属或碱土金属元素的物质时，就能增强阴极的电子发射作用。例如，在焊条中由于涂药含有较多的钾、钠、钙等化合物，有利于阴极电子发射，从而促使电弧燃烧稳定。

焊接时，根据阴极所吸收能量的不同，所产生的电子发射有热发射、电场发射、撞击发射等。阴极发射电子后，又从焊接电源获得了新的电子。

1. 热发射　焊接时，电极金属表面因受热能作用而产生的电子发射现象，称为热发射。电弧焊时，阴极表面的温度很高，阴极中的电子运动速度也很快，当电子的动能大于电极内部正电荷对它的静电引力时，电子就会冲出阴极表面而产生热发射。电极加热温度越高，则从其表面逸出电子的数目也就越多，电子发射的能量就越强，从而促使电弧空间气体的碰撞电离也越剧烈，因此就越有利于电弧的稳定燃烧。

2. 电场发射　当电极金属表面空间存在一定强度的正电场时，金属内的电子受此电场的作用，电子从金属表面发射出来，这种现象称为电场发射。增大两电极的电压或减小两电极间距离都能增加电子发射。电场强度越大，则电场发射作用就越大。

3. 撞击发射　高速运动的阳离子撞击金属表面时，将能量传给金属表面的电子，使其能量增加而逸出金属表面。这种现象称为撞击发射。如果电场强度越大，在电场的作用下正离子的运动速度也越高，则产生的撞击发射作用也越强烈。

在电弧焊时，以上几种电子发射作用常常是同时存在，相互促进的，但在不同的条件下，它们所起的作用可能稍有差异。例如，在引弧过程中，热发射和电场发射起着主要作用，电弧正常燃烧时，如采用熔点较高的材料（钨或碳等）作阴极，则热发射作用较显著；若用铜或铝等作阴极时，撞击发射和电场发射就成为主要因素；而钢作阴极时，则和热发射、撞击发射、电场发射都有关系。

二、焊接电弧的引燃过程

我们把开始造成两电极间气体发生电离及阴极电子发射而引起电弧燃烧的过程叫做电弧的引燃过程。

电弧的引燃可以用如下两种方法：

第一种方法是将两电极互相靠近到只有1～2mm的间距，这时如果在两电极间加有很高的电压（约在1000V以上），那么在强电场作用下，阴极上的电子即可以克服内部正电荷对它的静电引力而逸出阴极表面，产生电场发射，造成空气中放电而形成电弧，但是，这种方法因为电压极高，危险性很大，因此实际上并不采用。

第二种方法是先将两电极互相接触，然后迅速拉开至3～4mm的距离来引燃电弧。焊条电弧焊和埋弧焊就是利用这种方法来引燃电弧的。将通上焊接电源的焊条或焊丝末端与焊件表面相接触，然后很快地将焊条或焊丝拉开至与焊件表面3～4mm的距离，则电弧就在焊条或焊丝与焊件的间隙中燃烧了。

焊条电弧焊时，当焊条末端与焊件接触时，它们的表面都不是绝对平整的，只是在少数突出点上接触，接触部分通过的短路电流密度非常大，而接触面积又很小，这时产生大量电阻热，使电极金属表面发热、熔化，甚至蒸发、汽化，引起相当强烈的热发射和热电离。随后在拉开电极的瞬间由于电场作用的迅速增强，又促使产生电场发射。同时，已经形成的带电质点在电场的作用下加速运动，并在高温条件下相互碰撞，出现了电场作用下的电离和撞击发射。这样，使带电质点的数量猛增，大量电子通过空间流向阳极，电弧便引燃了。电弧引燃后，在不同的焊接电源条件下，电离与中和是处于不同的动平衡状态，弧焊电源不断地供给电能，新的带电粒子不断得到补充，维持了电弧的稳定燃烧如图 1-2 所示。

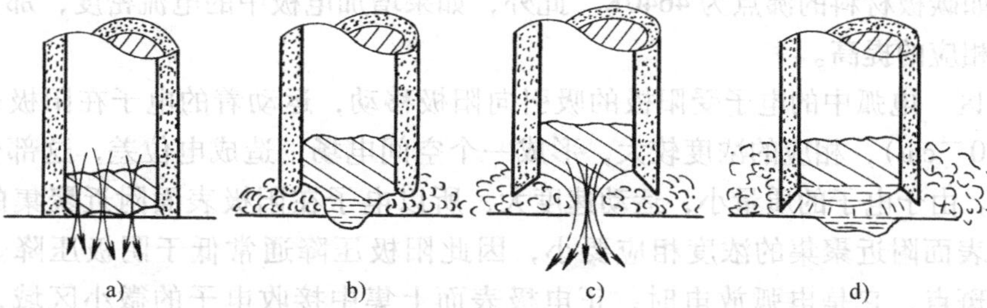

图 1-2　焊接时电弧的引燃过程

a）焊条与焊件接触　b）焊条与焊件熔化、蒸发、汽化　c）进一步熔化蒸发、汽化、形成细颈　d）引燃时

焊接电弧能否顺利的引燃，还与焊接电源的特性、电弧特性、焊接电流的大小和种类、焊条药皮的成分及电弧长度等因素有关。

第二节　焊接电弧的构造及其静特性

一、焊接电弧的构造及温度

焊接电弧是由阴极区、阳极区和弧柱三个部分组成的，如图 1-3 所示。现以直流碳极电弧为例简述如下：

1. 阴极区　在阴极区的阴极表面有明亮的斑点，它是电弧放电时，阴极表面集中发射电子的微小区域，称为阴极斑点。在阴极斑点中，电子在电场和热能的作用下，得到足够的能量而逸出。因此，阴极斑点是一次电场发射的发源地，也是阴极区温度最高的部分。

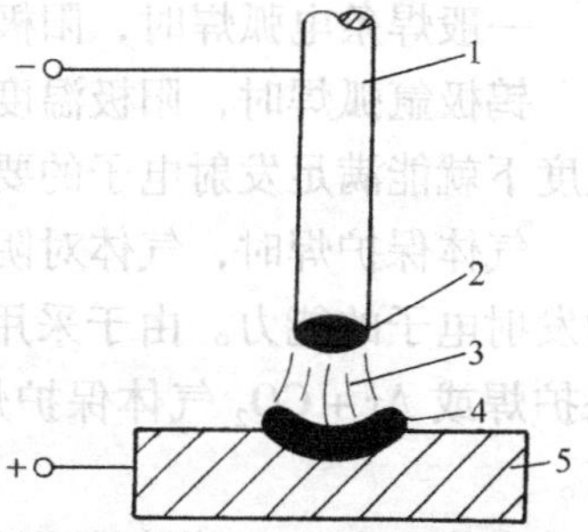

图 1-3　焊接电弧的构造

1—碳极　2—阴极区（3500K）　3—弧柱（6000K）　4—阳极区（4200K）　5—焊件

从阴极斑点发射出来的电子，受电场的作用迅速向阳极移动，电弧中被电离的微粒——阳离子则向阴极移动。由于阳离子的质量比电子的质量大，因此阳离子的运动速度比电子要慢得多，结果在阴极表面附近的空间（约为 $10^{-5} \sim 10^{-6}$cm）每一瞬间运动着的阳离子的浓度比电子的浓度大得多，就使阴极表面附近所有阳离子的正电荷总和大大地超过所有电子的负电荷总和，所以在阴极表面附近的空间形成了一层阳离子层。这样从阴极表面到阳离子层之间就形成较大的电位差，这部分电位差称为阴极压降。由于阴极压降的存在，使阴极区造成局部的强电场（约为 $10^7 \sim 10^8$V/m），加速了阴极表面的电子发射，同时也使阳离子加速进入阴极。

阴极获得的能量主要有：阳离子到达阴极表面与电子复合成中性微粒时放出的能量；由

于阴极区的局部强电场也使阳离子得到加速动能，当它撞击到阴极表面时也析出能量。这些能量都传给阴极，使阴极温度升高。

阴极消耗的能量有：阴极发射电子要消耗一些能量；同时阴极金属材料的加热、熔化和蒸发要消耗很多能量。

阴极温度的高低主要是取决于阴极的电极材料，而且阴极的温度一般都低于阴极金属材料的沸点，如碳极材料的沸点为4640K。此外，如果增加电极中的电流密度，那么阴极区的温度也可以相应的提高。

2. 阳极区　电弧中的电子受阳极的吸引向阳极移动，运动着的电子在阳极表面的空间（约 $10^{-3} \sim 10^{-4}$cm），相应的浓度较大，形成一个空间电场，造成电位差，这部分电位差称为阳极压降。由于电子的质量小，运动速度大，所以电子在阳极表面附近聚集的浓度比阳离子在阴极表面附近聚集的浓度相应要小，因此阳极压降通常低于阴极压降。在阳极上也有光亮的斑点，它是电弧放电时，正电极表面上集中接收电子的微小区域，叫做阳极斑点。

阳极获得的能量主要是：电子对阳极撞击时析出的能量和电子到达阳极发生复合时放出的能量。在一般情况下，与阴极比较，由于阳极能量只消耗于材料的熔化和蒸发，而不需消耗发射电子的能量，因此在和阴极的材料相同时，阳极斑点的温度略高于阴极斑点。

在生产实践中，还发现用不同的方法焊接时，阳极与阴极的温度高低有变化（表1-2）。这是由于电弧各区域的电过程特点不同，因而电弧的阴极和阳极所得到的能量也不同的缘故。

表1-2　各种焊接方法的阴极与阳极温度比较

工艺方法	一般的焊条电弧焊	钨极氩弧焊	熔化极氩弧焊	CO_2 气体保护焊	埋弧焊
温度比较	阳极温度 > 阴极温度		阴极温度 > 阳极温度		

一般焊条电弧焊时，阳极温度比阴极温度高一些。

钨极氩弧焊时，阳极温度也比阴极温度高，这是因为钨极发射电子能力较强，在较低的温度下就能满足发射电子的要求。

气体保护焊时，气体对阴极有较强的冷却作用，这样就要求阴极具有更高的温度及更大的发射电子的能力。由于采用的电流密度较大，故阴极温度较阳极温度高。例如 CO_2 气体保护焊或 $Ar + CO_2$ 气体保护焊时，采用直流电源，熔化电极接负极，焊接时生产效率较高。

在使用含 CaF_2 焊剂的埋弧焊时，因氟等蒸气容易形成阴离子，则要求阴极能具备更强发射电子的能力。由于这些阴离子在阴极区与正离子中和时能放出大量的能量，同时使用的电流密度也较大，所以阴极温度较阳极高。

3. 弧柱　弧柱是电弧阴极区和阳极区之间的区域，由于阴极区和阳极区的长度极小，则弧柱长度就可以认为是弧长。弧柱是自由电子、阴离子向阳极转移与阳离子向阴极转移过程的通路，也是发生电离作用以及电子、离子在转移的过程中发生相互复合的场所。

弧柱的温度由于不受材料沸点限制，因此通常高于阴极斑点和阳极斑点的温度，弧柱中心温度可达6000K以上。在弧柱的径向温度分布是不均匀的，弧柱中心的电离度高，带电质点密度大，导电性好，温度最高，越到外围温度越低。但沿弧长方向，温度分布是均匀的。弧柱的温度取决于弧柱中的气体介质（当介质为 Na_2CO_3 蒸气时，弧柱温度约5000K）和焊接电流。焊接电流越大，弧柱中电离程度也越大，弧柱温度也越高，如图 1-4 所示。

以上是直流电弧的热量和温度分布情况，而交流电弧由于电源的极性是周期性地改变的（50Hz），所以两个电极区的温度趋于一致（近似于它们的平均值）。

4. 电弧电压　通常我们测量出的电弧电压是由阴极压降、阳极压降以及弧柱压降所组成的。当弧长一定时，电弧电压的分布如图 1-5 所示。电弧电压可用下式表示：

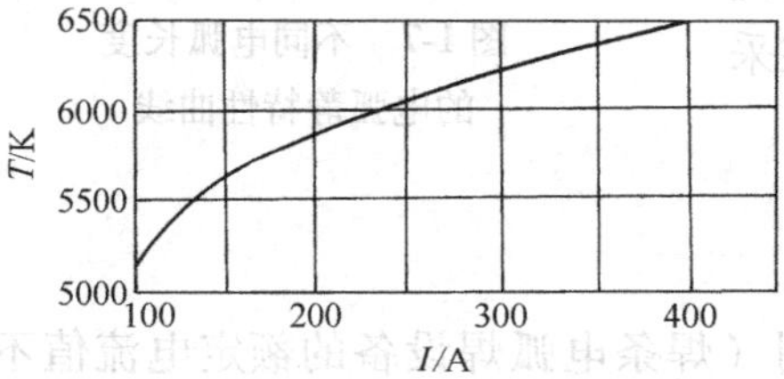

图 1-4　弧柱温度与焊接电流的关系

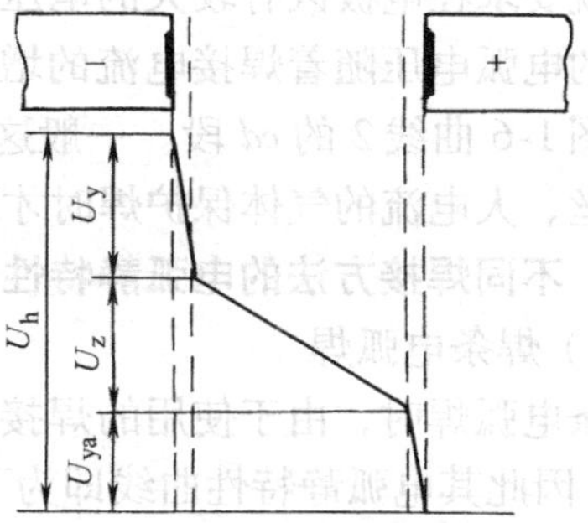

图 1-5　焊接电弧中的压降

$$U_h = U_y + U_{ya} + U_z = a + bl_h$$

式中　$a = U_y + U_{ya}$；

U_h——电弧电压（V）；

U_y——阴极压降（V）；

U_{ya}——阳极压降（V）；

U_z——弧柱压降（V）；

b——单位长度的弧柱压降，一般为 20～40V/cm；

l_h——电弧长度（cm）。

二、焊接电弧的静特性

焊接电弧是焊接回路中的负载，它是起着将电能转变为热能的作用，在这一点上它与普通的电阻有相似之处。但是，与普通的电阻相比又有其明显的特点。当普通电阻通过电流时，电阻两端的电压降与所通过的电流值总是成正比（$U = IR$），这种特性称为电阻静特性，如图 1-6 中的曲线 1 所示。但是在电弧放电时，电弧两端的电压降与通过电弧的电流值就不成正比，其比值随电流值的不同而变化。在电极材料、气体介质和弧长一定的情况下，电弧稳定燃烧时，焊接电流与电弧电压变化的关系，叫做电弧静特性。一般也称伏-安特性。表示它们关系的曲线叫做电弧的静特性曲线，如图 1-6 中的曲线 2 所示。

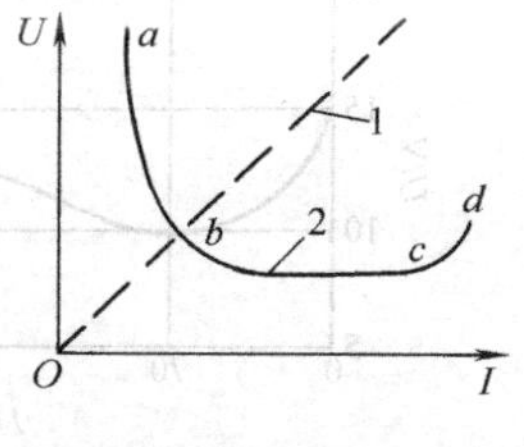

图 1-6　普通电阻静特性与电弧静特性

1—普通电阻静特性

2—电弧静特性

从图 1-6 可以看到，电弧静特性曲线呈 U 形。曲线 2 左边的 ab 段，是在电流很小的情况下的变化。电流小时，电弧电压就高，电流增大使电弧的温度升高，结果气体电离和阴极电子发射就增强，所以这时维持电弧所需的电弧电压就随电流的增大而降低。

bc 段是正常焊接时，加大焊接电流只是增加对电极材料的加热和熔化程度。这时的电弧电压随电极材料，弧柱中气体的成分，电弧长度而变化如图 1-7 所示。

cd 段是焊接电流继续增加时，电极斑点的电流密度也不断的增加，由于电极端面积所限，使得电极斑点的电流密度达到了极限值。因此，如需再增加焊接电流，就要求在电极区有较大的电压降，这时维持电弧所需的电弧电压随着焊接电流的增加而增加，因此形成了图 1-6 曲线 2 的 *cd* 段。一般这种情况只有在采用细焊丝、大电流的气体保护焊时才可能出现。

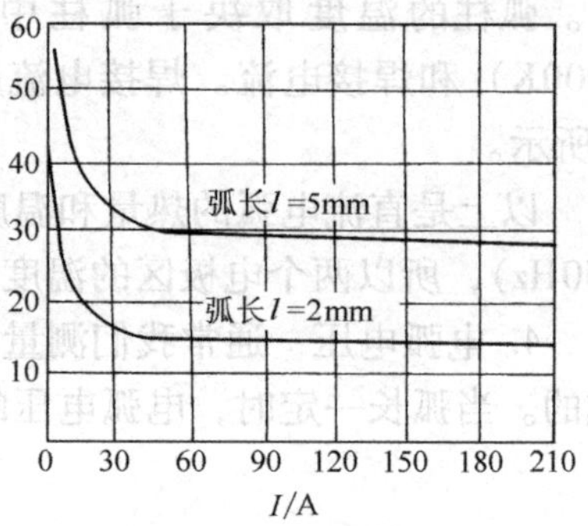

图 1-7　不同电弧长度的电弧静特性曲线

三、不同焊接方法的电弧静特性曲线

（一）焊条电弧焊

焊条电弧焊时，由于使用的焊接电流受到限制（焊条电弧焊设备的额定电流值不大于 500A），因此其电弧静特性曲线即为下降特性曲线。

（二）埋弧焊

在正常电流密度下焊接时，其电弧静特性为平特性区，采用大电流密度焊接时，其电弧静特性为上升特性曲线。

（三）钨极氩弧焊

在小电流区间焊接时，其电弧静特性为下降特性区；在大电流区间焊接时，其电弧静特性为平特性曲线。图 1-8 为焊接铝板、弧长为 4mm、保护气体为 Ar 时，钨极氩弧焊（简称 TIG 焊）的电弧静特性曲线。

（四）细丝熔化极气体保护焊

由于电流密度大，所以电弧静特性曲线为上升特性曲线，并且焊丝直径越细，则上升的程度越大，如图 1-9 所示。

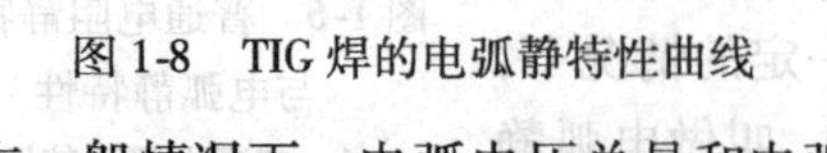

图 1-8　TIG 焊的电弧静特性曲线

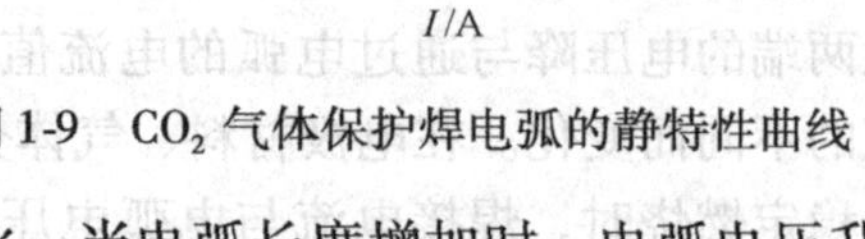

图 1-9　CO_2 气体保护焊电弧的静特性曲线

在一般情况下，电弧电压总是和电弧长度成正比，当电弧长度增加时，电弧电压升高，其电弧静特性曲线位置也随之上升。见图 1-7。

四、焊接电弧燃烧的稳定性

焊接电弧的稳定性是指电弧保持稳定燃烧（不产生断弧、飘移和磁偏吹等）的程度，即在电弧燃烧过程中电弧能维持一定的长度，不偏吹、不摇摆、不熄灭、电弧电压和焊接电流保持稳定。焊接电弧的稳定性主要取决于焊工技能以及焊接电源的种类和极性、焊条药皮成分、气流特点、磁偏吹和焊接处的清洁程度等因素。

焊接电流大，电弧的温度就越高，则电弧中气体的电离程度越高，电弧燃烧就越稳定。通过实验测定电弧稳定性的结果表明：随着焊接电流的增大，电弧的引燃电压就降低。随着焊接电流的增大，自然断弧的最大弧长也增大。所以焊接电流越大，电弧燃烧越稳定。

电流的种类及焊条的涂药成分不同，电弧的稳定性也不同。如用交流电源焊接时，电弧燃烧不如用直流电源稳定。这是因为用交流电源焊接时，电弧的极性是周期性地改变的，就是每秒钟电弧的燃烧和熄灭要重复100次。为了保证交流电源焊接时，电弧能稳定地燃烧，一般可采用两种方法：一种方法是提高焊接电源的空载电压，但这种方法不安全，不宜采用。所以最常用的另一种方法是在焊条上涂药或焊剂中加入电离电位比较低的物质（如K、Na、Ca的氧化物），以增加电极间的带电质点，这样就可以提高气体的导电性，因而也就可以保证电弧的稳定燃烧了。

但是也有某些物质，它们能破坏电弧燃烧的稳定性。例如，氯化物（KCl、NaCl）及氟化物（CaF_2）等，因为这些物质在高温时，分解出的气体（Cl_2、F_2）的电离电位很高，容易获取电子变成阴离子。如果电弧中这些气体成分增加时，特别是氟增多使得弧柱中有大量的氟阴离子存在，与弧柱中的阳离子结合成中性微粒的可能性增大，从而降低了弧柱中的电离程度，因此使电弧燃烧不稳定。

弧长对电弧的稳定燃烧也有着较大的影响。如果电弧太长了，电弧就会发生剧烈的摆动，从而破坏了焊接电弧的稳定性。另外，在这种情况下，空气中氧、氮有害气体易侵入电弧区，使焊缝金属产生气孔的倾向增大，且飞溅也大，焊缝成形不良。正常的弧长一般为焊条直径的0.5~1.1倍。

另外，环境气流流速越小，电弧燃烧越稳定；焊接处的铁锈、氧化皮、油污、水分等杂质越少，电弧燃烧越稳定；电弧偏吹越小，电弧燃烧越稳定。

第三节　电弧焊的熔滴过渡和焊接电弧的分类

一、电弧焊的熔滴过渡

电弧焊时，在焊条（或焊丝）端部形成的，并向熔池过渡的滴状液态金属称为熔滴。

在电弧高温的作用下，熔化的焊条（或焊丝）金属熔滴通过电弧空间向熔池转移的过程称为熔滴过渡。

金属熔滴向熔池过渡的形式，大致可分为粗滴过渡、短路过渡和喷射过渡三种。

熔滴过渡为何有不同的形式呢？这是由于作用于液体金属熔滴上的外力不同的缘故。在焊接时，采取一定的工艺措施，就可以改变熔滴上的作用力，也就使熔滴按人们所需要的过渡形式自焊条向熔池过渡。

（一）熔滴过渡的作用力

1. 熔滴的重力　任何物体都会因为本身的重力而具有下垂的倾向。平焊时，金属熔滴的重力起促进熔滴过渡的作用。但是在立焊及仰焊时，熔滴的重力阻碍了熔滴向熔池过渡，成了阻力。

2. 表面张力　表面张力是焊条（或焊丝）端头上保持熔滴的主要作用力。液体金属像其他液体一样，即液体在没有外力作用时，表面张力会使其表面积趋向减小，缩成球形。

焊条金属熔化后，在表面张力的作用下，会形成球滴状悬挂在焊条末端，只有当其他力超过表面张力时，才能促使熔滴过渡到熔池中去。因此，平焊时表面张力阻碍了熔滴过渡。在其他位置的焊接时，表面张力却有利于熔滴过渡。其一是熔池金属不易滴落；其二，当焊条末端熔滴与熔池金属接触时，由于表面张力的作用，会将熔滴拉入熔池。

表面张力的大小与焊条直径、熔滴的成分、温度及保护气体性质、环境气氛等因素有关。细丝焊时阻碍熔滴过渡的力比粗丝焊时小，所以，气体保护焊时，用细焊丝进行焊接要比粗焊丝焊接时，熔滴过渡较为顺利而稳定。

在保护气体中加入氧化性气体（$Ar\text{-}O_2$、$Ar\text{-}CO_2$），可显著地降低液体金属的表面张力，有利于形成细颗粒熔滴向熔池过渡。如果熔滴在没有脱离焊丝之前，就与熔池表面相接触，这时表面张力的作用与上述恰恰相反，会促使熔滴向熔池过渡（短路过渡）。

3. 电磁压缩力　由电工知识可知，两根平行的载流导体若它们通过的电流方向相同，则这两根导体彼此相吸引。使这两根导体相吸引的力叫做电磁压缩力，方向是从外向内，如图1-10所示。

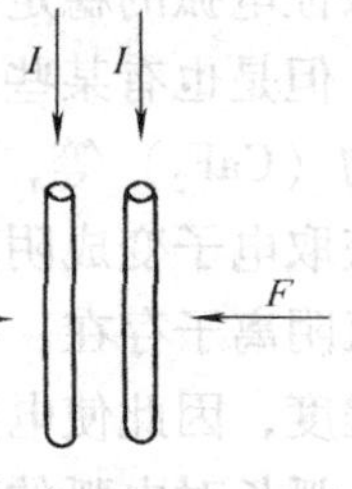

图1-10　通有同方向电流的两根导线的相互作用力

电磁压缩力的大小与两根导体上的电流的乘积成正比，即通过导体的电流越大，电磁压缩力越大。

焊接时，可以把焊丝及焊丝末端的液体熔滴看成是由许多平行载流导体所组成，焊丝及熔滴上就受到由四周向中心的电磁压缩力（见图1-11）。当电磁压缩力作用在液体金属上时，对熔滴的过渡有很大的影响。在其作用下，促使熔滴很快地脱离焊条端部并向熔池过渡。这样，就保证了熔滴在任何空间位置都能顺利过渡到熔池。

4. 斑点压力　在焊接电弧中的带电微粒主要是电子和阳离子，由于电场的作用，电子向阳极运动，阳离子向阴极运动，这些带电质点撞击在两极表面的斑点上，便产生了机械压力，这个力称为斑点压力。它是阻碍熔滴过渡的力。在正接时，阻碍熔滴过渡的是阳离子的压力。反接时，阻碍熔滴过渡的是电子的压力。由于阳离子比电子的质量大，所以阳离子流的压力要比电子流的压力大。因此，反接时容易产生细颗粒过渡，而正接时则不容易，这就是斑点压力不同的缘故。

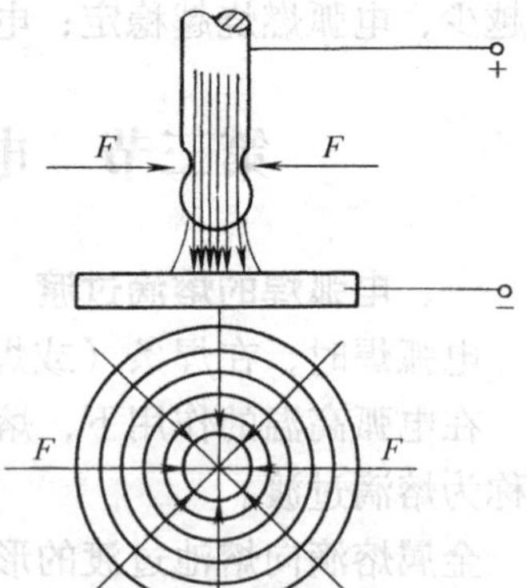

图1-11　磁力线在熔滴上的压缩作用

F—电磁压缩力

5. 电弧气体的吹力　在焊条电弧焊时，焊条药皮的熔化稍微落后于焊芯的熔化，在药皮的末端形成一小段尚未熔化的“喇叭”形套管，如图1-12所示。套管内有大量的由药皮造气剂分解产生的气体以及焊药中碳元素氧化生成的CO气体，这些气体因加热到高温，体积急剧膨胀，并顺着未熔化套管的方向，以挺直（直线的）而稳定的气流冲出，把熔滴吹送到熔池中去。不论焊缝的空间位置怎样，这种气流都将有利于熔滴金属的过渡。

6. 等离子流力　在焊接电弧中间的气体常呈等离子态。由于焊接电弧是在小断面的焊丝和大断面的焊件之间产生的，所以其形状一般是上细下粗。由于焊接电弧的截面不等，小截面处电磁压缩力大，而大截面处电磁压缩力小，于是在电弧气流的上、下形成压力差，使上部的等离子体迅速向下部流动产生压力，这种压力称为等离子流力。例如，在大电流喷射状态过渡的熔化极气体保护焊时，由于等离子流力的作用，往往在焊缝中心产生很大的熔深，即形成所谓蘑菇状的焊缝断面，如图1-13所示。

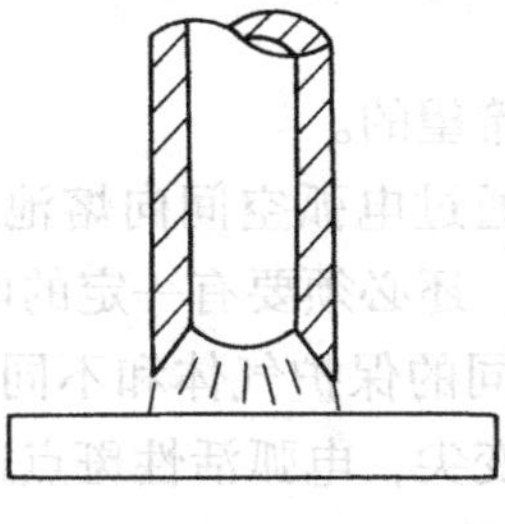

图1-12 焊接时焊条末端的套管

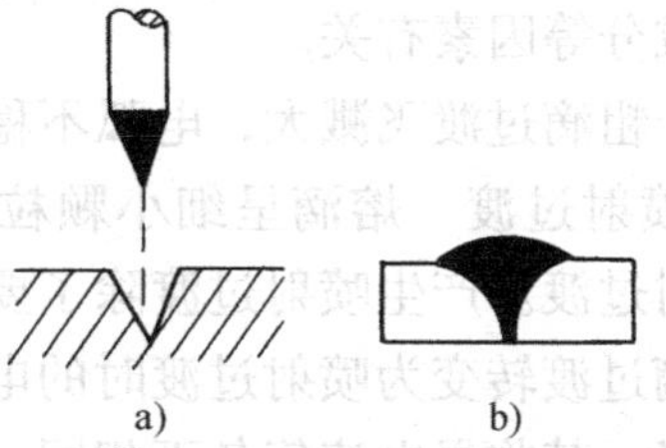

图1-13 蘑菇状焊缝断面的形成
a）等离子流力的作用 b）焊缝形状

（二）影响过渡熔滴大小的因素

在焊接过程中，过渡熔滴大小是不一定的。焊丝的含碳量、焊条的涂药成分及焊接电流等都能影响熔滴的大小。

1. 焊接电流的影响 焊接电流增大时，增强了焊条（或焊丝）端面的加热作用，提高了金属的温度，减小了熔滴的表面张力，致使熔滴变小。

2. 焊丝成分的影响 焊丝中含碳量增加，在高温时生成CO气体，由于气化的加强，气体的压力使较大的熔滴爆破成许多细小的熔滴。除此之外，随着金属中含碳量的增加，金属的熔点及粘性都会降低，亦增加过渡金属的流动性，使熔滴分裂成细小的熔滴。

3. 药皮成分的影响 在高温时，一些活性金属元素被氧化成熔渣，包围在熔滴外围，这些氧化物能减小熔滴的表面张力，致使熔滴变细。

（三）熔滴过渡的形式

1. 短路过渡 当焊条或焊丝端部的熔滴与熔池短路接触，由于强烈的过热和电磁收缩的作用使其爆断，直接向熔池过渡的形式，称为短路过渡。在短弧焊时，熔滴长大受到了电弧空间的限制，当熔滴还没有长大到它的最大尺寸时，就与熔池发生接触，形成短路过渡如图1-14所示。由于系统要力图减少自由表面能，熔滴在表面张力、电磁压缩力和其他力的作用下，开始沿着熔池表面流散，并在熔滴和熔池表面之间迅速形成细颈，称之为金属小桥。由于小桥中的电流密度急剧上升，电磁压缩力的作用，熔滴被强烈过热而爆炸，于是便脱离焊丝而过渡到熔池之内。然后电弧又重新点燃，开始下一个周期的过渡。

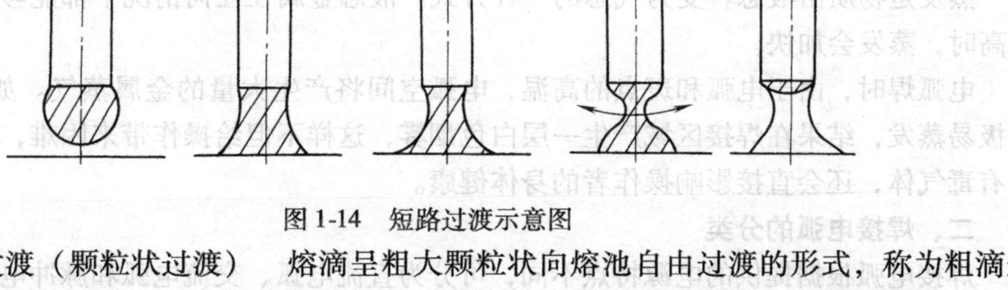

图1-14 短路过渡示意图

2. 粗滴过渡（颗粒状过渡） 熔滴呈粗大颗粒状向熔池自由过渡的形式，称为粗滴过渡。当电弧长度超过某一长度时，熔滴依靠表面张力的作用可以保持在焊丝顶端自由长大，直至熔滴下落的力（如重力、电磁力等）大于表面张力时，熔滴就脱离焊丝而落入熔池，此时不发生短路，如图1-15所示。因此，焊接电流和电弧电压的波动比短路过渡时要小。

从焊接质量方面的要求，希望细滴过渡。减小焊丝直径，增大焊接电流可以使熔滴细化、单个熔滴的质量减小，过渡频率提高。同时，熔滴过渡还与电流极性、保护气体、焊剂和药皮成分等因素有关。

由于粗滴过渡飞溅大，电弧不稳定，不是焊接工作所希望的。

3. 喷射过渡　熔滴呈细小颗粒，并以喷射状态快速通过电弧空间向熔池过渡的形式，称为喷射过渡。产生喷射过渡除了要有一定的电流密度外，还必须要有一定的电弧长度。熔滴从粗滴过渡转变为喷射过渡时的电流称为临界电流，不同的保护气体和不同的焊丝材料、焊丝直径，其临界电流值各不相同。此外，由于焊丝端部变尖，电弧活性斑点遍及焊丝端部的锥面，也会使熔滴由粗滴向喷射过渡转变，如图1-16所示。

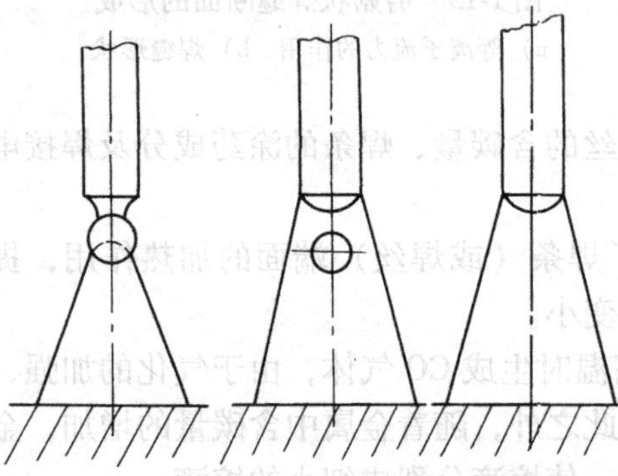

图1-15　粗滴状过渡示意图

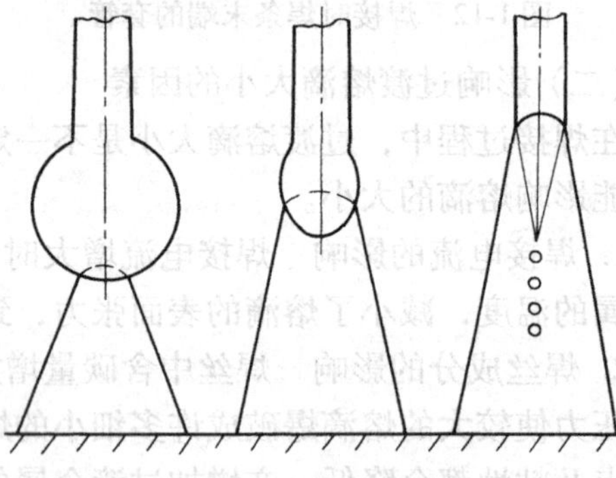

图1-16　由粗滴向喷射过渡

喷射过渡的特点是熔滴细，过渡频率高，熔滴沿焊丝轴向以高速向熔池过渡，飞溅小、过程稳定，熔深大，焊缝成形美观。

（四）熔滴过渡时的飞溅

熔焊过程中，熔化的金属颗粒和熔渣向周围飞散的现象称为飞溅。

熔滴过渡时的飞溅主要是由气体的剧烈急速膨胀、斑点压力和短路过渡引起的。飞溅会影响电弧燃烧的稳定性，飞溅的金属会沾污焊缝附近的金属，焊接不锈钢时还会降低母材金属的耐腐蚀性，所以飞溅是焊接过程中的一种不利因素，在操作中应尽量减少这种飞溅的出现。

（五）熔滴过渡时的蒸发

蒸发是物质由液态转变为气态的一种方式。液态金属在任何情况下都能够蒸发，当温度升高时，蒸发会加快。

电弧焊时，由于电弧和斑点的高温，电弧空间将产生大量的金属蒸气。如黄铜焊接时，锌极易蒸发，结果在焊接区域产生一层白色烟雾，这样不但给操作带来困难，而且锌的蒸汽是有毒气体，还会直接影响操作者的身体健康。

二、焊接电弧的分类

焊接电弧根据提供的电源特点不同，可分为直流电弧、交流电弧和脉冲电弧三类。

焊接电弧根据其产生的原理不同，又可分为自由电弧、压缩电弧和脉冲电弧三大类。

（一）自由电弧

一般的焊接电弧称为自由电弧。如普通的直流电弧和交流电弧。自由电弧弧柱区内的气体未被充分电离，同时由于在提高电弧的电流和电压时，弧柱直径也成正比增加，因此电流密度近乎等于常数，电弧的温度也无法提高。

1. 直流电弧　由直流电源提供能源，电弧燃烧稳定，有极性可供工艺选择，但有电弧偏吹现象发生。采用低氢型碱性焊条时，用反接法，以保证电弧燃烧稳定。采用酸性焊条时用正接法，但薄板焊接时，为防止烧穿，可采用反接法。钨极氩弧焊时，为防止钨极烧损，采用正接法。熔化极氩弧焊时，采用反接法，使电弧燃烧稳定、熔深大。

2. 交流电弧　由交流电源提供能源，电流每秒都有100次通过零点，由于过零点时电弧熄灭，然后再反向引燃，所以稳定性较差。为提高焊接电弧燃烧的稳定性，可采用在交流焊机上串接一个适当的电感和通过提高电源空载电压、采用方波电源等措施。交流电弧具有无偏吹等优点。

当电极材料与被焊工件物理性能相差很大（如钨极氩弧焊焊接铝、镁及其合金等）时，在电流、电压正负两个半周中产生不对称，由此而形成直流分量。直流分量既影响焊接参数的稳定，又恶化电源运行状况，所以必须设法消除。

（二）压缩电弧

压缩电弧是由自由电弧受强制压缩而成，它能使电弧区内的气体充分电离。压缩电弧的导电截面收缩得比较小，因此具有电流密度大、温度更高、能量更集中等特点。如等离子弧就是一种较为常见的压缩电弧。由于等离子弧弧柱断面被压缩得较小，因而能量集中、温度高（弧柱中心温度达18000～24000K）、焰流速度大（可达300m/s以上）。这些特性使得等离子弧不仅被广泛用于焊接、喷涂、堆焊，而且还可用于金属和非金属的切割。

（三）脉冲电弧

当弧焊电源的电流以脉冲形态输出时，其产生的电弧为脉冲电弧。脉冲电弧可用于钨极、熔化极氩弧焊。脉冲电弧根据脉冲波形和频率不同而各有特点。脉冲直流电弧在整个焊接过程都有基值电流维持电弧稳定燃烧，故电弧稳定。通过对基值电流的调节，可改变对焊件的能量输入。

高频脉冲电弧的频率从几千赫兹到几万赫兹，可以保证在小电流薄板焊接时电弧具有较大的刚度，焊接时加热范围小，焊后变形小，高速焊时焊缝质量也高。

第四节　焊接时的极性和偏吹

一、焊接时的极性及其应用

（一）焊接时的极性

极性是指直流电弧焊或直流电弧切割时，焊件与电源输出端正、负极的接法。有正接和反接两种；焊件接电源正极，电极接电源负极的接线法，称正接也称为正极性；焊件接电源负极，电极接电源正极的接线法，称反接也称为反极性，如图1-17所示。

（二）焊接时极性的应用

焊接时极性的选用，主要根据焊件所需的热量和焊条的性能而定。直流弧焊时，为获得较大的熔深，可采用正接，因此时焊件处于电弧的阳极区温度较高；在焊接薄板时，为了防止烧穿，可采用反接。

采用低氢型焊条焊接时，必须用反接，因为在碱性焊条药皮中，含有较多的氟石（CaF_2），在电弧气氛中分解出电离电位较高的氟，会使电弧的稳定性大大降低；若采用正接，在熔滴向熔池过渡时，将受到由熔池方向射来的正离子流的撞击，阻碍了熔滴过渡，以致出现飞溅和电弧不稳的现象；采用反接使熔池处于阴极，则由焊条方向射来的氢正离子与熔池表面的电子中和形成氢原子，减少了氢气孔的出现。

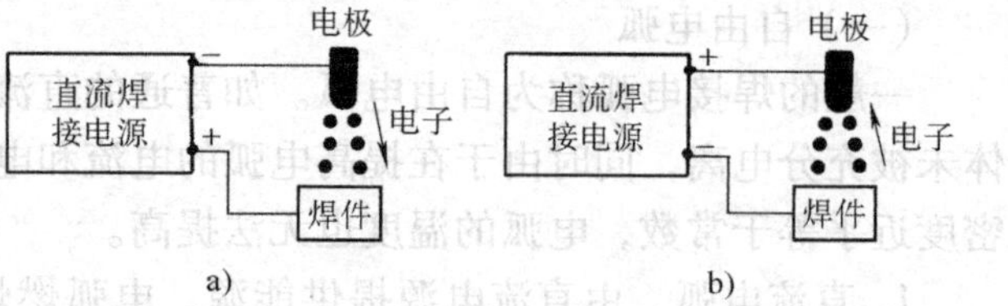

图1-17 焊接电弧的极性

a）正接 b）反接

在实际生产中，由于某些直流弧焊机使用时间已久，两次接线板上没有正负标记。在这种情况下，可通过观察电弧的形态来判断电源的正、负极。当使用碱性焊条时，如果电弧燃烧不稳定，出现爆裂声和飞溅大等现象，则表明极性是正接，与焊条要求用反接不符。如果电弧燃烧稳定，声音较平静均匀，飞溅也小，则表明是反接。

二、焊接电弧的偏吹

一般在正常情况下焊接时，电弧的中心总是沿着焊条轴线方向。随着焊条变换倾斜角度，电弧的轴线也跟着焊条的轴线方向而改变，如图1-18所示。因此我们就得以利用电弧这一特性来控制焊缝的成形，吹去覆盖在熔池表面过多的熔渣。在焊接薄钢板的时候也经常利用电弧这一特性，将焊条倾斜成适当的角度，以防止焊件烧穿。

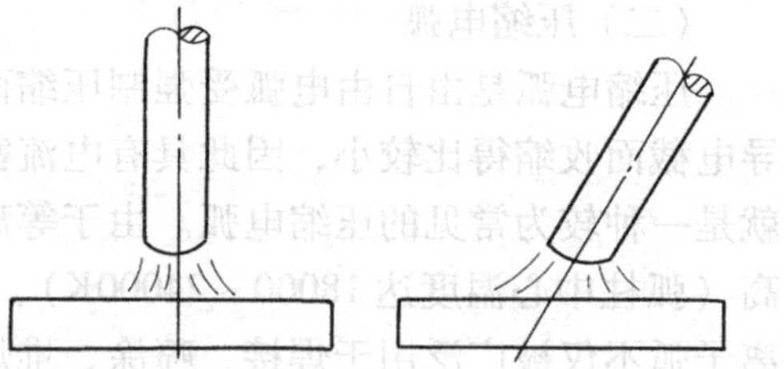

图1-18 电弧的方向与焊条同一轴线

但在焊接过程中，因气流的干扰、磁场的作用或焊条偏心的影响，会出现使电弧中心偏离电极轴线的现象。这就是所谓的电弧偏吹。它不仅使焊接发生困难，甚至熄弧。对焊接质量也将带来较大的影响。

（一）焊条偏心度过大

这主要是焊条的质量问题。由于焊条药皮厚薄不匀，药皮较厚的一边比药皮较薄的一边熔化时需吸收更多的热，因此药皮较薄的一边很快熔化而使电弧外露，迫使电弧往外偏吹，如图1-19所示。在焊接时遇到这种情况，通常采用调整焊条倾斜角度（使偏吹方向转向熔池）的方法来解决。但如果焊条的偏心度过大时，仅依靠调整焊条倾斜角度是不能确保焊接质量的。为保证焊接质量，在焊条生产中对焊条的偏心度有一定的限制。

图1-19 偏心度过大的焊条

（二）电弧周围气流的干扰

电弧周围气体的流动也会把电弧吹向一侧而造成偏吹。造成电弧周围气体剧烈流动的原因是多方面的，有时是由于热对流的影响。例如：在露天大风中操作或在狭窄焊缝处焊接时，电弧偏吹情况很严重，使焊接发生困难；在管子焊接时，由于空气在管子中流动速度较大，形成所谓“穿堂风”使电弧发生偏吹；在开坡口的对接接头第一层焊缝的焊接时，如果接头间隙较大，往往由于热对流的影响也会使电弧发生偏吹现象。一般由于气流干扰而产生的偏吹，只要根据具体情况查明气流来源、方向，进行遮挡即可解决。

（三）磁偏吹

使用直流弧焊机进行焊接时，因受到焊接回路所产生的电磁力的作用而产生的电弧偏吹，称为电弧的磁偏吹。造成磁偏吹的主要原因是下列几种：

1. 接地线位置不适当引起的偏吹　焊接时，由于接地线的位置不适当，使电弧周围的磁场分布不均匀，从而造成电弧的偏吹，如图 1-20 所示。当焊接电流从接点“ + ”流经焊件，通过电弧到焊条再进入接点“ – ”时，沿途产生的磁力线分布在电流通路的四周，但电流流经焊件拐弯到电弧时，在电弧两侧的磁力线分布就极不均匀，电弧左侧（在接点方向的一边）的磁力线较右侧的磁力线更密集，结果造成了电弧左侧的磁场大于右侧的磁场，使电弧向磁场较小的右侧偏吹，从而产生磁偏吹现象。

2. 铁磁物质引起的磁偏吹　由于铁磁物质（钢板、铁块等）的导磁能力远远大于空气，因此，当焊接电弧周围有铁磁物质存在时，在靠近铁磁体一侧的磁力线大部分都通过铁磁体形成封闭曲线，使电弧与铁磁体之间的磁力线变得稀疏，而电弧另一侧磁力线就显得密集，因此电弧就向铁磁体一侧偏吹，就象铁磁体吸引电弧一样，如图 1-21 所示。如果钢板受热后温度升得较高，导磁能力就降低，对电弧磁偏吹的影响也就减少。

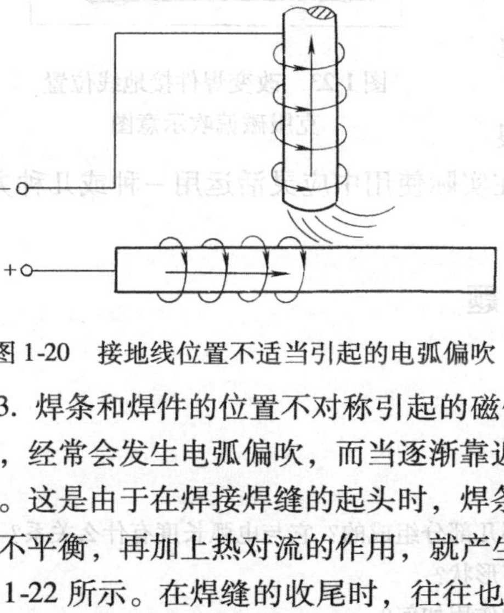

图 1-20　接地线位置不适当引起的电弧偏吹

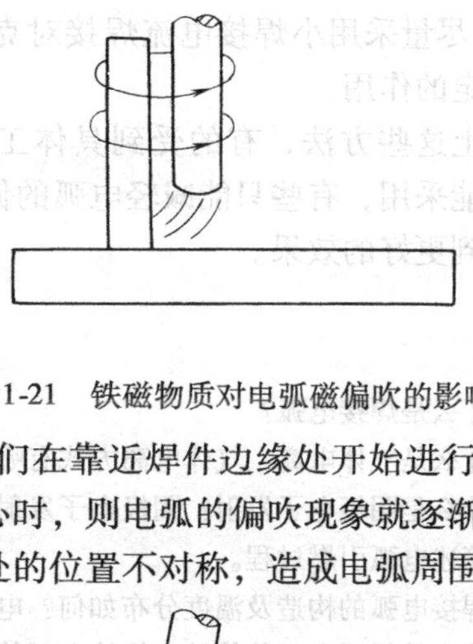

图 1-21　铁磁物质对电弧磁偏吹的影响

3. 焊条和焊件的位置不对称引起的磁偏吹　当我们在靠近焊件边缘处开始进行焊接的时候，经常会发生电弧偏吹，而当逐渐靠近焊件的中心时，则电弧的偏吹现象就逐渐减小或消失。这是由于在焊接焊缝的起头时，焊条与焊件所处的位置不对称，造成电弧周围的磁场分布不平衡，再加上热对流的作用，就产生电弧偏吹，如图 1-22 所示。在焊缝的收尾时，往往也发生电弧偏吹，其产生原因与焊缝起头时产生电弧偏吹的原因相同。

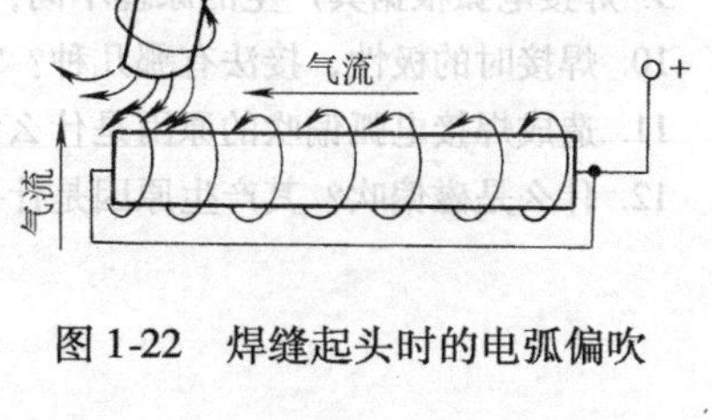

图 1-22　焊缝起头时的电弧偏吹

当存在磁偏吹时，焊接电流越大，磁偏吹现象就越严重，尤其是当采用 300 ~ 400A 的直流电源焊接时，电弧偏吹的现象更为严重，当电流达到 800 ~ 1000A 时，电弧的偏吹将使焊接工作无法进行。

电弧磁偏吹的现象，只有在使用直流电源焊接时才会产生，而对交流电源来说，一般不会产生明显的磁偏吹现象。

三、减少或防止焊接电弧偏吹的方法

焊接电弧的偏吹会给焊接工作带来不少困难，但是根据电弧偏吹的规律，采取相应的措施是可以减少或避免的。下面介绍焊接工作中常用的几种克服电弧偏吹的措施：

1）焊接时，在条件许可的情况下尽量使用交流电源焊接。

2）在露天作业操作时，如果有大风则必须用档板遮挡，对电弧进行保护。在管子焊接时，必须将管口堵住，防止气流对电弧的干扰。

3）在焊接间隙较大的对接焊缝时，可在接缝下面加垫板，以防止热对流引起的电弧偏吹。

4）在焊缝两端各加一小块附加钢板（引弧板及引出板），使电弧两侧的磁力线分布均匀并减少热对流的影响，以克服电弧的偏吹。

5）采用短弧焊接，因为短弧时受气流的影响较小，而且在产生磁偏吹时，如果采用短弧焊接，也能减小磁偏吹程度，因此采用短弧焊接是减少电弧偏吹的较好方法。

6）在操作时适当调整焊条角度，使焊条偏吹的方向转向熔池，这种方法在实际工作中应用得较为广泛。

7）适当地改变焊件上的接地线部位，尽可能使电弧周围的磁力线分布均匀，如图1-23所示。图中双点线表示克服磁偏吹的接线方法。

8）尽量采用小焊接电流焊接对克服磁偏吹也能起一定的作用。

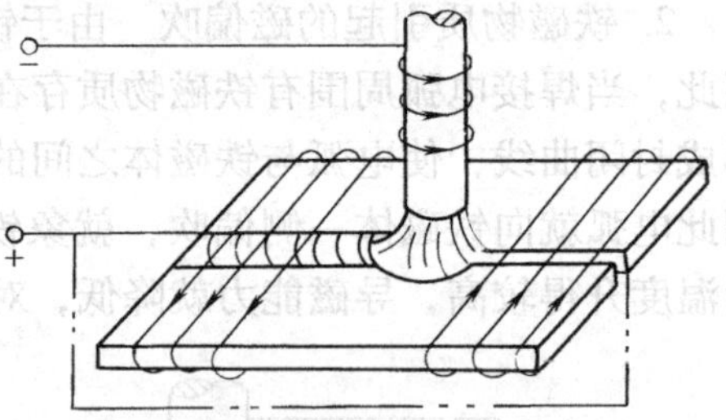

图1-23　改变焊件接地线位置克服磁偏吹示意图

以上这些方法，有的受到具体工作条件的限制，不能采用，有些只能减轻电弧的偏吹，所以在实际使用中应灵活运用一种或几种方法，以求得到更好的效果。

复　习　题

1. 什么是焊接电弧？
2. 什么是气体电离？气体电离方式有哪些？
3. 什么是阴极电子发射？阴极电子发射方式有哪些？
4. 简述电弧引燃过程。
5. 焊接电弧的构造及温度分布如何？电弧电压是由哪几部分组成的？它与电弧长度有什么关系？
6. 什么是焊接电弧静特性？焊接电弧静特性曲线呈何形状？
7. 影响熔滴过渡的力有哪几种？它们在焊接过程中的作用如何？
8. 熔滴过渡的形式有哪几种？影响过渡熔滴大小的因素有哪些？
9. 焊接电弧根据其产生的原理不同，可分为哪几类？它们各自的特点是什么？
10. 焊接时的极性，接法有哪几种？它们的应用如何？为什么？
11. 造成焊接电弧偏吹的原因是什么？防止的方法如何？
12. 什么是磁偏吹？其产生原因是什么？

第二章　焊条电弧焊技术

焊条电弧焊以前称为手工电弧焊，是熔焊中最基本的一种焊接方法。其使用的设备简单、操作方便、灵活，适应各种条件下的焊接。因此，焊条电弧焊目前仍然是应用最广的一种手工焊接方法。通过本章的学习，使我们能把焊条电弧焊技术的知识应用到实际操作中去，并通过实习课的实践，掌握基本操作技能，为今后的工作打下牢固的基础。

第一节　焊缝符号表示法、焊缝坡口的基本形式与尺寸

一、焊缝符号表示法

焊缝符号表示法是指在技术图样或文件上焊缝符号的表示规则，以及推荐采用焊缝符号的标注方法，可清晰地表述所要说明的信息。根据 GB/T 324—2008《焊缝符号表示方法》标准规定，完整的焊缝符号包括基本符号、指引线、补充符号、尺寸符号及数据等。

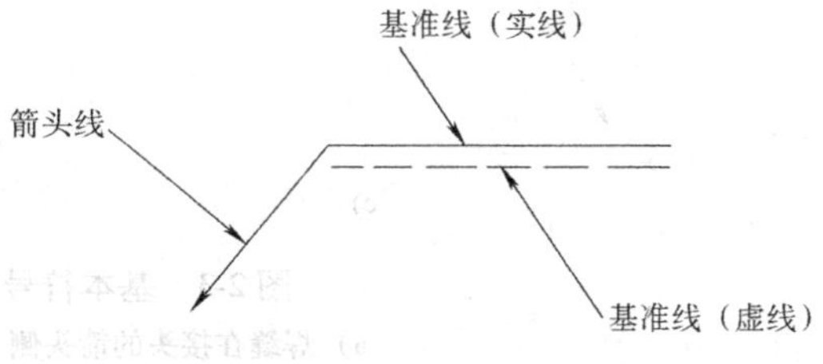

图 2-1　指引线

指引线由箭头线和基准线（实线和虚线）组成，如图 2-1 所示。箭头直接指向接头侧为“接头的箭头侧”，与之相对的则为接头的非箭头侧，如图 2-2 所示。基准线一般应与图样的底边平行，必要时也可与底边垂直。实线和虚线的位置可根据需要互换。

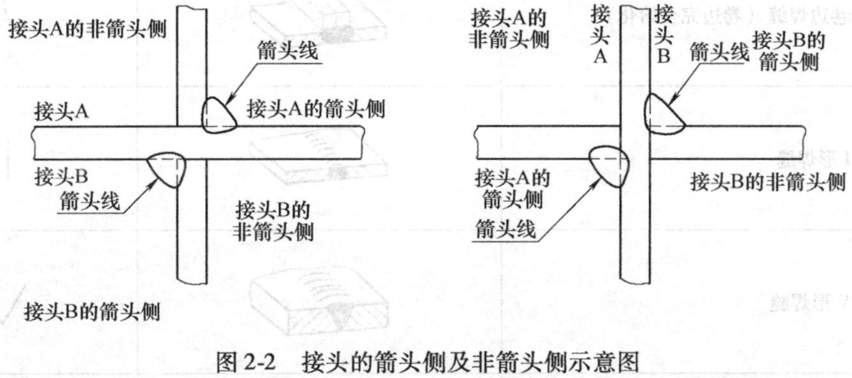

图 2-2　接头的箭头侧及非箭头侧示意图

为了能在图样上确切地表示焊缝的位置，特将基本符号与基准线的相对位置规定为：焊缝在接头的箭头侧，基本符号应标在基准线的实线侧（见图 2-3a）；焊缝在接头的非箭头侧，基本符号应标在基准线的虚线侧（见图 2-3b）；对称焊缝标注时允许省略虚线（见图 2-3c）；在明确焊缝分布位置的情况下，有些双面焊缝也可省略虚线（见图 2-3d）。

（一）基本符号

基本符号是表示焊缝横截面的基本形式或特征的符号，见表 2-1；基本符号的应用示例，见表 2-2。

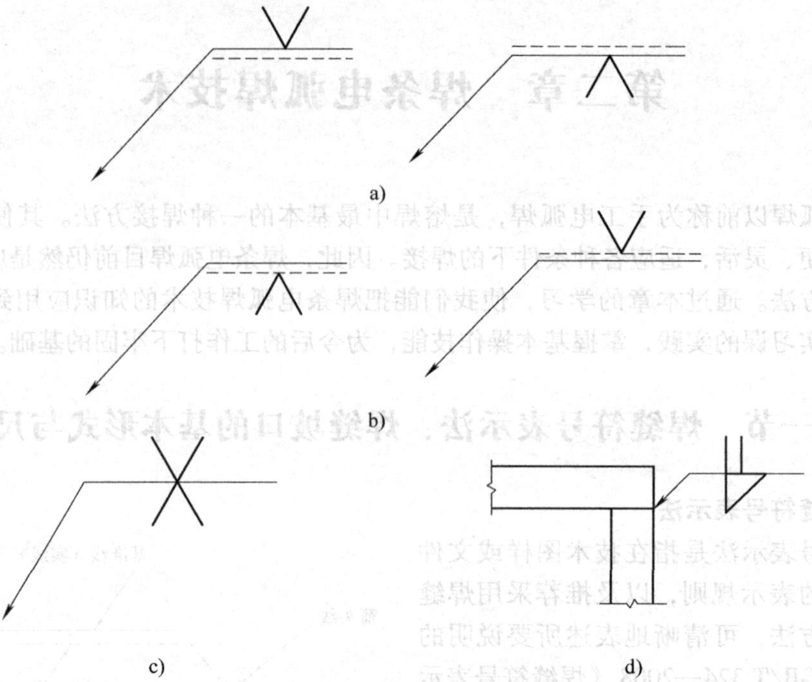

图 2-3　基本符号与基准线的相对位置

a）焊缝在接头的箭头侧　b）焊缝在接头的非箭头侧

c）对称焊缝　d）双面焊缝

表 2-1　基本符号

序号	名　称	示 意 图	符　号
1	卷边焊缝（卷边完全熔化）	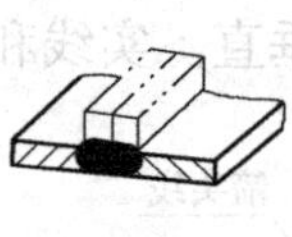	
2	I 形焊缝		
3	V 形焊缝		
4	单边 V 形焊缝	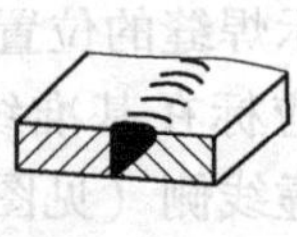	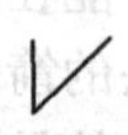
5	带钝边 V 形焊缝		

（续）

序号	名　称	示 意 图	符　号
6	带钝边单边 V 形焊缝	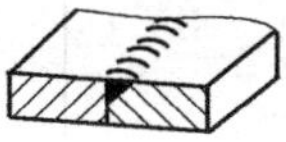	
7	带钝边 U 形焊缝		
8	带钝边 J 形焊缝		
9	封底焊缝	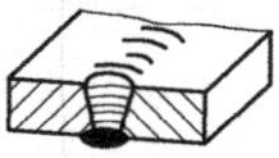	
10	角焊缝	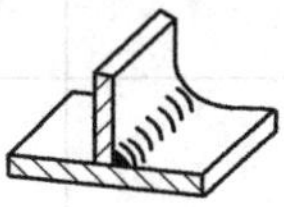	
11	塞焊缝或槽焊缝		
12	点焊缝	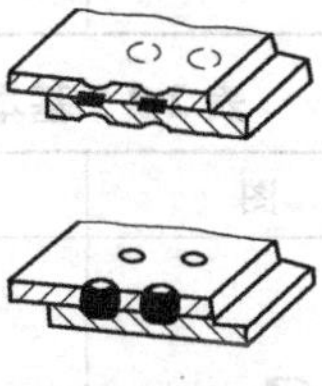	
13	缝焊缝	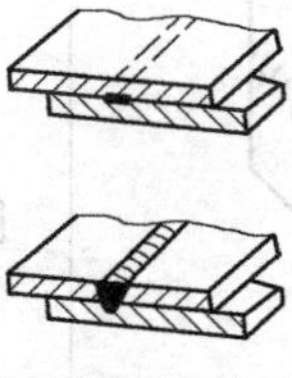	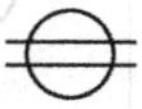
14	陡边 V 形焊缝		
15	陡边单 V 形焊缝		

（续）

序号	名　称	示 意 图	符　号
16	端焊缝		
17	堆焊缝		
18	平面连接（钎焊）	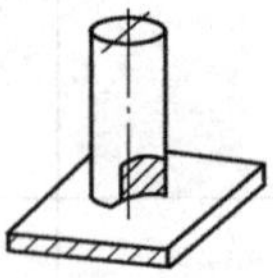 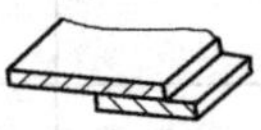	
19	斜面连接（钎焊）	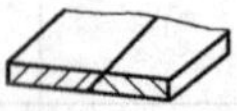	
20	折叠连接（钎焊）		

表 2-2　基本符号的应用示例

序号	符　号	示　意　图	标注示例	备　注
1			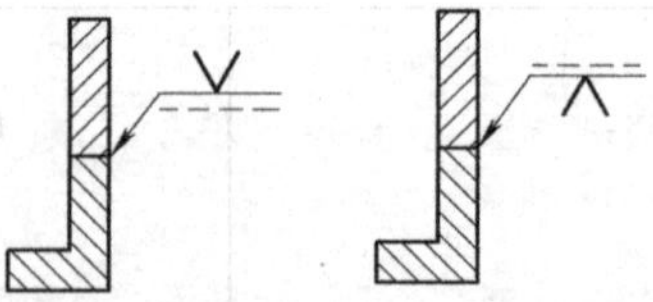	
2		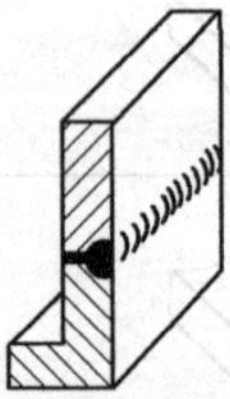	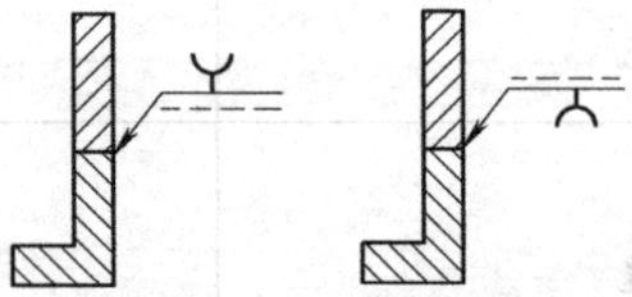	

（续）

序号	符 号	示 意 图	标注示例	备 注
3		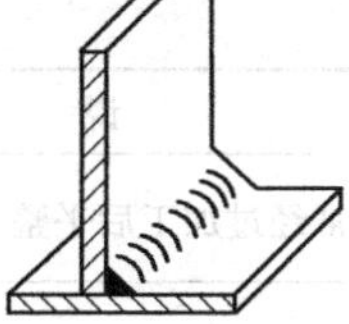	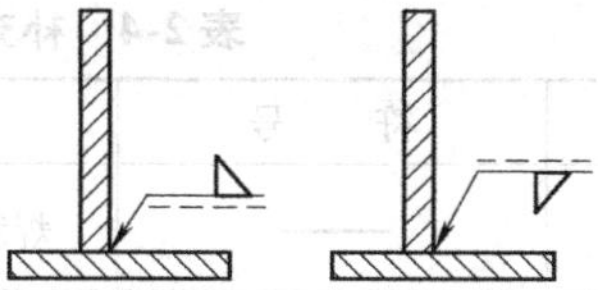	
4		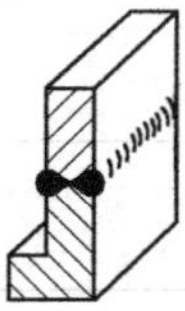	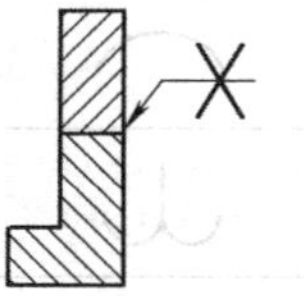	
5		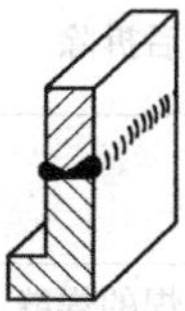	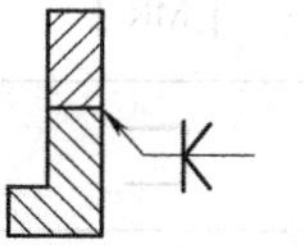	

（二）基本符号的组合

标注双面焊焊缝或接头形式时，基本符号可以组合使用，见表 2-3。

表 2-3 基本符号的组合

序号	名 称	示 意 图	符 号
1	双面 V 形焊缝（X 焊缝）	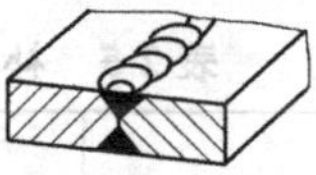	
2	双面单 V 形焊缝（K 焊缝）	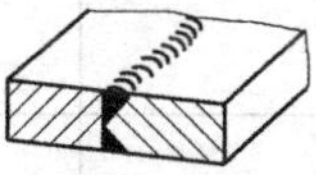	
3	带钝边的双面 V 形焊缝		
4	带钝边的双面单 V 形焊缝	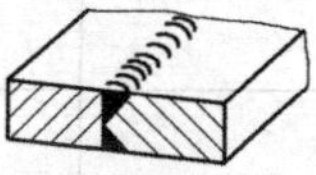	
5	双面 U 形焊缝	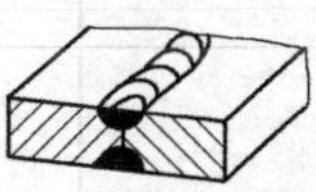	

（三）补充符号

补充符号是为了补充说明某些焊缝或接头的一些特征（如表面形状、衬垫、焊缝分布、施焊地点等）而采用的符号，见表2-4。补充符号的应用及标注示例分别见表2-5与表2-6。

表2-4　补充符号

序号	名　称	符　号	说　明
1	平面	—	焊缝表面通常经过加工后平整
2	凹面		焊缝表面凹陷
3	凸面		焊缝表面凸起
4	圆滑过渡		焊趾处过渡圆滑
5	永久衬垫	M	衬垫永久保留
6	临时衬垫	MR	衬垫在焊接完成后拆除
7	三面焊缝		三面带有焊缝
8	周围焊缝		沿着焊件周边施焊的焊缝 标注位置为基准线与箭头线的交点处
9	现场焊缝		在现场焊接的焊缝
10	尾部		可以表示所需的信息

表2-5　补充符号应用示例

序号	名　称	示意图	符　号
1	平齐的V形焊缝		
2	凸起的双面V形焊缝		
3	凹陷的角焊缝	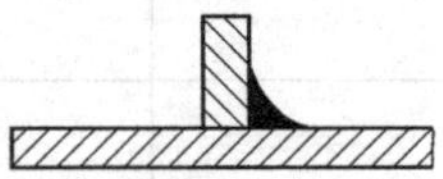	
4	平齐的V形焊缝和封底焊缝		
5	表面过渡平滑的角焊缝	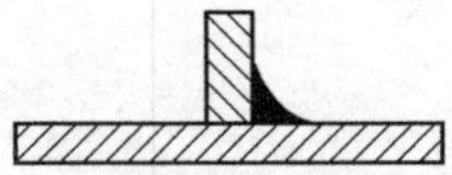	

表 2-6 补充符号的标注示例

序号	符号	示意图	标注示例	备注
1		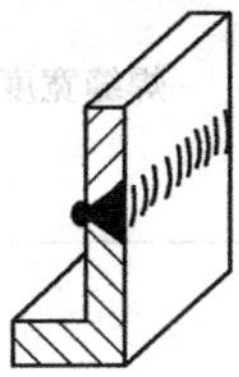	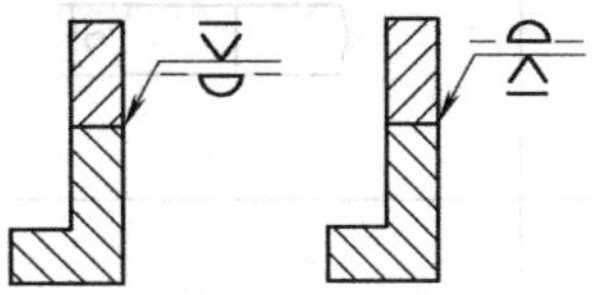	
2		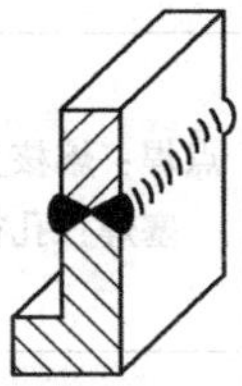	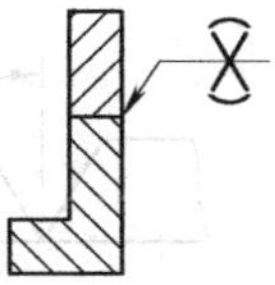	
3		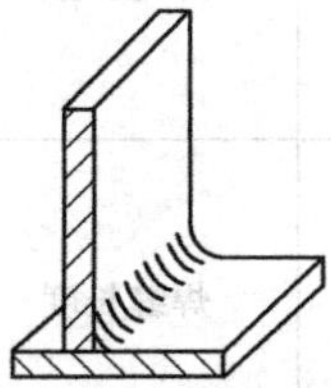	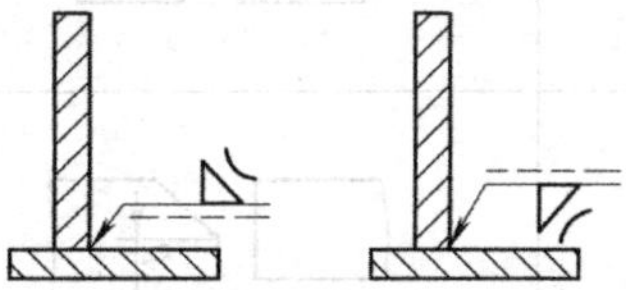	

此外，根据 GB/T 5185—2005《焊接及相关工艺方法代号》标准对部分焊接方法设定了代号，见表 2-7。

表 2-7 部分焊接方法代号

焊接方法名称	焊接方法代号	焊接方法名称	焊接方法代号
焊条电弧焊	111	等离子弧焊	15
埋弧焊	12	电阻焊	2
熔化极气体保护焊	13	气焊	3
非熔化极气体保护焊	14	电渣焊	72

（四）焊缝尺寸及标注

1. 一般要求　必要时，可以在焊缝符号中标注尺寸，尺寸符号及标注方法见表 2-8。

2. 标注规则　尺寸的标注方法如图 2-4 所示。尺寸标注的示例见表 2-9。

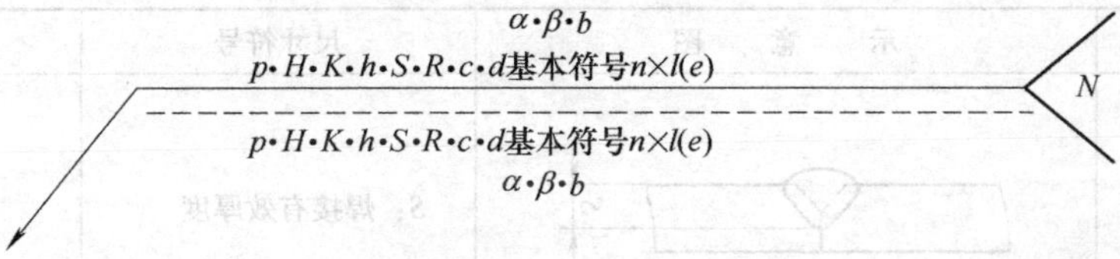

图 2-4　尺寸标注方法

表 2-8　尺寸符号及标注方法

符号	名称	示　意　图	符号	名称	示　意　图
δ	焊件厚度	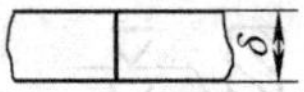	c	焊缝宽度	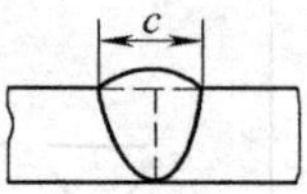
α	坡口角度	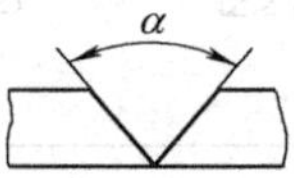	K	焊脚尺寸	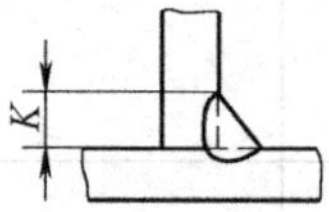
β	坡口面角度	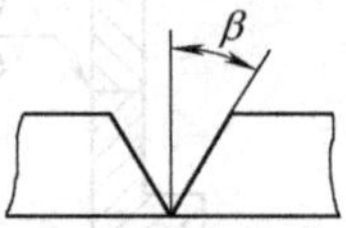	d	点焊：熔核直径 塞焊：孔径	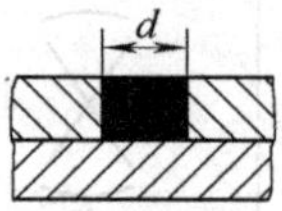
b	根部间隙	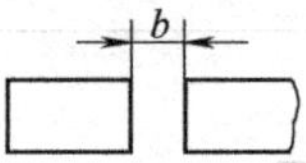	n	焊缝段数	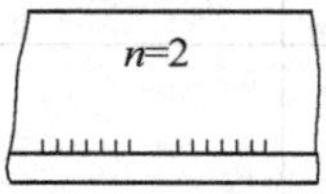
p	钝边	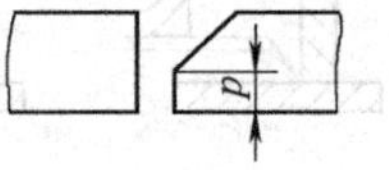	l	焊缝长度	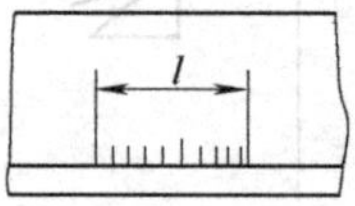
R	根部半径	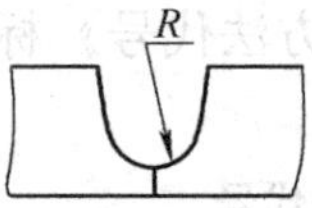	e	焊缝间距	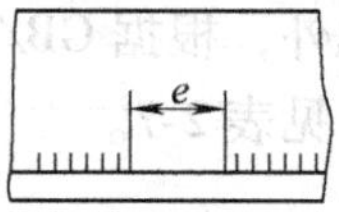
H	坡口深度	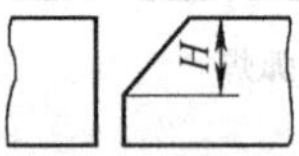	N	相同焊缝 数量	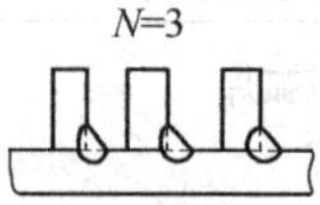
S	焊缝有效厚度	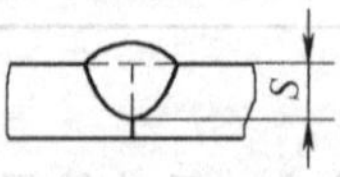	h	余高	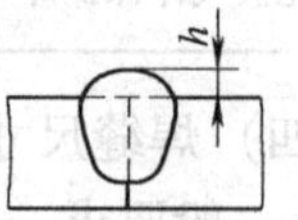

表 2-9　尺寸标注的示例

序号	名称	示　意　图	尺寸符号	标注方法
1	对接焊缝	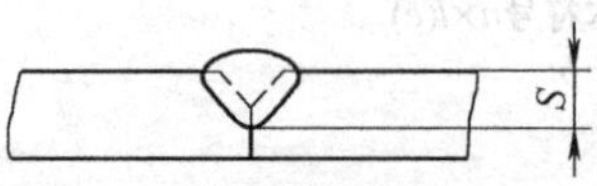	S：焊接有效厚度	

（续）

序号	名称	示　意　图	尺寸符号	标注方法
2	连续角焊缝	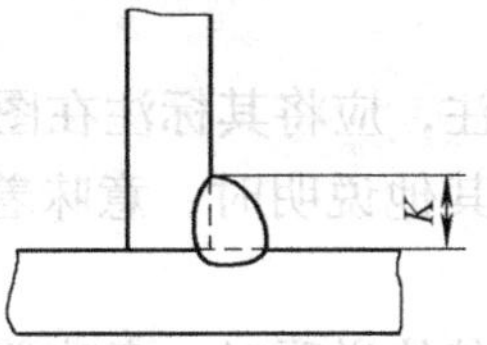	*K*：焊脚尺寸	
3	断续角焊缝	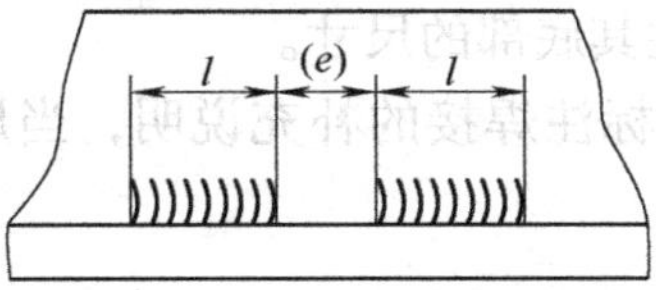	*l*：焊缝长度 *e*：间距 *n*：焊缝段数 *K*：焊脚尺寸	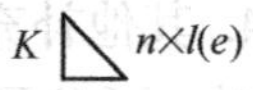
4	交错断续角焊缝	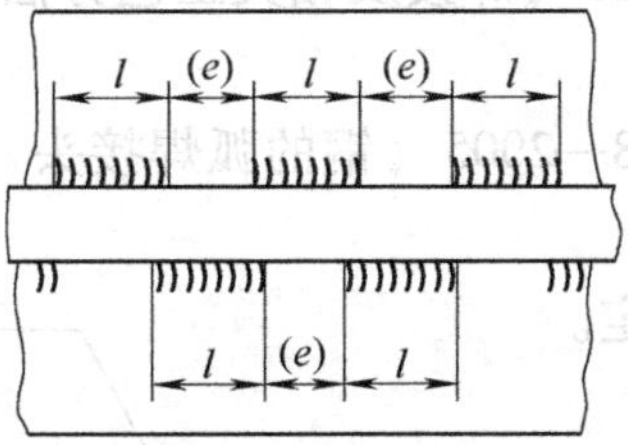	*l*：焊缝长度 *e*：间距 *n*：焊缝段数 *K*：焊脚尺寸	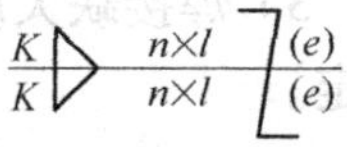
5	塞焊缝或槽焊缝	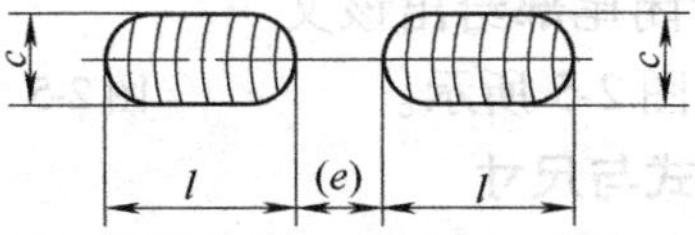	*l*：焊缝长度 *e*：间距 *n*：焊缝段数 *c*：槽宽	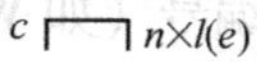
		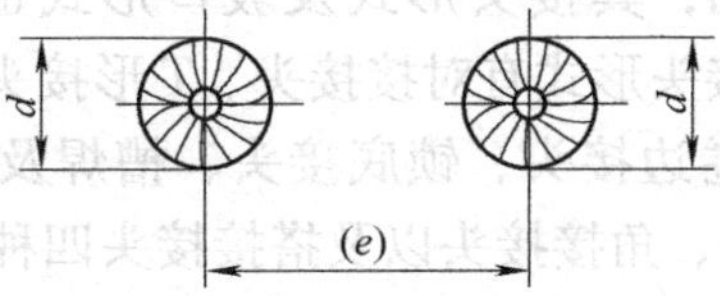	*e*：间距 *n*：焊缝段数 *d*：孔径	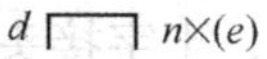
6	点焊缝	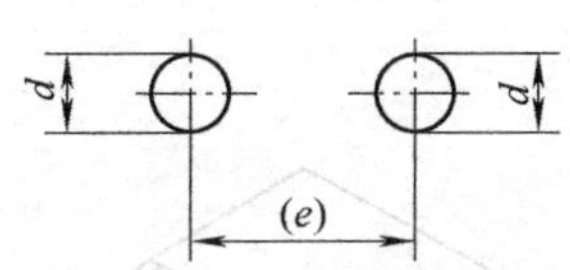	*n*：焊点数量 *e*：焊点距 *d*：熔核直径	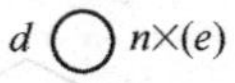
7	缝焊缝	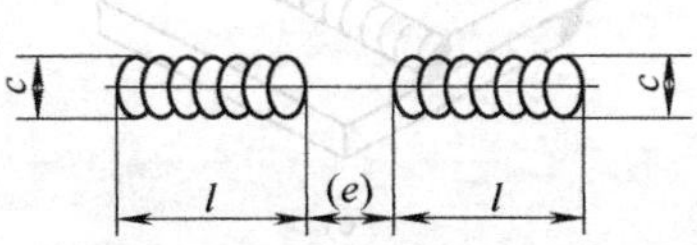	*l*：焊缝长度 *e*：间距 *n*：焊缝段数 *c*：焊缝宽度	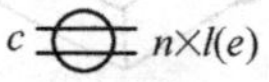

1）横向尺寸标注在基本符号的左侧。

2）纵向尺寸标注在基本符号的右侧。

3）坡口角度、坡口面角度、根部间隙标注在基本符号的上侧或下侧。

4）相同焊缝数量标注在尾部。

5）当尺寸较多不易分辨时，可在尺寸数据前标注相应的尺寸符号。

当箭头线方向改变时，上述规则不变。

3. 关于焊缝尺寸的其他规定

1）确定焊缝位置的尺寸不在焊缝符号中标注，应将其标注在图样上。

2）在基本符号的右侧无任何尺寸标注又无其他说明时，意味着焊缝在焊件的整个长度方向上是连续的。

3）在基本符号的左侧无任何尺寸标注又无其他说明时，意味着对接焊缝应完全焊透。

4）塞焊缝、槽焊缝带有斜边时，应标注其底部的尺寸。

4. 其他补充说明 必要时，可以在尾部标注焊接的补充说明，当尾部需要标注的内容较多时，可参照如下次序排列：

1）相同焊缝数量。

2）焊接方法代号，按照GB/T 5185—2005《焊接及相关工艺方法代号》的规定，其中部分常用焊接方法代号见表2-7。

3）焊接缺欠质量等级，按照GB/T 19418—2005《钢的弧焊接头 缺陷质量分级指南》规定。

4）焊接位置按照GB/T 16672—1996规定。

5）其他。

每个款项应用斜线“/”分开。为了简化图样，也可以将上述有关内容包含在某个文件中，采用封闭尾部给出该文件的编号（如WPS编号或表格编号等），如图2-5所示。

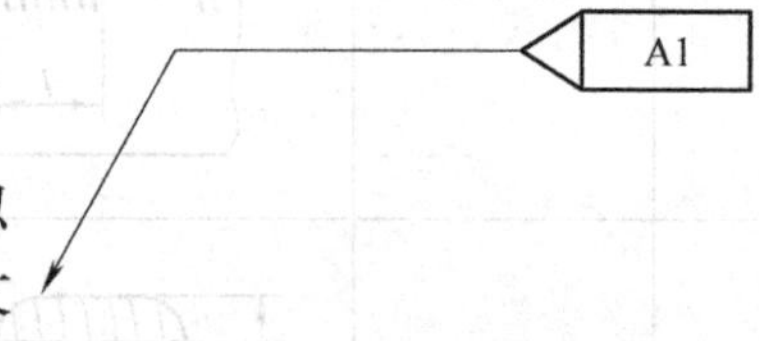

图2-5 封闭尾部示意图

二、焊接接头形式、焊缝坡口的基本形式与尺寸

焊接接头是指用焊接方法连接的接头，它主要由焊缝、熔合区和热影响区组成。由于焊件的厚度、结构的形状及使用条件的不同，其接头形式及坡口形式也不同。根据GB/T 3375—1994《焊接术语》标准规定，焊接接头形式有对接接头、T形接头、角接接头、搭接接头、十字接头、端接接头、套管接头、卷边接头、锁底接头、槽焊及塞焊搭接接头等几种。其中常用的形式有对接接头、T形接头、角接接头以及搭接接头四种，如图2-6所示。

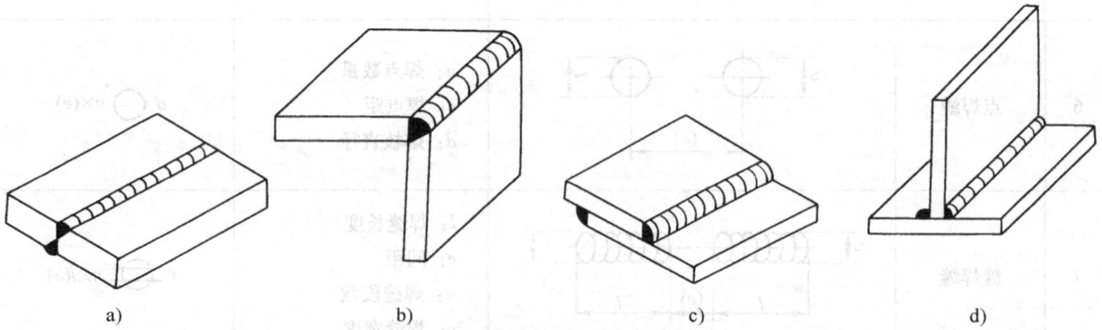

图2-6 焊接接头的常用基本类型

a）对接接头 b）角接接头 c）搭接接头 d）T形接头

（一）对接接头

对接接头的形式是在焊接结构中采用最多的一种接头形式。按照焊件厚度和坡口准备的不同，对接接头一般有I形坡口、V形坡口、双V形坡口、单U形坡口和带钝边双U形坡

口、J形坡口等几种形式。

开坡口是为了保证电弧能深入焊缝根部，使根部焊透，以及便于清除焊渣，获得较好的焊缝成形，而且坡口能起到调节母材和填充金属的比例的作用。钝边是为了防止烧穿，但钝边的尺寸要保证第一层焊缝能焊透，间隙也是为了保证根部能焊透。

选择坡口形式时，应从是否能保证焊缝焊透，坡口形状是否容易加工，应尽可能提高生产率、节省焊条，焊后焊件变形应尽可能小等方面考虑。

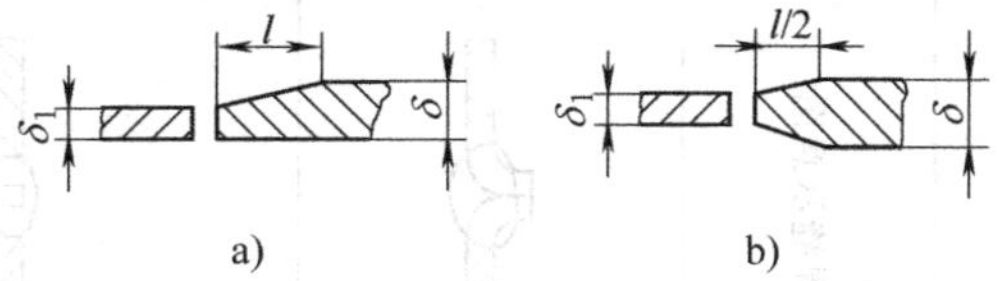

图2-7　不同厚度钢板的对接
a）单面削薄　b）双面削薄

对于不同厚度的板料对接，如果厚度差（$\delta-\delta_1$）不超过表2-10的规定时，则焊缝坡口的基本形式与尺寸按较厚板的尺寸数据来选取；否则，应在较厚板上作单面（见图2-7a）或双面（见图2-7b）的削薄，其削薄长度$L\geqslant3$（$\delta-\delta_1$）。

表2-10　厚度差范围表　（单位：mm）

较薄板的厚度δ_1	≥2～5	>5～9	>9～12	>12
允许厚度差（$\delta-\delta_1$）	1	2	3	4

（二）T形接头

T形接头在焊接结构中被广泛地采用，特别是造船厂的船体结构中，约70%的焊缝是这种接头形式。按照焊件厚度和坡口准备的不同，T形接头常用I形、单边V形、双单边V形以及带钝边双J形坡口四种形式。

T形接头作为一般联系焊缝，钢板厚度在2～30mm时，可采用I形坡口，它不需要较精确的坡口准备。若T形接头的焊缝要求承受载荷，则应按照钢板厚度和对结构强度的要求，分别选用单边V形、双单边V形或带钝边双J形等坡口形式，使接头能焊透，保证接头强度。

（三）角接接头

角接接头的形式一般用于不重要的焊接结构中。根据焊件厚度和坡口准备的不同，角接接头可分为I形、单边V形、V形以及双单边V形坡口四种形式。但开坡口的角接接头在一般结构中较少采用。

（四）搭接接头

搭接接头根据其结构形式和对强度的要求不同，可分为I形坡口、槽焊及塞焊三种形式。

I形坡口的搭接接头，一般用于12mm以下的钢板，其重叠部分为3～5倍的板厚，并采用双面焊接。这种接头的装配要求不高，也易于装配，但这种接头承载能力低，所以只用在不重要的结构中。

当遇到重叠钢板的面积较大时，为了保证结构强度，可根据需要分别选用槽焊和塞焊的接头形式。这种形式特别适合于被焊结构狭小处以及密闭的焊接结构，圆孔和长孔的大小和数量要根据板厚和对结构的强度要求而定。

气焊、焊条电弧焊、气体保护焊和高能束焊推荐坡口形式与尺寸，见表2-11。

三、焊缝形式

焊缝按不同分类方法可分为下列几种形式：

1）按焊缝在空间位置的不同可分为平焊缝、立焊缝、横焊缝及仰焊缝四种形式。

表 2-11 气焊、焊条电弧焊、气体保护焊和高能束焊推荐坡口形式和尺寸（摘自 GB/T 985.1—2008） （单位：mm）

序号	母材厚度 δ	坡口/接头种类	基本符号	横截面示意图	坡口角 α 或坡口面角 β	间隙 b	钝边 c	坡口深度 h	适用的焊接方法	焊缝示意图	备注
	单面对接焊坡口				坡口尺寸						
1	$\delta\leqslant2$	卷边坡口	八	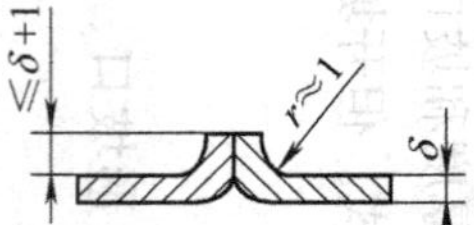	—	—	—	—	3 111 141 512		通常不填加焊接材料
2	$\delta\leqslant4$	I形坡口	‖	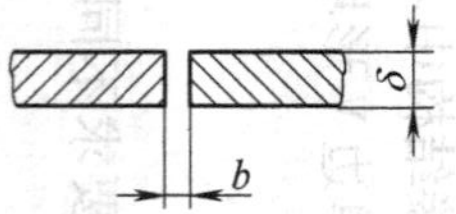	—	$\approx\delta$	—	—	3 111 141		—
	$3<\delta\leqslant8$					$3\leqslant b\leqslant8$			13		必要时加衬垫
						$\approx\delta$			141①		
	$\delta\leqslant15$					$\leqslant1$②			52		
						0					
3	$3<\delta\leqslant10$	V形坡口	V	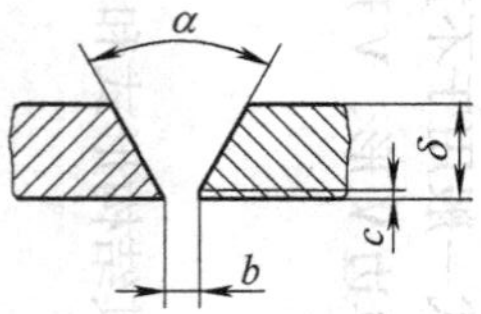	$40°\leqslant\alpha\leqslant60°$	$\leqslant4$	$\leqslant2$	—	3 111 13 141		必要时加衬垫
	$8<\delta\leqslant12$				$60°\leqslant\alpha\leqslant80°$				52②		
4	$5\leqslant\delta\leqslant40$	V形坡口（带钝边）	Y	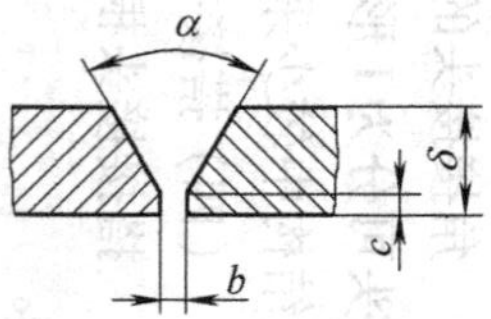	$\alpha\approx60°$	$1\leqslant b\leqslant4$	$2\leqslant c\leqslant4$	—	111 13 141	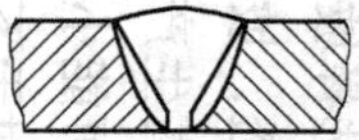	—

（续）

序号	母材厚度 δ	坡口/接头种类	基本符号	横截面示意图	坡口尺寸 坡口角 α 或坡口面角 β	坡口尺寸 间隙 b	坡口尺寸 钝边 c	坡口尺寸 坡口深度 h	适用的焊接方法	焊缝示意图	备注
5	$\delta>12$	U-V 形组合坡口		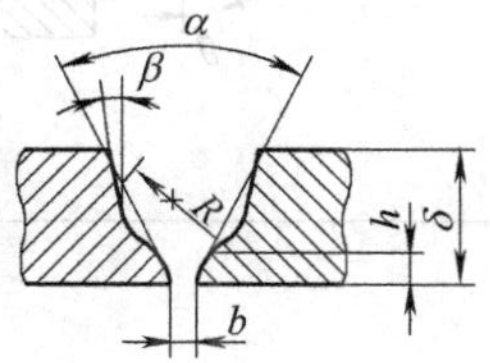	$60°\leqslant\alpha\leqslant90°$ $8°\leqslant\beta\leqslant12°$	$1\leqslant b\leqslant3$	—	≈4	111 13 141	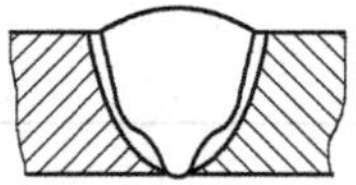	$6\leqslant R\leqslant9$
6	$\delta>12$	V-V 形组合坡口		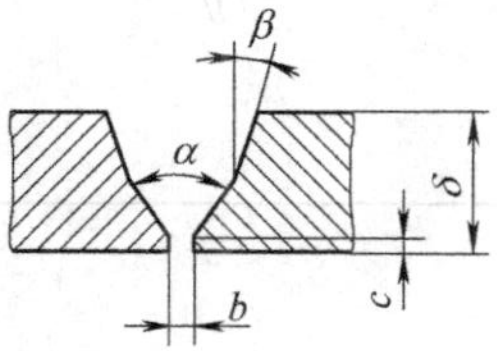	$60°\leqslant\alpha\leqslant90°$ $10°\leqslant\beta\leqslant15°$	$2\leqslant b\leqslant4$	>2	—	111 13 141	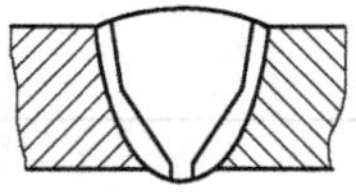	—
7	$\delta>12$	U 形坡口		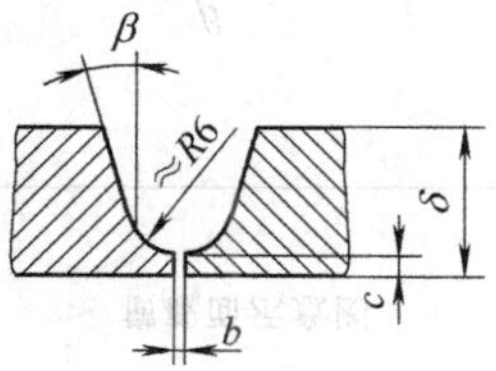	$8°\leqslant\beta\leqslant12°$	≤4	≤3	—	111 13 141	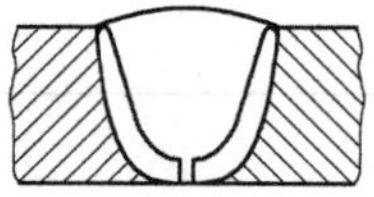	—

（续）

序号	母材厚度 δ	坡口/接头种类	基本符号	横截面示意图	坡口尺寸：坡口角 α 或坡口面角 β	坡口尺寸：间隙 b	坡口尺寸：钝边 c	坡口尺寸：坡口深度 h	适用的焊接方法	焊缝示意图	备注
8	$3<\delta\leqslant10$	单边 V 形坡口		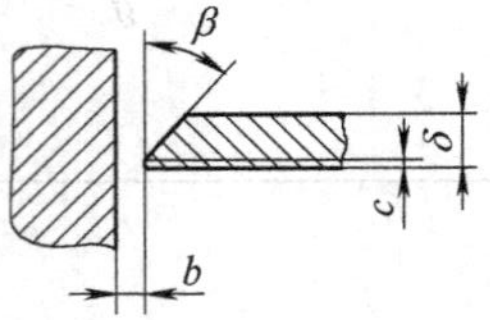 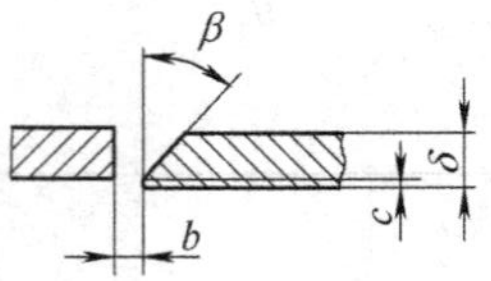	$35°\leqslant\beta\leqslant60°$	$2\leqslant b\leqslant4$	$1\leqslant c\leqslant2$	—	111 13 141	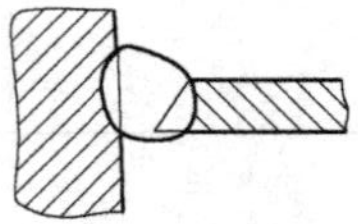 	—
9	>16	J 形坡口		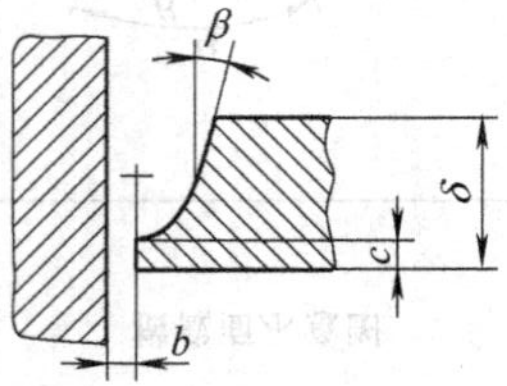	$10°\leqslant\beta\leqslant20°$	$2\leqslant b\leqslant4$	$1\leqslant c\leqslant2$	—	111 13 141	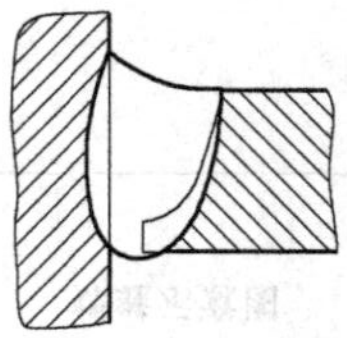	—

（续）

序号	母材厚度 δ	坡口/接头种类	基本符号	横截面示意图	双面对接焊坡口 坡口尺寸 坡口角 α 或坡口面角 β	间隙 b	钝边 c	坡口深度 h	适用的焊接方法	焊缝示意图	备注
10	$\delta\leqslant8$	I 形坡口		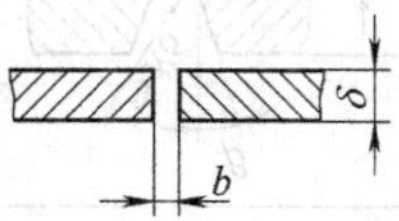	—	$\approx\delta/2$	—	—	111 141 13		—
	$\delta\leqslant15$					0			52		
11	$3\leqslant\delta\leqslant40$	V 形坡口		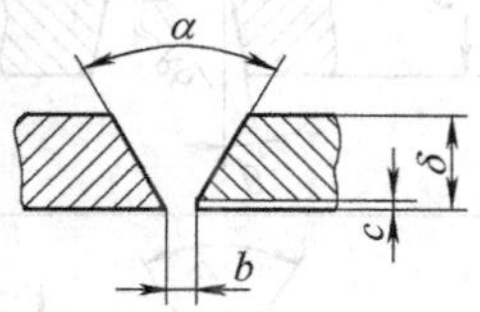	$\alpha\approx60°$	$\leqslant3$	$\leqslant2$	—	111 141		封底
					$40°\leqslant\alpha\leqslant60°$				13		
12	$\delta>10$	带钝边 V 形坡口		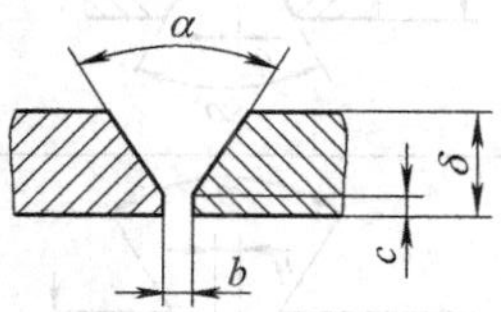	$\alpha\approx60°$	$1\leqslant b\leqslant3$	$2\leqslant c\leqslant4$	—	111 141	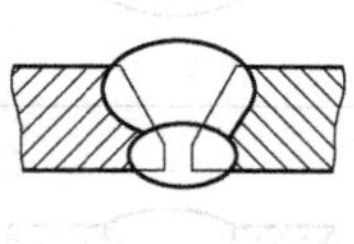	特殊情况下可适用更小的厚度和间隙焊方法。注明封底
					$40°\leqslant\alpha\leqslant60°$				13		
13	$\delta>10$	双 V 形坡口（带钝边）		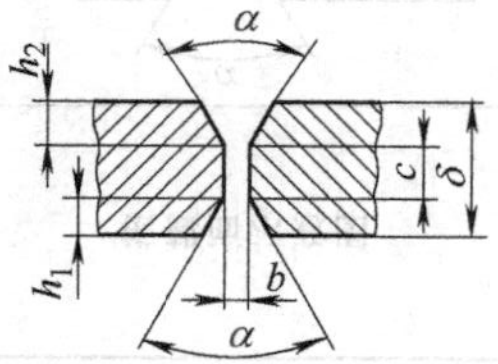	$\alpha\approx60°$	$1\leqslant b\leqslant4$	$2\leqslant c\leqslant6$	$h_1=h_2=\frac{t-c}{2}$	111 141	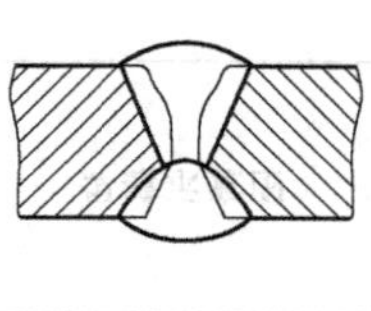	—
					$40°\leqslant\alpha\leqslant60°$				13		

（续）

序号	母材厚度 δ	坡口/接头种类	基本符号	横截面示意图	坡口尺寸：坡口角 α 或坡口面角 β	坡口尺寸：间隙 b	坡口尺寸：钝边 c	坡口尺寸：坡口深度 h	适用的焊接方法	焊缝示意图	备注
14	$\delta>10$	双V形坡口		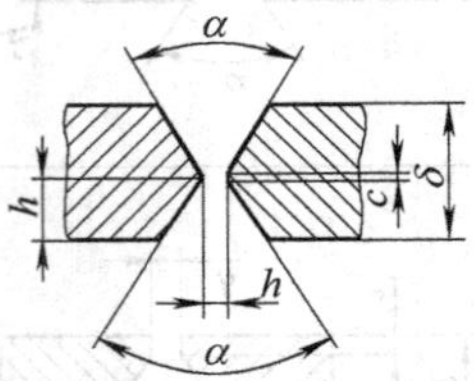	$\alpha\approx60°$	$1\leqslant b\leqslant3$	$\leqslant2$	$\approx t/2$	111 141	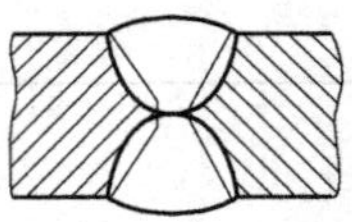	—
					$40°\leqslant\alpha\leqslant60°$				13		
		非对称双V形坡口		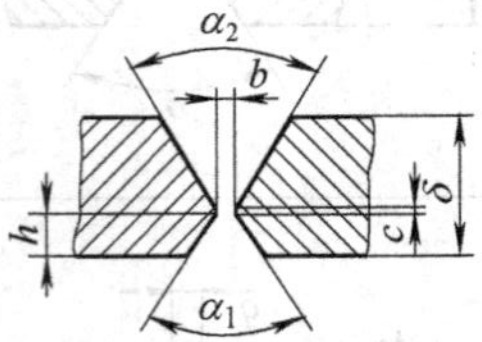	$\alpha_1\approx60°$ $\alpha_2\approx60°$			$\approx t/3$	111 141	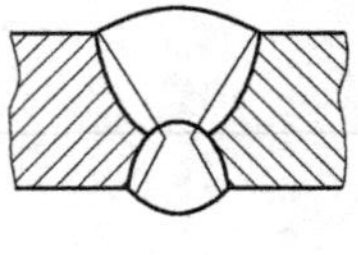	
					$40°\leqslant\alpha_1\leqslant60°$ $40°\leqslant\alpha_2\leqslant60°$				13		
15	$\delta>12$	U形坡口		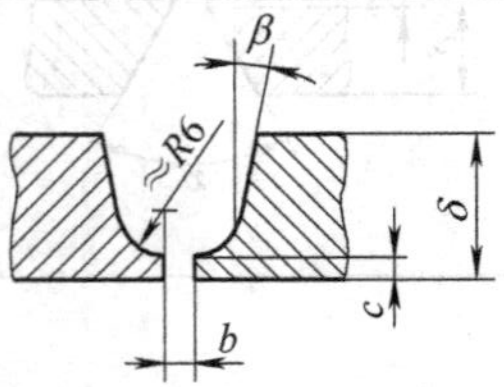	$8°\leqslant\beta\leqslant12°$	$1\leqslant b\leqslant3$	≈5	—	111 13	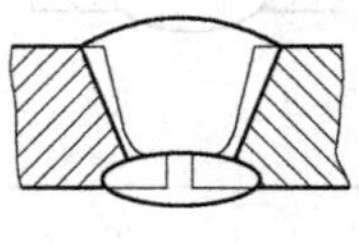	封底
						$\leqslant3$			141①		
16	$\delta\geqslant30$	双U形坡口		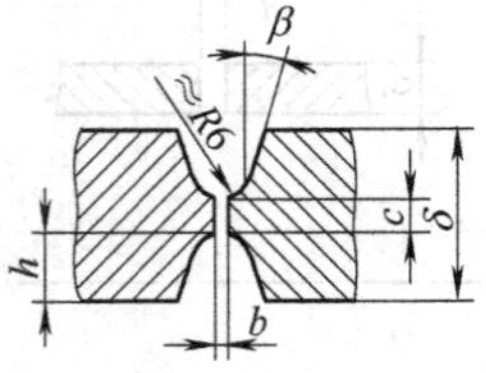	$8°\leqslant\beta\leqslant12°$	$\leqslant3$	≈3	$\approx\frac{\delta-c}{2}$	111 13 141①	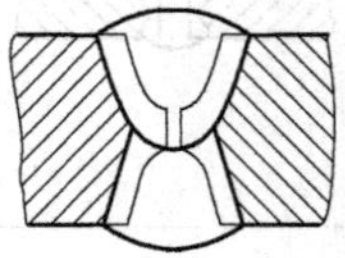	可制成与V形坡口相似的非对称坡口形式
17	$3\leqslant\delta\leqslant30$	单边V形坡口		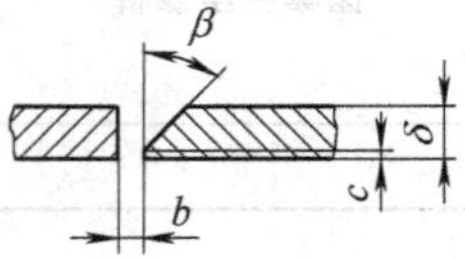	$35°\leqslant\beta\leqslant60°$	$1\leqslant b\leqslant4$	$\leqslant2$	—	111 13 141①		封底

（续）

序号	母材厚度 δ	坡口/接头种类	基本符号	横截面示意图	坡口尺寸 坡口角 α 或坡口面角 β	间隙 b	钝边 c	坡口深度 h	适用的焊接方法	焊缝示意图	备注
18	δ>10	K形坡口		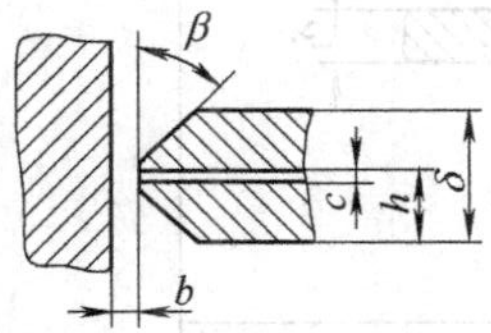 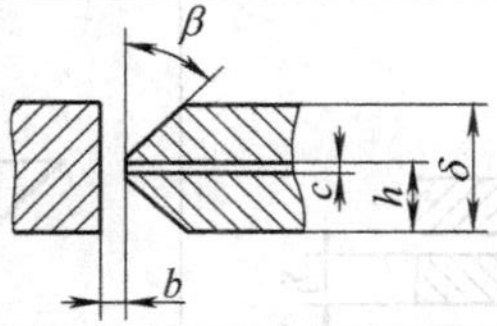	35°≤β≤60°	1≤b≤4	≤2	≈δ/2 或 ≈δ/3	111 13 141③	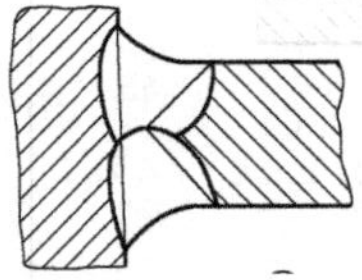 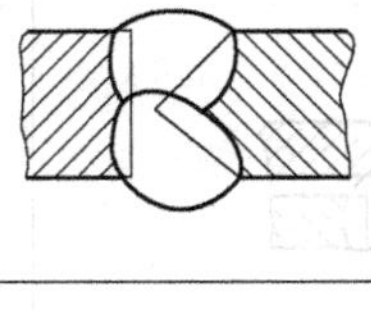	可制成与V形坡口相似的非对称坡口形式
19	δ>16	J形坡口	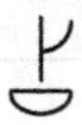	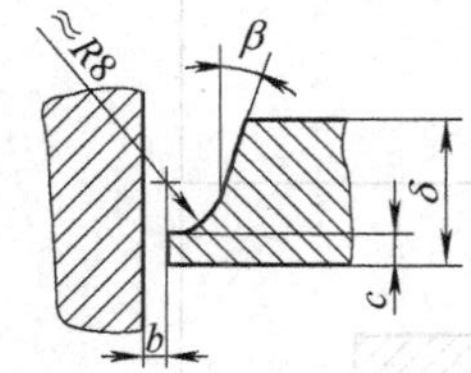	10°≤β≤20°	1≤b≤3	≥2	—	111 13 141①	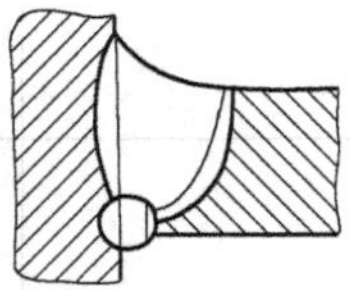	封底
20	>30	双J形坡口		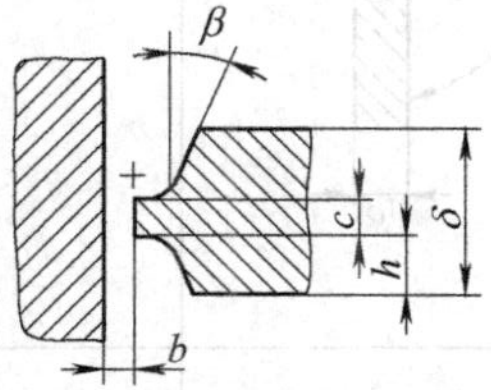	10°<β<20°	≤3	≥2	$=\frac{\delta-c}{2}$	111 13 141①	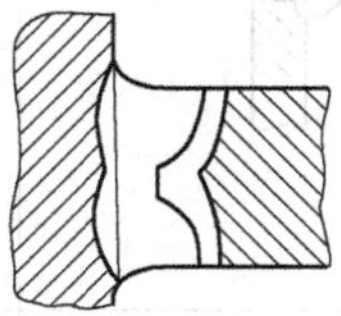	—
							<2	≈δ/2			
21	≤25	T形接头		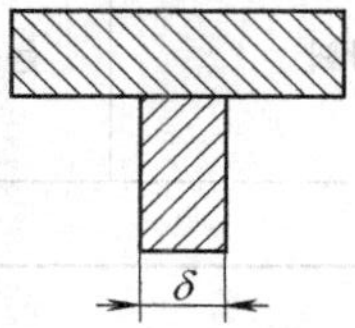	—	—	—	—	52	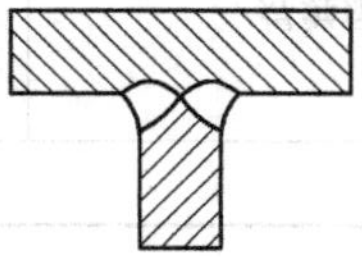	—
	≤170								51		

（续）

角焊缝的接头形式（单面焊）								
序号	母材厚度 δ	接头形式	基本符号	横截面示意图	坡口尺寸		适用焊接方法①	焊缝示意图
					角度 α	间隙 b		
22	$\delta_1>2$ $\delta_2>2$	T 形接头		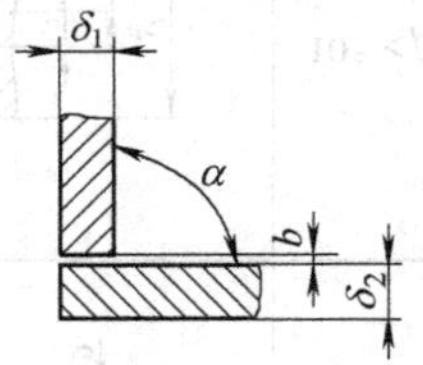	$70°\leqslant\alpha\leqslant100°$	$\leqslant2$	3 111 13 141④	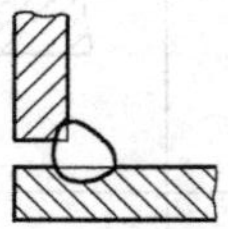
23	$\delta_1>2$ $\delta_2>2$	搭接		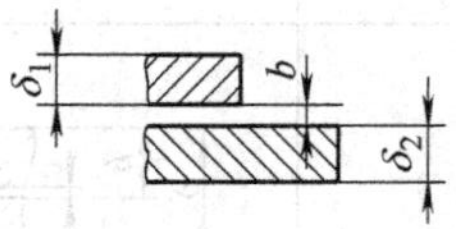	—	$\leqslant2$	3 111 13 141	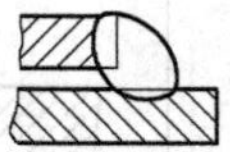
24	$\delta_1>2$ $\delta_2>2$	角接		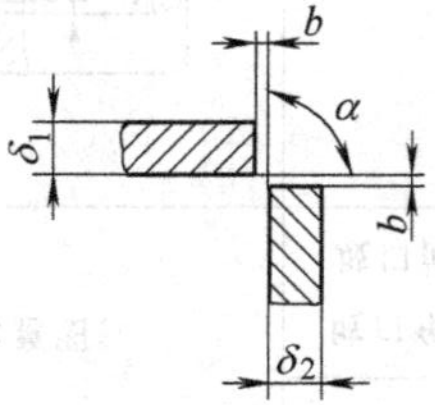	$60°\leqslant\alpha\leqslant120°$	$\leqslant2$	3 111 13 141	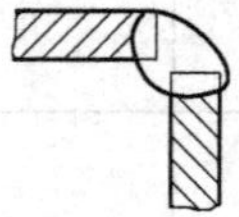

（续）

序号	母材厚度 δ	接头形式	基本符号	横截面示意图	坡口尺寸 角度 α	坡口尺寸 间隙 b	适用焊接方法①	焊缝示意图
角焊缝的接头形式(双面焊)								
25	$\delta_1>3$ $\delta_2>3$	角接		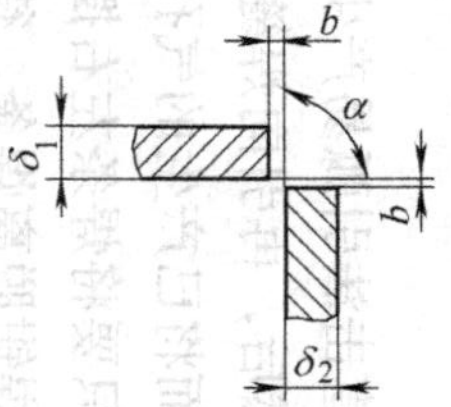	$70°\leqslant\alpha\leqslant100°$	≤2	3 111 13 141⑤	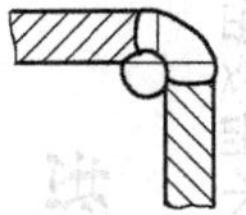
26	$\delta_1>2$ $\delta_2>5$	角接		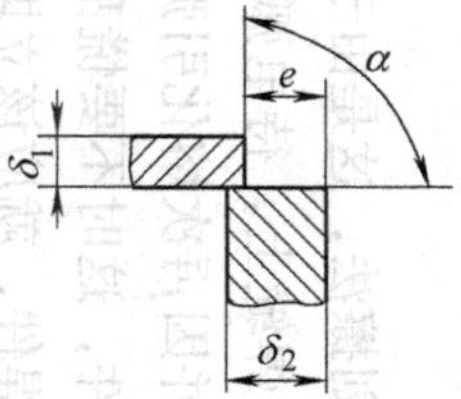	$60°\leqslant\alpha\leqslant120°$	—	3 111 13 141	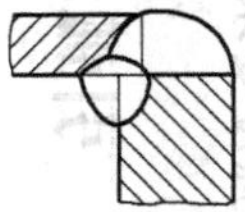
27	$2\leqslant\delta_1\leqslant4$ $2\leqslant\delta_2\leqslant4$	T形接头		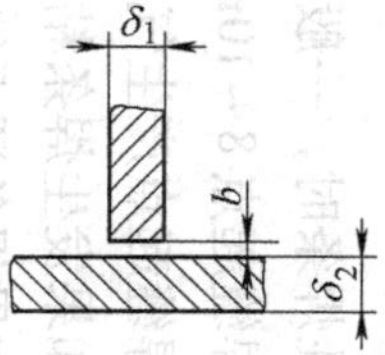	—	≤2	3 111 13 141	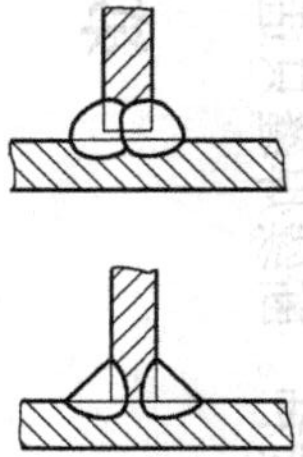
	$\delta_1>4$ $\delta_2>4$					—		

① 该种焊接方法不一定适用于整个焊件厚度范围的焊接。
② 需要添加焊接材料。
③ 该种焊接方法不一定适用于整个焊件厚度范围的焊接。
④、⑤ 这些焊接方法不一定适用于整个焊件厚度范围的焊接。

2）按焊缝结合形式不同可分为对接焊缝、角焊缝及塞焊缝三种形式。

3）按焊缝断续情况可分为连续焊缝和断续焊缝两种，断续焊缝又可分为交错式焊缝和并列式焊缝两种。断续焊缝只适用于对强度要求不高，以及不需要密闭的焊接结构。

第二节　引弧和运条方法

一、电弧的引燃方法

引弧的方法有两种：一种为划擦法，另一种为直击法。

（一）划擦法

动作似划火柴，先将焊条末端对准焊缝，然后将手腕扭转一下，使焊条在焊件表面上轻微划擦一下（划擦长度为20mm左右，并应落在焊缝范围内），然后手腕扭平，并将焊条提起3～4mm左右，电弧引燃后应立即使弧长保持在所用焊条直径相适应的范围内。

（二）直击法

先将焊条末端对准焊缝，然后将手腕放下，轻轻碰一下焊件，随后即将焊条提起3～4mm左右，产生电弧后迅速将手腕放平，使弧长也保持在与所用焊条的直径相适应的范围内。

对初学者来说，划擦法易于掌握，但掌握不当时，容易损坏焊件表面，特别是在狭窄的地方焊接或焊件表面不允许损伤时，就不如直击法好。但初学时直击法较难掌握，由于手腕动作不熟练，没有掌握好焊条离开焊件时的速度和距离，如果动作较快，焊条提得太高，就不能引燃电弧或电弧只燃烧一瞬间就熄灭。如果动作太慢，焊条提得太低，就可能使焊条与焊件粘在一起，造成焊接回路的短路现象。所以在引弧时手腕的动作必须灵活、准确，才能避免这些现象。

在使用碱性焊条时，一般采用划擦法，这是由于用直击法引弧易产生气孔。焊接时，引弧点应选在离焊缝起点8～10mm的焊缝上，待电弧引燃后，再引向焊缝起点进行施焊，这样可以避免在焊缝起点产生气孔，并因再次熔化引弧点而将已产生的气孔消除。

引弧时，如果发生焊条粘住焊件，这时不要慌乱，只要将焊条左右摆动几下，就可以脱离焊件。这时如果焊条还不能脱离焊件，就应该立即使焊钳脱离焊条，待焊条冷却后，用手将焊条扳下。

二、运条方法

当电弧引燃后，焊条要有三个基本方向的运动才能使焊缝良好成形。这三个方向的运动是：朝着熔池方向作逐渐送进动作；作横向摆动；沿着焊接方向逐渐移动，如图2-8所示。

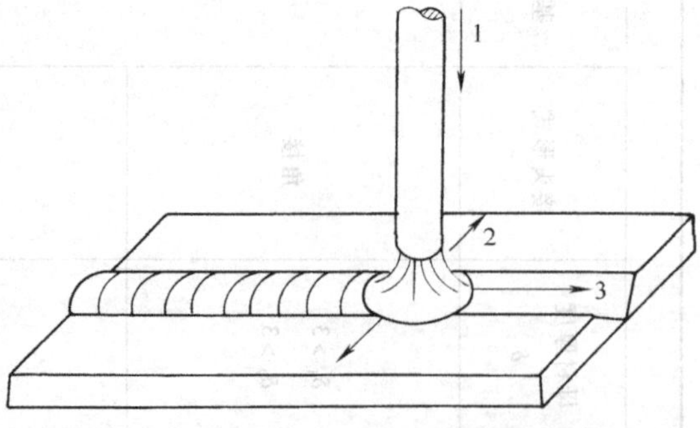

图2-8　焊条的三个基本运动方向

1—焊条送进　2—焊条摆动　3—沿焊缝移动

焊条朝着熔池方向逐渐送进，主要是用来维持所要求的电弧长度。因此，焊条送进的速度应该与焊条熔化的速度相适应。

电弧的长短对焊缝质量有极大的影响，电弧的长度超过了焊条的直径称为长弧，小于焊条直径称为短弧。用长弧焊接时所得的焊缝质量较差，因为长弧易左右飘摆，使电弧不稳定，同时电弧的热量容易散失，使接头不易熔透，而且由于空气的侵入易产生气孔等，因此特别在碱性焊条施焊时一定要采用短弧，才能保证质量。

焊条的横向摆动，主要是为了获得一定宽度的焊缝，其摆动范围与焊缝要求的宽度、焊条直径有关。摆动的范围越宽，则得到的焊缝宽度也越大。

焊条沿焊接方向逐渐移动，焊条的移动速度，对焊缝的质量也有很大的影响。移动速度太快，则电弧来不及熔化足够的焊条和母材，造成焊缝断面太小及形成未熔合等缺欠。若速度太慢，则熔化金属堆积过多，加大了焊缝的断面，降低了焊缝强度；此外还由于金属加热温度过高，使焊缝金属组织发生变化，在焊较薄的焊件时易造成烧穿现象。所以焊条沿着焊接方向移动的速度，应根据焊接电流的大小、焊条直径、焊件厚度、装配间隙以及焊缝位置来适当掌握。

在焊接生产实践中，根据不同的焊缝位置，不同的接头形式，以及考虑焊条直径、焊接电流、焊件厚度等各种因素，可采用不同的摆动手法。下面介绍几种常用的运条方法及适用范围。

（一）直线形运条法

图 2-9　直线形运条法

直线形运条法在焊接时，保持一定的弧长，并沿焊接方向作不摆动的前移，如图 2-9 所示。由于焊条不作横向摆动，电弧较稳定，所以能获得较大的熔池深度，但焊缝的宽度较窄，一般不超过焊条直径的 1.5 倍，所以这种手法适用于板厚 3 ~ 5mm 的 I 形坡口的对接平焊、多层焊的第一层焊道和多层多道焊。

（二）直线往返形运条法

直线往返形运条法是焊条末端沿焊缝的纵向作来回直线形摆动，如图 2-10 所示。这种运条方法的特点是焊接速度快、焊缝窄、散热也快，所以适用于薄板焊接和接头间隙较大的焊缝。

（三）锯齿形运条法

锯齿形运条法是将焊条末端作锯齿形连续摆动而向前移动，并在两边稍停片刻，停留时间视操作时的实际情况而定，以防止产生咬边，如图 2-11 所示。焊条摆动的目的主要是为了控制焊缝熔化金属的流动和得到必要的焊缝宽度，以获得较好的焊缝成形。由于这种方法容易操作，所以在实际生产中应用较广，多用于较厚钢板的焊接，其具体应用范围是：平焊、立焊、仰焊的对接接头和立焊的角接接头。

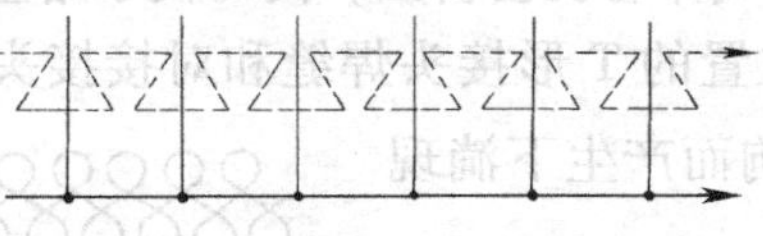

图 2-10　直线往返形运条法

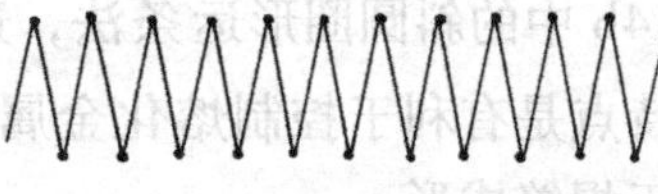

图 2-11　锯齿形运条法

（四）月牙形运条法

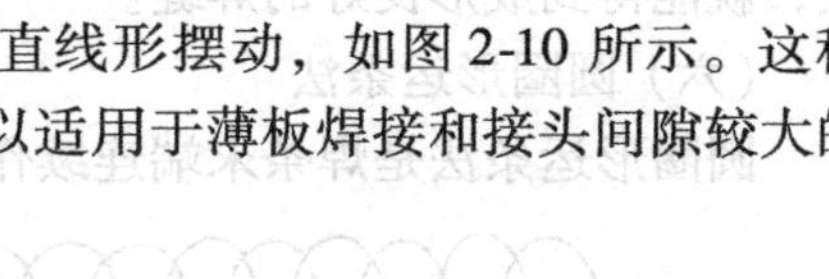

图 2-12　月牙形运条法

月牙形运条法在生产上应用也比较广泛，采用这种方法时，使焊条末端沿着焊接方向作月牙形的左右摆动，如图 2-12 所示。摆动的速度要根据焊缝的位置、接头形式、焊缝宽度和焊接电流来决定。同时还要注意在两边的适当位置作片刻停留，这是为了使焊缝边缘熔合，并防止产生咬边现象。

月牙形运条法的适用范围和锯齿形运条法基本相同，不过用它焊出来的焊缝余高较高。它的优点是使金属熔化良好，有较长的保温时间，容易使气体析出和焊渣浮到焊缝表面上来，所以对提高焊缝质量有好处。

（五）三角形运条法

三角形运条法是焊条末端作连续的三角形运动，并不断向前移动，根据它适用范围不同，基本上可以分为两种形式，如图2-13所示。

在图2-13a中的斜三角形运条法适用于焊接T形接头的仰焊缝和有坡口的横焊缝。它的优点是能够借焊条的摆动来控制熔化金属，促使焊缝成形良好。

在图2-13b中的正三角形运条法，只适用于开坡口的对接接头和T形接头的立焊。它的特点是一次能焊出较厚的焊缝断面，焊缝不易产生夹渣等缺陷，有利于提高生产率。

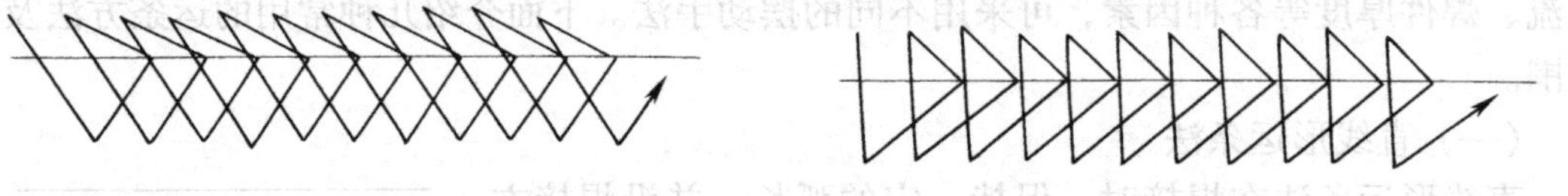

图2-13 三角形运条法

a）斜三角形 b）正三角形

上述两种运条方法在实际应用时，应根据焊缝的具体情况而定，不过立焊时，在三角形折角处要稍作停留，斜三角形转角部分的运条速度要慢些，如果对这些动作掌握得协调一致，就能得到成形良好的焊缝。

（六）圆圈形运条法

圆圈形运条法是焊条末端连续作圆圈形运动，并不断前移，如图2-14所示。

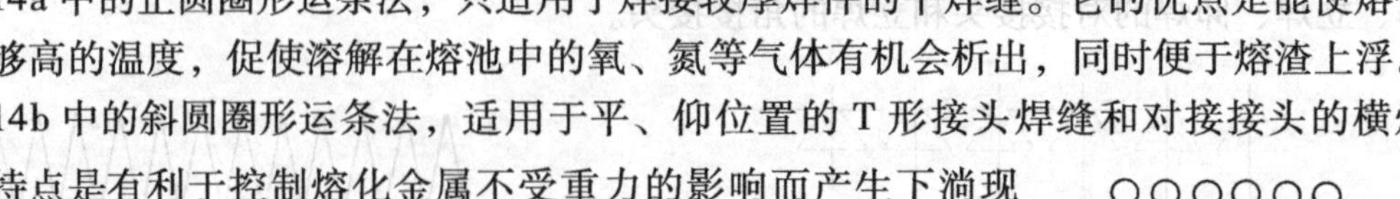

图2-14 圆圈形运条法

a）正圆圈形 b）斜圆圈形

图2-14a中的正圆圈形运条法，只适用于焊接较厚焊件的平焊缝。它的优点是能使熔化金属有足够高的温度，促使溶解在熔池中的氧、氮等气体有机会析出，同时便于熔渣上浮。

图2-14b中的斜圆圈形运条法，适用于平、仰位置的T形接头焊缝和对接接头的横焊缝。它的特点是有利于控制熔化金属不受重力的影响而产生下淌现象，有助于焊缝成形。

此外，还有如图2-15所示的几种运条法，它们的特点是能保证焊缝边缘得到充分加热，使之熔化均匀，保证熔透。这些方法适用于开坡口的厚板对接接头。

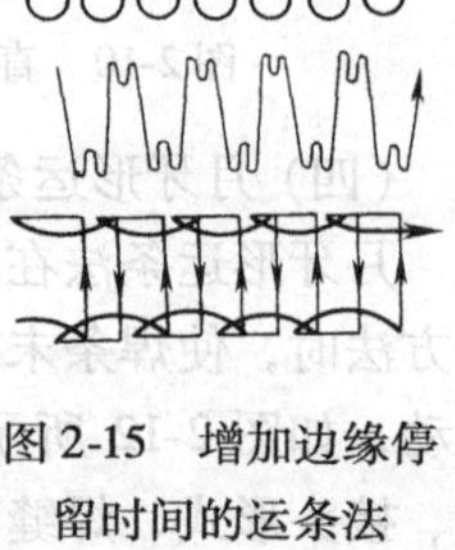

图2-15 增加边缘停留时间的运条法

以上介绍的几种运条法仅是几种最基本的方法，在实际生产中焊接同一接头形式的焊缝，焊工们往往根据自己的习惯及经验，采用的运条法也是各不相同的。

第三节　焊缝的起头、收尾及接头

一、焊缝的起头

焊缝的起头就是指刚开始焊接的部分，在一般情况下这部分焊缝略高些，这是因为焊件在未焊之前温度较低，而引弧后又不能迅速使这部分金属温度升高，所以起点部分的熔透程度较浅。为了减少这种现象的产生，应该在引弧后先将电弧稍微拉长，对焊缝端头进行必要的预热，然后适当缩短电弧长度进行正常的焊接。

二、焊缝的收尾

在一条焊缝焊完时，应把收尾处的弧坑填满，如果收尾时立即拉断电弧，则会形成低于焊件表面的弧坑。过深的弧坑使焊缝收尾处强度减弱，并容易造成应力集中而产生裂纹。因此在焊缝收尾时不允许有较深的弧坑存在。焊缝的收尾动作不仅是熄弧，还要填满弧坑，一般收尾动作有以下几种：

（一）划圈收尾法

焊条移至焊缝终点时，作圆圈运动，直到填满弧坑再拉断电弧。此法适用于厚板收尾。

（二）反复断弧收尾法

焊条移至焊缝终点时，在弧坑处反复熄弧、引弧数次，直到填满弧坑为止。此法一般适用于薄板和大电流焊接，但碱性焊条不宜使用此法，因为容易产生气孔。

（三）回焊收尾法

焊条移至焊缝收尾处即停住，并且改变焊条角度回焊一小段。此法适用于碱性焊条。

三、焊缝的连接

焊条电弧焊时，由于受焊条长度的限制，不可能一根焊条焊完一条焊缝，因而出现了焊缝的接头问题。如何使后焊的焊缝和先焊的焊缝均匀连接，避免产生接头过高、脱节和宽窄不一致的缺陷，这就要求焊工在前后衔接时选择恰当的连接方式。因为焊缝接头的好坏不仅影响焊缝的外观，而且对整个焊缝的质量影响也较大。焊缝的接头一般有以下几种情况（见图 2-16）：

1）后焊焊缝的起头与先焊焊缝的结尾相接，如图 2-16a 所示；

2）后焊焊缝的起头与先焊焊缝的起头相接，如图 2-16b 所示；

3）后焊焊缝的结尾与先焊焊缝的结尾相接，如图 2-16c 所示；

4）后焊焊缝的结尾与先焊焊缝的起头相接，如图 2-16d 所示。

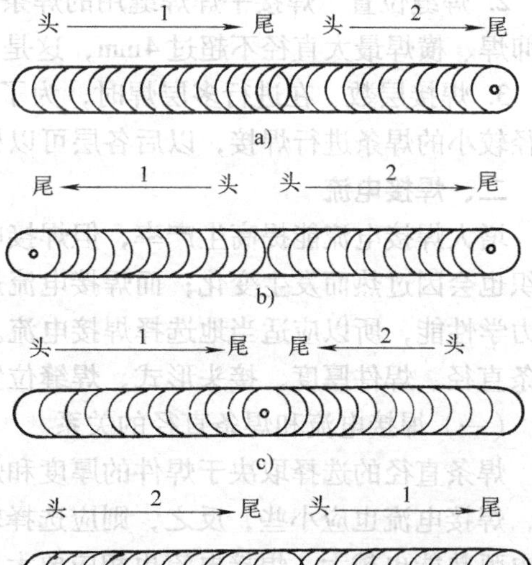

图 2-16　焊缝接头的四种情况
1—先焊焊缝　2—后焊焊缝

第一种情况的接头是使用得最多的一种。接头方法是在弧坑稍前（约 10mm）处引弧，电弧可比正常焊接时略微长些（低氢型焊条电弧不可长，否则易产生气孔），然后将电弧后移到原弧坑的2/3处，填满弧坑后即向焊接方向移动。采用这种接头法必须注意后移量，如果电弧后移太多，则可能造成接头过高，后移太少将造成接头脱节，产生弧坑未填满的缺欠。此种接头法适用于单层焊及多层焊的表层接头。

第二种情况的接头，要求在先焊焊缝的起头处要略为低些，这样接头时，在先焊焊缝的起头的略前处引弧，并稍微拉长电弧，将电弧引向起头处，并覆盖前焊缝的端头处，待起头处焊缝焊平后，再向焊接方向移动。

第三种情况的接头，后焊焊缝焊到先焊焊缝的收尾处时，焊接速度应略慢些，以填满前焊缝的弧坑，然后以较快的焊接速度再略向前焊一些熄弧。

第四种情况的接头方法与第三种情况基本相同，只是前焊缝的起头处与第二种情况一样，应略为低些。

第四节　焊 接 参 数

焊接参数是指焊接时，为保证焊接质量而选定的诸物理量的总称。焊条电弧焊的焊接参数主要是指焊条直径、焊接电流、电弧电压、焊接速度等。而电弧电压和焊接速度，在焊条电弧焊中不作原则规定，可根据具体情况灵活掌握。

一、焊条直径

为了提高生产率，应尽可能选用较大直径的焊条，但是用直径过大的焊条焊接，会造成未焊透或焊缝成形不良，因此必须正确选择焊条的直径。焊条直径大小的选择与下列因素有关：

1. 焊件的厚度　焊接厚度较大的焊件应选用直径较大的焊条；反之，焊接薄焊件则应选用小直径的焊条。

2. 焊缝位置　焊接平焊焊缝用的焊条直径应比其他位置大一些，立焊最大不超过5mm，而仰焊、横焊最大直径不超过4mm，这是为了造成较小的熔池，减少熔化金属的下淌。

3. 焊接层数　在进行多层焊时，为了防止根部未焊透，对多层焊的第一层焊道应采用直径较小的焊条进行焊接，以后各层可以根据焊件厚度选用较大直径的焊条。

二、焊接电流

增大焊接电流能提高生产率，但焊接电流过大易造成焊缝咬边、烧穿等缺欠，同时金属组织也会因过热而发生变化；而焊接电流过小也易造成夹渣、未焊透等缺欠，降低焊接接头的力学性能，所以应适当地选择焊接电流。焊接时决定焊接电流的依据很多，如焊条类型、焊条直径、焊件厚度、接头形式、焊缝位置和层数等。但主要的是焊条直径和焊缝位置。

（一）焊接电流和焊条直径的关系

焊条直径的选择取决于焊件的厚度和焊缝的位置，当焊件厚度较小时，焊条直径要选小些，焊接电流也应小些，反之，则应选择较大直径的焊条。焊条直径越大，熔化焊条所需要的电弧热能也越大，焊接电流也相应要大。焊接电流与焊条直径的关系，一般可根据下面的经验公式来选择：

$$I = Kd$$

式中　I——焊接电流（A）；

　　　d——焊条直径（mm）；

K——经验系数。

焊条直径 *d* 与经验系数 *K* 的关系见表2-12。

表2-12 焊条直径与经验系数的关系

焊条直径 *d*/mm	1~2	2~4	4~6
经验系数 *K*	25~30	30~40	40~60

根据以上公式所求得的焊接电流只是一个大概数值，在实际生产中还要考虑其他一些因素的影响，如一般在使用碱性焊条时，焊接电流要比酸性焊条小一些。

（二）焊接电流和焊缝位置的关系

在焊接平焊焊缝时，由于运条和控制熔池中的熔化金属都比较容易，因此可以选择较大的焊接电流进行焊接。但在其他位置焊接时，为了避免熔化金属从熔池中流出，要使熔池尽可能小些，所以焊接电流相应要比平焊小一些。一般在使用碱性焊条时，焊接电流要比酸性焊条小一些。

在实际工作中，可根据经验从焊条熔化状况、飞溅和焊缝成形等方面来判断焊接电流是否选择得适当。

三、电弧电压

电弧电压是由电弧长度来决定的。电弧长，电弧电压高；电弧短，电弧电压低。在焊接过程中，电弧不宜过长，否则会出现电弧燃烧不稳定，增加熔化金属的飞溅，减小熔透程度及易产生咬边等缺陷，而且还易使焊缝产生气孔。因此，在焊接时应力求使用短弧。

四、焊接速度

焊接速度就是指焊接时，单位时间内完成的焊缝长度。它直接影响焊接生产率。所以应该在保证焊缝质量的基础上采用较大的焊条直径和焊接电流，同时根据具体情况适当加大焊接速度，以保证在获得焊缝的高低和宽窄一致的条件下，提高焊接生产率。

焊条电弧焊时的焊接参数可参阅表2-13，表中的数据仅供参考，焊接时还应根据具体工作条件及操作者的技术熟练程度合理选用。

表2-13 焊条电弧焊适用的焊接参数

焊缝空间位置	焊缝横断面形式	焊件厚度或焊脚尺寸 /mm	第一层焊缝		其他各层焊缝		封底焊缝	
			焊条直径 /mm	焊接电流 /A	焊条直径 /mm	焊接电流 /A	焊条直径 /mm	焊接电流 /A
对接平焊缝	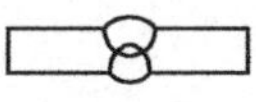	2	2	55~60	—	—	2	55~60
		2.5~3.5	3.2	90~120	—	—	3.2	90~120
		4~5	3.2	100~130	—	—	3.2	100~130
			4	160~200	—	—	4	160~210
			5	200~260	—	—	5	220~250
		5~6	4	160~210	—	—	3.2	100~130
							4	180~210
		≥6	4	160~210	4	160~210	4	180~210
					5	220~280	5	220~260
		≥12	4	160~210	4	160~210	—	—
					5	220~280	—	—

（续）

焊缝空间位置	焊缝横断面形式	焊件厚度或焊脚尺寸/mm	第一层焊缝		其他各层焊缝		封底焊缝	
			焊条直径/mm	焊接电流/A	焊条直径/mm	焊接电流/A	焊条直径/mm	焊接电流/A
对接立焊缝		2	2	50~55	—	—	2	50~55
		2.5~4	3.2	80~110	—	—	3.2	80~110
	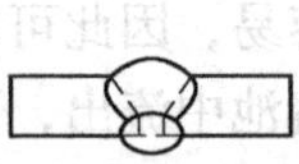	5~6	3.2	90~120	—	—	3.2	90~120
		7~10	3.2	90~120	4	120~160	3.2	90~120
			4	120~160				
		≥11	3.2	90~120	4	120~160	3.2	90~120
			4	120~160	5	160~200		
	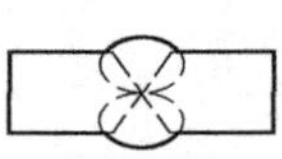	12~18	3.2	90~120	4	120~160	—	—
			4	120~160				
		≥19	3.2	90~120	4	120~160	—	—
			4	120~160	5	160~200		
平角接焊缝	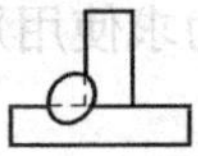	—	4	160~200	4	160~200	4	160~220
					5	220~280		
立角接焊缝	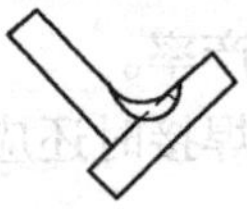	—	3.2	90~120	4	120~160	3.2	90~120
			4	120~160				

第五节 各种位置的焊接技术

焊接时，焊件接缝所处的空间位置，可用焊缝倾角和焊缝面转角来表示。根据 NB/T 47015—2011 标准规定，焊缝位置可分为平焊缝、横焊缝、仰焊缝及立焊缝等。

一、焊缝位置规定的方法与范围

（一）焊缝位置规定的方法

1）将对接焊缝或角焊缝置于水平参考面上方，如图 2-17、图 2-18 所示。

2）焊缝倾角：对接焊缝或角焊缝的轴线（OP 线）与水平面的夹角。

当焊缝轴线与水平面重合时，焊缝倾角为 0°；焊缝轴线与垂直面重合时，焊缝倾角为 90°。

焊缝面转角：焊缝中心线（焊根与盖面层中心连线，即图中垂直于焊缝轴线的箭头线）围绕焊缝轴线顺时针旋转角度。

当面对 P 点，焊缝中心线在时钟钟面 6 点钟位置时的焊缝面转角为 0°；焊缝中心线旋转再回到 6 点钟时的焊缝面转角为 360°。

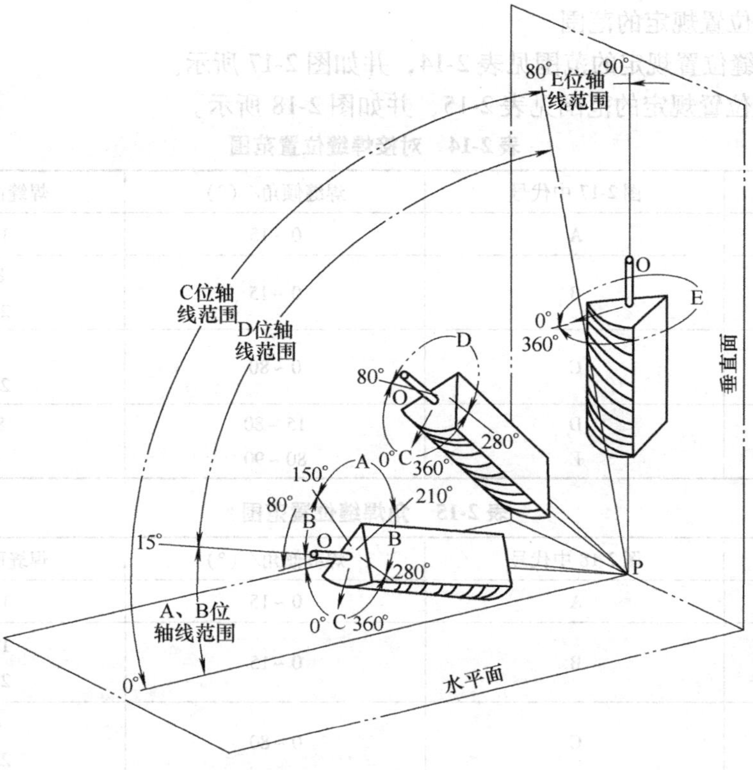

图 2-17　对接焊缝位置

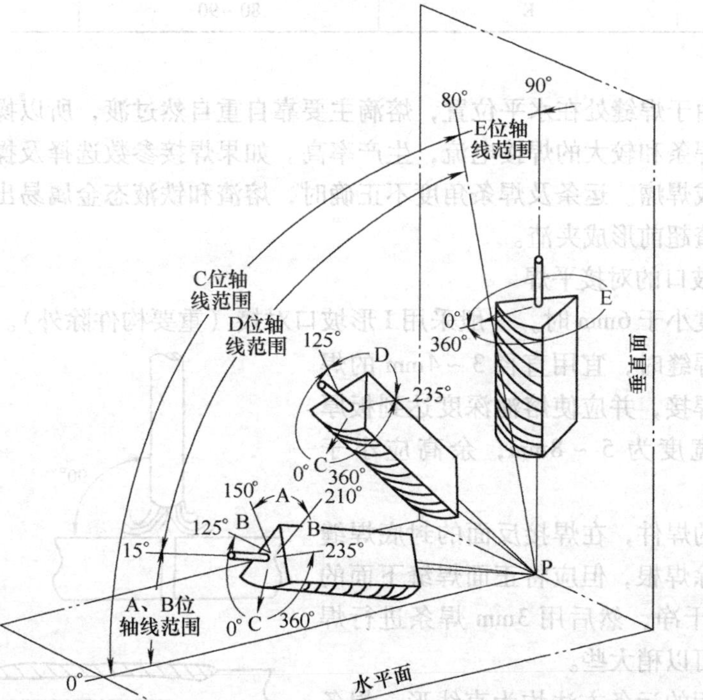

图 2-18　角焊缝位置

（二）焊缝位置规定的范围

1）对接焊缝位置规定的范围见表2-14，并如图2-17所示。

2）角焊缝位置规定的范围见表2-15，并如图2-18所示。

表2-14　对接焊缝位置范围

位置	图2-17中代号	焊缝倾角/（°）	焊缝面转角/（°）
平焊缝	A	0～15	150～210
横焊缝	B	0～15	80～150 210～280
仰焊缝	C	0～80	0～80 280～360
立焊缝	D E	15～80 80～90	80～280 0～360

表2-15　角焊缝位置范围

位置	图2-18中代号	焊缝倾角/（°）	焊缝面转角/（°）
平焊缝	A	0～15	150～210
横焊缝	B	0～15	125～150 210～235
仰焊缝	C	0～80	0～125 235～360
立焊缝	D E	15～80 80～90	125～235 0～360

二、平焊

平焊时，由于焊缝处在水平位置，熔滴主要靠自重自然过渡，所以操作比较容易，允许用较大直径的焊条和较大的焊接电流，生产率高。如果焊接参数选择及操作不当，容易在根部形成未焊透或焊瘤。运条及焊条角度不正确时，熔渣和铁液态金属易出现混在一起分不清的现象，或熔渣超前形成夹渣。

（一）I形坡口的对接平焊

当焊件厚度小于6mm时，一般采用I形坡口对接（重要构件除外）。

焊接正面焊缝时，宜用直径3～4mm的焊条，采用短弧焊接，并应使熔池深度达到板厚的2/3，焊缝宽度为5～8mm，余高应小于1.5mm。

对不重要的焊件，在焊接反面的封底焊缝前，可不必铲除焊根，但应将正面焊缝下面的焊渣彻底清除干净，然后用3mm焊条进行焊接，焊接电流可以稍大些。

焊接时所用的运条方法均为直线形，焊条角度如图2-19所示。在焊接正面焊缝时，运条速度应慢些，以获得较大的焊缝计算厚度和宽

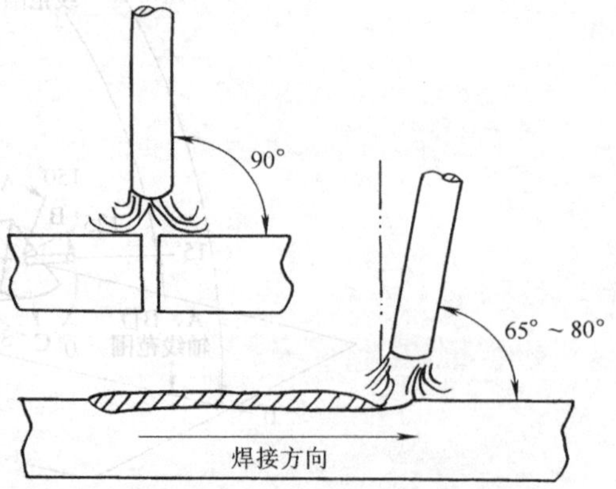

图2-19　对接平焊的焊条角度

度。焊反面封底焊缝时，则运条速度要稍快些，以获得较小的焊缝宽度。

运条时，若发现熔渣和液态金属混和不清，即可把电弧稍微拉长一些，同时将焊条向前倾倒，并作往熔池后面推送熔渣的动作，随着这个动作，熔渣就被推送到熔池后面去了，如图 2-20 所示。

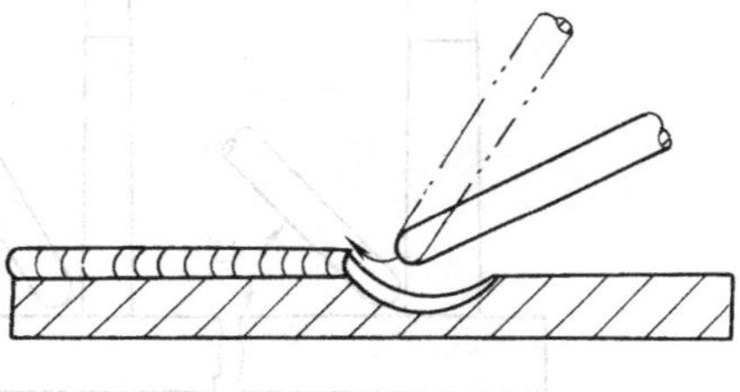

图 2-20 推送熔渣的方法

（二）其他形式坡口的对接平焊

当焊件厚度等于或大于 6mm 时，因为电弧的热量很难使焊缝的根部焊透，所以应开其他形式的坡口，如带纯边 V 形坡口、双 V 形坡口（带钝边）等。此类坡口对接接头的焊接，可采用多层焊法（图 2-21a）或多层多道焊法（图 2-21b）。

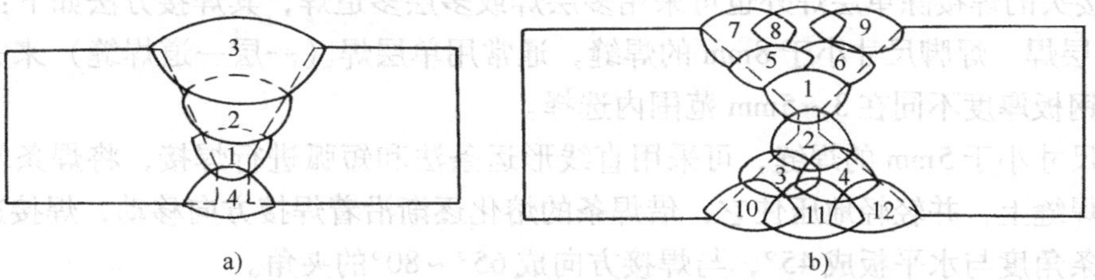

图 2-21 不同形式坡口的对接平焊
a）对接多层焊 b）对接多层多道焊

多层焊时，对第一层的打底焊道应选用直径较小的焊条，当间隙小时可用直线形，间隙较大时则采用直线往返形，以免烧穿。当间隙很大而无法一次焊成时，就采用三点焊法如图 2-22 所示。先将坡口两侧各焊上一道焊缝（图 2-22 中 1、2），使间隙变小，然后再进行图中焊缝 3 的敷焊，从而形成由焊缝 1、2、3 共同组成的一个整体焊缝。

在焊第二层时，先将第一层焊渣清除干净，随后用直径较大的焊条和较大的焊接电流进行焊接。用直线形、幅度较小的月牙形或锯齿形运条法，并应采用短弧焊接。以后各层焊接，均可采用月牙形或锯齿形运条法，不过其摆动幅度应随焊接层数的增加而逐渐加宽。

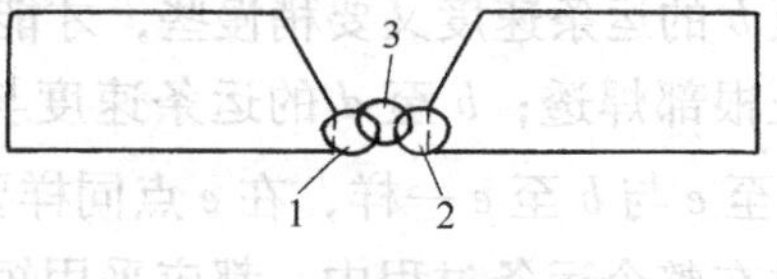

图 2-22 三点焊法的施焊次序

焊条摆动时，必须在坡口两边稍作停留，否则容易产生边缘未熔合及夹渣等缺欠。为了保证质量和防止变形，应使层与层之间的焊接方向相反，焊缝接头也应相互错开。

多层多道焊的焊接方法基本上与多层焊相似，所不同的是因为一道焊缝不能达到所要求的宽度，而必须由数条窄焊道并列组成，以达到较大的焊缝宽度（图 2-21b）。焊接时宜采用直线形运条法。

三、平角焊

平角焊主要是指 T 形接头的平角焊、搭接接头的平角焊和管子管板接头的平角焊。搭接接头平角焊与 T 形接头平角焊的操作方法相类似。

（一）T 形接头的平角焊

T 形接头平角焊在操作时除了正确选择焊接参数外，还必须根据两板的厚薄来调节焊条的角度。如果焊接两板厚度不同的焊缝时，电弧就要偏向于厚板的一边，使两板的温度均匀。常用焊条角度如图 2-23 所示。

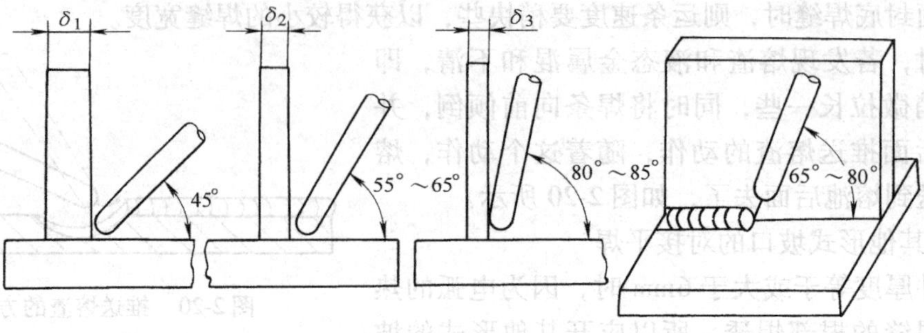

图 2-23　T形接头平角焊时的焊条角度

$\delta_1 > \delta_2 > \delta_3$

T形接头的焊接除单层焊外也可采用多层焊或多层多道焊，其焊接方法如下：

1. 单层焊　焊脚尺寸小于8mm的焊缝，通常用单层焊（一层一道焊缝）来完成，焊条直径根据钢板厚度不同在3～5mm范围内选择。

焊脚尺寸小于5mm的焊缝，可采用直线形运条法和短弧进行焊接，将焊条端头的套管边缘靠在焊缝上，并轻轻地压住它，借焊条的熔化逐渐沿着焊接方向移动，焊接速度要保持均匀，焊条角度与水平板成45°，与焊接方向成65°～80°的夹角。

焊脚尺寸在5～8mm时，可采用斜圆圈形或反锯齿形运条法进行焊接。正确的运条方法如图2-24所示，在图中a至b点运条速度要稍慢些，以保证熔化金属与水平板很好熔合；b至c的运条速度要稍快些，以防止熔化金属下淌，但运条到c点时，在c点要稍作停留，以保证熔化金属与垂直板很好熔合，并且还能避免产生咬边现象；c至b的运条速度又要稍慢些，才能避免产生夹渣现象及保证根部焊透；b至d的运条速度与a至b一样要稍慢些；d至e与b至e一样，在e点同样要稍作停留。整个运条过程就是不断地重复上述过程。同时在整个运条过程中，都应采用短弧焊接。操作时还应注意焊缝宽窄一致，高低平整，避免咬边、夹渣等缺欠。

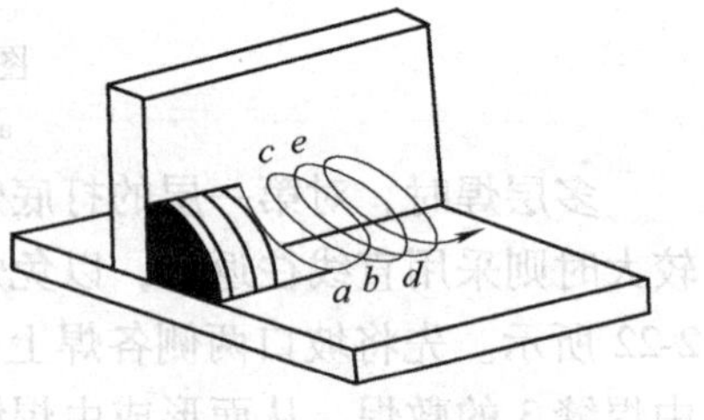

图 2-24　T形接头平角焊的斜圆圈形运条法

在T形接头平角焊中往往由于收尾弧坑未填满而产生裂纹。所以在收尾时，一定要保证弧坑填满，具体措施可参阅焊缝收尾法。

2. 多层焊　焊脚尺寸在8～10mm时，可采用两层两道的焊法。

焊第一层时，可采用3～4mm直径的焊条，焊接电流稍大些，以保证熔透。采用直线形运条法，在收尾时应把弧坑填满或略高些。在焊第二层时，可采用4mm直径的焊条，焊接电流不宜过大，以免产生咬边现象。用斜圆圈形或反锯齿形运条法施焊，具体运条方法与单层焊相同。

3. 多层多道焊　当焊脚尺寸大于10mm时，可采用多层多道焊。

焊脚尺寸在10～12mm时，一般用两层三道来完成。焊第一层（第一道）时，可采用较小直径的焊条及较大焊接电流，用直线形运条法，收尾与多层焊的第一层相同。

焊第二道焊缝时，应覆盖不小于第一层焊缝的2/3，焊条与水平板的角度要稍大些（见图2-25），一般在45°～55°之间，以使熔化金属与水平板很好熔合。焊条与焊接方向的夹角仍为 65°~80°，用斜圆圈形或反锯齿形运条，运条速度除了在图 2-24 所示的 c、e 点上不需停留之外，其他都一样。

焊接第三道焊缝时，应覆盖第二道焊缝的 1/3~1/2。焊条与水平板的角度为 40°~45°（见图 2-25 中），因为角度太大易产生焊脚偏斜现象。一般采用直线形运条法，焊接速度要均匀，不宜太慢。

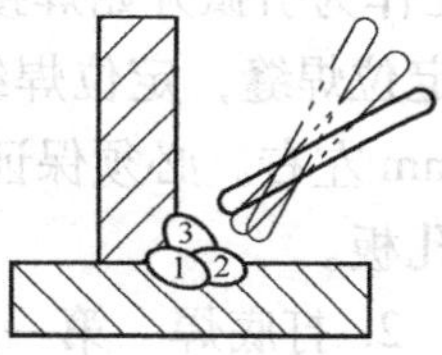

图 2-25　多层多道焊各焊道的焊条角度

如果焊接焊脚尺寸大于 12mm 以上的焊件时，可采用三层六道、四层十道来完成，焊脚尺寸越大，焊接层数、道数就越多，如图 2-26所示。

在实际生产中，如果焊件能翻动时，应尽可能把焊件放成船形位置进行焊接，如图 2-27 所示。这样能大大提高生产率，且焊缝成形美观。运条采用月牙形或锯齿形运条法。焊接第一层采用小直径焊条及稍大焊接电流，其他各层与开坡口平对接焊相似。

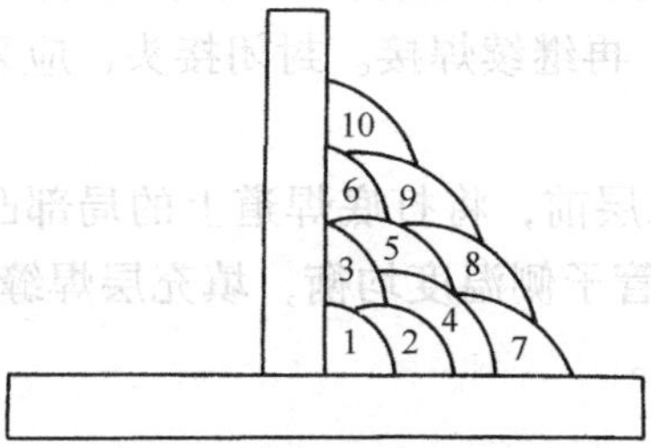

图 2-26　多层多道焊的焊道排列

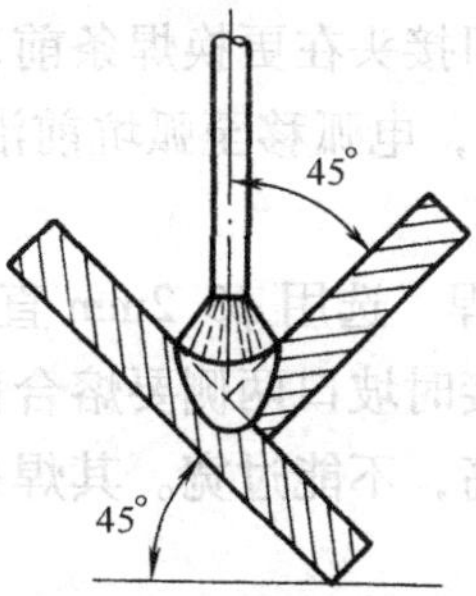

图 2-27　船形焊

（二）管子管板接头的平角焊

管子管板接头的焊接，按接头形式可分为插入式和骑坐式管板接头两类，如图 2-28 所示。

这两类管板接头实质上可视作 T 形接头的特殊状态，其操作要领与 T 形接头的平角焊相似，所不同的是管板接头的焊缝在管子的圆周部位，因此焊接时要不断地转动手臂和手腕的位置，才能防止管子产生咬边和焊脚不对称。插入式管板接头焊接时，只需保证根部有一定熔深，外表焊脚对称，无缺陷，通常采用单层单道焊。骑坐式管板接头的焊接，除了保证焊缝外观成形外，还要保证焊缝背面成形，通常都采用多层多道焊，用第一层焊道打底焊保证焊缝背面成形和焊透，其余焊道保证焊脚尺寸和焊缝外观。两类管板接头的焊接要领和焊接参数，基本上是相似的，焊接插入式管板接头时，只需参照骑坐式管板接头焊接打底焊道的焊条角度和焊接参数。

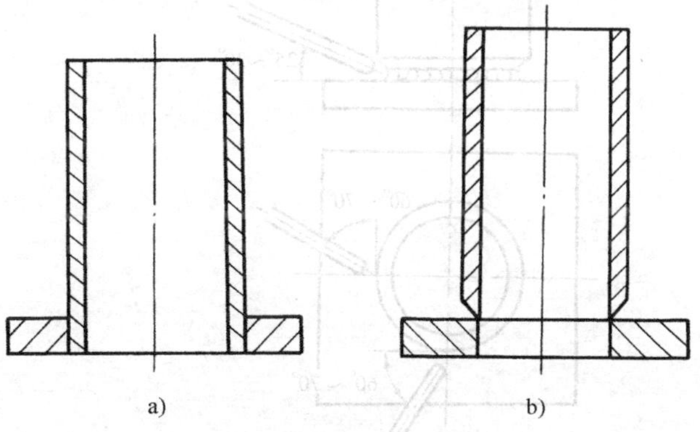

图 2-28　管子管板接头

a）插入式管板　b）骑坐式管板

骑坐式管板接头的平角焊，其焊接方法如下：

1. 定位焊　通常将管子按圆周方向均匀分为 3 处，如图 2-29 所示，也可只焊 2 处，第

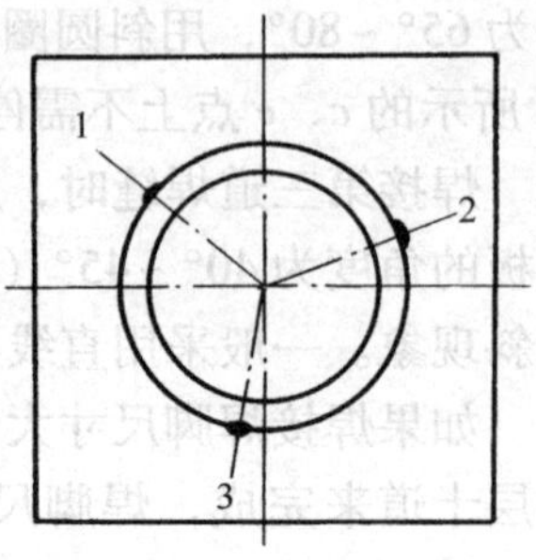

图 2-29　定位焊缝的位置

3 处作为引弧开始焊接的位置。定位焊时要求按正式焊接的要求焊定位焊缝，定位焊缝不能太高，每段定位焊缝的长度控制在 10mm 左右。必须保证焊透，且不能有缺陷。要确保管子轴线垂直孔板。

2. 打底焊　第一层选用 ϕ2.5mm 直径的焊条，采用划擦法将电弧在坡口内引燃，稍作稳弧预热，向坡口根部压送，待根部熔化并被击穿形成熔孔。

熔孔形成后，稍提起焊条，保持短弧，作小幅度横向摆动，并略作停留，连弧施焊，其焊条角度如图 2-30 所示。

焊接过程中应灵活转动手臂和手腕，保持匀速运动，焊接电弧的 1/3 在熔孔处，2/3 覆盖在熔池上。

焊缝中间接头在更换焊条前，电弧回拉并熄弧，使弧坑处呈斜坡状。在距缓坡底 10～15mm 处引弧，电弧移至弧坑前沿，重新形成熔孔后，再继续焊接。封闭接头，应采用冷接法接头。

3. 填充焊　选用 ϕ3.2mm 直径的焊条。在焊第二层前，将打底焊道上的局部凸起处打磨平整。焊接时坡口两侧要熔合良好，保证孔板侧和管子侧温度均衡，填充层焊缝要平整，不能凸出过高，不能过宽。其焊条角度如图 2-31 所示。

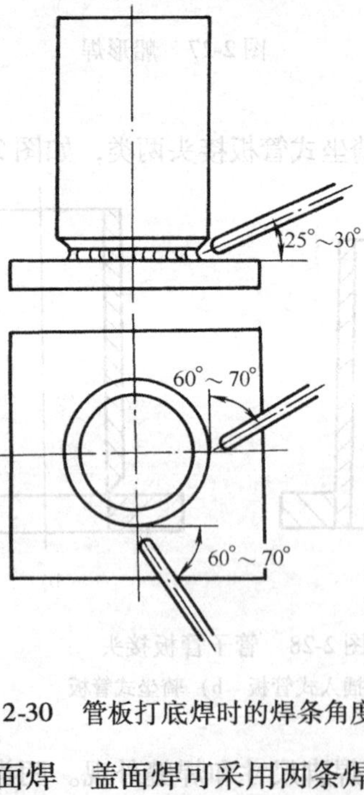

图 2-30　管板打底焊时的焊条角度

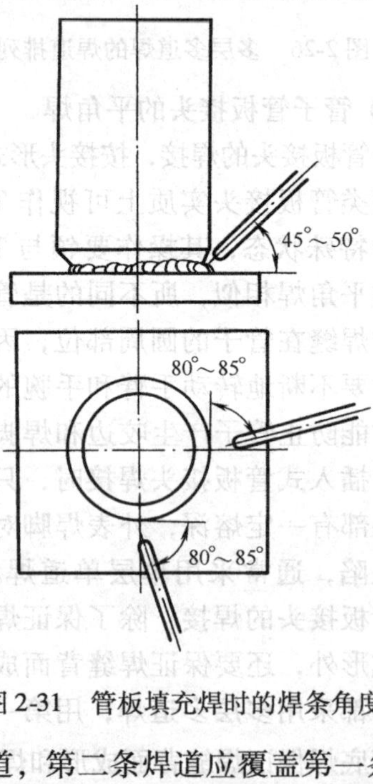

图 2-31　管板填充焊时的焊条角度

4. 盖面焊　盖面焊可采用两条焊道，先焊下面焊道，第二条焊道应覆盖第一条焊道上面的 1/2 或 2/3。必要时，还可以在上面用 ϕ2.5mm 直径的焊条再焊一圈，以免咬边，其焊条角度如图 2-32 所示。盖面焊焊脚应对称并符合要求，避免在管子一侧发生咬边，焊道不要出现凹槽或凸起。

如果焊接焊脚尺寸大于 6mm 以上的焊件时，可增加焊接层数，道数也作相应调整。

四、立焊

立焊有两种方式：一种是由下向上施焊（即向上立焊），是目前生产中常用的方法；另一种是由上向下施焊（即向下立焊）。

立焊时由于熔化金属受重力的作用容易下淌，造成焊缝成形困难，为此可以采取以下措施：

1）在对接立焊时，焊条与焊件的角度左右方向各为90°，向下与焊缝成60°~80°，而角接立焊时，焊条与两板之间各为45°，而与焊缝成60°~90°，如图2-33所示。

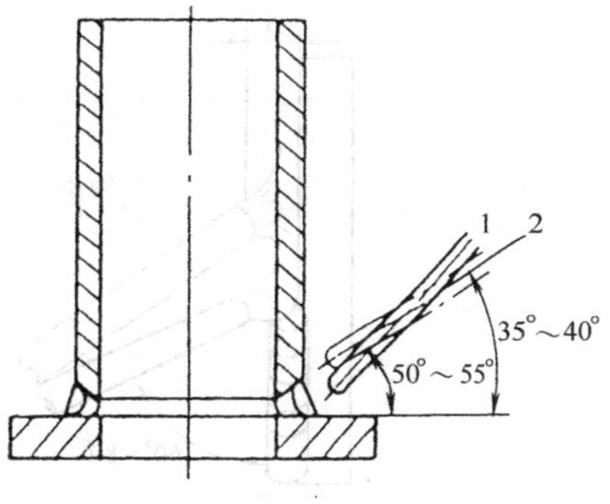

图2-32 管板盖面焊时的焊条角度

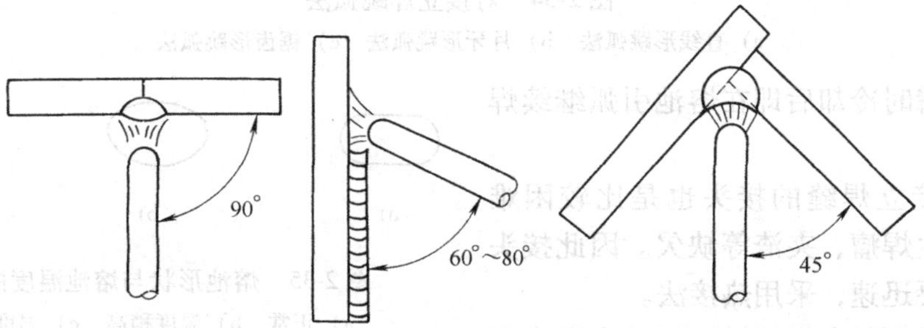

图2-33 对接立焊时的焊条角度

2）用较小的焊条直径和较小的焊接电流，焊接电流一般比平焊小12%~15%，以减小熔池的体积，使之少受重力的影响，也有利于熔滴的过渡。

3）采用短弧焊接，缩短熔滴过渡到熔池中去的距离，形成短路过渡。

4）根据焊件接头形式的特点和焊接过程中熔池温度的情况，灵活运用适当的运条法。

此外，气体的吹力、电磁力、表面张力在焊接立、横、仰焊时，都能促使熔滴向熔池过渡，以减小熔滴由于受重力的影响而产生下淌的趋势，有利于焊缝成形。

（一）I形坡口的对接立焊

I形坡口的对接立焊，常用于薄件的焊接，焊接时除采取上述措施外，还可以适当的采取跳弧法、灭弧法以及幅度较小的锯齿形或月牙形运条法。

1. 跳弧法 跳弧法就是当熔滴脱离焊条末端过渡到熔池后，立即将电弧向焊接方向提起，最大弧长不超过6mm。当从护目玻璃观察到熔池中白亮的熔化金属迅速凝固缩小时，随即将提起的电弧拉回熔池。当熔滴过渡到熔池后，再提起电弧。具体运条方法如图2-34所示。

2. 灭弧法 灭弧法就是当熔滴从焊条末端过渡到熔池后，立即将电弧熄灭，使熔化金属有瞬时凝固的机会，随后重新在弧坑引燃电弧，这样交错地进行。灭弧的时间在开始焊接时可以短些，这是因为在开始焊接时，焊件还是冷的，随着焊接时间的增长，灭弧时间也要稍增加，才能避免烧穿及产生焊瘤。一般灭弧法在立焊缝的收尾时用得比较多，这样可以避免收尾时熔池宽度增加和产生烧穿及焊瘤等现象。

在焊接过程中要注意熔池形状，若发现椭圆形熔池的下部边缘由比较平直的轮廓逐渐鼓肚变圆时，表示温度已稍高或过高（见图2-35），应立即灭弧，让熔池降温，避免产生焊

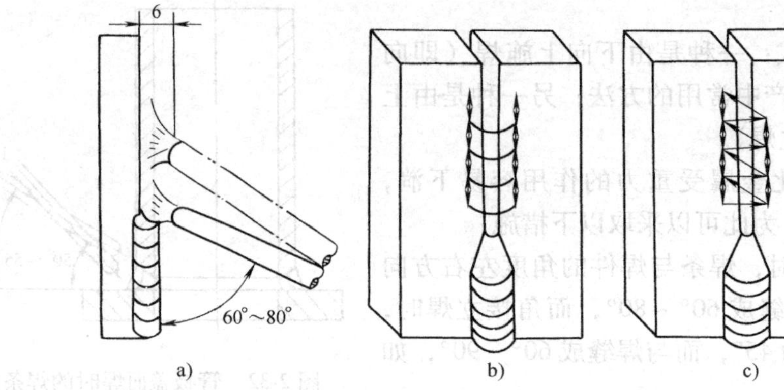

图 2-34　对接立焊跳弧法
a）直线形跳弧法　b）月牙形跳弧法　c）锯齿形跳弧法

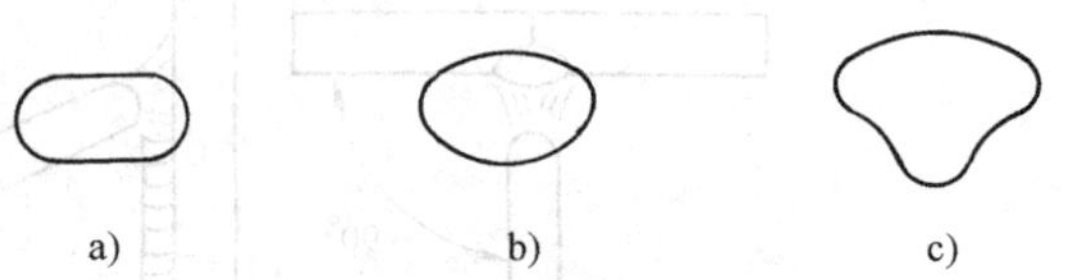

图 2-35　熔池形状与熔池温度的关系
a）正常　b）温度稍高　c）温度过高

瘤，待熔池瞬时冷却后即在熔池引弧继续焊接。

焊接对接立焊缝的接头也是比较困难的，容易产生焊瘤、夹渣等缺欠。因此接头时更换焊条要迅速，采用热接法。

在焊接反面封底焊缝时，可适当增大焊接电流，以保证熔透，其运条可采用月牙形或锯齿形跳弧法。

采用灭弧法焊接，应注意电弧复燃必须在熔池金属完全变暗之前。

（二）其他形式坡口的对接立焊

钢板厚度大于6mm时，为了保证熔透，一般都采用V形坡口。施焊时用多层焊，其层数多少，可根据焊件厚度来决定。

1. 根部焊法　应选用直径为3.2mm或4mm的焊条。施焊时，在熔池上端要熔穿一小孔，以保证熔透。运条法有三种：对厚板焊件可用小三角形（运条时在每个转角处须作停留）；中等厚度或稍薄的焊件可用小月牙形、锯齿形或跳弧法，如图2-36所示。无论采用哪一种运条法，焊接第一层时除了避免产生各种缺欠外，还要求焊缝表面平整，避免呈凸形（图2-37），否则在焊第二层焊缝时，易产生未熔合和夹渣。

2. 其余各层焊法　在焊第二层之前，应将第一层的焊渣清除干净，焊瘤应铲平。焊接时可采用锯齿形或月牙形运条法。在进行表面层焊接时，应根据焊缝表面的要求选用适当运条法，如要求焊缝表面稍高的可用月牙形；若要求焊缝表面平整的可用锯齿形。为了获得平整美观的表面焊缝，除了要保持较薄的焊缝厚度外，并应适当减小焊接电流（防止焊瘤和咬边）；运条速度应均匀，横向摆动时

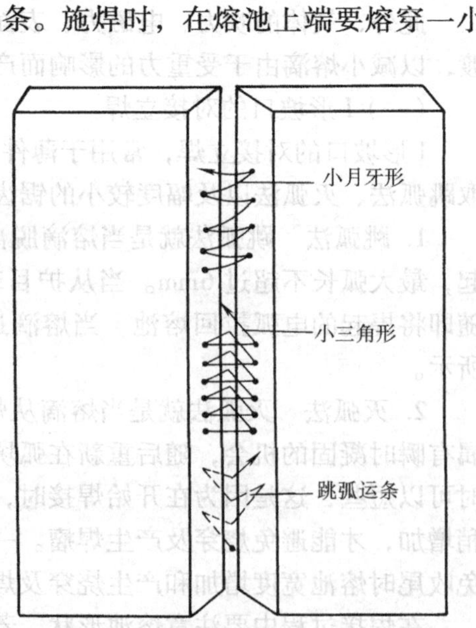

图 2-36　开V形坡口对接立焊的运条法

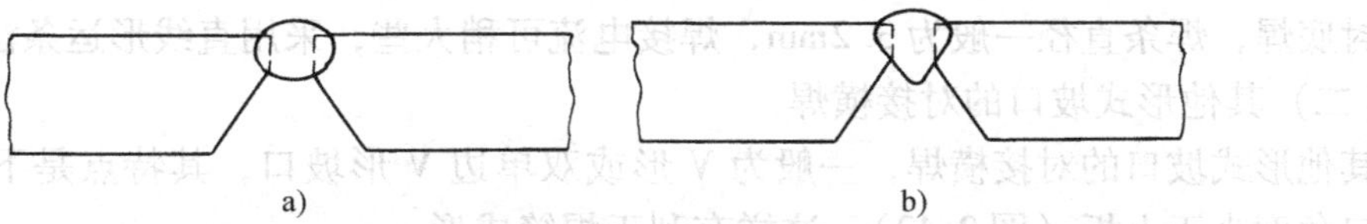

图 2-37　开 V 形坡口对接立焊的根部焊缝

a）根部焊缝良好　b）根部焊缝不良

（图 2-38），在 *a*、*b* 两点应将电弧进一步缩短并稍作停留，以防止出现咬边，从 *a* 摆动至 *b* 时应稍快些，以防止产生焊瘤。

（三）T 形接头的立角焊

T 形接头立角焊容易产生的缺欠是焊缝根部（角顶）未焊透和焊缝两旁出现咬边。因此，在施焊时，焊条角度向下与焊缝成 60°～90°，左右为 45°，焊条运至焊缝两边应稍作停留，并采用短弧焊接。T 形接头立角焊时，其采用的运条法（见图 2-39）及其操作要点均与开坡口对接立焊相似。

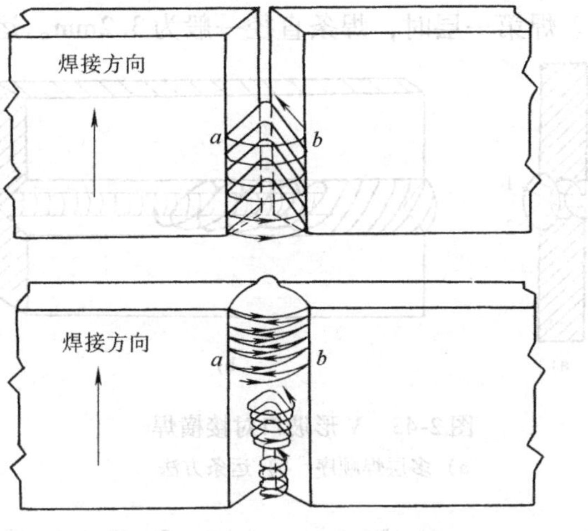

图 2-38　开 V 形坡口对接立焊的表层运条法

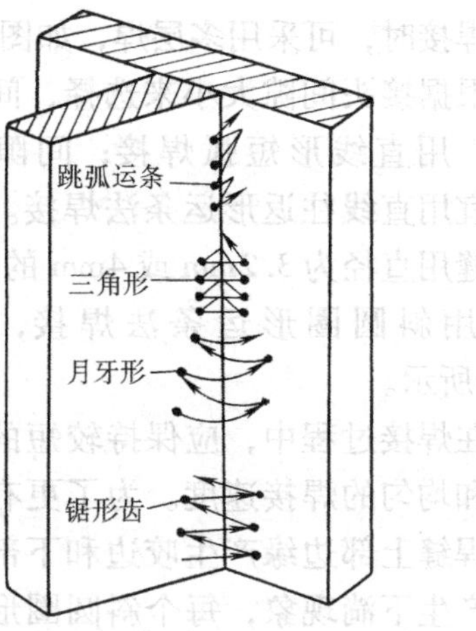

图 2-39　T 形接头的立角焊运条法

五、横焊

横焊时，由于熔化金属受重力的作用，容易下淌而产生咬边、焊瘤及未焊透等缺欠（见图 2-40）。因此，应采用短弧、较小直径的焊条以及适当的焊接电流和运条法。此外，由于熔滴过渡力的作用（与立焊时一样），也有利于焊缝成形。

（一）I 形坡口的对接横焊

板厚为 3～5mm 的 I 形坡口的对接横焊应采取双面焊接。焊接正面焊缝时，宜采用 3.2mm 或 4mm 直径的焊条，焊条角度如图 2-41 所示。

较薄焊件采用直线往返形运条法焊接，可以利用焊条向前移动的机会使熔池得到冷却，以防止熔滴下淌及产生烧穿等缺欠。

较厚焊件，可采用直线形（电弧尽量短）或斜圆圈形运条法。焊接速度应稍快些，而且要均匀，避免熔滴过多地熔化在某一点上而形成焊瘤和造成焊缝上部咬边而影响焊缝成形。

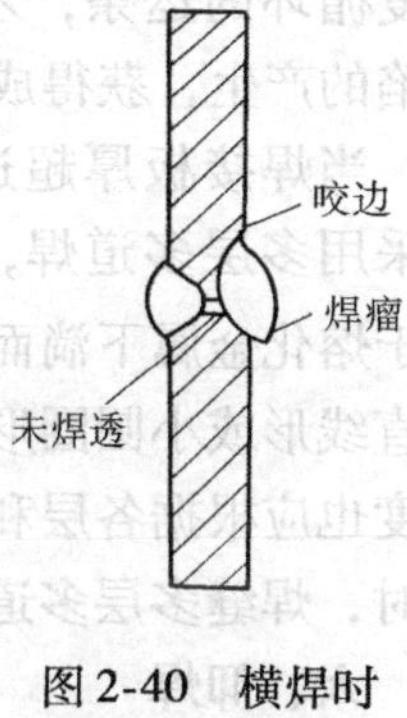

图 2-40　横焊时易产生的缺陷

封底焊，焊条直径一般为3.2mm，焊接电流可稍大些，采用直线形运条法。

（二）其他形式坡口的对接横焊

其他形式坡口的对接横焊，一般为V形或双单边V形坡口，其特点是下板为I形坡口或坡口角度小于上板（图2-42），这样有利于焊缝成形。

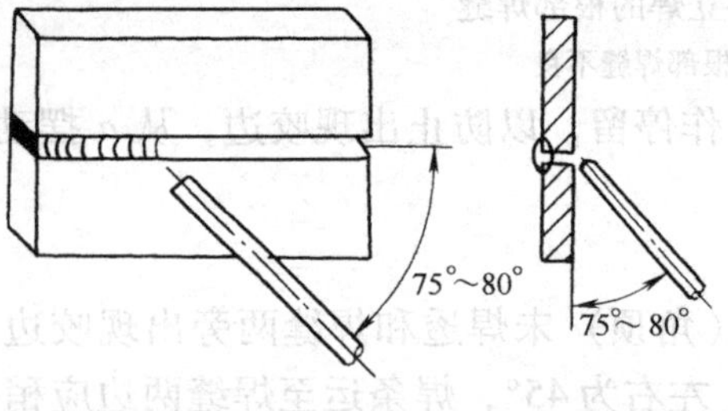

图2-41　I形坡口的对接横焊的焊条角度

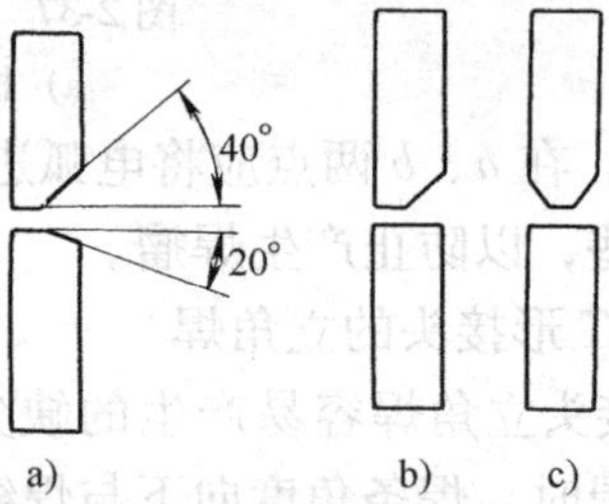

图2-42　对接横焊的接头坡口形式

a）V形　b）单边V形　c）双单边V形

焊接时，可采用多层焊，如图2-43a所示。焊第一层时，焊条直径一般为3.2mm。运条法可根据接头间隙大小来选择，间隙较小时，用直线形短弧焊接；间隙较大时，宜用直线往返形运条法焊接。第二层焊缝用直径为3.2mm或4mm的焊条，可采用斜圆圈形运条法焊接，如图2-43b所示。

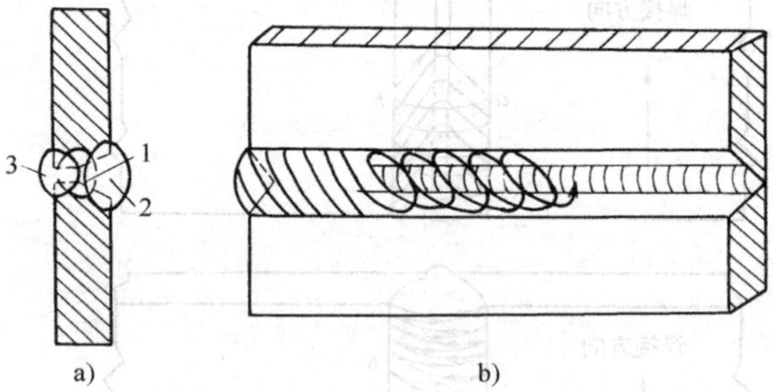

图2-43　V形坡口对接横焊

a）多层焊顺序　b）运条方法

在焊接过程中，应保持较短的电弧长度和均匀的焊接速度。为了更有效地防止焊缝上部边缘产生咬边和下部熔化金属产生下淌现象，每个斜圆圈形与焊缝中心的斜度不大于45°。当焊条末端运到斜圆圈形上面时，电弧应更短些，并稍作停留，使较多量的熔化金属过渡到焊缝上去，然后缓慢地将电弧引到熔池下边，即原先电弧停留点的旁边，这样往复循环的运条，才能有效地避免各种缺陷的产生，获得成形良好的焊缝。

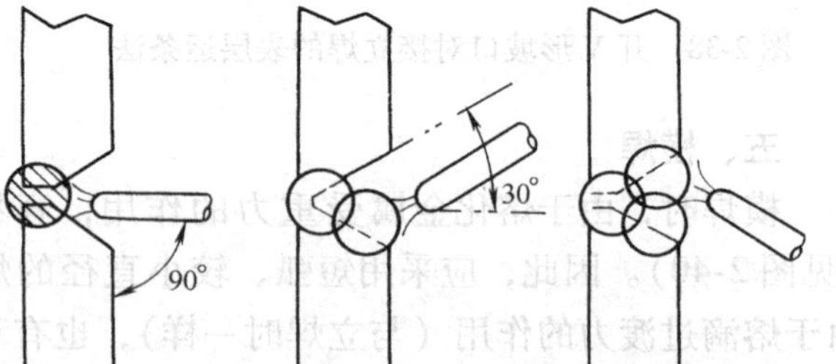

图2-44　V形坡口对接横焊各焊道焊条角度的选择

当焊接板厚超过8mm的横焊缝时，应采用多层多道焊，这样能更好地防止由于熔化金属下淌而造成焊瘤，保证焊缝成形良好。选用直径为3.2mm或4mm的焊条，采用直线形或小圆圈形运条法，并根据各道的具体情况始终保持短弧和适当的焊接速度，焊条角度也应根据各层和各道的位置不同相应地调节（见图2-44）。K形及单边V形坡口对接横焊时，焊缝多层多道焊的排列顺序如图2-45所示。

六、仰焊

仰焊是各种位置焊接中难度最大的一种焊接方法，由于熔池倒悬在焊件下面，没有固体金属的承托，所以使焊缝成形困难。同时在施焊中，常发生熔渣越前的现象，故在控制运条方面比平焊和立焊时困难得多。

仰焊时，必须保持最短的电弧长度，以使熔滴在很短的时间内过渡到熔池中，在表面张力的作用下，很快与熔池的液体金属汇合，促使焊缝成形。为了减小熔池面积，使焊缝容易成形，则焊条直径和焊接电流的选择要比平焊时小些。若焊接电流与焊条直径太大，促使熔池体积增大，易造成熔化金属向下淌落；如果焊接电流太小，则根部不易焊透，产生夹渣及焊缝成形不良等缺欠。但是，在仰焊时气体的吹力和电磁力的作用是有利于熔滴过渡的，能促使焊缝成形良好。

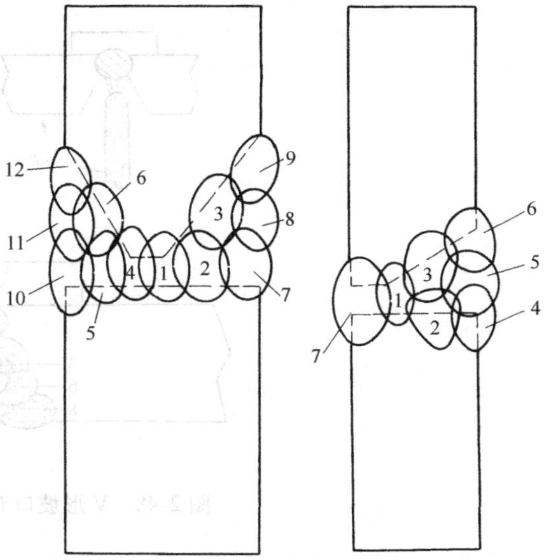

图 2-45　K 形及单边 V 形坡口对接横焊时的焊缝多层多道焊的排列顺序

(一) I 形坡口的对接仰焊

当焊件厚度为 4mm 左右时，一般采用 I 形坡口对接仰焊。选用直径为 3.2mm 的焊条，焊条与焊接方向的角度为 70°～80°，左右方向为 90°（见图 2-46）。在施焊时，焊条要保持上述位置且均匀地运条，电弧长度应尽量短些。间隙小的焊缝可采用直线形运条法；间隙较大的焊缝可用直线往返形运条法。

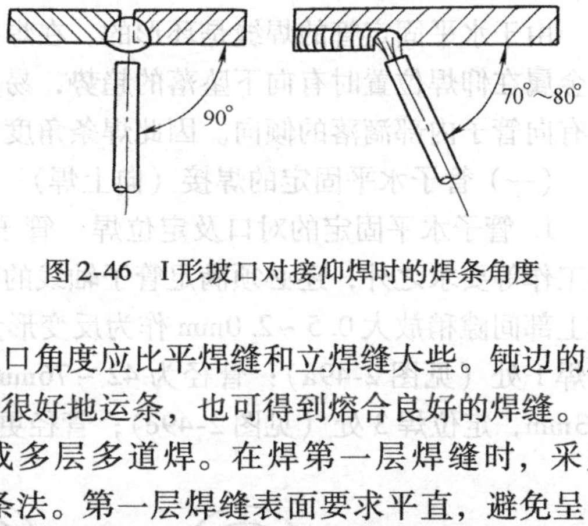

图 2-46　I 形坡口对接仰焊时的焊条角度

(二) 其他形式坡口的对接仰焊

焊件厚度大于 5mm 的对接仰焊，一般采用 V 形坡口。坡口及接头的形状尺寸对于仰焊缝的质量有很大的影响，为了使焊条可以在坡口内自由摆动和变换位置，因此仰焊缝的坡口角度应比平焊缝和立焊缝大些。钝边的厚度应小些，但接头间隙却要大一些，这样不仅能很好地运条，也可得到熔合良好的焊缝。

开坡口的对接仰焊时，一般采用多层焊或多层多道焊。在焊第一层焊缝时，采用 3.2mm 直径的焊条，用直线形或直线往返形运条法。第一层焊缝表面要求平直，避免呈凸形，因凸形的焊缝不仅给焊接下一层焊缝的操作增加困难，而且易造成焊缝边缘未熔合或夹渣、焊瘤等缺欠。

在焊第二层时，应将第一层的焊渣及飞溅金属清除干净，并将焊瘤铲平才能进行施焊。第二层以后的运条法均可采用月牙形或锯齿形如图 2-47 所示，运条时两侧应稍停一下，中间快一些，形成较薄的焊道。

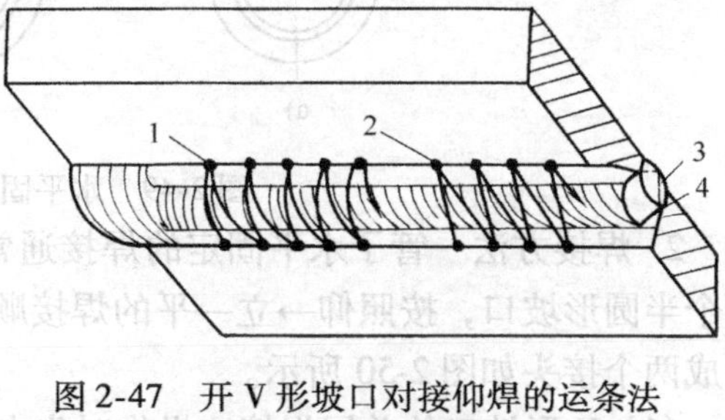

图 2-47　开 V 形坡口对接仰焊的运条法
1—月牙形运条　2—锯齿形运条　3—第一层焊道　4—第二层焊道

用多层多道焊时，其操作比多层焊容易掌握，宜采用直线形运条法。各层焊缝的排列顺序与其他位置的焊缝一样，焊条角度应根据每道焊缝的位置作相应的调整（见图2-48），以利于熔滴的过渡和获得较好的焊缝成形。但在焊接过程中，要注意观察熔池的形状，以免熔池产生下坠。

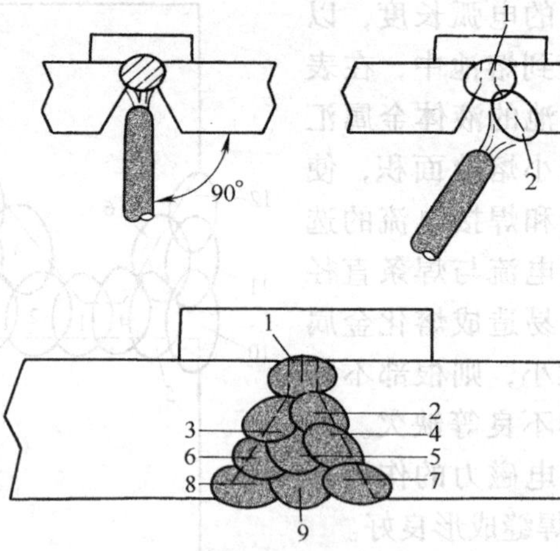

图2-48　V形坡口对接仰焊的多层多道焊

第六节　管子的焊接和堆焊

一、管子水平固定的焊接

由于水平固定管的焊缝是环形的，在焊接过程中经过仰焊、立焊、平焊等几种位置，熔化金属在仰焊位置时有向下坠落的趋势，易产生焊瘤。而在立焊位置及过渡到平焊位置时，则有向管子内部滴落的倾向。因此焊条角度变化很大、操作难度大。

（一）管子水平固定的焊接（向上焊）

1. 管子水平固定的对口及定位焊　管子水平固定的对口，除了应满足坡口、钝边、清洁工作等要求之外，还必须满足管子轴线的对正，以免焊后中心线偏斜。并留出对口间隙和将上部间隙稍放大0.5～2.0mm作为反变形量。装配时，当管径小于或等于42mm时只需定位焊1处（见图2-49a）；管径为42～76mm时，定位焊2处（见图2-49b）；管径为76～133mm，定位焊3处（见图2-49c）；管径更大时，可适当增加定位焊数量。

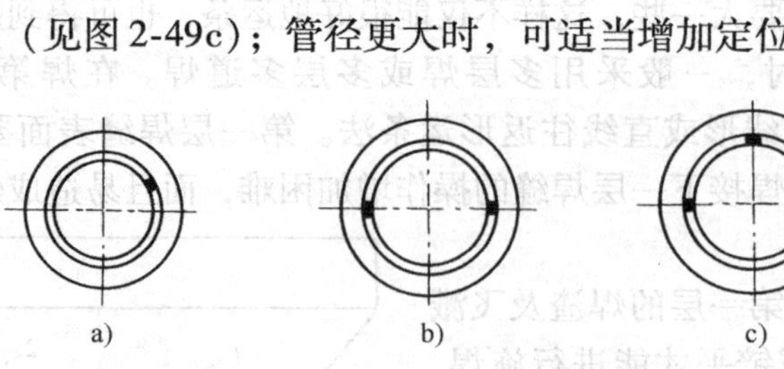

图2-49　水平固定管定位焊数目及位置

2. 焊接方法　管子水平固定的焊接通常是以管子的垂直中心线将环形坡口分成对称的两个半圆形坡口，按照仰→立→平的焊接顺序，各进行仰焊、立焊、平焊，在仰焊及平焊处形成两个接头如图2-50所示。

（1）V形坡口的单层焊接　操作时先在仰焊缝的坡口边缘上引弧，然后移至焊缝间隙内用长弧烤热起焊处（时间约为3～5s）。预热以后迅速压短电弧，并熔穿根部间隙进行施焊。

在仰焊及斜仰焊位置运条时，必须保证半打穿焊接。至斜立焊及平焊位置，可运用顶弧焊接。其运条角度变化如图2-51所示。

为了便于仰焊及平焊接头，焊接管子的前一半时，在仰焊位置的起焊点及平焊位置的终焊点都必须超过管子的半周（超越中心线约为5~15mm距离，如图2-52所示）。

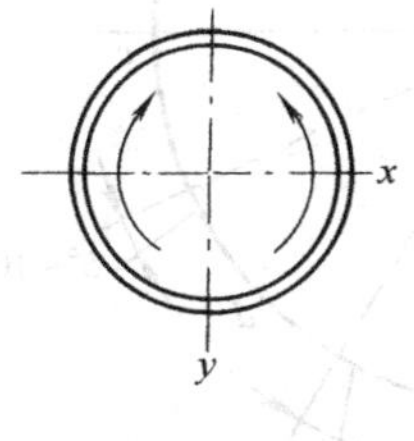

图2-50　两半焊接法示意图

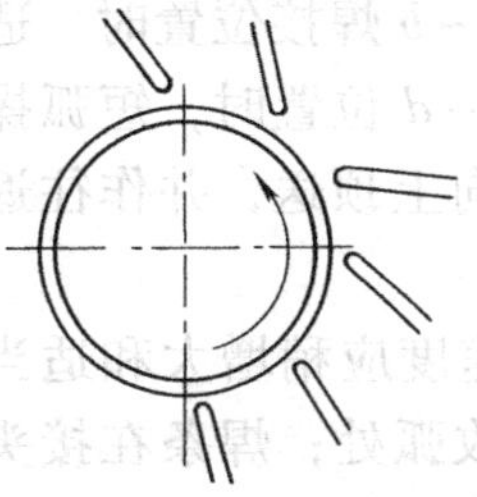

图2-51　水平固定管焊接时的运条位置

图2-52　管子前一半焊缝的起焊及终焊位置
a—起焊点　*b*—终焊点

为了使根部熔透，焊条在仰焊及斜仰焊位置时尽可能不作或少作横向摆动；而在立焊及平焊位置时，可作幅度不大的月牙形横向摆动。

当运条至定位焊焊缝接头处时，应减慢焊条前移速度，熔穿接头处的根部间隙，使接头部分能充分熔透。当运条至平焊部位时，必须填满弧坑后才能熄弧。

在焊接管子环形焊缝的后一半时，运条方法基本上与前一半相同，但运条至仰焊及平焊接头处必须多加注意。

（2）管子的多层焊法　沿着管周进行仰、立、平焊位置的施焊方法，基本上与相应位置的钢板焊接法相似，但还必须注意在其外层焊缝施焊时，应选用较大的焊接电流，并且要适当控制运条，达到既不产生严重咬边又能熔化掉底层焊缝中隐藏缺欠的目的。

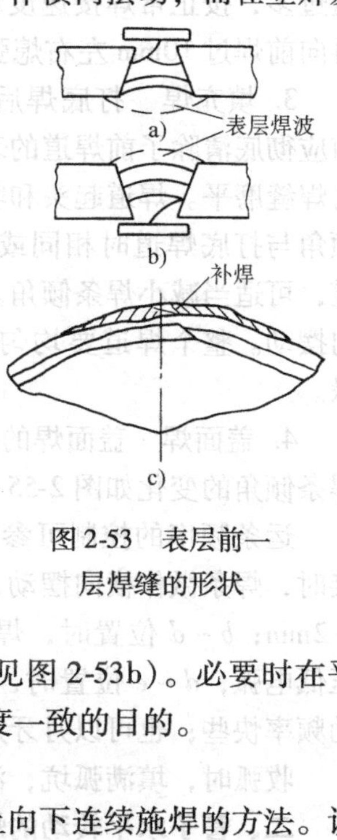

图2-53　表层前一层焊缝的形状

当焊接表层前一层焊道时，在仰焊部位的运条速度要快，使之形成厚度较薄、中部下凹的焊缝（见图2-53a）；平焊部位运条速度应该缓慢，使之形成略为肥厚而中央稍有凸起的焊缝（见图2-53b）。必要时在平焊部位可以补焊一道焊道（见图2-53c），以达到整个环形焊缝高度一致的目的。

（二）大口径管子水平固定的焊接（向下焊）

大口径管子水平固定的向下焊接，是采用专用的向下焊条由上向下连续施焊的方法。该焊接方法具有焊接速度快，焊接质量好，生产效率高等优点。

1. 操作方法特点　应从管顶部平焊位置由上向下，顺时针或逆时针方向连续焊接，第一层打底焊要求单面焊双面成形。长输管道施工中，应用的焊条电弧焊方法是采用双人对称焊，两名焊工同时由平焊位置焊至仰焊位置。

向下焊专用焊条有纤维素型和低氢型两种，都具有电弧吹力强、熔深大，熔渣凝固速度快的特点。低氢型焊条含氢量低，有高的冲击韧度和良好的抗裂性能，多用于填充层和盖面层的焊接，施焊时焊条的摆动幅度应小于2倍的焊芯直径。而纤维素型焊条可选用粗直径焊条，大焊接电流、快焊接速度焊接，并采用直线运条。

2. 打底焊　在平焊位置超过中心线约5~10mm坡口面内引弧，在引弧处稍作停留后移到坡口根部，将电弧下压，形成熔池和熔孔。短弧焊接采用直线法向下运条。

焊条的角度按其所在位置而发生变化，如图2-54所示。电弧长度同时作相应变化，在$a \sim b$焊接位置时，适当拉长电弧，并作上下往返运条；$b \sim d$位置时，短弧操作，并往返运条；$d \sim e$位置时电弧向上顶送，并作往返运条焊接。

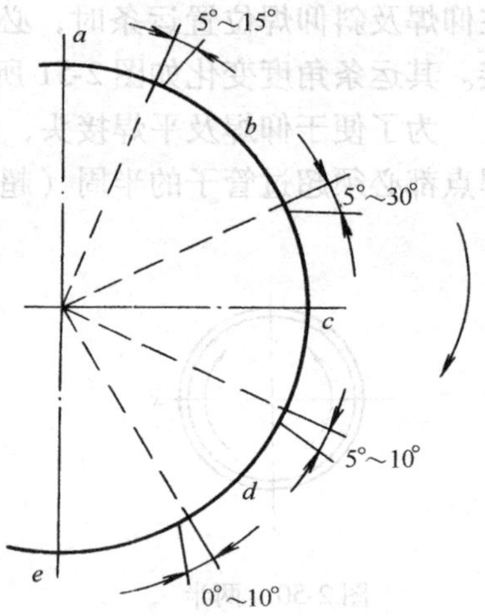

图2-54　第一层打底焊道的焊条倾角

接头时，在更换焊条前，焊接速度应稍增大和适当减小焊条倾角，使焊道形成缓坡状收弧处；焊条在接头上方5~10mm处引弧，稳弧后将焊条下拉到熔孔处，焊条倾角略增大，压低电弧待形成熔孔后再正常焊接。

焊接平焊位置和仰焊位置的封闭接头，焊条不要顶送过多，按正常焊接速度和焊条角度焊接。接头封闭后，再向前焊过10mm左右熄弧。

3. 填充焊　打底焊后，填充焊应立即进行热焊。焊前应彻底清除了前焊道的表面飞溅与焊渣，并将局部凸出的焊缝磨平。焊道起头和收尾位置与打底焊道相同。焊条倾角与打底焊道时相同或略大些，但为防止烧穿前层焊道，可适当减小焊条倾角。采用直线法向下运条，微作横向摆动。整个焊道要均匀、平整，不能破坏坡口两侧边缘。

4. 盖面焊　盖面焊的引弧和收弧位置与打底焊相同。焊条倾角的变化如图2-55所示。

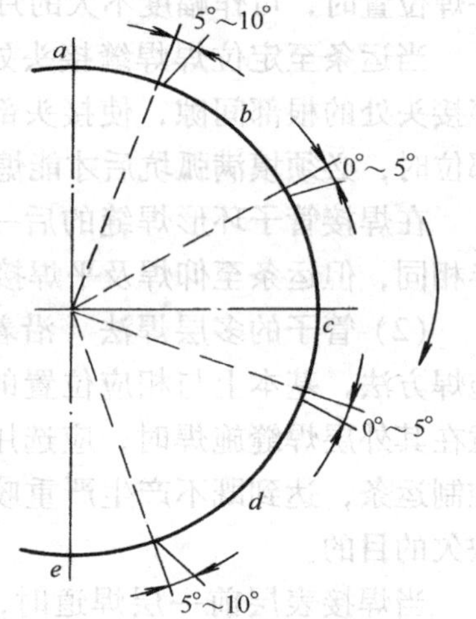

图2-55　盖面层焊道的焊条倾角

运条频率的控制可参考图2-55所示的。$a \sim b$位置焊接时，焊条微作横向摆动，电弧应覆盖坡口每侧边缘1.5~2mm；$b \sim d$位置时，焊条摆动频率快些，在坡口两侧压低电弧；$d \sim e$位置时，焊条作小幅度锯齿形运条，摆动频率快些；也可以月牙形运条，摆动频率稍慢些；并在坡口两侧均稍作停顿。

收弧时，填满弧坑，沿大径管切线方向逐渐拉长电弧至熄灭。

二、管子水平转动的焊接

对于管段、法兰等可拆的、重量不大的焊件，可以应用转动焊接法。

1. 对口及定位焊　对口及定位焊方法与水平管子固定焊相似，最好不采取在坡口内直接定位的方式，而用钢筋或适当尺寸的小钢板在管子外壁进行定位焊。

2. 根部焊接　根据管子对口形式的不同，可用两种焊接方法：

1）对不带衬垫的管子转动施焊（见图2-56），为了使根部容易焊透，一般在立焊部位焊接。

图2-56　不带衬垫的管子转动焊接

2）对于有衬垫的管子施焊（见图2-57），由于这类管子比较容易焊透，为了操作方便，将运条范围选择在平焊部位。

对于厚壁管子，为了防止管子因回转时的振动而引起根部裂纹，定位焊缝（当在焊道内定位焊时）应该有足够的强度，同时靠近坡口的两个支点距离最好不大于管径的1.5～2倍（见图2-58）。

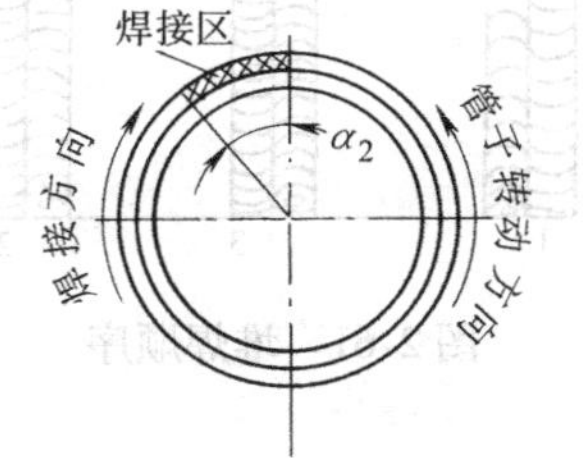

图2-57 带衬垫的管子转动焊接

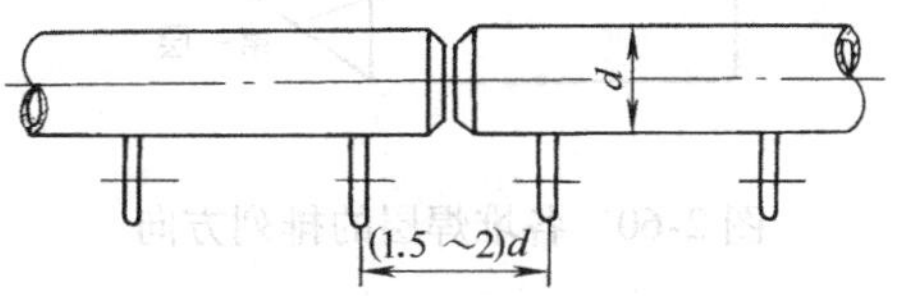

图2-58 滚动支点的安置

3. 多层焊接 管子转动焊时，多层焊接的运条方式和带衬垫管子转动时根部焊接的方式相同，也是选择在平焊部位焊接。

三、焊条电弧焊的堆焊技术

堆焊主要用来修复机械设备工作表面的磨损部分和金属表面的残缺部分，以恢复原来的尺寸，或堆焊成耐磨、耐蚀的特殊金属表面层。

堆焊时必须根据不同要求选用不同的焊条（堆焊焊条的选用参见GB/T984—2001标准）。修补堆焊所用的焊条成分一般和焊件金属相同。但堆焊特殊金属表面时，应选用专用焊条，以适应焊件的工作需要。

不同堆焊件和堆焊焊条要采用不同的堆焊工艺，才能获得较满意的堆焊质量。

堆焊前，对堆焊处的表面必须仔细地清除杂物、油脂等。在堆焊第二条焊道时，必须熔化第一条焊道的1/3～1/2宽度，如图2-59所示，这样才能使各焊道间紧密的连接，并能防止产生夹渣和未焊透等缺欠。

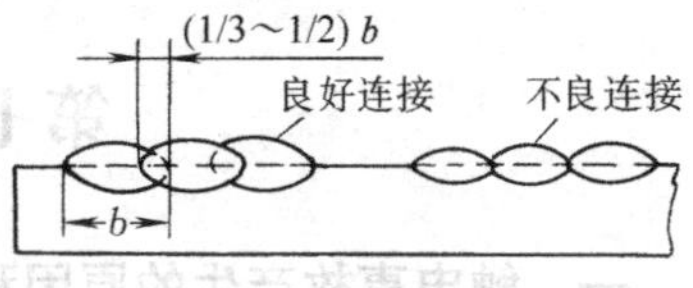

图2-59 堆焊时焊缝的连接

为了减小应力，防止裂纹和剥离，先用塑性、韧性好的焊条进行打底焊，起到将堆焊层与基体隔离的作用（如在碳钢上堆焊高锰钢时，可先在碳钢上堆焊一层铬镍或铬锰氮奥氏体钢，然后再在奥氏体钢上堆焊高锰钢，这样既可以减小焊接应力，又不影响高锰钢采取快速冷却的措施）。

堆焊时，部分母材会熔入堆焊金属中去，堆焊金属中的部分合金元素会被电弧烧损，造成堆焊层的硬度和性能有所下降。因此在选择堆焊方法时，尽可能选择稀释率低的。同时在选择堆焊参数时，要尽量选择低电弧电压、小焊接电流、慢焊接速度，以降低熔深、减小稀释率和电弧对合金元素的烧损。

当进行多层堆焊时，由于加热次数较多，且加热面积又大，所以焊件极易产生变形，甚至出现裂纹。这就要求第二层焊道的堆焊方向与第一层互相成90°（见图2-60），同时为了使热量分散，还应注意堆焊顺序（见图2-61）。

轴堆焊时，可按图2-62所示的堆焊顺序进行，也即采用纵向对称堆焊和横向螺旋形堆焊。堆焊时必须注意轴的变形量。

为了增加堆焊层的厚度，减少清渣工作，提高生产效率，通常将焊件的堆焊面放成垂直位置（见图2-63），用横焊方法进行堆焊，有时也将焊件放成倾斜位置用上坡焊堆焊。

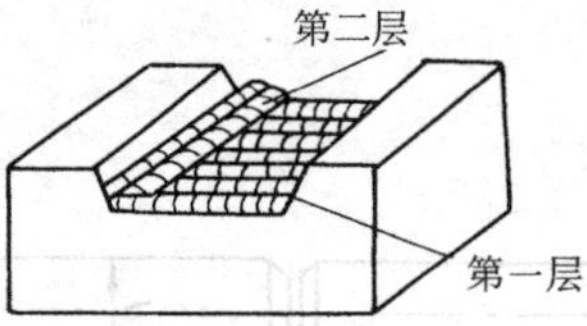

图2-60　各堆焊层的排列方向

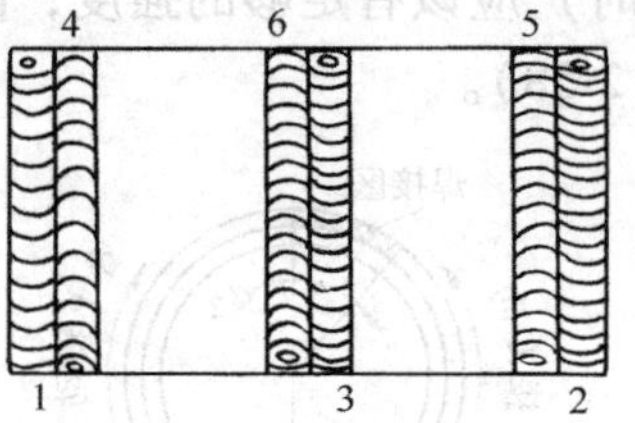

图2-61　堆焊顺序

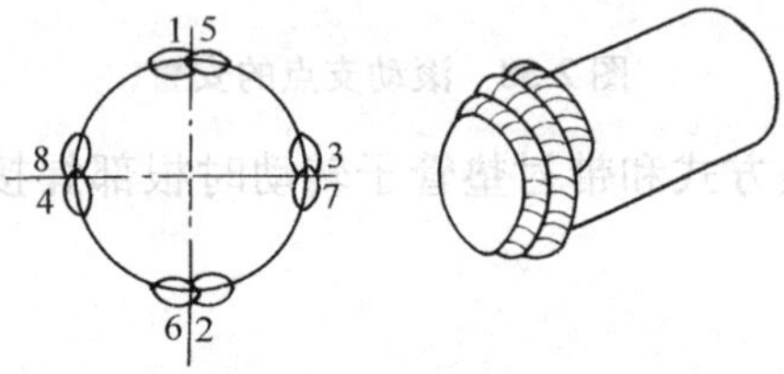

图2-62　轴的堆焊顺序

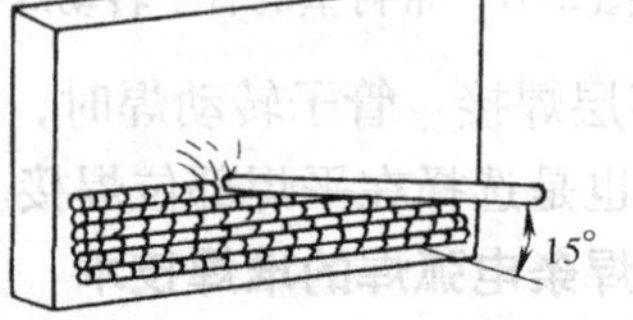

图2-63　在垂直位置上的堆焊

为了满足堆焊后焊件表面机械加工的要求，应留有一定厚度（3～5mm）的加工量。

堆焊后，堆焊层的性能达不到要求时，需要将零件重新进行热处理。当堆焊层脆性很大时，为避免产生裂纹，焊后应作消除应力退火或回火处理。

第七节　焊条电弧焊安全技术

一、触电事故产生的原因和防止措施

（一）触电事故产生的原因

电弧焊的操作是接触带电体的焊接操作，如更换焊条、移动和调节焊接设备及其器具（焊钳、电缆等），有时还要在焊件上作业。焊机的空载电压一般约在55～90V，超过了安全电压。焊接电源又与380/220V的电力电网连接，一旦设备产生故障，网路电压就有可能出现在焊钳、焊机及其外壳上，人体万一不慎触及这些部位，就很难摆脱，因此触电事故是电弧焊接的主要伤亡事故之一。

1. 电流对人体的伤害　电流对人体有三种类型的伤害，即电击、电伤和电磁场生理伤害。

电击是指电流通过人体内部，破坏心脏、肺部及神经系统的工作。

电伤是电流的热效应、化学效应或机械效应对人体的伤害，其中主要是间接或直接的电弧烧伤，或熔化金属溅出烫伤等。

电磁场生理伤害是指在高频高磁场的作用下，使人呈现头晕、乏力、记忆力减退、失眠、多梦等神经系统的症状。

通常所说的触电事故基本上是指电击而言，绝大部分触电死亡事故是电击所造成的。电弧焊触电事故可分为直接电击和间接电击两类。

2. 电弧焊发生直接电击事故的主要原因

1）操作者在电弧焊操作或更换焊条时，其手或身体某部位接触到焊条、焊钳口的裸露部分，而操作者的脚和身体其他部位与地或金属结构之间无绝缘防护，形成电流回路，从而造成触电事故。

2）在接线或调整焊接电流时，操作者的手或身体某部位接触到接线柱等带电部位。

3）操作者在登高作业或靠近高压线路作业时，没有采取防护措施遭电击等。

3. 电弧焊发生间接电击事故的主要原因

（1）操作者碰触漏电的焊机外壳　造成焊机漏电的原因有：

1）线圈受潮造成绝缘损坏。

2）焊机长期超负荷运行或短路发热，致使绝缘性能下降，绝缘层被烧损而漏电。

3）焊机安装位置未符合安全要求，遭受振动、撞击，使线圈或引线的绝缘部位发生机械损伤。

4）维护检修不善，受粉尘、腐蚀性气体或蒸汽的影响，而使绝缘部位老化变质。

5）工作现场管理混乱，使某些小金属物一端碰到焊机的线柱（头）等带电体，另一端碰到铁心或罩壳而漏电。

（2）焊机线路发生故障　如焊机的相线与零线接错、焊机保护接地或保护接零系统接触导电不良等原因。

（3）误接焊接回路　利用厂房的金属结构、管道、轨道或其他金属物件作为焊接回路而发生触电事故。

（二）防止焊工发生触电事故的安全措施

1. 焊机的安全措施

1）焊接电源必须有独立而容量足够的保护装置，保护装置应能可靠地切断设备最大额定电流，以保证安全。

2）焊机所有外露带电部分必须有完好的隔离防护装置。

3）焊机的各接触点和连接件必须连接牢固，在运行中不松动和脱落。

4）焊机的外壳必须装设保护接地线或保护接零线，而且接线要牢靠。

5）焊机的接地电阻不得大于4Ω，接地导线应具有良好的导电性，其截面积应符合国家规定；接零线除有足够的导电截面积外，不准在线上设置熔断器或开关。

6）凡是对有接地或接零装置的焊件进行焊接时，应将焊件的接地或接零线暂时解除，焊完后再复原。

7）焊机的线圈和线路带电部分对外壳和对地之间、弧焊变压器的一次绕组与二次绕组之间、相与相及线与线之间，都必须符合绝缘标准的要求，其电阻值大于1MΩ。

2. 电源线、焊接电缆线及焊钳的安全要求

1）焊机的电源线长度不超过3m，若确需使用较长的电源线时应采取架空高2.5m以上，沿墙用瓷瓶布设的间隔安全措施。

2）焊接电缆采用多股纯铜细线制成，并有足够的导电截面积和良好的绝缘性能。

3）焊接电缆采取整根的，中间不应有接头。若需短线连接则接头不宜超过2个。接头应用纯铜导体制成，并且连接要牢靠，绝缘要良好。

4）焊接电缆不可置于电弧或炽热的焊件附近，以防烫坏绝缘层。焊接电缆若横穿车间

通道或道路要加以遮盖，以防电缆被辗压破损。

5）通过焊接电缆的电流不得超过电缆线的安全载流量（表2-16）。焊接电缆的绝缘一般每半年检查一次。

表2-16 导线横截面积与焊接电流、导线长度的关系

焊接电流/A	导线长/m								
	20	30	40	50	60	70	80	90	100
	导线截面/mm^2								
100	25	25	25	25	25	25	25	28	35
150	35	35	35	35	50	50	60	70	70
200	35	35	35	50	60	70	70	70	70
300	35	50	60	60	70	70	70	85	85
400	35	50	60	70	85	85	85	95	95
500	50	60	70	85	95	95	95	120	120
600	60	70	85	85	95	95	120	120	120

6）焊条电弧焊焊钳应有良好的绝缘性、导电性和隔热性能。

7）气体保护焊、等离子弧焊、等离子弧切割等采用各种功能和规格的焊枪，除锥口或导电嘴要有良好的导电性能、导电嘴不松动外，其供气、供水系统要通畅、无泄漏，尤其要注意防止因漏水而引发触电事故。

二、焊接时引起火灾爆炸事故的原因和防止措施

（一）焊接时引起火灾爆炸事故的原因

焊接是高温明火作业，焊接时会产生大量火花和灼热金属熔滴，如果操作不当，容易产生火灾或爆炸事故，其原因有：

1）焊机的电缆或焊机本身的绝缘破坏，发生短路而产生火灾。

2）熔融金属、熔渣的颗粒及飞溅的火花，引起焊接处附近的易燃物（如油料、木料、棉纱等），以及可燃气体而产生火灾。尤其在风力大时，更为严重。

3）焊接未清洗过的油罐、油桶、带有气压的锅炉储气筒及带压附件，在有易燃气体的室内焊接，也会造成火灾或爆炸事故。

（二）焊接时防止火灾和爆炸事故的安全措施

1）在工作场所必须设有足够的消防器材，如灭火器和砂箱等。

2）焊接作业场所周围的易燃易爆物品要彻底清除，一般物品也要采取防火措施，以防飞溅火花落到物品上着火，甚至造成火灾事故。

3）禁止焊接作业与涂料、涂敷绝缘料等有易燃蒸气挥发的作业混在一起，也不能在涂料和绝缘涂料未干的船舱或室内、容器内焊接。

4）一般情况下禁止焊接有液体压力、气体压力及带电的设备。

5）对于存有残余油脂或可燃气体的容器，焊接前应先用蒸汽和热碱水冲洗。并打开盖口，确定容器清洗干净后方可进行焊接。

6）焊工在容器内工作，严禁将漏乙炔气的焊炬、割炬及乙炔胶管携带到容器内，以防

止混合气体遇明火而爆炸。

7）在露天焊接必须设置挡风装置，以免火星飞溅引起火灾。当风力在六级以上时，不宜在露天焊接。

8）在高空焊接时，焊件下方必须放置遮板，以防火星落下，引起事故。

9）在可燃物品附近进行焊接作业时，必须设有距离10m外的安全距离，必要时还可派人监察。

三、电弧焊的卫生防护措施

（一）电弧辐射的损伤与防护

1. 电弧辐射的损伤　电弧焊过程中，空气中气体原子受电弧高温激发和电离，使电子发生跃迁，而电子回跳时便产生了辐射。电弧辐射主要是产生可见光、红外线和紫外线三种射线。电弧辐射发出的射线比人眼所能安全忍受的光线要强上万倍，过强的可见光会造成耀眼、眩目，甚至使操作者视力发生变化。红外线是热辐射线，长期受到照射，会使眼球晶体变化，严重的导致白内障。紫外线能强烈地刺激和损害操作者的眼睛、皮肤，只要受到短时间的照射，也可能引起眼睛发炎（俗称电光性眼炎）；皮肤受到紫外线照射后，先是感觉奇痒、发红、疼痛不能触及，以后发黑、脱皮。

2. 电弧辐射的防护措施

1）在焊接作业区严禁直视电弧。

2）要穿着焊工专用的工作服和鞋，工作服应是白色的，防止光线直接照射到皮肤及防止飞溅物落到身上。

3）工作场地应用围屏或挡板与周围隔离开。

4）操作者应注意眼睛的适当休息。

5）焊接作业区必须有充分的照明，便于焊接操作。

（二）粉尘与有毒气体的危害与防护

焊接电弧的高温将使金属产生剧烈的蒸发。焊条、被焊金属在焊接时会产生各种金属烟气，在空气中受冷凝结并氧化形成粉尘。高温电弧辐射（短波紫外线）作用于空气中的氧和氮，会产生臭氧（O_3）和氮氧化物（NO、NO_2）等有毒气体。

粉尘与有毒气体进入人体的途径可以从呼吸道、消化道、皮肤粘膜三方面，而最主要的途径是呼吸道。从呼吸道吸收的毒物，不经过肝脏的解毒作用，直接进入血液分布到全身，所以有害作用比较迅速。对人体的影响主要有：

1）能强烈刺激人体的呼吸道，一般症状是喉干、口燥、咽部发炎充血等慢性炎症，急性高浓度接触，则可能引起急性化学性肺炎或肺水肿。

2）锰蒸气、铅蒸气及氧化铁粉尘等吸入人体，能引起慢性中毒（少量吸入不会引起严重症候）或焊工尘肺症状。

3）能引起“金属热”病，反应表现为在切割某种金属后，骨及关节疼痛、口内异味、恶心呕吐，并有寒颤，夜间发汗等。

电弧焊接区的通风是排除粉尘和有毒气体的有效措施。通风的方式可以是全面性的或局部性的，局部性的通风效果比较显著。

局部通风分为送风和排气两种。局部送风只是暂时地将焊接区域附近作业地带的有害物质吹走，使用效果一般。而局部排气是目前采用的通风使用效果较有效的措施。

四、焊接工作者的安全生产职责

每个焊接工作者必须严格执行安全规章制度和安全操作规程，遵守劳动纪律，保证本岗位工作地点和设备及工具的安全、整洁，正确佩戴和使用防护用品。并懂得将要实施操作时可能产生的危害，提高安全生产技能，增强事故预防和应急处理能力。

操作者只有在规定的安全条件得到满足，并得到现场管理及监督者准许的前提下，才可实施焊接或切割操作。在获得准许的条件没有变化时，操作者可以连续地实施焊接或切割。焊工必须严格执行的十不焊原则：

1）不是焊工不能焊（无证焊工不能单独操作）。

2）重点要害部门及重要场地未经消防部门、安全部门批准，未办理三级审批手续不能焊。

3）不了解焊、割地点及周围情况不能焊。

4）不了解焊、割件内部是否有易燃、易爆的危险品时不能焊。

5）盛放过易燃、易爆气体或液体的容器，未经彻底清洗不能焊。

6）用可燃材料作保护层，隔声、隔热的部位未采取安全措施的不能焊。

7）有压力或密闭的导管、容器不能施焊。

8）在禁火区内，未经消防、安全部门批准不能施焊。

9）附近有易燃、易爆物品，在未清理和未采取有效措施之前不能焊。

10）附近有与明火作业相抵触的工种作业不能焊。

复　习　题

1. 什么是焊缝符号？它由哪几个部分组成？
2. 为了能在图样上确切地表示焊缝的位置，基本符号相对基准线的位置有哪些规定？
3. 焊缝尺寸符号标注有哪些说明？
4. 焊接接头的形式有几种？常用的有哪几种？
5. 选用焊接坡口的目的是什么？选择坡口形式时要注意哪些方面？
6. 各种引燃电弧方法的适用范围怎样？
7. 运条方法有哪几种？它们各有什么特点？
8. 为什么说焊缝起头处易出现熔深浅的现象？操作时应如何防止？
9. 各种焊缝收尾方法的适用范围如何？
10. 在采用各种焊缝连接方式时，应注意哪些问题？
11. 怎样正确选择焊条电弧焊的焊接参数？
12. 怎样在焊接时判断所选用的焊接电流正确与否？
13. 对接平焊的特点和方法如何？
14. T形接头平角焊时有什么特点？如何操作？
15. 立、横、仰焊各有什么特点？立、横、仰焊的操作方法如何进行？
16. 管子水平固定及转动的焊接特点如何？简述它们的操作方法。
17. 怎样进行焊条电弧焊堆焊？
18. 简述焊工安全生产的“十不焊”原则。

第三章　焊　　条

在焊条电弧焊中，焊条与母材间产生持续、稳定的电弧，以提供熔焊所必需的热量；同时，焊条又作为填充金属加到焊缝中去，成为焊缝金属的主要成分。因此焊条的性质将会直接影响到焊缝金属的化学成分、力学性能和物理性能。另外，焊条对于焊接过程的稳定性，焊缝的外观质量，焊接生产率等也有很大的影响。

第一节　对焊条及其焊芯的要求

一、对焊条的要求

在焊接生产中，为了确保焊接质量，对焊条有如下几个基本要求：

1）焊条的熔敷金属应具有良好的力学性能。例如，对于常用的 E4303（J 422）低碳钢焊条，就要求其焊缝金属的抗拉强度大于等于 420MPa，伸长率为 22% ~32%，冲击韧度 120 ~180J/cm^2。

2）焊条的熔敷金属应具有规定的化学成分。例如，对于 EDR Cr Mn Mo15（D 397）锻模堆焊焊条，首先就应要求它的熔敷金属具有相当于 5CrMnMo 模具钢的化学成分。

3）具有良好的焊接工艺性能。如容易引弧，电弧燃烧稳定，能适用于交、直流弧焊电源，能进行不同位置的焊接，焊接时飞溅少，不易产生气孔、裂纹、夹渣等缺陷，并具有高的焊接生产率。

4）在焊接时焊条端部药皮应能形成喇叭形“套管”，且没有药皮成块脱落的现象。

5）熔渣的粘度适当，流动性良好，焊缝成形正常，冷却凝固后的焊渣容易清除。

二、焊芯

焊芯，即焊条的金属芯，焊条电弧焊时，焊芯主要有两方面作用：一是传导焊接电流，产生电弧；二是焊芯熔化形成焊缝中的填充金属。为保证焊缝的质量，对焊芯的要求很高，对焊芯合金元素的含量要作一定的限制，以保证在焊后熔敷金属的性能不低于母材。

1. 焊芯中合金元素的影响

（1）碳（C）　在焊接过程中碳是一种良好的脱氧剂，它在高温下对氧化物具有很强的还原作用，然后与还原出来的氧化合生成一氧化碳气体。该一氧化碳气体不溶于液态金属，并可进一步被氧化成 CO_2，它们都以气体的形式从熔池中逸出，这样可排开熔池周围的空气，减少或防止空气中氧、氮与熔池的作用。同时，含碳量的增加，也可直接减少氧和氮在焊缝中的含量。但含碳量过高时，由于还原作用剧烈会引起较大的飞溅和产生气孔。同时碳量过高，会使焊缝金属凝固温度降低，对仰焊也不利。所以，一般焊芯的 w（C）（含碳量）被限制在 0.2% 以下，常用低碳钢焊芯的 w（C）小于 0.1%。

（2）锰（Mn）　在焊接过程中，锰是一种较好的脱氧剂，能减少焊缝金属中的含氧量。当 w（Mn）（含锰量）在0.4%～0.6%时，脱氧效果最好。若含锰量再高，就可能增加熔渣中氧化锰（MnO）的含量，会提高熔渣的流动性。锰还是一种很好的脱硫剂，它能与硫化合成硫化锰（MnS），形成熔渣浮于液态金属表面，从而减少焊缝热裂的倾向。一般碳钢焊芯的 w（Mn）为0.3%～0.55%，低合金钢或合金钢焊芯的 w（Mn）可达0.8%～1.1%或更高些。

（3）硅（Si）　在焊接过程中，硅具有较强的脱氧能力，它的脱氧能力比锰还强，与氧形成二氧化硅（SiO_2）。二氧化硅在高温下成渣。由于它的熔点较高，会使熔渣变稠，增加粘度，造成脱渣困难。当含硅量和二氧化硅过多时，在焊接时会引起飞溅，并容易造成二氧化硅的非金属夹渣和降低焊缝的塑性。所以，一般在焊芯中含硅量应尽量少些，要求 w（Si）控制在0.03%以下（合金钢例外）。

（4）铬（Cr）　在焊接过程中铬对低碳钢来说，是一种杂质，因它会被氧化成难熔的三氧化二铬（Cr_2O_3），不仅增加熔渣粘度，而且易产生夹渣，因此，在一般碳钢焊芯中 w（Cr）（含铬量）不应大于0.2%。

（5）硫（S）　在焊接过程中硫在高温的条件下能与铁化合成硫化亚铁（FeS），这是一种低熔点的化合物，能与其他化合物形成熔点更低的低熔点共晶体（熔点985℃），集结在晶粒边界，使焊缝在高温下产生裂纹（热裂）。因为硫在焊芯中也是一种极为有害的杂质，在一般焊芯中规定 w（S）不大于0.04%，高级优质焊芯中的不大于0.03%。

（6）磷（P）　在焊接过程中，由于磷与铁化合生成磷化铁（Fe_3P），使熔化金属的流动性增大，而当金属凝固后，使金属变脆，焊缝产生冷脆现象。另外，磷化铁还能和其他物质形成低熔点共晶体，致使产生热裂纹。因此，磷在焊接过程中同样是一种有害杂质，在一般焊芯中规定 w（P）不大于0.04%，高级优质焊芯中不大于0.03%。

2. 焊丝的分类及牌号　按GB/T 14957—1994《熔化焊用钢丝》、GB/T 5293—1999《埋弧焊用碳钢焊丝和焊剂》、GB/T 14958—1994《气体保护焊用钢丝》、GB/T 8110—2008《气体保护电弧焊用碳钢、低合金钢焊丝》、GB/T 17854—1999《埋弧焊用不锈钢焊丝和焊剂》及YB/T 5092—2005《焊接用不锈钢丝》等标准作为焊丝分类的，并以此编制焊丝的牌号。

焊丝牌号的编制方法如下：

1）牌号的首位字母"H"即"焊"字汉语拼音的第一个字母，表示焊丝。

2）在焊丝牌号的末尾注有字母"A"，表示为优质品；注有字母"E"，表示为高级优质品，说明其含硫、磷等杂质更低。

3）在"H"之后的一位（千分位）或两位（万分位）表示焊丝的含碳量。

4）在化学元素符号及其后面的数字表示该元素的大约质量分数（含量），当主要合金元素的质量分数小于并等于1%时，可省略数字，只记元素符号。

不锈钢钢丝可分为奥氏体型、奥氏体+铁素体（双相钢）型、马氏体型、铁素体型和沉淀硬化型等五种，牌号首位也用H表示，其后的牌号表示法与前述的表示方法一样。

焊接用碳素钢、合金结构钢、铬钼耐热钢钢丝牌号见表3-1，焊接用不锈钢钢丝牌号见表3-2。

表 3-1　焊接用碳素钢、合金结构钢钢丝牌号及化学成分

钢种	牌号	化学成分（质量分数，%）								
		C	Mn	Si	Cr	Ni	Mo	其他	S≤	P≤
碳素结构钢	H08A	≤0.10	0.30~0.55	≤0.03	≤0.20 H08C 为 0.10	≤0.30 H08C 为 0.10	—	—	0.03	0.03
	H08E								0.02	0.02
	H08C								0.015	0.015
	H08Mn		0.80~1.10	≤0.07					0.04	0.04
	H08MnA								0.03	0.03
	H15A	0.11~0.18	0.35~0.65	≤0.03					0.03	0.03
	H15Mn		0.80~1.10						0.035	0.035
合金结构钢	H10Mn2	≤0.12	1.20~1.90	≤0.07	≤0.20	≤0.30	—	Cu≤0.20	0.035	0.035
	H08MnSi	≤0.11	1.20~1.50	0.40~0.70		≤0.15			0.035	0.035
	H08Mn2Si		1.70~2.10	0.65~0.95		≤0.15			0.035	0.035
	H08Mn2SiA		1.80~2.10	0.65~0.95		≤0.30			0.03	0.03
合金结构钢	H10MnSi	≤0.14	0.80~1.10	0.60~0.90	≤0.20	≤0.30	—	Cu≤0.20	0.035	0.035
	H11MnSi	0.07~0.15	1.00~1.50	0.65~0.95			≤0.15	V≤0.05	0.025	0.035
	H11Mn2SiA		1.40~1.85	0.85~1.15						0.025
	H10MnSiMo	≤0.14	0.90~1.20	0.70~1.10			0.15~0.25	Cu≤0.20	0.03	0.035
	H10MnSiMoTiA	0.08~0.12	1.00~1.30	0.40~0.70			0.20~0.40	Ti0.05~0.15	0.025	0.03
	H08MnMoA	≤0.10	1.20~1.60	≤0.25			0.30~0.5	（加入量）Ti0.15	0.03	
	H08Mn2MoA	0.06~0.11	1.60~1.90	≤0.25			0.50~0.70			
	H10Mn2MoA	0.18~0.13	1.70~2.00	≤0.40			0.60~0.80			
	H08Mn2MoVA	0.06~0.11	1.60~1.90	≤0.25			0.50~0.70	V0.06~0.12		
	H10Mn2MoVA	0.08~1.13	1.70~2.00	≤0.40			0.60~0.80			
	H08CrNi2MoA	0.05~0.10	0.50~0.85	0.10~0.30	0.70~1.00	1.40~1.80	0.20~0.40	—	0.025	0.030
	H30CrMnSiA	0.25~0.35	0.80~1.10	0.90~1.20	0.80~1.10	≤0.30	—			0.025

（续）

钢种	牌号	化学成分（质量分数，%）								
		C	Mn	Si	Cr	Ni	Mo	其他	S≤	P≤
铬钼耐热钢	H08CrMoA	≤0.10					0.40 ~ 0.60	—	0.03	
	H13CrMoA	0.11 ~ 0.16			0.8 ~ 1.10		0.40 ~ 0.60	—	0.03	
	H18CrMoA	0.15 ~ 0.22	0.40 ~ 0.70	0.15 ~ 0.35		≤0.30	0.15 ~ 0.25	—	0.025	
	H08CrMoVA	≤0.10			1.00 ~ 1.30		0.50 ~ 0.70	V0.15 ~ 0.35	0.03	0.030
	H10CrMoA	≤0.12			0.45 ~ 0.65		0.40 ~ 0.60	—	0.03	
	H08CrMnSiMoVA	≤0.10	1.20 ~ 1.60	0.60 ~ 0.90	0.95 ~ 1.25	≤0.25	0.50 ~ 0.70	V0.20 ~ 0.40	0.03	
	H08Cr2MoA	≤0.10	0.40 ~ 0.70	0.15 ~ 0.35	2.00 ~ 2.50		0.90 ~ 1.20	—	0.03	
	H1Cr5Mo	≤0.12	0.40 ~ 0.70		4.0 ~ 6.0	≤0.30	0.40 ~ 0.60	—	0.03	

注：本表汇集了 GB/T 14957—1994，GB/T 14958—1994 标记中的相关内容。

表 3-2　焊接用不锈钢钢丝牌号（摘自 YB/T 5092—2005）

类型	序号	牌　号	化学成分(质量分数，%)										
			C	Si	Mn	P	S	Cr	Ni	Mo	Cu	N	其他
奥氏体型	1	H05Cr22Ni11Mn6Mo3VN	≤0.05	≤0.90	4.00 ~ 7.00	≤0.030	≤0.030	20.50 ~ 24.00	9.50 ~ 12.00	1.50 ~ 3.00	≤0.75	0.10 ~ 0.30	V:0.10 ~0.30
	2	H10Cr17Ni8Mn8Si4N	≤0.10	3.40 ~ 4.50	7.00 ~ 9.00	≤0.030	≤0.030	16.00 ~ 18.00	8.00 ~ 9.00	≤0.75	≤0.75	0.08 ~ 0.18	
	3	H05Cr20Ni6Mn9N	≤0.05	≤1.00	8.00 ~ 10.00	≤0.030	≤0.030	19.00 ~ 21.50	5.50 ~ 7.00	≤0.75	≤0.75	0.10 ~ 0.30	
	4	H05Cr18Ni5Mn12N	≤0.05	≤1.00	10.50 ~ 13.50	≤0.030	≤0.030	17.00 ~ 19.00	4.00 ~ 6.00	≤0.75	≤0.75	0.10 ~ 0.30	
	5	H10Cr21Ni10Mn6	≤0.10	0.20 ~ 0.60	5.00 ~ 7.00	≤0.030	≤0.030	20.00 ~ 22.00	9.00 ~ 11.00	≤0.75	≤0.75		
	6	H09Cr21Ni9Mn4Mo	0.04 ~ 0.14	0.30 ~ 0.65	3.30 ~ 4.75	≤0.030	≤0.030	19.50 ~ 22.00	8.00 ~ 10.70	0.50 ~ 1.50	≤0.75		
	7	H08Cr21Ni10Si	≤0.08	0.30 ~ 0.65	1.00 ~ 2.50	≤0.030	≤0.030	19.50 ~ 22.00	9.00 ~ 11.00	≤0.75	≤0.75		

(续)

类型	序号	牌号	化学成分(质量分数,%)										
			C	Si	Mn	P	S	Cr	Ni	Mo	Cu	N	其他
奥氏体型	8	H08Cr21Ni10	≤0.08	≤0.35	1.00 ~ 2.50	≤0.030	≤0.030	19.50 ~ 22.00	9.00 ~ 11.00	≤0.75	≤0.75		
	9	H06Cr21Ni10	0.04 ~ 0.08	0.30 ~ 0.65	1.00 ~ 2.50	≤0.030	≤0.030	19.50 ~ 22.00	9.00 ~ 11.00	≤0.50	≤0.75		
	10	H03Cr21Ni10Si	≤0.030	0.30 ~ 0.65	1.00 ~ 2.50	≤0.030	≤0.030	19.50 ~ 22.00	9.00 ~ 11.00	≤0.75	≤0.75		
	11	H03Cr21Ni10	≤0.030	≤0.35	1.00 ~ 2.50	≤0.030	≤0.030	19.50 ~ 22.00	9.00 ~ 11.00	≤0.75	≤0.75		
	12	H08Cr20Ni11Mo2	≤0.08	0.30 ~ 0.65	1.00 ~ 2.50	≤0.030	≤0.030	18.00 ~ 21.00	9.00 ~ 12.00	2.00 ~ 3.00	≤0.75		
	13	H04Cr20Ni11Mo2	≤0.04	0.30 ~ 0.65	1.00 ~ 2.50	≤0.030	≤0.030	18.00 ~ 21.00	9.00 ~ 12.00	2.00 ~ 3.00	≤0.75		
	14	H08Cr21Ni10Si1	≤0.08	0.65 ~ 1.00	1.00 ~ 2.50	≤0.030	≤0.030	19.50 ~ 22.00	9.00 ~ 11.00	≤0.75	≤0.75		
	15	H03Cr21Ni10Si1	≤0.030	0.65 ~ 1.00	1.00 ~ 2.50	≤0.030	≤0.030	19.50 ~ 22.00	9.00 ~ 11.00	≤0.75	≤0.75		
	16	H12Cr24Ni13Si	≤0.12	0.30 ~ 0.65	1.00 ~ 2.50	≤0.030	≤0.030	23.00 ~ 25.00	12.00 ~ 14.00	≤0.75	≤0.75		
	17	H12Cr24Ni13	≤0.12	≤0.35	1.00 ~ 2.50	≤0.030	≤0.030	23.00 ~ 25.00	12.00 ~ 14.00	≤0.75	≤0.75		
	18	H03Cr24Ni13Si	≤0.030	0.30 ~ 0.65	1.00 ~ 2.50	≤0.030	≤0.030	23.00 ~ 25.00	12.00 ~ 14.00	≤0.75	≤0.75		
	19	H03Cr24Ni13	≤0.030	≤0.35	1.00 ~ 2.50	≤0.030	≤0.030	23.00 ~ 25.00	12.00 ~ 14.00	≤0.75	≤0.75		
	20	H12Cr24Ni13Mo2	≤0.12	0.30 ~ 0.65	1.00 ~ 2.50	≤0.030	≤0.030	23.00 ~ 25.00	12.00 ~ 14.00	2.00 ~ 3.00	≤0.75		
	21	H03Cr24Ni13Mo2	≤0.030	0.30 ~ 0.65	1.00 ~ 2.50	≤0.030	≤0.030	23.00 ~ 25.00	12.00 ~ 14.00	2.00 ~ 3.00	≤0.75		
	22	H12Cr24Ni13Si1	≤0.12	0.65 ~ 1.00	1.00 ~ 2.50	≤0.030	≤0.030	23.00 ~ 25.00	12.00 ~ 14.00	≤0.75	≤0.75		
	23	H03Cr24Ni13Si1	≤0.030	0.65 ~ 1.00	1.00 ~ 2.50	≤0.030	≤0.030	23.00 ~ 25.00	12.00 ~ 14.00	≤0.75	≤0.75		
	24	H12Cr26Ni21Si	0.08 ~ 0.15	0.30 ~ 0.65	1.00 ~ 2.50	≤0.030	≤0.030	25.00 ~ 28.00	20.00 ~ 22.50	≤0.75	≤0.75		

（续）

类型	序号	牌号	C	Si	Mn	P	S	Cr	Ni	Mo	Cu	N	其他
			化学成分（质量分数，%）										
奥氏体型	25	H12Cr26Ni21	0.08~0.15	≤0.35	1.00~2.50	≤0.030	≤0.030	25.00~28.00	20.00~22.50	≤0.75	≤0.75		
	26	H08Cr26Ni21	≤0.08	≤0.65	1.00~2.50	≤0.030	≤0.030	25.00~28.00	20.00~22.50	≤0.75	≤0.75		
	27	H08Cr19Ni12Mo2Si	≤0.08	0.30~0.65	1.00~2.50	≤0.030	≤0.030	18.00~20.00	11.00~14.00	2.00~3.00	≤0.75		
	28	H08Cr19Ni12Mo2	≤0.08	≤0.35	1.00~2.50	≤0.030	≤0.030	18.00~20.00	11.00~14.00	2.00~3.00	≤0.75		
	29	H06Cr19Ni12Mo2	0.04~0.08	0.30~0.65	1.00~2.50	≤0.030	≤0.030	18.00~20.00	11.00~14.00	2.00~3.00	≤0.75		
	30	H03Cr19Ni12Mo2Si	≤0.030	0.30~0.65	1.00~2.50	≤0.030	≤0.030	18.00~20.00	11.00~14.00	2.00~3.00	≤0.75		
	31	H03Cr19Ni12Mo2	≤0.030	≤0.35	1.00~2.50	≤0.030	≤0.030	18.00~20.00	11.00~14.00	2.00~3.00	≤0.75		
	32	H08Cr19Ni12Mo2Si1	≤0.08	0.65~1.00	1.00~2.50	≤0.030	≤0.030	18.00~20.00	11.00~14.00	2.00~3.00	≤0.75		
	33	H03Cr19Ni12Mo2Si1	≤0.030	0.65~1.00	1.00~2.50	≤0.030	≤0.030	18.00~20.00	11.00~14.00	2.00~3.00	≤0.75		
	34	H03Cr19Ni12Mo2Cu2	≤0.030	≤0.65	1.00~2.50	≤0.030	≤0.030	18.00~20.00	11.00~14.00	2.00~3.00	1.00~2.50		
	35	H08Cr19Ni14Mo3	≤0.08	0.30~0.65	1.00~2.50	≤0.030	≤0.030	18.50~20.50	13.00~15.00	3.00~4.00	≤0.75		
	36	H03Cr19Ni14Mo3	≤0.030	0.30~0.65	1.00~2.50	≤0.030	≤0.030	18.50~20.50	13.00~15.00	3.00~4.00	≤0.75		
	37	H08Cr19Ni12Mo2Nb	≤0.08	0.30~0.65	1.00 2.50	≤0.030	≤0.030	18.00~20.00	11.00~14.00	2.00~3.00	≤0.75		Nb①: 8×C%~1.00
	38	H07Cr20Ni34Mo2Cu3Nb	≤0.07	≤0.60	≤2.50	≤0.030	≤0.030	19.00~21.00	32.00~36.00	2.00~3.00	3.0~4.00		Nb①: 8×C%~1.00
	39	H02Cr20Ni34Mo2Cu3Nb	≤0.025	≤0.15	1.50~2.00	≤0.015	≤0.020	19.00~21.00	32.00~36.00	2.00~3.00	3.0~4.00		Nb①: 8×C%~0.40
	40	H08Cr19Ni10Ti	≤0.08	0.30~0.65	1.00~2.50	≤0.030	≤0.030	18.50~20.50	9.00~10.50	≤0.75	≤0.75		Ti: 9×C%~1.00

（续）

类型	序号	牌号	化学成分（质量分数，%）										
			C	Si	Mn	P	S	Cr	Ni	Mo	Cu	N	其他
奥氏体型	41	H21Cr16Ni35	0.18 ~ 0.25	0.30 ~ 0.65	1.00 ~ 2.50	≤0.030	≤0.030	15.00 ~ 17.00	34.00 ~ 37.00	≤0.75	≤0.75		
	42	H08Cr20Ni10Nb	≤0.08	0.30 ~ 0.65	1.00 ~ 2.50	≤0.030	≤0.030	19.00 ~ 21.50	9.00 ~ 11.00	≤0.75	≤0.75		Nb[1]：10×C% ~1.00
	43	H08Cr20Ni10SiNb	≤0.08	0.65 ~ 1.00	1.00 ~ 2.50	≤0.030	≤0.030	19.00 ~ 21.50	9.00 ~ 11.00	≤0.75	≤0.75		Nb[1]：10×C% ~1.00
	44	H02Cr27Ni32Mo3Cu	≤0.025	≤0.50	1.00 ~ 2.50	≤0.020	≤0.030	26.50 ~ 28.50	30.00 ~ 33.00	3.20 ~ 4.20	0.70 ~ 1.50		
	45	H02Cr20Ni25Mo4Cu	≤0.025	≤0.50	1.00 ~ 2.50	≤0.020	≤0.030	19.50 ~ 21.50	24.00 ~ 26.00	4.20 ~ 5.20	1.20 ~ 2.00		
	46	H06Cr19Ni10TiNb	0.04 ~ 0.08	0.30 ~ 0.65	1.00 ~ 2.00	≤0.030	≤0.030	18.50 ~ 20.00	9.00 ~ 11.00	≤0.25	≤0.75		Ti：≤0.05 Nb[1]：≤0.05
	47	H10Cr16Ni8Mo2	≤0.10	0.30 ~ 0.65	1.00 ~ 2.00	≤0.030	≤0.030	14.50 ~ 16.50	7.50 ~ 9.50	1.00 ~ 2.00	≤0.75		
奥氏体+铁素体型	48	H03Cr22Ni8Mo3N	≤0.030	≤0.90	0.50 ~ 2.00	≤0.030	≤0.030	21.50 ~ 23.50	7.50 ~ 9.50	2.50 ~ 3.50	≤0.75	0.08 ~ 0.20	
	49	H04Cr25Ni5Mo3Cu2N	≤0.04	≤1.00	≤1.50	≤0.040	≤0.030	24.00 ~ 27.00	4.50 ~ 6.50	2.90 ~ 3.90	1.50 ~ 2.50	0.10 ~ 0.25	
	50	H15Cr30Ni9	≤0.15	0.30 ~ 0.65	1.00 ~ 2.50	≤0.030	≤0.030	28.00 ~ 32.00	8.00 ~ 10.50	≤0.75	≤0.75		
马氏体型	51	H12Cr13	≤0.12	≤0.50	≤0.60	≤0.030	≤0.030	11.50 ~ 13.50	≤0.60	≤0.75	≤0.75		
	52	H06Cr12Ni4Mo	≤0.06	≤0.50	≤0.60	≤0.030	≤0.030	11.00 ~ 12.50	4.00 ~ 5.00	0.40 ~ 0.70	≤0.75		
	53	H31Cr13	0.25 ~ 0.40	≤0.50	≤0.60	≤0.030	≤0.030	12.00 ~ 14.00	≤0.60	≤0.75	≤0.75		
铁素体型	54	H06Cr14	≤0.06	0.30 ~ 0.70	0.30 ~ 0.70	≤0.030	≤0.030	13.00 ~ 15.00	≤0.60	≤0.75	≤0.75		
	55	H10Cr17	≤0.10	≤0.50	≤0.60	≤0.030	≤0.030	15.50 ~ 17.00	≤0.60	≤0.75	≤0.75		
	56	H01Cr26Mo	≤0.015	≤0.40	≤0.40	≤0.020	≤0.020	25.00 ~ 27.50	Ni + Cu ≤0.50%	0.75 ~ 1.50	Ni + Cu ≤0.50%	≤0.015	

（续）

类型	序号	牌　号	化学成分（质量分数,%）										
			C	Si	Mn	P	S	Cr	Ni	Mo	Cu	N	其他
铁素体型	57	H08Cr11Ti	≤0.08	≤0.80	≤0.80	≤0.030	≤0.030	10.50～13.50	≤0.60	≤0.50	≤0.75		Ti：10×C%～1.50
铁素体型	58	H08Cr11Nb	≤0.08	≤1.00	≤0.80	≤0.040	≤0.030	10.50～13.50	≤0.60	≤0.50	≤0.75		Nb①：10×C%～0.75
沉淀硬化型	59	H05Cr17Ni4Cu4Nb	≤0.05	≤0.75	0.25～0.75	≤0.030	≤0.030	16.00～16.75	4.50～5.00	≤0.75	3.25～4.00		Nb①：0.15～0.30

注：1. 在对表中给出元素进行分析时，如果发现有其他元素存在，其总的质量分数（除铁外）不应超过0.50%；

① Nb可报告为Nb+Ta。

第二节　焊条药皮

一、焊条药皮的作用

焊条的药皮对焊接冶金过程及焊缝金属的质量有着重大影响。药皮是由多种原料组成的，其主要作用有：

（一）提高焊接电弧的稳定性

为保证焊接电弧的稳定燃烧，除去阴极发射电子的条件外，还必须使电弧空间的气体电离，气体越易电离，电弧就越稳定。为此在焊条药皮中必须加入低电离电位的组成物。

（二）防止空气对熔池的侵入

在焊接时，焊条药皮熔化后产生大量的气体笼罩着电弧和熔池，基本上能把熔化金属与空气隔绝开来。这些气体中绝大部分是还原性气体（CO、H_2 等），能在电弧、熔池的周围形成一个很好的保护层。另外，焊条药皮熔化后形成熔渣，覆盖在焊缝的表面，保护焊缝金属，还能使焊缝缓慢的冷却，促进了焊缝金属中气体的排出，减少了生成气孔的可能性。同时，药皮熔化后的熔渣还起着美观焊缝成形的作用。

（三）保证焊缝金属顺利脱氧

由于母材金属本身可能含有一定量的氧，而且通过焊接过程，还可能会有少量空气侵入熔池，空气中的氧和金属作用后，生成氧化物，使合金元素烧损，导致焊缝质量降低。为此，在焊条药皮中加入一些能使焊缝金属根据不同脱氧方式脱氧的物质，如在碱性焊条中加入硅、锰等脱氧元素。

（四）渗入合金元素提高焊缝性能

由于电弧的高温作用，液体焊缝金属中所含的某些合金元素被烧损（氧化或氮化），这样会使焊缝的力学性能降低。通过在焊条药皮中加入铁合金或纯合金元素，使之随着药皮的熔化而过渡到焊缝金属中去，以弥补合金元素烧损和提高焊缝金属的力学性能。通过焊条药皮渗合金，可以使焊缝的合金元素含量和力学性能与母材相匹配。

（五）提高焊接生产率

焊条药皮具有使熔滴过渡增加而减少飞溅损失的作用。焊条药皮的熔点稍低于焊芯的熔点（约低 100～250℃），但因焊芯处于电弧的中心区，温度较高，所以，还是焊芯先熔化，药皮稍晚一点熔化。这样，在焊条端头形成一小段药皮喇叭形套管，加上电弧吹力的作用，使熔滴射向熔池，使之大大有利于仰焊和立焊。另外，在焊芯涂上药皮后，电弧热量更集中，同时，由于减少了由飞溅而引起的金属损失，提高了熔敷系数，因而也就提高了焊接生产率。倘若在焊条药皮中加入一定量的铁粉，更可以提高生产率。

二、焊条药皮的组成物及其作用

（一）焊条药皮的组成物

焊条药皮的组成是十分复杂的，它是许多组成物的混合物，经研磨搅拌后粘接在焊芯外面。每种焊条都有它一定的药皮配方，一般都由 7～9 种以上原料配成。焊条药皮的原材料很多，但大体可分成如下四类：

1. 矿物类　属于矿石的有大理石、石英石、金红石、白云石、氟石、花岗石、长石、钛铁矿（钛精矿）、赤铁矿、钛磁铁矿、锰矿、菱镁矿（菱苦土）、云母、高岭土、滑石、白泥（粘土、陶土）、石墨等。这些矿物质在焊条药皮中的主要作用是造渣，但是均兼有其他不同的作用。

2. 铁合金和金属类　如锰铁、硅铁、钛铁、铬铁、钼铁、钒铁、钨铁、铝铁等铁合金和铁粉、铝粉、金属锰、金属铬等纯金属。它们都是良好的脱氧剂和合金剂。

3. 有机物类　如木粉、淀粉、糊精、面粉、纤维等。这些都是碳氢化合物，是很好的造气物质。

4. 化工产品类　这类有钛白粉、钾碱（碳酸钾）、碱面（苏打、碳酸钠）、钾硝石（硝酸钾）、高锰酸钾、固体水玻璃、液体钠水玻璃、液体钾水玻璃等。这些化工产品主要用于稳弧。另外，如水玻璃还起到粘接作用。

上述四类药皮组成物，在焊接过程中除去各自具有一种主要作用外，还各具其他多种功用。

（二）焊条药皮组成物的作用

按药皮组成物的主要作用可分成：稳弧剂、造渣剂、造气剂、脱氧剂、合金剂、还原剂、稀释剂、粘结剂等八类。

1. 稳弧剂　其主要作用是改善焊条引弧性能和增加焊接过程中电弧燃烧的稳定性。一般采用碱金属及碱土金属的化合物。如钾、钠、钙的化合物。因为这些元素的电离电位低，当焊条药皮里含有这些低电离电位的物质后，就能改善电弧空间气体电离的条件，降低了气体的电离电位，使焊接电流易于通过电弧空间，因而大大增加了焊接电弧的稳定性。常用的稳弧剂有：碳酸钾、碳酸钡、金红石（主要是 TiO_2）、长石（SiO_2、Al_2O_3、K_2O、Na_2O 的复合物）、钛铁矿、白垩、大理石等。

2. 造渣剂　其主要作用是能形成具有一定物理、化学性能的熔渣、产生良好的机械保护作用和冶金处理作用，保护焊缝金属不受空气的影响，改善熔敷金属的化学成分，保证焊缝金属的质量和成形美观。常用的造渣剂有锰矿石、大理石、金红石、钛铁矿、长石、赤铁矿、磁铁矿、膨润土、花岗石等。

3. 造气剂　其主要作用是在高温作用下能分解出大量的气体，在电弧周围以保护熔池，防止熔融金属受空气的影响，同时也有利于熔滴过渡。常用的造气剂有：淀粉、大理石、木屑、面粉、纤维等。

碳酸盐类矿物在电弧高温条件下能分解出大量的二氧化碳气体。如：

大理石　$CaCO_3 \longrightarrow CaO + CO_2$

菱镁矿　$MgCO_3 \longrightarrow MgO + CO_2$

有机物类组成物一般都是碳、氢、水等的化合物［$C_m(H_2O)_n$］，只要温度达250℃以上，分解出的气体中绝大部分是一氧化碳和氢，它们均属于还原性气体，特别是一氧化碳，能有效地保护焊缝金属。

4. 脱氧剂　主要作用是对熔渣和焊缝金属脱氧。它与金属液体中的氧作用，生成熔渣，浮出熔池。常用的脱氧剂有锰铁、铝铁、硅铁等。

5. 合金剂　主要作用是，在焊缝中渗入必要的合金成分，以补偿已经烧损或蒸发的合金元素和补加特殊性能要求的合金元素，改善焊缝金属的化学成分和力学性能。常用的合金剂有锰铁、硅铁、铬铁等铁合金。

6. 还原剂　主要作用是，还原被氧化的金属，保证焊缝金属中的合金元素含量。常用的还原剂有：锰铁、铝铁、钛铁、石墨等。

7. 稀释剂　主要作用是，降低焊接熔渣的粘度，增加熔渣的流动性，有利于焊缝成形。常用的稀释剂有精选钛矿、锰矿石、氟石、金红石等。

8. 粘结剂　主要作用是，把药皮和焊芯粘接在一起。常用的粘结剂有面粉、水玻璃、糊精等。

三、焊条药皮的类型

为了适应各种工作条件下材料的焊接。对于不同的焊芯和焊缝的要求，必须有一定特性的药皮。因此，各种焊条药皮是由不同数量及用途的矿物、铁合金、化工材料，有的还有有机物混合组成。根据药皮材料中主要成分的不同，焊条药皮可分为各种不同的类型。不同类型的焊条具有不同的操作工艺性能和其他的性能及特点。

1. 氧化钛型（钛型、高钛型）　焊条药皮中含有多量的氧化钛，焊条工艺性能良好，电弧稳定，再引弧方便，脱渣容易，飞溅很小，焊缝美观，可全位置焊接，尤宜于薄板焊接、间断焊和盖面焊等。但焊缝塑性和抗裂性稍差。随着药皮中钾、钠及铁粉等用量的变化，具体可分为高钛钾型、高钛钠型及铁粉钛型等几类。可采用交直流两用电源。

2. 钛钙型　焊条药皮中氧化钛的质量分数为30%以上，钙、镁的碳酸盐的质量分数20%以下。焊条工艺性能良好，熔渣流动性好，熔深一般，电弧稳定，焊缝美观，飞溅小，脱渣方便，各种位置均能得到满意的焊缝。E4303（J422）焊条即属此类型，它是目前碳钢焊条中使用最为广泛的一种焊条，可交直流两用。若药皮中加入了一定量的铁粉，则成了铁粉钛钙型。

3. 钛铁矿型　焊条药皮中钛铁矿的质量分数大于等于30%，熔渣流动性良好，电弧稍强烈，熔深较深，熔渣覆盖性良好，脱渣容易，飞溅一般，焊波整齐，适用于全位置焊接。焊缝具有优良的抗裂性能，可交直流两用。

4. 氧化铁型　焊条药皮中含有多量的氧化铁和较多的锰铁脱氧剂。熔化速度快，焊接生产率高，引弧容易，电弧稳定，熔深较深，飞溅较多，适用于中厚板平焊，立焊、仰焊操作性较差。熔敷金属的抗裂性能较好。可采用交直流两用电源。

5. 纤维素型　药皮中含有质量分数为15%以上的有机物，质量分数为30%左右的氧化钛。焊接时有机物在焊接区域分解，产生大量气体，以保护熔敷金属。电弧稳定，熔深深，熔化速度快，熔渣少，脱渣容易，飞溅一般，适用于全位置焊接，并可作深熔焊。随着药皮成分中稳弧剂、粘结剂含量的变化，具体可分为高纤维素钠型（采用直流反接）和高纤维素钾型（采用交流或直流反接）两类。

6. 低氢型　焊条药皮的组成物主要是碳酸盐和萤石。熔渣流动性好，工艺性一般，适用于全位置焊接。焊接时要求药皮干燥，并进行短弧操作。熔敷金属的抗裂性和力学性能较好，适用于焊接重要的焊接结构。由于药皮中稳弧剂量、铁粉量和粘结剂的不同，具体可分为低氢钠型（采用直流反接）、低氢钾型和铁粉低氢型（均可采用交流或直流反接）等。

7. 石墨型　焊条药皮中含有较多量石墨。采用低碳钢焊芯时，工艺性差，飞溅较多，烟雾较大，熔渣较少，适用于平焊。采用有色金属焊芯时，工艺性能好，飞溅较少，熔深较浅，熔渣少，适用于全位置焊接。此外，引弧容易，药皮强度差，抗裂性差，适用于小规范焊接。主要用于铸铁焊条和堆焊焊条、交直流两用电源。

8. 盐基型　焊条药皮中以氯化物、氟化物为主。吸潮性强，焊前必须烘焙。熔点低，熔化速度快，工艺性较差，要求短弧操作。熔渣具有一定的腐蚀性，焊后要及时清洗。适用于铝及铝合金焊条。采用直流电源。

9. 不属已规定的类型　其不规定焊接电源的种类，在某些焊条中采用氧化锆、金红石等组成的新渣系，此类型目前尚未形成系列。

第三节　焊条的分类及其型号和牌号的编制

一、焊条的分类

（一）按焊条的用途分

1. 低碳钢和低合金高强度钢焊条（简称结构钢焊条）　这类焊条的熔敷金属在自然气候环境中具有一定的力学性能。

2. 钼和铬钼耐热钢焊条　这类焊条的熔敷金属具有不同程度的高温工作能力。

3. 不锈钢焊条　这类焊条的熔敷金属，在常温、高温或低温中具有不同程度的耐大气或腐蚀性介质腐蚀的能力和一定的力学性能。

4. 堆焊焊条　这类焊条为用于金属表面层堆焊的焊条，其熔敷金属在常温或高温中具有一定程度的耐不同类型磨耗或腐蚀等性能。

5. 低温钢焊条　这类焊条的熔敷金属，在不同的低温介质条件下，具有一定的低温工作能力。

6. 铸铁焊条　这类焊条是指专用作补焊或焊接铸铁用的焊条。

7. 镍及镍合金焊条　这类焊条用于镍及镍合金的焊接、补焊或堆焊。某些焊条可用于铸铁补焊、异种金属的焊接。

8. 铜及铜合金焊条　这类焊条用于铜及铜合金的焊接、补焊或堆焊。某些焊条可用于铸铁补焊、异种金属的焊接。

9. 铝及铝合金焊条　这类焊条用于铝及铝合金的焊接、补焊或堆焊。

10. 特殊用途焊条　用于水下焊接、切割以及管状焊条、高硫堆焊焊条、铁锰铝焊条等。

目前已制定为国家标准的焊条有 GB/T 5117—1995《碳钢焊条》、GB/T 5118—1995《低合金钢焊条》、GB/T 983—1995《不锈钢焊条》、GB/T 984—2001《堆焊焊条》、GB/T 10044—2006《铸铁焊条及焊丝》、GB/T 13814—2008《镍及镍合金焊条》、GB/T 3670—1995《铜及铜合金焊条》、GB/T 3669—2001《铝及铝合金焊条》等。

在以上焊条的国家标准中，规定了各类焊条的分类型号和基本要求。

（二）按焊条药皮熔化后的熔渣特性分

1. 酸性焊条　其熔渣的成分主要是酸性氧化物（如 SiO_2、TiO_2、Fe_2O_3）及其他在焊接时易放出氧的物质，药皮里的造气剂为有机物，焊接时产生保护气体。

此类焊条药皮里有各种氧化物，具有较强的氧化性，促使合金元素的氧化；同时，电弧里的氧电离后形成负离子，与氢离子有很大的亲和力，生成氢氧根离子（OH），从而防止了氢离子溶入熔化的金属里，所以这类焊条对铁锈不敏感，焊缝很少产生由氢引起的气孔；酸性熔渣主要靠扩散方式脱氧，故脱氧不完全；同时它不能有效地清除焊缝里的硫磷等杂质，故焊缝金属的冲击韧度较低。这类焊条一般只宜用在焊接低碳钢和不太重要的钢结构中，但是，这类焊条也在不断地发展和改善，如 E4303（J 422）、E5515-B_2-VNb（R 332）等焊条，也可用于相应钢种的较重要结构的焊接。

2. 碱性焊条　其熔渣的成分主要是碱性氧化物（如大理石、氟石等），并含有较多的铁合金作为脱氧剂和合金剂。焊接时由大理石（$CaCO_3$）分解产生的二氧化碳作为保护气体。由于焊接时放出的氧少，合金元素很少氧化，焊缝金属合金化的效果较好。这类焊条的抗裂性很好。但由于电弧中含氧量较低，如遇焊件或焊条存在铁锈和水分等，就容易出现氢气孔。为防止氢气孔的产生，在药皮里加入一定量的氟石（CaF_2），在焊接过程中，与氢化合生成氟化氢（HF），从而排除了氢。但是氟石的存在，不利于电弧的稳定，必须采用直流反接进行焊接。若在药皮中加入稳定电弧的组成物碳酸钾、碳酸钠等，便可使用交流电源，如 E4316、E5016 等焊条。

碱性熔渣的脱氧较完全，但又能有效地清除焊缝中的硫。焊缝中合金元素的烧损较少，故能有效地进行合金化，所以焊缝金属的力学性能良好。主要用于合金钢和重要碳钢结构的焊接。

酸、碱性焊条的分类如图 3-1 所示。

- 焊条
  - 酸性焊条
    - Ⅰ类
      - 高钛型（如 J421）
        - 高钛钠型
        - 高钛钾型
      - 钛钙型（如 J422）
    - Ⅱ类
      - 钛铁矿型（如 J423）
      - 氧化铁型（如 J424）
      - 高纤维素型（如 J425）
        - 高纤维素钾型
        - 高纤维素钠型
  - 碱性焊条—Ⅲ类—低氢型（如 J426、J427）
    - 低氢钠型
    - 低氢钾型

图 3-1　酸、碱性焊条的分类

二、焊条型号的编制方法

1. 根据 GB/T 5117—1995《碳钢焊条》标准中的规定，碳钢焊条型号的表示方法为：

$$E\times_1\times_2\times_3\times_4$$

其中：E——表示电焊条。

$\times_1\times_2$——表示熔敷金属抗拉强度的最小值。

$\times_3$——表示焊条适用的位置，“0”和“1”表示焊条适用于全位置焊接，即平、立、横、仰焊皆可；“2”表示焊条适用于平焊及平角焊；“4”表示焊条适用于立向下焊。

$\times_3\times_4$的组合——表示焊条药皮类型及电流种类，见表3-3。

在$\times_4$后面有时附加“R”表示耐吸潮焊条；附加“M”表示耐吸潮和力学性能有特殊规定的焊条；附加“-1”表示冲击韧度有特殊规定的焊条。

表3-3 碳钢焊条型号中$\times_3\times_4$的含义

<table>
<tr><th rowspan="2">焊条型号</th><th rowspan="2">第三位数字代表的焊接位置</th><th colspan="2">第三和第四位数字组合代表的</th></tr>
<tr><th>涂层类型</th><th>焊接电源种类</th></tr>
<tr><td>E××00</td><td rowspan="5">各种位置
（平、立、横、仰）</td><td>特殊型</td><td rowspan="3">交流或直流正、反接</td></tr>
<tr><td>E××01</td><td>钛铁矿型</td></tr>
<tr><td>E××03</td><td>钛钙型</td></tr>
<tr><td>E××10</td><td>高纤维素钠型</td><td>直流反接</td></tr>
<tr><td>E××11</td><td>高纤维素钾型</td><td>交流或直流反接</td></tr>
<tr><td>E××12</td><td rowspan="3">各种位置
（平、立、横、仰）</td><td>高钛钠型</td><td>交流或直流正接</td></tr>
<tr><td>E××13</td><td>高钛钾型</td><td>交流或直流正、反接</td></tr>
<tr><td>E××14</td><td>铁粉钛型</td><td>交流或直流正、反接</td></tr>
<tr><td>E××15</td><td rowspan="3">各种位置
（平、立、横、仰）</td><td>低氢钠型</td><td>直流反接</td></tr>
<tr><td>E××16</td><td>低氢钾型</td><td rowspan="2">交流或直流反接</td></tr>
<tr><td>E××18</td><td>铁粉低氢型</td></tr>
<tr><td>E××20</td><td>平角焊</td><td rowspan="2">氧化铁型</td><td>交流或直接正接</td></tr>
<tr><td>E××22</td><td>平</td><td>交流或直流正、反接</td></tr>
<tr><td>E××23</td><td rowspan="4">平、平角焊</td><td>铁粉钛钙型</td><td rowspan="2">交流或直流正、反接</td></tr>
<tr><td>E××24</td><td>铁粉钛型</td></tr>
<tr><td>E××27</td><td>铁粉氧化铁型</td><td>交流或直流正接</td></tr>
<tr><td>E××28</td><td>铁粉低氢型</td><td>交流或直流反接</td></tr>
<tr><td>E××48</td><td>平、立、仰、立向下</td><td>铁粉低氢型</td><td>交流或直流反接</td></tr>
</table>

焊条型号示例

E 50 1 5
- 5 —— 表示焊条药皮为低氢钠型，并采用直流反接焊接
- 1 —— 表示焊条适用于全位置焊接
- 50 —— 表示熔敷金属抗拉强度σ_b[⊖]最低为490MPa(50kgf/mm²)
- E —— 表示焊条

⊖ 金属材料力学性能新符号见国家标准GB/T 228—2002，其部分新旧符号对照为：抗拉强度R_m（σ_b），抗压强度R_{mc}（σ_{bc}），上屈服强度R_{eH}（σ_{sU}），下屈服强度R_{eL}（σ_{sL}）伸长率A（δ），断面收缩率Z（ψ）……由于新旧标准符号许多不对应，全面贯彻新标准目前还不具备，故本书仍沿用旧标准符号，敬请读者见谅，余同。

2. 根据 GB/T 5118—1995《低合金钢焊条》标准中的规定，低合金钢焊条型号编制方法与碳钢焊条相同，只是在四位数字后添加了后缀字母和附加化学成分记号。其型号表示方法为：

$$E\times_1\times_2\times_3\times_4\text{-}\times_5\text{-}\times_6$$

与碳钢焊条型号表示内容的区别为：

1）前两位数字 $\times_1\times_2$——表示焊条系列有 50、55、60、70、75、85 六种，分别表示熔敷金属抗拉强度的最小值为 490MPa（$50kgf/mm^2$）、540MPa（$55kgf/mm^2$）、590MPa（$60kgf/mm^2$）、690MPa（$70kgf/mm^2$）、740MPa（$75kgf/mm^2$）和 830MPa（$85kgf/mm^2$）。

2）$\times_5$——为后缀字母，表示熔敷金属的化学成分分类代号。A1 表示碳钼钢焊条；B1、B2、B3、B4、B5 表示铬钼钢焊条；D1、D2、D3 表示锰钼钢焊条；G、M、M1、W 表示其他合金钢焊条。

3）$\times_6$——为附加的化学元素符号，如不具有附加化学成分时，该项省略。

4）对于 E50××-×、E55××-×、E60××-×型低氢焊条的熔敷金属化学成分分类后缀字母，或附加化学成分后面加字母“R”时，表示耐吸潮焊条。

焊条型号示例

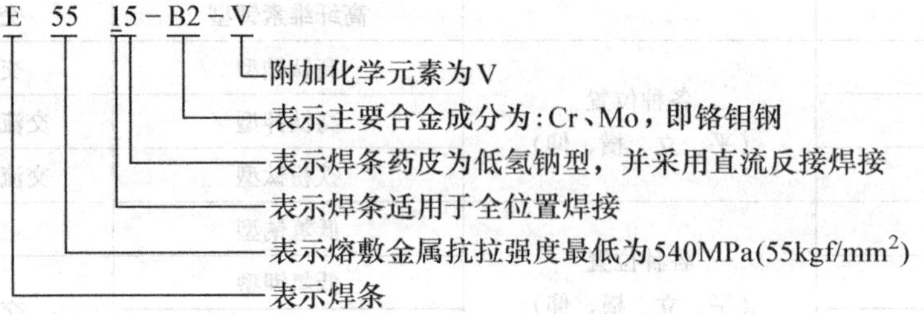

3. 根据 GB/T 983—1995《不锈钢焊条》标准中的规定，不锈钢焊条型号的表示方法为：

$$E\times_1\times_2\times_3\times_4\text{-}\times_5\times_6$$

其中：E——表示焊条。

$\times_1\times_2\times_3$——表示熔敷金属化学成分分类代号。

$\times_4$——用符号表示熔敷金属中含有一种或多种具有特殊要求的化学元素，如果没有，该项省略。

$\times_5\times_6$——表示药皮类型、焊接位置与焊接电源种类，见表 3-4。

表 3-4　不锈钢型号中 $\times_5\times_6$ 的含义

$\times_5\times_6$ 代号	焊接电源	焊接位置	药皮类型
15	直流反接	全位置	碱性药皮
25		平焊、横焊	
16	交流或直流反接	全位置	碱性或其他类型药皮
17			
26		平焊、横焊	

在 $\times_3$ 后面或 $\times_4$ 后面有时附加字母 L 或 H 或 R，分别表示含碳量较低或较高或含硫、

磷、硅量较低。

焊条型号示例

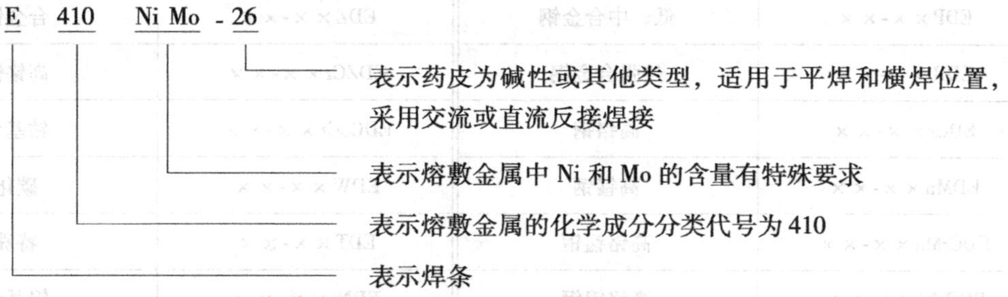

4. 根据 GB/T 10044—2006《铸铁焊条及焊丝》标准的规定，铸铁焊条型号由字母“E”和“Z”组成，“E”表示焊条，“Z”表示用于铸铁焊接；在“EZ”之后用熔敷金属的主要成分的元素符号或金属类型代号表示，见表 3-5。

表 3-5 铸铁焊条型号分类

类 别	焊条型号	名 称
铁基焊条	EZC	灰铸铁焊条
	EZCQ	球墨铸铁焊条
镍基焊条	EZNi	纯镍铸铁焊条
	EZNiFe	镍铁铸铁焊条
	EZNiCu	镍铜铸铁焊条
	EZNiFeCu	镍铁铜铸铁焊条
其他焊条	EZFe	纯铁及碳钢焊条
	EZV	高钒焊条

焊条型号标记示例

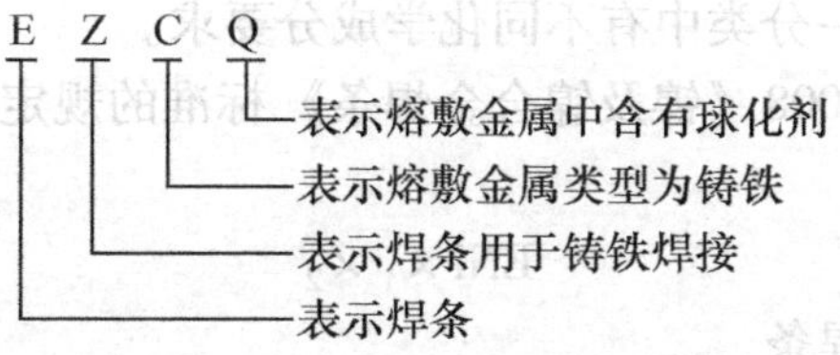

5. 根据 GB/T 984—2001《堆焊焊条》标准的规定，堆焊焊条型号的表示方法为：

$$ED \times_1 \times_2 — \times_3 — \times_4 \times_5$$

其中：E——表示焊条。

D——表示用于表面耐磨堆焊。

$\times_1 \times_2$——字母、元素符号表示焊条熔敷金属化学成分分类代号。

$\times_3$——表示在基本型号内可用数字，字母进行细分类，即细分类代号。

$\times_4 \times_5$——其数字表示药皮类型和焊接电源种类，见表 3-6。

表3-6　堆焊焊条型号分类

型号分类	熔敷金属化学成分分类	型号分类	熔敷金属化学成分分类
EDP × ×-× ×	低、中合金钢	EDZ × ×-× ×	合金铸铁
EDR × ×-× ×	热强合金钢	EDZCr × ×-× ×	高铬铸铁
EDCr × ×-× ×	高铬钢	EDCoCr × ×-× ×	钴基合金
EDMn × ×-× ×	高锰钢	EDW × ×-× ×	碳化钨
EDCrMn × ×-× ×	高铬锰钢	EDT × ×-× ×	特殊型
EDCrNi × ×-× ×	高铬镍钢	EDNi × ×-× ×	镍基合金
EDD × ×-× ×	高速钢		

表3-7为堆焊焊条药皮类型和焊接电源种类。

表3-7　药皮类型和焊接电源种类

焊条型号	药皮类型	焊接电源种类
ED × ×-00	特殊型	交流或直流
ED × ×-03	钛钙型	交流或直流
ED × ×-15	低氢钠型	直　　流
BD × ×-16	低氢钾型	交流或直流
ED × ×-08	石墨型	交流或直流

6. 根据GB/T 3670—1995《铜及铜合金焊条》标准的规定，铜及铜合金焊条型号的表示方法为：

$$E\times_1\times_2\text{-}\times_3$$

其中：E——表示焊条。

$\times_1\times_2$——其字母直接用元素符号表示型号分类。

$\times_3$——其字母表示同一分类中有不同化学成分要求。

7. 根据GB/T 13814—2008《镍及镍合金焊条》标准的规定，镍及镍合金焊条型号的表示方法为：

$$ENi\times_1\times_2$$

其中：ENi——镍及镍合金焊条。

$\times_1$——焊条型号。

$\times_2$——表示化学成分代号。

8. 根据GB/T 3669—2001《铝及铝合金焊条》标准的规定，铝及铝合金焊条型号的表示方法为：

$$E\times\times\times\times$$

其中：E——表示焊条。

××××——其数字表示焊芯用的铝及铝合金牌号。

表3-8为铝及铝合金焊芯化学成分。

表 3-8　铝及铝合金焊芯化学成分

焊条型号	化学成分（质量分数,%）										
	Si	Fe	Cu	Mn	Mg	Zn	Ti	B	其他 单个	其他 合计	Al
E1100	Si + Fe 0.95		0.05 ~ 0.20	0.05	—	0.10	—	0.0008	0.05	0.15	≥99.00
E3003	0.6	0.7	0.05 ~ 0.20	1.00 ~ 1.50	—	0.10	—	0.0008	0.05	0.15	余量
E4043	4.5 ~ 6.0	0.8	0.30	0.05	0.05	0.10	0.20	0.0008	0.05	0.15	余量

注：表中单值均为最大值。

三、常用焊条牌号的编制

1. 结构钢焊条　结构钢焊条的牌号不仅包括所有的碳钢焊条，同时也包括低合金钢中的低合金高强度钢焊条。

其牌号采用如下方法表示：

$$J \times_1 \times_2 \times_3$$

其中：J——结构钢焊条，也可用“结”表示。

$\times_1\times_2$——熔敷金属抗拉强度的最小值，共 9 个等级，见表 3-9。

$\times_3$——药皮的类型和焊接电源的种类，见表 3-10。

数字后面的字母符号表示焊条的特殊性能和用途，见表 3-11。

表 3-9　结构钢焊条牌号中 $\times_1\times_2$ 代表的含义

牌号	熔敷金属抗拉强度等级/MPa（kgf/mm²）	熔敷金属屈服强度等级/MPa（kgf/mm²）	牌号	熔敷金属抗拉强度等级/MPa（kgf/mm²）	熔敷金属屈服强度等级/MPa（kgf/mm²）
J42×	420（43）	330（34）	J75×	740（75）	640（65）
J50×	490（50）	410（42）	J80×	780（80）	—
J55×	540（55）	440（45）	J85×	830（85）	740（75）
J60×	590（60）	530（54）	J90×	980（100）	—
J70×	690（70）	590（60）			

表 3-10　结构钢焊条牌号中 $\times_3$ 代表的含义

牌号	药皮类型	焊接电源种类	牌号	药皮类型	焊接电源种类
××0	不属已规定类型	不规定	××4	氧化铁型	直流或交流
××1	氧化钛型	直流或交流	××5	纤维素型	直流或交流
××2	氧化钛钙型	直流或交流	××6	低氢钾型	直流或交流
××3	钛铁矿型	直流或交流	××7	低氢钠型	直流

表 3-11　各字母符号的意义

字母符号	表示的意义	字母符号	表示的意义
D	底层焊条	R	压力容器用焊条
DF	低尘焊条	RH	高韧性超低氢焊条
Fe	铁粉焊条	SL	渗铝钢焊条
Fe13	铁粉焊条，焊条名义熔敷效率 130%	X	向下立焊用焊条
Fe18	铁粉焊条，焊条名义熔敷效率 180%	XG	管子用向下立焊焊条
G	高韧性焊条	Z	重力焊条
GM	盖面焊条	Z15	重力焊条，焊条名义熔敷效率 150%
GR	高韧性压力容器用焊条	CuP	含 Cu 和 P 的耐大气腐蚀焊条
H	超低氢焊条	CrNi	含 Cr 和 Ni 的耐海水腐蚀焊条
LMA	低吸潮焊条		

焊条牌号示例

J 50 7 GR
- GR——高韧性压力容器用焊条
- 7——药皮为低氢钠型，适用于直流焊接
- 50——熔敷金属抗拉强度最小值为490MPa(50kgf/mm^2)
- J——表示结构钢焊条

2. 其他常用焊条的牌号编制方法

（1）耐热钢焊条牌号表示方法

$$R \times_1 \times_2 \times_3$$

其中：R（或热）——表示耐热钢焊条。

$\times_1$——表示熔敷金属化学成分组成类型，见表 3-12。

$\times_2$——表示同一化学成分组成类型中的不同编号。

$\times_3$——表示药皮类型及焊接电源种类。

焊条牌号示例

R 3 4 7
- 7——药皮为低氢钠型，适用于直流焊接
- 4——牌号编号为4
- 3——熔敷金属中w(Cr)≈1%、w(Mo)≈0.5%
- R——表示耐热钢焊条

表 3-12　耐热钢焊条牌号中第一位数字 $\times_1$ 的含义

$\times_1$—类别代号	w（Cr）（%）	w（Mo）（%）	$\times_1$—类别代号	w（Cr）（%）	w（Mo）（%）
1	—	≈0.5	5	≈5	≈0.5
2	≈0.5	≈0.5	6	≈7	≈1
3	≈1	≈0.5	7	≈9	≈1
4	≈2.5	≈1	8	≈11	≈1

（2）低温钢焊条牌号表示方法

$$W \times_1 \times_2 \times_3 \times_4$$

其中：W:或“温”——表示低温钢焊条。

$\times_1\times_2$——表示工作温度等级，有 40、70、90、10 等。分别表示工作温度等级为：−40℃、−70℃、−90℃、−100℃等。

$\times_3$——表示药皮类型及焊接电源种类。

$\times_4$——元素符号，只在强调某元素作用时标明。

焊条牌号示例

W 10 7 Ni
- Ni——熔敷金属中含有元素 Ni
- 7——药皮为低氢钠型、直流焊接
- 10——工作温度等级为−100℃
- W——表示低温钢用焊条

（3）不锈钢焊条牌号表示方法

$$\square \times_1 \times_2 \times_3$$

其中：□——铬不锈钢焊条用“G”或“铬”表示。奥氏体型不锈钢焊条用“A”或“奥”

表示。

×$_1$——表示熔敷金属主要化学成分组成等级。铬不锈钢焊条见表 3-13，奥氏体型不锈钢焊条见表 3-14。

×$_2$——表示同一熔敷金属主要化学成分组成等级中的不同牌号，按 0、1、2、…、9 顺序排列。

×$_3$——表示药皮的类型和焊接电源的种类。

焊条牌号示例

G　2　0　7

- 7——药皮为低氢钠型。直流焊接
- 0——产品编号为 0
- 2——熔敷金属中主要化学成分 $w(\mathrm{Cr})\approx 13\%$
- G——表示为铬不锈钢焊条

A　0　2　2

- 2——氧化钛钙型药皮，交直流两用
- 2——产品编号为 2
- 0——熔敷金属中主要化学成分 $w(\mathrm{C})\leqslant 0.04\%$、$w(\mathrm{Cr})\approx 18\%$、$w(\mathrm{Ni})\approx 8\%$
- A——表示为奥氏体型不锈钢焊条

表 3-13　铬不锈钢焊条化学成分组成等级

牌号	熔敷金属主要化学成分（质量分数,%）
G2××	Cr≈13
G3××	Cr≈17
G4××	Cr≈25

表 3-14　奥氏体型不锈钢焊条化学成分组成等级

牌号	熔敷金属主要化学成分（质量分数,%）	牌号	熔敷金属主要化学成分（质量分数,%）
A0××	C≤0.04 Cr≈18 Ni≈8	A5××	Cr≈16 Ni≈25
A1××	Cr≈18 Ni≈8	A6××	Cr≈15 Ni≈35
A2××	Cr≈18 Ni≈12	A7××	Cr-Mn-N 不锈钢
A3××	Cr≈25 Ni≈13	A8××	Cr≈18 Ni≈18
A4××	Cr≈25 Ni≈20		

（4）堆焊焊条牌号表示方法

$$\mathrm{D}\times_1\times_2\times_3$$

其中：D——表示堆焊焊条，也可用“堆”表示。

×$_1$——表示焊条的用途，熔敷金属的主要组成类型，按 0、1、2、3、…、9 顺序编排。其中，“0”表示不规定用；“1”表示普通常温用。“2”表示普通常温用及常温高锰钢用；“3”表示刀具及工具钢用；“4”表示刀具及工具用；“5”表示阀门用；“6”表示合金铸铁型；“7”表示碳化钨型；“8”表示钴基合金；“9”表示待发展。

×$_2$——表示同一牌号的不同编号，按 0、1、2、…、9 顺序排列。

$\times_3$——表示药皮类型的焊接电源种类。

焊条牌号示例

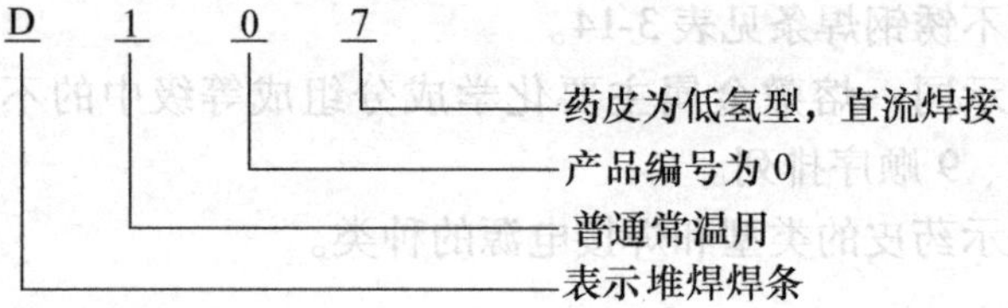

（5）铸铁焊条牌号表示方法

$$Z\times_1\times_2\times_3$$

其中：Z——表示铸铁焊条，也可用“铸”来表示。

$\times_1$——表示熔敷金属主要化学成分组成类型，见表3-15。

$\times_2$——表示同一熔敷金属主要化学成分组成类型中的不同编号，按0、1、2、…、9顺序排列。

$\times_3$——表示药皮类型和焊接电源种类。

表3-15　铸铁焊条牌号编排规定

牌号	焊缝金属主要化学成分组成类型	牌号	焊缝金属主要化学成分组成类型
Z1××	碳钢或高钒钢	Z5××	镍铜
Z2××	铸铁（包括球墨铸铁）	Z6××	铜铁
Z3××	纯镍	Z7××	待发展
Z4××	镍铁		

焊条牌号示例

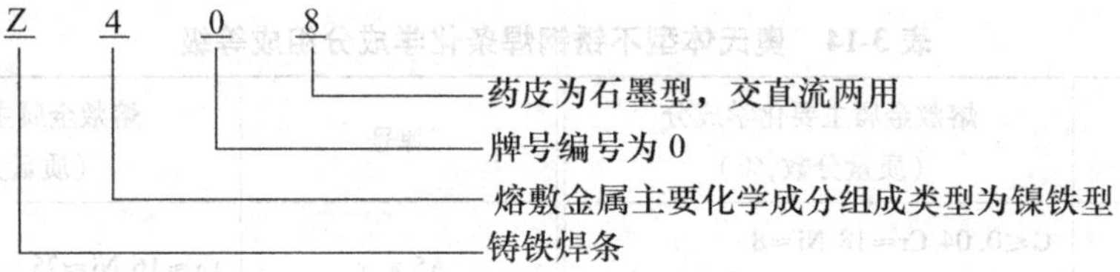

（6）有色金属焊条的牌号表示方法　如：镍（或铜、铝）及镍（或铜、铝）合金焊条分别用其元素符号字母Ni、Cu、Al表示

$$\square\times_1\times_2\times_3$$

其中：□——有色金属焊条，如Ni（或Cu、或Al）。

$\times_1$——表示熔敷金属化学成分组成类型。

$\times_2$——表示同一熔敷金属化学成分组成类型中的不同编号。

$\times_3$——表示药皮类型和焊接电源种类。

焊条牌号示例

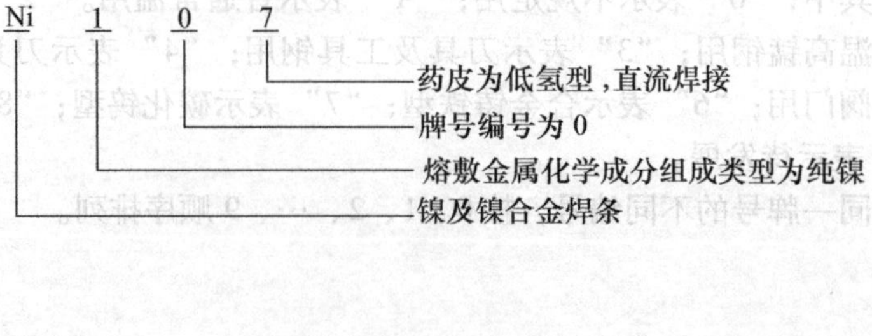

第四节 焊条的规格、检验、选用和存放

一、焊条的规格

焊条的规格比较多，有不同的直径和长度，参见表3-16。

表3-16 焊条的规格

直径/mm \ 长度/mm \ 类别	低碳、低合金钢焊条	钼和铬钼耐热钢焊条	奥氏体型不锈钢焊条	堆焊焊条
2.0	250、300	250、300	200、250、300	—
2.5	250、300	250、300	250、300	—
3.2	350、400	350、400	300、350	300、350
4.0	400、450	400、450	350、400	350、400、450
5.0	400、450	400、450	350、400	350、400、450
6.0	400、450 500、550	400、450	350、400	400、450
7.0	—	—	—	400、450
8.0	—	—	—	400、450

二、焊条的检验

1. 焊接检验　通过焊接来检验焊条质量好坏。质量好的焊条，施焊时电弧燃烧极为稳定，焊芯和药皮熔化均匀，飞溅很少，焊缝成形好，脱渣容易。

2. 药皮强度检验　将焊条平举1m高，自由落到光滑的厚钢板上，如药皮无脱落现象，即证明药皮强度合乎质量要求。

3. 外表检验　药皮表面应光滑细腻、无气孔和机械损伤，药皮不偏心，焊芯无锈蚀现象。

4. 理化检验　当焊接重要焊件时，应对焊缝金属进行化学分析及力学性能复验，以检验焊条质量。

5. 鉴别焊条变质的方法

1）将数根焊条放在手掌内互相滚击，如发出清脆的金属声，即为干燥的焊条；如有低沉的沙沙声，则为受潮的焊条。

2）将焊条在焊接回路中短路数秒钟。如药皮表面出现颗粒状斑点，则为受潮焊条。

3）受潮焊条的焊芯上常有锈痕。

4）对于厚药皮焊条，缓慢弯曲至120°，如有大块涂料脱落或涂料表面毫无裂纹，都为受潮焊条。干燥焊条在轻弯后，有小的脆裂声，继续弯至120°，在药皮受张力的一面有小裂口出现。

5）焊接时如药皮成块脱落，或产生多量水汽而有爆裂现象，说明是受潮的焊条。

受潮的焊条，若药皮脱落，应予报废。虽受潮但并不严重，可以待干燥后再用。一般焊条的焊芯有轻微锈点，焊接时基本也能保证质量，但对于重要工程用的低氢型焊条，生锈后则不能使用。

三、焊条的选用

焊条的种类很多，各有其应用范围，使用得恰当与否直接影响到焊接质量、劳动生产率和产品的成本。正确而合理地选用焊条的依据不仅有母材的力学性能、化学成分以及高温或低温

性能等要求，而且还有焊件的结构形状、工作条件，以及焊接设备等。因此，必须经过综合考虑后才能做到焊条的合理选用。这里介绍在无指定工艺规程的情况下，选用焊条的一些原则。

1. 考虑母材的力学性能和化学成分

1）对于结构钢（低、中碳钢和低合金高强度钢等）的焊接，一般应按照母材的强度等级选择相应强度等级的焊条。则根据结构钢抗拉强度的保证值来选择抗拉强度保证值相同或稍高的焊条，以满足焊缝与母材等强度的要求。对于不要求焊缝与母材等强度的焊接接头，应选用抗拉强度较低的焊条。

2）对于合金结构钢和不锈钢的焊接，除去一般合金结构钢在选用焊条时仍以强度等级为依据外，其余如耐热钢以及不锈钢类材料，在选择焊条时，应从保证焊接接头的特殊性能要求出发，则要求焊缝金属的主要合金成分与母材相近或相同。

3）若母材含碳或硫、磷等杂质较高时，应适当考虑选用抗裂性较好的焊条。

2. 考虑焊件的工作条件和使用性能

1）若焊件是承受动载荷或冲击载荷的，那么对焊缝金属除了要求保证抗拉强度外，还对冲击韧度和伸长率有较高的要求，因此宜采用低氢型焊条。

2）对于在腐蚀介质中工作的不锈钢件或其他耐腐蚀材料，必须根据介质种类、浓度、工作温度等情况，选择相应的不锈钢焊条。

3. 考虑焊件的结构特点

1）对于几何形状复杂、大厚度的焊件，因其刚度大，焊缝金属在冷却收缩时拘束度较大，会产生很大的内应力，容易产生裂纹，所以必须选用抗裂性较好的焊条。

2）对于仰焊、立焊位置的焊缝，应选用适宜于全位置焊接的焊条，以确保产品的质量。

3）对于因受某种条件限制，焊件坡口无法清理或在坡口处存有油、锈、氧化皮等杂物时，可采用对铁锈、氧化皮和油脂敏感性较小的酸性焊条，以免产生气孔等缺陷。

4. 考虑焊接现场的设备情况

1）在没有直流焊机的情况下，不能选用仅限用直流电源的焊条，应选用适用于交流电源的焊条或交、直流两用的低氢型焊条。

2）对于焊前需预热或焊后热处理的焊件，可采用特殊焊条来弥补工地无加热条件的不足。如焊接 Cr5Mo 焊件，可选用 E310-16（A402）不锈钢焊条，而避免采用预热或热处理。

5. 考虑劳动条件、生产率和经济性

1）在酸性和碱性焊条都能满足要求的情况下，应尽量采用酸性焊条；为提高焊缝质量，可较多地采用碱性焊条，并适当注意劳动条件的改善。

2）在满足力学性能和操作性能的前提下，适当选用效率较高的焊条。

3）在满足性能要求的前提下，选用价格较低的焊条。

上述五个合理选用焊条要点是在选用焊条时都要考虑的基本原则，在具体选用时要全面地综合地考虑。

四、焊条的存放和使用前的烘干

1. 焊条的存放　焊条保管的好坏，对焊条以至焊接的质量有着很大的影响。焊条的存放应做到如下几点：

1）各类焊条必须分类、分牌号存放，避免混乱。

2）焊条应存放在干燥而且通风良好的仓库内，室内温度不应低于5℃，相对湿度小于

60%。

3）各类焊条贮存时，必须垫高300mm以上，同时必须堆放在离开墙壁300mm以外处，可防止焊条受潮变质。

2. 焊条使用前的烘干　由于药皮容易受潮，受潮后使焊条工艺性能变坏，增大飞溅，而且水分中的氢容易使焊缝产生气孔、裂纹等缺陷。碱性低氢型焊条在使用前应必须烘干，以降低焊条的含氢量。

焊条的烘焙随着品种的不同要求也不同，对结构钢来说，未受潮的酸性焊条焊前一般可以不烘焙，如果需要烘焙，含纤维素的只需70～80℃烘焙0.5～1h；其他的可经100～150℃烘焙0.5～1h；低氢焊条焊前必须经300～400℃烘焙1～2h。对堆焊焊条和不锈钢焊条，酸性的需经150℃烘焙0.5～1h；碱性的经250℃烘焙1～2h。对低温钢焊条需经350℃烘焙1～1.5h。对铸铁焊条，酸性的一般经150℃烘焙1h；碱性的经300～350℃烘焙1h。

处在烘焙温度的焊条应避免突然受冷，以免药皮裂开。经烘干的碱性焊条最好放入另一个温度控制在100～150℃的烘箱内或专用焊条保温筒内，以便随用随取，取出后放置时间不宜过长。

焊条不宜多次反复地烘焙。

复　习　题

1. 对焊条有哪些要求？

2. 焊丝中各合金元素在焊接过程中对焊缝质量的影响如何？焊丝牌号是如何编制的？

3. 焊芯可分为哪几类？说明下列焊芯牌号的意义：H08、H10Mn2、H30CrMnSiA、H0Cr21Ni10。

4. 焊条药皮的作用有哪些？为什么？

5. 焊条药皮的组成物按原材料来源可分哪几类？按作用可分成哪几类（各举两例）？

6. 焊条药皮可分为哪几种类型？

7. 焊条按照用途可分为哪几类？

8. 酸、碱性焊条各有何特点？它们主要应用在什么场合？

9. 低碳钢焊条、低合金钢焊条和不锈钢焊条的型号是如何编制的？说明下列焊条型号的意义：E4303、E5015、E347。

10. 结构钢焊条、钼和铬钼耐热钢焊条以及不锈钢焊条的牌号是如何编制的？说明下列焊条牌号的意义：J422、J507、A002。

11. 选用焊条的原则有哪些？

12. 焊条为什么要进行烘焙？烘焙的温度为多少？烘焙中需注意哪些事项？

第四章　金属熔焊原理

钢材的熔焊，一般都要经历如下过程：加热—熔化—冶金反应—结晶—固态相变—形成接头。可见熔焊时所经历的过程是很复杂的，可归纳为三个互相交错进行而彼此联系着的局部过程。

1. 焊接热过程　熔焊时，被焊金属在热源作用下将发生加热和局部熔化过程。因此，在被焊金属中必然存在着热量的传播和分布问题，通常称之为焊接热过程。

2. 焊接化学冶金过程　熔焊时，在熔化金属、熔渣、气相之间进行着一系列的化学冶金反应，如金属的氧化、还原、脱硫等，这些冶金反应将直接影响焊缝金属的化学成分、组织和性能，因此控制冶金过程是提高焊接质量的重要措施之一。

3. 焊接时金属的结晶和相变过程　由于焊接条件是快速连续冷却，使焊缝金属的结晶和相变具有各自的特点，并且有可能在这些过程中产生诸如偏析、夹杂、气孔等缺陷。因此控制和调整焊缝金属的结晶和相变过程是保证焊接质量的又一关键。

第一节　焊接热过程及冶金过程的特点

一、焊接热源和传热

（一）焊接热源

焊接热源的种类很多。如焊条电弧焊、埋弧焊、气体保护焊是利用焊接电弧作为热源的；气焊是利用可燃气体燃烧时产生的热量作为焊接热源的；电渣焊是利用电流通过液态熔渣产生的电阻热作为热源的；等离子弧焊是利用等离子弧作为热源的；电子束焊接是利用在电场中被加速的电子束，轰击焊件所产生的高热作为热源的。

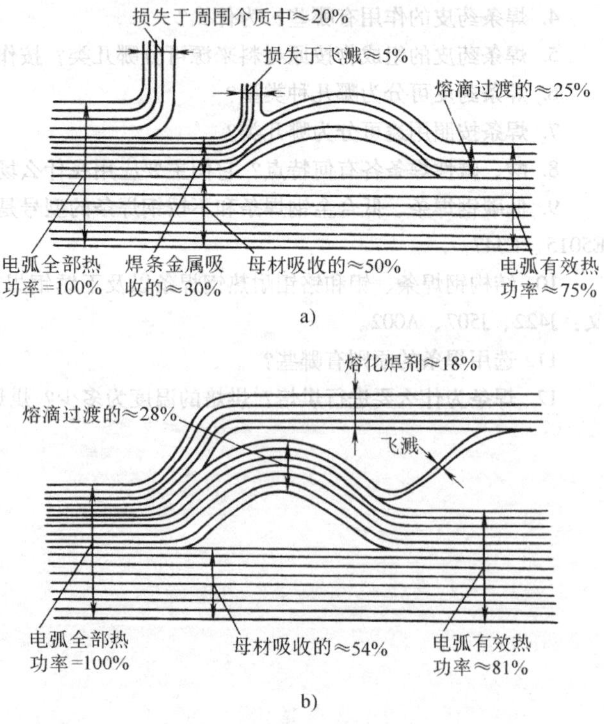

图 4-1　电弧焊时的热分配

a）焊条电弧焊　b）埋弧焊

不同热源的特性是不同的，差别是相当大的，理想的热源应该具有加热面积小，功率密度高、加热温度高等特点。如等离子弧、电子束等就是属于此种类型。

每种热源都有它自身的特点，但所产生的热量并不是全部被利用，而且有一部分热量损失于周围介质和飞溅等。焊条电弧焊和埋弧焊的热分配如图 4-1 所示。

（二）焊接传热

由热力学基本知识可知，只要有温度差的存在，热量总是自发地从高温物体向低温物体传递。焊接时，焊件局部被加热到高温，焊件上各点之间以及焊件与周围介质之间都存在温度差，因此必然伴随有热量的转移。

焊接过程中，热量有三种基本传递方式，即导热（又称热传导）、热对流及热辐射。

1. 导热（热传导）　是指直接接触的物体之间热量传递的现象。导热一般发生在固体内部，在流体中也能发生，但比较微弱，焊接时热量由焊件的高温部分传递到低温部分。

2. 热对流　是指流体内部各部分发生相对位移而引起的热量转移现象，熔池内部的传热方式主要是热对流。

3. 热辐射　是由物体表面直接向外发射可见和不可见射线，在空间传递能量的现象。热辐射与传导、对流不同，能量传递时不需要接触。即使在高真空度的空间，热辐射也能进行。

电弧焊时，电弧对焊件的加热，是以辐射和对流为主，在母材和焊条获得热能之后，热的传递则是以传导为主。

二、焊接温度场和焊接热循环

（一）焊接温度场

焊接时，焊件上各点的温度不同，并随时间而变化，焊接过程中的某一瞬间焊接接头上各点的温度分布状态，称为焊接温度场。温度场可以用列表、数学公式或图形来表示。

焊接温度场最直观和实用的表示方法是用图像法，但在实用中常用等温线或等温面来表示温度场。所谓等温线或等温面就是在同一瞬时，温度场中相同温度各点所连成的线或面。图 4-2 是焊接温度场的示意图，从图 4-2 中可以看出，热源以一定的速度移动时，钢板各部分受热的温度分布是一系列椭圆形的等温线，在每条线上的温度是相等的，在热源的中心部分是熔化金属形成的熔池，其边缘线的温度相当于钢的熔点，离熔池越远，温度逐渐降低。如果垂直截取横截面如图 4-2b 所示，就可以找到在焊接过程中离焊缝不同距离各点被加热到的最高温度。由图 4-2b 中还可看出，在电弧移动的前方，等温线最密，而在其后方，等温线较稀。如果热源是静止的，则等温线变成许多同心圆。焊接速度越大，各椭圆的长轴越长而短轴越短。

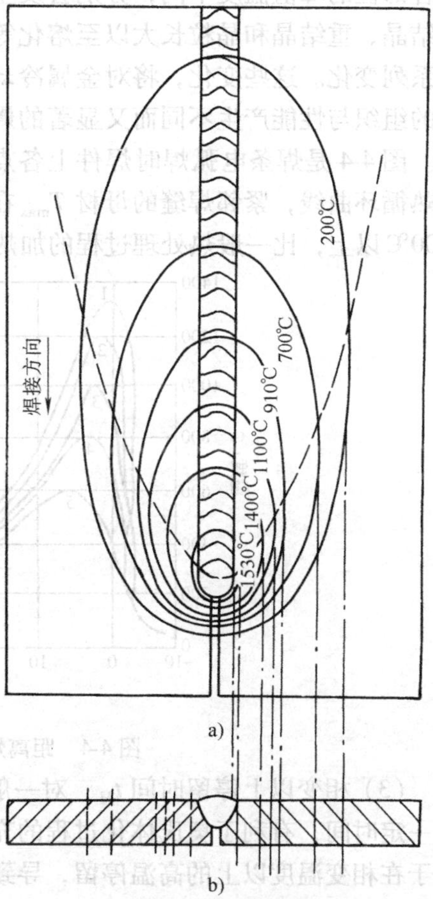

图 4-2　焊接温度场

根据温度场的分布，可以判断焊件上哪些地方熔化、哪些地方可能产生相变、焊件上产生内应力、焊接变形趋势和塑性变形区域的范围，以及热影响区宽度等。

（二）焊接热循环

1. 焊接热循环的基本概念　开始焊接前，整个焊件的温度与周围介质的温度相等，焊件与周围介质或焊件内部均处于热平衡状态。焊接开始后，随着热源的运动，受到热作用的各点温度开始升高并迅速达到最大值。热源远离后，温度下降，最后恢复到与周围介质相同的温度。在焊接热源的作用下，焊件上某点的温度随时间变化的过程称为热循环。典型的焊接热循环曲线如图4-3所示。

2. 焊接热循环的基本参数和主要特征

（1）加热速度　在焊接电弧的高温热源作用下，焊接时的加热速度比其他热加工时要高得多。

（2）最高加热温度 T_{max}　最高加热温度是焊接热循环中最重要的参数之一，又称峰值温度。焊接时，由于焊件上各部位的峰值温度不同，分别会发生再结晶、重结晶和晶粒长大以至熔化等一系列变化。这些变化，将对金属冷却后的组织与性能产生不同而又显著的影响。图4-4是焊条电弧焊时焊件上各点的热循环曲线，紧邻焊缝的母材 T_{max} 在1300℃以上，比一般热处理过程的加热温度要高得多。

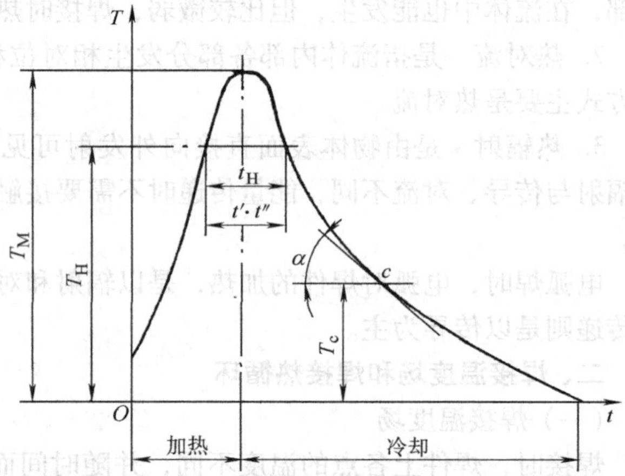

图4-3　焊接热循环曲线及特征

T_M—最高加热温度　T_H—相变温度　T_c—c点瞬时温度

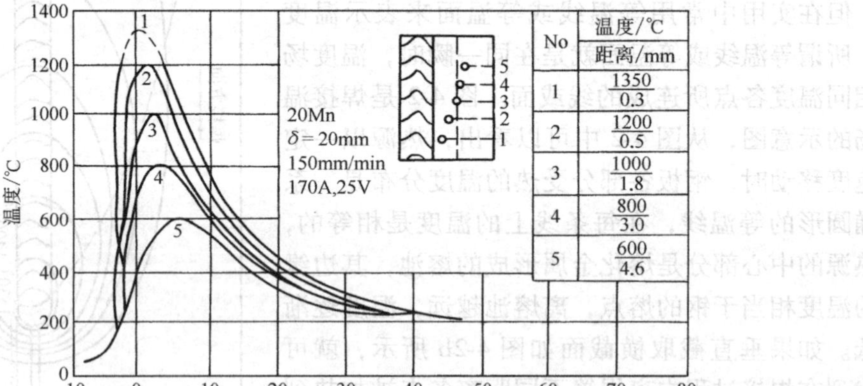

图4-4　距离焊缝不同远近各点的焊接热循环

（3）相变以上停留时间 t_H　对一般低碳钢、低合金钢来说，在略高于相变温度 Ac_3 并保温一定时间，有利于奥氏体化过程的充分进行，但温度过高则将发生晶粒长大现象。焊接时由于在相变温度以上的高温停留，导致热影响区晶粒粗化的现象就时有发生，对焊接质量带来明显的影响，因此 t_H 的长短也是一个重要的参数。

（4）在指定温度下的冷却速度　热处理时，确定及控制冷却速度是保证热处理质量的重要条件。同样冷却速度也是影响焊接质量的一个重要因素。从图4-4可以看出，各点的冷却速度随峰值温度T_{max}的不同而变化，T_{max}值越高，冷却速度越快。对于低碳钢和低合金钢来说，在相变最激烈的温度范围内（800～500℃）的冷却速度最为重要。近年来，为了便于测量和分析比较，常采用在800～500℃温度区间的冷却时间（$t_{8/5}$）来代替瞬时冷却速度。

从图4-4可以看出，焊缝两侧距焊缝中心远近不同的各点，所经历的热循环是不同的，离焊缝中心越近的点，其加热速度越快，峰值温度越高，冷却速度也越快，但加热速度要比冷却速度快得多。从热循环参数看，焊接热循环的加热峰值温度高，加热和冷却速度大，在相变温度以上要停留一定时间，这些特征对焊接化学冶金过程、结晶过程都有强烈的影响，从而直接影响焊接质量。

三、焊条的加热和焊接熔池

（一）焊条加热

电弧焊时，加热和熔化焊条的能量，主要是焊接电流通过焊芯时所产生的电阻热和焊接电弧传给焊条端部的热能。

1. 电阻加热　焊接电流通过焊芯所产生的电阻热，使其自身和药皮的温度升高，正常焊接参数的焊条电弧焊时，焊接电流对焊芯的这种预热作用是不大的。但是，在大电流高密度焊接时，将会使焊条金属熔化过分激烈，飞溅增加；焊条药皮开裂，电弧不能稳定地燃烧，药皮组成物之间过早地发生反应，丧失其冶金性能；焊缝成形变坏，产生气孔等。若用不锈钢焊条焊接时，甚至会使焊条长度2/3的药皮发红、脱落而不能继续施焊。

在埋弧焊时，由于不受药皮作用的限制，用适当增加电流密度和焊丝伸出长度的方法，可以加强对焊丝的预热作用，从而提高焊丝的熔化速度和生产率。

2. 电弧加热　焊接电弧用于加热和熔化焊条的热量，仅是其中的一小部分。约为20%～27%。焊条端部所得到的热量，一部分消耗在熔化药皮和焊芯，使焊条端部的液体金属过热和蒸发，另一部分传导到焊芯的深处使它和药皮温度升高。

焊接电弧的大部分热量用来熔化母材、药皮或焊剂，另外还有一部分热量消耗在辐射、飞溅和母材的传热上。由图4-1可知，埋弧焊时热的辐射和飞溅损失很小，虽然用于熔化焊剂的热量损失较大，但用于熔化焊丝和母材的热量仍很高，因而使焊接速度大大提高。

（二）焊接熔池

熔焊时，在焊接热源作用下，焊件上所形成的具有一定几何形状的液态金属部分称作熔池。

熔池不是在瞬间形成的，其尺寸和质量均是从零增加到某一个极限值，然后进入一个准稳定时期，这时熔池的形状、尺寸和液体金属量变化极小。母材的熔化速度等于熔池的结晶速度，熔池随着电弧向前移动作同步运动。

熔池中各点的温度是不均匀的，温度分布如图4-5所示，熔池的头部温度比较高，尾部温度逐渐降低，到熔池边缘下降到母材熔化温度。熔池的最高温度位于电弧下面的熔池表面上，图4-5中T_M为熔化温度。

焊接熔池中的液体金属是在强烈地运动着的，发生运动的原因有三个：一是液体金属的密度差所产生的自由对流运动。熔池中温度分布不均，温度高的地方金属质量密度小，温度低的地方金属质量密度大，这种密度差将促使液体金属从低温向高温区流动。二是表面张力差所引起的强迫对流运动。温度越高，表面张力越小，反之则越大，因此熔池温度分布不

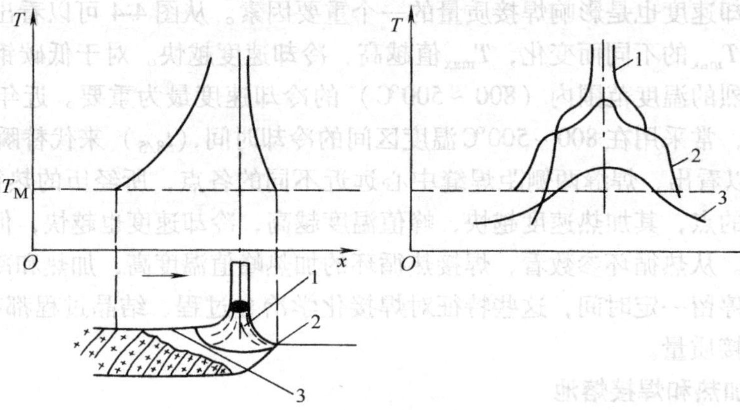

图 4-5　熔池的温度分布
1—熔池中部　2—头部　3—尾部

均，必然会引起表面张力不均，这种表面张力差将迫使熔池液体金属发生对流运动。三是电弧的各种机械力所产生的搅拌运动。作用在熔池上的力有熔滴下落的冲击力、电磁力、气流的吹力，熔池金属蒸发产生的反作用力、离子的冲击力等。由于这些力的存在，使熔池中的液体金属存在着强烈的搅拌和对流运动，使母材和焊条金属成分能够很好的混合，形成成分均匀的焊缝金属。熔池中液态金属的这种运动有利于有害气体和非金属夹杂物的外逸，提高焊缝质量。

应该指出，在液体金属与母材交界的区域内，液体金属的运动受到限制，在这个区域内往往形成化学成分的不均匀性，此区域称作熔合区。

四、焊接冶金过程的特点

熔焊的冶金过程，实质上是金属在焊接条件下熔炼的过程。焊接冶金和普通化学冶金（如电炉炼钢）有共同之处，都是对金属冶炼加工的过程。但是，焊接冶金和普通化学冶金在原材料及冶炼条件方面却有很大的区别。

（一）焊接时熔化金属受到保护

焊接冶金的第一个任务是对熔池金属进行保护，使其免受空气的有害影响。熔焊时，如电渣焊有熔渣进行保护，CO_2 气体保护焊有气体保护，焊条电弧焊有气渣联合保护，真空电子束焊有真空保护。

焊接冶金的第二个任务就是通过调整焊接材料的成分和性能来控制冶金反应，以获得所要求的焊缝成分。这是为弥补前述机械保护作用的不足。

（二）焊接冶金过程分区域连续进行

不同的焊接方法有不同的反应区。焊条电弧焊有药皮反应区、熔滴反应区和熔池反应区三个反应区。熔化极气体保护焊有熔滴反应区和熔池反应区；钨极氩弧焊和真空电子束焊则只有熔池反应区。现以焊条电弧焊为例加以说明。

1. 药皮反应区　在焊接过程中当药皮被加热时，在固态下其各种组成物之间也会发生物理变化和化学反应，主要是水分的蒸发、某些物质的分解和铁合金的氧化。

药皮加热阶段是准备性阶段，这一阶段反应的产物为熔滴和熔池反应阶段提供了反应物，对整个焊接化学冶金过程有一定的影响。

2. 熔滴反应区　包括熔滴形成、长大，以及过渡到熔池中，这个区有以下特点：

(1) 温度高　钢材焊接时，熔滴上的活性斑点温度接近于焊芯材料的沸点（约为2800℃），熔滴的平均温度根据不同焊接参数，一般在1800～2400℃范围内。

(2) 熔滴金属与气体、熔渣的反应接触面积大　由于熔滴尺寸很小，单位质量熔滴所占有的表面积很大，因此极易和气体、熔渣发生冶金反应。

(3) 反应时间短　熔滴在焊条末端停留的时间仅有0.01～0.1s。而熔滴向熔池过渡的速度高达7.5～10m/s，经过弧柱区的时间极短，只有0.0001～0.001s。在这个区内各相接触的平均时间约为0.01～0.1s。

由上述特点可知，熔滴反应区中冶金反应最为激烈，因而对焊缝成分影响最大。在熔滴反应区进行着物理变化和化学反应是金属的蒸发、气体的分解和溶解、金属的氧化还原以及合金化等。

3. 熔池反应区　熔池反应区的物理条件与熔滴阶段相比，虽然平均温度低一些、反应时间长一些、单位质量熔滴的表面积稍小一些，但仍具有显著的特点：

1）熔池中液态金属的温度梯度大，平均温度在1700℃左右，有利于化学反应的进行。

2）熔池体积很小，冶金反应时间短，容易导致化学成分的偏析。

3）熔池内液态金属搅拌强烈，加快了反应速度，为气体的溶解和熔渣外溢创造了条件。

4）在熔池的前半部是发生金属的熔化和气体的吸热过程，以及Si、Mn的还原反应，而在熔池的后半部分则发生金属的凝固和气体析出过程，以及Si、Mn的氧化反应。

第二节　气体对焊缝金属的影响

一、焊接区的气体来源

在焊接过程中，熔池周围充满着各种气体，这些气体主要来自以下几个方面：

1）焊条药皮或焊剂中造气剂产生的气体。

2）周围的空气。

3）焊芯、焊丝和母材在冶炼时残留的气体。

4）焊条药皮或焊剂中残留的结晶水在高温下分解成的气体。

5）母材表面未清除的铁锈、水分、涂装用涂料等，在电弧作用下分解出的气体。

这些气体都不断地与熔池金属发生作用，有些还进入到焊缝金属中去，其主要成分为一氧化碳、二氧化碳、氢气、水蒸气、氧气、氮气等，以及少量金属与熔渣的蒸气。这些气体中以氧、氮、氢对焊缝的质量影响最大。

二、氧对焊缝金属的影响

焊接区的氧气主要来自电弧中氧化性气体（CO_2、O_2、H_2O等）、药皮中的高价氧化物和焊件表面的铁锈、水分等的分解产物。

氧在电弧高温作用下分解为原子，原子状态的氧比分子状态的氧更活泼，能使铁和其他元素氧化。

$$Fe + O \longrightarrow FeO$$

$$Mn + O \longrightarrow MnO$$

$$Si + 2O \longrightarrow SiO_2$$

$$C + O \longrightarrow CO$$

其中 FeO 能溶解于液体金属，由于有 FeO 存在，还使其他元素进一步氧化

$$FeO + C \longrightarrow CO + Fe$$

$$FeO + Mn \longrightarrow MnO + Fe$$

$$2FeO + Si \longrightarrow SiO_2 + 2Fe$$

由于氧化的结果，使焊缝中有益元素大量烧损，氧化的产物一般漂浮到熔渣中，有时也会以夹杂形式存在于焊缝中。

焊缝金属中的含氧量增加，就会使其抗拉强度、屈服点、塑性和冲击韧度降低，尤以冲击韧度降低更为明显如图 4-6 所示。此外，还会使焊缝金属的耐腐蚀性能降低，加热时有晶粒长大趋势，冷脆的倾向增加。

氧与碳、氢反应，生成不溶于金属的 CO 气体和 H_2O，若这种反应是在结晶温度时进行的，那么，由于熔池已开始凝固，CO 和 H_2O 不能顺利逸出，便形成气孔。

由于氧有这些危害，焊接时必须脱氧。焊条电弧焊焊缝中氧的含量除与焊条的成分有关以外，还和焊接电流、电弧长短有关。焊接电流越大，熔滴越细，则增大了熔滴与氧的接触面积；电弧越长，使熔滴过渡的路程越长，从而增加了熔滴与氧的接触机会与时间，结果都使焊缝金属的含氧量增加如图 4-7 所示。

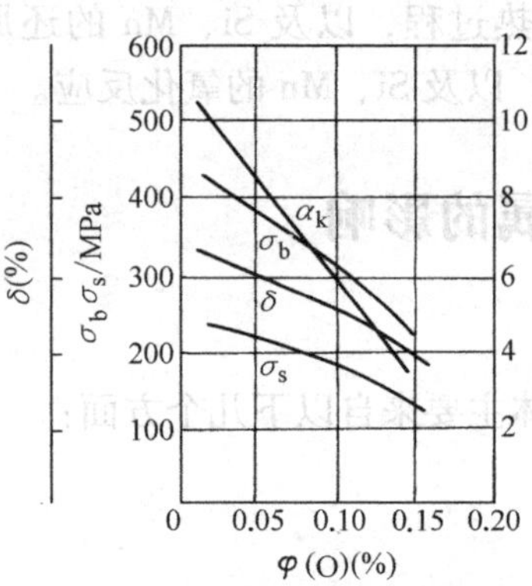

图 4-6 氧含量对焊缝力学性能的影响

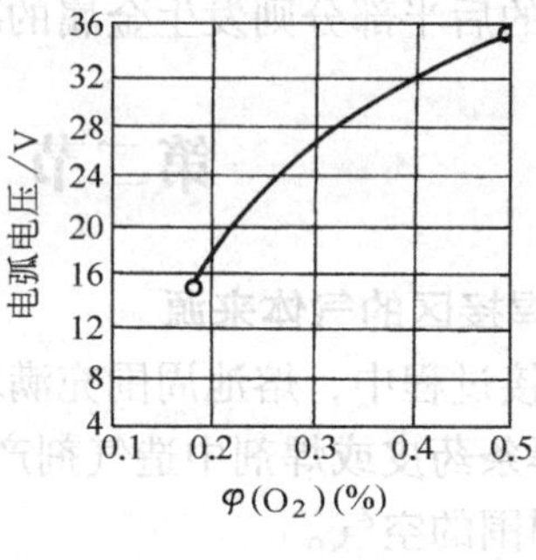

图 4-7 焊缝金属含氧量与电弧电压的关系

三、氢对焊缝金属的影响

焊接区的氢主要来自受潮的药皮或焊剂中的水分以及焊条药皮中的有机物、焊件表面的铁锈、油脂、涂料等。

通常情况下，氢不和金属化合，但是它能够溶解于 Fe、Ni、Cu、Cr、Mo 等金属，氢在铁中的溶解度如图 4-8 所示。氢在铁中的溶解度与温度和铁的同素异构体有关，还与氢的压力有关。氢在铁中的溶解，只能以原子状态或离子状态溶入金属。

由图 4-8 可以看出，温度越高，氢溶解在金属中的数量也越多，而在相变时气体的溶解度发生突变。焊接时的冷却速度很快，容易造成过饱和的氢残余在焊缝金属中，当焊缝金属的结晶速度大于它的逸出速度时，就形成气孔。

氢是还原性气体，它在电弧气氛中有助于减少金属的氧化，但是，在大多数情况下，这种好作用不仅完全被抵消，而且还产生许多有害的作用，如引起氢脆性、白点和硬度升高，

使钢的塑性严重下降。严重时将会引起裂纹的产生。

四、氮对焊缝金属的影响

焊接区中的氮主要来自空气。焊接时虽有造气剂和造渣剂的机械保护，但总难保护得十分严密，氮还会从空气中侵入。

氮在焊接熔池中既可以溶解于 Fe，又能形成稳定的化合物，还可以气态存在。氮在熔池中的溶解有三种形式，即原子形式、氧化氮形式和离子形式，在不同的条件下，常以一种形式为主或几种形式同时存在。

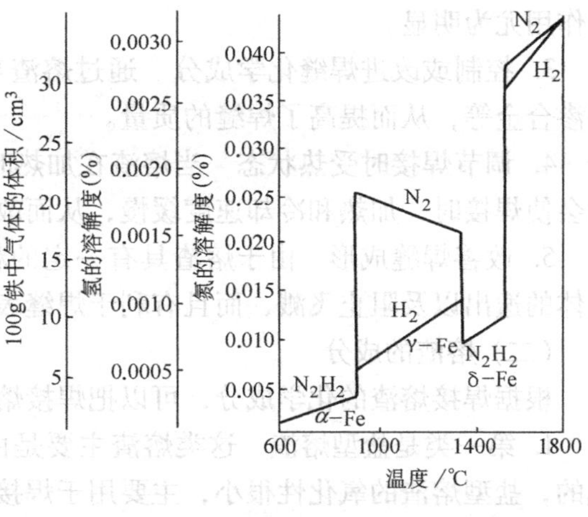

图 4-8　压力为 0.1MPa 时氮和氢在铁中的溶解度

氮是提高强度、降低塑性和韧性的元素，它在 α-Fe 中的溶解度很小，熔池中大量的氮，由于冷却速度很大，一部分以过饱和的形式存在于固溶体中；还有一部分则以针状氮化物的形式析出，分布在晶界和固溶体内，因而使焊缝金属的强度、硬度升高，而塑性和韧性急剧下降，如图 4-9 所示。

氮是促使时效的元素，焊缝中过饱和的氮处于不稳定的状态，随着时间的延长，过饱和的氮逐渐析出，形成稳定的针状氮化物，这样就会使焊缝金属的塑性和韧性大大下降。

在碳钢焊缝中，氮与氢相似都是使焊缝产生气孔的原因之一。

由上述可知，焊接时必须设法使焊接熔池的含氮量越小越好，可以用钛、铝、锆、稀土等元素脱氮，但元素脱氮方法尚不能用来焊接重要结构，最好的办法是加强保护，防止氮的侵入。

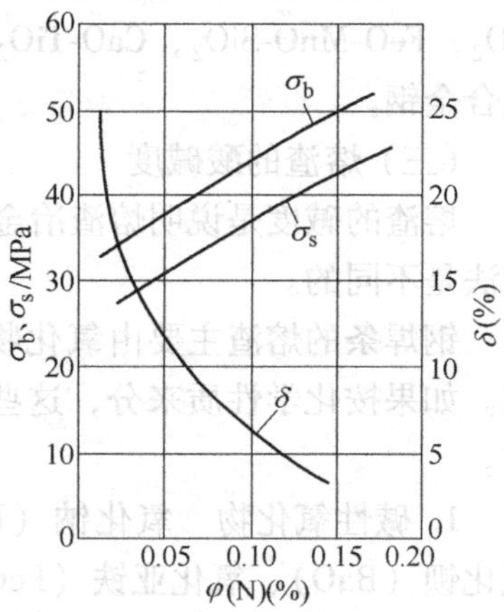

图 4-9　氮含量对焊缝力学性能的影响

第三节　熔渣与金属的作用

一、焊接熔渣

焊接熔渣是在焊接过程中，焊条与药皮或焊剂熔化后经过一系列化学变化形成覆盖于焊缝表面的非金属物质。

（一）焊接熔渣在焊接过程中的作用

在整个焊接过程中，为保证焊缝质量，熔渣必须具有下列作用：

1. 机械保护　在一般情况下，熔渣总是覆盖在熔滴和熔池金属的表面，使之与空气隔开，避免氧、氢等侵入液体金属。

2. 稳定电弧　熔渣中含有一定量的低电离电位的物质，例如长石、碱金属、碱土金属（钾、钠、钙）的化合物等，以保证电弧的稳定燃烧。在使用交流电源焊接时，这些稳弧剂的作用尤为明显。

3. 控制或改进焊缝化学成分 通过熔渣与熔池间的冶金反应，可以脱氧、脱硫、脱磷和渗合金等，从而提高了焊缝的质量。

4. 调节焊接时受热状态 当熔渣在加热时，发生吸热反应，而冷却时又发生放热反应。就会使焊接时，加热和冷却速度缓慢，从而改进了金属的组织和提高了力学性能。

5. 改善焊缝成形 由于熔渣具有一定的粘度，覆盖在熔池表面，不仅能有助于熔池中气体的逸出以及阻止飞溅，而且有利于焊缝表面成形良好。

(二) 熔渣的成分

根据焊接熔渣的化学成分，可以把焊接熔渣分为三大类。

1. 第一类是盐型熔渣 这类熔渣主要是由金属的氟酸盐、氯酸盐和不含氟的化合物组成的，盐型熔渣的氧化性很小，主要用于焊接铝、钛和其他活性金属及其合金。

2. 第二类是盐-氧化物型熔渣 这类熔渣主要是由氟化物和强金属氧化物组成的，主要用来焊接高合金钢。

3. 第三类是氧化物型熔渣 主要是由各种金属氧化物组成的，如应用很广的 $MnO-SiO_2$，$FeO-MnO-SiO_2$，$CaO-TiO_2-SiO_2$ 等都是这个类型的熔渣，它们主要用来焊接低碳钢和低合金钢。

(三) 熔渣的酸碱度

熔渣的碱度是说明熔渣冶金性能的主要指标。不同的熔渣结构理论、计算熔渣酸碱度的方法是不同的。

钢焊条的熔渣主要由氧化物组成。这些氧化物有的是金属氧化物，有的是非金属氧化物。如果按化学性质来分，这些氧化物可以分为碱性氧化物、酸性氧化物和两性氧化物三类。

1. 碱性氧化物 氧化钠（Na_2O）、氧化钾（K_2O）、氧化钙（CaO）、氧化镁（MgO）、氧化钡（BaO）、氧化亚铁（FeO）、氧化锰（MnO）、氧化铅（PbO）和氧化铜（CuO）。

2. 酸性氧化物 二氧化硅（SiO_2）、五氧化二磷（P_2O_5）、三氧化二硼（B_2O_3）。

3. 两性氧化物 氧化铝（Al_2O_3）、氧化铁（Fe_2O_3）、氧化铬（Cr_2O_3）、氧化锌（ZnO）、氧化钒（V_2O_3）。

两性氧化物的特点是遇到强酸性氧化物时它们呈碱性，遇到强碱性氧化物时它们呈酸性。

碱性氧化物多时，熔渣就表现为碱性，反之，熔渣的化学性质就表现为酸性。为了表示熔渣碱性的强弱，我们用“碱度”表示：

$$\text{碱度}=\frac{\text{各种碱性氧化物的总质量分数（\%）}}{\text{各种酸性氧化物的总质量分数（\%）}}$$

当碱度 >1.3 时，称为碱性渣；碱度 <1.3，称为酸性渣。酸度即为碱度的倒数。

E4320（J424）焊条的焊接熔渣由 FeO、SiO_2、MnO 构成，化学性质呈酸性，E4303（J422）焊条的熔渣由 TiO_2、SiO_2、CaO 构成，化学性质也呈酸性，所以称酸性渣。E5015（J507）焊条的熔渣由 CaO、CaF_2 构成，化学性质呈碱性，称为碱性渣。

二、焊缝金属的脱氧

前面曾讲述了氧对焊缝质量的危害，因此，在焊接时如何防止熔化金属的氧化，以及如何去除或减少已进入熔池金属的氧含量，是保证焊缝质量的重要问题。

要防止熔池金属的氧化，首先必须采取有效措施。减少氧的来源，特别是防止空气中氧的侵入。已经进入熔池中的氧通常以 FeO 形式溶解于熔池中，因此必须设法排除熔池金属中的 FeO，这就叫做金属的脱氧，脱氧的目的就是要尽量减少熔池金属的含氧量，使氧对焊缝金属的影响减轻到最小程度。

焊缝脱氧的途径有如下三个：

1. 先期脱氧　焊接时，在焊条药皮加热的过程中，药皮中的高价氧化物（Fe_2O_3、Fe_3O_4、MnO_2 等）和碳酸盐（$CaCO_3$、$MgCO_3$ 等）受热分解，放出氧气。这时，药皮中的脱氧剂锰铁、硅铁、钛铁、铝铁等与氧反应，把氧夺走，成为氧化物，转入熔渣中固定下来。这种脱氧方式叫做先期脱氧。

先期脱氧发生在药皮加热的过程中。脱氧过程及脱氧产物与熔滴金属不发生直接关系。主要是脱去药皮中放出的部分自由氧和 CO_2 中的氧。

先期脱氧的脱氧剂种类与药皮成分、熔渣碱度关系很大。酸性焊条主要用锰铁作为脱氧剂，碱性焊条主要用硅铁、钛铁、铝铁作为脱氧剂。

2. 沉淀脱氧　在熔滴和熔池中，利用溶解在液态金属中的脱氧剂，直接与溶入液态金属中的 FeO 作用，把铁还原，脱氧产物从熔滴和熔池中转入熔渣中去，这种脱氧方式叫做沉淀脱氧。这是焊接过程中脱氧的主要方式。

沉淀脱氧必须具备下列条件：作为脱氧剂的合金元素对氧的亲和力大于铁和氧的亲和力；脱氧产物不溶解于金属而容易被熔渣吸收除去；脱氧产物的密度比金属小，易于从熔池中浮出。

按照合金元素脱氧能力的强弱，可排成下列次序：Al、Ti、Si、V、Mn、Cr、Fe、Mo、Ni、Cu 位于铁以前的各元素方可作脱氧剂，常用的脱氧剂有 Mn、Si、Ti、Al。

（1）锰　锰的脱氧反应如下：

$$Mn + FeO \longrightarrow Fe + MnO$$

生成的 MnO 呈碱性，不溶于铁，能与酸性氧化物 SiO_2 等形成硅酸盐，其熔点及密度均比较低，故易于浮于熔池表面成为熔渣。酸性焊条多用锰脱氧。

（2）硅　硅的脱氧反应如下：

$$Si + 2FeO \longrightarrow 2Fe + SiO_2$$

硅与氧的亲和力比锰大，脱氧作用强。但脱氧产物 SiO_2 的熔点高达 1710℃，粘度大，不利于脱渣，易造成夹渣，也不利于冶金反应。因此，焊接时常用硅、锰联合脱氧，硅、锰联合脱氧时熔渣可以生成 MnO_2 和 SiO_2 的复合化合物，熔点和粘度都比 SiO_2 低，这样既保证了高的脱氧能力，又避免了单纯硅脱氧的缺点。

（3）钛　钛脱氧反应如下：

$$Ti + 2FeO \longrightarrow 2Fe + TiO_2$$

钛是更强的脱氧剂，脱氧后形成的 TiO_2 不溶于铁，并能与 FeO 或其他碱性氧化物生成钛酸盐浮出熔池。而且含 TiO_2 的溶渣电弧稳定，脱渣性好，钛除脱氧外，还可以和氮结合，生成不溶于铁的稳定化合物，可以阻止时效。钛还可以细化晶粒，改善焊缝的力学性能。

（4）铝　铝的脱氧反应如下

$$2Al + 3FeO \longrightarrow 3Fe + Al_2O_3$$

铝是比钛还强的脱氧剂，脱氧时可放出大量热量，能够提高生产率。铝除脱氧外，还和氮结合为 AlN，不溶于铁，可以防止氮的时效。铝也可以起细化晶粒的作用。

铝脱氧实际上应用得不多，这是因为脱氧产物 Al_2O_3 熔点高，且不溶于焊缝金属中，因而容易引起夹杂。另外，脱氧时会引起气体突然膨胀，易产生飞溅。

以上这四种脱氧剂的脱氧能力都与温度有关。温度升高，脱氧能力降低；相反温度降低，脱氧能力提高，这是因为它们都是放热反应。从上面还可以看出，脱氧元素单独使用时，各有优缺点。因此，采用几种元素联合脱氧的效果就要好得多，但是铝和钛对氧的亲和力很大，很难渗入熔池，所以实际上沉淀脱氧主要靠硅和锰，而铝和钛一般只有起先期脱氧的作用。

3. 扩散脱氧　利用氧化物能溶解于熔渣中的特性，通过扩散使氧化物自熔池金属进入熔渣中，从而降低金属中氧化物浓度的过程，这就叫做扩散脱氧。

只有既能溶解于熔池金属中又能溶解于熔渣中的氧化物，才有条件进行扩散脱氧。钢材焊接时，FeO 就具备这一条件。

对熔池金属进行扩散脱氧是利用了 FeO 在铁液态金属和熔渣之间运动的客观规律——分配定律。分配定律指出："同时溶于互相接触的两种溶剂中的溶质，在一定的温度下，它在两种溶剂中的浓度比是一个常数"。

对熔池中的液体金属、熔渣和 FeO 来说，通常把液体金属和熔渣称为"溶剂"，而把 FeO 称为"溶质"。在一定的温度下，熔池金属中的 FeO 和熔渣中的 FeO 的浓度比是一个常数，可以用下式表达：

$$L = \frac{(FeO)}{[FeO]}$$

式中　L——分配常数；

(FeO)——熔渣中的 FeO 浓度；

[FeO]——熔池中的 FeO 浓度。

按照上式，熔渣中的 FeO 浓度应该是：

$$(FeO) = L \cdot [FeO]$$

当熔渣中的 FeO 浓度还没有达到这个数值时，熔池金属中的 FeO 就自动地向熔渣中移动，直到使熔渣中 FeO 的浓度达到了上述的比例时，FeO 的移动才停止。

上面两个式子中的（FeO），是指在熔渣中游离存在的化合物，如果进入熔渣的 FeO 立即与酸性氧化物 SiO_2 结合成化合物，那么这时 FeO 在熔渣中的浓度减小了，按分配定律的规律，熔池中的［FeO］又会继续向熔渣转移。我们就是利用这一规律，有意使熔渣中含有较多的 SiO_2、TiO_2 等酸性氧化物，不断减少熔渣中游离 FeO 的数量，从而使熔池金属中的 FeO 不断扩散到熔渣中去。

但是，由于焊接冶金反应的时间很短，而扩散脱氧是一个扩散过程，需要较长时间，所以焊接过程中的扩散脱氧效果是有限的。

4. 酸性熔渣和碱性熔渣脱氧过程的不同特点　不论酸性熔渣或碱性熔渣，都是通过上述三个途径来脱氧的。但在具体过程上各有不同的特点。

（1）酸性熔渣脱氧过程的特点　由于酸性熔渣中酸性氧化物多，有条件把扩散脱氧作为主要脱氧方式。熔渣中大量的 SiO_2 或 TiO_2，有利于进行下列反应：

$$FeO + TiO_2 \longrightarrow FeO \cdot TiO_2$$

$$FeO + SiO_2 \longrightarrow FeO \cdot SiO_2$$

上述反应大大提高了扩散脱氧的效果。

在酸性熔渣中，除了利用扩散脱氧来减少熔池金属中的 FeO 外，同时还在熔渣中加入一定量的锰，以进一步改善脱氧效果。

（2）碱性熔渣脱氧过程特点　在碱性熔渣中存在着大量的强碱性的 CaO，而酸性的 SiO_2 或 TiO_2 为数不多，而且它们首先要与熔渣中的 CaO 结合成 $CaO \cdot SiO_2$ 或 $CaO \cdot TiO_2$，这样，FeO 与 SiO_2 或 TiO_2 结合的机会就很少，因而增加了熔渣中游离 FeO 的数量，显然这是不利于扩散脱氧的。因此，碱性熔渣不是以扩散脱氧作为主要脱氧方式，而是用硅和钛等脱氧剂来脱氧的，锰只起渗入合金元素的作用。

此外，在熔渣中加入一定量的 CaF_2 来稀释熔渣，以利于脱氧反应的进行，加强脱氧效果。

虽然经过脱氧，但往往不可能脱除干净，焊缝金属中的含氧量比母材高就是例证。因此对于要求很高的焊接结构，要保证焊缝的含氧量少，不是一般的冶金脱氧方法所能解决的，而要采用不含氧的焊接材料，并杜绝一切可能的氧源。例如：采用高纯度的惰性气体保护焊，或采用真空焊接，以及使用无氧或低氧的焊条和焊剂等。

三、焊缝金属的脱硫

硫是钢中的有害杂质之一，尤其是焊缝金属中当硫的含量超过一定限度，将大大降低焊接接头的力学性能，同时造成焊接缺陷。

硫在低碳钢中以 FeS 和 MnS 的形式存在，FeS 可溶解于液态铁中，而溶于固态铁中的却很少，因此熔池结晶过程中 FeS 即析出，与 Fe，FeO 等形成低熔点共晶，并存在于晶界上。当焊缝冷却收缩时，在内应力的作用下导致热裂纹。

MnS 在液态铁中溶解度极小，容易排入熔渣中。

焊接时硫主要来自母材、焊丝、药皮。为了获得优良的焊缝质量，首先必须控制原材料中硫的来源（表 4-1），可采用烘烧处理来减少药皮和焊剂中的硫，同时尽可能减少已进入熔池中的含硫量，利用熔渣和液态金属的冶金反应来脱硫。

表 4-1　部分钢材及焊丝化学成分中 S、P 的含量（质量分数，%）

母材牌号（及标准）	$w(S)$	$w(P)$	焊丝牌号（及标准）	$w(S)$	$w(P)$
Q235A（GB/T700—2006）	≤0.050	≤0.045	H08A（GB/T5293—1999）	≤0.030	≤0.030
Q345（GB/T1591—2008）	≤0.035	≤0.035	H10Mn2（GB/T12470—2003）	≤0.035	≤0.035
15CrMoG（GB/T5310—2008）	≤0.015	≤0.025	H13CrMoA（GB/T12470—2003）	≤0.030	≤0.030
12Cr18Ni9（GB/T20878—2007）	≤0.025	≤0.035	H08Cr21Ni10Si（GB/T5092—2008）	≤0.03	≤0.030

在焊接过程中脱硫的主要办法有元素脱硫和熔渣脱硫两种。

元素脱硫，就是在液体金属中加入一些对硫的亲和力比铁大的元素，把铁从 FeS 中还原出来。脱硫后生成的硫化物，应能溶解于熔渣，而在金属中的溶解则越少越好。最常用的脱硫元素是锰。

锰的脱硫反应按下式进行：

$$FeS + Mn \longrightarrow MnS + Fe$$

脱硫产物硫化锰不溶解于液体金属，而进入熔渣被排除。

熔渣脱硫主要是以 MnO、CaO 和 CaF_2 进行的。

MnO 的脱硫反应式是：

$$FeS + MnO \rightarrow MnS + FeO$$

从上式可知，当熔池和熔渣中的 MnO 增加或 FeO 减少，则使反应向右进行，脱硫作用加强。这说明脱硫反应和脱氧要同时进行。如果有足够的锰，那么既能减少 FeO，又可增加 MnO 用以脱硫。

CaO 的脱硫反应式是：

$$FeS + CaO \rightarrow FeO + CaS$$

钙比锰对硫的亲和力强，并且 CaS 不溶于金属，而进入熔渣被排除，所以 CaO 脱硫效果良好。要增加 CaO 的脱硫能力，同样要增加 CaO 或减少 FeO，即 CaO 脱硫时也必须同时脱氧。

CaF_2 脱硫一方面是氟与硫化合生成挥发性的化合物，另一方面 CaF_2 与 SiO_2 作用可增加 CaO，有利于脱硫。

$$SiO_2 + 2CaF_2 \rightarrow 2CaO + SiF_4$$

酸性焊条和碱性焊条的脱硫性能比较如下：

酸性焊条的熔渣中有大量的 SiO_2 及 TiO_2，这些酸性氧化物容易和碱性氧化物的 MnO、CaO 结合成复合化合物，降低了脱硫能力。同时，酸性焊条的药皮中是不加入氟石的，因此若在 E4303（J422）焊条药皮中提高 $CaCO_3$（即增加 CaO）含量几乎对脱硫没有影响。

碱性焊条以 E5015（J507）为例，药皮中含有大量的大理石、氟石和铁合金，脱氧能力强，熔渣中有大量碱性氧化物，这就使 CaO 的脱硫效果显著。虽然药皮中锰铁的含量少，元素脱硫作用不大，但总的来说，E5015 焊条的脱硫能力是强的。

四、焊缝金属的脱磷

磷以铁的磷化物形式存在于钢中，而 Fe_3P 等能与铁形成低熔点共晶，聚于晶界，易引起热裂。更严重的是，这些低熔点共晶削弱了晶粒间的结合力，使钢在常温或低温时变脆（即冷脆性），造成冷裂，故磷在钢中是有害杂质。

为了减少焊缝中的含磷量，首先必须限制它在母材、熔敷金属、药皮、焊剂以及保护气体中的含量，见表4-1，磷一旦进入焊缝就必须采用脱磷的方法，将其消除。

焊接时的脱磷过程主要可以分为两个步骤，首先使磷氧化生成 P_2O_5。

$$2Fe_2P + 5FeO \rightarrow P_2O_5 + 9Fe$$

$$2Fe_3P + 5FeO \rightarrow P_2O_5 + 11Fe$$

但生成的 P_2O_5 在高温时很不稳定，容易分解，因此第二步应采用强碱性氧化物（CaO）和酸性的 P_2O_5 结成稳定的磷酸盐，其反应式为：

$$3CaO + P_2O_5 \rightarrow Ca_3 \cdot P_2O_8$$

$$4CaO + P_2O_5 \rightarrow Ca_4P_2O_9$$

反应后生成的磷酸盐进入熔渣中。

从上述的讨论中可知，熔渣中如有足够的游离 CaO 和游离 FeO，则脱磷效果较好。

碱性焊条熔渣中含 CaO 多，有利于脱磷，但这和要求 FeO 多发生矛盾，因为碱性熔渣脱氧性强，因此不能同时有较多的游离 FeO，如一定要增加 FeO，势必引起焊缝含氧量上升，以致降低焊缝性能。此外，要求熔渣中CaO和FeO都高，这和脱硫也有矛盾，因为脱硫要求同时脱氧。所以碱性焊条脱磷效果较差。

酸性焊条中含自由CaO极少，因此脱磷效果比碱性焊条更差。

由于焊接时脱磷较难，因此，一般是严格控制原材料中的含磷量。

五、焊缝金属的合金化

（一）合金化的目的

焊缝金属的合金化就是把所需要的合金元素通过焊接材料过渡到焊缝金属（或堆焊金属）中去，使焊缝金属的成分、组织和性能符合预定的要求。

合金化的目的，不仅在于补偿焊接过程中由于蒸发、氧化等原因造成的合金元素的损失，而且还在于消除焊接工艺缺陷，改善焊缝金属的组织和性能。例如，为了消除因硫引起的热裂纹需要向焊缝中加入锰；在焊接某些结构钢时，常向焊缝加入Ti、Al等，以细化晶粒，提高焊缝的韧性。其次，则是获得具有特殊性能的堆焊金属。例如，冷作和热加工用的工具或其他零件（如切割刀具、热锻模、轧辊、阀门等）要求表面具有耐磨性、热硬性、耐热性和耐腐蚀性。在生产上便可用堆焊方法过渡Cr、Mo、W、Mn等合金元素，以便在零件表面得到具有上述性能的堆焊层。如热锻模堆焊焊条EDRCrMnMo-15（D397），就是通过合金化方法，使堆焊层具有相当于铬锰钼锻模钢的成分。

（二）常用的合金化方式

1. 应用合金焊丝或带极　应用含合金元素的焊丝、带极再配以药皮或焊剂，使合金元素过渡到焊缝中去。其优点是焊缝成分稳定、均匀、合金损失少；缺点是制造工艺复杂，成本高。对于脆性材料，如硬质合金因为不宜轧制、拉丝，故不能采用这种方式。

2. 应用药芯焊丝或药芯焊条　其优点是药芯中各种合金成分的比例可以任意调整，合金的损失比较小；缺点是不易制造，成本较高。用这种药芯焊丝可进行埋弧焊、气体保护焊。

3. 应用合金药皮或粘结焊剂　就是把所需要的合金元素以铁合金或纯金属的形式，加入药皮或粘结焊剂中，配合普通焊丝使用。其优点是简单、方便、制造容易，但由于氧化损失较大，且有一部分残留在渣中，故合金利用率较低，合金成分不够稳定、均匀。

4. 应用合金粉末　将需要的合金元素按比例配制成有一定颗粒度的粉末，直接撒在焊件表面上或坡口内，在热源作用下与熔化金属熔合，进行合金化。其优点是方式简便，成本低廉、合金比例可任意配制，合金的损失不大，但焊缝成分不够均匀。

5. 应用置换反应　在药皮或焊剂中放入金属氧化物，如MnO、SiO_2等，在焊接过程中，通过熔渣与液态金属之间的置换反应，使硅、锰合金被还原而溶入到焊缝中去。这种方法的缺点是合金化的程度有限，并使焊缝金属中的含氧量增加。

焊条电弧焊时，焊缝合金化的方式有两种：一种是通过焊芯（即应用合金焊丝）过渡；另一种是通过焊条药皮（即应用合金药皮）过渡。也有的是这两种方式同时兼有。

（三）影响合金元素过渡的因素

为了说明合金过渡情况，常用过渡系数来表达：

$$\eta = \frac{C_F}{C_T}(\%)$$

式中 η——合金元素过渡系数；

C_F——焊缝金属中某合金元素的含量（质量分数,%）；

C_T——该元素在焊条中的原始总含量（总质量分数,%）。

影响合金元素过渡系数 η 的因素很多，其中主要因素有焊接熔渣的酸碱度，合金元素本身对氧的亲和力。钛和氧的亲和力最大，最活泼，最易烧损，所以其过渡系数最小，钨、钼、镍等对氧的亲和力最弱，所以它们的过渡系数就高，渗入焊缝金属中的数量也多。

为了提高某合金元素的过渡量，可在焊条药皮中加进比该合金元素具有更强脱氧能力的脱氧剂。如20Cr13型阀门堆焊焊条EDCr-B-15（D517），其焊缝金属主要用铬合金化，为了保证铬能顺利地过渡到焊缝中去，所以在焊条药皮中补加更强的脱氧剂，如硅铁、锰铁、钛铁甚至铝等，以免铬被过多烧损。

此外，为提高合金元素的过渡量，在制造焊条时，要使过渡金属的原料有较大的颗粒，以减少它与氧的接触面积，从而减少过渡时的烧损，并在焊接时采取短弧焊接，以减少空气中氧的侵入；同时，因缩短了熔滴过渡过程，从而减少了熔滴过渡时与氧的接触时间，这些都有利于提高合金元素的过渡量。

第四节　焊缝金属的结晶

焊接过程中，当热源离开以后，熔池金属便开始结晶，焊缝结晶过程对焊缝金属的组织、性能具有重大的影响。焊接过程中的许多缺陷如气孔、裂纹、夹杂、偏析等大多是在熔池结晶的过程中产生的。

一、焊接熔池的一次结晶

焊接熔池的金属由液态转变为固态时的结晶过程，称为焊接熔池的一次结晶。

（一）焊接熔池结晶的特点

1. 熔池的体积小，冷却速度大　电弧焊时，熔池的体积最大的为30cm³，液态金属的质量不超过100g（单丝埋弧焊）。由于熔池的体积小，周围又被冷金属所包围，所以冷却速度很快，其平均冷却速度约为4～100℃/s，比铸锭大1万倍左右。这就会使含碳量偏高，合金元素较多的钢种和铸铁等容易产生硬化组织和结晶裂纹。

2. 熔池中的液体金属处于过热状态　熔池中液体金属的温度比一般浇注钢水的温度高得多，过渡熔滴的平均温度约为1800～2400℃，熔池平均温度约为1700℃左右（指焊接一般碳钢及低合金钢），处于过热状态，因此合金元素的烧损比较严重，使熔池中作为晶核的质点大为减少，使焊缝易得到柱状晶。

3. 巨大的温差　由于熔池中心液体温度高，熔池边缘凝固界面处散热快，冷却速度大，因而使熔池结晶在很大的温差条件下进行，使焊缝中的柱状晶大大发展。

4. 熔池在运动状态下结晶　熔焊熔池一般均随电弧的移动而移动，因此熔池的形状和结晶组织亦受到热源移动速度，即焊接速度的影响。此外，焊接时焊条的摆动，电弧的吹力，都使熔池发生强烈的搅拌作用，使熔池内的熔化金属处于运动下结晶。

（二）焊接熔池一次结晶的过程

焊接熔池的一次结晶包括产生晶核和晶核长大两个过程。

熔池开始结晶时所需的晶核，一种是合金元素或杂质的悬浮质点，这种晶核一般作用不大；另一种，也是主要的，就是熔合区附近加热到熔化温度而还没有熔化的母材表面晶粒。

焊接熔池金属的结晶最容易从熔合线上开始发生，因为在整个熔池中，温度最高点是熔池前端的中心，熔合线是熔池中温度最低的地方，这里的散热条件好，随着电弧的离去，熔合线上的半熔化晶粒就成为附近液体金属的晶核如图4-10a所示。由于晶体是向着与散热方向相反的方向长大如图4-10b所示，同时它也向两侧方向生长，但受到相邻的正在生长的晶体所阻挡，因此，晶体的生长方向指向熔池中心，因而形成柱状结晶如图4-10c所示。当柱状晶体不断长大至互相接触时，焊缝的这一断面的结晶过程即结束如图4-10d所示。

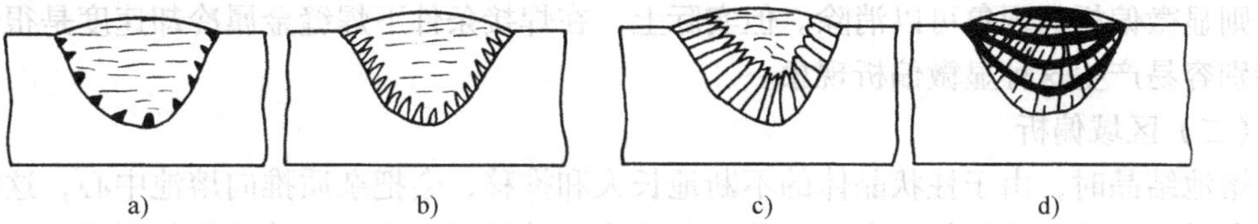

图4-10　焊接熔池的结晶过程

a）开始结晶　b）晶体的长大　c）柱状结晶　d）结晶结束

熔焊时，随着电弧的移动，熔池的结晶过程一直在连续地进行着。它的结晶速度等于焊接速度，也就是说，电弧向前移动得越快，熔池结晶得越快。焊接速度越慢，熔池体积越大，则焊缝冷却也越慢，其晶粒也越粗大，焊缝金属的塑性和韧性也越差。

二、焊缝中的偏析现象

熔池结晶时会在不同程度上产生偏析现象。所谓“偏析”就是合金中各组成元素在结晶时分布不均匀的现象。例如低碳钢内在晶界上碳和其他杂质元素的含量比钢的平均含量略高些，就称为碳或杂质在晶界上的偏析。偏析都是在一次结晶的时候产生。它对焊缝质量有很大的影响，不仅使焊缝化学成分不均匀、性能改变，而且是使焊缝产生裂纹、夹渣、气孔的主要原因之一。

焊缝中的偏析主要有显微偏析或区域偏析两种。

（一）显微偏析

在一个柱状晶粒内部和晶粒之间的化学成分不均匀现象，称为显微偏析。

柱状晶粒“生长”的过程，一方面是结晶的轴向延长，另一方面是径向扩展，如图4-11所示。焊缝结晶时最先结晶的结晶中心（即结晶轴）的金属最纯，而后结晶的部分含合金元素和杂质略高，最后结晶的部分，即晶粒的外缘和前端含合金元素和杂质就更高。在一个柱状晶粒内部合金元素分布不均匀现象叫晶内偏析。焊缝结晶过程是无

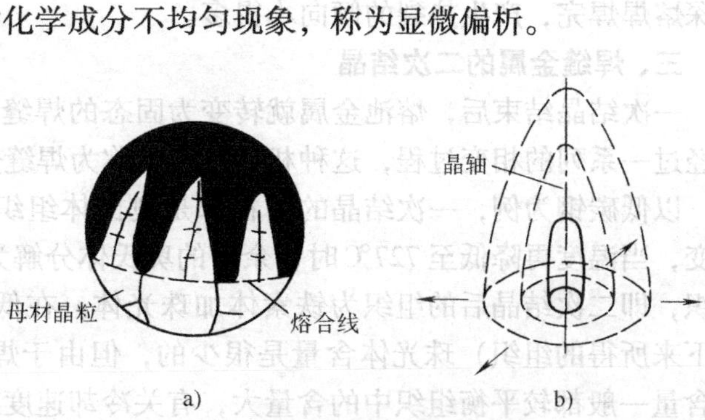

图4-11　熔池结晶过程示意图

a）结晶过程中的相邻晶粒　b）晶粒的生长方向

数个柱状晶粒同时生长的过程，每个晶粒都有自己的枝晶轴，很多相邻的晶粒都以自己的晶轴为中心向四周和前方发展，所以相邻晶粒之间的液体，结晶最迟，含有较多的合金元素和杂质，称为晶间偏析。影响显微偏析的因素主要有：

1. 焊缝金属的化学成分　焊缝金属的化学成分不同，金属开始结晶和结晶完了的区间就不相同，结晶区间越大，就越易产生显微偏析。一般对于低碳钢来说，因其结晶开始和终了的温度区间不大，所以显微偏析现象并不严重。而在高碳钢、合金钢焊接时，显微偏析现象就很严重，常常会由此而引起热裂纹等缺欠。所以高碳钢、合金钢等焊后必须进行扩散及细化晶粒的热处理，以此来消除显微偏析现象。

2. 焊缝金属的冷却速度　如果焊缝金属的冷却速度很慢，各种元素能有充分的扩散时间，则显微偏析的现象可以消除。但实际上，在焊接条件下焊缝金属冷却速度是很快的，因此特别容易产生这种显微偏析现象。

（二）区域偏析

熔池结晶时，由于柱状晶体的不断地长大和推移，会把杂质推向熔池中心，这样熔池中心的杂质含量要比其他部位高，这种现象称为区域偏析。影响区域偏析的因素主要有：

1. 焊接材料　焊接材料的合金成分或杂质越多，则偏析现象越严重。对一般低碳钢来说影响不大。

2. 冷却速度　焊后的冷却速度对这种偏析有很大的影响，冷却速度越快，则焊缝中杂质和低熔点混合物的聚集越困难，所以形成区域偏析的可能就越小，但却会促使产生显微偏析。因此要减小产生区域偏析的可能，必须使熔池尽快冷却。

3. 焊缝金属的断面形状　由于焊缝金属断面的形状不同，会使产生偏析的地点发生变化。窄焊缝时，各柱状晶的交界在中心，因此便有较多的杂质聚集在窄焊缝的中心如图 4-12a 所示，这时极易形成热裂纹。当焊缝宽时，杂质便聚集在焊缝上部如图 4-12b 所示，这种情况对焊缝在高温时的强度影响不大。因此我们可以利用这一特点来降低焊缝生成热裂纹的可能性。例如，同样厚度的钢板，用多层多道焊要比用一次深熔焊焊完，产生热裂的倾向小得多。

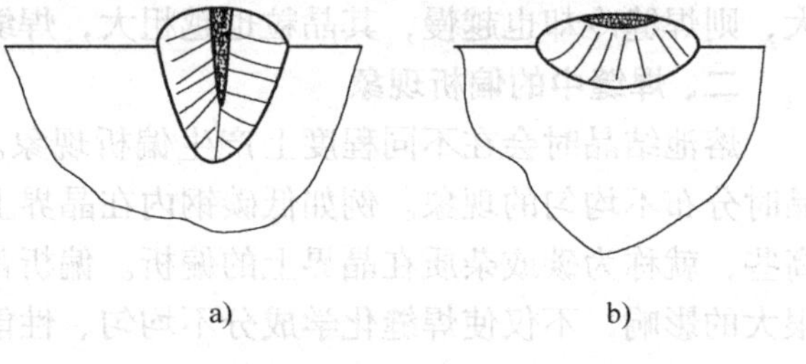

图 4-12　焊缝金属断面形状对偏析分布的影响

三、焊缝金属的二次结晶

一次结晶结束后，熔池金属就转变为固态的焊缝金属。高温的焊缝金属冷却到室温时，要经过一系列的相变过程，这种相变过程就称为焊缝金属的二次结晶。

以低碳钢为例，一次结晶的晶粒都是奥氏体组织，当冷却到 Ar_3 时发生 γ-Fe→α-Fe 的转变，当温度再降低至 727℃时，余下的奥氏体分解为珠光体，所以低碳钢焊缝在常温下的组织，即二次结晶后的组织为铁素体加珠光体。在低碳钢的平衡组织中（即非常缓慢地冷却下来所得的组织）珠光体含量是很少的，但由于焊缝金属的冷却速度较大，所得珠光体的含量一般都较平衡组织中的含量大，有关冷却速度对低碳钢的焊缝组织及性能的影响见表 4-2 和图 4-13、图 4-14。从表 4-2 中可以看出冷却速度越大，珠光体含量越高，而铁素体量越少、硬度和强度都有所提高，而塑性和韧性则有所降低。

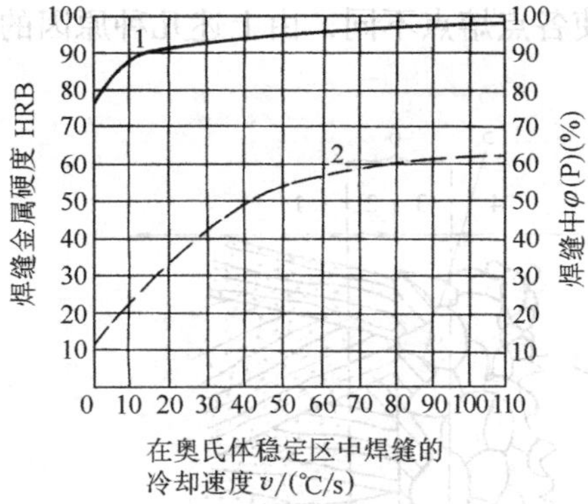

图 4-13　冷却速度对焊缝金属组织的影响
1—焊缝金属硬度　2—珠光体含量

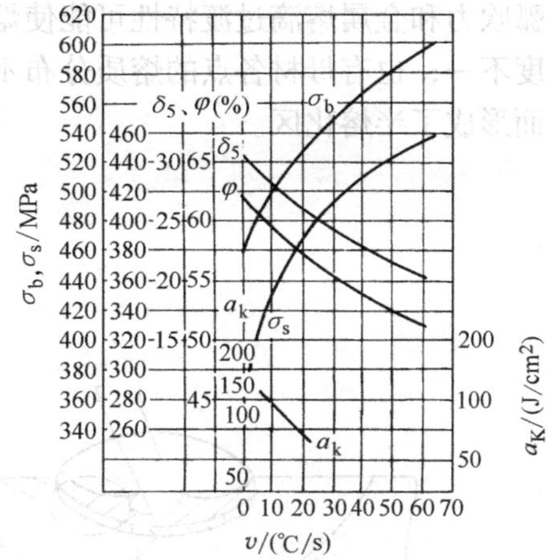

图 4-14　冷却速度对低碳钢焊缝金属力学性能的影响

表 4-2　冷却速度与焊缝金属的硬度和组织的关系

冷却速度 /（℃/s）	组织（φ,%）		w（C）（%）		焊缝金属的硬度 HRB
	铁素体	珠光体	按总化学成分	在珠光体中	
110	38	62	0.13	0.18	96
60	49	51	0.13	0.22	93
50	40	60	0.14	0.21	91
35	61	39	0.13	0.27	90
10	65	35	0.14	0.33	88
5	79	21	0.13	0.47	83
1	82	18	0.15	0.82	83

第五节　焊接接头的熔合区及热影响区

焊接接头包括焊缝、熔合区、热影响区和相邻的母材。其中焊缝是指焊件接缝处经焊接后所形成的结合部分；热影响区是指在焊接或切割过程中材料受热影响（但未熔化）而发生金相组织和力学性能变化的区域；熔合区则是焊缝向热影响区过渡的区域。从宏观上看，焊缝和热影响区的交界处是一条线，通常把这条线称作熔合线，实际上是从焊缝到热影响区的一个过渡区。熔焊时，不仅焊缝在热源作用下要发生从熔化到固态相变等一系列的变化，而且焊缝两侧的熔合区和热影响区也要经历一定的热循环而产生组织的转变，在许多情况下熔合区和热影响区往往是整个焊接接头的薄弱地带。

一、熔合区的特征

熔合区是焊接接头中焊缝向热影响区过渡的部位，通常所说的熔合线系指焊接接头横断面上宏观腐蚀所显示的焊缝轮廓线。这是一条不规则的锯齿形曲线，并不是一条圆滑的曲线。

熔合区由半熔化区和未混合区两部分组成如图 4-15 所示。半熔化区是指焊缝边界固、液两相交错共存，而又凝固的部位，这是由于母材坡口表面复杂的熔化情况所形成。这其中有电弧吹力和金属熔滴过渡特性可能使熔化不均匀；还有母材半熔化晶粒由于取向不同而熔化程度不一；也有母材各点的熔质分布不均，结果使各点熔点不同，由上述几种原因的共同作用而形成了半熔化区。

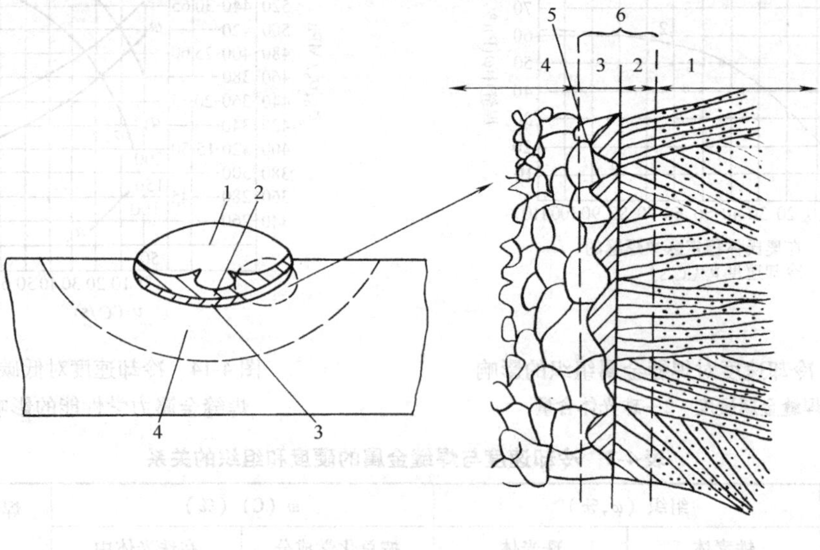

图 4-15　熔合区示意图

1—焊缝中富焊条成分区　2—未混合区　3—半熔化区　4—热影响区　5—熔合线　6—熔合区

未混合区是指焊缝中紧邻焊缝边界的部位，是由焊接时熔化后再凝固的母材组成，而并未与填充金属相混合的区域，这个区域的位置是在焊缝中，但化学成分却与母材相同，具有过渡的性质。未混合区的形成机理是由于在填充金属与母材混合时，熔池边缘的金属温度较低，对流与扩散难以进行，因而未能达到与填充金属混合的结果。

熔合区所包括的半熔化区与未混合区都具有过渡性，焊缝的成分（首先取决于焊接材料）与母材差别越大，熔合区就越明显。若焊缝与母材的成分完全相同（如钨极氩弧不加焊丝的自熔焊），则不会出现未混合区，一般在焊缝与母材成分相差不大的情况下，如用低碳钢焊条焊接 Q235 钢时，可以不考虑未混合区。

熔合区最重要的特征是具有明显的化学成分不均匀性与严重的物理不均匀性，这种不均匀性导致熔合区会成为整个接头中最薄弱的环节。

二、低碳钢接头的热影响区

焊接时，热影响区金属实际上经受了一次热处理过程，由热处理的基本知识可知，热处理后所得到的组织主要决定于材料本身的成分、加热温度和冷却速度。对低碳钢来说，其淬火倾向很小，在焊后即使冷却速度很大也不会产生淬火组织，只是影响晶粒的粗细程度，因此可以不考虑冷却速度的影响。判断低碳钢接头的热影响区组织，主要是根据加热温度。

热影响区金属的加热温度不是均匀分布的，在整个热影响区宽度中，越是靠近焊缝，加热温度越高，图 4-16 中画出了焊缝和热影响区金属温度分布曲线，它表示接头上各点的金属在加热过程中所能达到的最高温度。由于各处温度分布不同，造成各处金属冷却后组织不同。

图 4-16b 是铁-渗碳体相图的一部分。假定这里研究的焊件是 w（C）为 0.2% 的低碳钢，那么，首先在相图上找出 w（C）为 0.2% 的钢的位置，然后在上面画一条垂线，根据它来

判定该成分的钢在不同加热温度时所具有的组织状态。我们再把图14-16中所示的接头上各点金属的温度与铁-渗碳体相图对照起来，就可知道焊接接头上每一位置的金属在焊接加热时发生了什么变化，冷却到常温时又该得到什么组织。

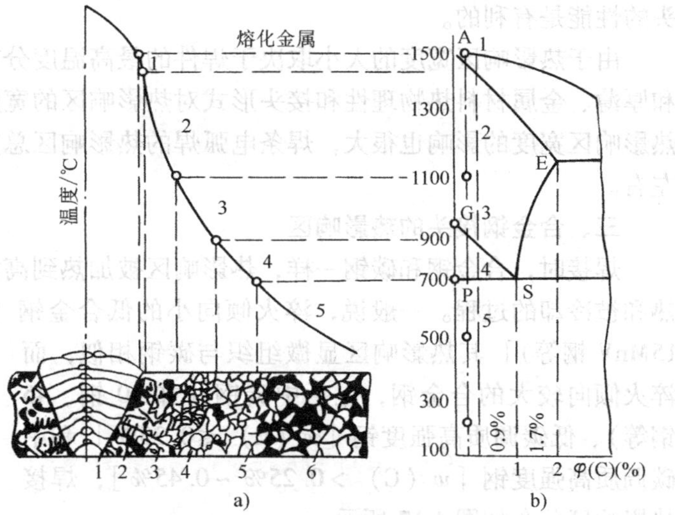

图4-16　低碳钢的热影响区

1—熔合区（不完全熔化区）　2—过热区　3—正火区　4—不完全重结晶区　5—再结晶区　6—母材

根据上述的方法，可以把热影响区分成：过热区、正火区、不完全重结晶区、再结晶区。

1. 过热区　焊接热影响区中，具有过热组织或晶粒显著粗大的区域，称为过热区。这部分金属焊接时被加热到1100℃至固相线的温度区间内，由于加热温度高，大大超过了相变温度。当铁素体和珠光体转变为奥氏体后，晶粒急剧长大，冷却后成为晶粒粗大的过热组织。在1100℃以上停留的时间越长，则晶粒越粗大。过热区金属的冲击韧度比母材低，为了保证焊接接头的质量，焊接时宜采用合理的焊接参数，适当地提高冷却速度，减小在高温停留的时间，从而减少过热区的宽度。

2. 正火区　金属被加热到稍高于Ac_3的温度，保温适当时间后，在空气中自然冷却，就会使金属的晶粒细化，这就是正火处理。焊接时，热影响区的正火区是被加热到1100℃以下，Ac_3以上的区间，冷却后得到的铁素体和珠光体组织比母材细，其力学性能略高于母材。

金属由高温冷却下来，奥氏体晶粒分解为铁素体加珠光体晶粒，这个过程叫做重结晶。过热区和正火区冷却后都发生重结晶，它们的区别只是晶粒的粗细不同。

3. 不完全重结晶区（又称部分重结晶区）　该区金属被加热到Ac_1和Ac_3之间的温度范围。金属中的珠光体在加热时全部变成奥氏体，而铁素体只有一部分变成了奥氏体。温度越高，转变成奥氏体的量就越多。在冷却过程中，那些奥氏体晶粒又发生了重结晶的过程，所得到的铁素体和珠光体晶粒都是细小晶粒，它们与原有的粗大晶粒混杂在一起，这就是该区在显微组织上的特点。该区金属性能与母材没有显著的差别。

4. 再结晶区　该区金属被加热到450℃至Ac_1的温度区间，未发生向奥氏体的转变。对于经过冷塑性变形（例如冷轧、冷冲压、冷成形）的母材，由于冷塑性变形而破碎了的晶粒发生了再结晶，晶粒又重新长大，使金属的塑性稍有改善。如果母材未经过冷塑性变形，则焊后该区金属不发生任何变化。

热影响区宽度的大小，对于间接判断焊接接头的质量有很大意义。除了由于组织变化而引起的性能差别外，还在焊接接头中产生应力与变形。一般来说，热影响区越窄，则焊接接头中内应力越大，越容易出现裂纹，热影响区越宽，则变形较大。因此在工艺上，应在焊接接头中内应力尚不足以促使产生裂纹的条件下，尽量减小热影响区的宽度，这对整个焊接接头的性能是有利的。

由于热影响区宽度的大小取决于焊件的最高温度分布情况。因此，焊接参数、焊件大小和厚薄、金属材料热物理性和接头形式对热影响区的宽度都有不同程度的影响。焊接方法对热影响区宽度的影响也很大，焊条电弧焊的热影响区总宽约在6mm左右，而气焊约在27mm左右。

三、合金钢接头的热影响区

焊接时，合金钢和碳钢一样，热影响区被加热到高温，然后冷却，各区均有自己的被加热和被冷却的过程。一般说，淬火倾向小的低合金钢［如Q345（16Mn）、Q390（15MnTi、15MnV钢等）］其热影响区显微组织与碳钢相似，而淬火倾向较大的合金钢，包括中碳钢（如40钢、45钢等）、低碳调质高强度钢［w（C）≤0.25%］和中碳调质高强度钢［w（C）>0.25%~0.45%］，焊接热影响区分布如图4-17所示。

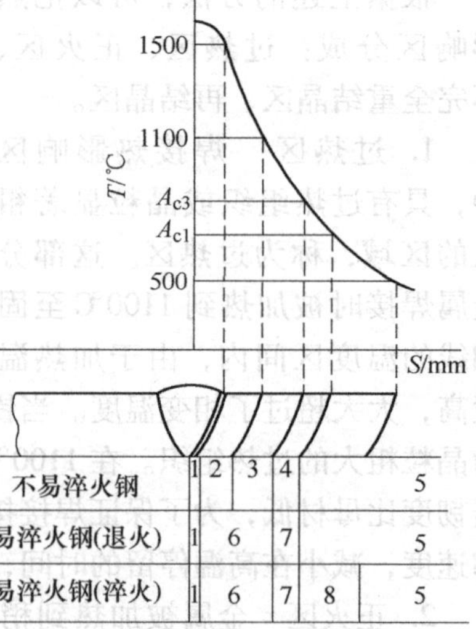

图4-17 合金钢的热影响区

1—熔合区 2—过热区 3—正火区 4—不完全重结晶区 5—母材 6—淬火区 7—不完全淬火区 8—回火区

易淬火合金钢焊接接头的热影响区可分为淬火区、不完全淬火区和回火区。

1. 淬火区 当加热温度超过Ac_3以上的区域，由于钢种的淬火倾向较大，故焊后冷却时得到淬火组织（马氏体），在靠近焊缝附近（相当于低碳钢的过热区），由于晶粒发生严重长大，故为粗大的马氏体，而相当于正火区的部分将得到细小的马氏体。当冷却速度较慢或含碳量较低时，则形成以马氏体为主的混合组织，这个区在组织特征上都是马氏体，只有粗细之分，因此统称为完全淬火区，硬而脆，容易产生裂纹。

2. 不完全淬火区 加热到Ac_1~Ac_3温度之间的热影响区，在快速加热的条件下铁素体很少溶解，而珠光体等转变为奥氏体，在随后快速冷却过程中，奥氏体转为马氏体，原铁素体保持不变，并有不同程度的长大，最后形成马氏体-铁素体组织，故称为不完全淬火区。

3. 回火区 加热温度低于Ac_1的区域，这个区域的范围与组织变化情况和母材焊前的热处理状态有关。若焊前母材处于热轧、正火或退火状态，则焊后热影响区的组织分布可以分为完全淬火区和不完全淬火区。若母材焊前是淬火或调质状态，则焊后热影响区可以分为完全淬火区、不完全淬火区和回火区。也即热影响区的组织和性能不仅与母材化学成分有关，同时也与焊前热处理状态有关。

易淬火钢焊后在焊缝和热影响区易出现淬硬组织，影响焊接接头的质量，故通常均采取预热和焊后热处理等工艺措施来调整焊接时的热循环，以清除淬硬组织，改善接头性能。

四、焊接热影响区的力学性能

对于淬硬倾向不大的钢种（如热轧钢和正火钢），其热影响区不同部位的力学性能，如图4-18所示。从图中可以看出，当加热温度在Ac_1以上时，随着温度的提高，强度和硬度也随之提高，而塑性（断后伸长率和断面收缩率）不断地降低。但在不完全结晶区，由于晶粒的大小极不均匀，屈服强度反而最低；而在1300℃以上，因晶粒过于粗大，而使塑性继续降低的同时，强度也有所下降。

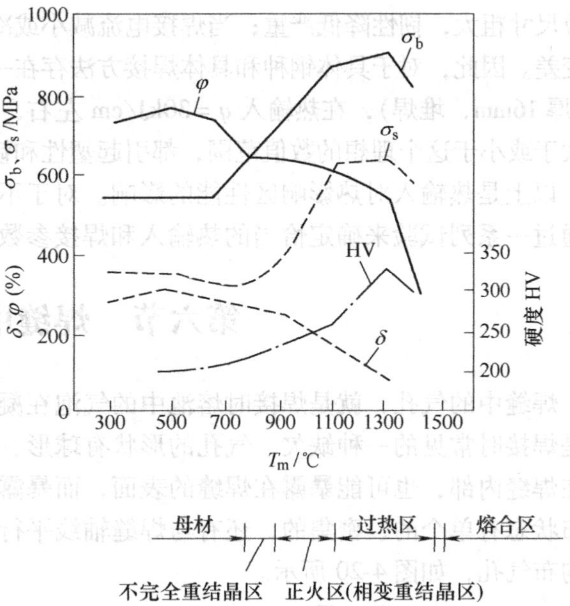

图 4-18 热影响区不同部位的力学性能

焊接热影响区中过热组织的力学性能，除与化学成分和加热的最高温度有关外，还与冷却速度有关。随着冷却速度增加，强度、硬度增高，而伸长率和断面收缩率，特别是Q345（16Mn）钢，由于淬硬倾向比低碳钢大，所以塑性有明显下降。这是由于随着冷却速度的增加，马氏体的含量有明显的增加，如果采用预热降低冷却速度和采用后热使马氏体回火软化，可以使塑性有所恢复。

五、热输入对焊接接头性能的影响

热输入是指熔焊时，由焊接能源输入给单位长度焊缝上的能量，可用下式表示：

$$q = \eta \frac{I_n U_n}{v}$$

式中 q——热输入（J/cm）；

η——电弧功率的有效利用系数；

I_n——焊接电流（A）；

U_n——电弧电压（V）；

v——焊接速度（cm/s）。

焊条电弧焊 $\eta = 0.7 \sim 0.8$；埋弧焊 $\eta = 0.80 \sim 0.95$；钨极氩弧焊 $\eta = 0.50$。

由式中可以看出，焊件受热与焊接电流、电弧电压以及焊接速度有关，当焊接电流大，电弧的有效功率就大。但是这并不等于单位长度的焊接接头上所得到的热量一定多，因为焊件受热程度还受焊接速度影响。例如用较小焊接电流、小焊接速度时，焊件受热也可能比大焊接电流配合大焊接速度时还要严重。显然，在焊接电流、电弧电压不变的条件下，加大焊接速度、焊件受热减轻。

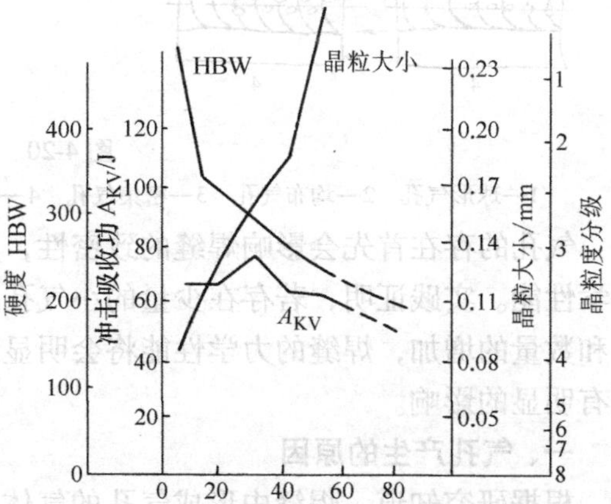

图 4-19 焊接热输入对20Mn钢过热区性能的影响

由图4-19中可以看出，当焊接电流增大或焊接速度减慢使焊接热输入增大时，过热区的晶粒尺寸粗大，韧性降低严重；当焊接电流减小或冷却速度增大，在硬度提高的同时，韧性也要变差。因此，对于具体钢种和具体焊接方法存在一个最佳的焊接参数。如图4-19中20Mn钢（板厚16mm、堆焊），在热输入 $q=30kJ/cm$ 左右，可以保证焊接接头具有最好的韧性，热输入大于或小于这个理想的数值范围，都引起塑性和韧性的下降。

以上是热输入对热影响区性能的影响。对于不同的钢材，热输入最佳范围也不一样，需要通过一系列试验来确定恰当的热输入和焊接参数。

第六节　焊缝中的气孔

焊缝中的气孔，就是焊接时熔池中的气泡在凝固时未能逸出而残留下来所形成的空穴。它是焊接时常见的一种缺欠，气孔的形状有球形、条状、虫状和针状等多种，气孔的位置可能在焊缝内部，也可能暴露在焊缝的表面，而暴露在焊缝表面的气孔称为表面气孔。气孔的分布状态有单个的、密集的，还有与焊缝轴线平行的链状气孔及均匀分布在整个焊缝金属中的均布气孔，如图4-20所示。

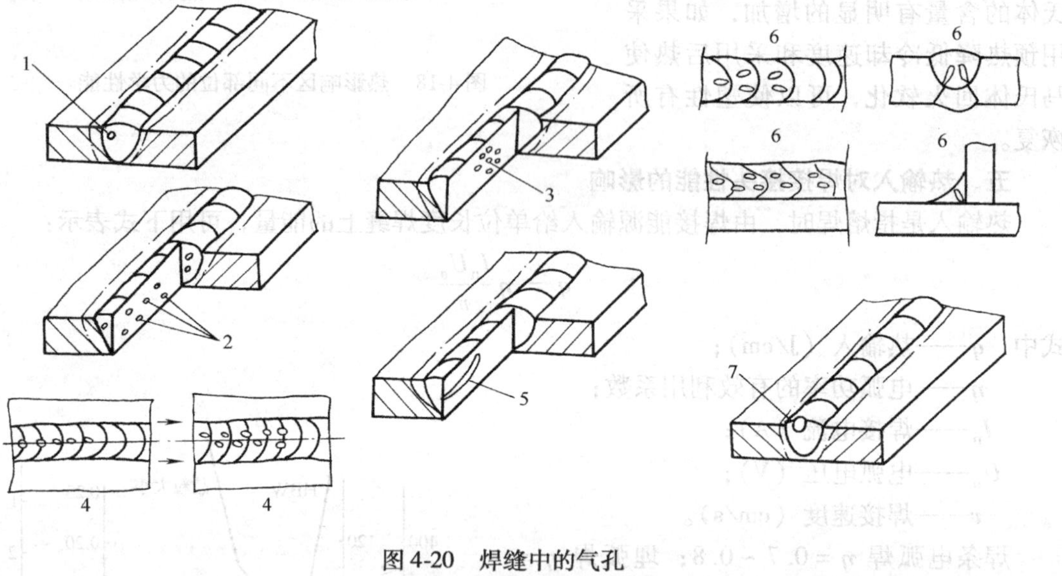

图4-20　焊缝中的气孔

1—球形气孔　2—均布气孔　3—密集气孔　4—链状气孔　5—条状气孔　6—虫状气孔　7—表面气孔

气孔的存在首先会影响焊缝的致密性，其次将减少焊缝的有效面积，因而降低了焊缝的力学性能。实践证明，若存在少量的小气孔对焊缝的力学性能无明显的影响，但随着气孔尺寸和数量的增加，焊缝的力学性能将会明显地下降。此外气孔对结构的动载强度和疲劳强度也有明显的影响。

一、气孔产生的原因

根据研究知道，焊缝中形成气孔的气体主要是氢气和一氧化碳。所以，气孔通常分为氢气孔和一氧化碳气孔两大类。

（一）氢气孔

1. 特征　对于低碳钢来讲，这种气孔大多出现在焊缝的表面上，气孔的断面形状为螺旋状，从焊缝的表面看是呈喇叭口状，并且在气孔的四周有光滑的内壁。

如果焊条药皮中的组成物含有结晶水，使焊缝中的含氢量过高，这类气孔也会残留在焊缝内部，且一般以小圆球状存在，对于有色金属，氢气孔常出现在焊缝内部。

2. 形成原因　在电弧的高温作用下，H_2 分解为原子，并以原子或正离子的形式溶解于金属熔池中，而且温度越高，金属溶解气体的量越多，从而促使金属为氢所饱和。在冷凝结晶过程中，氢在金属中的溶解度急剧下降，由图 4-8 可知，金属从液态转变为固态时，氢的溶解度可从 28mL/（100g）降至 10mL/（100g），致使金属呈氢的过饱和状态，这时便有氢析出，析出的氢原子在遇到非金属夹杂时，便积聚形成气泡猛烈向外排出，在焊缝冷却过程中，来不及浮出的氢便形成气孔。

（二）一氧化碳气孔

1. 特征　一氧化碳气孔一般出现在焊缝内部，并沿柱状晶结晶方向分布，呈长条状，有的像条虫状，表面光滑。

2. 形成原因　在焊接铁碳合金时，电弧气氛中一氧化碳的含量是较高的，电弧中的一氧化碳主要来自焊丝、保护气体（如二氧化碳）、药皮和焊接熔池。

在焊接熔池中，碳被空气直接氧化或通过冶金反应都会生成一氧化碳，即：

$$C + O = CO$$

$$FeO + C = CO + Fe - Q$$

碳被氧化的反应是吸热反应，当温度升高时，反应向着生成一氧化碳的方向进行。上述两个反应在熔滴过渡过程中和在熔池中都能进行。由于一氧化碳不溶解在液体金属中，当反应向生成一氧化碳方向进行时，一氧化碳就立即以气泡的形式从溶池中析出，大部分一氧化碳是在液态熔池温度较高，并离其凝固还有一段时间时形成的。可以说，焊接时所形成的一氧化碳大部分是来得及从液态金属中排出到大气中去的。

随着反应的进行，熔池中氧化亚铁和碳的含量便降低了，同时随着熔池温度的下降，则上述反应也减慢下来，直至停止。

但是当焊接熔池开始结晶或在结晶过程中，由于钢中的碳及氧化亚铁容易偏析，结果使氧化亚铁和碳的含量在局部地区增多，因此虽然是冷却过程，但由于浓度的增加会使上述反应继续进行，生成一氧化碳。这时金属粘度增大了，吸热反应又加速了冷凝结晶速度，因而使一氧化碳气泡来不及排出，形成了气孔。

二、影响生成气孔的因素

（一）冶金因素对生成气孔的影响

1. 熔渣氧化性的影响　从分析气孔产生的原因可知，当熔渣的氧化性增加时，由一氧化碳形成气孔的倾向增加，而形成氢气孔的倾向减小。因此，适当调整熔渣的氧化性，可以有效地消除焊缝中任一类型的气孔。

2. 焊条药皮的成分对生成气孔的影响　药皮中加入氟石可以提高抗锈性，主要是因为氟石中的氟会与铁锈中结晶水分解出的氢化合成稳定的氟化氢（HF），它不溶解于液体金属而直接从电弧空间扩散至空气中，从而减少了氢气孔。

当药皮中含 SiO_2 时，可使 CaF_2 对防止气孔产生最好的作用，此时的反应是：

$$2CaF_2 + 3SiO_2 \longrightarrow 2CaSiO_3 + SiF_4$$

$$SiF_4 + 3H \longrightarrow 3HF + SiF$$

CaF_2 和 SiO_2 的抗气孔作用如图4-21所示。如没有 CaF_2，当 SiO_2 达到一定含量时，也具有抗锈的性能。

此外，有些氧化物，如MnO、MgO等都可以减少气孔的生成。

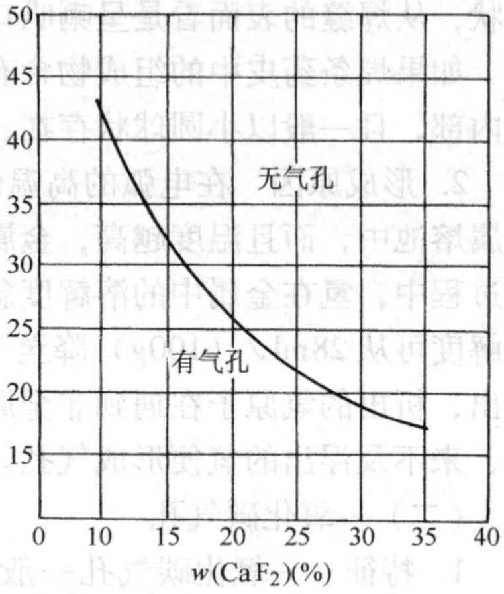

图4-21　CaF_2 和 SiO_2 对抗气孔的作用

焊条药皮或焊剂中，为了增加电弧的稳弧性，有时要加入一些稳弧剂，如碳酸钾、碳酸钠和水玻璃等。稳弧剂的加入会使焊缝中产生氢气孔的倾向增加，这是因为钾、钠的化合物在高温下分解出来的钾、钠会与HF发生下列反应：

$$K + HF = KF + H$$

$$Na + HF = NaF + H$$

反应的结果，HF发生分解，使熔池周围游离出来的氢的浓度增加，则焊缝产生氢气孔的倾向增大。

3. 铁锈的影响　铁锈是钢铁氧化的产物，它是氧化铁的水化物，分子通式为 $mFe_2O_3 \cdot nH_2O$，铁锈也包含四氧化三铁的水化物，如 $Fe_3O_4 \cdot H_2O$，铁锈含有大量以结晶水形式存在的水分。大量的水蒸气在电弧的高温下发生分解，分解时也吸热。铁被水蒸气氧化时的反应如下：

$$Fe + H_2O \longrightarrow FeO + H_2$$

$$3FeO + H_2O \longrightarrow Fe_3O_4 + H_2$$

$$2Fe_3O_4 + H_2O \longrightarrow 3Fe_2O_3 + H_2$$

在液态熔池中具有足够高的温度时，这些氢溶入、扩散至熔池中。结晶时，随着溶解度的下降，氢便大量析出。因此氢就成为焊接有锈的金属时，产生气孔的主要原因。

（二）工艺因素对生成气孔的影响

1. 焊接方法的影响

1）埋弧焊时由于焊接速度较大，熔池的熔深也大，以及不如焊条电弧焊那样可随意操纵电弧，使气体充分逸出，所以采用这种方法焊接时生成气孔的倾向较大。但只要正确地选择焊接工艺及焊接参数，质量仍可保证。

2）气焊时　在火焰内有较多的 O_2 及 C_2H_2，所以促使生成较多的一氧化碳，但由于一般气焊时熔池存在的时间较大，生成气孔的倾向反比电弧焊时小。

3）气体保护焊时，如果由于某种原因，熔池未保护好，空气进入熔池或电弧中，也会产生气孔。

2. 焊接参数的影响　焊接速度增加时，熔池存在的时间变短，出现气孔的倾向增大。焊接电流增大时，熔滴变细，吸收气体量增加；同时熔池深度增加，使气泡逸出的距离加大，因此生成气孔的倾向也加大。电弧电压升高时，空气易侵入，也使出现气孔的倾向增加。

3. 电源种类和极性的影响　使用交流电源，焊缝易出现气孔；直流正接，气孔倾向较小；直流反接，气孔倾向最小。

三、防止产生气孔的方法

（一）消除产生气孔的各种来源

1）仔细清除焊件表面上的脏物，在焊缝两侧各20～30mm范围内都要进行除锈。

2）焊丝不应生锈，焊条、焊剂要清洁，并按规定的温度烘干焊条或焊剂，含水分（水的质量分数）不超过0.1%。

3）焊条或焊剂要合理存放，防止受潮。

（二）加强熔池保护

1）焊条药皮不要脱落，焊剂或保护气体送给不能中断。

2）采用短弧焊接，电弧不得随意拉长，操作时适当配合动作，以利气体逸出，注意正确引弧；操作时发现焊条偏心要及时倾斜焊条或调换焊条，保持电弧稳定。

3）装配间隙不要过大。

（三）正确执行焊接工艺规程

1）选择适当的焊接参数，运条速度不得太快。

2）对导热快、散热面积大的焊件，若周围环境温度低时，应进行预热。

第七节　焊接裂纹

裂纹是焊接结构最危险的一种缺欠，不仅会使产品报废，而且还可能引起严重的事故。

在焊接生产中出现的裂纹形式是多种多样的，有的裂纹出现在焊缝表面，肉眼就能观察到；有的隐藏在焊缝内部，不通过无损检测就不能发现。有的产生在焊缝中；则有的产生在热影响区中。不论是在焊缝或热影响区上的裂纹，平行于焊缝的称为纵向裂纹，垂直于焊缝的称为横向裂纹，而产生在焊缝收弧弧坑处的裂纹称为弧坑裂纹如图4-22所示。根据裂纹产生的机理，我们把焊接裂纹归纳为热裂纹、冷裂纹、再热裂纹和层状撕裂，本节主要讨论热裂纹和冷裂纹。

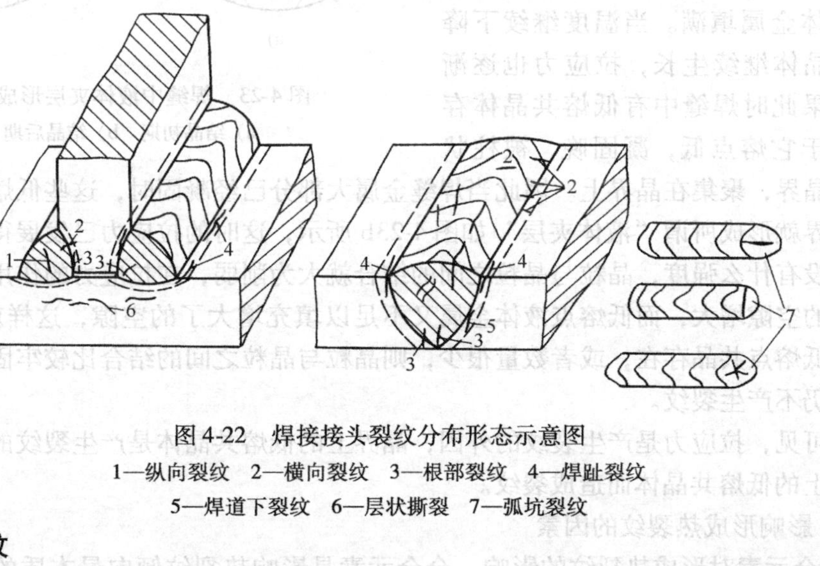

图4-22　焊接接头裂纹分布形态示意图

1—纵向裂纹　2—横向裂纹　3—根部裂纹　4—焊趾裂纹

5—焊道下裂纹　6—层状撕裂　7—弧坑裂纹

一、热裂纹

焊接过程中，焊缝和热影响区金属冷却到固相线附近的高温区间产生的焊接裂纹，即为热裂纹。根据热裂纹产生的机理、温度区间和形态，热裂纹可以分成结晶裂纹、高温液化裂纹和高温低塑性裂纹。

（一）热裂纹的特点

1. 产生的时间　它的发生和发展都处在高温下，从时间上说，它是产生在焊接过程中。

2. 产生的部位　热裂纹绝大多数产生在焊缝金属中，有的是纵向的，有的是横向的。发生在弧坑中的热裂纹往往是星状的，有时热裂纹也会发展到母材中去。

3. 外观特征　热裂纹或者处在焊缝中心，或者处在焊缝两侧，其方向与焊缝的波纹线相垂直，露在焊缝表面的有明显的锯齿形状；也常有不明显的锯齿形状。凡是露出焊缝表面的热裂纹，由于氧在高温下进入裂纹内部，裂纹断面上都可以发现明显的氧化色彩。

4. 金相结构上的特征　当人们将产生裂纹处的金相断面做宏观分析时，发现热裂纹都发生在晶界上，因此不难理解，热裂纹的外形之所以是锯齿形的，是因为晶界就是交错生长的晶粒的轮廓线，故不可能是平滑的。

（二）热裂纹产生的原因

要使一件东西破坏必须有力的作用，要产生裂纹必然也要有力的作用。焊接过程是一个局部加热的过程，无论是电弧焊或电阻焊，都是将局部金属加热到熔化状态，液体金属凝固后就将金属连接起来。但是，焊缝金属从液体变成固体时，体积要缩小，同时凝固后的焊缝金属在冷却过程中体积也会收缩，而焊缝周围金属阻碍了上述这些收缩，这样焊缝就受到了一定的拉应力作用。

在焊缝刚开始凝固和结晶时，这种拉应力就产生了，但是这时的拉应力还不会引起裂纹，因为这时晶粒刚开始生长如图 4-23a 所示，液体金属比较多，流动性比较好，可以在晶粒间自由流动，因而由于拉应力而造成的晶粒间的间隙都能被液体金属填满。当温度继续下降时，柱状晶体继续生长，拉应力也逐渐增大。如果此时焊缝中有低熔共晶体存在，则由于它熔点低，凝固晚，被柱状晶体推向晶界，聚集在晶界上。因此当焊缝金属大部分已经凝固时，这些低熔点金属尚未凝固，在晶界就形成所谓“液体夹层”如图 4-23b 所示，这时的拉应力已发展得较大，而液体金属本身没有什么强度，晶粒与晶粒之间的结合就大为削弱，在拉应力的作用下，就可能使柱状晶体的空隙增大，而低熔点液体金属又不足以填充增大了的空隙，这样就产生了裂纹。如果没有低熔点共晶存在，或者数量很少，则晶粒与晶粒之间的结合比较牢固。虽然有拉应力作用，仍不产生裂纹。

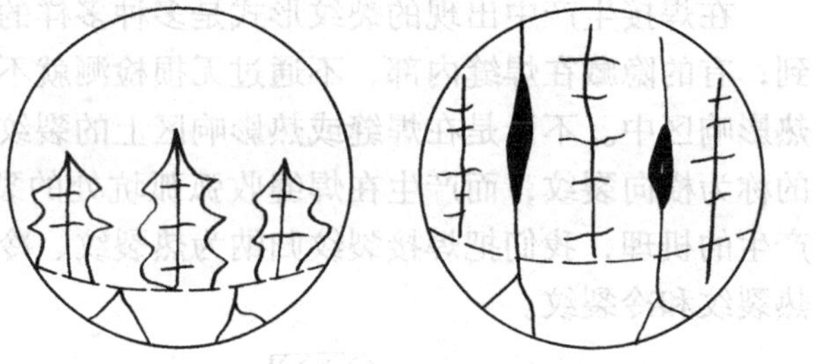

a)　　b)

图 4-23　焊缝中液体夹层形成情况

a）结晶初期　b）结晶后期

由此可见，拉应力是产生裂纹的外因，晶界上的低熔共晶体是产生裂纹的内因，拉应力通过晶界上的低熔共晶体而造成裂纹。

（三）影响形成热裂纹的因素

1. 合金元素对形成热裂纹的影响　合金元素是影响热裂纹倾向最本质的因素，其中主要有以下几个：

（1）硫的影响　钢中的硫是一种很有害的元素，在生产钢材时，硫不可避免地以杂质形式混入钢材，它与铁形成 FeS。FeS 与铁以及 FeO 都能形成低熔共晶体。铁与 FeS 形成的低熔共晶体熔点只有985℃，而 FeS 与 FeO 形成的低熔共晶体熔点为940℃，它的熔点比钢的熔点要低得多。这些低熔共晶体在焊缝结晶时聚集在晶界上，当焊缝金属大部分已凝固时，它尚未凝固，因而成为产生裂纹的前提。在焊接含镍的高合金钢和镍基合金时，硫更是有害的元素。硫与镍能形成熔点为644℃的低熔共晶体，当 w（S）超过0.02%时就有形成热裂纹的危险。所以，为了防止产生热裂纹，必须控制金属中的含硫量。

（2）碳的影响　当碳钢和低合金钢的含碳量增加时，焊缝产生热裂纹的倾向增大。这是因为，焊缝金属的淬硬性增加，因而促使焊缝中组织应力增加。另一方面，由于碳元素极易与钢中其他元素（如铬、镍等）形成低熔点共晶体，很明显，这都是增加了热裂纹形成的倾向。尤其是含硫和含碳量都高的钢，焊缝形成热裂纹的倾向更大。

碳对焊缝金属抗热裂性能的影响，主要是认为它降低了硫在铁中的溶解度。硫在铁中的存在方式如下：首先是硫溶解在铁中，当达到饱和后不能再溶解时，硫就与铁化合成 FeS，前一部分的硫对形成裂纹的影响不大，后一部分的硫对形成裂纹的影响很大。当含碳量增加时，硫在铁中的溶解度降低，因此溶解在铁中的硫就减少了，而 FeS 的生成量增多，形成的低熔点共晶体增多，因而形成裂纹的倾向增大。

（3）锰的影响　为了消除硫的有害作用，提高焊缝中的含锰量是大有好处的。碳、硫、锰对焊缝金属产生裂纹的倾向如图4-24所示。由该图可见，每一固定含碳量有一个阴影区，此阴影区把图分成裂与不裂两部分。当焊缝金属具有相应于阴影区线以内的化学成分时，就可能产生裂纹。由图还可看出，焊缝含锰量提高，出现裂纹的可能性就减小。锰的作用主要是它与 FeS 作用后生成 MnS，MnS 本身的熔点比较高，又不会与其他元素形成低熔点共晶体，所以可降低硫的有害作用。一般 w（Mn）低于2.5%时，锰均可起有利作用。

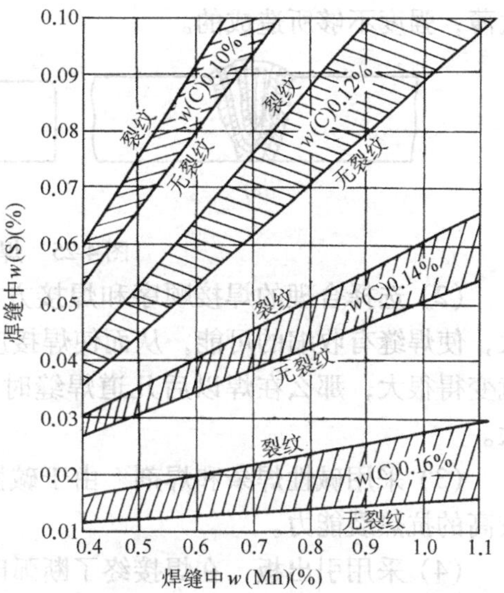

图4-24　碳、硫、锰对焊缝金属抗热裂纹的影响

在高合金钢和镍基合金中同样可加入锰，以形成 MnS，消除硫的有害作用。

（4）硅的影响　在碳钢中硅对焊缝金属抗热裂纹的影响和碳相似。过多的增高含硅量是不利的，因为硅与铁也能形成低熔共晶体，同时硅也可能降低硫在铁中的溶解度，因而促使产生热裂纹。但硅对焊缝金属产生热裂纹的影响比碳要弱得多。

2. 一次结晶组织对热裂纹倾向的影响　熔池金属在一次结晶过程中，晶粒的大小、形态和方向对焊缝金属的抗裂性有很大的影响。一次结晶的晶粒越粗大，柱状晶的方向越明显，则产生热裂纹的倾向就越大。

3. 力学因素对产生热裂纹的影响　熔池结晶时所受到的拉应力是产生裂纹的必要条件，拉应力的大小与结构形式、接头刚度、熔池冷却速度以及焊接顺序等有关。

（四）防止热裂纹的措施

1. 冶金方面

（1）控制焊缝金属的化学成分　为了减小焊缝金属形成低熔点液体夹层的倾向，尽可能限制母材硫、磷的含量；降低焊缝金属中的含碳量，焊接低碳钢和低合金钢的焊丝，则 w(C)都不应超过0.12%；提高焊丝的含锰量。

（2）改变焊缝组织状态　要想完全消除有害杂质，以致根本不形成低熔点共晶体，是不太容易的。为了使得在拉应力作用下不产生裂纹，采用向焊缝金属加变质剂，从而调整焊缝金属的化学成分，在焊缝中形成双相组织，以打乱焊缝金属的结晶方向，使低熔点共晶不能集中分布来减少热裂纹的倾向。

2. 工艺方面

（1）控制焊缝形状　当焊缝如图4-25a所示的形状，即焊缝窄而深，杂质正好集中在柱状晶体对接的部位，焊缝抵抗拉应力的能力特别弱，稍有应力作用，就可能产生裂纹。当焊缝如图4-25b所示的形状，即焊缝的宽度和深度比例适当，则焊缝的散热方向改变，柱状晶体有向上生长的倾向，低熔点杂质大部分被挤向表面，拉伸应力对它的作用就显著的减弱，焊缝的抗热裂的能力就大大提高。当焊缝形状变成图4-25c所示形状时，即焊缝宽而浅，这时低熔点杂质虽然也是浮在焊缝表面层，但焊缝照样容易从焊缝中间断裂开，其原因是焊缝太薄，强度不够所造成的。

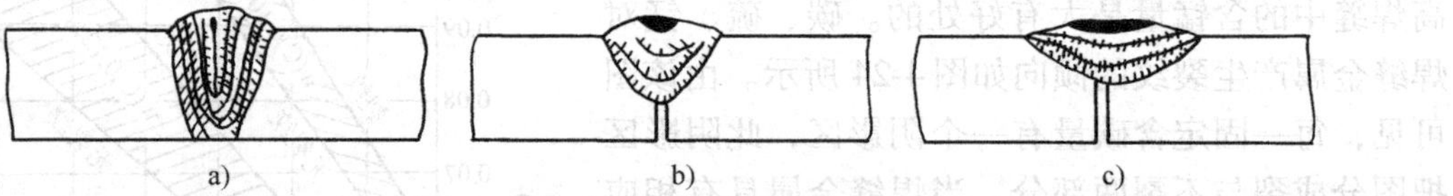

图4-25　焊缝形状与杂质分布的关系

（2）选择合理的焊接顺序和焊接方向　一般来说，焊接顺序应是使焊件的刚度逐步加大，使焊缝有收缩的可能，从而使焊接应力减小。如果焊接顺序和方向使焊件的刚度一下子就变得很大，那么在焊以后几道焊缝时，焊缝没有收缩的可能，产生热裂纹的可能性就增大。

（3）采用碱性焊条和焊剂　由于碱性焊条和焊剂的熔渣具有较强的脱硫能力，因此具有较高的抗热裂能力。

（4）采用引出板　在焊接终了断弧时，由于弧坑冷却速度较快，常因偏析而在弧坑处形成热裂纹，因此终焊时应逐渐断弧，并填满弧坑。必要时可采用与母材材料相同的引出板，将弧坑移出焊件外，此时即使产生弧坑裂纹，也因焊后去除引出板，并不影响结构本身。

二、冷裂纹

焊接接头冷却到较低温度下（对于钢来说在 Ms 温度即马氏体转变温度以下）时产生的焊接裂纹称为冷裂纹。冷裂纹主要发生在低合金钢、中碳钢、合金钢的热影响区，根据钢材种类、含氢量、应力状态和结构形式不同，冷裂纹可以分为延迟裂纹、淬火裂纹，低塑性脆化裂纹。

（一）冷裂纹的特点

1. 产生的温度和时间　冷裂纹发生在焊接之后，一般温度在 Ar_3 以下的冷却过程中或冷却以后产生，形成裂纹的温度约在200～300℃以下，即马氏体转变范围。

冷裂纹可以在焊接后立即出现，但也有些可以延迟至几小时、几天、几周甚至一、两个月之后，这种冷裂纹又叫延迟裂纹。大的冷裂纹不是一下子就生成的，它的生成规律是先发生几处小的（或显微的）裂纹，然后逐步向长度或深度上发展，几个小裂纹陆续连接起来。某些焊接结构，当小裂纹发展到一定程度后，可能在瞬间内迅速扩大，引起结构整体的突然断裂，甚至同时产生较大的声响和机械振动。

2. 产生的部位　冷裂纹大多数产生在母材或母材与焊缝交界的熔合线上，但也有可能产生在焊缝上。根据冷裂纹产生的部位有焊道下裂纹、焊趾裂纹、根部裂纹（图4-22）。

3. 外观特点　显露在接头金属表面的冷裂纹，断面上没有明显的氧化色彩，所以裂口发亮。

4. 金相结构　冷裂纹一般为穿晶型裂纹，在少数情况下，也可能沿晶界发展。

（二）冷裂纹产生的原因

1. 淬硬倾向　焊接时，钢的淬硬倾向越大，越易产生冷裂纹。因为淬硬倾向越大，就意味着得到更多的马氏体组织，马氏体是一种硬脆的组织，在一定的应变条件下，马氏体由于变形能力低而容易发生脆性断裂，形成裂纹。

焊接接头的淬硬倾向主要和钢的化学成分，焊接工艺、结构板厚及冷却条件有关。

2. 氢的作用　焊接时，焊缝金属吸收了较多的氢，由于焊缝冷却速度很快，氢气往往来不及全部析出，所以仍有一部分氢气留在焊缝金属内。在固体金属中，氢在不同组织中的溶解度是不同的，见表4-3，氢在奥氏体中比在铁素体中的溶解度大。由于焊缝金属的含碳量低，冷却过程中在较高温度下奥氏体就开始析出铁素体，也就是焊缝的组织转变比热影响区金属早（参见铁-渗碳体相图）。而氢在铁素体中的溶解度又比奥氏体小，故焊缝中就有氢析出，但氢在铁素体中的扩散能力却比较大（表4-3）。这些氢就扩散到近旁仍为奥氏体组织的热影响区，使热影响区的含氢量增加。在随后的冷却过程中，当热影响区的奥氏体也析出铁素体时，氢的溶解度降低，这样就有相当多过剩的氢析出，聚集在热影响区熔合线附近，形成一个富氢带。如果焊接的是低合金高强度钢，则奥氏体将转变为马氏体。马氏体和铁素体一样，氢的溶解度也比奥氏体小得多，所以在焊接接头冷却时，析出的氢就向周围热影响区扩散，待热影响区转变成马氏体后，在热影响区内就会聚集相当多的氢，达到过饱和状态，当这里存在显微缺欠，如原子空位、空穴等时，氢原子就在这些地方结合成分子状态的氢，在局部地区造成很大的压力，加上奥氏体组织在转变为马氏体组织时，由于体积膨胀而产生的巨大组织应力，就促使钢发生破坏，从而形成裂纹。氢在奥氏体和铁素体中的溶解度及扩散能力，见表4-3。

表4-3　氢在奥氏体和铁素体中的溶解度及扩散能力

温度/℃	氢的溶解度/［mL/（100g）］		氢的扩散能力/［mL/（$mm^2\cdot h$）］	
	在奥氏体中	在铁素体中	在奥氏体中	在铁素体中
500	4	0.75	0.018	0.26
100	0.9	0.2	0.000000026	0.00026

3. 焊接应力　焊接接头内部存在的应力，包括由于温度分布不均造成的温度应力和由于相变（特别是马氏体转变）形成的组织应力；二是外部应力，包括刚度约束条件、焊接结构的自重、工作载荷等引起的应力。

总之，氢、淬硬组织和应力这三个因素是导致产生冷裂纹的主要原因，它们相互影响，相互促进，不过在不同情况下，三者中必有一种是更为主导的因素。例如一般低碳低合金高强度钢中，虽有高的淬透性，但低碳马氏体组织对氢的敏感性不十分大，可是当含氢量达到一定数值时，仍产生了裂纹，此时冷裂纹的主要原因是氢。对于中碳高强度合金钢，具有高的淬硬性，而淬硬组织有高的氢脆敏感性，此时的主要原因为淬硬组织。又如焊根有未焊透或咬边等缺欠，以及余高截面变化很大，存在较高的应力集中区，则应力就成为主要矛盾。

（三）防止冷裂纹的措施

1. 冶金措施

（1）选用碱性低氢型焊条 以减少带入焊缝中的含氢量。

（2）选用奥氏体焊条 对于高强度钢，可采用不锈钢焊条芯或者用奥氏体镍基合金等焊条芯或焊丝，这些合金的塑性比较好，可抵消马氏体转变时造成的一部分应力。另一方面氢在奥氏体中溶解度较高，扩散速度慢，故氢不易向热影响区扩散聚集。

2. 工艺措施

（1）焊前预热 在材料淬硬倾向大，钢板厚度大，气温低等条件下，采取焊前预热或者一边焊接一边补充加热的方法，是防止冷裂纹的有效措施。预热可以是整个焊件总体加热，也可以是焊缝附近局部加热。预热的作用在于通过减缓冷却速度，改善接头的显微组织，降低焊接热影响区的硬度和脆性，提高塑性，并使焊缝中的氢加速向外扩散。预热也可以起到减少一些焊接应力的作用。

（2）选用适当的焊接参数 适当减慢焊接速度，使焊接接头的冷却速度慢一些，对防止产生冷裂纹是有利的。焊接速度过大，焊接接头冷却速度高，容易产生淬火组织；焊接速度过小，热影响区过热厉害，晶粒粗大，而粗大的晶粒会增加金属淬火的倾向。同样，由于热影响区增大而淬火区加宽，这都将促使冷裂纹的产生。因此焊接参数应选得合适。

（3）采用减少氢的工艺措施 减少焊缝金属中氢的含量，热影响区的冷裂倾向可大为减轻。例如焊条、焊剂严格烘干，随用随取；仔细清理坡口，去油除锈，防止环境中的水分带入焊缝；正确选择电源与极性，注意操作方法等。

（4）后热 焊接后立即对焊件的全部或局部进行加热或保温，以使其缓冷的工艺措施称为后热，又称消氢处理。后热主要是使扩散氢能充分从焊缝中逸出，对于防止延迟裂纹的产生有明显的效果。

（5）采用合理的装焊顺序 采用合理的装焊顺序、焊接顺序、焊接方向等，可以改善焊件的应力状态。

（6）焊后热处理 焊件在焊后及时进行热处理，例如高温回火，可以改善接头的组织和性能，可以使氢扩散排出，也可以减少焊接应力。

复 习 题

1. 熔焊可以归纳为哪三个局部过程？每个过程主要讨论些什么？
2. 熔焊时要求怎样的热源？焊接传热有哪几种方式？
3. 什么是温度场？通常用什么表示？分布状态如何？
4. 什么是热循环？有哪些基本参数？主要特征是什么？
5. 焊条电弧焊时，过高的电阻热会给焊接带来哪些不利影响？
6. 什么是熔池？熔池中温度是怎样分布的？
7. 焊接冶金的任务是什么？焊接冶金过程分哪些区域进行？
8. 熔滴反应区和熔池反应区各有哪些特点？
9. 焊接区的氧气是从哪里来的？它的含量与哪些因素有关？对焊缝有何作用或危害？

10. 焊接区氮气是从哪里来的？它对焊缝金属有何作用或危害？
11. 焊接区的氢气是从哪里来的？它对焊缝金属有何作用？
12. 焊接熔渣可以分为哪几类？如何确定熔渣的酸碱度？焊接过程中，熔渣必须具有哪些作用？
13. 什么是焊缝金属的脱氧？其目的是什么？脱氧方式有哪几种？
14. 什么是先期脱氧？先期脱氧剂种类与熔渣碱度关系如何？
15. 什么是沉淀脱氧？沉淀脱氧必须具有哪些条件？常用的脱氧剂有哪些？
16. 什么是扩散脱氧？具备什么条件才能进行扩散脱氧？扩散脱氧的过程如何？
17. 硫在焊缝金属中有什么危害？怎样减少焊缝金属中的硫含量？
18. 磷在焊缝金属中有什么危害？为什么焊缝金属脱磷比较困难？
19. 什么是合金化？为什么要向焊缝金属掺入合金元素？
20. 焊缝金属合金化的方式有哪几种？影响合金元素向焊缝金属过渡的主要因素是什么？
21. 什么是焊接熔池的一次结晶？焊接熔池结晶有哪些特点？
22. 什么是偏析？焊缝偏析有哪几种形式？影响这些偏析的主要因素是什么？
23. 什么是焊缝金属的二次结晶？冷却速度对低碳钢的组织和性能有什么影响？
24. 焊接接头由哪些部分组成？熔合区的构成和特征如何？
25. 什么是焊缝的热影响区？它的宽度大小与哪些因素有关？热影响区对判断接头质量有什么意义？
26. 低碳钢的热影响区分为哪些区域？易淬火钢的热影响区又可分为哪些区域？
27. 什么是焊接热输入？焊接热输入对焊接接头的力学性能有何影响？
28. 产生氢气孔和一氧化碳气孔的原因如何？铁锈和氟石各对形成气孔的影响如何？
29. 可以通过哪些方法来防止焊缝中气孔的产生？
30. 什么是热裂纹？其产生的原因是什么？防止方法如何？
31. 硫、碳、锰和硅对热裂纹的影响如何？
32. 冷裂纹产生的原因是什么？为什么冷裂纹是低合金高强度钢焊接中的主要问题？怎样防止其产生？

第五章　焊条电弧焊电源

电弧焊电源是一种为焊接电弧提供电能的设备，它包括弧焊变压器、弧焊发电机（其中弧焊电动发电机目前已停止生产）及弧焊整流器等，常用于焊条电弧焊，也可用于以电弧为热源的其他焊接方法上。

为保证获得优质焊接接头，对弧焊电源应有一定的要求。本章将分析这些要求，并以实现其基本要求为主，并叙述焊条电弧焊常用典型弧焊电源的工作原理及其使用和维护常识。

第一节　对焊条电弧焊焊接电源的要求

一、对焊条电弧焊焊接电源的基本要求

保证获得优质焊接接头的主要因素之一，是电弧能否稳定地燃烧。而决定电弧稳定燃烧的首要因素是弧焊电源，对弧焊电源有以下基本要求。

（一）陡降的外特性

电源在其他参数不变的情况下，其端电压与输出电流之间的关系。称为电源的外特性。外特性反映了电源的工作状况，由它可以判断电源的使用性能。电源的外特性可从设计资料中查得或从试验中得到，通常它是在以电压为纵轴，电流为横轴的坐标上，用曲线的形式表达的，该曲线就称为电源的外特性曲线如图 5-1 所示。

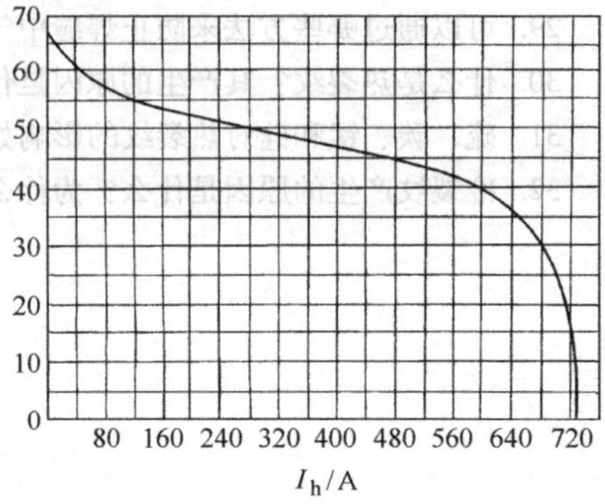

图 5-1　弧焊电源的外特性曲线

弧焊电源即用以向负载供给电能，其供给的能量需和负载的需要相当。否则焊接电路会发生工作不稳定的现象。电弧焊时，电弧长时间在选定数值的焊接电流下燃烧而不熄灭，这就称为电弧焊的稳定状态。为了实现这一状态，理论和实践都证明，焊条电弧焊时，对弧焊电源最基本的要求是其外特性曲线必须下降，如图 5-2 所示。

由图 5-2 可知，下降的外特性曲线必然与电弧的静特性曲线有两个交点 A 与 B。在交点 A 对应的焊接电流之下，电弧不可能稳定地燃烧，焊接电流略受到外界的影响，电弧或是熄灭，或是焊接电流越来越大，一直增大到 I_{hB}，这时对应的外特性曲线与电弧静特性曲线的交点是 B，电源所提供的输出端电压又等于电弧所需要的电弧电压，即 $U_{yB}=U_{hB}$，使电弧得到了暂时

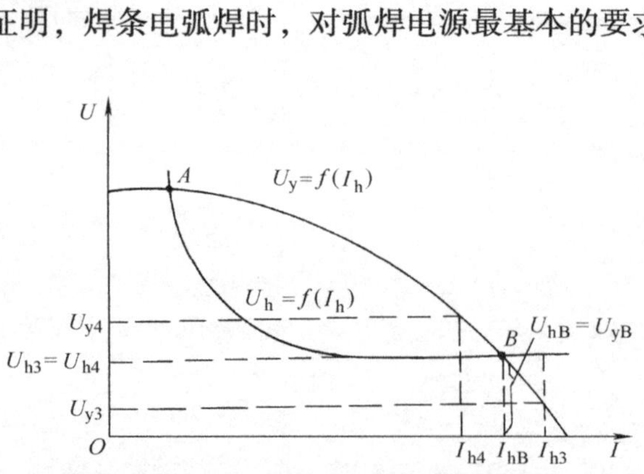

图 5-2　下降外特性曲线的电源及焊接过程分析

的稳定。

在交点 B，如果焊接电流从 I_{hB} 增大到 I_{h3}，这时电源供给的端电压从 U_{yB} 减小到 U_{y3}，U_{y3} 小于电弧在该电流下所需要的电压 U_{h3}，因此焊接电流就从 I_{h3} 回复到 I_{hB}；如果焊接电流从 I_{hB} 受影响降低到 I_{h4}，这时为了达到电动势的平衡，焊接电流又自动增加，回复到 I_{hB} 的数值。

从上述的讨论使我们看到，电弧焊时，焊接电源的外特性曲线如果是下降的，则电弧将在 B 点保持稳定的燃烧，焊接电流将能自动长期地维持在一个定值，即交点 B 所对应的电流 I_{hB}。此电流也就是焊条电弧焊时，用该静特性所对应的电弧长度焊接时稳定燃烧的工作电流。

下降的外特性能保证焊条电弧焊焊接时电弧的稳定燃烧，但下降的外特性曲线有缓降的，也有陡降的，究竟哪一种更有利于电弧的稳定燃烧呢？下面我们将讨论这个问题。在图 5-3 中，电源的外特性曲线比较平坦，这时如果焊接电流从工作值偏离 ΔI 时，电源输出的端电压和电弧电压出现 ΔU_1 的差额。在图 5-4 中，电源外特性曲线比较陡，这时，当电源从稳定值偏离同样的数值 ΔI 时，电源输出的端电压和电弧电压出现 ΔU_2 的差额（上述两图的坐标比例是相同的），由此可知 $\Delta U_2 > \Delta U_1$。因为电源输出的端电压和电弧需要的电压差额 ΔU 越大，电流恢复到稳定值的速度就越快，所以在外特性曲线平坦时，焊接电流恢复到稳定值的时间，就比外特性曲线陡降时为长，这时对焊接质量和电弧稳定性的影响也都较大。为保证焊条电弧焊的焊接质量，希望其焊接电源的外特性曲线形状是陡降的。

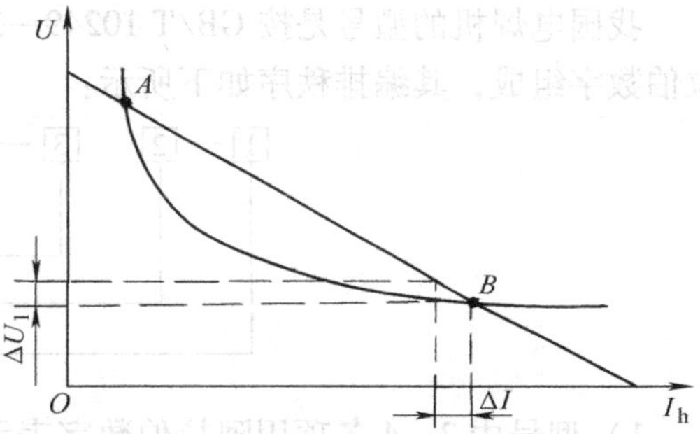

图 5-3　缓降的外特性曲线对焊接电流的影响

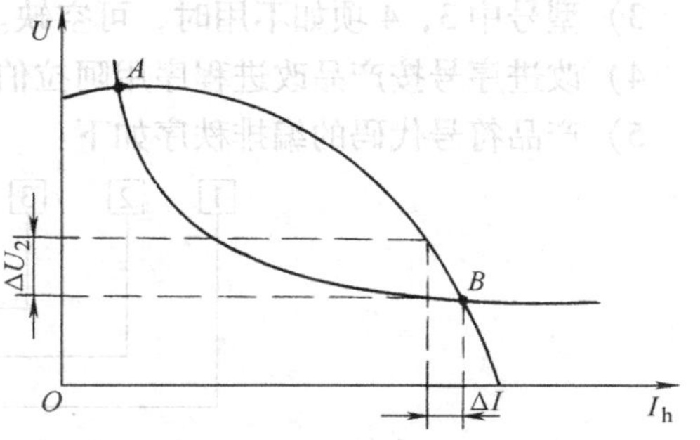

图 5-4　陡降的外特性曲线对焊接电流的影响

（二）适当的空载电压

为便于引弧，必须具有较高的空载电压。但从使用观点考虑，空载电压越高对焊工操作越不安全，因此弧焊电源空载电压应在满足工艺要求的前提下尽可能低一些，一般不超过 80～90V。

（三）良好的动特性

焊接过程中，电弧总是在不断地变化的，电弧焊机的输出电压和电流要经过一个过程，才能稳定在外特性曲线上的某一点，弧焊电源的动特性，就是指弧焊电源对焊接电弧这样的动负载所输出的电流和电压对时间的关系，用来表示弧焊电源对电弧瞬变的反应能力。对动特性良好的焊机来讲，能在极短的时间内输出电压，电流稳定或恢复在外特性曲线上的某一点。通常规定电压恢复时间不超过 0.05s。

（四）均匀、灵活的调节特性

焊接时，根据母材的特性、厚度、几何形状，焊条的直径及焊缝位置的不同，需要选择不同的焊接电流。正确地选择焊接电流是保证焊接质量的重要条件之一，因此要求焊接电源能在较大范围内均匀、灵活地选择合适的电流值。

（五）弧焊电源的短路电流不应过大

过大的短路电流会引起电源设备的发热量剧增，破坏设备的绝缘，同时，过大的短路电流还会使熔化金属的飞溅和烧损都加剧。因而必须限制弧焊电源的短路电流，通常规定短路电流不大于工作电流的50%。

二、焊机的型号

所谓型号即技术文件中对产品名称、形式及规格等所引用的一种代号。

（一）焊机型号的编制

我国电焊机的型号是按 GB/T 10249—2010 规定编制的，即型号是由汉语拼音字母及阿拉伯数字组成，其编排秩序如下所示：

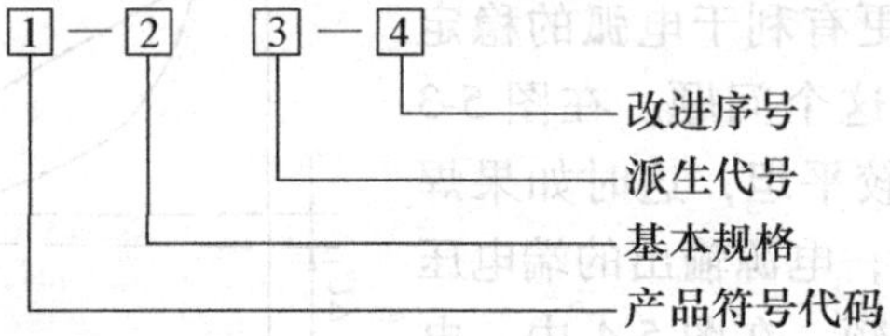

1）型号中2，4各项用阿拉伯数字表示。

2）型号中3项用汉语拼音字母表示。

3）型号中3，4项如不用时，可空缺。

4）改进序号按产品改进程序用阿拉伯数字连续编号。

5）产品符号代码的编排秩序如下：

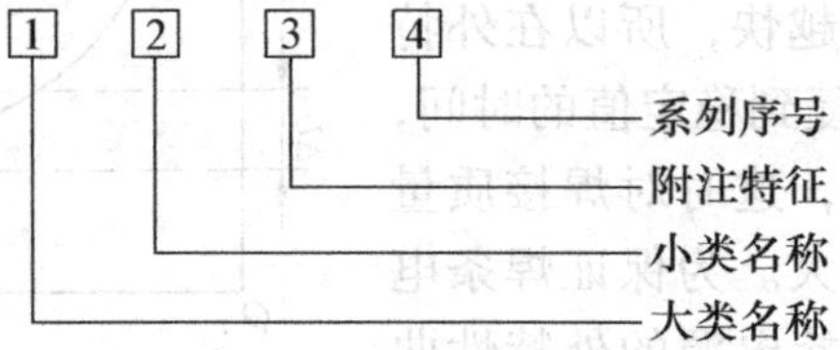

① 产品符号代码中1，2，3各项用汉语拼音字母表示。

② 产品符号代码中4项用阿拉伯数字表示。

③ 附注特征和系列序号用于区别同小类的各系列和品种，包括通用和专用产品。

④ 产品符号代码中3，4项如果不需要表示时，可以只用1，2项。

⑤ 可同时兼作几大类焊机使用时，其大类名称的代表字母按主要用途选取。

⑥ 如果产品符号代码的1，2，3项汉语拼音字母表示的内容，不能完整表达该焊机的功能或有可能存在不合理的表述时，产品的符号代码可以由该产品的产品标准规定。

⑦ 部分产品符号代码的代表字母及序号的编制实例见表5-1。

（二）焊机的主要技术指标

1. 负载持续率　焊机负载的时间占选定工作时间的百分率称为负载持续率，用公式可表示为：

$$负载持续率=\frac{在选定的工作时间周期内焊机负载时间}{选定的工作时间周期}\times 100\%$$

我国的有关标准规定，对于主要用作焊条电弧焊的焊机，选定的工作周期为5min，如果在5min内，焊接的时间为3min，则负载持续率即为60%。

表5-1 部分产品的符号代码

产品名称	第一字母		第二字母		第三字母		第四字母	
	代表字母	大类名称	代表字母	小类名称	代表字母	附注特征	代表字母	系列序号
电弧焊机	B	交流弧焊机（弧焊变压器）	X	下降特性	L	高空载电压	省略	磁放大器或饱和电抗器式
			P	平特性			1	动铁心式
							2	串联电抗器式
							3	动圈式
							4	
							5	晶闸管式
							6	变换抽头式
	A	机械驱动的弧焊机（弧焊发电机）	X	下降特性	省略	电动机驱动	省略	直流
			P	平特性	D	单纯弧焊发电机	1	交流发电机整流
			D	多特性	Q	汽油机驱动	2	交流
					C	柴油机驱动		
					T	拖拉机驱动		
					H	汽车驱动		
	Z	直流弧焊机（弧焊整流器）	X	下降特性	省略	一般电源	省略	磁放大器或饱和电抗器式
			P	平特性	M	脉冲电源	1	动铁心式
			D	多特性	L	高空载电压	2	
					E	交直流两用电源	3	动线圈式
							4	晶体管式
							5	晶闸管式
							6	变换抽头式
							7	逆变式

一般来说，焊机输出的电流主要是受焊机的发热情况所限制，严重发热甚至会导致焊机烧毁。发热不仅取决于焊接电流的大小，同时也取决于负荷的状态。如取相同的焊接电流值，使一台焊机不间断地工作，其负载持续率为100%，则发热高；另一台焊机间断地工作，则负载持续率低，发热也低。因此，对于不同的负载持续率，焊机有不同的允许使用的最大焊接电流值。

2. 额定值 额定值即是对电源规定的使用限额，如电压、电流及功率的限额，这些限额分别称为额定电压、额定电流和额定功率等。按额定值使用设备是最经济合理、安全可靠的，既充分利用了设备，又保证了设备的正常使用寿命。超过额定值工作时，称为过载，严重过载将使设备损坏。反之，在低于额定值下工作时，虽然安全，但设备没有得到充分的利用。因此，工作中应根据实际情况，合理地选用不同额定值的焊机。

第二节　弧焊变压器

弧焊变压器也称交流弧焊机，它是一种特殊的降压变压器。

一、对弧焊变压器的特殊要求

对弧焊变压器的基本要求是外特性曲线必须下降。但是，由于我国工业用交流电是频率为50Hz的正弦交流电，其电流瞬时值 $i = I_m \sin 100\pi t$，即电流在每个周期（0.02s）内有两次数值为零，用它向电弧供电，在每秒内电弧将熄灭100次，为解决这个问题，对弧焊变压器还必须有一个特殊的要求，即保证电弧在每次熄灭后，能迅速地自行恢复燃烧。

用交流电源向电弧供电时，在电弧刚熄灭的那个短暂的时间里，如能供给数值大于电弧恢复电压的输出电压值，可解决焊接电弧每次熄灭后迅速地自行恢复燃烧的问题。这种看法已被交流焊接时的电弧电压-焊接电流的波形所证实，图5-5a的波形说明电弧燃烧是稳定的，波形图反映焊接电流为零的瞬间（即电弧熄灭的瞬间），电源供给的电压较高，电弧因此自行恢复燃烧；图5-5b的波形说明电弧燃烧是间歇的，波形图上反映电流为零时（电弧熄灭），焊机供给的焊接电流为零，所以在再度引弧前出现了很高的电压，表明这段时间内电弧曾经熄灭。

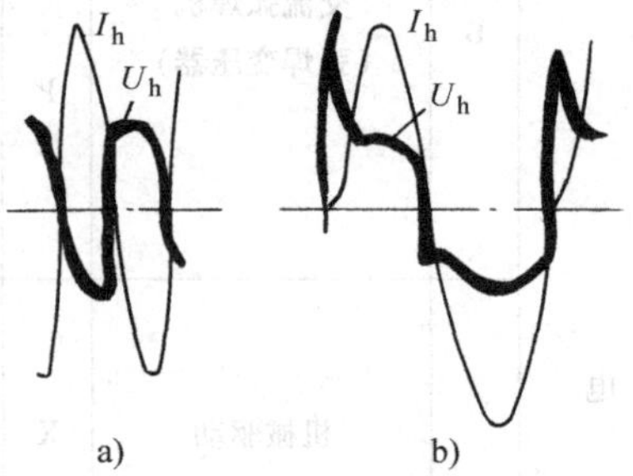

图5-5　使用交流电焊接时电流-电压的波形图

a）电弧稳定燃烧时　b）电弧不稳定燃烧时

如果弧焊变压器输出电压提前 Δt 的时间等于或大于电弧恢复电压，电弧就能在刚熄灭的瞬时内又重新引弧。即电压的相位如超前电流，则电弧就不会间歇燃烧。至于这相位差，可通过电路内的电感来获得。因此，要保证电弧在用交流电焊接时，不发生间歇燃烧的必要条件，就是在弧焊变压器的焊接回路内有足够数值的电感，这也就是弧焊变压器不同于弧焊发电机的特殊要求。

在变压器二次绕组的电路中如果接入了电感（图5-6），则电路的方程为

$$U_2 = U_h + I_h X_L$$

式中 U_2——变压器的二次绕组的端电压；

U_h——电弧电压（即焊接变压器输出的端电压）；

I_h——焊接电流；

X_L——电感的感抗。

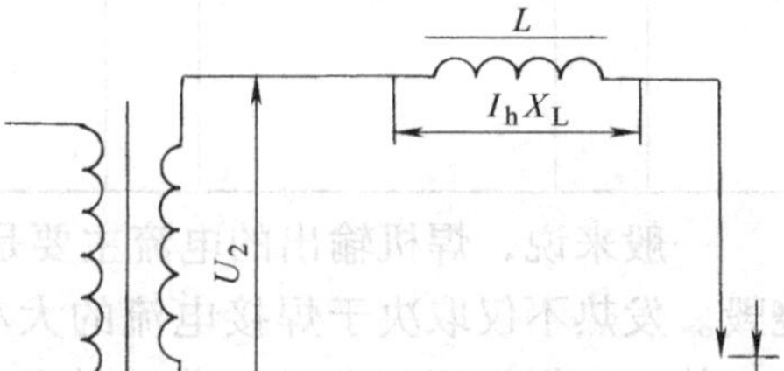

图5-6　独立电感式焊机的电路原理图

弧焊变压器输出的端电压为：

$$U_h = U_2 - I_h X_L$$

可见 U_h 的数值是随着焊接工作电流增大而降低的，即外特性曲线是下降的。

综上所述，焊接回路具有足够数值的电感，这不仅满足了交流电弧焊接对弧焊变压器的特殊要求，而且也能满足对焊接电源的基本要求。因此，常用的弧焊变压器的电路内，都有较大数值的电感，有的是靠焊接回路中串入电抗绕组，有的是靠增加弧焊变压器本身的漏磁

来获得的。按这些电感获得的方式不同，弧焊变压器可分为串联电抗器式和增强漏磁式两大类，现将常见的一些变压器类型介绍如下：

二、同体式弧焊变压器

同体式弧焊变压器属于串联电抗器式弧焊变压器类，是由平特性降压变压器串联一个电抗器并置于一个铁心上，故称为同体式焊接变压器。现以 BX—500 型弧焊变压器为例分析（图 5-7）。

BX—500 型弧焊变压器的铁心形状是一个“日”字形，并在上部装有可动铁心，可转动手柄改变铁心间气隙的大小，以达到调节电流的目的。在变压器铁心的下部绕有一次线圈Ⅰ和二次线圈Ⅱ，电抗线圈Ⅲ绕在铁心的上部，与二次线圈串联如图 5-8 所示。

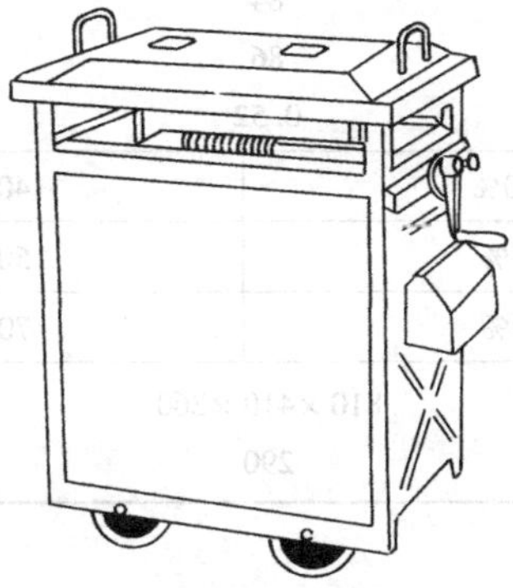

图 5-7 BX—500 型弧焊变压器

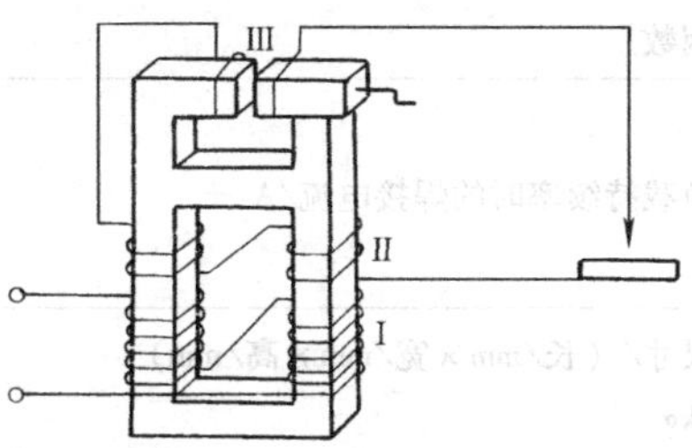

图 5-8 BX—500 型弧焊变压器结构原理图

焊机的陡降外特性是借电抗线圈产生的电压降而获得的。

空载时，由于无焊接电流通过，电抗线圈不产生电压降，因此空载电压较高，基本上等于二次电压，便于引弧。

焊接时，由于焊接电流通过电抗线圈，减小了输出电压，从而获得了陡降的外特性。

短路时，由于很大的短路电流通过电抗线圈，产生了很大的电压降，使二次线圈的电压接近于零，限制了短路电流。

电流调节是利用可动铁心的移动，以改变与固定铁心间的气隙大小而达到的。当顺时针方向转动手柄时，铁心间气隙增大，使串联电抗器部分铁心的磁阻增加，这样当电抗线圈有电流通过时，在铁心中通过的磁通就减少，从而使电抗线圈所造成的电压降减小，输出电压就增加，焊接电流也就增加；反之，焊接电流减小。

BX—500 型弧焊变压器的主要技术数据见表 5-2。

三、增强漏磁式弧焊变压器

（一）增强漏磁式弧焊变压器的工作原理

由电工原理可知，变压器工作时，铁心内除存在交链着一、二次绕组的主磁通 Φ_m 外，还有一小部分经过空气闭合，并仅与一次或二次绕组交链的磁通 Φ_{s1}、Φ_{s2}（见图 5-9a），它们被称作漏磁通。漏磁通在其交链的绕组内会感应出一个电动势，这电动势对电路的作用，相当于在该电路串接了一电抗线圈（如图 5-9b），故变压器二次线圈输出的端电压 $U_2=E_2-I_2X_{s2}$。如 E_2 不变，变压器输出的端电压 U_2 则由于漏磁通产生的漏抗压降 I_2X_{s2} 的作用，将随着输出电流 I_2 的增大而降低。实际上 E_2 也不是不变，由于一次线圈的漏磁 Φ_{s1} 的存在也

将形成漏抗 X_{s1}，随着电流增大，使 E_2 也下降，输出电压下降更快。所以增大一、二次线圈的漏磁也是获得下降外特性曲线的一种方法，增强漏磁式弧焊变压器即是这样得名的。

表 5-2　BX—500 型弧焊变压器的主要技术数据

一次电压	/V	220/380	
空载电压	/V	60	
电流调节范围	/A	150 ~ 700	
额定负载持续率	(%)	65	
额定焊接电流	/A	500	
额定工作电压	/V	30	
220V 时一次电流	/A	145	
380V 时一次电流	/A	84	
效率	(%)	86	
功率因数		0.52	
不同负载持续率时的焊接电流/A		100%	400
		65%	500
		30%	700
外形尺寸/（长/mm × 宽/mm × 高/mm）		810 × 410 × 860	
重量/kg		290	

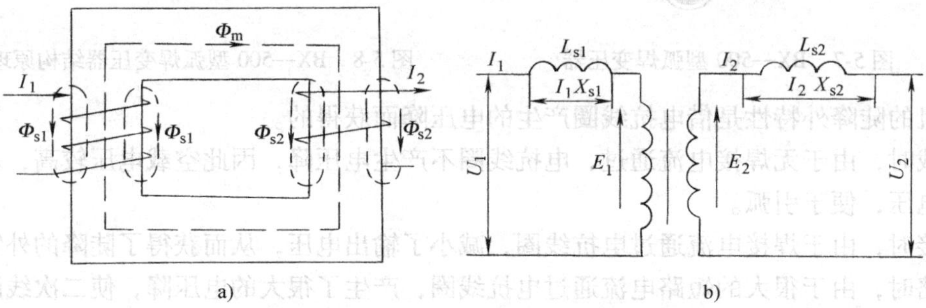

图 5-9　变压器铁心中的磁通分布和等效电路

a）磁通分布　b）考虑漏磁时一次、二次的等效电路

弧焊变压器为获得适当的漏抗值，常可采用在一、二次线圈间设置分磁铁心或改变一、二次绕组距离的方法。按前者的方法构成的弧焊变压器称为动铁式，按后者的方法构成的称为动圈式，我国常用的增强漏磁式弧焊变压器即为这两种。

（二）动铁式弧焊变压器

动铁式弧焊变压器有一个可调的动铁心，并提供了一个磁分路，以增强漏磁使焊机获得陡降外特性。现以 BX1—330 型弧焊变压器为例分析，如图 5-10 所示。

BX1—330 型弧焊变压器是一台具有三个铁心柱的单相漏磁式降压变压器，其中两边为固定的主铁心，中间为可动铁心。变压器的一次线圈 Ⅰ 为筒形，绕在一个主铁心柱上。二次线圈 Ⅱ 一部分绕在一次绕组外面，另一部分兼作电抗线

图 5-10　BX1—330 型弧焊变压器

圈Ⅲ，绕在另一个主铁心柱上。焊机的两侧装有接线板，一侧为一次接线板，供接入网路用，另一侧为二次接线板，供接焊接回路用如图 5-11 所示。

焊机的陡降外特性是借可动铁心的漏磁作用而获得的。

空载时，由于二次线圈无焊接电流通过，则不出现二次漏磁通，不产生电压降，故有较高的空载电压，便于引弧。

焊接时，二次线圈有焊接电流通过，同时在铁心内产生磁通，可动铁心中的漏磁显著增加，这样二次电压就下降，从而获得了降压的外特性。

短路时，由于很大的短路电流通过兼作电抗线圈的二次线圈，产生了很大的电压降，使焊机的输出电压接近于零，这样就限制了短路电流。

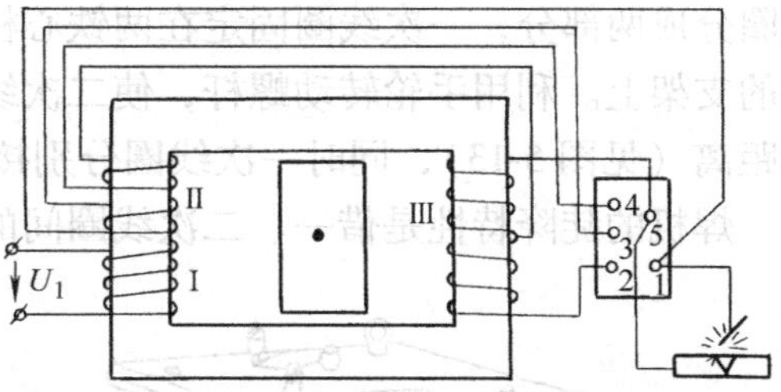

图 5-11　动铁式弧焊变压器的结构原理图

焊接电流的调节有两种方法。粗调节以通过二次线圈不同的接线法，改变二次线圈的匝数来实现的。当连接在 2 与 3 位置时焊接电流小，空载电压高；当连接在 3 与 4 位置时焊接电流大，空载电压低。此焊机电流的细调节，则可通过转动手柄来改变可动铁心与固定铁心之间的相对位置，使漏磁发生变化以调节焊接电流。当可动铁心向外移动而离开主铁心时，磁阻增大，漏磁减少，则焊接电流增大，反之，焊接电流减小。

BX1—330 型弧焊变压器的主要技术数据见表 5-3。

表 5-3　BX1—330 型弧焊变压器的主要技术数据

一次电压/V		220/380	
接　法		Ⅰ	Ⅱ
空载电压	/V	70	60
电流调节范围	/A	50～180	160～450
额定负载持续率	（%）	65	
额定焊接电流	/A	330	
额定工作电压	/V	30	
220V 时一次电流	/A	96	
380V 时一次电流	/A	56	
效率	（%）	80	
功率因数		0.50	
不同负载持续率时的焊接电流		100%	265
		65%	330
		35%	450
外形尺寸/（长/mm×宽/mm×高/mm）		882×577×786	
重量/kg		185	

（三）动圈式弧焊变压器

动圈式弧焊变压器有一个高而窄的口形铁心，铁心的宽度越小，而叠厚较大。一、二次线圈各分成两组绕成匝数相等的盘形，一次线圈每盘留有一个抽头。将两盘用夹板夹成一个整体。两铁心底部安置一次线圈，铁心上部的二次线圈用丝杆带动，经手柄摇动可上下移动，调节一、二次线圈之间的距离来调节电流。以BX3—300型弧焊变压器为例分析如图5-12所示。

BX3—300型弧焊变压器是一台动圈式弧焊变压器，变压器的一次（Ⅰ）、二次（Ⅱ）线圈分成两部分，一次线圈固定在两铁心柱底部，二次线圈装在两铁心柱的上部并固定在可动的支架上。利用手轮转动螺杆，使二次线圈沿铁心柱作上下移动来调节二次与一次线圈间的距离（见图5-13），同时一次线圈分别接成串联（接法1）和并联（接法2）。

焊机的陡降特性是借一、二次线圈间的漏磁作用而获得的。

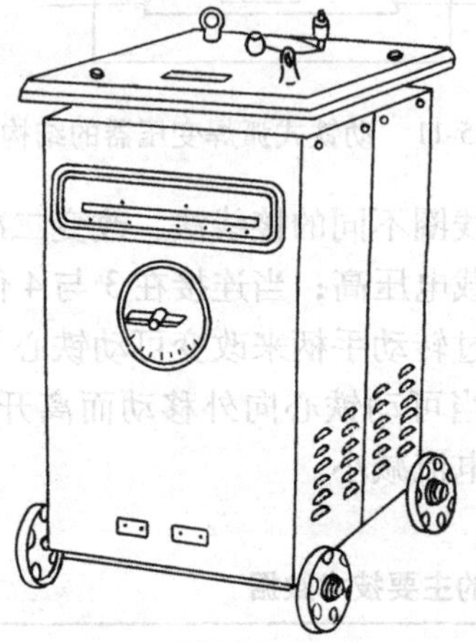

图5-12　BX3—300型弧焊变压器

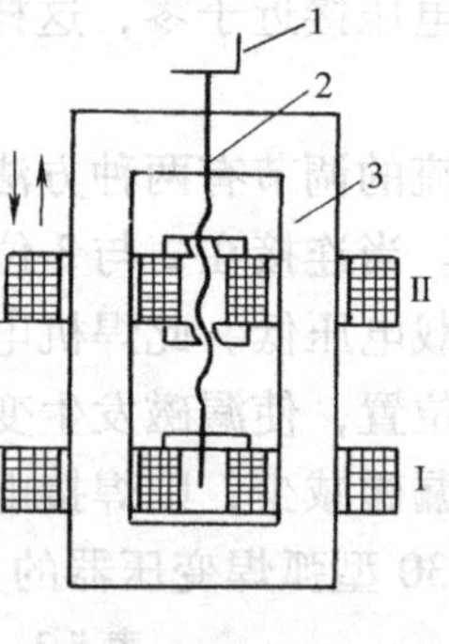

图5-13　BX3—300型弧焊变压器结构原理图

1—手柄　2—调节螺杆　3—铁心

Ⅱ—二次绕组（可动　Ⅰ—一次绕组）

表5-4　BX3—300型弧焊变压器主要技术数据

一次电压	/V	220/380	
接　法		Ⅰ	Ⅱ
空载电压	/V	80	65
电流调节范围	/A	40～130	120～400
额定负载持续率	（%）	60	
额定焊接电流	/A	300	
额定工作电压	/V	30	
220V时一次电流	/A	93.5	
380V时一次电流	/A	54	
效率	（%）	82.5	
功率因数		0.53	
不同负载持续率时的焊接电流/A		100%	232
		60%	300
		35%	390
外形尺寸/（长/mm×宽/mm×高/mm）		520×525×800	
重量/kg		167	

焊接电流有两种调节方法。粗调节是通过改变一、二次线圈的接线方法，分为串联和并联两种，调节时首先将焊机电源切断，然后将开关转换至相应的接法。细调节是通过摇动手柄来改变两绕组间的距离，当距离越大，两者间的漏磁也越大，漏磁增加，使焊接电流减小；反之，焊接电流增大。

BX3—300 型弧焊变压器的主要技术数据见表 5-4。

第三节 弧焊整流器

弧焊整流器是将交流电经过变压和整流后获得直流电输出的弧焊电源。

弧焊整流器是伴随着大容量、高性能的整流元件和控制元件的问世、发展和应用而出现的一种直流弧焊电源。弧焊整流器普遍用于焊条电弧焊、埋弧焊、气体保护电弧焊、等离子弧焊及切割的电源，它是旋转式弧焊发电机的替代产品之一。根据弧焊整流器主回路所用的整流元件及控制元件的不同，分别有硅弧焊整流器、晶闸管式弧焊整流器、晶体管式弧焊整流器与逆变式弧焊整流器等多种，各具有下降外特性、平（恒压）外特性与多特性外特性等的不同特征。

一、硅弧焊整流器

（一）硅弧焊整流器的组成

硅弧焊整流器是由主变压器、外特性调节机构、整流器和输出电抗器组成，是利用主变压器将从三相交流电路输入的高压电降为低压交流电（并通过外特性调节机构获得下降外特性），再经硅整流元件整流为可供弧焊的直流电源。其组成如图 5-14 所示。各组成部分的作用如下：

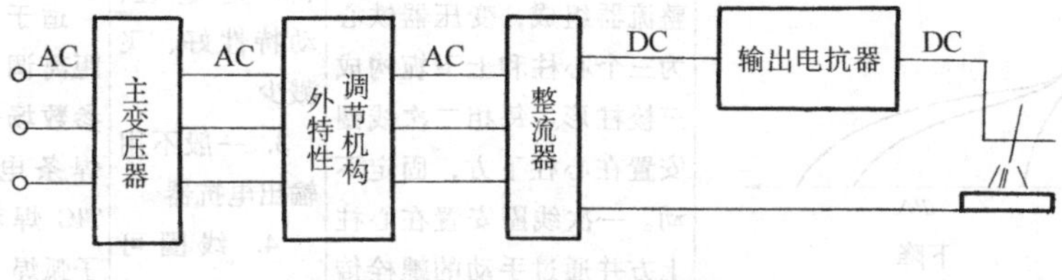

图 5-14 硅弧焊整流器组成

1. 主变压器 其作用是将 380V 的交流电变换成几十伏的交流电。

2. 外特性调节机构 外特性调节机构的作用是，通过调节主变压器的漏磁或磁饱和放大器来获得下降外特性。也以此来调节空载电压和焊接电流。

3. 整流器 整流器的作用是将三相交流电换成直流电。常采用三相桥式整流电路。

4. 输出电抗器 输出电抗器是接在直流回路中的一个带铁心并有气隙的电感线圈。其作用主要是改善焊机的动特性，保证电弧稳定。

（二）硅弧焊整流器的分类

硅弧焊整流器是按其外特性调节机构的作用方式来分类，其具体特征见表 5-5。

二、晶闸管式弧焊整流器简介

晶闸管式弧焊整流器根据焊接方法的不同而具有相应的外特性和动特性，这主要是利用晶闸管和控制电路来实现，为了改善动特性和滤波，还在主电路中串入了可调或不可调的电抗器，为了获得陡降外特性，常用电流反馈的环节配以其他控制电路而实现。晶闸管式弧焊整流器按外特性曲线形状的不同有平特性、陡降特性和平、陡两用三种。

表 5-5　硅弧焊整流器种类、特征及其应用

<table>
<tr><th colspan="3">种类</th><th>外特性</th><th>结构特征</th><th>优缺点</th><th>应用</th><th>部分型号</th></tr>
<tr><td rowspan="3">磁放大器式</td><td colspan="2">无反馈</td><td>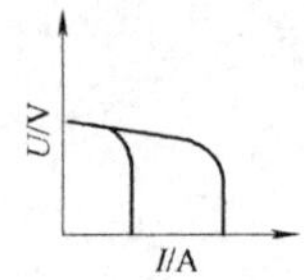
恒流</td><td rowspan="3">由三相正常漏磁降压主变压器、三相磁放大器、三相桥式全波整流器和输出电抗器组成。磁放大器可单独位于变压器和整流器之间或与降压变压器做成一体。多为三心柱式，而铁心上绕有工作线圈（交流）和控制线圈（直流）。引入不同反馈控制系统以获得所需各种外特性</td><td rowspan="3">1. 可制成各种形状外特性，以适应各种焊接方法需要
2. 能遥控且控制方便
3. 结构复杂、重量大、用料多
4. 磁惯性大
5. 调节速度慢渐渐被淘汰</td><td rowspan="3">1. 下降或恒流外特性的硅弧焊整流器用于焊条电弧焊、埋弧焊和 TIG 焊等
2. 恒压外特性的硅弧焊整流器用于 MIG/MAG 焊</td><td>ZX—100
ZX—500
ZX—2000</td></tr>
<tr><td rowspan="2">内反馈</td><td>全部</td><td>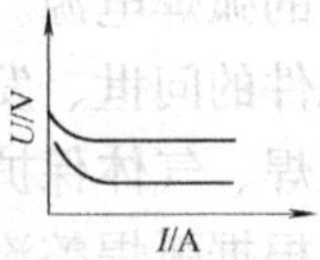
恒压</td><td>ZP—400
ZP—1500</td></tr>
<tr><td>部分</td><td>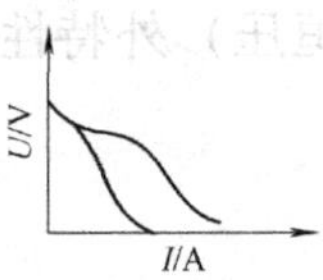
平、下降</td><td>ZD—1000</td></tr>
<tr><td colspan="3">动圈式或动铁式</td><td>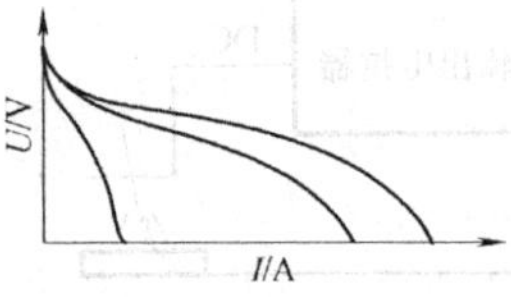
下降</td><td>由增强漏磁的三相动圈式弧焊变压器和三相桥式整流器组成，变压器铁心为三个心柱和上下轭构成三棱柱形。每相二次线圈安置在心柱下方，固定不动。一次线圈安置在心柱上方并通过手动的螺栓传动机构使其沿螺杆上下移动</td><td>1. 结构及线路简单
2. 节省材料、重量轻、动特性好、飞溅少
3. 一般不用输出电抗器
4. 线圈可动，使用时有轻微振动和噪声，不易实现遥控</td><td>适于不需远距离调节焊接参数场合下的焊条电弧焊，TIG 焊和等离子弧焊</td><td>ZX3—160
ZX3—400
ZX3—250</td></tr>
<tr><td colspan="3">抽头式</td><td>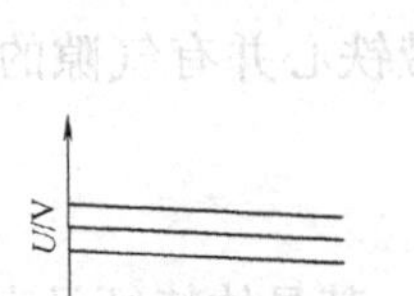
平</td><td>由抽头式弧焊变压器、整流器和输出电抗器组成。变压器为正常漏磁三相降压变压器，一次线圈上设有许多抽头，有些在二次线圈也有抽头，用以改变绕组的匝数达到参数的调节。输出电抗器利用抽头或变动铁心气隙来调节电感量</td><td>1. 结构简单、可靠和实用、成本低、噪声小、电弧稳定
2. 不能遥控及补偿电网电压波动
3. 电流调节不方便</td><td>用于等速送丝的自动或半自动焊，如细丝 CO_2 焊等</td><td>ZP6—250</td></tr>
</table>

（一）晶闸管式弧焊整流器的组成

晶闸管式弧焊整流器的组成一般情况下如图 5-15 所示。主电路由主变压器 T、晶闸管整流器 UR 和输出电感 *L* 组成。C 为晶闸管的触发电路。当要求得到下降外特性时，触发脉冲的相位由给定电压 U_{gi} 和电流反馈信号 U_{fI} 确定；当要求得到平外特性时，触发脉冲相位则由给定电压 U_{gu} 和电压反馈信号 U_{fu} 确定。此外，还有操纵、保护电路 CB。

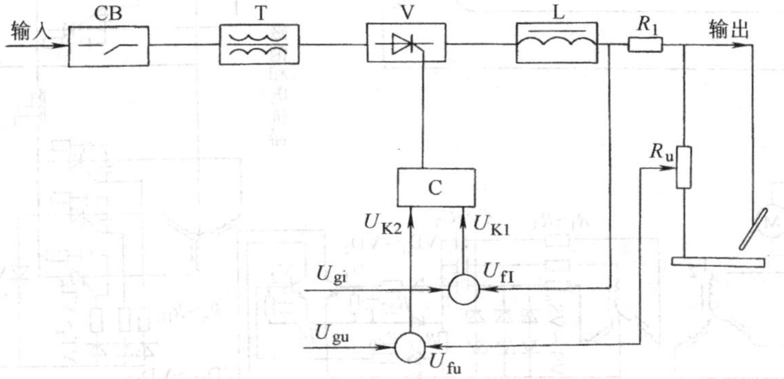

图 5-15　晶闸管弧焊整流器的组成

（二）晶闸管式弧焊整流器的主要特点

1. 动特性好　晶闸管式弧焊整流器与弧焊发电机和磁放大器式弧焊整流器相比，内部电感要小得多，具有电磁惯性小、反应速度快的特点。当用作平特性电源时，可以满足所需的短路电流增长速度；而当用作下降外特性电源时，不致有过大的短路电流冲击。且在必要时可以对其动特性指标加以控制和调节。

2. 控制性能好　晶闸管式弧焊整流器可以用很小的触发功率来控制整流器的输出，及具有电磁惯性小的特点，因而容易控制。通过不同的反馈方式可以获得所需的各种外特性形状。焊接电流、焊接电压可均匀、精确和快速地在宽广的范围内调节。并且易于实现网络电压补偿。

3. 噪声小　与弧焊发电机相比因其无旋转运动的部分，噪声明显减小。

4. 节约电能和材料　与弧焊发电机相比，没有机械损耗；而且空载电压可以较低，其效率、功率因数较高，输入功率较小，因而可节约电能。由于它既无原动机又无磁放大器，因此省材料。

5. 电路较复杂　晶闸管式弧焊整流器除主电路外，还有触发电路，使用的电子元器件较多。因此，元器件的质量、装配的水平，对电源使用的可靠性有很大的影响；并且对调试和维修的技术水平要求也较高。这是阻碍其推广应用的主要因素。

（三）ZX5 系列晶闸管式弧焊整流器

晶闸管式弧焊整流器常用 ZX5 系列有 ZX5—250、ZX5—400 等型号，广泛适用于焊条电弧焊及碳弧气刨，特别适用于碱性低氢型焊条焊接重要的低碳钢、中碳钢及低合金钢构件。ZX5—250 型及 ZXG—400 型电源电路原理基本上相同，采用电流负反馈获得下降的外特性，动特性好，电弧稳定，飞溅少、焊缝成形美观，有利于进行全位置焊接。电路中有电网电压自动补偿和过载保护环节，还有远控盒，可远距离调节焊接电路。另外，还具有引弧电流和推力电流装置，易于引弧且不粘焊条。ZX5—400 型弧焊整流器的电气原理图，如图 5-16 所示。

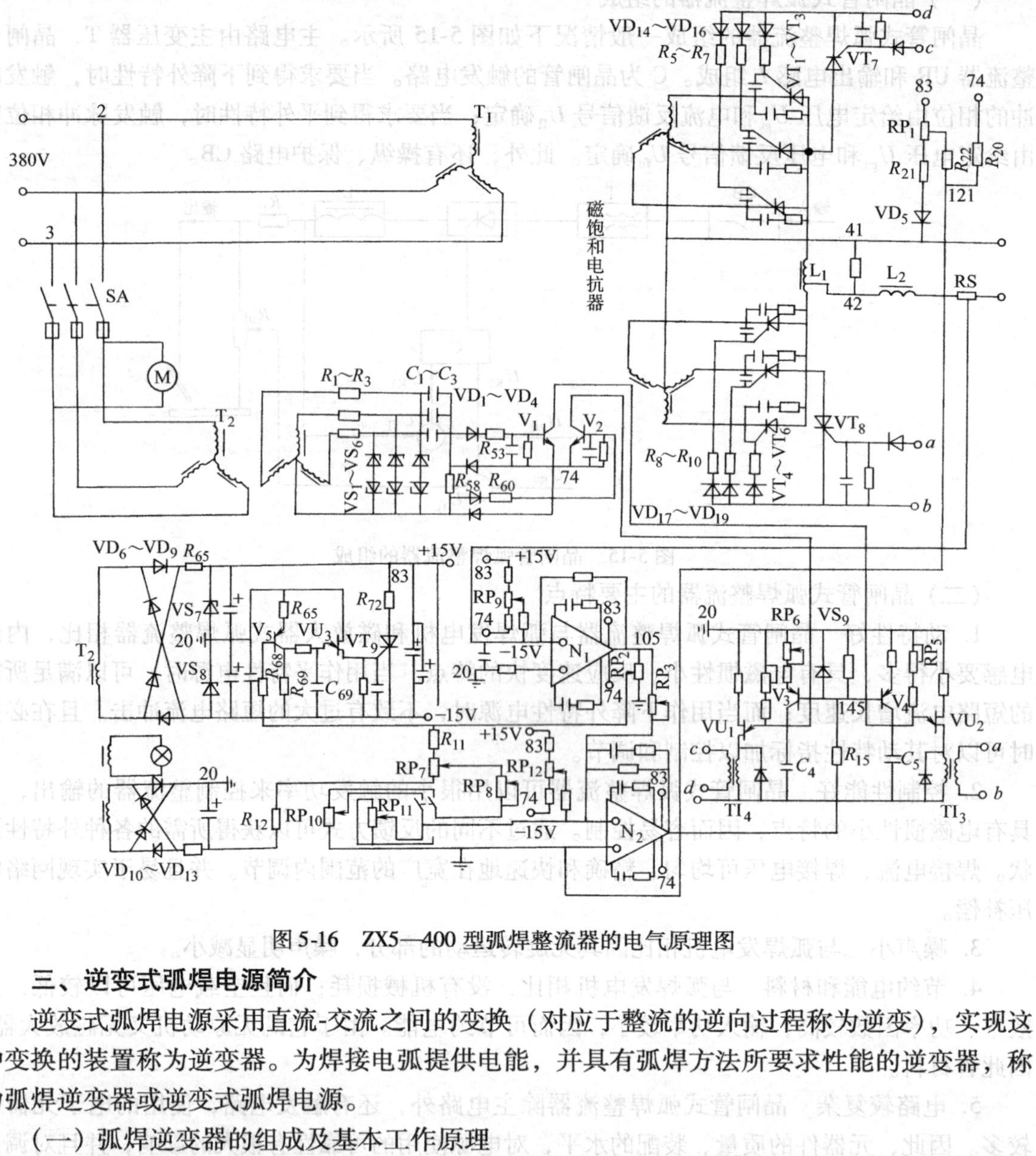

图5-16　ZX5—400型弧焊整流器的电气原理图

三、逆变式弧焊电源简介

逆变式弧焊电源采用直流-交流之间的变换（对应于整流的逆向过程称为逆变），实现这种变换的装置称为逆变器。为焊接电弧提供电能，并具有弧焊方法所要求性能的逆变器，称为弧焊逆变器或逆变式弧焊电源。

（一）弧焊逆变器的组成及基本工作原理

弧焊逆变器的主要组成如图5-17所示。有供电系统、电子功率系统、电子控制系统及反馈给定系统等。

弧焊逆变器的基本工作原理，如图5-18所示。

弧焊逆变器由单相或三相交流电网供给电压，经输入整流器UR_1整流和滤波器L_1C_1滤波后获得逆变器UI所需的平滑电流电压。在电子功率系统中，该直流电压经逆变器的大功率开关器件组Q（晶闸管、晶体管、场效应晶体管或绝缘栅极双极晶体管）的交替开关作用，变成几千至几万赫的中高频电压，再经过中（高）频变压器T降至适合于焊接的几十伏低电压，并借助于电子控制系统的控制驱动电路和给定反馈电路（P、G、N等组成）及焊接回路的阻抗，获得焊接时电源所需要的外特性和动特性。

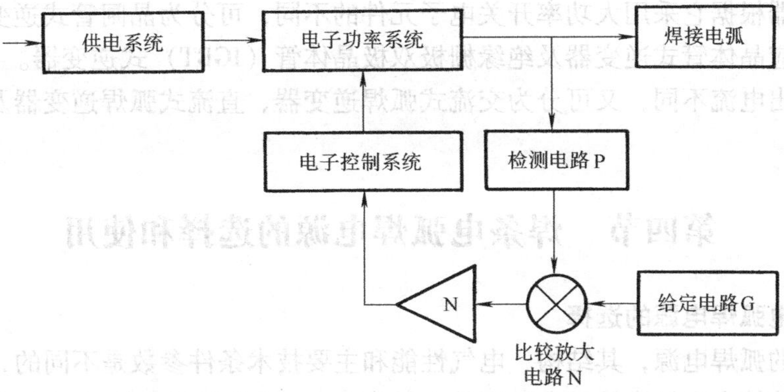

图 5-17　弧焊逆变器的基本组成框图

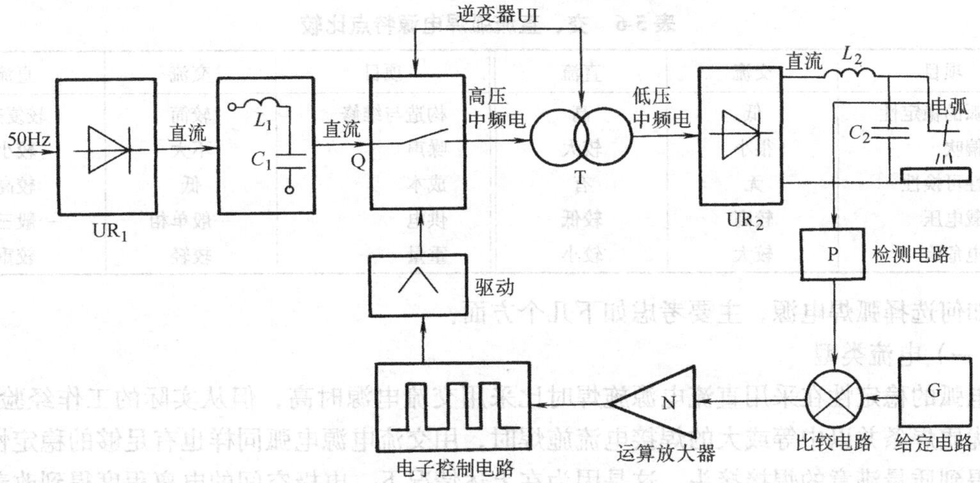

图 5-18　弧焊逆变器的基本原理框图

当弧焊逆变器用作直流电源时，需再用输出整流器整流和电抗器 L_2、电容器 C 的滤波，把中频交流电变换成直流输出。

总之，弧焊逆变器的变流过程是：工频交流⟶直流⟶逆变为高、中频交流⟶降压⟶交流⟶再次变成直流。

（二）弧焊逆变器的主要特点

弧焊逆变器与传统的弧焊电源相比，其特点有：

1. 体积小、质量轻　传统的弧焊电源用工频传递电能，而弧焊逆变器用几千至几万赫的中频传递。中频变压器的重量仅为传统的弧焊电源降压变压器的几十分之一，整机重量仅为传统弧焊电源的1/5~1/10，整机体积也只有传统弧焊电源的1/3左右。

2. 高效节能　效率可达80%~90%，主电路内有电容，提高了功率因数，使功率因数可达0.99；空载损耗极小，比传统弧焊电源节电1/3以上。

3. 改善了弧焊工艺性能　采用电子控制系统控制电路，可以根据不同的焊接工艺要求设计出适用的外特性，并保证具有良好的动特性，从而可进行各种位置的焊接，获得良好的焊接工艺性能。

（三）弧焊逆变器的分类

弧焊逆变器根据它采用大功率开关电子元件的不同，可分为晶闸管式逆变器、晶体管式逆变器、场效应晶体管式逆变器及绝缘栅极双极晶体管（IGBT）式逆变器。

根据其输出电流不同，又可分为交流式弧焊逆变器、直流式弧焊逆变器及脉冲式弧焊逆变器。

第四节　焊条电弧焊电源的选择和使用

一、焊条电弧焊电源的选择

不同类型的弧焊电源，其结构、电气性能和主要技术条件参数是不同的，在不同场合下表现出来的工艺特点和经济性是有区别的，见表5-6。因此正确选择弧焊电源，对获得良好的焊接质量及提高焊接生产率都有很大的作用。

表5-6　交、直流弧焊电源特点比较

项目	交流	直流	项目	交流	直流
电弧的稳定性	低	高	构造与维修	较简	较复杂
磁偏吹	很小	较大	噪声	不大	较小
极性可换性	无	有	成本	低	较高
空载电压	较高	较低	供电	一般单相	一般三相
触电危险	较大	较小	重量	较轻	较重

如何选择弧焊电源，主要考虑如下几个方面：

（一）电流类型

电弧的稳定性在采用直流电源施焊时比采用交流电源时高，但从实际的工作经验得知，在用优质焊条并以中等或大的焊接电流施焊时，用交流电源电弧同样也有足够的稳定性，能保证得到质量满意的焊接接头。这是因为在上述情况下，电极空间的电离程度得到改善，降低了电弧恢复电压的缘故。

在用小焊接电流（40~90A）焊接时，因为电极空间的电离程度很低，所以采用直流为宜，并且由于用直流焊接能通过选择正接或反接来改变电弧的热量分布，焊接薄板或有色金属采用直流电源就更为有利。

从消耗电能、设备维修等经济性方面考虑，一般交流弧焊电源比直流弧焊电源具有结构简单、制造方便、使用可靠、维修容易、效率高及成本低等一系列优点。因此，在满足技术要求的前提下应优先选用交流弧焊电源。当然，焊接电源的选择还必须依据焊条药皮的类型，结合上述的分析合理选用。

（二）焊接电源的功率

设备的额定功率也是选择电源的一个重要方面，因为焊接工作一般是间断的，而且焊件也不固定，如果采用大功率的设备会因利用率不高而造成浪费，用过小功率的焊机，如经常过载将使设备损坏，则应该根据产品对象选用适合额定功率的焊接电源。

如在弧焊变压器上安装通风电扇，以改善焊机的散热条件时，焊机使用的焊接电流一般允许增大20%~40%。

二、焊条电弧焊电源的安装接线

电源安装接线时，首先要注意额定电压是否与网路电压相符。在接入网路前，还应确定网路的功率是否足够，否则将使网路过载，造成事故。网路按规定不允许焊接电源直接连接，焊接电源必须通过熔断器和闸箱与网路相连。

接线时，选择连接导线应注意以下三个方面：

1. 导线的安全载流量　由于导线通过电流就会发热，电流越大，发热越大，发热量如果超过一定的限度，导线的绝缘就会遭到破坏。为了避免绝缘过热破坏，因此要限制通过导线的电流，这个规定的电流值称作安全载流量。

2. 导线的机械强度　足够的机械强度是导线受外力不致断裂的保证，因此必须注意选择。

3. 导线上的电压降应在一定限度内　导线上的电压降对焊条电弧焊来说不能大于4V，供电回路的导线上的电压降应小于工作电压的5%。

接线时，熔断器的选择主要是熔丝的选择。熔断器的额定电流应大于或等于熔丝的额定电流。对于弧焊变压器、弧焊整流器和弧焊逆变器等，应使开关额定电流大于或等于弧焊电源的一次额定电流。

三、焊条电弧焊电源的维护及故障处理

保证设备的完好，是完成生产任务的重要条件之一，因此我们必须重视焊接电源的日常维护工作及懂得一般故障的处理。

（一）弧焊变压器的维护及故障处理

弧焊变压器由于它没有旋转的电枢，因此维护工作较弧焊发电机简单，虽然如此，维护工作还是十分必要的。

弧焊变压器在除尘、防潮、导线连接上与弧焊发电机有同样的要求，也要避免过载，特别是长时间的过载。弧焊变压器的电流调节机构应经常保持灵活，最少半年需加油一次。拆卸外壳时，应注意螺孔处的绝缘片，复原时应按原样装妥，否则会因漏磁使罩壳发热。

弧焊变压器常见故障及排除方法列于表5-7。

表5-7　弧焊变压器常见的故障及其排除方法

故障现象	可能产生的原因	排除方法
弧焊变压器过热	1. 变压器过载 2. 变压器线圈短路	1. 减小使用电流 2. 消除短路处
导线接线处过热	接线处接触电阻过大或接线处螺钉太松	将接线松开，用砂纸或小刀将接触导电处清理出金属光泽，然后旋紧螺钉
可动铁心在焊接时发生嗡嗡的响声	可动铁心的制动螺钉或弹簧太松	旋紧制动螺钉，调整弹簧，旋紧螺钉
焊接电流不稳定（忽大忽小）	动铁心在焊接时位置不稳定	将动铁心调节手柄固定或将动铁心固定
焊接电流过小	1. 焊接导线过长，电阻大 2. 焊接导线盘成盘形，电感大 3. 电缆线有接头或与焊件接触不良	1. 减小导线长度或加大线径 2. 将导线放开，不要盘成盘形 3. 使接头处接触良好
焊机输出电流反常（过小或过大）	1. 电路中起感抗作用的线圈绝缘损坏时，引起焊接电流过大 2. 铁心磁回路中由于绝缘损坏产生涡流，引起焊接电流变小	检查电路或磁路中的绝缘情况，排除故障

(二) 晶闸管式弧焊整流器的维护及故障排除

晶闸管式弧焊整流器的日常维护工作基本上与硅弧焊整流器相同，但特别要注意电子元器件的保护，以及保证电子线路能在清洁、干燥的环境中运行。

晶闸管式弧焊整流器常见故障及排除方法见表5-8。

表5-8 晶闸管式弧焊整流器常见故障及排除方法

故　障	可能产生的原因	排　除　方　法
焊机外壳带电	1. 电源线误碰机壳 2. 变压器、电抗器、电源开关及其他电器元件或接线碰箱壳 3. 未按接地线或接触不良	1. 检查并消除碰壳处 2. 消除碰壳处 3. 接妥接地线
不能起弧即无焊接电流	1. 焊机的输出端与焊件连接不可靠 2. 变压器二次线圈匝间短路 3. 主回路晶闸管（6只）其中几个不触发导通 4. 无输出电压	1. 使输出端与焊件连接 2. 消除短路处 3. 检查控制线路触发部分及其引线，修复之 4. 检查并修复之
焊接电流调节失灵	1. 三相输入电源其中一相开路 2. 近、远控选择与电位器不相对应 3. 主回路晶闸管不触发或击穿 4. 焊接电流调节电位器无输出电压 5. 控制线路有故障	1. 检查并修复之 2. 使其对应 3. 检查并修复之 4. 检查控制线路给定电压部分及引出线 5. 检查修复之
无输出电流	1. 熔断丝（器）熔断 2. 风扇不转或长期超载，使整流器内温升过高，从而使温度继电器动作 3. 温度继电器损坏	1. 更换熔断丝（器） 2. 修复风扇，使整流器不要超载运行 3. 更换之
焊接时焊接电弧不稳定，性能明显变差	1. 线路中某处接触不良 2. 滤波电抗器匝间短路 3. 分流器到控制箱的两根引线断开 4. 主回路晶闸管其中一个或几个不导通 5. 三相输入电源其中一相开路	1. 使接触良好 2. 消除短路处 3. 应重新接上 4. 检查控制丝路及主回路晶闸管，修复之 5. 检查修复之
噪声变大振动变大	1. 风扇风叶碰风圈 2. 风扇轴承松动或损坏 3. 主回路晶闸管不导通或击穿 4. 固定箱壳或内部的某紧固件松动 5. 两组晶闸管输出不平衡	1. 整理风扇支架使其不碰 2. 修理或更换 3. 检查控制线路，修复之 4. 拧紧紧固件 5. 调整触发脉冲，使其平衡
焊机内出现焦味或主电源熔断丝（器）熔断	1. 主线路部分或全部短路 2. 主回路有晶闸管击穿短路 3. 风扇不转或风力小	1. 修复线路 2. 检查阻容保护电路接触是否良好，更换同型号同规格的晶闸管元件 3. 修复风扇
风扇不转或风力很小	1. 熔断丝（器）熔断 2. 风扇电动机绕组断线 3. 风扇电动机起动电容接触不良或损坏 4. 三相输入其中一相开路	1. 更换熔断丝（器） 2. 修复电动机 3. 使接触良好或更换电容 4. 检查修复之

复习题

1. 对焊条电弧焊焊机有哪些基本要求？为什么？
2. 简要说明常用弧焊变压器的构造、工作原理和焊接电流的调节方法。
3. 简述硅弧焊整流器的组成及其作用。
4. 简述晶闸管式弧焊整流器的组成。
5. 晶闸管式弧焊整流器有哪些主要特点？
6. 简述弧焊逆变器的基本组成。
7. 弧焊逆变器的变流过程是怎样形成的？
8. 试举出生产中常见弧焊电源的一些故障，并分析其产生原因及排除方法。

第六章 埋 弧 焊

埋弧焊是电弧在焊剂层下燃烧进行焊接的方法。本章主要介绍埋弧焊的自动调节原理、常用设备及焊接材料与焊接工艺等。

第一节 埋弧焊概述

一、埋弧焊过程原理及特点

（一）埋弧焊过程原理和焊缝的形成

1. 埋弧焊过程原理　埋弧焊是利用焊丝与焊件之间在焊剂层下燃烧的电弧产生热量，熔化焊丝、焊剂和母材金属而形成焊缝，以达到连接被焊工件的目的。在埋弧焊中，颗粒状焊剂对电弧和焊接区起保护和合金化作用，而焊丝则用作填充金属。

埋弧焊的焊接过程如图 6-1 所示。焊剂 7 由软管 6 流出后，均匀地堆敷在装配好的焊件 8 上，堆敷高度一般约 40 ~ 60mm。焊丝 9 由送丝机构送进，经导电嘴中送往焊接电弧区。焊接电源的两极，分别接在导电嘴和焊件上。而送丝机构、焊丝盘、焊剂漏斗和操纵盘等全部都装在一个行走机构——焊车（也有称焊机小车）上。在设置好焊接参数后，焊接时按下起动按钮，焊接过程便可自动进行。

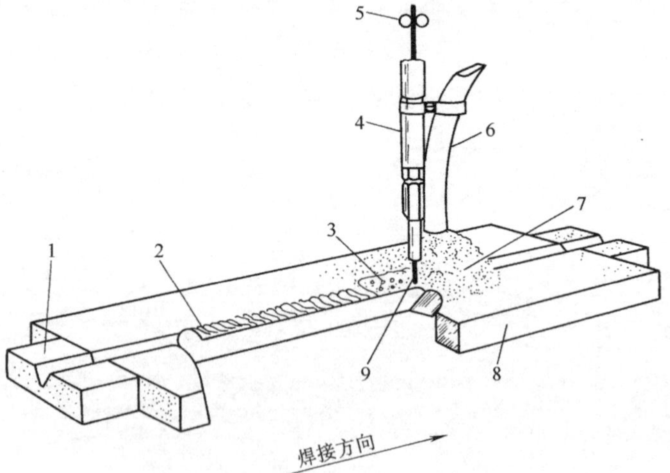

图 6-1　埋弧焊的焊接过程

1—引出板　2—焊缝　3—焊渣　4—导电嘴　5—送丝轮
6—焊剂软管　7—焊剂　8—焊件　9—焊丝

2. 埋弧焊焊缝的形成　埋弧焊焊缝的形成过程如图 6-2 所示。焊丝 1 末端和焊件 7 之间产生电弧 2 后，电弧的辐射热使焊丝末端周围的焊剂 5 熔化，有部分被蒸发，焊剂蒸气将电弧周围的熔化焊剂——熔渣 4 排开，形成一个封闭空间，使电弧与外界空气隔绝，电弧在此空间内继续燃烧，焊丝便不断地熔化，并以滴状落下，与焊件被熔化的液态金属混合形成焊接熔池3。随着焊接过程的进行，电弧向前移动，焊接熔池也随之冷却而凝固，形成焊缝6。密度较小的熔渣浮在熔池的表面，冷却后成为渣壳8。

埋弧焊与焊条电弧焊的主要区别在于，前者在引弧、维持电弧稳定燃烧、送进焊丝、电弧的移动以及焊接结束时填满弧坑等动作全部都是利用机械化自动进行的。

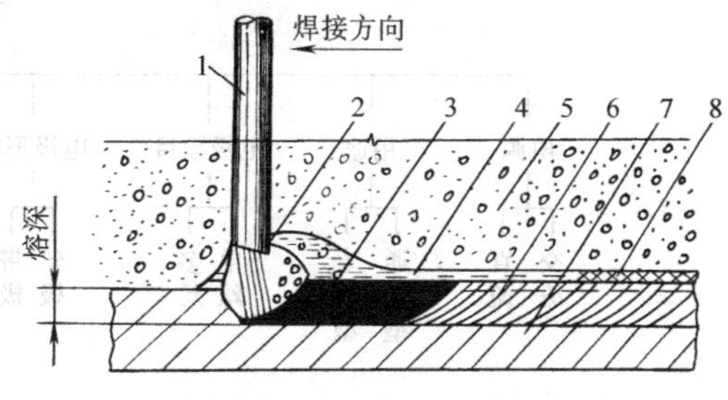

图6-2　埋弧焊焊缝的形成过程

1—焊丝　2—电弧　3—熔池金属　4—熔渣　5—焊剂　6—焊缝　7—焊件　8—渣壳

（二）埋弧焊的特点

1. 埋弧焊的优点

（1）生产率高　首先，埋弧焊可以采用较短的焊丝伸出长度，并可在焊接过程中基本保持不变，焊丝以较高的速度可自动给送，因此可以采用大电流进行焊接，从而可达到相当高的熔敷率。埋弧焊的熔敷率比焊条电弧焊高1～10倍。其次，埋弧焊是一种高电流密度焊接方法，具有深熔的特点，厚度为16mm的焊件选用I形坡口也能保证焊透。采用双丝或多丝焊时，可进一步提高生产效率。

（2）焊接质量好　埋弧焊时，熔池受到焊剂和焊渣的保护，大大减少了空气中氧、氮气体的影响；焊剂与焊渣的覆盖，又能使焊缝金属缓冷，冶金反应比较充分；由于焊接速度快，使得焊接热影响区尺寸减小，焊接参数稳定，焊缝成分均匀和成形良好。

（3）节省焊接材料和电能　由于焊接热输入较大，焊接时常采用I形坡口，减少了焊缝中焊丝的填充量，节约了焊丝和电能，也节省了加工坡口所消耗掉的金属；同时，由于焊剂的保护，金属的烧损和飞溅明显减少；完全免除了焊条电弧焊中焊条头的损耗等。

（4）焊件变形小　埋弧焊的热能集中，焊接速度快，则焊缝热影响区较小，焊件的变形也就减小。

（5）改善了劳动条件　焊接过程无弧光刺激，易于实现焊接过程的机械化、自动化，改善了焊工的劳动环境，降低了劳动强度。

2. 埋弧焊的缺点

（1）焊接位置受到限制　埋弧焊采用颗粒状焊剂进行保护，一般只能在平焊或横焊位置进行焊接，对焊件的倾斜度亦有严格的限制，否则焊剂和焊接熔池难以保持。其他位置的焊接，则需采用特殊装置来保证焊剂对焊缝区的覆盖和防止熔池金属的流淌。

（2）不便于观察　埋弧焊焊接时不能直接观察电弧与坡口的相对位置，对于要求高的焊件，则需要采用焊缝自动跟踪装置来保证焊接机头的准确位置。

（3）不适合薄焊件的焊接　埋弧焊使用较大电流焊接，故电弧的电场强度较高。焊接电流小于100A时，电弧稳定性较差，因此不适宜焊接薄件。

二、埋弧焊的分类及应用

埋弧焊作为一种高效、优质的焊接方法，在工业生产中得到了广泛的应用。埋弧焊可按电源种类、用途、送丝方式、行走机构、电极形状及数量和自动化程度等进行分类，如图6-3所示。

埋弧焊电源可分为交流、直流两种，应根据使用条件进行电源的选择。交流电源成本低，结构简单可靠，维修方便。但电弧在交流正弦波过零时容易造成熄弧，焊接电流稳定性差，焊接电流越小稳定性越差。且弧焊变压器式交流电源的噪声大。

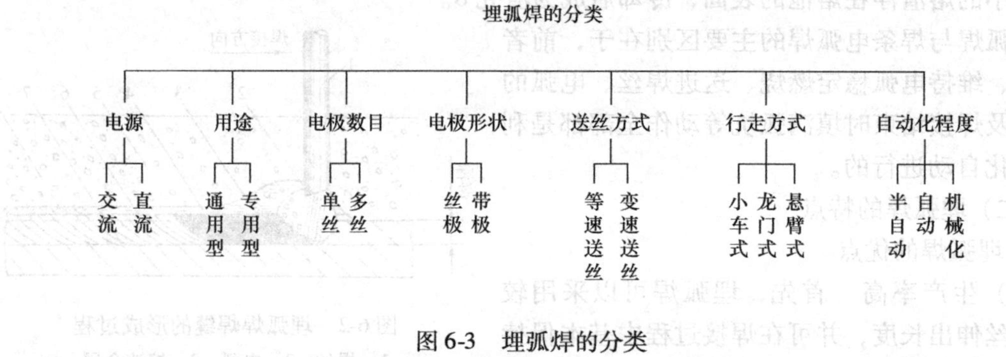

图6-3　埋弧焊的分类

交流电弧焊不会出现直流电弧焊的磁偏吹现象，在某些特殊场合（如窄间隙焊接），为避免磁偏吹现象可选用交流弧焊电源。因此，除工艺上特殊要求外，交流电源多用于大电流埋弧焊和采用直流电弧焊时会产生严重磁偏吹的场合。

直流电源用于焊剂稳弧性差、对焊接参数稳定性要求较高、较小的焊接电流、快速引弧、短焊缝、高速焊的场合。

埋弧焊机按用途可分为通用焊机和专用焊机两种。通用焊机可广泛用于各种结构的对接、角接、环缝和纵缝的焊接，而专用焊机则适合于特定的焊缝和构件的焊接。

按电极数目和形状可分为单丝、多丝及带状电极埋弧焊机。焊接生产应用最广泛的是单丝焊机，为了加大熔深和提高焊接生产效率，多丝埋弧焊（双丝或三丝）得到越来越多的应用。带状电极埋弧焊机主要用于大面积堆焊。

按埋弧焊机送丝方式可分为等速送丝式和变速送丝式两种，前者适用于细丝高电流密度条件的焊接，后者适用于粗丝低电流密度条件的焊接。

按行走方式可分为小车式、龙门式和悬臂式三类。通用埋弧焊机多采用小车式，可适合平板对接、角接及筒体内外环缝的焊接。龙门式行走机构则适用于大型结构件的平板对接、角接。悬臂式焊机适用于大型工字梁、化工容器，锅炉锅筒等圆筒形、球形结构的纵缝和环缝的焊接。

按自动化程度可分为半自动、自动和机械化埋弧焊三种形式。半自动埋弧焊利用手工操作焊枪、机械驱动输送焊丝和焊剂。自动焊完全由设备来完成整个焊接过程，焊接过程中无需焊接操作者调节和监控。机械化埋弧焊是利用焊接设备完成基本的焊接过程，而焊件的就位、起焊、停焊和焊接参数的调整等必须由焊接操作者来完成。

第二节　焊接过程自动化的概念

电弧焊的焊接过程一般包括引燃电弧、焊接、收尾三个阶段。用自动焊接装置完成全部焊接操作的焊接方法，就称为自动焊。

我们知道，无论是焊条电弧焊或者埋弧焊，要保证获得较好的焊接质量，不仅必须正确地选择焊接参数，而且还要保证焊接参数在整个焊接过程中的稳定。焊接参数主要是指焊接电流、电弧电压和焊接速度。本节着重介绍焊接过程电弧电压自动调节的原理。

一、电弧焊接过程调节的必要性

在焊接过程中，要保持焊接电流和电弧电压恒定不变是相当困难的，因为在焊接过程中经常会受到外界的扰动，导致焊接电流和电弧电压偏离预定值。外界扰动是多种多样的，如电网上有大容量用电设备的起动和停止、用电负荷的不均衡等都可能引起电网电压的波动，从而造成焊接电源外特性发生波动。另外坡口加工及装配不均匀、装配定位焊道、环缝焊时筒体椭圆度、送丝机头的振动、电动机转速不稳定等都可能引起弧长变化，从而造成电弧静特性发生波动。从中可见，这些外界扰动最主要的有弧长的变化和网路电压的变化两种。

在实际焊接过程中，焊接电弧的长度是很短的，一般明弧自动焊在 2～5mm，埋弧焊在 4～12mm，如果有 ±1mm 的变化，就可能导致焊接参数发生较大波动。由于网络电压变化时，焊接电源（特别是交流）外特性曲线也随之发生变化，使焊接参数发生波动。在低合金结构钢埋弧焊生产中，要求电弧电压和焊接电流的波动分别不超过 ±2V 和 ±（25～50）A，否则就难以保证焊缝成形和内部质量。因此，对于埋弧焊来说，对电弧长度进行连续的自动调节就显得必不可少了。

实践证明：在一般情况下，弧长干扰对焊接过程稳定性的影响最为严重。因此，通常电弧焊机对焊接参数的调节，都是以消除弧长的干扰为主要目标。目前，电弧焊机按电弧调节方法，可分为电弧自身调节和电弧电压自动（强制）调节两类，并根据这两种不同的调节原理，设计和制造了等速送丝式焊机和电弧电压调节式焊机。等速送丝系统主要用于 ϕ3mm 以下细丝埋弧焊接，电弧电压调节系统主要用于 ϕ3mm 以上粗丝埋弧焊生产。

二、电弧电压调节式焊机的工作原理

电弧电压调节式焊机是根据电弧电压自动（强制）调节的原理设计、制造的。它的基本原理是使送丝速度随弧长的波动而变化，弧长拉长时，电弧电压增加，使送丝速度相应增加，从而使弧长恢复。

1. 电弧电压自动调节系统静特性曲线　图 6-4 是按电弧电压自动调节原理工作的简单线路图。图中送丝电动机 M 是直流他励电动机，它的电枢由直流发电机 G 供电。G 由三相异步电动机拖动，它具有两个磁通方向相反的励磁线圈。其中线圈Ⅰ由外界直流电源供电，并可通过电位器 R_1 调节给定电压 U_{gd}。当直流发电机 G 中只有线圈Ⅰ工作时，直流电动机 M 转动方向使焊丝上抽；线圈Ⅱ由电弧电压供电，它的作用是使焊丝向焊件送进。送丝速度 v_s 如下式所示

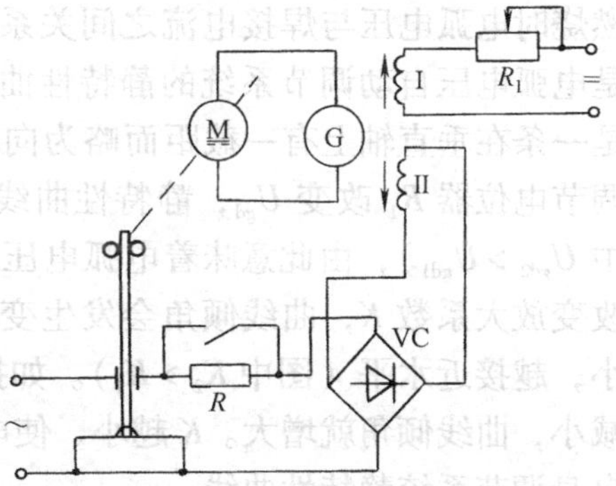

图 6-4　电弧电压自动调节原理图

$$v_s = K\left(U_h - U_{gd}\right)$$

式中　K——电弧电压自动调节系统放大系数。

K 是由直流发电机 G 的性能、直流电动机 M 的性能及送丝机构的传动比、送丝轮的直径等决定的，这种电路结构称为发电机-电动机变速送丝系统。

如果励磁线圈Ⅰ、Ⅱ的合成磁通使焊丝的送进速度等于焊丝的熔化速度，那么，焊接过程稳定。

电弧电压自动调节系统，除发电机-电动机送丝系统以外，国内常见的还有晶闸管送丝系统，如图 6-5 所示，图中电动机有晶闸管整流电源供电，需要在晶闸管触发电路中加入电

弧电压反馈信号 U_h，它从电位器 RP_{13} 中点取出，该反馈控制信号跟从电位器 RP_1 中点取出的给定控制信号 U_{gd} 反极性串联后加在晶闸管触发输入端晶体管 VT_1 的基极，使晶体管 VT_1 的基极电流、VT_2 的集电极电流、晶闸管的导通角，送丝电动机的转子电压和转速都将正比于（$U_h - U_{gd}$），同样有 $V_s = k(U_h - U_{gd})$ 关系，k 为电弧电压自动调节系统放大系数，与发电机-电动机变速送丝系统一样，它反映了调节系统的灵敏度。

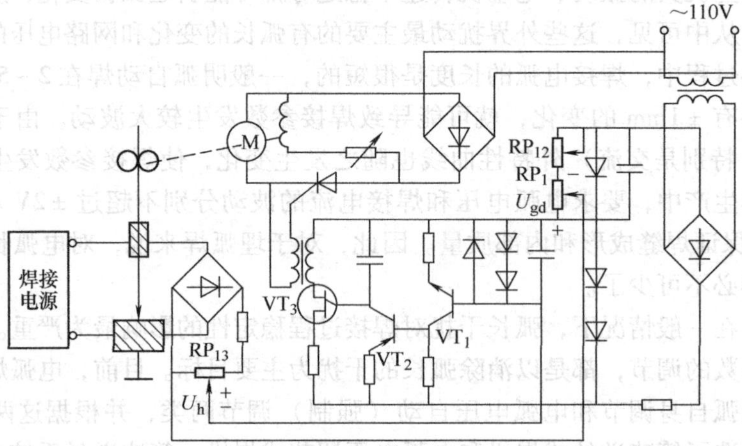

图6-5　晶闸管整流-变速送丝系统

电弧电压自动调节系统静特性曲线可用测定电弧自身调节系统静特性曲线的方法来测定，在给定电压 U_{gd} 不变，改变焊接电源外特性曲线时，这样便可得到一条电弧稳定燃烧时电弧电压与焊接电流之间关系的曲线 A，该曲线就是电弧电压自动调节系统的静特性曲线如图6-6所示。它是一条在垂直轴上有一截距而略为向上倾斜的直线。如果调节电位器 R_1 改变 U_{gd}，静特性曲线将平行移动（图6-6中 $U_{gd2} > U_{gd1}$），由此意味着电弧电压的升高或降低。如果改变放大系数 K，曲线倾角会发生变化，K 越大，倾角越小，越接近水平（图中 $K_2 > K_1$）。如按图6-4线路，将电阻 R 串入电弧电压反馈回路，使 K 减小，曲线倾角就增大。K 越小，使电弧电压自动调节系统的静特性曲线也就越接近于电弧自身调节系统静特性曲线。

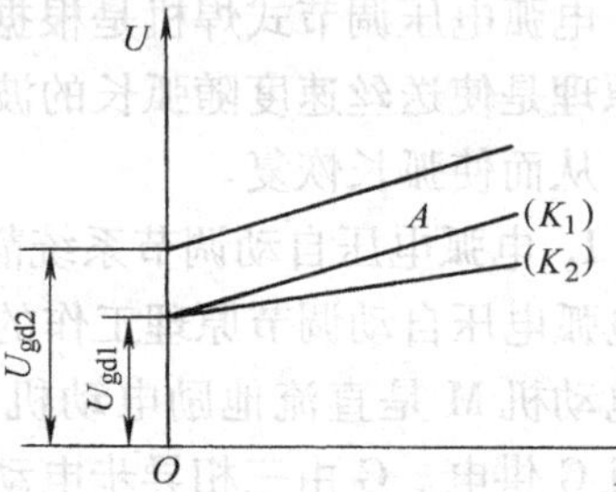

图6-6　电弧电压自动调节系统的静特性曲线

综上所述，电弧电压自动调节系统的静特性曲线是，通过电弧电压自动调节焊机在一定的焊接条件下，可能建立的电弧电压和焊接电流的关系曲线，也即是焊接过程的稳定工作曲线。电弧在该曲线上任一点燃烧时，$v_r = v_s$。而当电弧不在这一曲线上燃烧时，$v_r \neq v_s$，焊接过程不稳定（电弧在曲线左上侧燃烧时，$v_r < v_s$，在曲线右下侧燃烧时，$v_r > v_s$）。

2. 弧长变化时电弧电压的自动调节过程　图6-7是弧长变化时电弧电压自动调节过程的原理图。l_{h0} 为电弧初始稳定燃烧时的静特性曲线，2为焊接电源外特性曲线，A 为电弧电压自动调节系统静特性曲线。O_0 为以上三条曲线的交点，电弧在 O_0 点燃烧时，焊丝的熔化速度等于送丝速度，焊接过程稳定。当弧长突然变短后，电弧的静特性曲线由 l_{h0} 变到 l_{h1}，此

时电弧电压也由 U_{h0} 降到 U_{h1}，电弧的静特性曲线和电弧电压自动调节系统静特性曲线 A 的交点便由原来的 O_0 变为 O_2。此时，由于电弧电压的突然下降，使得（$U_h - U_{gd}$）值减小，由前式可知，送丝速度 v_s 也要急剧减小，甚至会使焊丝上抽。另外，此时电弧的实际燃烧点由 O_0 变到了 O_1，电弧的实际电流 I_{h1} 要比同样弧长为 l_{h1} 时电弧稳定燃烧的电流 I_{h2} 大得多，这就使焊丝熔化速度加快。在上述两种原因的作用下，弧长便逐渐增长，直到恢复到原弧长。在恢复过程中，随着电弧电压的升高，送丝速度也开始回升。当弧长恢复到预定值时，即 $v_s = v_r$，电弧重又在 O_0 点稳定燃烧。从整个调节过程可知，除存在电弧电压自动（强制）调节作用外，也存在着电弧自身调节作用。但因一般自动（强制）调节部分的放大系数 K 都做得足够大，所以，由于电弧电压变化而使送丝速度变化的强制作用比自身调节作用大得多。同时，由于弧长变化而造成电弧自动调节的结果不产生静态误差。

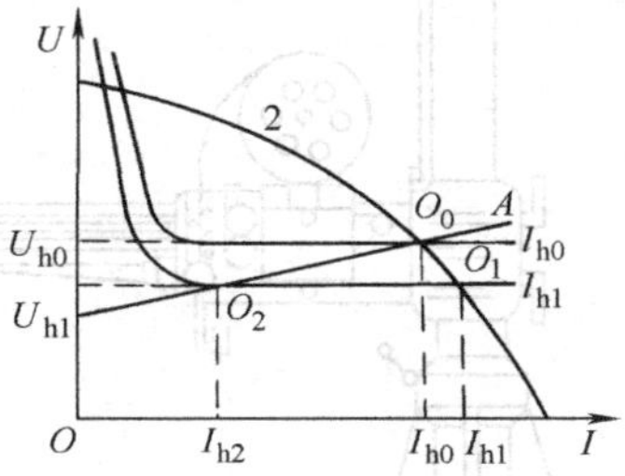

图 6-7 弧长变化时电弧电压自动（强制）调节过程

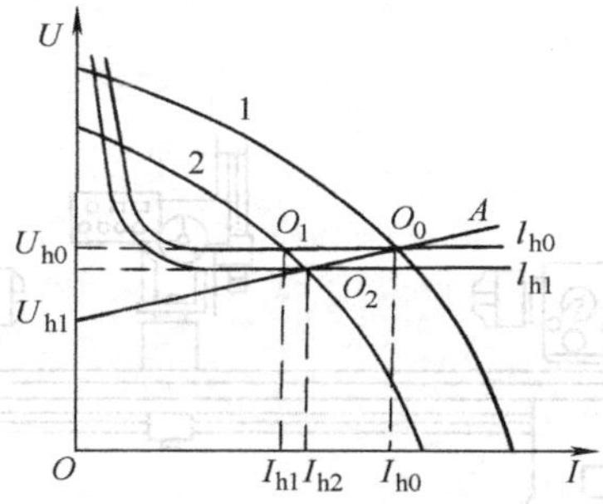

图 6-8 网路电压变化时对电弧电压调节式焊机焊接参数的影响

3. 网路电压变化时对电弧电压调节式焊机工作的影响　当网路电压发生变化（如降低）时，焊接电源外特性曲线如图 6-8 所示，由 1 变到 2。但在此瞬间，电弧长度仍等于原先的弧长 l_{h0}，这时电弧要从 O_0 点移至 O_1 点燃烧，但 O_1 点是在电弧电压自动调节系统静特性曲线 A 的上方，相对于弧压 U_{h0} 的焊接电流由 I_{h0} 下降到 I_{h1}，焊丝熔化速度下降，使电弧长度缩短，即电弧燃烧点沿着焊接电源外特性曲线向下移动。在这个过程中，送丝速度也逐渐下降，直到移动到 O_2 点，此时 $v_r = v_s$，使电弧重新稳定燃烧。

从整个调节过程来看，电弧不会再恢复到原来的稳定工作点 O_0 燃烧，而是在新的燃烧点稳定工作。这时的焊接电流由 I_{h0} 变至 I_{h2}，产生了静态误差，而电弧电压的变化很少。因此，为了防止由于网路电压的变化而引起焊接电流的过大变化，电弧电压调节式自动焊机最好使用具有陡降外特性曲线的焊接电源。

第三节 埋 弧 焊 机

目前在生产中使用的埋弧焊机的类型很多。常用的埋弧焊机有等速送丝式和变速送丝式两种类型。它们一般都由机头、控制箱、导轨（或支架）及焊接电源组成。根据工作需要，埋弧焊机可做成不同的形式。常见的有焊车式、悬挂式、车床式、悬臂式和门架式等，如图 6-9 所示。常用国产埋弧焊机的主要技术数据见表 6-1。

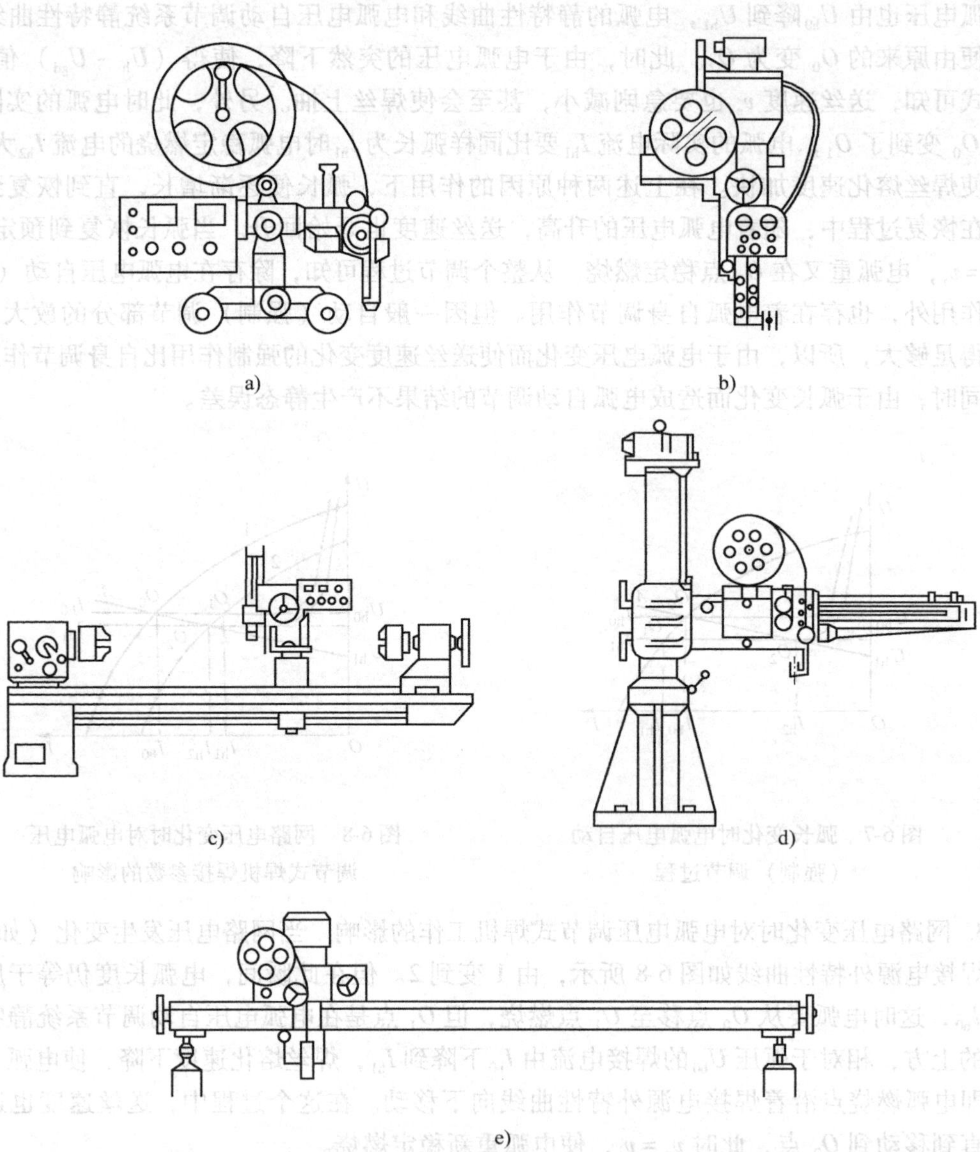

a)　b)　c)　d)　e)

图 6-9　常见埋弧焊行走机构

a）焊车式　b）悬挂式　c）车床式　d）悬臂式　e）门架式

表 6-1　部分国产埋弧焊焊机主要技术数据

型号	MZ—400	MZ—400—1	MZ—1000	MZ—1000—1	MZ—1250	MZ1—1000	MZ9—1000
结构特点	焊车式	焊车式	焊车式	焊车式	焊车式	焊车式	悬臂式单头
送丝方式	等速	变速	等速	变速	等速、变速	等速	等速，变速
焊接电流类型	直流	直流	直流	直流	直流	交、直两用	直流
送丝速度调节方法	晶闸管调速	—	—	—	晶闸管无级调速	换齿轮	—
送丝速度/(m/h)	100 ~ 450	100 ~ 450	30 ~ 120	30 ~ 120	27.5 ~ 225	52 ~ 403	30 ~ 120

（续）

型号	MZ—400	MZ—400—1	MZ—1000	MZ—1000—1	MZ—1250	MZ1—1000	MZ9—1000
焊接电流/A	80～480	—	400～1000	200～1000	250～1250	直流 200～1000 交流 400～1000	100～1000
焊丝直径/mm	1.6,2.0	—	3～6	3～6	3～6	1.6～5	3～6
焊接速度/(m/h)	15～75	15～75	15～70	15～70	15～90	16～126	6～48
常用电源	ZX—400	—	ZX—1000	ZX—1000	ZD5—1250	BX2—1000 ZX—1000	ZX—1000
额定电流/A	400	400	1000	1000	1250	1000	1000
额定负载持续率(%)	60	60	60	60	60		
空载电压/V	80		≥80	90/80	55		80～90
工作电压/V	20～40		40	24～44	44	44	
用途	薄板，对接、搭接、角接焊缝、筒体环缝和纵缝		对接焊缝、角焊缝	各种坡口的对接焊缝、搭接焊缝和角焊缝	对接、搭接、T 形接头，碳钢、低合金钢、不锈钢和耐热钢	对接、搭接，船形焊缝，容器的环缝和直缝	焊接内径大于 1.5m 的大型导管、容器、油罐、锅炉内外纵（环）缝，可焊坡口深 200mm 的对接焊缝

一、MZ—1000 型埋弧焊机

目前国内使用最普通的埋弧焊机是 MZ—1000 型的，它是一种变速送丝式埋弧焊机。这种埋弧焊机适合于水平位置或与水平面倾斜不大于 15°的各种坡口的对接、角接和搭接接头的焊接，也可借助焊接滚轮架焊接圆筒形焊件的内外环缝。

MZ—1000 型埋弧焊机当使用交流电源时主要由自动焊接小车、控制箱和焊接电源三部分组成，相互之间由焊接电缆和控制电缆连接在一起。当使用直流电源时，控制箱与焊接小车上控制盒成为一体装在焊车上。锅炉、压力容器等很多制造厂主要采用直流电源。

图 6-10 为某公司生产的 MZ—1000 型焊机小车，其他各制造厂型号同为 MZ—1000 型，在结构上、外形上不完全相同。

（一）自动焊车

MZ—1000 型埋弧焊机小车由送丝机构、焊接行走小车、焊接机头调整机构、控制盒（箱）、导电嘴、焊丝盘和焊剂漏斗等部分组成。焊机小车的外形结构，如图 6-10 所示。

1. 送丝机构　包括送丝电动机及传动系统、送丝滚轮和矫直滚轮等，它应能可靠地送进焊丝并具有较宽的调速范围，以保证电弧稳定。

送丝滚轮一般有三种结构形式，如图 6-11 所示。带齿的两种结构用于双主动滚轮驱动方式的送丝机构，适用焊丝直径为 3mm 以上的粗丝焊。无齿带 V 形槽的送丝轮用于单主动滚轮驱动方式的送丝机构，适用于焊丝直径为 3mm 以下的细丝焊。

焊丝矫直过程如图 6-12 所示。通过调节送丝压力，以适应不同直径焊丝的需求。送丝

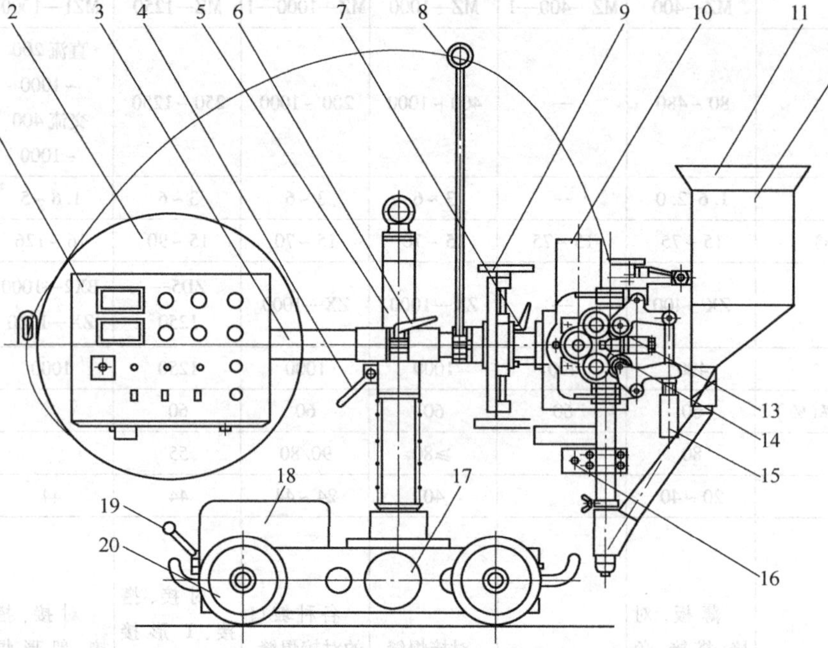

图6-10　MZ—1000型埋弧焊机小车

1—控制箱　2—焊丝盘　3—横梁　4—可调位紧固手柄（A）　5—立柱　6—可调位紧固手柄（B）　7—可调位紧固手柄（C）　8—导丝架　9—升降拖动手轮　10—送丝电动机　11—焊剂斗滤网　12—焊剂斗　13—送丝轮　14—矫直轮　15—压力调节手柄　16—导电板　17—横向位移动手轮　18—行车电动机　19—离合器　20—行车轮

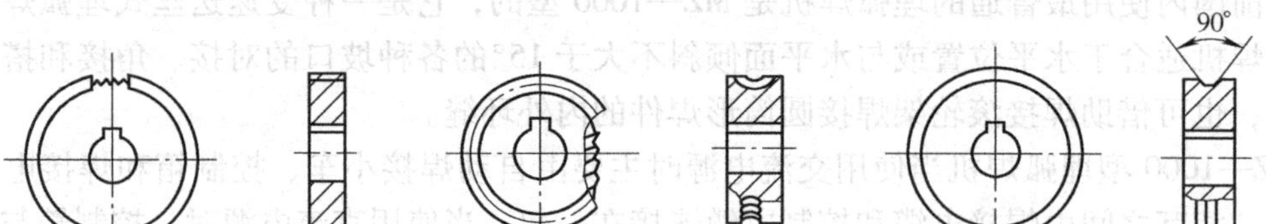

a)　　b)　　c)

图6-11　送丝轮常见机构

a）带齿平顶　b）带齿弧形槽　c）无齿带V形槽

压力的调整应适中，过松容易打滑，使焊丝无法送进或送丝不连贯造成电弧电压不稳定，影响焊接效果；过紧，易使焊丝送进不顺畅，同时加大送丝轮、导电嘴等损耗部件的磨损。另外，还可能对送丝电动机造成损伤，影响送丝电动机的使用寿命。所以送丝压力的调整应以焊丝能够正常送进而不打滑为准。

2. 焊车行走小车　包括行走电动机及传动系统、行走轮及离合器等，行走轮一般采用橡胶绝缘轮，以免焊接电流经车轮而短路。离合器合上时焊接小车由电动机拖动，脱离时可用手推动。

3. 机头调整机构　包括机头上下、前后倾角、侧向倾角、焊丝矫直、伸出长度调节、

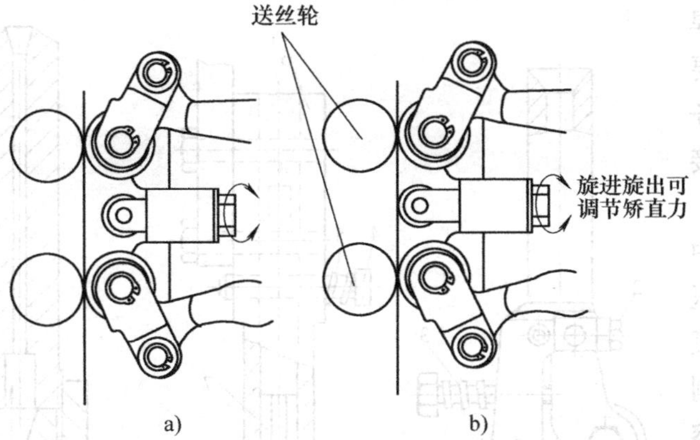

图 6-12 焊丝矫直
a) 矫直力过小 b) 矫直力适当 c) 矫直力过大

焊剂下药的流畅性、跟踪等内容。通过调整，可使埋弧焊焊接小车轻易地适用于横角焊缝、船形焊、上坡焊、下坡焊等多种焊接位置。机头前后倾角调整如图 6-13 所示。焊丝伸出长度的调整可通过手轮调整垂直拖板来完成，一般，焊丝伸出长度约为焊丝直径的 5～10 倍，如图 6-14 所示。机头侧向倾角可逆时针旋松止停螺母，形成焊接时所需的焊枪倾角。

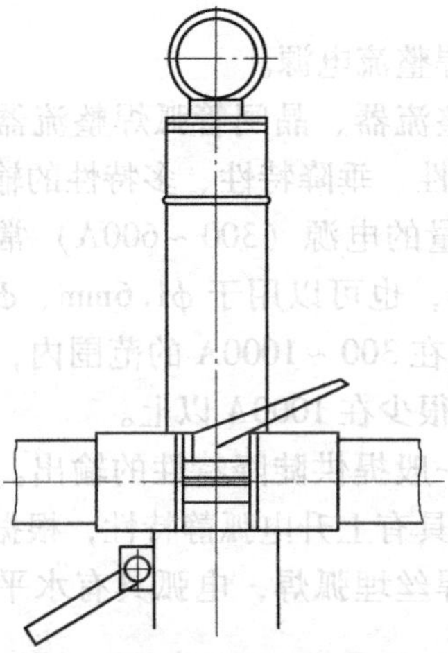

图 6-13 机头的前后倾角调整

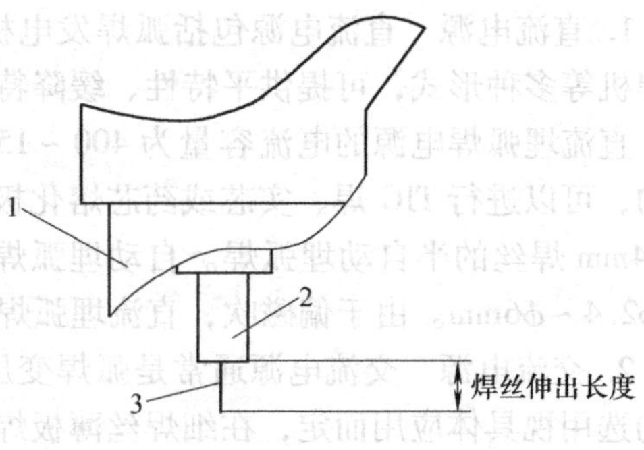

图 6-14 焊丝伸出长度调整
1—焊剂漏斗 2—导电嘴 3—焊丝

4. 导电嘴 图 6-15 为埋弧焊常用的三种类型的导电嘴。其中偏心式（管式）用于细焊丝，偏心式安装的导电嘴利用焊丝在进入导电嘴前的弯曲产生必要的接触压力来确保接触导电。滚轮式、夹瓦式均利用螺钉压紧弹簧产生接触压力，适用于焊丝直径为 3mm 以上的粗丝。夹瓦式的应用效果较好，焊丝送进方向稳定，使用寿命长。

（二）控制系统

通用小车式埋弧焊机的控制系统由送丝与行走驱动控制、引弧和熄弧程序控制、电源输出特性控制以及配套的辅助电路（转台、变位机）的电气联动等部分组成。对于龙门式、悬臂式专用自动埋弧焊机还可以包括横臂伸缩、升降、立柱旋转、焊剂回收等控制装置。

埋弧焊时，电弧长度、焊接电流及焊接速度是三项重要的焊接参数，控制系统的任务是使这些参数稳定，确保焊接质量。

在埋弧焊数字控制系统中普遍采用焊接电流、电弧电压和焊接速度的数字显示。埋弧焊数字控制系统能精确地控制焊接参数，保证焊缝熔深，熔宽均匀。但是其不足之处是数字控制系统只能与数字控制的电源兼容。

（三）焊接电源

MZ—1000 型埋弧焊机可配备交流或直流电源。配备交流电源时，一般采用 BX2—1000 型同体式弧焊变压器；配备直流电源时，可采用 ZX—1000R 型或 ZD5—1250 型硅弧焊整流电源。

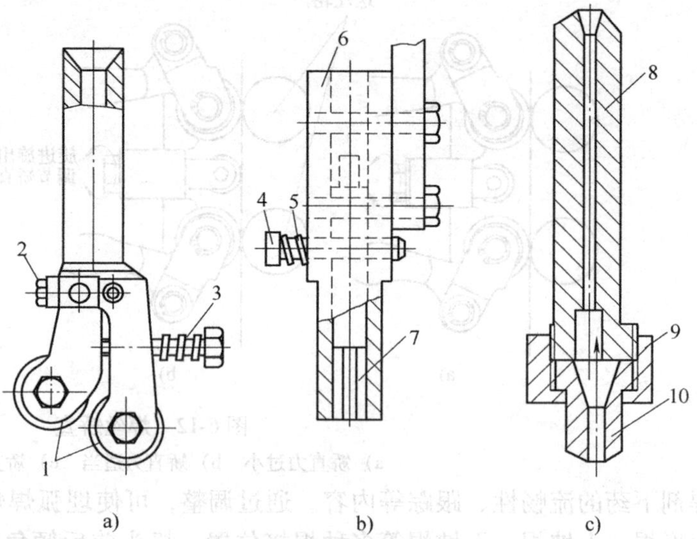

图 6-15　导电嘴结构示意图

a）滚轮式　b）夹瓦式　c）管式

1—导电滚轮　2、4—旋转螺钉　3、5—弹簧　6—接触夹瓦　7—可换衬瓦　8—导电杆　9—螺母　10—导电嘴

1. 直流电源　直流电源包括弧焊发电机、硅弧焊整流器、晶闸管弧焊整流器和逆变式弧焊机等多种形式，可提供平特性、缓降特性、陡降特性、垂降特性、多特性的输出。

直流埋弧焊电源的电流容量为 400～1500A。小容量的电源（300～600A）常常是多功能的，可以进行 TIG 焊、实芯或药芯熔化极气体保护焊，也可以用于 ϕ1.6mm、ϕ2.0mm 或 ϕ2.4mm 焊丝的半自动埋弧焊。自动埋弧焊的焊接电流在 300～1000A 的范围内，采用的焊丝 ϕ2.4～ϕ6mm。由于偏磁吹，直流埋弧焊的焊接电流很少在 1000A 以上。

2. 交流电源　交流电源通常是弧焊变压器类型，一般提供陡降特性的输出。电源外特性的选用视具体应用而定，在细焊丝薄板焊接时，电弧具有上升电弧静特性，根据前面电弧调节系统的介绍，采用平特性电源；而对于一般的粗焊丝埋弧焊，电弧具有水平电弧静特性，应采用下降外特性电源。

一般交流电源输出为陡降特性，在极性换向时，输出电流下降到零，反向在引弧要求空载电压较高。为了利于引弧，埋弧焊的交流电源空载电压一般都高于 80V，同时使用交流电源进行埋弧焊时对焊剂的要求较高，一般适合直流埋弧焊的焊剂不一定适合交流埋弧焊。采用交流电源时，焊丝熔敷率及焊缝熔深介于直流正接和直流反接之间，而且电弧的磁偏吹最小，因此交流电源多用于大电流埋弧焊和采用直流磁偏吹严重的场合。

埋弧焊通常是高负载持续率、大电流的焊接过程，所以一般埋弧焊焊机都具有大电流、100% 负载持续率的输出能力。表 6-2 为单丝埋弧焊常用的电源类型。

二、埋弧焊机的维护及故障排除

为保证焊接过程正常进行，提高生产效率和焊接质量，延长焊机的使用寿命，减少事故的发生及维修的工作量，应正确使用焊机并对焊机进行经常性的保养维护，建立和实行必要的保养制度，使其处于良好的工作状态。

表 6-2 单丝埋弧焊常用的电源类型

埋弧焊方法	焊接电流/A	焊接速度/（cm/min）	电源类型
自动焊	300～500	>100	直流
	600～900	38～75	交流、直流
	1200 以上	12.5～38	交流

使用自动焊设备，应熟悉设备的构造和性能，以便对焊接过程中可能出现的一些故障，及时自行检查和排除，这对于一个熟练的焊工来说，是完全必要的，否则便只能停工待修而影响生产。

焊机必须根据设备说明书进行安装，外接网路电压应与设备的要求电压相一致，外部电气线路的安装要符合规定。外接电缆要有足够的容量（粗略按 5～7A/mm^2 计算）和良好的绝缘，连接部分的螺母要拧紧，带电部件的绝缘情况要经过检查。焊接电源、控制箱、焊机的接地线要可靠。注意电动机的转向是否正确。若用直流焊接电源时，要注意电表和电极的极性不要接反。线路接好后，先检查一遍接线是否完全正确，再通电检查各部分的动作是否正常。以免造成设备事故，影响生产，甚至影响人身安全。焊机要保证在使用过程中各活动部分的动作自如，因此要经常保持焊机的清洁，特别是机头部分的清洁，避免焊剂、渣壳的碎末阻塞活动部件，以免影响正常工作和增加机件的磨损。

埋弧焊机常见故障和排除方法见表 6-3。

表 6-3 埋弧焊机常见故障及处理方法

故 障 现 象	可能产生的原因	处理方法
1. 电源开关接通后指示灯不亮	1. 电源开关损坏 2. 熔丝断或松开 3. 电源未接通或断线 4. 指示灯坏	1. 修复或更换 2. 更换新熔丝管 3. 接通电源 4. 更换指示灯
2. 通电后，送丝电动机行走，熔丝易熔断	焊接电源 ZD5—1000 型中变压器低压端有接地线	拆除该接地线
3. 电源接触良好，按焊丝向上/向下按钮时送丝不动作，或送丝电动机只上不下或只下不上	1. 送丝电动机电枢电源不通或熔丝熔断 2. 触发线路中元件损坏或虚焊 3. 送丝晶闸管损坏 4. 送丝电动机电刷接触不良 5. 送丝电动机励磁供电不正常 6. 送丝按钮开关或继电器触点接触不良 7. 电枢或磁场绝缘损坏电压串入控制系统，击穿元件。尤其是送丝电动机积碳过多使刷架与端盖绝缘关系	1. 接通电枢电压或更换熔丝 2. 检查线路板元件 3. 更换元件 4. 修复或调换 5. 修复电动机绝缘及损坏元件 6. 检查更换 7. 检查修复

（续）

故 障 现 象	可能产生的原因	处理方法
4. 点动焊丝上下有动作，按启动按钮后行走，无送丝，不能引弧	1. 送丝速度不正常，送丝电动机有故障 2. 送丝晶闸管有损坏或送丝回路触发部分不正常	1. 检查并修复 2. 调换新元件
5. 线路工作正常，但送丝不均匀，电弧不稳定	1. 焊接参数不正常 2. 送丝压轮松。打滑 3. 送丝轮磨损过多 4. 导电嘴与焊丝接触不好 5. 焊丝未清理 6. 焊接电流回路有连接点接触不好 7. 焊丝盘内焊丝拉出时阻力大 8. 电源网络波动太大，或三相不平衡 9. 焊丝输送机构有故障，如压紧轮卡住不动	1. 调整焊接参数 2. 调整压紧滚轮 3. 调换新滚轮 4. 清理导电嘴或调换 5. 清理焊丝 6. 紧固各接点螺钉以及改善焊接件接触 7. 重盘焊丝 8. 检查原因并改善 9. 检查并排除之
6. 焊丝不动作或行走不正常	1. 送丝电动机电枢电流不通或熔断丝，碳刷接触不良 2. 电路板元件损坏或虚焊 3. 行走部分晶闸管损坏 4. 行走电动机磁场供电不正常 5. 行走开关损坏或置于“停”机位置	1. 检查修复 2. 调换并修复 3. 调换元件 4. 检查并修复 5. 检查并修复
7. 焊接过程中有时会突然中断	1. 电源中进线三相中缺相 2. 电缆接头接触不良 3. 控制变压器电压不正常 4. 线路板故障	检查、修复或更换
8. 焊接过程中无法启动，风扇声音异常	1. 电源进线三相中缺相 2. 电源中继电器损坏 3. 电源主接触器损坏 4. 控制箱中继电器损坏 5. 控制变压器供电不正常	1. 检查、修复 2. 更换元件
9. 停焊后电源不能关闭，导电嘴与焊件有空载电压	1. 电源中触点粘连 2. 控制箱中触点粘连	1. 检查、修复 2. 更换元件

第四节 焊接材料

一、焊丝

埋弧焊使用的焊丝有实芯焊丝和药芯焊丝两类，生产中普遍使用的为实芯焊丝。药芯焊丝只有在某些特殊场合才会使用，焊丝品质随所焊金属的不同而不同。目前常用的标准有GB/T 14957—94《熔化焊用钢丝》、YB/T 5092—2005《焊接用不锈钢丝》，焊接锅炉压力容器时，还需要遵守NB/T 47018—2011《承压类设备用焊接材料订货技术条件，第三部分

《埋弧焊钢焊丝和焊剂》，和第五部分《堆焊用不锈钢焊带和焊剂》。

为焊接不同厚度的钢板，可将同一牌号的焊丝加工成各种不同的直径。埋弧焊常用焊丝规格有2mm、3mm、4mm、5mm、6mm等几种。

焊丝在控制成形后，应妥为保存，注意防锈和防蚀，必要时镀上防锈层（如铜），但对于耐腐蚀和核电焊接用的焊丝是不允许镀铜的，使用前应去锈去油污。

二、焊剂

1. 焊剂的作用及对焊剂的要求　焊剂的作用与焊条药皮有相似之处，在焊接过程中，熔化了的焊剂与液态金属之间进行着复杂的冶金反应（主要是氧化和还原），但这种反应的激烈程度已远远超过了焊条电弧焊时药皮熔渣与熔池金属的反应。在埋弧焊中，由于电弧高温的作用，有的元素被烧损或蒸发，为了减少或补偿元素的损失，保证焊接过程的稳定以及焊缝的良好成形和高质量，焊剂必须满足下列要求：

1）能保证电弧稳定地燃烧。

2）保证焊缝金属能获得所需的化学成分和力学性能。

3）能有效地脱硫、磷，对油、锈的敏感性小，不致使焊缝中产生裂纹和气孔。

4）焊接时无有害气体析出。

5）有合适的熔化温度及高温时有适当的粘度，以利于焊缝有良好的成形，凝固冷却后有良好的脱渣性。

6）不易吸潮和颗粒有足够的强度，以保证焊剂的多次使用。

2. 焊剂的分类　焊剂的分类方法有多种，最常见的有按制造方法分：熔炼焊剂、非熔炼焊剂；按用途分：可分为低碳钢焊剂、合金钢焊剂和有色金属焊剂；按结构分：可分为玻璃状焊剂和浮石状焊剂；按熔渣的粘度分：可分为长渣焊剂和短渣焊剂；按化学特性分：可分为酸性焊剂和碱性焊剂；按化学成分分：可分为高锰焊剂、中锰焊剂等。

所谓熔炼焊剂就是先将焊剂原材料按不同的熔炼方式（火焰或电弧加热）加工成不同的颗粒，例如在火焰炉中熔炼是用粉末状原料；在电炉里熔炼的矿石加工成不大于50mm直径的颗粒。然后按配方配制原材料进行加热熔化，一般加热温度达1555～1600℃。然后再将熔炼好的焊剂倒入低于20℃的水中，使焊剂形成颗粒状（湿法）；或利用压缩空气将熔化的焊剂吹成小粒（干法，适用于短渣焊剂）；也可将干、湿法联合应用，将焊剂制成粒状。经水粒化后的焊剂应烘干，烘干温度为250～300℃，烘干后水分质量分数不应超过0.1%。

非熔炼焊剂就是将焊剂所用粉状配料不经熔炼，而是加入粘结剂后，经造粒和熔烧而成。按熔烧温度不同可以分为粘结焊剂和烧结焊剂。粘结焊剂是将一定比例的各种粉状配料加入适量粘结剂，经混合、搅拌、造粒和低温（一般在400℃以下）烘干而制成，又称陶质焊剂或烧结焊剂。烧结焊剂则是将粉料加入粘结剂并搅拌之后经高温（600～1000℃）烧结，然后粉碎、筛选而制成。

非熔炼焊剂由于烧结程度低，可以根据需要加入合金剂、脱氧剂和铁粉等，所以适应性强，制造简单，可以在较大的范围内调节其碱度后仍能保持良好的工艺性能，所以这种焊剂近几年中发展很快，使用也增多。

我国目前对焊剂的分类主要是根据化学成分和制造方法。应用最广的是熔炼焊剂。

3. 焊剂的型号编制　焊剂的型号是按照国家标准划分的，我国的现行GB/T 5293—1999《埋弧焊用碳钢焊丝和焊剂》中规定：焊剂型号的划分原则是依据埋弧焊焊缝金属的力学性能、热处理状态。

焊剂型号的表示方法如下：尾部的“H×××”表示焊接试板时与焊剂匹配的焊丝牌号，按GB/T 14957—1994《熔化焊用钢丝》的规定选用。

实例：F4A2—H08A表示为埋弧焊用焊剂，采用H08A焊丝，按照GB/T 5293—1999所规定焊接参数焊接试件，其试件为焊态时焊缝金属的抗拉强度为415～550MPa，屈服强度不小于330MPa，断后伸长率不小于22%，在-20℃时冲击吸收功不小于27J。

焊剂的型号除GB/T 5293标准规定以外，还有GB/T 12470—2003《埋弧焊用低合金钢焊丝和焊剂》及GB/T 17854—1999《埋弧焊用不锈钢焊丝和焊剂》等。

4. 焊剂的牌号编制　焊剂的牌号前面加“HJ”两字母，其后面有三位数字。第一位数字表示焊剂中氧化锰的平均含量，见表6-4；牌号的第二位数字表示焊剂中二氧化硅、氟化钙的平均含量，见表6-4；牌号的第三位数字表示同一类型焊剂的不同牌号，按1、2、3、…、9顺序排列。对同一种牌号焊剂生产两种颗粒度，在细颗粒产品后面加一“细”字。熔炼焊剂的牌号举例如下：

HJ　4　3　1　×

- × —— 细颗粒
- 1 —— 编号为1
- 3 —— 高硅低氟〔$w(SiO_2)$〕> 30%，〔$w(CaF_2)$〕< 10%
- 4 —— 高锰〔$w(MnO)$〕> 30%
- HJ —— 焊剂

表6-4　焊剂牌号与氧化锰、二氧化硅、氟化钙的平均含量　（质量分数，%）

牌号	焊剂类型	氧化锰平均含量	牌号	焊剂类型	二氧化硅和氟化钙的平均含量
HJ1××	无锰	MnO<2	HJ×1×	低硅低氟	SiO_2<10　CaF_2<10
HJ2××	低锰	MnO≈2～15	HJ×2×	中硅低氟	SiO_2≈10～30　CaF_2<10
HJ3××	中锰	MnO≈15～30	HJ×3×	高硅低氟	SiO_2>30　CaF_2<10
HJ4××	高锰	MnO>30	HJ×4×	低硅中氟	SiO_2<10　CaF_2≈10～30
HJ5××	陶质型		HJ×5×	中硅中氟	SiO_2≈10～30　CaF_2≈10～30
HJ6××	烧结型		HJ×6×	高硅中氟	SiO_2>30　CaF_2≈10～30
HJ7××	待发展		HJ×7×	低硅高氟	SiO_2<10　CaF_2>30
			HJ×8×	中硅高氟	SiO_2≈10～30　CaF_2>30
			HJ×9×	待发展	

常用熔炼焊剂的牌号见表6-5，常用烧结焊剂牌号见表6-6。

表6-5　常用熔炼焊剂的牌号和用途

牌号	焊剂类型	焊接电源	主要化学成分（质量分数，%）	主要用途
HJ130	无锰高硅低氟	交直流	$SiO_2$35～40　$CaF_2$4～7 CaO10～18　$TiO_2$7～11 $Al_2O_3$12～16　MgO14～19 FeO～2　S≤0.05 P≤0.05	无锰焊剂，配合H10Mn2高锰焊丝或其他低合金钢焊丝，用于焊接低碳钢或低合金结构钢，如Q345等结构

（续）

牌号	焊剂类型	焊接电源	主要化学成分（质量分数,%）	主要用途
HJ172	无锰低硅高氟	直流	$SiO_2$3～6　$CaF_2$45～55 $Al_2O_3$28～35　FeO≤0.8 MnO1～2　R_2O≤3 S≤0.05　P≤0.05 $ZrO_2$2～4　MaF2～3	低硅高氟焊剂，配合适当焊丝，可焊接高铬马氏体热强钢，如15Cr12MoWV及含铌、含钛的铬镍不锈钢
HJ230	低锰高硅低氟	交直流	$SiO_2$40～46　$CaF_2$7～11 CaO8～14　MgO10～14 $Al_2O_3$10～17　FeO≤1.5 MnO5～10　S≤0.05 P≤0.05	低锰焊剂，配合H08MnA、H10Mn2焊丝及其他低合金钢焊丝，焊接低碳钢及低合金钢，如Q345钢等结构
HJ250	低锰中硅中氟	直流	$SiO_2$18～22　$CaF_2$23～30 CaO4～8　MgO12～16 $Al_2O_3$18～23　FeO≤1.5 MnO5～8　R_2O≤3 S≤0.05　P≤0.05	低锰焊剂，配合适当焊丝，焊接低合金高强度钢，如18MnMoNb钢。配合含锰钼钒焊丝，焊接－70℃级的低温钢，如09Mn2V钢
HJ260	低锰高硅中氟	交直流	$SiO_2$29～34　$CaF_2$20～25 CaO4～7　MgO15～18 $Al_2O_3$19～24　FeO≤1.0 MnO2～4　S≤0.07 P≤0.07	低锰焊剂，配合不锈钢焊丝，如H06Cr19Ni10（Cr18Ni9）、H06Cr18Ni9Ti（Cr18Ni9Ti）等，焊接相应牌号的不锈钢结构。也可用于轧辊堆焊
HJ330	中锰高硅中氟	交直流	$SiO_2$44～48　$CaF_2$3～6 CaO≤3　MgO16～20 Al_2O_3≤4　FeO≤1.5 MnO22～26　R_2O≤1 S≤0.08　P≤0.08	中锰焊剂，配合H08MnA及H10Mn2焊丝，焊接重要的低碳钢和低合金钢结构，如锅炉、压力容器等
HJ350	中锰中硅中氟	交直流	$SiO_2$30～35　$CaF_2$14～20 CaO10～18　$Al_2O_3$13～18 FeO≤1.0　MnO14～19 S≤0.06　P≤0.07	中锰焊剂，配合适当焊丝，焊接Mn-Mo、Mn-Si及含镍的低合金高强钢重要结构，如船舶、锅炉、压力容器等
HJ430	高锰高硅低氟	交直流	$SiO_2$38～45　$CaF_2$5～9 CaO≤6　Al_2O_3≤5 FeO≤1.8　MnO38～47 S≤0.10　P≤0.8	高锰焊剂，配合H08A或H08MnA焊丝，焊接重要的低碳钢及部分低合金钢结构，如船舶、锅炉、压力容器、管道等

（续）

牌号	焊剂类型	焊接电源	主要化学成分（质量分数,%）		主要用途
HJ431			$SiO_2$40～44 CaO≤6 Al_2O_3≤4 MnO34～38 P≤0.08	$CaF_2$3～7 MgO5～8 FeO≤1.8 S≤0.06	高锰焊剂，配合H08A及H08MnA焊丝，焊接重要的低碳钢及低合金钢结构，如船舶、锅炉、压力容器等。也可用于铜的焊接和电渣焊

表6-6 常用烧结焊剂的牌号和用途

牌号	主要化学成分（质量分数,%）	主要用途
SJ101	$SiO_2+TiO_2$25、$CaF_2$20 CaO+MgO30 Al_2O_3+MnO25	配合H08MnA、H08MnMoA、H08Mn2MoA、H10Mn2等焊丝，可焊接多种低合金结构钢重要结构，如锅炉压力容器、管道等。特别适合大直径容器双面单道焊
SJ301	$SiO_2+TiO_2$40、$CaF_2$10 CaO+MgO25 Al_2O_3+MnO25	配合H08MnA、H08MnMoA、H10Mn2等焊丝，可焊接低合金结构钢、锅炉用钢等，可多丝快速焊以及大、小直径的钢管焊接
SJ401	$SiO_2+TiO_2$45、Al_2O_3+MnO40 CaO+MgO10	配合H08A焊丝可焊接低碳钢及某些低合金结构钢，如机车车辆、矿山机械等金属结构
SJ501	$SiO_2+TiO_2$30 $CaF_2$5 Al_2O_3+MnO55	配合H08A、H08MnA等焊丝，焊接低碳钢及某些低合金结构钢Q390（15MnV）等，如锅炉、船舶、压力容器等特别适合双面单道焊
SJ502	MnO+$Al_2O_3$30　$CaF_2$5 $TiO_2+SiO_2$45 CaO+MgO10	配合H08A焊丝焊接重要的低碳钢及某些低合金钢结构，如锅炉、压力容器等。焊接锅炉膜式水冷壁焊接速度可达70m/h以上
SJ601	SiO_2+TiO_2 5-10 CaO+MnO 30-40 Al_2O_3+MnO 6-10 CaF 40-50	配合H03Cr21Ni10、H06Cr21Ni10、H08Cr19Ni10Ti等焊丝，实施不锈钢的多层焊

三、埋弧焊焊剂的选择原则

埋弧焊焊剂是保证焊接质量和决定焊缝性能的重要因素之一。正确选择焊剂，可以获得质量符合技术要求的焊缝。

埋弧焊焊剂选择的原则如下：

1）对低碳钢焊接接头的力学性能，接头的抗拉强度必须等于或大于母材标准规定的抗拉强度的下限值，韧性指标则取决于焊接结构的最低工作温度及负载的性质。

2）在低合金结构钢埋弧焊时，为防止冷裂纹的产生，首先应选择碱度较高的低氢型焊剂，其次，为保证接头的强度和韧性不低于母材的相应指标，也应选用硅锰还原反应较弱的高碱度焊剂。

3）不锈钢埋弧焊时，焊剂的选择主要考虑防止合金元素的过量烧损，因此，首先应选用氧化性低的焊剂。

四、焊剂及焊丝的选配

表6-5和表6-6给出了部分焊丝和焊剂的选配，其选配的一般原则如下：

（一）焊剂

1）采用高锰高硅焊剂和低锰（H08A）或含锰（H08MnA）焊丝相配合，常用于低碳钢和低合金高强度钢的焊接。

2）采用低锰或无锰高硅焊剂和高锰焊丝（H10Mn2）相配合，也可用于低碳钢和低合金高强度钢的焊接。

3）强度级别较高的低合金高强度钢要选用中锰中硅或低锰中硅型焊剂。

4）低温钢、耐热钢、耐腐钢等要选用中硅型或低硅型焊剂。

5）铁素体、半铁素体、奥氏体等高合金钢，一般选用碱度较高的熔炼焊剂及烧结、陶质型焊剂，以降低合金元素烧损及添加较多的合金元素。

（二）焊丝

1）对于碳素钢和低合金高强度钢，应保证焊缝的力学性能。

2）对于铬钼钢和不锈耐酸钢等合金钢，应尽可能保证焊缝的化学成分与焊件近似。

3）对于碳素钢与低合金高强度钢或不同强度级的低合金高强度钢之间的异种钢焊接接头，一般可按强度较低的钢材选用抗裂性较好的焊接材料。

第五节　埋弧焊工艺

一、埋弧焊的焊缝形状和尺寸

（一）焊接参数对焊缝形状和尺寸的影响

1. 焊缝形状与焊接参数的一般概念　焊缝形状是对焊缝金属的横截面而言。如图6-16所示，c为焊缝宽度，s为焊缝有效厚度，h为余高。熔焊时，在单道焊缝横截面上，焊缝宽度（c）与焊缝有效厚度（s）的比值（$\varphi = c/s$）称为焊缝成形系数；而熔焊时，被熔化的母材在焊道金属中所占的百分比，称为熔合比（$\gamma = S_B/S_A + S_B$），如图6-17所示。图中S_B和$S_A + S_B$分别为母材熔化的横截面积和焊缝横截面积。

焊缝的成形系数φ，对焊缝内部质量的影响非常大，当φ选择不当时，会使焊缝内部生成气孔、夹渣、裂纹等缺欠。φ值可变动于0.5~10之间。在一般情况下，控制φ值为1.3~2较为合适，这时，对熔池中气体的逸出以及防止夹渣或裂纹等缺欠都是有利的。

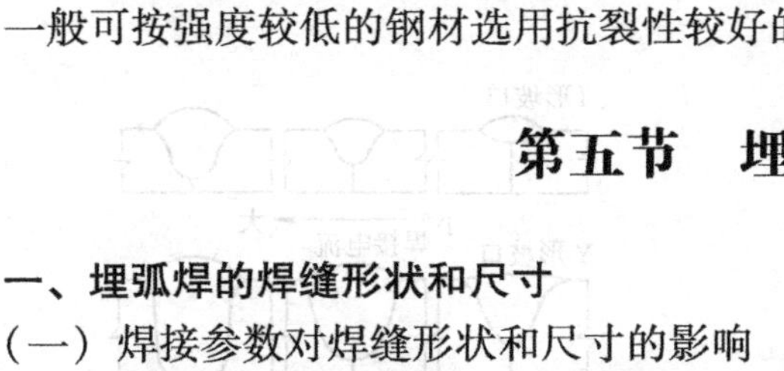

图6-16　各种焊接接头的焊缝形状

图6-17　熔合比

S_B—母材熔化横截面积　S_A—填充金属横截面积

熔合比 γ 主要影响焊缝的化学成分、金相组织和力学性能。由于 γ 的变化反映了填充金属在整个焊缝金属中所占比例发生了变化，这就导致焊缝成分、组织与性能的变化。γ 的数值变化范围较大，一般可在 10% ~85% 的范围内变化。埋弧焊 γ 的变化范围，一般约在 60% ~70%之间。

焊缝成形系数 φ 和熔合比 γ 数值的大小，主要取决于焊接参数。

焊接参数就是指在焊接时为保证焊接质量而选定的诸物理量的总称。对于埋弧焊来说，其主要参数有焊接电流、电弧电压和焊接速度等。另外，如焊丝直径、焊件预热温度等都是焊接参数。

2. 焊接电流对焊缝形状的影响　当其他参数不变，焊接电流变化时，对焊缝宽度 c、焊缝有效厚度 s 和余高 h 的影响规律见图 6-18。当焊接电流增大时，电弧压力增大，对熔池金属的排出作用增强了，使电弧深入接头深处，这样焊缝有效厚度便成正比地增加；此时，由于焊接热输入增加，会使焊缝宽度增加，但因电弧深深潜入熔池，电弧在表面的活动能力减弱，因此，焊缝宽度变化不很大；另外，由于宽度变化不大，焊丝熔化量增加，故余高也增加。若焊接电流过分增加，使焊丝熔化量更大，熔池底部的液态金属反而难于排出，故 s 不再继续增加，甚而有减小的趋势如图 6-19 所示。

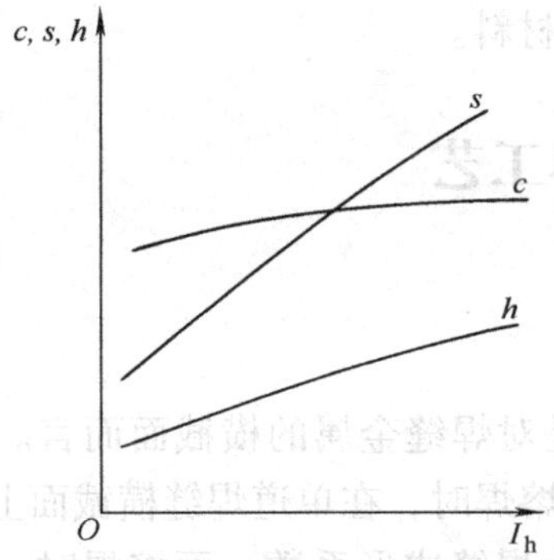

图 6-18　焊接电流对焊缝形状影响的规律

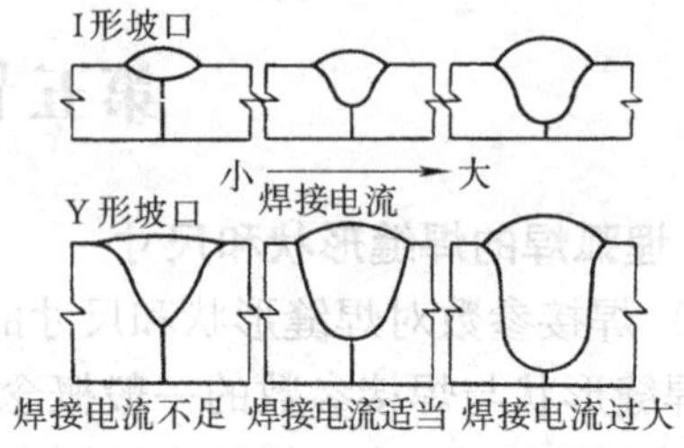

图 6-19　焊接电流变化对焊缝形状的影响

单纯的增大 s，不增加 c，φ 值就小，不利于熔池中气体和夹杂物的逸出和上浮，且对焊缝金属结晶方向也不利。故必须在增大 s 的同时，增大 c，以保证得到合理的焊缝形状。

3. 电弧电压对焊缝形状的影响　当其他参数不变时，电弧电压的变化对焊缝熔宽 c、焊缝有效厚度 s 和余高 h 的影响规律如图 6-20 所示。

随着电弧电压的增加，焊缝熔宽有明显的增加，而 s 和 h 则有所下降。由于电弧电压的增加，实际上就是电弧长度的增加，这样，电弧锥底面积增加，焊件被电弧加热的面积也增加，则焊缝熔宽增加；由于电弧拉长，较多的电弧热量被用来熔化焊剂，因此焊丝的熔化量变化不大，且熔化的焊丝被分配在较大的面积上，故焊缝的余高也相应地减小了；另外，由于电弧锥底面积增加，电弧对熔池底部液态金属的排出作用变弱，熔池底部受电弧热少，故 s 反而会有所减小，如图 6-21 所示。

由此可见，在增加焊接电流的同时，适当地增加电弧电压，对提高焊缝质量是有利的。但单纯过分地增加电弧电压，会使 s 变小，造成未焊透；而且焊剂熔化量大，耗费多；焊缝表面焊波粗糙，脱渣困难，严重时会造成咬边。

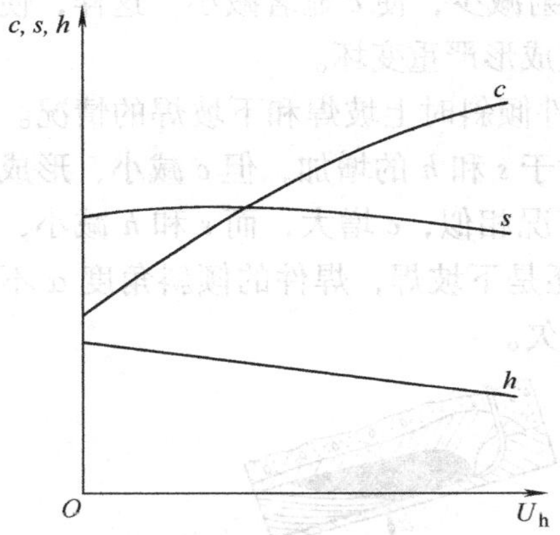

图 6-20　电弧电压变化对焊缝形状的影响规律

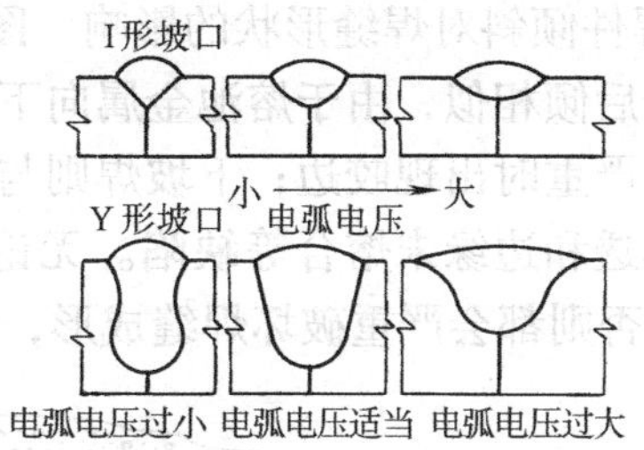

图 6-21　电弧电压变化对焊缝形状的影响

4. 焊接速度对焊缝形状的影响　焊接速度的变化，将直接影响电弧热量的分配情况，即影响热输入数值的大小，并影响弧柱的倾斜程度，这对于焊缝形状的影响是非常显著的。当其他条件不变时，随着焊接速度的增加，焊缝的热输入减小，熔宽 c 明显地变窄。当焊接速度为一般增加时，虽然热输入已减少，但由于电弧向后倾斜角度增加，对熔池底部液态金属的排出作用加强，焊缝有效厚度 s 反而会有所增加。当焊接速度继续增加到超过 40m/h 时，由于热输入减少的影响显著，故 s 即逐渐减小。过分地增加焊接速度会造成未焊透和焊缝边缘的未熔合现象。在这种情况下，将焊丝指向焊接方向倾斜（前倾）适当的角度，对改进焊缝未熔合的情况是有利的。焊接速度变化对焊缝形状的影响如图 6-22 所示。

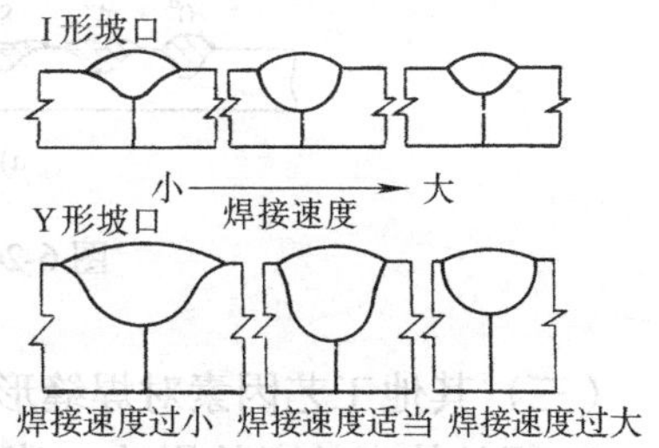

图 6-22　焊接速度对焊缝形状的影响

5. 焊丝直径对焊缝形状的影响　焊丝直径大，电弧的摆动作用随之加强，c 增加，而 s 则稍有下降；当焊接电流不变时，若焊丝的直径越小，电流密度则增加，电弧吹力增加，而摆动减弱，s 也便相应增加。故使用同样大小的焊接电流时，小直径焊丝可以得到较大的 s，或者说为了获得一定的熔池深度，细焊丝只需用较小的焊接电流。

（二）焊丝和焊件倾斜对焊缝形状的影响

1. 焊丝倾斜对焊缝形状的影响　图 6-23 为焊丝前倾和后倾时焊接的情况。由于前倾焊时，电弧指向焊接方向，对熔池前面焊件的预热作用较强，则 c 较大；但因电弧对熔池液态金属的排出作用相应减弱，则使 s 有所减小。后倾一定角度时，电弧对熔池金属的排出作用

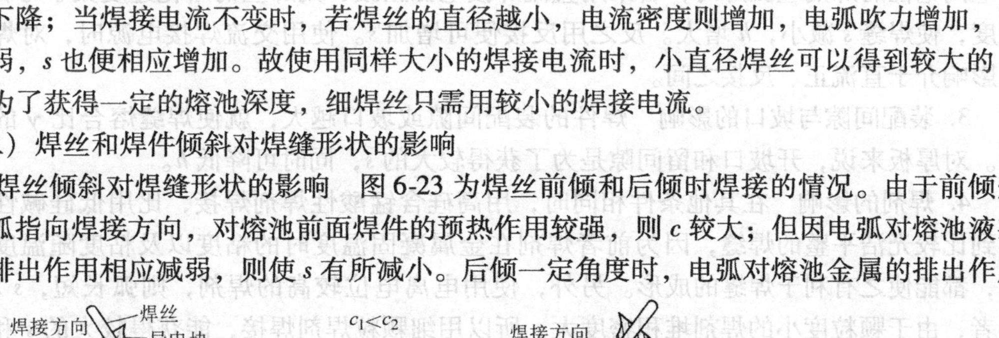

图 6-23　焊丝倾斜情况对焊缝形状的影响

a）后倾　b）前倾

较强，使 s 和 h 均有增加；而熔池表面受到电弧辐射减少，使 c 显著减小，这样，使焊缝成形系数减小，且易造成焊缝边缘未熔合或咬边，使成形严重变坏。

2. 焊件倾斜对焊缝形状的影响　图6-24为焊件倾斜时上坡焊和下坡焊的情况。上坡焊时与焊丝后倾相似，由于熔池金属向下流动，有助于 s 和 h 的增加，但 c 减小，形成窄而高的焊缝，严重时出现咬边；下坡焊则与焊丝前倾情况相似，c 增大，而 s 和 h 减小，这时易造成未焊透和边缘未熔合等缺陷。无论是上坡焊还是下坡焊，焊件的倾斜角度 α 不宜超过6°～8°，否则都会严重破坏焊缝成形，造成焊缝缺欠。

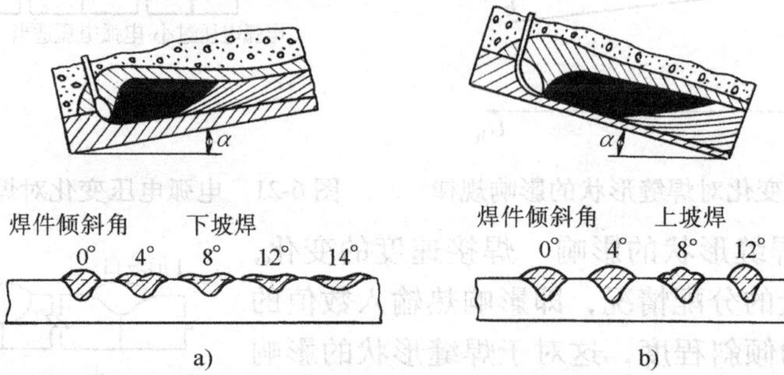

图6-24　焊件倾斜情况对焊缝形状的影响

a）下坡焊　b）上坡焊

（三）其他工艺因素对焊缝形状的影响

1. 焊丝伸出长度的影响　当焊丝伸出长度增加时，电阻也增加，这就增加了电阻热，使焊丝的熔化速度加快，结果使 s 稍有减少，熔合比也有所减少。这对于小于3mm的细直径焊丝影响非常显著，故对其伸出长度的波动范围应加以控制，一般不超过5～10mm。

2. 电流种类和极性的影响　在一般的情况下，电弧阳极区的温度较阴极区高，但在使用高锰高硅含氟的焊剂进行埋弧焊时，电弧空间气体的电离势增加，这样，气体电离后正离子释放至阴极的能量也增加了，这就使阴极的温度提高，并大于阳极的温度。因而在用含有高电离电位的焊剂埋弧焊时，若采用直流焊接电源正接，则焊丝的熔化速度大于母材的熔化速度，使焊缝 s 减小，h 增大。反之用反接便可增加 s。使用交流焊接电源时，对焊缝形状的影响介于直流正、反接之间。

3. 装配间隙与坡口的影响　焊件的装配间隙或坡口越大，就使焊缝熔合比 γ 的数值越小。对厚板来说，开坡口和留间隙是为了获得较大的 s，同时可降低 h。

4. 焊剂的影响　在其他条件相同时，用高硅含锰酸性焊剂焊接，比用低硅碱性焊剂能得到比较光洁平整的焊缝，因为前者焊剂在金属凝固温度时的粘度以及粘度随温度的变化等，都能使之有利于焊缝的成形。另外，使用电离电位较高的焊剂，则弧长短，s 就较大。再者，由于颗粒度小的焊剂堆积密度大，所以用细颗粒焊剂焊接，能获得较大的 s 和较小的 c。

二、焊接参数的选择原则及选择方法

1. 选择原则　正确的焊接参数主要是保证电弧稳定，焊缝形状尺寸合适，表面成形光洁整齐，内部无气孔、夹渣、裂纹、未焊透等缺欠。在保证质量的前提下，还要有最高的生产率以及消耗最少的电能和焊接材料。

2. 选择方法　焊工在实践中，对埋弧焊焊接参数的选择可根据查表（查阅类似情况所用的焊接参数表，作为参考）、试验（在与焊件相同的焊接试验板上试验，最后确定）、经验（根据实践积累的经验确定）等方法确定。但不论哪种方法所确定的焊接参数，都必须在实际生产中加以修正，以便定出更切实际的焊接参数。

第六节　埋弧焊操作技术

一、埋弧焊的焊前准备

埋弧焊的焊前准备工作，包括厚焊件的坡口加工、预焊部位的清理和焊件的装配等。

1. 坡口准备　由于埋弧焊可使用较大的焊接热输入，故一般厚度小于14mm的钢板可采用I形坡口，并仍能保证焊透和有良好的焊缝成形。当焊件厚度为14～22mm时，多开V形坡口；厚度为22～50mm时，可开双V形坡口；对一些要求较高的焊件的重要焊缝（如电站锅炉锅筒等），一般多开带钝边的U形坡口，以保证焊缝的根部焊透和无夹渣等缺欠。在V形、双V形的坡口中，坡口角度一般为60°～70°，以利于提高焊接质量和生产率。具体的坡口形式应遵照GB/T 983.2—2008《埋弧焊推荐坡口》的规定，加工坡口的设备有刨边机、铣边机、气割机或碳弧气刨等，加工后的坡口边缘必须平直。

2. 预焊部位的清理　在焊接前应将坡口及接头焊接部位的表面锈蚀、油污、氧化皮、水分等清除干净。清理的方法有手工清理（钢丝刷、风动手砂轮、风动钢丝轮等）、机械清理（喷砂）、氧乙炔火焰烘烤等方法进行。

3. 烘干焊剂　在焊接前，焊剂应按规定进行烘干。

4. 焊件的装配　焊件装配工作的好坏直接影响焊缝质量。焊件装配必须保证间隙均匀、高低平整。在单面焊双面成形的埋弧焊时更应严格注意。装配时所使用的焊条要与焊件材料性能相符，定位焊的位置一般应在第一道焊缝的背面，长度一般应大于30mm。在直缝焊件装配时，尚需加焊引弧板和引出板，这样不但可增大装配后的刚度，而且还可去除在引弧和收尾时容易出现的缺欠。

二、埋弧焊的操作技术

（一）对接焊缝的焊接

对接焊缝的焊接方法有两种基本类型，即单面焊和双面焊。它们又可以分为有坡口（或间隙）和I形坡口（或间隙）两种。同时根据钢板厚度不同，又可分成单层焊和双层焊；根据防止熔池金属泄漏的不同情况，埋弧焊又有各种衬垫法或无衬垫法。

1. 焊剂垫法埋弧焊　在焊接对接接头时，为了防止熔渣和熔池金属的泄漏，常用焊剂垫作为衬垫来进行焊接。焊剂垫的焊剂应使用适用于施焊件的焊剂，并经过筛、去灰和烘干。焊接时，焊剂要与焊件背面贴紧，在整个焊缝长度上保持焊剂的承托力均匀一致。焊剂垫的结构如图6-25所示。在整个焊接过程中，要注意和防止因焊件受热变形而发生焊件与焊剂垫脱空，以致造成烧穿的现象，特别应注意防止焊缝末端出现这种现象。

（1）I形坡口预留间隙双面埋弧焊　在焊剂垫上进行I形坡口的双面埋弧焊，为保证焊透，必须预留间隙，钢板厚度越大，其间隙也应越大。一般在定位焊的反面进行第一面焊缝的施焊，并选择恰当的焊接参数，保证第一面焊缝的熔池深度超过焊缝厚度的1/2～2/3，表6-7焊接参数可供参考。第二面焊缝使用的焊接参数可与第一面焊缝相同或稍许减小。对重要产品在焊第二面焊缝前，需挑焊根进行焊缝根部清理，焊接热输入可相应减小。

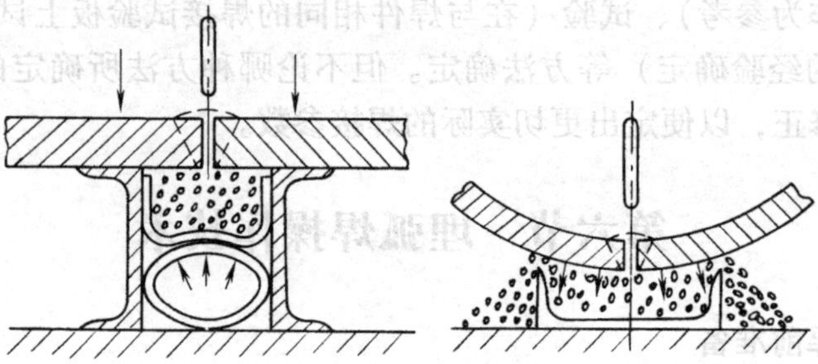

图 6-25　焊剂垫的结构

表 6-7　I 形坡口预留间隙双面埋弧焊焊接参数

焊件厚度 /mm	装配间隙 /mm	焊丝直径 /mm	焊接电流 /A	电弧电压/V		焊接速度 /（m/h）
				交流	直流反接	
16	3～4	5	700～750	34～36	32～34	27
20	4～5	5	850～900	36～40	34～36	27
24	4～5	5	900～950	38～42	36～38	25
28	5～6	5	900～950	38～42	36～38	20
30	6～7	5	950～1000	40～44	—	16

（2）非 I 形坡口预留间隙双面埋弧焊　对于厚度较大的焊件和焊缝要求有较低余高的焊件，以及不允许使用较大热输入的材料，都需要开坡口焊接。坡口形式由板厚决定。表 6-8 为这类焊缝单道焊焊接常用焊接参数。

2. 锁底连接法埋弧焊　在焊接无法使用自动焊衬垫的焊件时，可采用锁底连接法，如一般小直径厚壁圆形容器的环缝常采用此法，其形式如图 6-26 所示。焊后，根据设计要求可保留或车去锁底的突出部分。焊接参数视坡口情况、锁底厚度、焊件形状等情况而定。

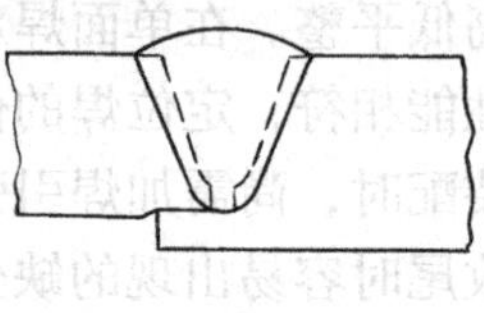

图 6-26　锁底连接接头

3. 手工焊封底埋弧焊　对于无法使用衬垫进行埋弧焊的对接焊缝，也可先行手工封底后再焊。这类焊缝接头可根据板厚情况采用 I 形坡口、单面坡口或双面坡口。一般厚板手工封底焊部分的坡口形式为 V 形，并保证封底厚度大于 8mm。

4. 悬空焊　悬空焊一般用于 I 形坡口无间隙（或间隙小于 1mm）的对接焊缝，它不要衬垫，但对焊件边缘加工和装配要求较高。第一面焊缝的熔池深度通常为焊件厚度的 40%～50%，第二面焊缝，为保证焊透，焊缝熔池的深度应达到板厚的 60%～70%。表 6-9 所列焊接参数可供使用时参考。

由于在实际操作时，往往无法测出熔池的深度，故常靠经验来估计，如在焊接时观察焊件背面热场的形状和颜色，或焊件背面氧化物生成的多少和颜色等。对于 5～14mm 厚度的焊件，在焊接时熔池背面热场应呈红到淡黄色（焊件越薄，颜色应越浅），才可达到熔透的程度；若热场颜色呈淡黄或白亮色时，即表明将要烧穿，必须迅速改变焊接参数。若此热场前端呈圆形，说明焊接速度还可提高；而若热场前端已呈尖形，说明焊接速度已较快，需立即减小焊接电流，适当增加电弧电压；如果焊件背面热场颜色较深或较暗时，说明是焊速太快或电流太小，则应适当降低焊接速度或增加焊接电流。上述方法不适用于厚板多层焊的后几层焊接。

表6-8　非I形坡口预留间隙双面埋弧焊（单道）焊接参数

焊件厚度/mm	坡口形式	焊丝直径/mm	焊缝顺序	焊接电流/A	电弧电压/V	焊接速度/(m/h)
14	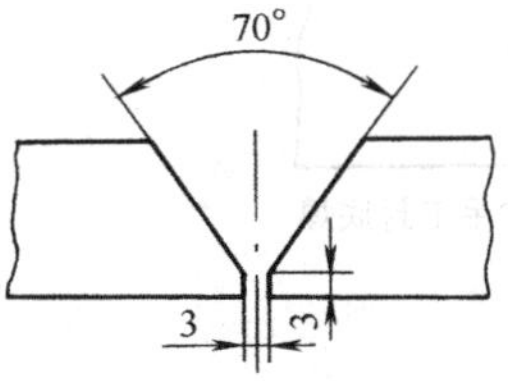	5	正	830~850	36~38	25
			反	600~620		45
16			正	830~850		20
			反	600~620		45
18			正	830~860		20
			反	600~620		45
22		6	正	1050~1150	38~40	18
		5	反	600~620	36~38	45
24	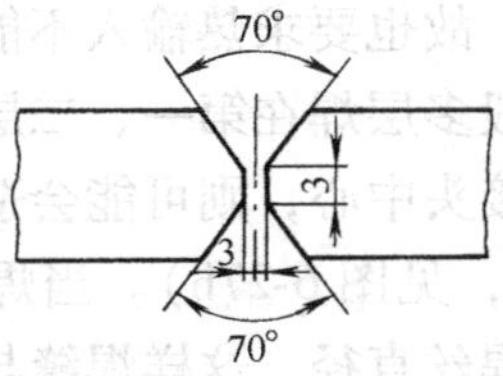	6	正	1100	38~40	24
		5	反	800	36~38	28
30		6	正	1000~1100	36~40	18
			反	900~1000	36~38	20

表6-9　无预留间隙的悬空双面埋弧焊焊接参数

焊件厚度/mm	焊缝顺序	焊丝直径/mm	焊接电流/A	电弧电压/V	焊接速度/(m/h)
15	正	5	800~850	34~36	38
	反		850~900	36~38	26
18	正		850~900	36~38	36
	反		900~950	38~40	24
20	正		850~900	36~38	35
	反		900~1000	38~40	24

另一种方法是在焊后观察焊缝背面所生成氧化物的颜色与厚度。焊接时，由于焊缝背面处于热场的高温下，表面被氧化，温度越高，氧化程度越严重。若焊缝背面氧化物呈深灰色，且厚度较厚并有脱落或裂开现象，此时说明焊缝已熔透；当焊缝背面的氧化物呈赭红色，甚至氧化膜也未形成，说明被加热的温度较低，有未焊透缺欠存在的可能（较厚钢板除外）。

5. 多层埋弧焊　对于较厚钢板，常采用除I形外的坡口进行多层焊，且无论单面或双面埋弧焊，钢板都必须留有钝边（一般大于4mm）。对于厚度大于40mm的焊件，多采用带钝边的U形坡口多层焊，背面开较小的V形坡口，用手工封底焊，此时钝边为2mm左右(图6-27a)。

多层焊的质量，很大程度上取决于第一层焊缝焊接工艺的合理选择，以及以后各层焊缝焊接顺序的合理性和成形恰当。

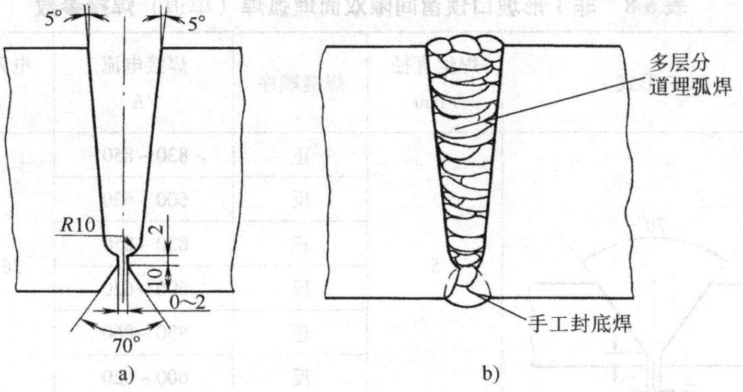

图 6-27　厚板焊接接头及其多层焊的情况

a）带钝边 U 形与 V 形组合坡口　b）多层焊焊道分布

多层焊的第一层焊缝，为了既要保证焊透，又要避免产生裂纹，故焊接参数需选择适中。同时由于第一层焊缝位置较深，允许焊缝的宽度较小，故也要求热输入不能太大，且电弧电压要小些，这样便能避免产生咬边和夹渣等缺欠。一般多层焊在第一、二层焊缝时，焊丝位置是位于接头中心的。随着层数增加，焊丝若仍对准接头中心，则可能会造成边缘未熔合和夹渣现象，此时应开始采用分道焊（同一层分几道焊，见图 6-27b）。当焊接靠近坡口面的焊道时，焊丝应与坡口面保持一定距离，一般约等于焊丝直径，这样焊缝与侧边能形成稍具凹形的圆滑过渡，既保证熔合又利于脱渣。焊接过程中焊接热输入可随着焊缝层数的增加而适当加大，以提高焊接生产率。但也必须考虑到焊件当时的温度，如温度过高，热输入不宜加大，可稍待冷却后再焊。在盖面焊时，为保证表面焊缝成形良好，焊接热输入又应适当减小。表 6-10 为多层焊典型焊接参数。

表 6-10　厚板多层埋弧焊焊接参数（焊丝直径 5mm）

焊缝层次	焊接电流 /A	电弧电压 /V	焊接速度 /（m/h）
第一、二层	600 ~ 700	35 ~ 37	28 ~ 32
中间各层	700 ~ 800	36 ~ 38	25 ~ 30
盖面	650 ~ 750	38 ~ 42	28 ~ 32

（二）对接环焊缝的焊接

圆形筒体的对接环缝，如需要进行双面埋弧焊，则可以如图 6-28 所示的，先在焊剂垫上焊接内环缝。焊剂垫是由滚轮和承托焊剂的带组成（实践中焊剂垫形式很多），利用圆形焊件与焊剂之间的摩擦力带动一起转动，并不断地向焊剂垫添加焊剂。

在进行环缝焊接时，焊接小车可固定安放在悬臂架上，焊接速度则可由筒形焊件所搁置的滚轮架（翻转架）来进行调节，一般是调节变速电动机的转速。

环缝焊接与水平位置焊接最大的区别是熔池不处于水平状态，由于液体金属和熔渣的自身重力及焊件旋转时产生的离心力作用，使液体金属下淌，焊缝表面会产生溢漏或边缘熔合不良等缺欠，甚至会破坏焊接过程。为使熔池和熔渣在凝固前处于较理想的位置，可根据焊件直径的大小使焊丝的位置移至焊件中心的一侧（与焊件旋转方向相反位置），如图 6-29 所示，焊接内环缝时，焊丝的偏移是使焊丝处于“上坡焊”的位置，其目的是使焊缝有足够的熔透程度；焊接外环缝时，焊丝的偏移是使焊丝处于下坡焊的位置，这样，一则可避免烧穿，二则使焊缝成形美观。

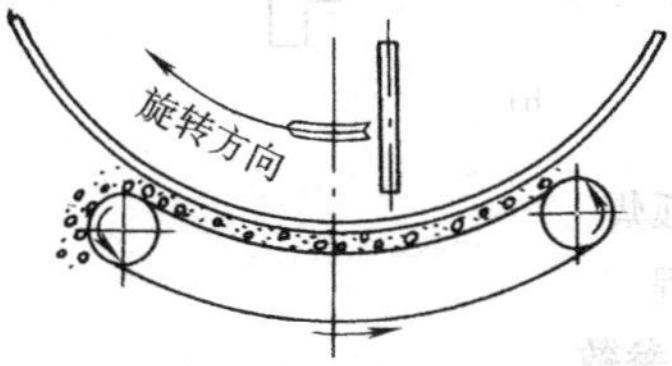

图 6-28　内环缝焊接示意图

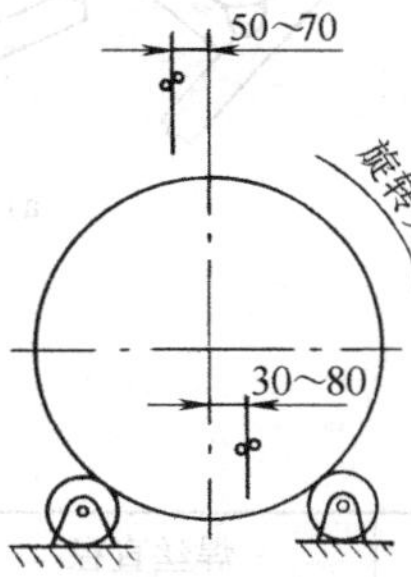

图 6-29　环缝埋弧焊焊丝偏移位置示意图

环缝埋弧焊焊丝的偏移距离（指与圆形焊件断面中心线的距离）随着圆形焊件的直径、焊接速度以及焊件厚度的不同而不同。

1. 焊件直径的影响　焊件的直径越大，允许的焊丝偏移尺寸也增大，这是因为焊件直径越大，在同一偏移中心角的情况下，所对应的弧长也越大。

2. 焊接速度的影响　环缝的焊接速度（焊件旋转的线速度）越大，允许的焊丝偏移尺寸也可适当增大，这是为了使熔池和熔渣能处在适当的位置凝固，以免造成流失、下淌等现象，保证焊缝质量。

3. 焊件厚度的影响　一般较厚钢板多采用多层焊，因此在焊接过程中，随着焊缝层数的增加，对圆形焊件来说，即相当于其直径发生变化。

焊接内环缝时，随着焊接过程的继续，即相当于焊件直径在减小，因而焊丝偏移距离应由大到小变化。从多层焊的焊接来看，底层焊缝要求熔透，焊缝宽度不宜过大，则也要求偏移大些，而当焊到焊缝表面时，则要求有较大的熔宽，此时的偏移距离可小些。

焊接外环缝时，随着焊接过程的继续，即相当于焊件直径在增大，则焊丝偏移距离也应由小到大变化。从多层焊的焊接来看，底层焊缝熔宽不宜过大，故要求偏移距离小些，而焊接焊缝表面时，则要求有较大的熔宽，这时偏移可大些。

图 6-29 中所注焊丝偏移尺寸仅供在实际操作时参考，具体偏移值需在实践过程中不断修正。对于小直径管件外环缝的焊接。焊丝偏移尺寸往往要小于 30mm。环缝埋弧焊焊剂的选用可参阅表 6-5；焊接参数可参见表 6-8 和表 6-10。

（三）角焊缝的焊接

埋弧焊的角焊缝主要出现在 T 形接头和搭接接头中（图 6-30）。角焊缝的埋弧焊一般可采用船形焊和斜角焊两种形式，当焊件易于翻转时多采用船形焊，对于一些不易翻转的焊件则都采用斜角焊。

1. 船形焊　船形焊时由于焊丝为垂直状态，熔池处于水平位置，容易保证焊缝质量。但当焊件间隙大于 1.5mm 时，则易出现烧穿或熔池金属溢漏的现象，故船形焊要求严格的装配质量，或者在焊缝背面设衬垫，如图 6-31 所示。在确定焊接参数时，电弧电压不宜过高，以免产生咬边。另外，焊缝的成形系数应保证不大于 2，这样可避免焊缝根部的未焊透。表 6-11 为船形焊的焊接参数。

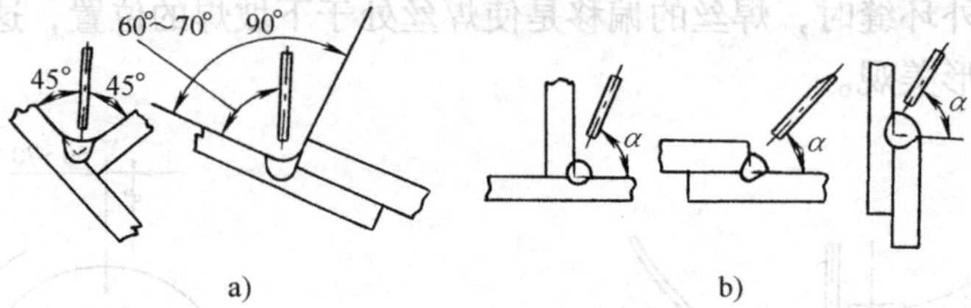

图6-30　角焊缝的埋弧焊
a）船形焊　b）斜角焊

表6-11　船形焊的焊接参数

焊脚尺寸/mm	焊丝直径/mm	焊接电流/A	电弧电压/V	焊接速度/（m/h）
8	3	550～600	34～36	30
10	4	650～700	34～36	23
12	5	775～825	36～38	18

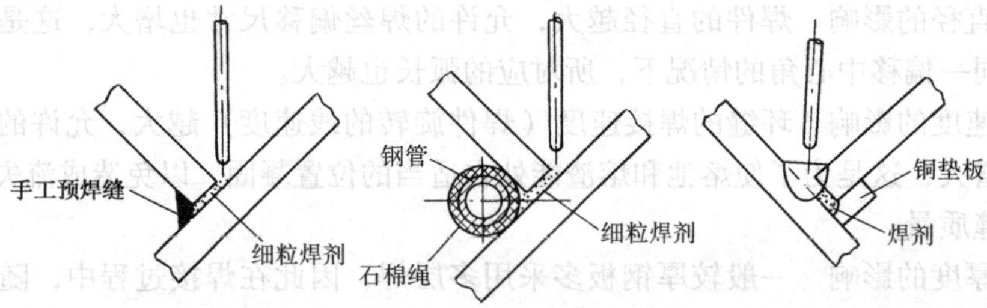

图6-31　船形焊

2. 斜角焊　一般在不得已的情况下，对角焊缝采用斜角焊的方法，即焊丝倾斜。这种方法的优点是对间隙的敏感性小，即使间隙较大，一般也不致产生流渣和熔池金属流溢现象。但其缺点是单道焊缝的焊脚尺寸最大不能超过8mm。所以当要求焊脚尺寸大于8mm时，只能采用多道焊。

斜角焊缝的成形与焊丝和焊件的相对位置关系很大，当焊丝位置不当时，易出现垂直面咬边或未熔合现象。为保证焊缝的良好成形，焊丝与垂直面的夹角应保持在15°～45°的范围内（一般为20°～30°），并选择距垂直面适当的距离，电弧电压不宜太高，这样可使熔渣减少，防止熔渣流溢。使用细焊丝能保持电弧稳定，并可以减小熔池的体积，以防止熔池金属流溢。斜角焊的焊接参数见表6-12。

表6-12　斜角焊的焊接参数

焊脚尺寸/mm	焊丝直径/mm	焊接电流/A	电弧电压/V	焊接速度/（m/h）	电源类型
4	3	350	28～30	55	交流
5	3	450	28～30	55	交流
7	3	500	30～32	48	交流

（四）单面埋弧焊双面成形技术

1. 焊剂垫双丝单面埋弧焊

(1) 基本原理　此法简称 RF 法，其工艺的基本原理如图 6-32 所示。它是在钢板接缝背面以焊剂作为衬垫，焊剂放在衬垫橡胶槽内，其下面为 90mm 高的下敷焊剂，在其上面敷设 10mm 厚的衬垫焊剂。在橡胶槽下面铺设一根充气软管，铺设焊剂时充气软管不充气，此时焊剂为疏松状态，焊接时先在软管内充气，使其膨胀，这样原疏松的焊剂由于受压缩而紧贴于背面接缝处，并采用双丝焊接。由于 RF 法所采用的衬垫焊剂是一种热固化焊剂，在此焊剂中加入了具有热硬特性的酚醛树脂、铁粉和脱氧剂。当焊接时，酚醛树脂在加热到 80～120℃后，会因脱水缩合反应而固化。而一般粉状焊剂在电弧行进前方 20mm 处开始固化，这样既保持了焊剂衬垫因粒状而能紧贴接缝，又能由于衬垫焊剂的固化而强制焊缝成形，使其均匀美观，从而达到正面焊接反面成形的目的。

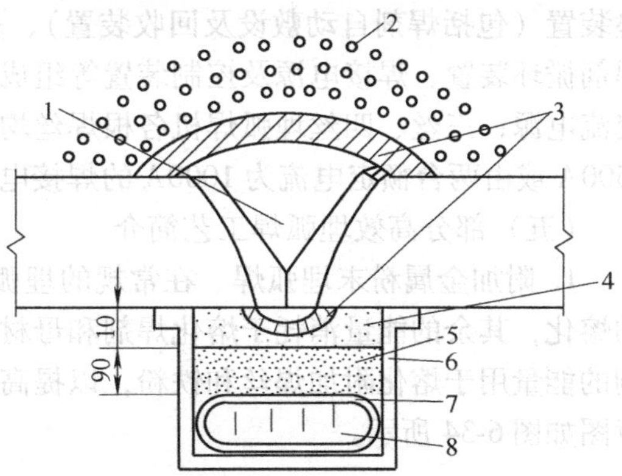

图 6-32　RF 法工艺的基本原理示意图

1—焊缝金属　2—焊剂　3—焊渣　4—衬垫焊剂 RF-1　5—下敷焊剂 NO. 1296　6—衬垫装置　7—气管　8—压缩空气

焊剂垫双丝单面埋弧自动焊工艺，其焊接效率可比单丝双面埋弧自动焊提高 3～4 倍，且焊缝质量稳定，可节省碳刨工作量并节省焊接材料、电能，能提高作业场地的利用率。本工艺利用焊件自重，确保焊剂垫紧贴于反面焊缝，无需压力架装置或电磁平台来固定钢板。另外，由于大拼板焊后无需翻转 180°焊接，所以可降低车间高度，节约投资。

(2) 焊接设备和焊接材料　RF 法工艺采用的焊接设备有一台双丝自动埋弧焊机和两台焊接电源（一台为直流电源，一台为交流电源），其额定电流均需达 1500A。直流电源用于前丝，交流电源用于后丝。采用的焊接材料包括焊丝、表面焊剂、衬垫焊剂及下敷焊剂等。

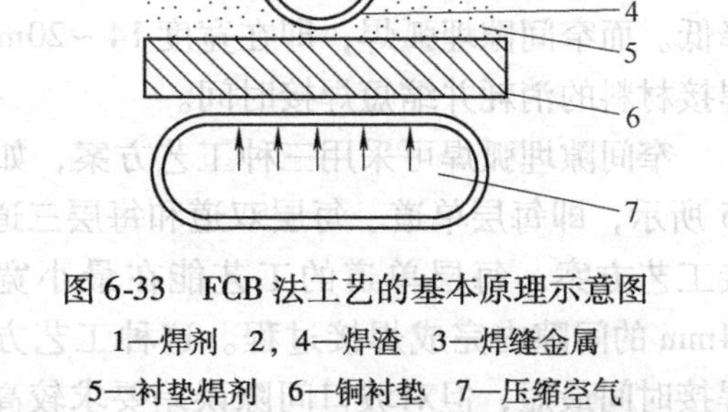

图 6-33　FCB 法工艺的基本原理示意图

1—焊剂　2，4—焊渣　3—焊缝金属　5—衬垫焊剂　6—铜衬垫　7—压缩空气

2. 焊剂铜垫多丝单面埋弧焊

(1) 基本原理　此法简称 FCB 法。其工艺的基本原理如图 6-33 所示，与 RF 法工艺基本相似。不同之处是在纯铜（紫铜）垫板上敷放一层焊剂（焊剂高度为 6～7mm），利用充气软管的压力把焊剂铜垫压紧在钢板接缝背面，正面采用多丝埋弧自动焊，从而达到正、背面焊缝同时成形的目的。此工艺特点是在铜衬垫基础上，吸收了焊剂垫易于保证衬垫和钢板背面紧贴的优点，弥补了铜衬垫不能保证与钢板紧贴的缺点，达到了单面焊双面成形的目的。

FCB 法衬垫装置向上顶紧的力大，为防止钢板被顶起，采取在接缝两侧用压力架式，由上向下压使其固定在焊接平台上；另一种是电磁平台，利用电磁的吸力将钢板固定在平台上。

（2）焊接设备和焊接材料 FCB 法焊接装置主要由固定装置（压力架或电磁平台）、衬垫装置（包括焊剂自动敷设及回收装置）、多丝埋弧自动焊机（双丝、三丝、四丝）、表面焊剂循环装置、焊接电源及控制装置等组成。其中，双丝埋弧焊机前丝为直流反接，后丝为交流电源；三丝、四丝埋弧焊机各根焊丝均采用交流电源。每根焊丝的焊接电源额定电流为1500A 或由两台额定电流为1000A 的焊接电源并联供给。

（五）部分高效埋弧焊工艺简介

1. 附加金属粉末埋弧焊 在常规的埋弧焊中，只有10%～20%电弧能量用于填充焊丝的熔化，其余的能量消耗于熔化焊剂和母材，以及焊接熔池的多余加热。因此，可以利用过剩的能量用于熔化附加焊丝和铁粉，以提高焊接效率。附加金属粉末最常用的埋弧焊方法示意图如图6-34 所示。

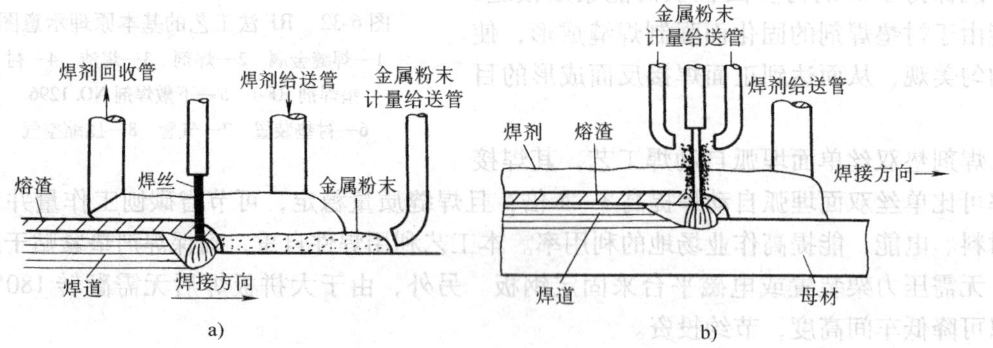

图6-34 附加金属粉末埋弧焊示意图

a）金属粉末铺撒填加法 b）金属粉末吸附填加法

附加金属粉末埋弧焊，由于熔敷率高，稀释率低，适用于表面堆焊和厚壁坡口焊缝的填充层焊接。

2. 窄间隙埋弧焊 埋弧焊时，当板厚超过20mm，为保证根部和侧壁熔透，通常采用开坡口焊接，随着板厚的增加，坡口的体积也随之增加，使焊材消耗量明显地增加，焊接效率降低。而窄间隙埋弧焊，即在宽度14～20mm 的窄间隙内完成整个焊接接头的焊接，以节省焊接材料的消耗并缩短焊接时间。

窄间隙埋弧焊可采用三种工艺方案，如图6-35 所示，即每层单道、每层双道和每层三道的焊接工艺方案。每层单道的工艺能在最小宽度为14mm 的间隙内完成焊接过程。这种工艺方法的焊接时间最短，但对坡口间隙误差要求较高，焊丝必须始终对准间隙中心，以保证两侧壁均匀的熔合；每层双道焊的工艺方法通常在宽度18～24mm 的间隙内完成，便于操作，容易获得无缺陷的焊缝，这是目前最常用的窄间隙埋弧焊方法。每层三道的工艺方法一般只用于厚度超过300mm 的特厚板的窄间隙焊，这种情况下，间隙宽度可扩大至24mm。

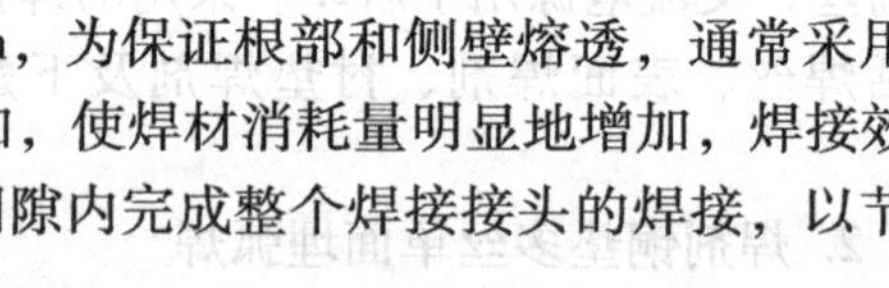

图6-35 窄间隙埋弧焊的工艺方案

窄间隙埋弧焊可以采用单丝，也可采用双丝。

3. 热丝埋弧焊

(1) 加大焊丝伸出长度埋弧焊　埋弧焊时的焊丝伸出长度较短（25～35mm），可以使用较大的焊接电流，而不致使焊丝受电阻热发红，影响焊接质量。但如果控制恰当，也可利用加大焊丝伸出长度而产生的电阻热加速焊丝的熔化速度，以提高熔敷率。

当焊接电流通过从焊嘴伸出的一段焊丝时产生电阻热功率，可按下式计算：

$$H=\frac{I^2L\rho}{S}$$

式中　I——电流（A）；

L——焊丝伸出长度（m）；

ρ——焊丝的电阻率（Ω·m）；

S——焊丝横截面积（m^2）；

H——焊丝电阻热功率（W）。

由上式可见，焊丝的电阻热与电流的平方和焊丝的伸出长度成正比，与焊丝直径成反比。

要注意的是，采用加大焊丝伸出长度会使焊丝端部在焊接过程中，产生扭曲变形，或受电弧磁力的作用产生偏移，严重影响焊丝对接缝的准确对中，为避免这一问题，可采用组合式焊嘴，见图6-36，即在导电嘴前加设绝缘导丝嘴，以使电弧以上的一段焊丝长度缩短至25～30mm，便于焊丝准确对中。不同直径焊丝的最大容许伸出长度见表6-13。

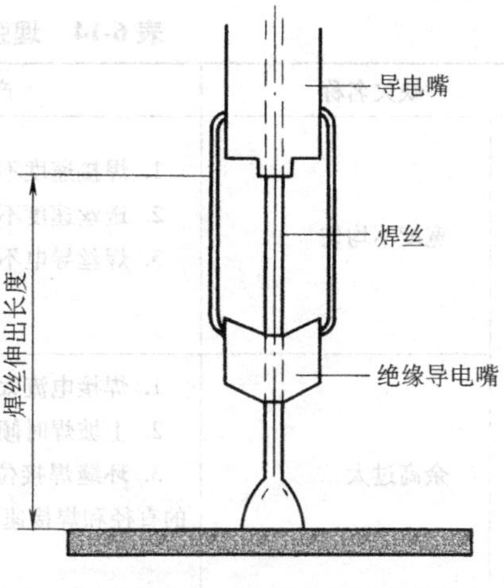

图6-36　组合式焊嘴

使用加大焊丝伸出长度焊接时，除了熔透深度比传统的埋弧焊低10%以外，焊道的形状不会发生明显的变化。由于加大焊丝伸出长度的电弧吹力较小，故易出现焊接装配质量较差的焊接接头。为了避免在窄坡口内形成夹渣，通常在加大焊丝伸出长度焊接时，采用直流电焊接。为便于引弧，焊丝端应剪成45°尖角或采用热引弧技术。

表6-13　不同直径焊丝的最大容许伸出长度　（单位：mm）

焊丝直径	焊丝伸出长度
3.2	76
4.0	128
5.0	165

(2) 加填充热焊丝埋弧焊　是指外加一根经电阻加热的辅助焊丝的焊接方法。该焊丝由一独立的辅助电源加热，并由一独立的送丝系统送给至焊接区，其示意图如图6-37所示。附加的热丝通常采用直径1.6mm的细丝，加热电源为平特性交流变压器，输出电压为8～15V。焊丝通过导丝嘴直接送至焊接熔池前沿。这种焊接与加大焊丝伸出长度焊接相比，其

熔敷率可提高 70% 左右，焊接热输入有所提高，但不损害焊缝金属的力学性能。

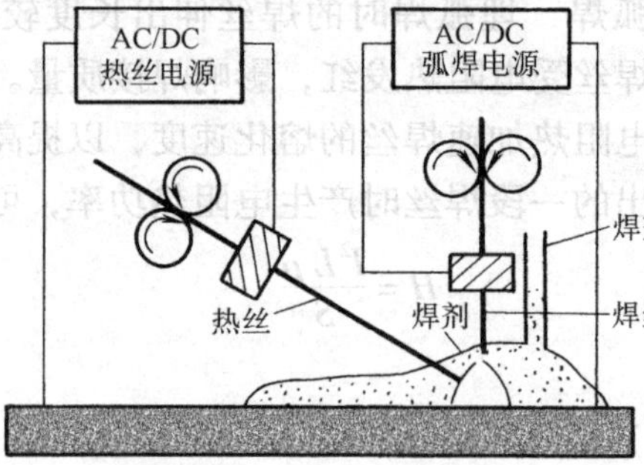

图 6-37　加填充热焊丝埋弧焊示意图

三、埋弧焊常见缺欠的产生原因及其防止方法

埋弧焊常见缺欠有焊缝成形不良、咬边、未焊透、气孔、裂纹、夹渣等。它们的产生原因及防止方法见表 6-14。

表 6-14　埋弧焊常见缺欠的产生原因及防止方法

缺欠名称		产生原因	防止方法
焊缝表面成形不良	宽度不均匀	1. 焊接速度不均匀 2. 送丝速度不均匀 3. 焊丝导电不良	防止：1. 找出原因排除故障 2. 找出原因排除故障 3. 更换导电块 消除：酌情部分用手工焊焊补修整并磨光
	余高过大	1. 焊接电流太大而电弧电压过低 2. 上坡焊时倾角过大 3. 环缝焊接位置不当（相对于焊件的直径和焊接速度）	防止：1. 调整焊接参数 2. 调整上坡焊倾角 3. 相对于一定的焊件直径和焊接速度，确定适当的焊接位置 消除：去除表面多余部分，并打磨圆滑
	焊缝金属满溢	1. 焊接速度过慢 2. 电弧电压过大 3. 下坡焊时倾角过大 4. 环缝焊接位置不当 5. 焊接时前部焊剂过少 6. 焊丝向前弯曲	防止：1. 调整焊接速度 2. 调整电弧电压 3. 调整下坡焊倾角 4. 相对一定的焊件直径和焊接速度，确定适当的焊接位置 5. 调整焊剂覆盖状况 6. 调节焊丝矫直部分 消除：去除后适当刨槽并重新覆盖
	中间凸起而两边凹陷	药粉圈过低并有粘渣，焊接时焊渣被粘渣拖压	防止：1. 提高药粉圈，使焊剂覆盖高度达 30 ~40mm 消除：1. 提高药粉圈，去除粘渣 2. 适当焊补或去除重焊

（续）

缺欠名称	产生原因	防止方法
咬边	1. 焊丝位置或角度不正确 2. 焊接参数不当	防止：1. 调整焊丝 2. 调整焊接参数 消除：去除夹渣补焊
未熔合	1. 焊丝未对准 2. 焊缝局部弯曲过甚	防止：1. 调整焊丝 2. 精心操作 消除：去除缺欠部分后焊补
未焊透	1. 焊接参数不当（如焊接电流过小，电弧电压过高） 2. 坡口不合适 3. 焊丝未对准	防止：1. 调整焊接参数 2. 修正坡口 3. 调整焊丝 消除：去除缺欠部分后焊补，严重的需整条返修
夹渣	1. 多层焊时，层间清渣不干净 2. 多层分道焊时，焊丝位置不当	防止：1. 层间清渣彻底 2. 每层焊后发现咬边夹渣必须消除修复 消除：去除缺欠焊补
气孔	1. 接头未清理干净 2. 焊剂潮湿 3. 焊剂（尤其是焊剂垫）中混有垃圾 4. 焊剂覆盖层厚度不当或焊剂斗阻塞 5. 焊丝表面清理不够 6. 电弧电压过高	防止：1. 接头必须清理干净 2. 焊剂按规定烘干 3. 焊剂必须过筛、吹灰、烘干 4. 调节焊剂覆盖层高度，疏通焊剂斗 5. 焊丝必须清理，清理后应尽快使用 6. 调整电压 消除：去除缺欠后补焊
裂纹	1. 焊件、焊丝、焊剂等材料配合不当 2. 焊丝中含碳、硫量较高 3. 焊接区冷却速度过快而致热影响区硬化 4. 多层焊的第一道焊缝截面过小 5. 焊缝成形系数太小 6. 焊接顺序不合理 7. 焊件刚度大	防止：1. 合理选配焊接材料 2. 选用合格焊丝 3. 适当降低焊速以及焊前预热和焊后缓冷 4. 焊前适当预热或减小电流，降低焊速（双面焊适用） 5. 调整焊接参数、改进坡口、改变极性（直流） 6. 合理安排焊接顺序 7. 焊前预热及焊后缓冷 消除：去除缺欠后补焊
烧穿	焊接参数及其他工艺因素配合不当	防止：选择适当焊接参数 消除：缺欠处修整后焊补

复　习　题

1. 埋弧焊与焊条电弧焊相比，有哪些优点和缺点？

2. 埋弧焊和焊条电弧焊相比为什么生产率高，为什么焊接质量好？

3. 埋弧焊是如何分类的？

4. 什么是电弧电压自动调节系统的静特性曲线？电弧在曲线两侧燃烧时熔化速度和送丝速度间的关系如何？为什么？

5. 电弧长度变化时，电弧电压调节式焊机的自动调节过程是怎样的（图示说明）？

6. 网络电压变化时，对电弧电压调节式自动焊机的工作影响如何？（图示说明）

7. MZ—1000型埋弧焊机自动调节电弧电压的简单工作原理如何？（结合电气原理图说明）

8. MZ—1000型埋弧焊接小车由哪几部分组成？

9. MZ—1000型埋弧焊接小车调节控制系统有哪些部分组成？

10. 埋弧焊机的常见故障有哪些？如何排除？

11. 焊剂的作用有哪些？对焊剂的要求是什么？

12. GB/T 5293—1999《埋弧焊用碳钢焊丝和焊剂》中焊剂型号是如何编制的？

13. 熔炼焊剂的牌号是如何编制的？

14. 埋弧焊焊剂的选配原则有哪些？

15. 什么是焊缝的成形系数和焊缝的熔合比？它们各影响着什么？

16. 埋弧焊的主要焊接参数对焊缝形状的影响及原因是什么？

17. 焊接时，焊丝或焊件倾斜对焊缝形状的影响及原因是什么？

18. 正确选择焊接参数的原则是什么？

19. 容器筒体的纵缝和环缝常使用哪些埋弧焊技术？

20. 你知道哪些高效埋弧焊技术？

21. RF和FCB是什么技术？

22. 埋弧焊常见缺欠的产生原因及其防除方法如何？

第七章　气体保护电弧焊

在熔焊过程中，为了获得性能优良的焊缝，必须设法保护焊接区，防止空气中的有害气体侵入。焊接中常用的保护方法有：渣-气保护、渣保护和气保护三种。例如，焊条电弧焊和埋弧焊是采用渣-气保护的方法，电渣焊是采用渣保护的方法，这两种保护方法虽然在一定程度上满足了焊接生产对质量和生产率的需要，但是，随着工业生产和科学技术的迅速发展，各种新的合金结构钢、有色金属及其合金、稀有金属等的应用日益增多，对于这些金属材料的焊接，以渣保护为主的焊接方法是难以适应的，而采用气体保护电弧焊能够可靠地解决这些焊接问题。所以在国内外得到越来越广泛的应用。本章主要对二氧化碳气体保护焊（CO_2 气体保护焊）、钨极氩弧焊和熔化极氩弧焊的原理、特点及工艺等方面作适当的介绍。

第一节　气体保护电弧焊概述

一、气体保护电弧焊的原理和分类

气体保护电弧焊（简称气体保护焊）是指用外加气体作为电弧介质，并保护电弧和焊接区的电弧焊。它直接依靠从喷嘴中送出的气流，在电弧周围造成局部的气体保护层，使电极端部、熔滴和熔池与空气机械地隔离开来，从而保证了焊接过程的稳定性，并获得高质量的焊缝。

气体保护焊的方法按保护气体的种类分为：氩弧焊、氦弧焊、氮弧焊、氢原子焊、二氧化碳气体保护焊及混合气体保护焊等。按电极形式分为：不熔化电极和熔化电极气体保护焊。按操作方法分为：手工和自动气体保护焊（见图 7-1）。

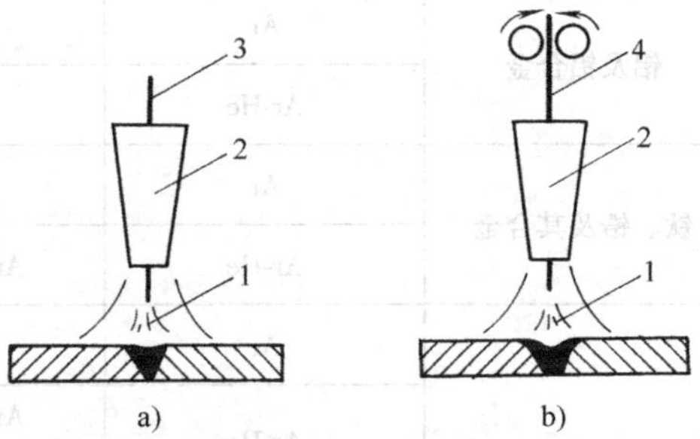

图 7-1　气体保护电弧焊示意图
a）不熔化电极手工的气体保护焊
b）熔化电极（自动）的气体保护焊
1—电弧　2—喷嘴　3—钨极　4—金属极

气体保护焊中，应用最多的是二氧化碳气体保护焊（简称 CO_2 焊）及钨极氩弧焊（TIG 焊）。

二、气体保护电弧焊的特点

气体保护焊与其他焊接方法比较，其特点如下：

1）采用明弧焊，一般不必用焊剂，故熔池可见度好，操作方便。同时，保护气体是喷射的，适宜进行全位置焊接，有利于焊接过程的机械化和自动化，特别是空间位置的机械化焊接。

2）由于电弧在保护气流的压缩下热量集中，焊接熔池和热影响区较小，因此焊件变形与裂纹倾向不大，尤其适用于薄板焊接。

3）采用氩、氦等惰性保护气体焊接化学性质较活泼的金属和合金时，具有很高的焊接质量。

4）但不宜在有风的地方施焊，焊接设备比较复杂。

三、保护气体的种类及用途

焊接时，可用来作为保护气体的主要有氩气、氦气、氮气、氢气、二氧化碳气及混合气体等。

氩气、氦气是惰性气体，一般用于化学性质较活泼的金属焊接。氩气的保护效果最好，使用也最普遍。氦气的价格昂贵，且气体消耗量大，常与氩气等混合使用。

氢气是还原性气体，主要在原子氢焊中作保护气体也作混合气使用。

二氧化碳气体来源丰富，且成本低，主要用于碳素钢和低合金结构钢的焊接，是目前在焊接生产中广为采用的一种气体。

另外，因氮气不溶于铜，故用于铜及铜合金焊接。氮气、氩气也常和其他气体混合使用。混合气体就是在一种保护气体中加入适当份量的另一种（或两种）气体。混合气体目前在焊接中广为采用。

常用的各种保护气体及主要用途见表7-1。各种混合气体的体积分数（百分比），可视具体的焊接工艺要求进行调整。

表7-1　常用的保护气体及主要用途

焊件材料	保护气体	混合比（体积分数，%）	化学性质	焊接方法
铝及铝合金	Ar		惰性	熔化极和钨极
	Ar-He	He10		
钛、锆及其合金	Ar		惰性	
	Ar-He	Ar75；He25		
铜及铜合金	Ar		惰性	熔化极
	Ar-He	Ar50；He50 或 Ar30；He70		
	N_2			
	Ar-N_2	Ar80；$N_2$20		
不锈钢及高强度钢	Ar-O_2	$O_2$1～2	氧化性	
	Ar-O_2-CO_2	$O_2$1～2；$CO_2$5		
	Ar		惰性	钨极
低碳钢及低合金结构钢	Ar-O_2 Ar-CO_2 Ar-CO_2-O_2 CO_2	$O_2$1～5 Ar75；$CO_2$25 Ar80；$CO_2$15；$O_2$5	氧化性	熔化极
镍基合金	Ar		惰性	熔化极和钨极
	Ar-He	He15～20		
	Ar-H_2	H_2<6	还原性	钨极

第二节 CO_2 气体保护焊

一、CO_2 气体保护焊概述

（一）CO_2 气体保护焊分类

二氧化碳（CO_2）气体保护焊是用 CO_2 气体作为保护气体的一种气体保护焊方法，如图 7-2 所示。这种方法按焊丝直径不同，可分为细丝 CO_2 气体保护焊（焊丝直径≤1.6mm）及粗丝 CO_2 气体保护焊（焊丝直径>1.6mm）。由于细丝 CO_2 气体保护焊的工艺比较成熟，因此应用最为广泛。CO_2 气体保护焊按操作方法可分为半自动和自动焊两种，半自动 CO_2 焊具有焊条电弧焊的机动性，适用于各种焊缝的焊接。自动 CO_2 焊，主要用于较长的直缝、环缝以及某些规则的曲线焊缝的焊接。

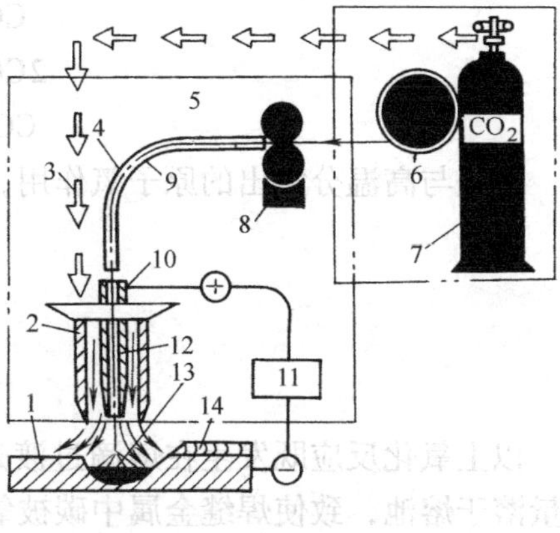

图 7-2 CO_2 气体保护焊示意图

1—母材 2—喷嘴 3—气体 4—焊丝 5—焊接设备 6—焊丝盘 7—气瓶 8—送丝机构 9—软管 10—焊枪 11—电源 12—导电嘴 13—熔池 14—焊缝

（二）CO_2 气体保护焊的特点

1）生产率高：由于焊接电流密度较大，电弧热量利用率较高，所以熔敷速度快，生产率高。

2）成本低：CO_2 气体是酿造厂和化工厂的副产品，来源广，价格低。另外 CO_2 气体保护焊和焊条电弧焊相比，电能消耗少，降低了焊接成本。

3）焊接变形和内应力小：由于电弧加热集中，焊件受热面积小，同时 CO_2 气流有较强的冷却作用，所以焊接变形和内应力小，一般结构焊后即可使用，特别适宜于薄板焊接。

4）抗锈能力强：CO_2 气体保护焊对铁锈敏感性小，焊缝含氢量少，抗裂性能好。

5）操作简便：焊接时可以观察到电弧和熔池的情况，故操作较容易掌握，不易焊偏，更有利于实现机械化和自动化焊接。

6）适用范围广：CO_2 气体保护焊不仅能焊接薄板，也能焊接中、厚板，同时可进行全位置焊接。除了适用于焊接结构制造外，还适用于修理，如磨损零件的堆焊以及铸铁补焊等。

但是，CO_2 气体保护焊也存在一些不足之处：

1）如焊接材料选择不当，则飞溅较大，并且焊缝表面成形较差，这是主要缺点。

2）弧光较强，特别是大电流焊接时，电弧的光热辐射均较强。

3）很难用交流电源进行焊接，焊接设备比较复杂。

4）不能在有风的地方施焊；不能焊接容易氧化的有色金属。

二、CO_2 气体保护焊的冶金特点

常温下，CO_2 气体化学性能呈中性，在高温 CO_2 分解后具有强烈的氧化性，它会使合金元素氧化烧损，降低焊缝金属的力学性能，还可能成为产生气孔及飞溅的主要原因。因此，在焊接冶金方面，CO_2 气体保护焊有它的特殊性。

（一）合金元素的氧化及脱氧方法

1. 合金元素的氧化　CO_2 气体在电弧高温下将发生分解，形成 CO 及 O_2，其分解度随着温度的升高而加大。在 4000K 以上时，CO_2 已基本上完全分解，因此在电弧气氛中同时有 CO_2、CO 和 O_2 存在。在高温下 O_2 进一步分解为氧原子，所以 CO_2 气体在高温下有强烈的氧化性。

CO_2 电弧可以从两个方面使 Fe 及其他合金元素氧化。一是与 CO_2 直接作用，如：

$$CO_2 + Fe \rightarrow FeO + CO$$
$$2CO_2 + Si \rightarrow SiO_2 + 2CO$$
$$CO_2 + Mn \rightarrow MnO + CO$$

二是与高温分解出的原子氧作用，如：

$$Fe + O \rightarrow FeO$$
$$Si + 2O \rightarrow SiO_2$$
$$Mn + O \rightarrow MnO$$
$$C + O \rightarrow CO \uparrow$$

以上氧化反应既发生在熔滴过渡过程中，又发生在熔池里。反应的结果是生成 FeO 并大量溶于熔池，致使焊缝金属中碳被氧化而产生 CO 气孔，并使锰、硅等合金元素减少，影响焊缝的力学性能。另外，因生成大量的 CO 气体，则引起强烈的飞溅。因此，必须采取有效的脱氧措施。

2. 脱氧方法　在 CO_2 气体保护焊的冶金过程中，通常的脱氧方法是采用含有足够数量脱氧元素的焊丝。常用的脱氧元素是硅、锰、铝和钛等，依靠这些元素来降低液态金属中的 FeO 的浓度，抑制碳的氧化，从而防止 CO 气孔和减少飞溅，并得到性能符合要求的焊缝。目前在焊接低碳钢和低合金钢时，一般都采用硅锰联合脱氧的方法。硅、锰脱氧后的生成物 SiO_2 和 MnO 是熔渣而不是气体，形成一层微薄的渣壳覆盖在焊缝表面。

（二）气孔问题

CO_2 气体保护焊熔池表面没有熔渣覆盖，CO_2 气流又有冷却作用，因而熔池凝固比较快，容易在焊缝中产生气孔，气孔主要有以下三种：

1. CO 气孔　如果焊丝中脱氧元素不足，以致大量的 FeO 不能还原而溶于熔池金属，在焊缝凝固时产生 CO 气体，其化学反应式如下：

$$FeO + C \rightleftharpoons Fe + CO$$

这样，由于 CO 气体来不及逸出而形成气孔。因此，应保证焊丝含有足够的脱氧元素，并严格控制焊丝的含碳量，从而减少产生 CO 气孔的可能性。

2. 氮气孔　当 CO_2 气流的保护效果不好，或者 CO_2 气体纯度不高而含有一定量的空气，以致空气中的氮大量溶于熔池金属，在焊缝凝固时，氮在金属中的溶解度突然降低，来不及从熔池中逸出，便形成氮气孔。所以，必须保证保护气流在焊接过程中稳定与可靠。

3. 氢气孔　由氢形成气孔的过程与氮气孔相同。CO_2 气体保护焊时，氢的来源是焊件和焊丝表面的铁锈、油污等杂物，以及 CO_2 气体中含有水分。如果熔池金属中有大量的氢存在，就可能形成氢气孔。为防止产生氢气孔，应尽量减少氢的来源，如对焊件及焊丝表面作适当清洁，对 CO_2 气体进行提纯和干燥处理等。

必须指出，CO_2 气体保护焊时，由于电弧气氛具有较强的氧化性，形成氢气孔的可能性较小。当采用的焊丝含有适量的脱氧元素时，CO 气孔亦不易发生。最常发生的是氮气孔，因氮气是来自于空气，因此，必须加强 CO_2 气流的保护效果，这是防止焊缝气孔的主要途径。

三、CO_2 气体保护焊的熔滴过渡

CO_2 气体保护焊是一种熔化极焊接方法，其熔滴过渡的形式可分为短路过渡和粗滴过渡两种，如图 7-3 所示。

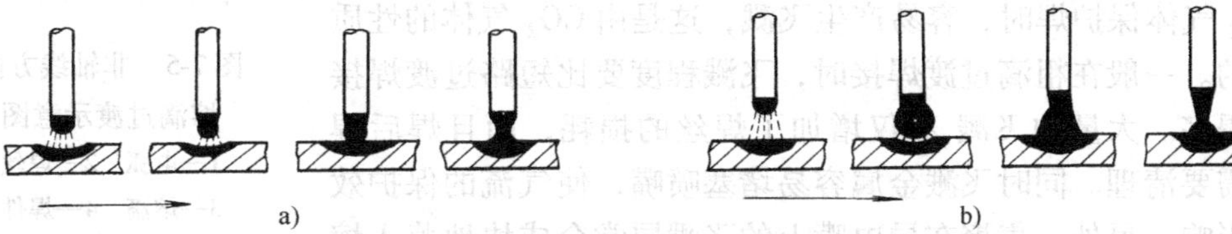

图 7-3　熔滴过渡形式示意图

a）短路过渡　b）粗滴过渡

（一）短路过渡、短路过渡过程

短路过渡是在采用细焊丝、小焊接电流、低电弧电压焊接时出现的。因电弧很短，液态熔滴还未增大时，即与熔池接触形成短路，使电弧熄灭。在短路电流产生的电磁收缩力及熔池表面张力的共同作用下，熔滴迅速脱离焊丝末端过渡到熔池中去，然后电弧又重新引燃。这样周期性的短路-燃弧交替过程，这就是短路过渡过程。

CO_2 气体保护焊，短路频率可达每秒几十次到 100 多次。

由于短路频率很高，所以焊接过程稳定，飞溅小，焊缝成形好。同时由于焊接电流小，而且电弧是断续燃烧，所以电弧热量低，适合于焊接薄板及全位置焊接。

影响短路过渡的主要因素是焊接电源的动特性和焊接参数。

由图 7-4 可以看出，当熔滴与焊件短路时，焊接电源应能在很短时间内提供合适的短路电流，即有一个合适的短路电流增长速度，以有利于产生缩颈并断裂，使熔滴快速平稳地过渡。在恢复燃弧时，焊接电源应很快建立一较高的空载电压，以使电弧顺利引燃。由此可见，焊接电源应具有良好的动特性，即有合适的短路电流增长速度和短路最大电流值，以及足够大的空载电压恢复速度。

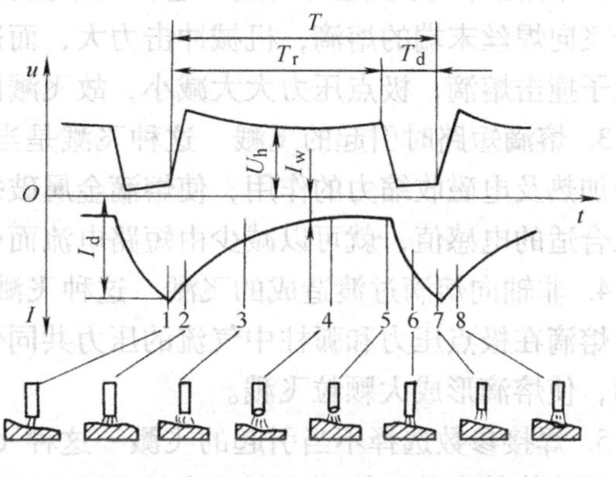

图 7-4　短路过渡过程及焊接电流、电弧电压波形图

T—一个短路过渡周期的时间　T_r—电弧燃烧时间　T_d—短路时间　U_h—电弧电压　I_d—短路最大电流　I_w—稳定的焊接电流

1—形成缩颈即将破断　2—重新燃弧　3—电弧燃烧　4—弧长逐渐缩短　5—即将短路　6—开始短路形成过桥　7—形成缩颈即将破断　8—重新燃弧

另外，选择合适的焊接电流、电弧电压等焊接参数，也是保持短路过渡稳定的重要条件之一。

（二）粗滴过渡

粗滴过渡是采用粗焊丝，大焊接电流，高电弧电压焊接时出现的。

CO_2 气体保护焊粗滴过渡的特点是：电弧比较集中，而且电弧总是在熔滴下方产生；熔滴较大且不规则，过渡时偏离焊丝的轴线方向（图7-5），过渡频率也较低；焊接过程的稳定性较差，焊缝成形比较粗糙，飞溅较大。

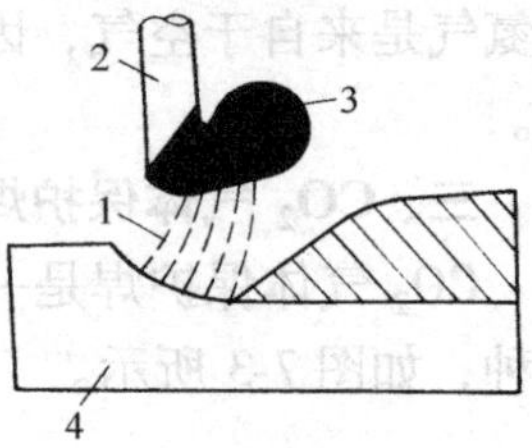

图7-5　非轴线方向熔滴过渡示意图
1—电弧　2—焊丝
3—熔滴　4—焊件

四、CO_2 气体保护焊的飞溅问题

CO_2 气体保护焊时，容易产生飞溅，这是由 CO_2 气体的性质所决定的。一般在粗滴过渡焊接时，飞溅程度要比短路过渡焊接时严重得多。大量的飞溅不仅增加了焊丝的损耗，而且焊后焊件表面需要清理。同时飞溅金属容易堵塞喷嘴，使气流的保护效果受到影响。另外，集聚在导电嘴上的飞溅层常会成块地落入熔池，以致降低焊缝的质量。因此，为了提高焊接生产率和质量，必须把飞溅减少到最低的程度。

CO_2 气体保护焊产生飞溅的原因及减少飞溅的措施主要有以下几方面：

1. 由冶金反应引起的飞溅　这种飞溅主要是CO气体造成的。由于 CO_2 气体具有强烈的氧化性，焊接时熔滴和熔池中的碳元素被氧化而生成CO气体，在电弧高温作用下，其体积急剧膨胀，逐渐增大的CO气体压力最终突破液态熔滴和熔池表面的约束，形成爆破，从而产生大量细粒的飞溅。但采用含有脱氧元素的焊丝，这种飞溅已不显著。

2. 由极点压力引起的飞溅　这种飞溅主要取决于电弧的极性。当用正极性焊接时，正离子飞向焊丝末端的熔滴，机械冲击力大，而造成大颗粒飞溅。当采用反极性焊接时，主要是电子撞击熔滴，极点压力大大减小，故飞溅比较少，所以通常采用反极性焊接。

3. 熔滴短路时引起的飞溅　这种飞溅是当熔滴和熔池接触，形成短路。由于短路电流强烈加热及电磁收缩力的作用，使熔滴金属破裂，产生较多的细颗粒飞溅。若在焊接回路中串入合适的电感值，就可以减少由短路电流而引起的金属飞溅。

4. 非轴向熔滴过渡造成的飞溅　这种飞溅是在粗滴过渡焊接时由于电弧的斥力所引起的。熔滴在极点压力和弧柱中气流的压力共同作用下，被推向焊丝末端的一边，并抛到熔池外面，使熔滴形成大颗粒飞溅。

5. 焊接参数选择不当引起的飞溅　这种飞溅是在焊接过程中，由于焊接电流、电弧电压、电感值等参数选择不当所造成的。因此，必须正确地选择焊接参数，以使产生这种飞溅的可能性减小。

五、CO_2 气体保护焊的焊接材料

（一）CO_2 气体

焊接用的 CO_2 气体，通常是将它压缩成液态储存于钢瓶内。容量为40L的钢瓶，每瓶可装25kg液体 CO_2，满瓶压力为5～7MPa，瓶内液面上为水蒸气、空气和 CO_2 气三者的混合物，瓶内的压力随着外界温度的升高而增大，所以不能用压力表上的读数来估计瓶内液态 CO_2 的储量。因为压力表上的读数仅代表气体 CO_2 的压力，不代表液态 CO_2 的储量。

CO_2 气瓶使用时由于瓶内压力随外界温度的升高而增大，因此 CO_2 气瓶不准靠近热源或置于烈日下曝晒，以防发生爆炸事故。另外，CO_2 气瓶应涂铝白色，并标写有“液态二氧化碳”黑色字样。

液态 CO_2 在大气压力下的沸点为 -78℃，所以常温下容易蒸发。CO_2 气体中水汽的含量与瓶中的压力有关，压力越低，水汽越多，当压力低于1MPa时，CO_2 气体中的含水量便大为增加，不能继续使用。

为保证焊接质量，一般碳素钢焊接时，CO_2 气体的纯度（体积分数）不应小于99.5%，含水量、含氮量（体积分数）不得超过0.1%。焊接高强度碳素结构钢或低合金高强度钢，应采用高纯度 CO_2 气体，其纯度不应小于99.9%，如果纯度不够，可采取下列措施：

1）将气瓶倒置1~2h，待水沉积于瓶口部，再打开瓶阀，放出自由状态的水。

2）使用前，先将瓶内杂气放掉，一般放2~3min即可。

3）在气路中串联干燥器，以进一步减少 CO_2 气体中的水分。

（二）焊丝

CO_2 气体保护焊时，为了保证焊缝具有足够的力学性能，以及不产生气孔等，焊丝中必须比母材含有较多的硅、锰或铝、钛等脱氧元素。为了减少飞溅，焊丝碳的质量分数必须限制在0.10%以下。

CO_2 气体保护焊焊丝一般根据GB/T 8110—2008《气体保护电弧焊用碳钢、低合金钢焊丝》的规定来选用，这类焊丝是按熔敷金属的力学性能来进行分类的。

焊丝型号的表示方法如下：

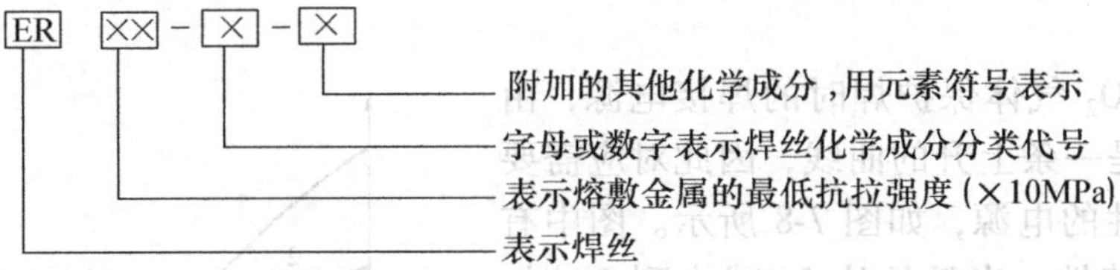

CO_2 气体保护焊焊丝也可根据GB/T 14957—1994《熔化焊用钢丝》的规定来选用，这类焊丝是按熔敷金属化学成分来进行分类的。最常用的是H08MnSi、H08Mn2SiA，均具有较好的工艺性能和较高的力学性能。

用于承压设备的气体保护电弧焊的焊丝应满足GB/T 8110—2008及NB/T 47018.3—2011《承压设备用焊接材料订货条件，第三部分　气体保护电弧焊钢丝和填充丝》的要求。

CO_2 气体保护焊所用的焊丝，一般直径在0.5~3.2mm范围内。手工焊时常用的焊丝有 ϕ0.8mm、ϕ1.0mm、ϕ1.2mm、ϕ1.6mm等几种。自动焊时，除上述各种直径的焊丝外，还可采用直径为3~5mm焊丝。焊丝表面有镀铜和不镀铜的两种，镀铜可防止生锈，并可改善焊丝的导电性能，提高焊接过程的稳定性。焊丝使用时应彻底去除表面的油、锈。

六、CO_2 气体保护焊设备

CO_2 气体保护焊所用设备，有半自动 CO_2 焊设备和自动 CO_2 焊设备两类，其基本原理相同。半自动焊设备由焊接电源、送丝系统、焊枪、供气装置及控制系统等几部分组成，如图7-6所示。而自动 CO_2 焊接设备仅多一套焊枪及焊件相对运动的机构（如焊接小车）进行自动操作。下面以使用得最多的半自动 CO_2 焊设备为主，对 CO_2 气体保护焊设备的基本原理、构造和作用加以介绍。

（一）CO_2 气体保护焊电源

1. 对焊接电源的要求

1）电弧静特性曲线。CO_2 气体保护焊时，电弧四周有一层冷态的 CO_2 气流，带走了大量的电弧热量，为维持电弧的正常燃烧，电弧电压随之升高。因此，CO_2 气体保护焊的电弧静特性曲线是一条上升的曲线，并且焊丝直径越细，上升的程度越大，如图7-7所示。

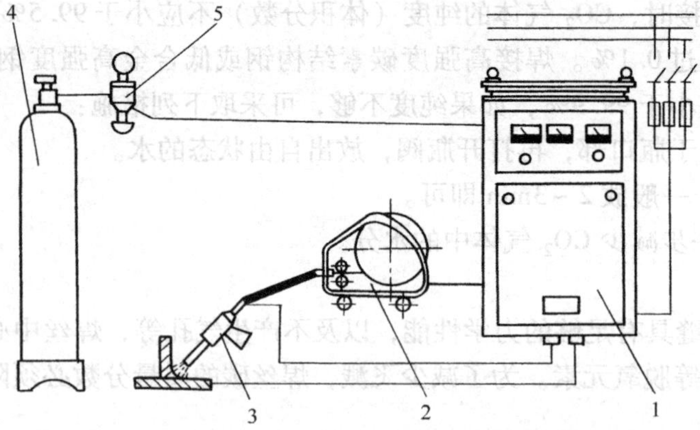

图7-6　半自动 CO_2 气体保护焊设备示意图

1—电源　2—送丝机　3—焊枪

4—气瓶　5—减压器流量调节器

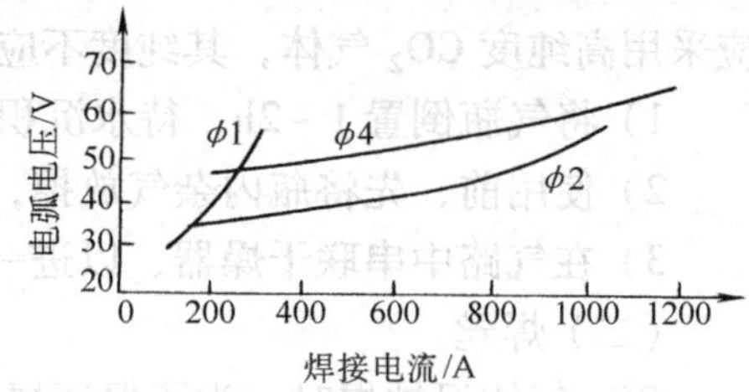

图7-7　CO_2 气体保护焊的电弧静特性曲线

2）细丝 CO_2 气体保护焊时的焊接电源，由于电弧静特性是一条上升的曲线，因此对应需要一条平硬外特性的电源，如图7-8所示。图中有三种特性的外特性，当弧长从 L_1 减小到 L_2 时，与三种外特性曲线相交于 a、b、c 三点。这时三种不同外特性的电源所引起的焊接电流变化分别为 ΔI_a、ΔI_b、ΔI_c，其中平硬外特性的电源引起的焊接电流变化（ΔI_c）最大，电弧自身调节作用最强，为此应使用平硬外特性的电源。其次，细丝 CO_2 气体保护焊时，送丝速度甚快，因此不可能靠改变送丝速度来调节电弧长度，以达到焊接过程的稳定性，从而只能靠电弧自身调节作用来完成，平硬外特性的电源正好满足了这一要求。

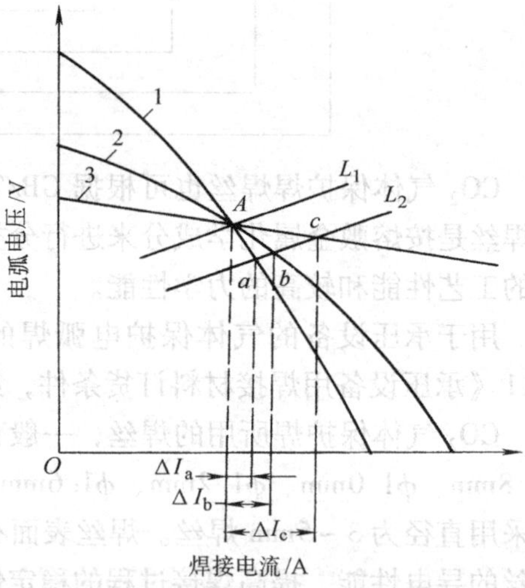

图7-8　电源外特性形状对电弧自身调节作用的影响

1—陡降外特性　2—缓降外特性　3—平硬外特性

3）粗丝 CO_2 气体保护焊的焊接电源，由于电弧静特性曲线上升的程度较慢（图7-7），当分别采用缓降外特性和平硬外特性的电源，弧长发生同样的变化时，二者引起的焊接电流增量相差不多，所以可以采用缓降外特性的电源。其次，粗丝 CO_2 焊时，送丝速度低，有可能靠改变送丝速度来调节电弧长度，所以在采用缓降特性的电源时，可以配以均匀调节的送丝系统。

4）电源应有良好的动特性。从 CO_2 气体保护焊的熔滴过渡和飞溅问题的分析中可知，电源良好的动特性是焊接过程稳定的重要保证。电源的空载电压恢复速度一般都能满足要求。短路电流增长速度的调节方法，除了改变在焊接回路中电抗器的电感外，还有改变电源空载电压；改变主变压器漏感；改变焊接回路电阻的大小等方法，这些应根据焊接电源的结构而异。

5）电源的电压及电流能在一定范围内调节。细丝短路过渡的焊接电源，一般要求电弧电压为17～30V。电压分级调节时，每级不应大于1V，焊接电流能在50～250A范围内均匀调节。

粗滴过渡的焊接电源，一般要求电弧电压能在25～44V范围内调节，其最大焊接电流，可以按需要定为300A、500A、1000A等。

2. CO_2气体保护焊机　随着CO_2气体保护焊技术的应用范围日益扩大，CO_2气体保护焊机的发展也很迅速。

国产CO_2气体保护焊焊机的型号和主要技术数据见表7-2。

表7-2　CO_2气体保护焊焊机技术数据

焊机名称及型号 / 技术数据	半自动CO_2焊机						自动CO_2焊机		
	NBC—200（GD—200）	NBC1—200	NBC1—300	NBC1—500	NBC1—500—1	NBC4—500	NZC—500—1	NZC3—500	NZC3—2×500—3
电源电压/V	380	220/380	380	380	380	380	380	380	380
空载电压/V	17～30	14～30	17～30	75	75	75		75	75
工作电压/V	17～30	14～30	17～30	15～42	15～40	15～42		15～40	15～40
电流调节范围/A	40～200		50～300		50～500			50～500	50～500
额定焊接电流/A	200	200	300	500	500	500	500	500	500
焊丝直径/mm	0.5～1.2	0.8～1.2	0.8～1.4	0.8～2	1.2～2.0	0.8～1.6	1～2	1.0～1.6	1.0～1.6
送丝速度/(m/min)	1.5～9	1.5～15	2～8	1.7～17	8	1.7～25	1.5～17	2～8	2～8
焊接速度/(m/min)							0.3～2.5	(0.5～2.5 n/min)	(0.5～2.5 n/min)
气体流量/(L/min)		25	20	25	25	25	10～20	25	25×2
额定负载持续率（%）		100	70	60	60	60		60	60
配用电源	硅整流电源	ZPG-200型电源	晶闸管整流电源	ZPG1-500型电源	硅整流电源	ZPG1-500型电源	AP1-350型电源（埋弧焊配用AX7-500型电源）	原GD-500型电源	原GD-500型电源两台
适用范围	拉式半自动焊机，适用于0.6～4mm厚低碳钢薄板的焊接	适用于低碳钢薄板的焊接，为推式半自动焊机	推式半自动焊机，适用于低碳钢板焊接	推式半自动焊机，冷却水耗量1L/min。适用于中、厚低碳钢板的焊接	推式半自动焊机，适于焊接中、厚低碳钢板	推式半自动焊机，适于点焊或缝焊	可进行气电焊，也可用于埋弧焊	汽车轴管法兰专用焊机	汽车轴管方孔臂专用焊机

（二）送丝系统

按使用焊丝直径的不同，送丝系统可分为等速送丝和变速送丝两种形式。焊丝直径大于或等于3mm时采用变速送丝方式，焊丝直径小于或等于2.4mm时采用等速送丝式。

1. 对送丝机构的要求　CO_2 气体保护焊通常采用等速送丝系统，基本要求如下：

1）送丝速度均匀稳定。

2）调速方便。

3）结构牢固轻巧。

2. 送丝方式　送丝方式可分为推丝式送丝、拉丝式送丝和推拉式送丝三种，如图7-9所示。

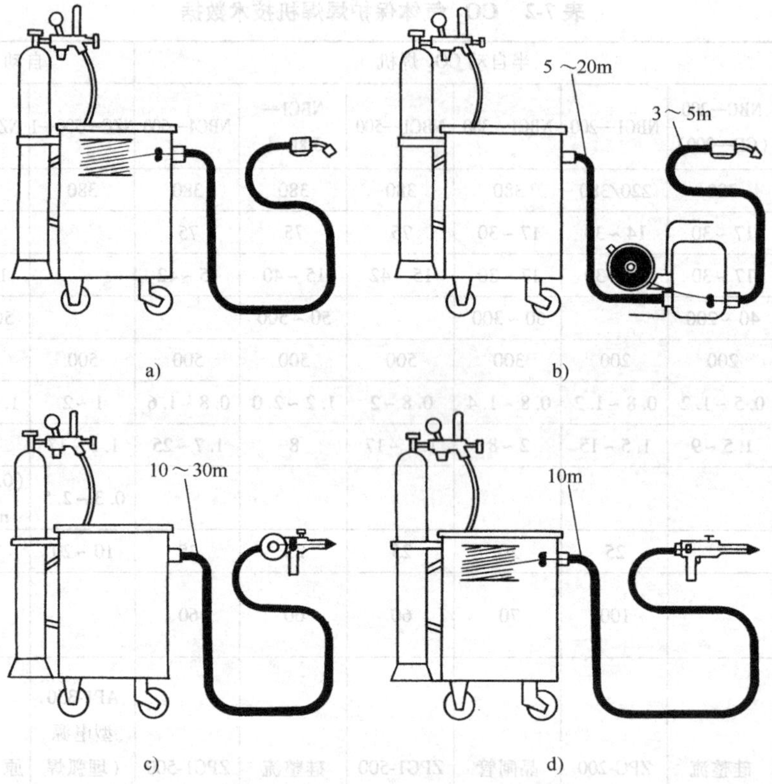

图7-9　送丝方式结构示意图

a）与焊接电源一体化的推丝式送丝　b）分离的推丝式送丝　c）拉丝式送丝　d）推拉式送丝

（1）推丝式送丝　这种送丝结构是焊枪与送丝机构是分开的，焊丝经一段软管送到焊枪中（图7-9a、b）。这种焊枪的结构简单，轻便，但焊丝通过软管时受到的阻力大，因而软管长度受到限制，通常只能离送丝机3～5m的范围内操作。

（2）拉丝式送丝　送丝机构与焊枪合为一体，设有软管，送丝阻力小，速度均匀稳定，但焊枪结构复杂，重量大，焊工操作时的劳动强度大，如图7-9c所示。

（3）推拉式送丝　这种送丝结构是以上两种送丝方式的组合，送丝时以推为主，由于焊枪上装有拉丝轮，可克服焊丝通过软管时的摩擦阻力，若加长软管长度至60m，能大大增加操作的灵活性。还可多级串联使用，如图7-9d所示。

目前生产中用得最多的是推丝式送丝方式。

3. 送丝轮 根据送丝轮的表面形状和结构的不同，可将推丝式送丝机构分成两类：

(1) 平轮V形槽送丝机构 送丝轮上加工有V形槽，依靠焊丝与V形槽两个接触点的摩擦力送丝，如图7-10所示。

由于摩擦力小，送丝速度不够稳定。当送丝轮夹紧力太大时，焊丝易被夹扁，甚至压出直棱，会加剧焊丝嘴内孔的磨损。我国生产的大多数送丝机械都采用这种送丝方式。

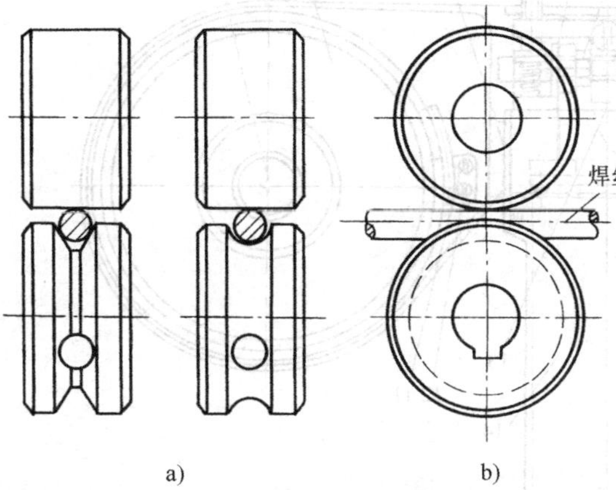

图7-10 带槽的送丝轮

a) V形槽 b) 圆形槽

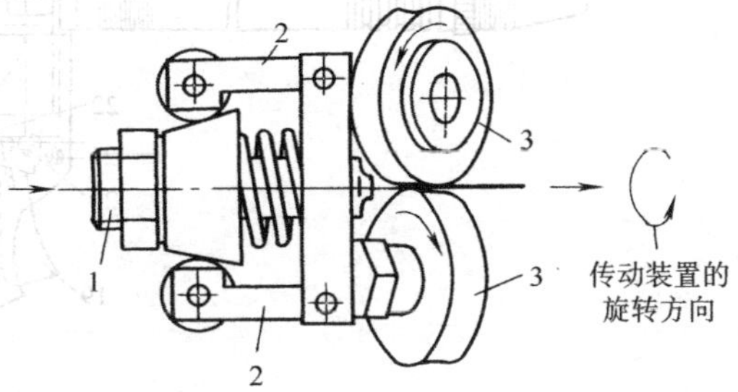

图7-11 行星双曲线送丝机构

1—进丝嘴 2—轮头 3—送丝轮

(2) 行星双曲线送丝机构 采用特殊设计的双曲线送丝轮（见图7-11），使焊丝与送丝轮保持线接触，送丝摩擦力大，速度均匀，送丝距离大，焊丝没有压痕、能校直焊丝，对带轻微锈斑的焊丝有除锈作用，且送丝机构简单，性能可靠，但设计与制造较复杂。

4. 推丝式送丝机构的简单介绍 常见的推丝式送丝机构示意图如图7-12所示。

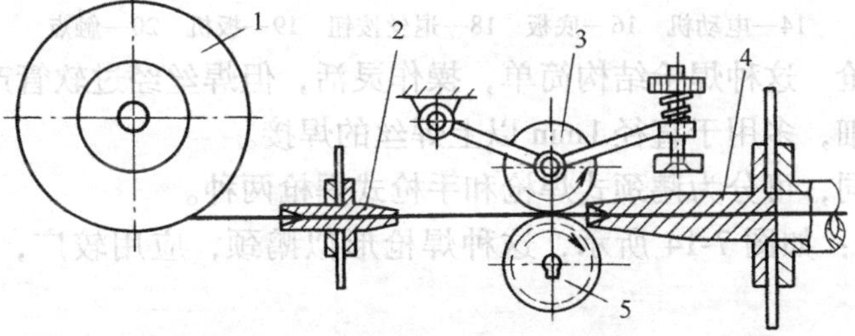

图7-12 推丝式送丝机构示意图

1—焊丝盘 2—进丝嘴 3—从动压紧轮 4—出丝嘴 5—主动送丝轮

装焊丝时应根据焊丝直径选择合适的V形槽，并调整好压紧力，若压紧力太大，将会在焊丝上压出棱边和很深的齿痕，送丝阻力增大，焊丝嘴内孔易磨损；若压紧力太小，则送丝不均匀，甚至送不出焊丝。

(三) 焊枪

焊枪起到导电、导丝和导气的作用，它是焊工直接操作的工具，因此焊枪必须坚固轻便，并能适合各种位置的焊接。

1. 焊枪的种类 焊枪按用途分为半自动焊枪和自动焊枪；按焊丝给送的方式不同，焊枪又可分为拉丝式和推丝式两类。这两类焊枪均属于半自动焊枪。

（1）拉丝式焊枪　拉丝式焊枪的结构如图7-13所示。其主要特点是送丝均匀稳定，焊枪活动范围大，但因送丝机构和焊丝盘都装在焊枪上，所以焊枪比较笨重，结构较复杂。通常适用于直径0.5～0.8mm的细丝焊接。

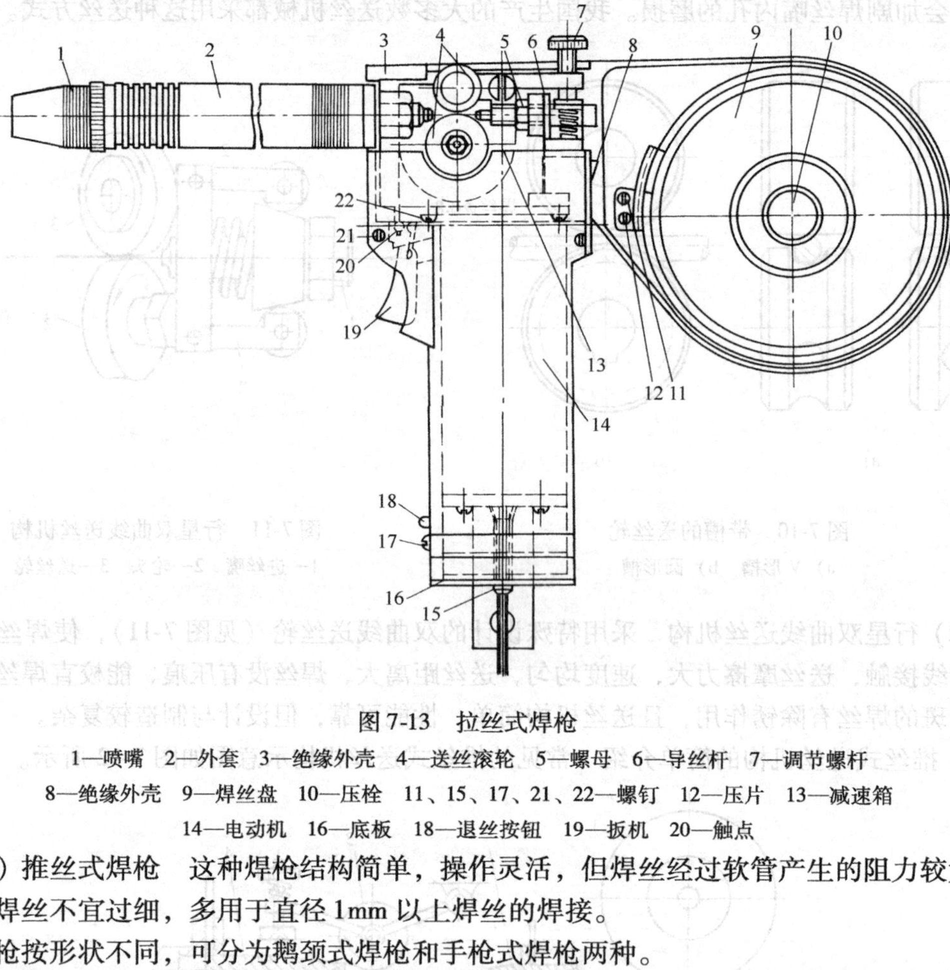

图7-13　拉丝式焊枪

1—喷嘴　2—外套　3—绝缘外壳　4—送丝滚轮　5—螺母　6—导丝杆　7—调节螺杆　8—绝缘外壳　9—焊丝盘　10—压栓　11、15、17、21、22—螺钉　12—压片　13—减速箱　14—电动机　16—底板　18—退丝按钮　19—扳机　20—触点

（2）推丝式焊枪　这种焊枪结构简单，操作灵活，但焊丝经过软管产生的阻力较大，故所用的焊丝不宜过细，多用于直径1mm以上焊丝的焊接。

焊枪按形状不同，可分为鹅颈式焊枪和手枪式焊枪两种。

1）鹅颈式焊枪：如图7-14所示，这种焊枪形似鹅颈，应用较广，用于平焊位置较方便。

2）手枪式焊枪：如图7-15所示，这种焊枪形似手枪，用来焊接除水平面以外的空间焊缝较方便。

焊接电流较小时，焊枪采用自然冷却。当焊接电流较大时，可采用水冷式焊枪。

2. 鹅颈式焊枪的结构　典型的鹅颈式焊枪头部的结构如图7-16所示。主要部件有喷嘴、导电嘴（焊丝嘴）、分流器、导管电缆。

（1）喷嘴　喷嘴内孔形状和直径的大小将直接影响保护效果，要求从喷嘴中喷出的气体为截头圆锥体，均匀地覆盖在熔池表面，如图7-17所示。

喷嘴内孔的直径为16～22mm，不应小于12mm，为节约保护气体，便于观察熔池，喷嘴直径不宜太大。

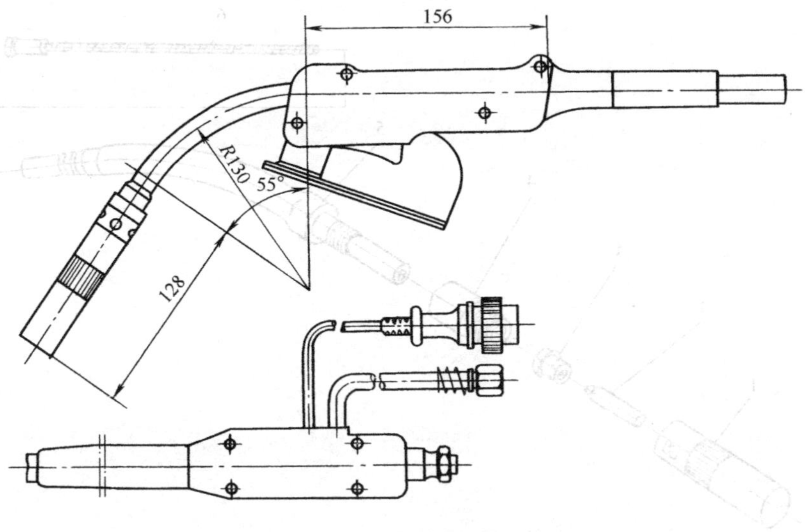

图 7-14 鹅颈式焊枪

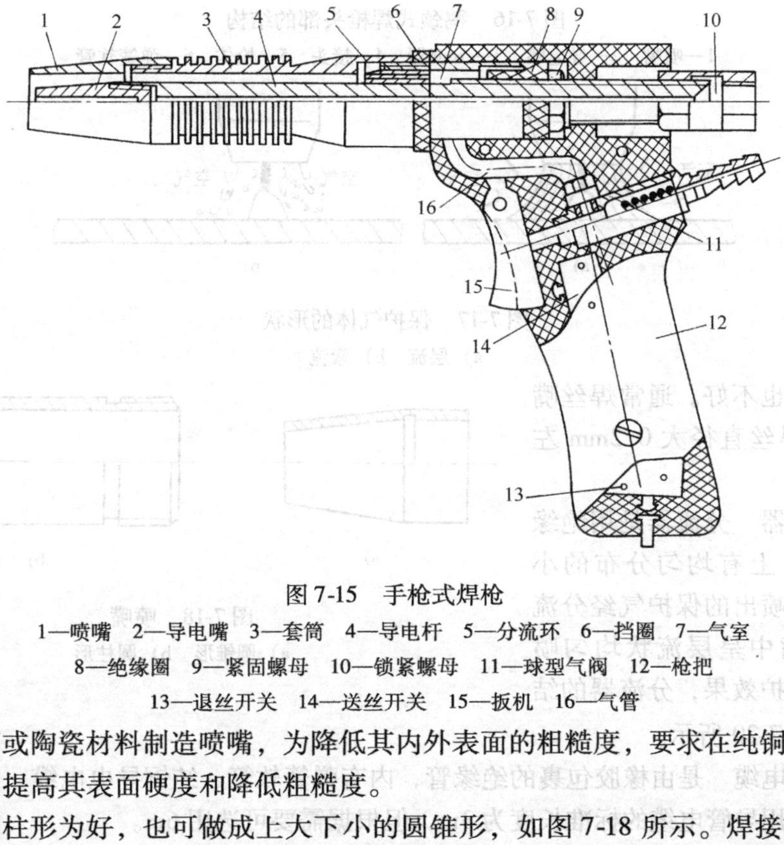

图 7-15 手枪式焊枪

1—喷嘴 2—导电嘴 3—套筒 4—导电杆 5—分流环 6—挡圈 7—气室
8—绝缘圈 9—紧固螺母 10—锁紧螺母 11—球型气阀 12—枪把
13—退丝开关 14—送丝开关 15—扳机 16—气管

常用纯铜或陶瓷材料制造喷嘴，为降低其内外表面的粗糙度，要求在纯铜喷嘴的表面镀上一层铬，以提高其表面硬度和降低粗糙度。

喷嘴以圆柱形为好，也可做成上大下小的圆锥形，如图 7-18 所示。焊接前，最好在喷嘴的内外表面喷一层防飞溅喷剂，或刷一层硅油，便于清除粘附在喷嘴上的飞溅，延长喷嘴使用寿命。

(2) 导电嘴 导电嘴又称焊丝嘴，其外形如图 7-19 所示。导电嘴常用纯铜、铬青铜或磷青铜制造。为保证导电性能良好，减小送丝阻力和保证对准中心，导电嘴的内孔直径必须按焊丝直径选取，孔径太小，送丝阻力大，孔径太大则送出的焊丝端部摆动太厉害，造成焊

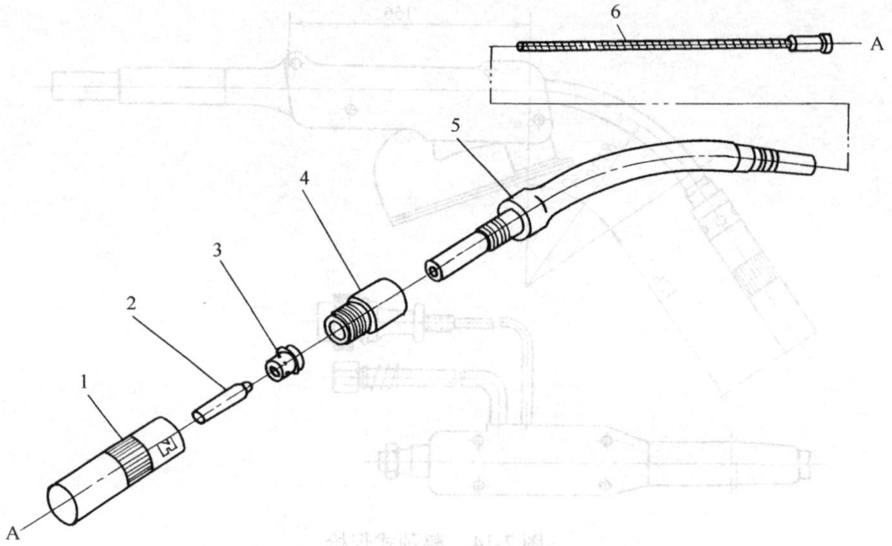

图 7-16 鹅颈式焊枪头部的结构

1—喷嘴 2—导电嘴 3—分流器 4—接头 5—枪体 6—弹簧软管

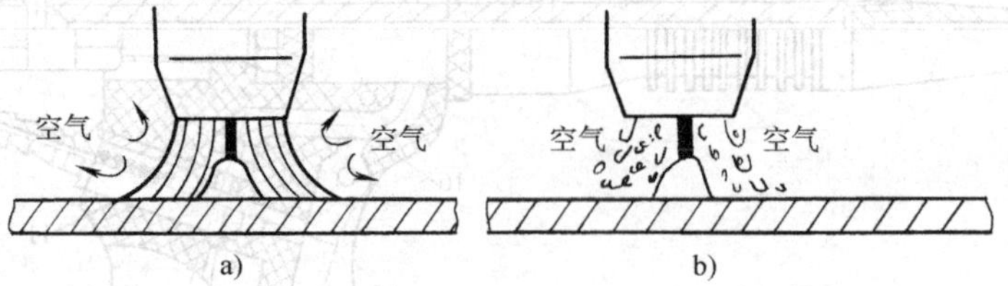

图 7-17 保护气体的形状

a）层流 b）紊流

缝不直，保护也不好。通常焊丝嘴的孔径应比焊丝直径大 0.2mm 左右。

（3）分流器 分流器是用绝缘陶瓷制成的，上有均匀分布的小孔，从枪体中喷出的保护气经分流器后，从喷嘴中呈层流状均匀喷出，可改善保护效果，分流器的结构示意图如图 7-20 所示。

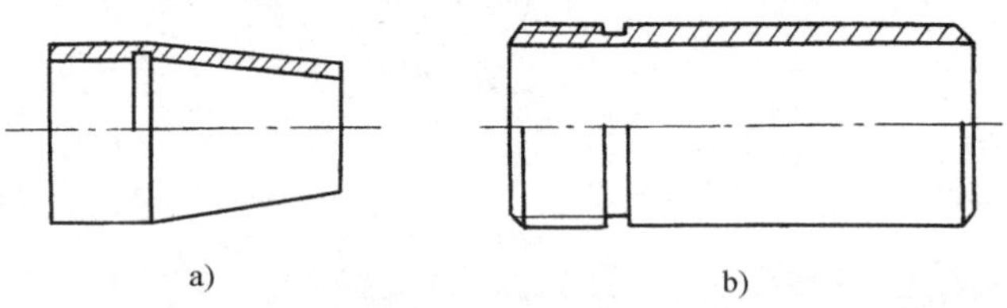

图 7-18 喷嘴

a）圆锥形 b）圆柱形

（4）导管电缆 是由橡胶包裹的绝缘管，内有弹簧软管、纯铜导电电缆、保护气管和控制线组成。常用导管电缆的标准长度为3m，但根据需要可选用6m。

（四）供气系统

供气系统的作用是将钢瓶内的 CO_2 液体变成符合质量要求、具有一定流量的 CO_2 气体，并均匀地从焊枪喷嘴中喷出。供气系统包括 CO_2 气体和附属的供气装置，供气装置由预热器、干燥器、减压器、流量计及气阀等组成，现分述如下：

1. 预热器和干燥器 由于液态 CO_2 转变成气态，并再减压，要吸收大量的热量，使气

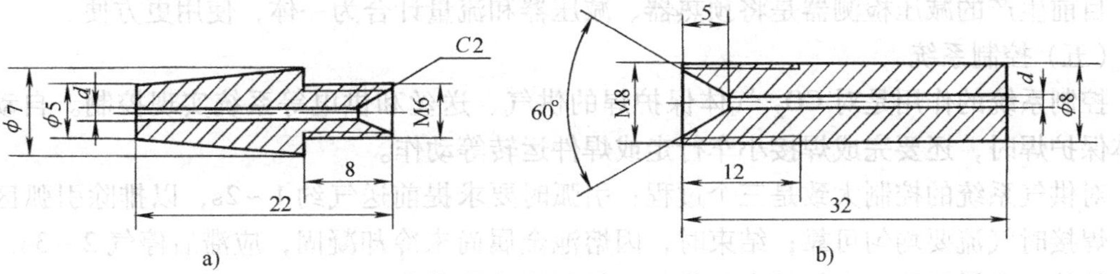

图 7-19 导电嘴外形

a）用于细丝 b）用于直径 >2mm 的焊丝

体温度下降到零度以下，易把瓶阀和减压阀冻坏，或使气路堵塞，所以减压前必须通过预热器、将气体加热。预热器一般采用电热式。

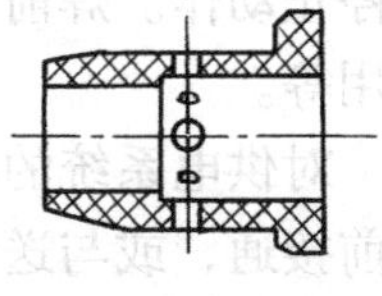

图 7-20 分流器

干燥器的作用是进一步吸收 CO_2 气体中的水分，接在减压阀前面的称为高压干燥器，接在减压阀后面的称为低压干燥器，这些应根据气体纯度和焊接质量要求而选用。干燥器内放置硅胶等吸水剂，硅胶吸水后，经过加热烘干仍可重复使用。

预热器和干燥器可做成单独的，也可做成一体式的称为预热干燥器（见图 7-21）。一体式预热干燥器具有体积小和使用方便的特点。

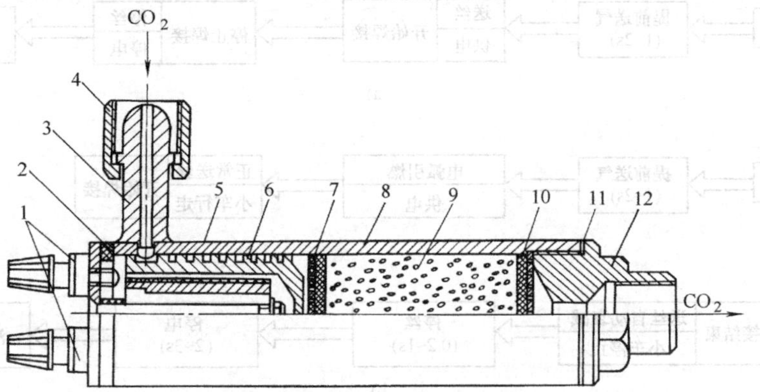

图 7-21 一体式预热干燥器的结构

1—接线柱 2—绝缘垫 3—进气端管 4—接头螺母 5—电热器

6—导气管 7—气筛垫 8—壳体 9—硅胶 10、11—毡垫 12—接头

当 CO_2 气体中水蒸气的含量较低时，可不用干燥器。

2. 减压器和流量计 减压器的使用是将高压 CO_2 气体变为低压气体，并调节气体的流量。由于 CO_2 气体的工作压力为 0.1～0.2MPa，所以可直接使用低压力的乙炔减压器，也可用经改装后的氧气减压器，即将低压表里的弹簧片（弧形扁管）换成软软的材料。

流量计是用来测量 CO_2 气体的流量，常用的是玻璃转子流量计，也可采用减压器和流量计一体的浮标式流量计，其流量调节范围有 0～15L/min 和 0～30L/min 两种，可根据需要选用。

3. 气阀 气阀是用来控制 CO_2 气体的送气与停气。若准确性要求高时，通常采用电磁气阀由控制系统来完成气体的输送与停止。另外，也可直接采用机械的气阀开关由手工来控制。

目前生产的减压检测器是将预热器、减压器和流量计合为一体，使用更方便。

（五）控制系统

控制系统的作用是对 CO_2 气体保护焊的供气、送丝和供电等系统实现控制。自动 CO_2 气体保护焊时，还要完成焊接小车行走或焊件运转等动作。

对供气系统的控制大致是三个过程：引弧时要求提前送气约 1 ~ 2s，以排除引弧区的空气；焊接时气流要均匀可靠；结束时，因熔池金属尚未冷却凝固，应滞后停气 2 ~ 3s，给予继续保护。这样可防止空气的有害作用，保证焊缝的质量。

对送丝系统的控制，即对送丝电动机的控制，应保证电动机能够完成对焊丝的正常送进和停止动作。焊前调整焊丝伸出长度、均匀调节送丝速度；在焊接过程中对网络波动有补偿作用等。

对供电系统的控制，是指对焊接区电源的控制，这与送丝部分密切相关。供电可在送丝之前接通，或与送丝同时接通，但在停电时，要求送丝先停而后再断电，这样可避免焊丝末端与熔池粘连，而影响弧坑处的焊缝质量。在采用较大电流的自动 CO_2 气体保护焊时，应保证焊丝及小车停止后的 0.2 ~ 1s 内延时切断焊接电源，使电弧在焊丝伸出端“返烧”，借此填满弧坑，从而提高焊缝质量。

CO_2 气体保护焊的焊接控制程序如图 7-22 所示。

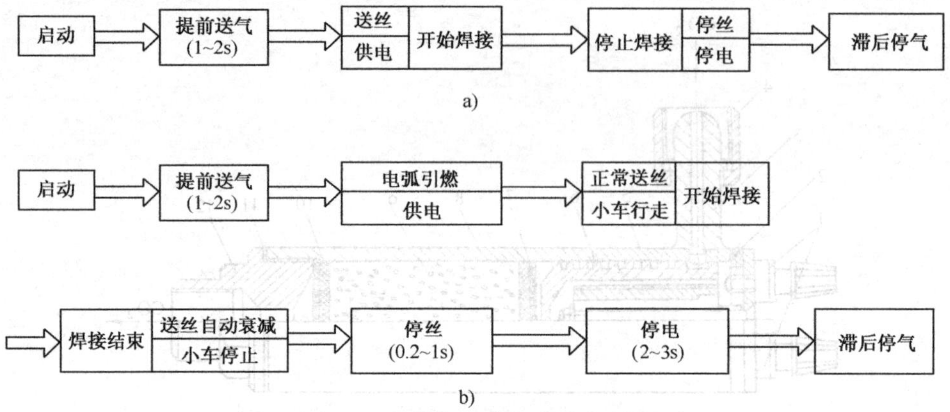

图 7-22　CO_2 气体保护焊焊接控制程序框图

a）半自动 CO_2 气体保护焊　b）自动 CO_2 气体保护焊

七、CO_2 气体保护焊的焊接参数

CO_2 气体保护焊时，由于熔滴过渡的形式不同，需要采用不同的焊接参数。

短路过渡焊接时，采用细焊丝，常用焊丝直径为 0.6 ~ 1.6mm。主要的焊接参数有电弧电压、焊接电流、焊接回路电感、焊接速度、气体流量及纯度、焊丝伸出长度以及电源极性。

1. 电弧电压　电弧电压是短路过渡时的关键参数，是影响熔滴过渡、飞溅大小、短路频率和焊缝成型的重要因素。在一般情况下，当电弧电压增加时，焊缝宽度相应增加，而焊缝的余高和熔深则减少。在焊接电流较小时，电弧电压过高，则飞溅增加。电弧电压太低，电弧弧长短，则焊丝不容易深入熔池形成“潜弧”现象，使电弧不稳。在焊接电流较大时，电弧电压过高，则飞溅增加，容易产生气孔；电弧电压太低则焊缝成形不良。要获得稳定的焊接过程和良好的焊缝成型，要求电弧电压与焊接电流有良好的配合。通常细丝焊接时电弧电压为 16 ~ 24V，粗丝焊接时电弧电压为 25 ~ 36V。

2. 焊接电流 焊接电流根据焊件的厚度、坡口形状、焊丝直径及所需的熔滴过渡形式来选择。对于一定焊丝直径，所使用的焊接电流有一定的范围，见表 7-3。

表 7-3 不同直径焊丝 CO_2 气体保护焊焊接电流的范围

焊丝直径/mm		0.8	1.0	1.2	1.6	2.0
焊接电流/A	短路过渡	50 ~ 120	70 ~ 180	90 ~ 350	140 ~ 500	160 ~ 500
	颗粒过渡	150 ~ 250	150 ~ 300	160 ~ 350	200 ~ 500	350 ~ 600

焊接电流对焊缝成形影响较大，当焊接电流增加时，熔深相应增加，熔宽略有增加。提高焊接电流可以增加焊丝熔化速度，提高生产效率，但焊接电流过大时，会使飞溅增加，并容易产生烧穿及气孔等缺陷。反之，若焊接电流太小，电弧不稳定，容易产生未焊透，焊缝成型差。当采用短路过渡时电弧电压与焊接电流有一个最佳配合范围，见表 7-4。

表 7-4 短路过渡时电弧电压与焊接电流的配合

焊接电流/A		75 ~ 120	130 ~ 170	180 ~ 210	220 ~ 250
电弧电压/V	平焊位置	18.0 ~ 21.5	19.5 ~ 23.0	20.0 ~ 24.0	21.0 ~ 25.0
	立焊和仰焊位置	18.0 ~ 19.0	18.0 ~ 21.0	18.5 ~ 22.0	19.0 ~ 23.5

3. 焊接回路电感 在焊接回路中串联了电感，是用来调节短路电流和电弧燃烧的时间，藉以控制熔深。采用不同直径焊丝时串联的合适电感值见表 7-5。

表 7-5 焊接回路电感值的选择

焊丝直径/mm	0.8	1.2	1.6
电感/mH	0.01 ~ 0.08	0.10 ~ 0.16	0.30 ~ 0.70

4. 焊接速度 在一定的焊丝直径、焊接电流和电弧电压的条件下，焊缝的熔宽和计算厚度随着焊接速度的增加而减小。焊接速度过快，容易产生咬边和未熔合等缺陷，同时气体保护效果变坏，可能出现气孔；但焊接速度过慢，生产率不高，焊接变形大，而产生烧穿，使接头晶粒粗大、成形变差。因此，应根据生产实践对焊接速度进行正确选择。通常半自动 CO_2 气体保护焊的速度不超过 0.5m/min，自动 CO_2 气体保护焊的速度不超过 1.5m/min。

5. 焊丝伸出长度 伸出长度过大时，焊丝容易发生过热而成段熔断，飞溅严重，气体保护效果变差，焊接过程不稳定；但伸出长度过小，势必缩短喷嘴与焊件间的距离，飞溅金属容易堵塞喷嘴，影响保护效果，还会影响焊工视线。因此，合适的伸出长度约等于焊丝直径的 10 ~ 12 倍，细丝焊以 8 ~ 15mm 为宜，粗丝焊时在 15 ~ 25mm 之间。

6. 气体流量 气体流量应根据焊接电流、焊接速度、焊丝伸出长度等综合选择。随着这三个参数值的增加，气体流量也应相应增加。过大或过小的气体流量都会影响气体保护效果。通常细丝焊时，气体流量为 15 ~ 25L/min；粗丝大参数自动 CO_2 气体保护焊时可增至 30 ~ 50L/min。

7. 电源极性 为了减少飞溅，保持电弧稳定，一般都采用直流反接，粗丝大电流焊时，也可以采用直流正接。此时焊接电流稳定，飞溅小，并且由于负极的热量高于正极，焊丝的熔化速度快、熔深线、母材稀释率低，适用于堆焊或铸铁补焊。

八、粗丝自动 CO_2 气体保护焊

粗丝（焊丝直径 3 ~ 5mm）自动 CO_2 气体保护焊用于中厚板的水平位置焊接。其特点是

焊接熔化系数高，电弧穿透力强，熔池深度大，有较高的生产率，较低的焊接成本。

1. 粗丝自动 CO_2 气体保护焊设备　粗丝自动 CO_2 气体保护焊可以采用下降特性的电源，配合均匀调节送丝系统；也可以采用平特性的电源，配合等速送丝系统。两者目前都有应用，但以前者较好。除了采用NZC-1000型自动 CO_2 气体保护焊机外，还可直接采用埋弧焊机，在焊接小车的原导电夹板部位加装上焊枪即可。

粗丝自动 CO_2 气体保护焊的焊枪多为水冷式。由于粗丝大电流焊接时，电弧功率大，熔池长度约为60～70mm，所以，普通圆柱形喷嘴不能可靠地保护熔池，必须采用一种具有双水冷却结构的椭圆形喷嘴的焊枪，其喷嘴尺寸应以熔池的宽度和长度为依据，如图7-23所示。由于循环水路对导电嘴和喷嘴下部的冷却作用，所以，焊枪散热效果好，喷嘴内表面粘附的飞溅物易于清除，对熔池的保护较好。

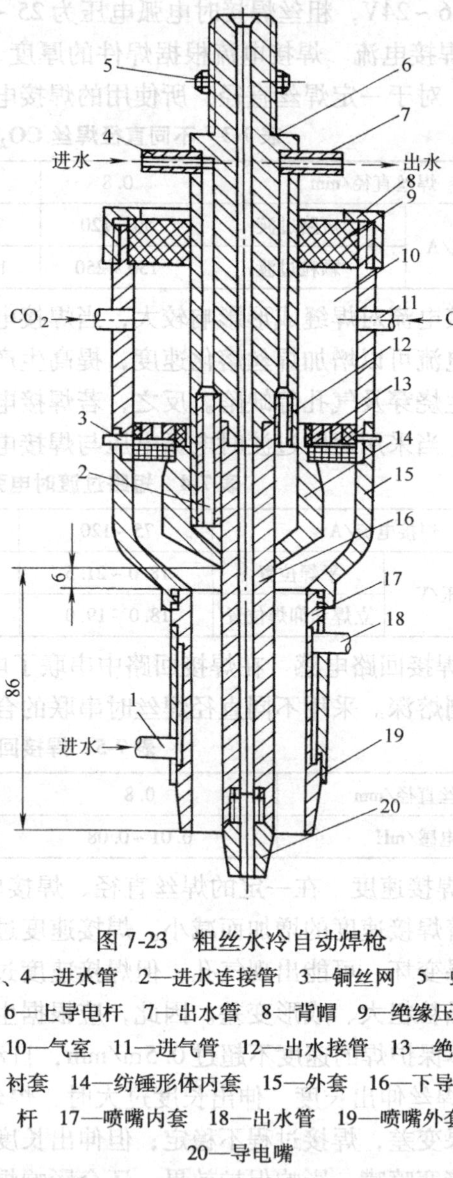

图7-23　粗丝水冷自动焊枪
1、4—进水管　2—进水连接管　3—铜丝网　5—螺母　6—上导电杆　7—出水管　8—背帽　9—绝缘压块　10—气室　11—进气管　12—出水接管　13—绝缘衬套　14—纺锤形体内套　15—外套　16—下导电杆　17—喷嘴内套　18—出水管　19—喷嘴外套　20—导电嘴

2. 粗丝自动 CO_2 气体保护焊的焊接参数　粗丝自动 CO_2 气体保护焊时，虽然使用较大的焊接电流，但是电流密度比用细丝焊时低得多，而电弧电压也较低，焊接过程中电弧深入熔池，出现所谓的"潜弧"现象，使大颗粒的飞溅也飞不到熔池外面，结果实际飞溅损失大大减小，焊接过程稳定，焊缝成形良好。常用的焊接参数见表7-6。

表7-6　粗丝自动 CO_2 气体保护焊的焊接参数

焊丝直径/mm	焊接电流/A	电弧电压/V	焊接速度/（mm/min）	气体流量/（L/min）
3.2	450～600	34～36	250～300	40～45
4.0	600～750	36～38	300～350	40～45
5.0	750～900	38～40	300～400	40～45

九、药芯焊丝 CO_2 气体保护焊

CO_2 气体作为保护气体有着突出的优点，但还存在一些不足，其中最主要的是焊接飞溅问题，焊缝成形不太理想，有时还发现焊缝金属塑性不足等。

(一) 药芯焊丝气体保护电弧焊的原理

焊接过程中使用外加保护气体(一般是纯 CO_2 或 CO_2+Ar)的药芯焊丝电弧焊称为药芯焊丝熔化极气体保护电弧焊。它与普通熔化极气体保护焊基本相同。主要区别是药芯焊丝是在焊丝内部装有焊剂或焊剂与金属粉末的混合物。因此药芯焊丝 CO_2 气体保护焊实质上是采用气-渣联合保护的焊接方法,如图 7-24 所示。

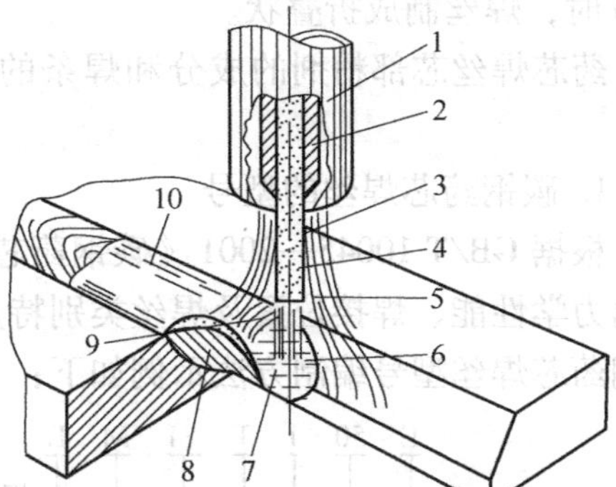

图 7-24 药芯焊丝 CO_2 气体保护焊示意图

1—喷嘴 2—导电嘴 3—药芯 4—焊丝钢皮 5—CO_2 气流 6—焊接电弧及熔滴 7—熔池 8—焊缝金属 9—焊渣 10—渣壳

(二) 药芯焊丝 CO_2 气体保护焊的特点

1. 药芯焊丝 CO_2 气体保护焊的优点

(1) 焊接工艺性好 由于药芯具有与焊条药皮近似的成分和相同的作用,因此药芯焊丝电弧焊时,引弧容易、电弧稳定、声音柔和、飞溅少且颗粒细。熔渣多为酸性渣系(钛系),流动性好、熔池表面覆盖良好,容易清除,焊缝成形美观。

(2) 应用范围广 通过改变药芯配方,便于渗合金,更易改善焊缝金属的力学性能。

(3) 抗风性能好 药芯焊丝采用气-渣联合保护,抗风性能优于单纯的 CO_2 气体保护焊,操作性能类似焊条,电弧焊操作技术更易掌握,适宜全位置焊接。

(5) 生产效率高 药芯焊丝与实芯焊丝中填充金属的结构不同,药芯焊丝的填充金属大多是在外皮位置,而中间的药芯是绝缘的,故相对电流密度较大,焊丝的熔敷系数增大,提高了生产效率。

2. 药芯焊丝 CO_2 气体保护焊的缺点

(1) 药芯焊丝送丝较实芯焊丝困难 由于药芯焊丝内部为药芯,因而焊丝刚度较实芯焊丝差,送丝时,如焊丝压紧轮过紧,则容易将焊丝压扁,造成送丝不均,影响焊接质量。

(2) 药芯焊丝保管要求严格 药芯焊丝的药料容易吸潮,因而药芯焊丝保管时应注意防潮,一旦受潮,焊前必须经过高温烘焙。

(3) 焊接烟尘大 药芯焊丝在施焊时烟尘较大,有害环境,故要做好防护措施。

(三) 药芯焊丝

药芯焊丝即由薄钢带卷成圆形钢管或异形钢管的同时,填满一定成分的药粉,经拉制而成的一种焊丝,其横截面形状种类很多,如图 7-25 所示。

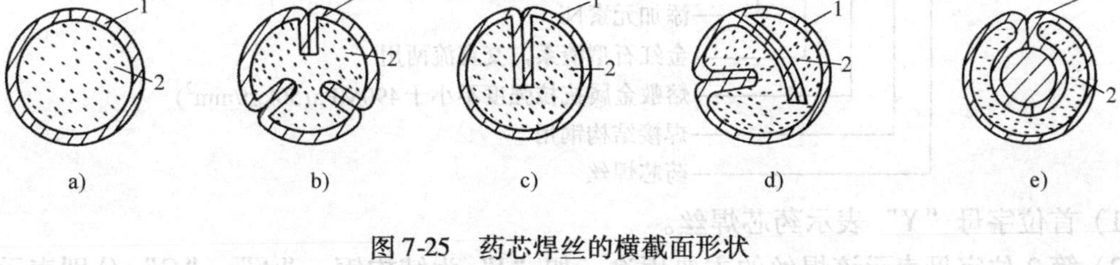

图 7-25 药芯焊丝的横截面形状

a) O 形 b) 梅花形 c) T 形 d) E 形 e) 中间填丝形

1—钢带 2—药粉

由于小直径折叠焊丝制造比较困难，因此一般 $d \leqslant 2$mm 时，焊丝制成“O”形；$d >$ 2mm 时，焊丝制成折叠状。

药芯焊丝芯部粉剂的成分和焊条的药皮类似，含有稳弧剂、脱氧剂、造渣剂和合金剂等。

1. 碳钢药芯焊丝的型号

根据 GB/T 10045—2001《碳钢药芯焊丝》标准规定，碳钢药芯焊丝型号是根据其熔敷金属力学性能、焊接位置及焊丝类别特点（保护类型、电流类型及渣系特点等）进行划分，碳钢药芯焊丝型号编制方法示例如下：

E 50 1 T -1 M L

- L：焊丝熔敷金属V形缺口冲击吸收功在 −40℃ 下不小于27J
- M：表示保护气体（体积分数）为75%~80%Ar+CO_2
- -1：焊丝类别特点：外加保护气，直流电源，焊丝接正极，用于单道和多道焊
- T：表示药芯焊丝
- 1：表示焊接位置为全位置
- 50：熔敷金属抗拉强度不小于480MPa
- E：表示焊丝

字母“E”表示焊丝、“T”表示药芯焊丝，字母“E”后面的2位数字表示熔敷金属的力学性能。第3位数字表示推荐的焊接位置，其中“0”表示平焊和横焊位置、“1”表示全位置。短划后面的数字表示焊丝的类别特点。字母“M”表示保护气体（体积分数）为75% ~80% Ar + CO_2，当无字母“M”时，表示保护气体为 CO_2 或自保护类型。字母“L”表示焊丝熔敷金属的冲击性能在 −40℃时，其V形缺口冲击吸收功不小于27J，无“L”时，表示焊丝熔敷金属的冲击性能符合一般要求。

2. 药芯焊丝的牌号

焊丝牌号作为一种商品的代号，通常由生产厂自行编制。在我国，过去为了方便用户选用，曾制订了统一牌号，如 YJ501—1，但目前，随着市场经济的发展，各厂又陆续开始编制自己的产品牌号。有的在统一牌号前面冠以企业名称代号，如 AT-YJ507-1（安泰），PK-YJ507-1（北京），有的就另行编制；如 SF50（上海）；SQJ507（天津三英）等。

药芯焊丝牌号示例：

Y J 50 1 Ni -1

- -1：气保护
- Ni：添加元素Ni
- 1：金红石型渣系，交直流两用
- 50：熔敷金属抗拉强度不小于490MPa(50kgf/mm^2)
- J：焊接结构钢用
- Y：药芯焊丝

1）首位字母“Y”表示药芯焊丝。

2）第2位字母表示该焊丝的主要用途，如“J”为结构钢；“A”、“G”分别表示奥氏体型铬镍不锈钢和铬不锈钢；“R”为耐热钢；“D”为堆焊。

3）字母后面的3位数字中的前2位数字表示熔敷金属特性（力学性能或化学成分分

类），第3位数字表示渣系和电流种类。如“1”为金红石型，“2”为钛钙型，“7”为碱性系。3位数字的含义与焊条牌号表示方法相同。

4）当药芯焊丝有特殊性能和用途时，则在数字后面加注起主要作用的元素或表示主要用途的字母（一般不超过2个）。

5）在短划“-”后的数字，表示焊接时的保护类型，见表7-7。

表7-7　保护类型的代号

牌　号	保护类型	牌　号	保护类型
YJ×××-1	气保护	YJ×××-3	气保护与自保护两用
YJ×××-2	自保护	YJ×××-4	其他保护形式

（四）药芯焊丝 CO_2 气体保护焊的焊接参数

药芯焊丝 CO_2 气体保护电弧焊的焊接参数包括：焊接电流、电弧电压、焊接速度、焊丝伸出长度及保护气体流量等。焊接参数对焊缝成形及焊接质量的影响与实芯焊丝基本相同。但由于药芯焊丝 CO_2 气体保护焊使用的焊剂成分改变了电弧特性，因此，直流、交流、平特性或下降特性电源均可以使用，常用的是平特性电源。

当其他条件不变时，焊接电流与送丝速度成正比。但当焊接电源改变时，电弧电压需作相应的调整，以保证电弧电压与焊接电流的最佳匹配关系。表7-8为药芯焊丝 CO_2 气体保护电弧焊在各种位置焊接中厚板时的焊接电流、电弧电压常用范围。

由于药芯焊丝电弧焊的电流密度相当高，焊丝伸出长度微小的变化都会影响熔敷率和焊缝成形，因此必须严格控制焊丝伸出长度。药芯焊丝的伸出长度与焊接电流、电弧电压推荐的匹配值见表7-9。

表7-8　药芯焊丝 CO_2 气体保护焊常用焊接电流与电弧电压匹配表（中厚钢板）（ϕ1.2mm）

焊接位置	平焊	横焊	向上立焊	向下立焊	仰焊
焊接电流/A	160～350	180～260	160～240	240～260	160～200
电弧电压/V	22～23	22～30	22～30	25～30	22～25

表7-9　药芯焊丝 CO_2 气体保护焊焊丝伸出长度与焊接电流、电弧电压推荐的匹配值

焊丝伸出长度/mm	8	12	16	20	24
焊接电流/A	202	187	172	162	154
电弧电压/V	27	27.8	28.1	28.4	28.6

第三节　氩　弧　焊

一、氩弧焊概述

氩弧焊是使用氩气作为保护气体的一种气体保护焊方法，如图7-26所示。它是利用从喷嘴喷出的氩气，在电弧区形成连续封闭的气层，使电极和金属熔池与空气隔绝，防止有害气体（如氧、氮等）侵入，起着机械保护作用。同时，由于氩气是一种惰性气体，既不与金属起化学反应，也不溶解于液体金属，从而母材中的合金元素不会烧损，焊缝不易产生气孔。因此，氩气保护是很有效和可靠的，并能得到较高的焊接质量。

（一）氩弧焊的特点

1）可焊接的材料范围很广，几乎所有的金属材料都可进行氩弧焊，特别适宜化学性质活泼的金属和合金，常用于奥氏体型不锈钢和铝、镁、钛、铜及其合金的焊接，也用于锆、钽、钼等稀有金属的焊接。

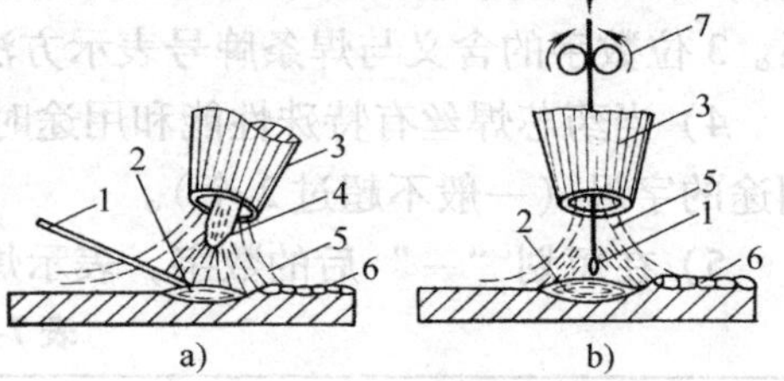

图 7-26　氩弧焊示意图

a）钨极氩弧焊　b）熔化极氩弧焊

1—焊丝　2—熔池　3—喷嘴　4—钨极　5—气体　6—焊缝　7—送丝滚轮

2）由于氩气保护性能优良，氩弧温度又很高，因此在各种金属和合金焊接时，不必配制相应的焊剂或熔剂，基本上是金属熔化与结晶的简单过程，能获得较为纯净的、质量良好的焊缝。

3）氩弧焊时，由于电弧受到氩气流的压缩和冷却作用，电弧加热集中，故热影响区小，因此焊接变形与应力均较小，尤其适用于薄板焊接。

4）由于明弧易于观察，焊接过程较简单，也就容易实现焊接的自动化和半自动化，并且能在各种空间位置进行焊接。

由于氩弧焊具有这些显著的特点，所以，在我国国防、航空、化工、造船、电器等工业部门，应用较为普遍。随着有色金属、高合金钢及稀有金属的结构产品日益增多，氩弧焊技术的应用将越来越广泛。

（二）氩弧焊的分类

氩弧焊按所用的电极不同，分为非熔化极（钨极）氩弧焊（简称 TIG 焊）和熔化极氩弧焊（简称 MIG 焊）两种，见表 7-10。

表 7-10　氩弧焊分类

- 氩弧焊
  - 非熔化极氩弧焊
    - 手工钨极氩弧焊
    - 半自动钨极氩弧焊
    - 自动钨极氩弧焊
    - 氩弧点焊
    - 脉冲氩弧焊
    - 真空氩弧焊
    - 热丝钨极氩弧焊
  - 熔化极氩弧焊
    - 自动熔化极氩弧焊
    - 半自动熔化极氩弧焊
    - 熔化极脉冲氩弧焊

非熔化极氩弧焊因焊接电流受到钨极的限制，所以电弧功率小，只适用于薄板焊接。熔化极氩弧焊可以采用较大的焊接电流，故电弧功率大，可用来焊接厚板。另外，脉冲氩弧焊是目前发展的一项新工艺，它是利用维弧电流保持主电弧的电离通道，并周期性地加一同极性高峰值脉冲电流产生脉冲电弧，以熔化金属并控制熔滴过渡的氩弧焊。它也分为钨极脉冲氩弧焊和熔化极脉冲氩弧焊。

氩弧焊接操作形式可分为手工、半自动和自动三种形式。

二、钨极氩弧焊

钨极氩弧焊是采用高熔点的钨棒作为电极，在氩气层流保护下利用钨极与焊件之间的电弧热量，来熔化填充焊丝和母材，冷却凝固后形成焊缝。而电极本身不熔化，只起发射电子发生电弧的作用。

（一）钨极氩弧焊的焊接材料

1. 电极材料 钨极对电弧稳定性和焊接质量有很大的影响，要求钨极具有电流容量大、施焊损耗小，引弧、稳弧性能好等特性。

（1）钨极的种类 钨极有纯钨极、钍钨极、铈钨极和锆钨极等，目前常用的是前三种。

1）纯钨（W）极：钨极中，w（W）为99.85%以上的钨极，则为纯钨极，其熔点很高（约为3390～3470℃），沸点也很高（约为5900℃），不易熔化和蒸发。它基本上可以满足焊接的要求，但在使用交流电时，纯钨极的电流承载能力较低，抗污染能力差，要求焊接电源有较高的空载电压，故目前已很少采用。

2）钍钨（Th-W）极：是指在纯钨极的基础上加入质量分数为1%～2%的氧化钍（ThO_2）的钨极，即为钍钨极。由于钨棒内含有钍元素，使钨极的电子发射能力增强，具有电流承载能力较好，寿命较长且抗污染性能较好，并且容易引弧，所需的引弧电压小，电弧稳定性能好等优点。其缺点是成本较高，且有微量放射性。

3）铈钨（Ce-W）极：是指在纯钨中加入质量分数为2%的氧化铈（CeO）的钨极，即为铈钨极。与钍钨极相比，铈钨极在直流小电流焊接时，易建立电弧，引弧电压低，具有电弧燃烧稳定，弧束较长，热量集中，烧损率低，许用电流密度高，使用寿命长等优点。更重要的特点是这种钨极几乎没有放射性，是一种理想的电极材料，也是我国目前建议尽量采用的钨极。

（2）钨极的牌号与规格

1）牌号：目前我国对钨极的牌号没有统一的规定，但根据其化学成分的元素符号及其平均含量来确定牌号是比较常用的一种方法。部分国产钨极牌号的化学成分及其质量分数（含量）见表7-11。

表7-11 部分国产钨极材料及其化学成分

牌号名称		化学成分（质量分数，%）				
		w(W)（最低）	w(ThO)	w(CeO)	w(ZrO_2)	w(其他元素)（最大）
纯钨	W1	99.92				0.08
	W2	99.85				0.15
钍钨	WTh-7	99.05	0.7～0.99			0.10
	WTh-10	98.65	1.0～1.49			0.10
	WTh-15	98.15	1.5～2.0			0.10
铈钨	WCe-20	97.90		2.0		0.10
锆钨	WZr-15	99.63			0.15～0.40	0.10

钨极牌号示例：

W Ce 20
- 20——氧化铈的质量分数为2%
- Ce——铈
- W——钨极

2）规格：制造厂家供给钨极的长度范围为76～610mm。常用钨极的直径为0.5mm、1.0mm、1.6mm、2.0mm、2.5mm、3.2mm和4.0mm等。

2. 焊丝　钨极氩弧焊焊丝一般根据 GB/T 8110—2008《气体保护电弧焊用碳钢、低合金钢焊丝》、GB/T 14957—1994《熔化焊用钢丝》、YB/T 5092—2005《焊接用不锈钢焊丝》为依据划分的，用于承压设备的气体保护焊的焊丝除满足上述标准外，还应满足 NB/T 47018.3—2011《承压设备用焊接材料订货条件，第三部分 气体保护电弧焊钢丝和填充丝》的要求。

根据焊件材料和板厚的不同，可选用不同牌号、不同规格的焊丝。由于氩气只起机械保护作用，不具有焊条药皮或焊剂的作用，即不参与冶金反应，也无脱氧、脱硫、脱磷和渗合金等作用。因此，对氩弧焊用焊丝的要求是：其纯度和合金元素含量都不得低于焊件的要求，至少是同级的，而且对焊丝表面的清理要求也较高。常用的碳素钢、低合金高强度钢、不锈钢钨极氩弧焊丝见表 7-12。

表 7-12　常用碳素钢、低合金高强度钢、不锈钢钨极氩弧焊焊丝

焊丝型号	焊丝牌号		钢材牌号
ER49-1　ER50-4 （H08MnSi）	TIG-J50	碳素钢	10，15，Q195 S205，Q215A（B），Q235A（B，C） 20（g，G，R），25，35 HP245，HP265
H08MnSi ER50-4 （TG50）	TIG-J50	低合金高强度钢	Q345（A-D），Q345R（16Mng，16MnR） S240，S390，S415，S360，S385，S415 HP295，HP325，HP345
H08Mn2SiMo			Q390（15MnV） Q420（15MnVN，15MnVNR） HP360，S450 20MnMo
H08CrMo，H08CrMoSiMo ER55-B2（TGR55CM）， ER55-B2L（TGR55CML）	TIG-R30	耐热钢	12CrMo 15CrMo
ER55B2MnV（TGR55V，TGR55VL） H08CrMoV，H08CrMnSiMoV	TIG-R31		12Cr1MoV
TGR55WB，TGR55WBL H08Cr2MoWVTiB	TIG-R34		12Cr2MoVWTiB（G102）
H08Cr3MoMnA ER62-B3（TGR59C2M） ER62-B3L（TGR59C2ML）	TIG-R40		2¼Cr-1Mo
H08Cr21Ni10		奥氏体型不锈钢	用于 18-8 型，18-12 型焊接，是 08Cr19Ni9（304）型不锈钢最常用的焊材
H03Cr21Ni10			022Cr19Ni10 （00Cr19Ni10）

注：本表钢材牌号括号内的为旧标准。

3. 氩气　氩气是惰性气体，具有高温下不分解又不与焊缝金属起化学反应的特性。氩弧引燃后，就能比较稳定地燃烧。这是因为氩气是单原子气体，无分子分解成原子的过程，所以电离时能量损失较少。氩气的热容量与热导率较小，故只要较小的热量就可把电弧空间加热到高温，且电弧的热量不易传失，这有利于气体的热电离，致使电弧燃烧稳定。

氩气在空气中含量极少，按体积分数计算，仅占0.93%，按质量分数计算，仅占1.3%。它比空气重，沸点为-185.7℃。氩气是在液态空气分馏制氧时获得的。但由于氩气的沸点介于氧气和氮气的沸点之间（氧的沸点是-183℃，氮的沸点是-195.8℃），沸点温度差值小，所以在制氩时，氩气中会含有一定数量的氧、氮、二氧化碳和水分。如果这些杂质含量过多，就会削弱氩气的保护作用，并直接影响焊缝的质量和造成钨极的烧损。因此，氩弧焊用的氩气，其纯度（体积分数）一般应大于99.95%以上。对化学性能活泼的金属，如铝、镁、钛、锆及其合金，氩气纯度要求应更高些。

（二）钨极氩弧焊设备

手工钨极氩弧焊（手工TIG焊）设备主要包括电源、供气系统、水路系统、控制系统、焊枪等部分，如图7-27所示。而自动钨极氩弧焊设备，是在上述设备的基础上，增加等速送丝装置及行走小车（或焊件旋转）等机构，这部分原理和一般自动焊基本相同。使用最多的手工钨极氩弧焊设备是WSJ系列、WSE系列和WS系列。

1. 主电路系统 手工钨极氩弧焊电源是按被焊金属材料而选择的，实践证明，一般具有陡降特性曲线的焊条电弧焊电源均可作为氩弧焊电源。因此，弧焊发电机、弧焊整流器及弧焊变压器等，都可作为手工钨极氩弧焊的弧焊电源。

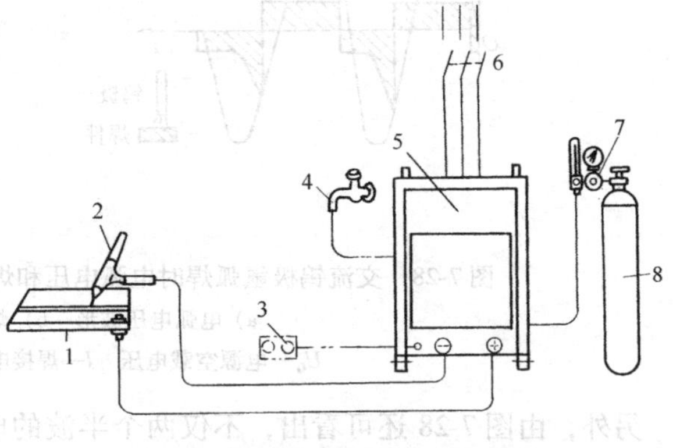

图7-27 手工钨极氩弧焊设备示意图
1—焊件 2—焊枪 3—遥控器 4—冷却水 5—电源与控制系统 6—电源开关 7—流量调节器 8—气瓶

（1）直流弧焊电源

1）直流弧焊电源采用不同的极性，在工艺上将会有明显的差异。当采用正接时，由于电子从钨极向焊件高速冲击，结果使焊件温度升高，而钨极温度则较低。因此，采用正接，不仅可以使熔深增加，而且钨极允许通过的焊接电流也可以增大。故正接常用于氩弧焊打底和焊接铜及其合金、不锈钢等。

当采用反接时，由于电子从焊件向钨极冲击，结果使钨极温度升高，损耗增大，电弧不稳，而焊件温度则较低，熔深较浅。但是，氩气电离后产生的大量正离子，以高速向熔池表面冲击，可将某些金属表面熔点高且又致密的氧化膜撞碎，使焊接过程能顺利地进行，这种现象称为“阴极破碎”作用或称“阴极雾化”作用。这种作用对焊接铝、镁及其合金非常有利，可以不用焊剂，靠阴极破碎作用去除氧化膜，得到成形良好的焊缝。但在实际生产中，因反接时钨极消耗量大，电弧又不稳定，故一般不采取此法焊接铝、镁及其合金，而是采用交流电源，同样也能达到阴极破碎作用的目的。

2）直流钨极氩弧焊时，因无极性的变化，所以电弧稳定，其主电路系统较为简单，采用一般的弧焊整流器，附加高频振荡器用于引弧，即可进行焊接。

（2）交流弧焊电源 交流电源的极性是不断变换的，在正极性的半波里（钨极为阴极），钨极可以得到冷却，以减小烧损；在反极性的半波里（钨极为阳极），有“阴极破碎”作用，熔池表面氧化膜可以得到清除。但是，采用交流电源时，必须解决消除直流分量及引弧稳弧的问题。

1）直流分量：交流钨极氩弧焊时，焊接电流和电弧电压的波形如图7-28所示。由图可见，交流氩弧焊的极性是不断变化的，正半波（焊件是正极的半波）钨极是负极，因为钨极的熔点高，钨极端部能加热到很高的温度，同时钨极的热导率低，钨极尺寸小，因传导而损失的热量小。此时钨极的阴极斑点容易维持高温，热电子发射能力强，所以电弧的导电性能很好，电弧电流很大，而电弧电压较低。反之，负半波时焊件为负极，相对于钨极，焊件的熔点比钨极低得多，同时焊件的热导率高，尺寸大，散热能力较强，以致熔池表面的阴极斑点加热温度很低，热电子发射能力很弱，所以电弧导电困难，电弧电流小，电弧电压较高。这就是说负半波时电弧的引燃很困难，焊接过程中电弧的稳定性就很差。

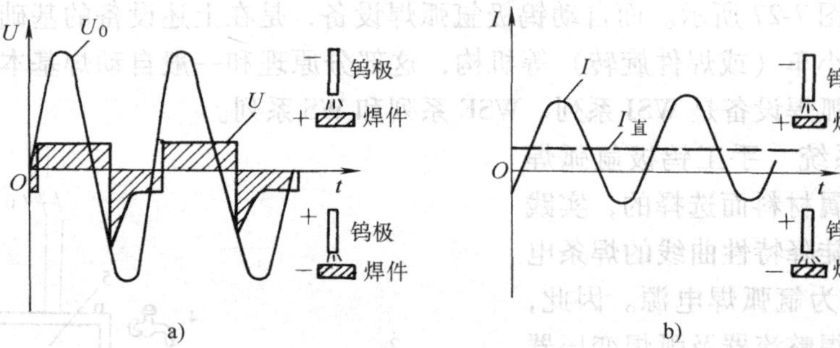

图7-28　交流钨极氩弧焊时电弧电压和焊接电流波形及直流分量示意图

a）电弧电压波形　b）焊接电流波形

U_0—电源空载电压　I—焊接电流　U—电弧电压

另外，由图7-28还可看出，不仅两个半波的电弧电压不等，而且电弧电流也不等，这种电流的不相等在交流电路里焊接电流好像是由两部分组成，一部分是真正的交流电，另一部分是直流电，它叠加在交流部分上，在焊接的交流电路里产生的这部分直流电叫做直流分量。

直流分量的极性是：钨极为负，焊件为正。由于直流分量而减弱了“阴极破碎”作用，难以去除铝、镁及其合金焊接时熔池表面的氧化膜，并使电弧不稳，焊缝易出现未焊透、焊缝成形差等缺陷。同时，直流分量相当于焊接回路中通过直流电，以致弧焊变压器的铁心产生直流磁通，使铁心饱和，这对弧焊变压器是很不利的。

2）引弧稳弧措施及直流分量的消除：由于氩气的电离势较高，较难以电离，故引弧困难。采用交流电源时，由于电流每秒钟有100次经过零点，电弧不稳，并且需要重复引燃和稳定电弧，所以，氩弧焊必须采取引弧与稳弧的措施，通常可采用脉冲稳弧器、高频振荡器和提高弧焊变压器的空载电压等三种方法。

交流钨极氩弧焊焊接铝、镁及其合金时，可采用串联电容、串联直流电源和串联整流器等三种方法来消除直流分量。

2. 焊枪　钨极氩弧焊焊枪主要由枪体、喷嘴、电极夹持装置、电缆、氩气输入管、冷却水管（小热输入时可以不用）、按钮开关等组成。其作用是夹持钨极，传导电流和输送氩气。

钨极氩弧焊焊枪的类型较多，通用的水冷却焊枪如图7-29所示。要求焊枪结构简单轻巧、气保护性能良好和使用方便。

3. 供气系统 氩弧焊供气系统是由气瓶、减压器、电磁气阀、气体流量计等组成。其作用是使钢瓶内的氩气按一定的流量，从焊枪的喷嘴送入焊接区。氩气瓶容积一般为40L，外表涂灰色，并标有绿色的"氩气"字样。

4. 水路系统 当焊接电流超过200A时，钨极和焊枪必须用水冷却，水源通过水管连接到焊枪上，用水压开关或者手动来控制冷却水流量。

5. 控制系统 钨极氩弧焊时，通过控制线路实现对供电、供气、引弧与稳弧等部分的控制。如果是自动焊，还应完成自动送丝和焊接小车行车（或焊件旋转）等动作，以使氩弧焊过程正常进行。手工钨极氩弧焊的焊接控制程序大致如图7-30所示。

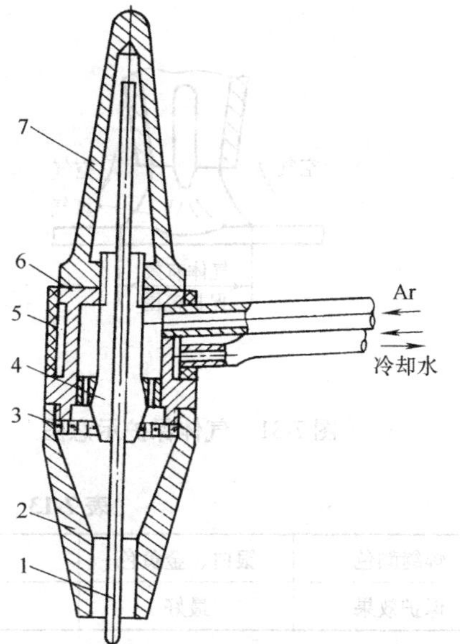

图7-29 钨极氩弧焊焊枪

1—钨极 2—喷嘴 3—铜丝网 4—钨极夹头 5—冷却水套 6—焊枪体 7—帽罩

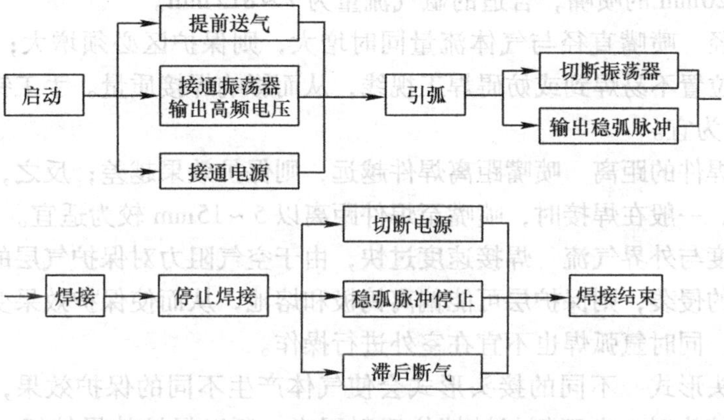

图7-30 手工钨极氩弧焊控制程序框图

（三）钨极氩弧焊工艺

1. 气体保护效果 氩气的保护作用，是在电弧周围形成惰性气体层，机械地将空气与金属熔池、填充焊丝隔离，如图7-31所示。为了评定氩气的保护效果，可作测定"有效保护区"直径的试验。例如用铝板作为被焊工件，选择一定的焊接参数，引燃电弧以后，焊枪固定不动，待燃烧约5~10s后熄弧。此时在铝板上就会留下熔化焊点，其周围有一个明显的圆圈，如图7-32所示。如果保护良好，则圆圈内光亮清晰，即是有效保护区。如果保护不好，就几乎看不到光亮的圆圈。有效保护区直径可作为衡量保护效果的尺度。另外，同样可用不锈钢材料来进行试验。

实际生产中，鉴别气体保护的效果还可根据焊缝表面的颜色来判断，详见表7-13。

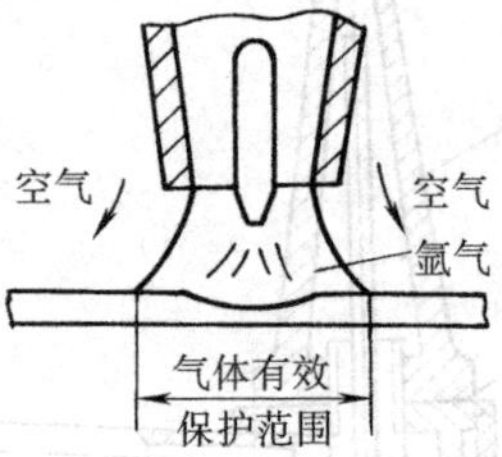

图 7-31　气体保护示意图

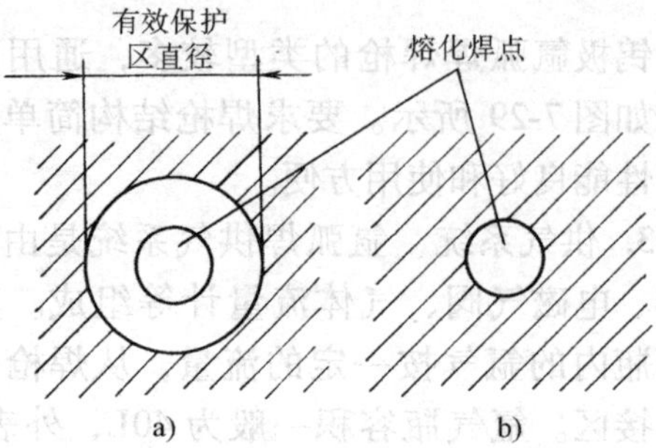

图 7-32　氩气的有效保护区

a）保护效果良好　b）保护效果不好

表 7-13　不锈钢的焊缝颜色与保护效果

焊缝颜色	银白、金黄色	蓝色	红灰色	灰色	黑色
保护效果	最好	良好	尚可	不良	最坏

氩弧焊时，由于氩气保护层是柔性的，故极易受到外界因素扰动而遭破坏，其保护效果主要与下列因素有关：

（1）气体流量　气体流量越大，保护层抵抗流动空气影响的能力越强。但流量过大时，保护层会产生不规则流动，易使空气卷入，反而降低了保护效果，所以气体流量要选择恰当。直径在 12 ~ 20mm 的喷嘴，合适的氩气流量为 7 ~ 8L/min。

（2）喷嘴直径　喷嘴直径与气体流量同时增大，则保护区必须增大；但喷嘴直径过大时，则某些焊缝位置不易焊到或妨碍焊工视线，从而影响焊接质量。手工钨极氩弧焊的喷嘴直径以 8 ~ 20mm 为宜。

（3）喷嘴至焊件的距离　喷嘴距离焊件越远，则保护效果越差；反之，过近会影响焊工视线，操作不便。一般在焊接时，喷嘴至焊件距离以 5 ~ 15mm 较为适宜。

（4）焊接速度与外界气流　焊接速度过快，由于空气阻力对保护气层的影响，或者焊接时遇到侧向气流的侵袭，则保护层可能偏离钨极和熔池，从而使保护效果变坏，所以应选用合适的焊接速度，同时氩弧焊也不宜在室外进行操作。

（5）焊接接头形式　不同的接头形式会使气体产生不同的保护效果，如图 7-33 所示。焊接对接和 T 形接头时，由于氩气被挡住反射回来，所以保护效果较好；而搭接和角接接头，因空气易侵入电弧区，故保护效果较差。若要改进保护条件，可安放临时性的挡板，如图 7-34 所示。

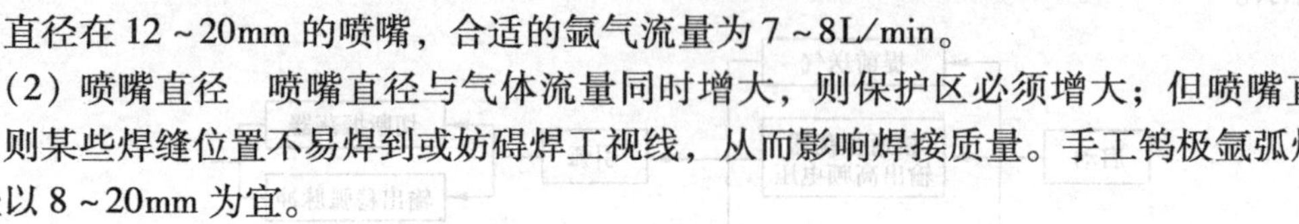

图 7-33　不同接头形式的氩气保护效果

a）、b）对接、T 形接头，保护效果较好　c）、d）搭接、角接接头，保护效果较差

（6）被焊金属材料　对于氧化与氮化非常敏感的金属及其合金（如钛和钛合金等），氩

弧焊时要求有更好的保护效果，其具体措施是：加大喷嘴直径，采用拖罩以增大保护区域，以及采用特殊装置对焊缝正反面进行保护。

此外，焊接电流、电弧电压、焊枪倾斜角度、填充焊丝送入情况等对保护效果均有一定的影响。总之，为了得到质量满意的焊缝，在焊接时应综合考虑上述的因素。

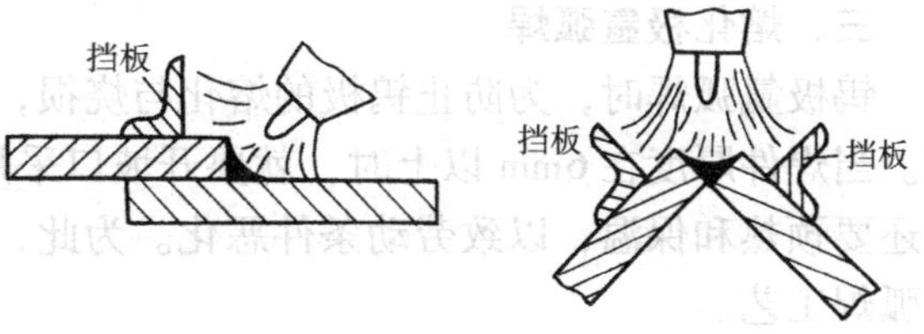

图 7-34 氩弧焊时临时挡板的安放

2. 焊前清理 氩弧焊时，必须对被焊工件的接缝附近及填充焊丝进行焊前清理，去除金属表面的氧化膜、油脂和水分等杂质，以确保焊接质量。清理方法随着被焊工件的材质不同而不同，现将常用的方法简介如下：

（1）机械清理 机械清理较简便，而且效果好。通常对不锈钢焊件可用砂布打磨；铝合金焊件可用钢丝刷或电动钢丝轮（采用直径小于 0.15mm 的不锈钢丝或直径小于 0.1mm 的钢丝刷）及用刮刀刮。主要是清除焊件表面的氧化膜，机械清理后，可用丙酮去除油垢。

（2）化学清理 对于铝、钛、镁及其合金在焊前可进行化学清理。

钛合金的化学清理工序是：在室温下酸洗 10min（若加热、则时间可缩短）⟶清水洗净⟶烘干⟶焊前用丙酮或酒精清理。

镁合金可采用质量分数为 20% ~25% 的硝酸水溶液进行表面腐蚀，时间为 1 ~2min，然后放在 70 ~90℃的热水中清洗，再进行干燥（或吹干）。

（3）化学-机械清理 大型焊件采用化学清理往往不够彻底，因而在焊前还需用钢丝轮或刮刀再清理一下接缝的边缘。

此外，清理后的焊件与填充焊丝必须保持清洁，严禁再沾上油污，并要求清理后立即进行焊接。

3. 焊接参数的选择 手工钨极氩弧焊的主要焊接参数有：焊接电流、电弧电压、氩气流量、喷嘴直径、电极伸出长度、填充焊丝直径、钨极直径、接头坡口形式、焊缝层数及预热温度等。选择焊接参数时应根据不同的被焊金属、焊件厚度和结构形式等因素加以综合考虑。

焊接低碳钢的主要焊接参数见表 7-14。

表 7-14 低碳钢（平对接焊）手工钨极（直流正接）氩弧焊的焊接参数

接头形式	焊件厚度 /mm	钨极直径 /mm	焊接电流 /A	电弧电压 /V	焊丝直径 /mm	钨极伸出长度/mm	氩气流量 /（L/min）
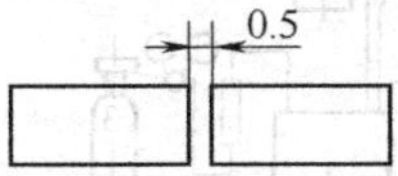	0.8	1.6	70 ~90	13 ~15	1.2	5 ~8	6 ~8
	1	2.4	90 ~110	13 ~15	1.6	5 ~8	6 ~8
	1.5	2.4	100 ~120	13 ~15	1.6	5 ~8	7 ~10
	2	3.2	120 ~140	13 ~15	1.6 ~2.4	5 ~8	7 ~10
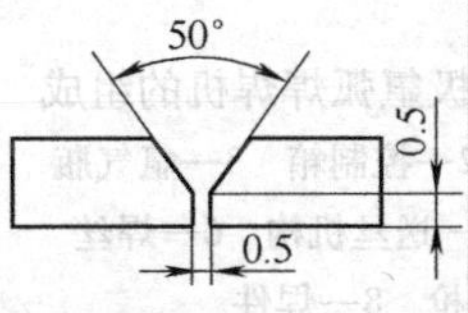	2.5	3.2	140 ~160	14 ~16	1.6 ~2.4	5 ~8	8 ~12
	3	3.2	150 ~170	14 ~16	1.6 ~2.4	5 ~8	8 ~12
	4	3.2	165 ~185	14 ~16	3.2	5 ~8	8 ~12

三、熔化极氩弧焊

钨极氩弧焊时，为防止钨极的熔化与烧损，焊接电流不能太大，所以焊缝的熔深受到限制。当焊件厚度在6mm以上时，就要开坡口采用多层焊，故生产率不高。有时，焊接厚件时还要预热和保温，以致劳动条件恶化。为此，在钨极氩弧焊的基础上，发展了一种熔化极氩弧焊工艺。

（一）熔化极氩弧焊的原理与特点

熔化极氩弧焊是采用焊丝作为电极（见图7-26b），电弧在焊丝与焊件之间燃烧，同时处于氩气流的保护之下，焊丝以一定速度连续给送，并不断地熔化形成熔滴过渡到熔池中去，液态金属冷却凝固后形成焊缝。

熔化极氩弧焊时，由于电极是焊丝，焊接电流可大大增加，且热量集中、利用率高，所以可用于焊接厚板焊件。同时，容易实现焊接的自动化。

通常在焊接过程中，由于电弧非常集中，焊缝横截面为具有很大熔深的蘑菇状，如图7-35所示。例如对于铝及铝合金，当焊接电流为450～470A时，焊件无须预热，其熔深可达15～20mm，因此，它具有很高的焊接效率。

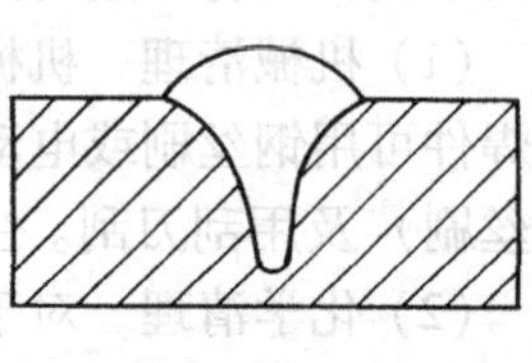

图7-35　熔化极氩弧焊焊缝截面形状

（二）熔化极氩弧焊的熔滴过渡

熔化极氩弧焊是一种电弧熔焊的方法。其熔滴过渡同样存在着三种形式，即短路过渡、粗滴过渡和喷射过渡。在短路过渡或粗滴过渡时，由于存在飞溅严重、电弧复燃困难及焊接质量差等问题，因此一般不采用。

熔化极氩弧焊熔滴过渡的形式采用喷射过渡。实践证明，在熔化极氩弧焊时，当焊接电流增大到一定数值，熔滴的过渡形式会发生一个突变，即由原来的粗滴过渡转化为喷射过渡，这个发生转变的焊接电流值称为“临界电流”。不同直径和不同成分的焊丝，具有不同的临界电流值，见表7-15。

表7-15　不锈钢焊丝的临界电流值

焊丝直径/mm	0.8	1.0	1.2	1.6	2.0	2.5	3.0
临界电流/A	160	180	210	240	280	300	350

（三）熔化极氩弧焊设备

熔化极氩弧焊设备主要由主电路系统、供气系统、水路系统、控制系统、焊枪或小车等部分组成。熔化极氩弧焊焊机的组成如图7-36所示。

1. 焊接电源　为使电弧稳定，减少飞溅，获得良好的焊缝成形，熔化极氩弧焊机均采用直流电源。

半自动熔化极氩弧焊时，采用的焊丝直径小于2.5mm，这时的焊接电流密度大，电弧静特性线是上升的，因此应选用具有平特性的电源配以等速送丝系统。自动化熔化极氩弧焊时，所用的焊丝直径一般大于3mm，电弧静特性曲线呈水平形，此时可选用具有下降特性的电源，并配以均匀调节式送丝系统。

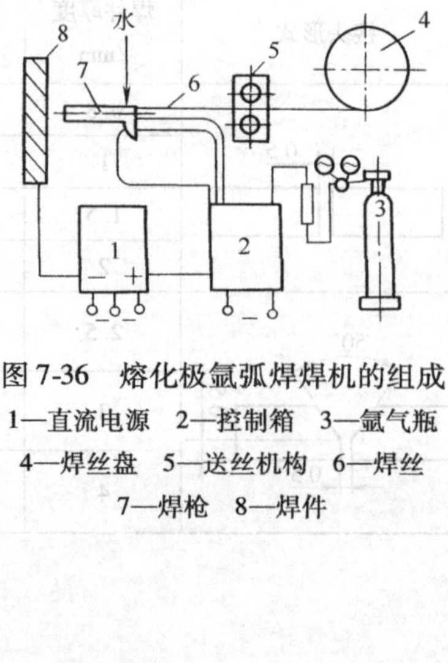

图7-36　熔化极氩弧焊焊机的组成
1—直流电源　2—控制箱　3—氩气瓶
4—焊丝盘　5—送丝机构　6—焊丝
7—焊枪　8—焊件

2. 送丝机构　熔化极氩弧焊的送丝机构与CO_2气体保护焊的送丝机构相同，也分为推丝式、拉丝式、推拉丝式三种。如铝合金熔化极氩弧焊时，当铝焊丝直径小于1.6mm时，采用拉丝式或推拉丝式送丝机构；当铝焊丝直径大于2mm时，可采用推丝式送丝机构。

3. 供气系统　熔化极氩弧焊的供气系统与钨极氩弧焊相同。

4. 熔化极氩弧焊枪　熔化极氩弧焊焊枪与CO_2气体保护焊相同。

5. 控制系统　熔化极氩弧焊的控制程序与半自动CO_2气体保护焊相同。

（四）熔化极氩弧焊工艺

焊前应对焊件和焊丝进行机械和化学清理。为了获得良好的焊接质量，必须合理地选择坡口形式与焊接参数，并要采取一些冶金措施。

1. 焊接参数的选择　熔化极氩弧焊主要的焊接参数是：焊丝直径、焊接电流、电弧电压、焊接速度、喷嘴孔径、焊丝伸出长度、氩气流量等。选择的原则是保证焊接过程稳定、保护效果好、焊缝成形良好。

（1）焊接电流　焊接电流增加时，熔滴尺寸减小，过渡频率增加。因此焊接时，焊接电流不应小于临界电流值，以获得喷射过渡的形式，否则电弧不够稳定，焊缝成形不好。但当电流太大时，过渡变为不稳定的非轴向喷射过渡，飞溅增加，因此不能无限制的增加电流值。

（2）电弧电压　对应于一定的临界电流值，都有一个最低的电弧电压值与之相匹配。其电弧电压低于这个值，即使电流比临界电流大很多，也得不到稳定的喷射过渡。

最低的电弧电压值（电弧长度）根据焊丝直径来选定，其关系式为

$$L = Ad$$

式中　L——弧长（mm）；

d——焊丝直径（mm）；

A——系数（纯氩，直流反接，焊接不锈钢时取2~3）。

（3）电流极性　直流反接时，只要焊接电流大于临界电流值，就会出现喷射过渡，而直流正接时却很难出现喷射过渡，故生产上都采用直流反接。

（4）喷嘴直径及气体流量　熔化极氩弧焊对熔池的保护要求较高，如果保护不良，焊缝表面便起皱皮，所以这种氩弧焊的喷嘴直径及气体流量比起钨极氩弧焊来都要相应地增大，通常喷嘴直径为20mm左右，氩气流量则在30~60L/min之内。

半自动熔化极氩弧焊焊接铝及铝合金板时的主要参数见表7-16，自动熔化极氩弧焊焊接铝及铝合金板时主要参数见表7-17。

表7-16　半自动熔极氩弧焊焊接铝及铝合金板时的主要焊接参数

铝板厚度/mm	焊接电流/A	焊接速度/（cm/min）	焊缝道数	焊接位置
<10	220~280	38~62	2	平焊
10~15	220~320	30~56	3~4	
15~20	240~340	28~55	≥5	

2. 冶金措施　由于某些金属材料的本身含有较多气体和杂质，或者有严重的偏析与夹杂物存在，此时，无论氩气怎样进行保护，也会因电弧作用使焊缝产生气孔和裂纹，因此，在这种情况下，单单依靠氩气保护就显得不够了，而要采取一些冶金措施。

表7-17　自动熔化极氩弧焊焊接铝及铝合金板时的主要焊接参数

铝板厚度/mm	焊接电流/A	焊接速度/（cm/min）	焊缝道数	焊接位置
<10	150~250	35~65	3~4	立焊
10~15	180~280	35~60	4~5	横焊
15~20	220~300	28~58	≥5	仰焊

通常在焊丝中添加一定数量的合金元素，亦即采用合金化的焊丝来脱氧和强化焊缝，以提高焊接质量。例如，焊接工业纯镍时采用含钛、铝成分的焊丝；焊接工业纯铜时采用含锡、锰、硅的焊丝。有时，为了改善焊接工艺性能，往往也在氩气中混入一定比例的一种或几种其他气体。

（五）富氩混合气体的选择和应用

在氩气中加入一定量的另一种或两种气体后，可以分别在细化熔滴、减少飞溅、提高电弧的稳定性、改善熔深以及提高电弧的温度等方面获得满意的效果。常用的富氩混合气体有以下几种：

1. $Ar+O_2$　$Ar+O_2$ 混合气体分为两种类型。一种含氧量较低，$\varphi(O_2)$ 为1%~5%，用于焊接碳钢、不锈钢、高合金钢及强度级别较高的高强度钢，可以克服用纯氩焊接时阴极产生的漂移现象，即电弧挺度不好，并可克服由于液体金属表面张力较大、易产生气孔、咬边的现象，还可改善焊缝成形，有利于熔滴过渡。另一类含氧量较高，$\varphi(O_2)$ 为5%~20%，用于焊接碳素钢及低合金钢。

2. $Ar+CO_2$　这种混合气体常用来焊接低碳钢及低合金钢。在氩气中通常加入 $\varphi(CO_2)$ 为20%~30%。用 $Ar+CO_2$ 混合气体焊接时，既具有氩弧焊的特点，如电弧燃烧稳定、飞溅少、容易获得喷射过渡，又因为这种混合气体带有氧化性，克服了用单一气体焊接时表面张力大，斑点易飘移的现象以及液态金属粘稠等问题。这种混合气体可用于喷射过渡电弧、短路过渡电弧和脉冲过渡电弧。

3. $Ar+He$　氦也是惰性气体，电弧温度比氩弧高得多，因此焊接速度快，在氩气中加入氦后，电弧具有两者共同的优点，这种混合气体常用来焊接大厚度的铝及铝合金以及高导热材料。

铝及铝合金焊接时，$\varphi(He)$ 不宜超过10%，否则会产生较多的飞溅。

铜及铜合金焊接时，氦与氩的体积比例一般为50:50或70:30，这样可减小预热温度或不预热。

焊接镍基合金时，$\varphi(He)$ 为15%~20%。

（六）熔化极脉冲氩弧焊

使用熔化电极的脉冲氩弧焊称为熔化极脉冲氩弧焊。

1. 焊接电源　熔化极脉冲氩弧焊电源的基本原理如图7-37所示，它由两个电源并联组成，同时接到焊丝与焊件上。其中Ⅰ是维弧电源，是由一台普通的直流电源提供基本电流，其电流值很小，仅维持电弧稳定燃烧，对焊丝与焊件起着预热作用。Ⅱ是脉冲电源，其作用是供给一个较大的脉冲电流，用来熔化焊丝与焊件，焊接时作为主要热源。

焊接过程中，维弧电流和脉冲电流相叠加，即得到脉冲焊接电流，其电流波形如图7-38所示。由图可见，脉冲焊接的平均电流比临界电流小得多，但它的脉冲峰值电流又比临界电流大些。这样，一方面因焊接热量较低，对焊件的加热程度小，适宜于焊接薄板；另一方面又实现了喷射过渡，从而满足焊接工艺的要求。并且，通过调节脉冲电流和基本电流的大小，能精确地控制熔滴过渡与焊件的加热；同时，焊时没有飞溅，焊缝均匀美观，质量好。这特别适宜于焊接热敏感性大、焊接性差的金属材料，以及用于全位置焊接。

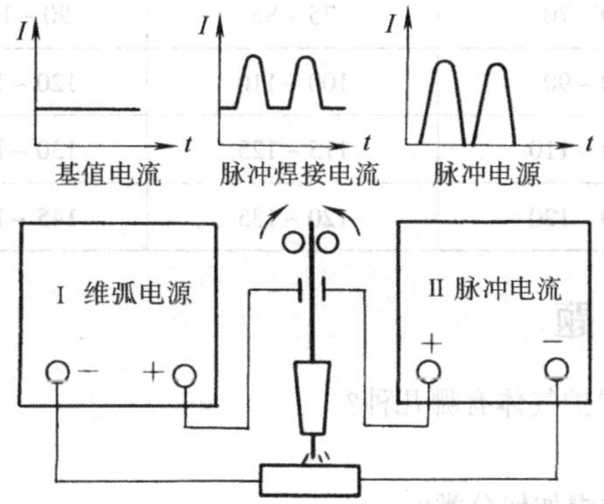

图 7-37 熔化极脉冲氩弧焊电源原理图

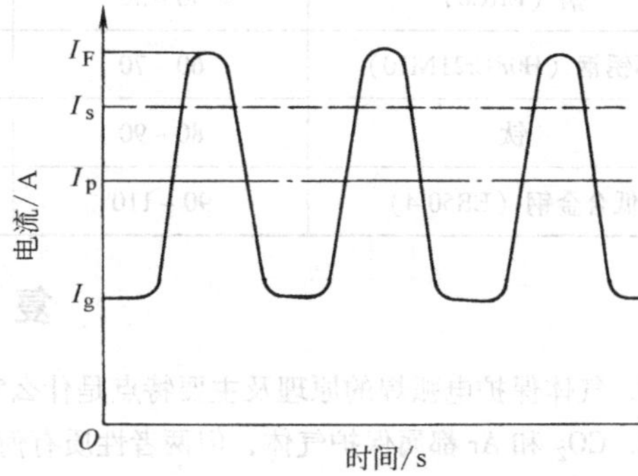

图 7-38 脉冲焊接电流波形图

I_F—脉冲峰值电流 I_s—临界电流 I_p—平均电流 I_g—基本电流

2. 焊接参数

（1）维弧电流 其作用是维持电弧的燃烧，并能调节母材热输入，维弧电流过大则会使脉冲焊特点不明显，过小则电弧不稳定。

（2）脉冲电流 脉冲电流决定了熔滴过渡的形式，同时也影响焊缝的熔深。要使熔滴呈射流过渡，脉冲电流必须大于临界脉冲电流值。

（3）脉冲频率和脉冲宽比 脉冲频率主要根据焊接电流来确定，焊接电流较大时，脉冲频率应较高，焊接电流较小时，脉冲频率应低一些。频率过高会失去脉冲焊特点，频率过低，则焊接过程不稳定。

脉冲宽比（即通电持续时间与脉冲周期的百分比值）一般不大于50%。

3. 熔化极脉冲氩弧焊特点

（1）具有较宽的电流调节范围 工作电流包括了从短路过渡到喷射过渡所有的电流区域，既能焊接厚板，又能焊接薄板。特别是可以用粗丝焊薄板，在工艺上会带来一系列好处，如送丝比较容易，焊丝对中度好，能减少产生气孔的倾向等。熔化极脉冲氩弧焊时，出现喷射过渡的最小电流值见表 7-18。

（2）采用脉冲电流有利于实现全位置焊接 熔化极脉冲氩弧焊可在喷射过渡临界电流以下的较小平均电流时，得到相当稳定的焊接过程，因而母材的热输入低，适用于各种位置焊件的焊接。进行全位置焊接时，在控制焊缝成形方面比普通熔化极氩弧焊好得多。

（3）有效地控制焊接热量，改善焊接性能 采用脉冲电流后，既可使母材得到较大的熔深，又可控制总的焊接电流在较低的水平上。因此，焊缝和热影响区金属的过热都比较小，使焊接接头具有良好的冲击韧度，并减少了产生裂纹的倾向。

表 7-18　熔化极脉冲氩弧焊出现喷射过渡的最小焊接电流值　（单位：A）

焊丝材料	焊丝直径/mm			
	1.2	1.6	2.0	2.5
铝（SAl1070）	20 ~ 25	25 ~ 30	40 ~ 45	60 ~ 70
铝镁合金（SAl5556）	25 ~ 30	30 ~ 40	50 ~ 55	75 ~ 80
铜（ERCu）	40 ~ 50	50 ~ 70	75 ~ 85	90 ~ 100
不锈钢（H08Cr21Ni10）	60 ~ 70	80 ~ 90	100 ~ 110	120 ~ 130
钛	80 ~ 90	100 ~ 110	115 ~ 125	130 ~ 145
低合金钢（ER50-4）	90 ~ 110	110 ~ 120	120 ~ 135	145 ~ 160

复　习　题

1. 气体保护电弧焊的原理及主要特点是什么？常用保护气体有哪几种？
2. CO_2 和 Ar 都属保护气体，但两者性质有何不同？
3. CO_2 气体保护焊的原理及特点如何？CO_2 气体保护焊如何分类？
4. CO_2 气体保护焊其电弧气氛为什么具有强烈的氧化性？
5. CO_2 气体保护焊可能产生什么气孔？如何防止？
6. CO_2 气体保护焊的两种熔滴过渡形式：短路过渡和粗滴过渡各有什么特点？
7. CO_2 气体保护焊为什么容易产生飞溅？减少飞溅的措施有哪些？
8. CO_2 气体保护焊对保护气体有什么要求？使用储存于气瓶内的液态 CO_2 时如何提高纯度？
9. CO_2 气体保护焊对焊丝有哪些要求？经常采用什么焊丝？
10. CO_2 气体保护焊对焊接电源有什么要求？为什么要采用具有平硬和缓降特性的电源？为什么要求有良好的动特性？
11. 半自动 CO_2 气体保护焊对送丝机构有什么要求？各种送丝方式有什么特点？
12. 半自动 CO_2 气体保护焊焊枪有哪几种？各有哪些特点？
13. CO_2 气体保护焊设备的供气系统有什么作用？
14. CO_2 气体保护焊设备的控制系统有什么作用？
15. CO_2 气体保护焊细丝短路过渡时，焊接参数有哪些？
16. 如何确定 CO_2 气体保护焊的焊丝伸出长度？如何选择 CO_2 气体保护焊的气体流量？
17. 粗丝 CO_2 气体保护自动焊有何特点？为什么焊接过程稳定？
18. 药芯焊丝 CO_2 气体保护焊有什么特点？焊丝截面形状有哪几种？
19. 氩弧焊为什么焊接质量较高？又有什么特点？
20. 钨极氩弧焊的电极材料有哪几种？常用的是哪一种？对氩气纯度要求如何？
21. 钨极氩弧焊时，为什么通常采用直流正接？在焊接铝、镁及其合金时应采用什么电源及极性？为什么？
22. 什么是“阴极破碎”作用？
23. 什么是直流分量？是如何产生的？
24. 直流分量对焊接质量有什么影响？如何消除？
25. 钨极氩弧焊时，常用的引弧与稳弧方法有哪些？
26. 手工钨极氩弧焊设备由哪几部分组成？
27. 氩弧焊焊接不锈钢时如何根据颜色鉴别气体保护效果？

28. 熔化极氩弧焊的熔滴过渡形式有哪几种，通常采用哪种形式？
29. 熔化极氩弧焊设备由哪几部分组成？
30. 什么是临界电流？焊接电流太大或太小对熔化极氩弧焊有什么影响？
31. 熔化极氩弧焊时，为什么要在氩气中混入一定比例的其他气体？
32. 焊接不锈钢及高合金钢时为什么常混入体积分数为1% ~5%的氧气？
33. 熔化极脉冲氩弧焊的电源由几部分组成？各部分的作用是什么？
34. 熔化极脉冲氩弧焊有哪些特点？

第八章　气焊与气割

在生产中，利用可燃气体与助燃气体混合燃烧所释放出的热量作为热源进行金属材料的焊接或切割，是金属材料热加工常用的工艺方法之一。

可燃气体的种类很多，目前应用最普遍的是乙炔气，其次是液化石油气。乙炔气与氧气混合燃烧产生的温度可达3000～3300℃。在生产中，氧乙炔焰常常被用来焊接较薄的钢件、低熔点材料和铸铁等。也常被用于火焰钎焊、堆焊以及钢结构变形后的火焰矫正等方面。氧乙炔焰的气割，在钢材的下料及坡口的制备方面，也得到了更为广泛的应用。

第一节　气焊、气割用材料

一、氧气

在常温常压下氧是气态——氧气，氧气是一种无色、无味、无毒的气体，在标准状态下（温度为0℃，压力0.1MPa）氧气的密度（也称体积质量）是1.429kg/m^3。

氧气不自燃，但助燃。氧气的化学性质极为活泼，它几乎能与自然界的绝大多数元素（除惰性气体外）相化合，这种化合作用称为氧化反应。氧气的化合能力是随着压力的加大和温度的升高而增强。像工业中常用的高压氧气，如果与矿物油、脂肪及其他易燃物质相接触，就会发生剧烈的氧化而使易燃物自行燃烧，甚至发生爆炸。因此在使用时必须特别注意安全。

工业用的氧气是由空气制取的。氧气的纯度对于气焊气割工作的质量、工作进行的速度以及氧气本身的消耗量都有直接的关系。根据GB/T 3863—2008《工业用气态氧技术要求》规定，氧气可分为纯度（体积分数）不低于99.5%与不低于99.2%两个规格，且均无游离水。气焊、气割用氧的纯度应不低于99.5%。

二、电石

电石化学名称为碳化钙（CaC_2），是制取乙炔的原料。工业上制备电石系采用石灰石作为原料，与焦炭和煤等在高温电炉中熔炼而成。电石为块状固体，断面呈暗灰色或棕色。

电石极易与水发生反应。它会吸收空气中的水气和盐类中的结晶水从而分解，并产生乙炔气。电石与水反应生成乙炔，其化学反应式如下：

$$CaC_2 + 2H_2O \rightarrow C_2H_2 \uparrow + Ca(OH)_2 + 127000\text{J/mol}$$

通常分解每千克电石需要0.56kg水，由于水分解电石过程中会产生很多热量，使乙炔温度升高而造成过热。为了避免上述现象，必须加大水量，即实际每千克电石需加水5～10kg。

工业用电石根据GB/T 10665—1997标准的规定，按其单位质量的发气量分为三个等级，即优质品、一级品与合格品。随着电石粒度的减小，其发气量下降。这是由于小块电石的相对表面积较大，在破碎和包装过程中易被空气中的水分所分解，导致电石的乙炔产气量降低；并且电石粒度的大小，影响电石分解速度，使用不当易引起燃烧与爆炸，为此标准中对电石粒度大小也相应作出规定。

三、乙炔

乙炔是一种无色而有特殊臭味的气体。在标准状态下，其密度是 1.179kg/m³。乙炔是一种碳氢化合物，其分子式为 C_2H_2。乙炔比空气轻，在常温、常压下乙炔为气态，所以也称乙炔气。

乙炔是一种具有爆炸性的危险气体。当乙炔的温度超过 300℃，且压力增加到 0.15 ~ 0.2MPa 时就容易发生爆炸。当它在空气中的含量（按体积分数）φ（C_2H_2）在 2.8% ~ 81% 的范围内，或者乙炔在氧气中的体积分数（气体含量）φ（C_2H_2）在 2.8% ~93% 的范围内所形成的混合气体，只要遇到明火都会立刻爆炸。

乙炔与铜或银长期接触后会产生一种爆炸性的化合物，即乙炔铜和乙炔银，当它们受到剧烈振动或者加热到 110 ~120℃时就会引起爆炸。所以凡与乙炔接触的器具设备禁止用纯铜制造，只准用铜的质量分数不超过 70% 的铜合金制造。

乙炔爆炸时会产生高热，特别是产生高压气浪，其破坏力很强，因此使用乙炔必须要注意安全。如果将乙炔贮存在毛细管中，其爆炸性就大大降低，即使把压力增高到 2.7MPa 也不会爆炸。由于乙炔能大量溶解于丙酮溶液中，我们就可利用乙炔的这个特性，将乙炔装入置有丙酮溶剂和多孔复合材料的乙炔瓶内贮存和运输。

四、液化石油气

液化石油气是裂化石油的副产品，其主要成分是：丙烷（C_3H_8）、丁烷（C_4H_{10}）、丙烯（C_3H_6）、丁烯（C_4H_8）和少量的乙烷（C_2H_6）、乙烯（C_2H_4）等碳氢化合物。如果将石油气加上约 0.8 ~1.5MPa 的压力，则就变成液体，装入瓶中，便于贮存和运输。

液化石油气的几种主要成分均能与空气或氧气构成具有爆炸性的混合气体，但具有爆炸危险的混合物比值范围比乙炔窄，所以比使用乙炔安全些。由于石油气与氧气混合燃烧时的温度比乙炔与氧气混合燃烧的温度低，因此当液化石油气作为可燃气体，用于切割钢板时，切口表面光洁，棱角整齐，氧化铁渣易打掉，切口表面硬度和含碳量低于氧乙炔气割。切割薄板时变形小。在切割时，由于液化石油气与氧燃烧速度低，因此要求割嘴应有较大的混合气体喷出截面，降低流速，才能保证良好的燃烧。

各种燃气的物理化学性能见表 8-1。

表 8-1 各种燃气的物理化学性能

特性 \ 燃气		乙炔	乙烷	丙烷	丁烷	乙烯	丙烯	丁烯	甲烷	氢
分子式		C_2H_2	C_2H_6	C_3H_8	C_4H_{10}	C_2H_4	C_3H_6	C_4H_8	CH_4	H_2
相对分子质量		26.036	30.068	44.094	58.12	28.052	42.078	56.104	16.042	2.016
密度(标准状态下)/(kg/m³)		1.17	1.356	2.020	2.59	1.260	1.915	2.558	0.717	0.09
临界压力(表压)/MPa		6.24	4.88	4.26	3.80	5.12	4.60	4.02	4.64	7.39
临界温度/℃		36.3	32.27	96.81	152.01	9.90	91.9	146.4	-82.5	-239.9
蒸汽压/MPa	0℃时	2.71	2.53	0.43	0.10	4.05	0.58	0.09	—	—
	20℃时	4.40	3.85	0.86	0.21	6.48	1.04	0.20	—	—
沸点/℃		-84.0	-88.63	-42.1	-0.5	-103.7	-47.7	-6.26	-161.49	—

（续）

特性＼燃气		乙炔	乙烷	丙烷	丁烷	乙烯	丙烯	丁烯	甲烷	氢
着火温度/℃		335	530	510	490	540	455	445	645	510
火焰温度/℃		3000～3300	—	2100～2600	—	～3100	～2900	～2600	1900～2100	2100～2660
一次火焰发热量/(MJ/m³)		19.1	—	10.0	—	—	16.0	—	0.4	—
二次火焰发热量/(MJ/m³)		36.1	—	94.4	—	—	72.3	—	36.8	—
总热值（气态）	MJ/m³	55.2	60.7	104.4	115.5	55.8	88.3	107.2	37.2	12.0
	MJ/kg	50.2	47.1	51.2	45.4	46.4	49.2	45.0	56.0	—
耗氧量（中性焰）	理论值/(m³/m³)	2.5	3.5	5.0	6.5	3.0	4.5	6.0	2.0	0.5
	实际值/(m³/m³)	1.1	—	3.5	4.5	—	2.6	4.0	1.5	0.25
	15.6℃时(m³/1kg燃气)	1.0	—	1.9	—	—	1.4	—	2.2	—
火焰燃烧速度/(m/s)	理论耗氧量时	8.0	—	4.0	—	—	—	—	5.5	11.2
	实际中性焰时	5.8	—	3.9	—	—	—	—	5.5	11.0
爆炸范围/(15.6℃,0.1MPa)（体积分数）	与氧混合	2.8～93.0	3.2～12.5	2.3～9.5	1.5～8.5	4.1～61.8	2.1～52.8		5.4～59.2	4.7～93.9
	与空气混合	2.5～80.0	4.1～50.5	2.4～12.5	1.9～8.5	2.8～28.5	2.0～11.1	1.6～9.3	5.3～14.0	4.1～74.2

五、气焊丝和气焊熔剂

（一）气焊丝

在气焊过程中，气焊丝的正确选用是很重要的，因为它被不断地送入熔池内，并与熔化的基体金属熔合形成焊缝。所以焊缝的质量在很大程度上和气焊丝的质量有关，为此必须给予重视。一般对气焊丝有如下要求：

1）气焊丝的化学成分应基本上与焊件相符合，保证焊缝具有足够的力学性能。

2）焊丝表面应无油脂、锈斑及涂料等污物。

3）焊丝应能保证焊缝具有必要的致密性，即不产生气孔及夹渣等缺欠。

4）气焊丝的熔点应与工件熔点相近，并在熔化时不产生强烈的飞溅或蒸发。

（二）气焊用熔剂

气焊时，被加热的金属极易与空气中的氧或火焰中的氧化合生成氧化物，致使焊缝易产生气孔和夹渣等缺欠。为了防止金属的氧化及消除已经形成的氧化物，在焊接有色金属、铸铁以及不锈钢等材料时，通常需采用气焊用熔剂见表8-2。

在气焊前，气焊熔剂可以直接撒在焊件坡口上，或蘸在气焊丝上加入熔池。在高温下，它与金属熔池内的金属氧化物或非金属夹杂物相互作用生成熔渣。同时，由于生成的熔渣覆盖在熔池表面，而把熔池与空气隔绝开来，这就防止了熔池金属在高温时被继续氧化，从而改善了焊缝金属的质量。

气焊用熔剂根据其作用可以分为两大类：一类是起化学作用的；另一类是起物理溶解作用的。由于不同的金属在焊接时会出现不同性质的氧化物，故必须选择不同性质的熔剂才能达到消除氧化物的目的。

表 8-2　气焊用熔剂的种类、用途及性能

牌号	名称	应用范围	基本性能
CJ101	不锈钢及耐热钢焊粉	不锈钢及耐热钢	熔点约为900℃。有良好的湿润作用，能防止熔化金属被氧化，焊后焊渣易清除
CJ201	铸铁焊粉	铸铁	熔点约为650℃。呈碱性反应，富潮解性，能有效地去除铸铁在气焊时所产生的硅酸盐和氧化物，有加速金属熔化的功能
CJ301	铜焊粉	铜及铜合金	系硼基盐类，易潮解，熔点约为650℃。呈酸性反应，能有效地消除氧化铜和氧化亚铜
CJ401	铝焊粉	铝及铝合金	熔点约为560℃。呈碱性反应，能有效地破坏氧化铝膜，因富有潮解性，在空气中能引起铝的腐蚀，焊后必须将熔渣清除干净

起化学作用的熔剂是由一种或几种酸性氧化物（或碱性氧化物）组成的，所以又分成酸性和碱性两种。如被焊金属产生的氧化物是酸性的，就采用碱性的熔剂中和它；相反，如被焊金属产生的氧化物是碱性，就采用酸性的熔剂中和它。酸性氧化物和碱性氧化物中和后形成低熔点的盐类。

例如铜及铜合金焊接时，产生的氧化铜是碱性氧化物，这时就采用属于酸性的硼砂（$Na_2B_4O_7$）、硼酸（H_7BO_3）、二氧化硅等焊剂中和它，使它形成低熔点盐类的熔渣。铸铁焊接时，因含硅量多，焊接时一部分硅被氧化生成酸性氧化物，这时就采用属于碱性的碳酸钠（Na_2CO_3）、碳酸钾（K_2CO_3）等焊剂来中和它，使之形成低熔点盐类。

起物理作用的熔剂，是用来溶解和吸收熔池中不能被起化学作用的熔剂所中和的、高熔点的氧化物，使焊接能顺利进行。如在焊接铝及铝合金时，在熔池表面会形成一层高熔点的三氧化二铝膜，它不能被酸性或碱性焊剂所中和。阻碍着焊接的顺利进行，此时就必须使用起物理作用的焊剂，如氯化钾（KCl）、氯化钠（NaCl）、氟化钾（KF）、氟化钠（NaF）等，使三氧化二铝被溶解和吸收，以获得高质量的接头。

第二节　气焊、气割用设备

一、氧气瓶

（一）氧气瓶

氧气瓶是由瓶体、瓶帽、瓶阀及瓶箍等组成，其形状与构造如图 8-1 所示。

氧气瓶是贮存和运输氧气的一种高压容器。其外表涂天蓝色，瓶体上用黑色涂料（黑漆）标注“氧气”两字。常用气瓶的容积为 40L，在 15MPa 的压力下，可贮存 $6m^3$ 的氧气。由于瓶内压力高，而且氧气是极活泼的助燃气体，因此必须严格按照安全操作规程使用。

（二）氧气瓶的使用

1）室内或室外使用氧气瓶时，都必须将氧气瓶妥善安放，以防止倾倒。在露天使用时，氧气瓶必须安放在凉棚内，以避免太阳光的强烈照射。

2）氧气瓶一般应该直立放置，只在个别情况下才允许卧置，但此时应该把瓶颈稍微垫高一些。

3）氧气瓶上严禁沾染油脂，也不允许戴有油脂的手套去搬运氧气瓶，以免发生事故。

4）取瓶帽时，只能用手或扳手旋取，禁止用铁锤等铁器敲击。

5）冬季使用氧气瓶时，如果氧气瓶冻结应该使用浸了热水的棉布盖上使其解冻。严禁采用明火直接加热。

6）使用氧气瓶时不应该将氧气瓶的氧气全部用完，最后至少要剩下0.1MPa压力的氧气。

7）氧气瓶在运送时应避免互相碰撞，不能与可燃气体气瓶、油料以及其他任何可燃物放在一起运输。在厂内运输时应用专用小车，并加以固定。

（三）氧气瓶的集中配组作用

装配焊接车间往往有若干个焊、割工作岗位，可把氧集中配组供给这些工作点，配气组装置可分别设在单独的房间内，由配气组气瓶中的气体经汇流排管道送到使用工位。

当使用耗气量多的自动切割或大厚度工件切割时，更宜用氧气集中配组供气。使用时，根据氧气瓶的数量，可分为若干组轮流向集气管供气，如图8-2所示。

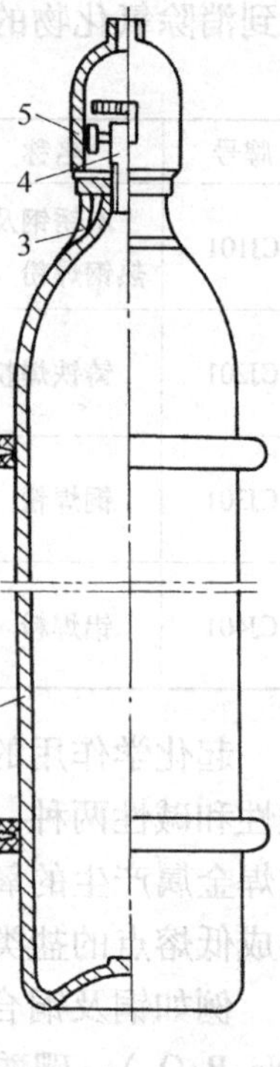

图8-1　氧气瓶的构造
1—瓶体　2—防振橡胶圈
3—瓶箍　4—瓶阀
5—瓶帽

二、乙炔瓶和液化石油气瓶

（一）乙炔瓶

1. 乙炔瓶　乙炔瓶是一种贮存和运输乙炔用的容器，其形状和构造如图8-3所示，其外表涂白色，并用红色涂料（红漆）标注“乙炔”两字，瓶口安装专门的乙炔气阀。乙炔瓶的工作压力为1.5MPa，在瓶体内装有浸满着丙酮的多孔性填料，能使乙炔稳定而又安全地贮存在乙炔瓶内。当使用时，溶解在丙酮内的乙炔就分解出来，通过乙炔瓶阀流出，而丙酮仍留在瓶内，以便溶解再次压入的乙炔。乙炔瓶阀下面的填料中心部分的长孔内放着石棉，作用是帮助乙炔从多孔填料中分解出来。

通常乙炔瓶内的多孔性填料是采用质轻而多孔的活性炭、木屑、浮石以及硅藻土等合制而成的。

2. 乙炔瓶的使用　乙炔瓶内的最高乙炔压力是1.5MPa。由于乙炔是易燃、易爆的危险气体，因此在使用时必须谨慎，除了必须遵守氧气瓶的使用要求外，还应该严格遵守下列各点：

1）乙炔瓶不应遭受剧烈的振动或撞击，以免瓶内的多孔性填料下沉而形成空洞，影响乙炔的储存。

2）乙炔瓶在工作时应直立放置，因卧放时会使丙酮流出，甚至会通过减压器而流入乙炔橡胶气管和焊炬、割炬内，引起燃烧和爆炸。

3）乙炔瓶体的表面温度不应超过30～40℃，因为乙炔温度过高会降低丙酮对乙炔的溶解度，而使瓶内的乙炔压力急剧增高。

4）乙炔减压器与乙炔瓶的瓶阀连接必须可靠，严禁在漏气的情况下使用，否则会形成乙炔与空气的混合气体，一旦触及明火就会造成爆炸事故。

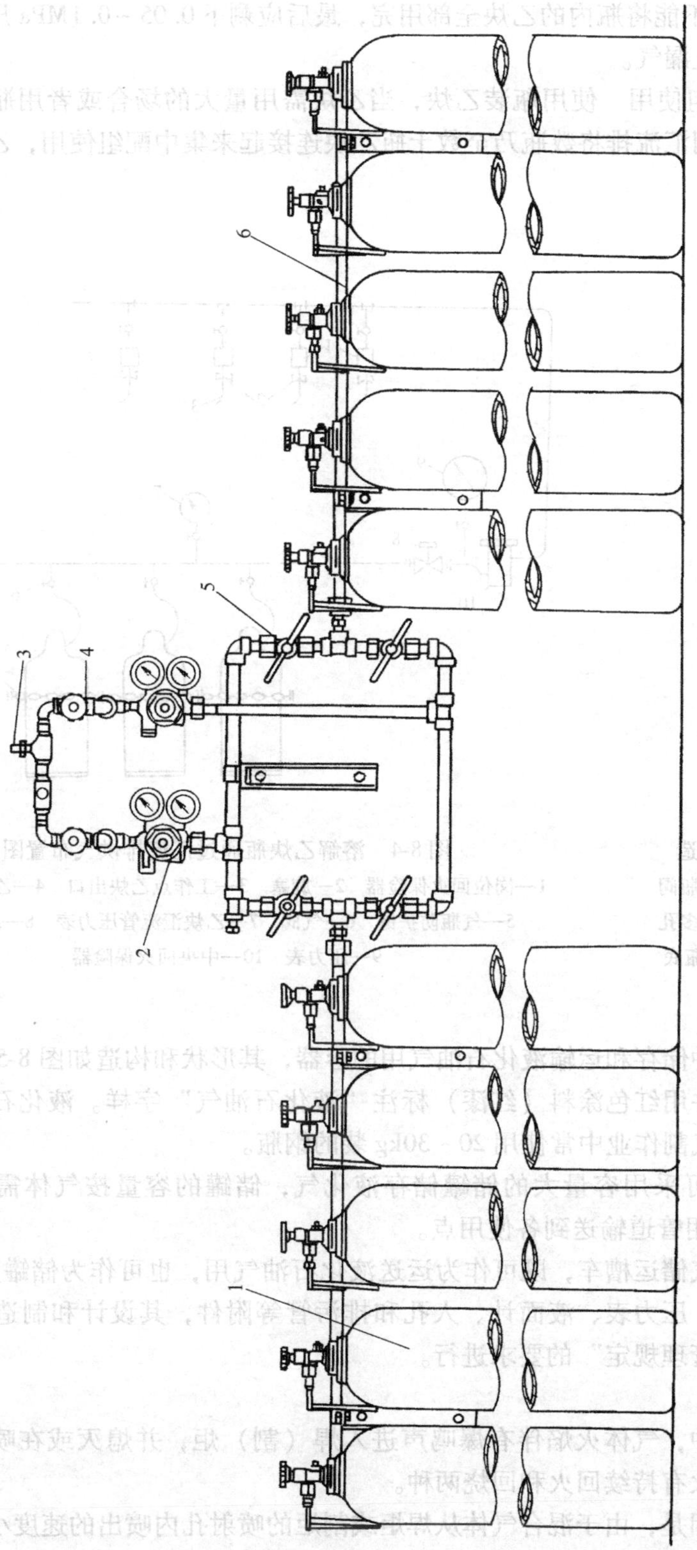

图 8-2　氧气瓶汇流排供气布置图

1—氧气瓶　2—集中减压器　3—出口　4—气阀　5—控制阀　6—集气管

5）使用乙炔瓶时，不能将瓶内的乙炔全部用完，最后应剩下 0.05 ~ 0.1MPa 压力的乙炔气，并将气瓶阀关紧防止漏气。

3. 乙炔瓶的集中配组使用　使用瓶装乙炔，当乙炔需用量大的场合或者用瓶装乙炔向管道输气的场所，可以用汇流排将数瓶乃至数十瓶乙炔连接起来集中配组使用，乙炔汇流排供气，如图 8-4 所示。

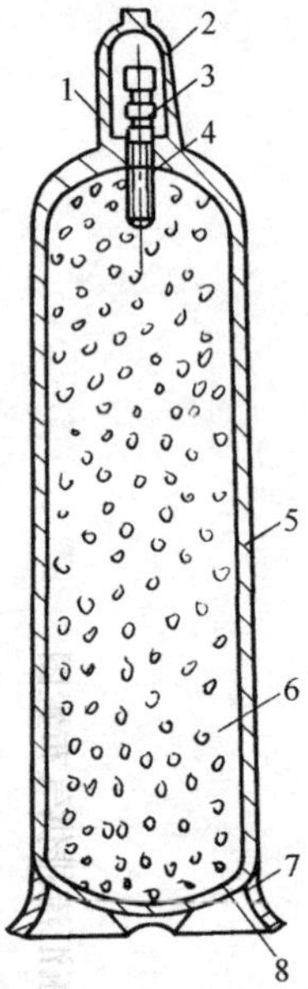

图 8-3　乙炔瓶的构造

1—瓶口　2—瓶帽　3—瓶阀　4—石棉　5—瓶体　6—多孔性填料　7—瓶座　8—瓶底

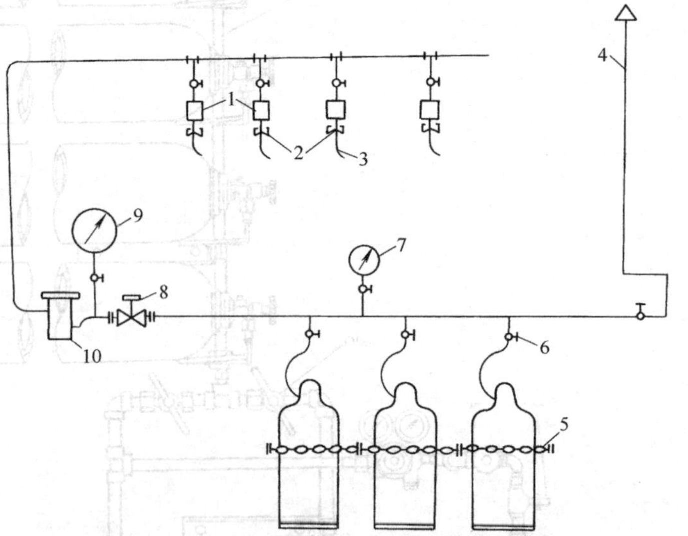

图 8-4　溶解乙炔瓶通过汇流排供气布置图

1—岗位回火保险器　2—旋塞　3—工作点乙炔出口　4—乙炔放空管　5—气瓶防护链　6—气阀　7—乙炔汇流管压力表　8—减压器　9—压力表　10—中央回火保险器

（二）液化石油气瓶

液化石油气瓶是一种储存和运输液化石油气用的容器，其形状和构造如图 8-5 所示。这种气瓶外表涂银灰色，并用红色涂料（红漆）标注“液化石油气”字样。液化石油气瓶的工作压力为 1.57MPa，气割作业中常使用 20 ~ 30kg 装的钢瓶。

用气量大的工厂也可采用容量大的储罐储存液化气，储罐的容量按气体需用量确定（由专业单位设计），并用管道输送到各使用点。

现有一种液化石油气储运槽车，既可作为运送液化石油气用，也可作为储罐用于供气。储运槽车需配有安全阀、压力表、液面计、人孔和排污管等附件，其设计和制造应按“液化石油气汽车槽车安全管理规定”的要求进行。

三、回火保险器

在气焊、气割过程中，气体火焰伴有爆鸣声进入焊（割）炬，并熄灭或在喷嘴重新点燃的现象称为回火。回火有持续回火和回烧两种。

发生回火的根本原因是，由于混合气体从焊炬或割炬的喷射孔内喷出的速度小于混合气体燃烧速度的缘故。一般影响气体喷射速度的原因有以下几点：

1）输送气体的软管太长、太细，或者是曲折太多，使气体在软管内流动时所受的阻力增大，因此就降低了气体的流速。

2）焊、割时间过长或者是因为焊嘴、割嘴太靠近了工件，此时焊嘴、割嘴温度很高，使焊炬、割炬内的气体压力也随着增高，这样就增大混合气体的流动阻力，降低了气体的流速。

3）焊嘴、割嘴端面粘附了许多飞溅出来的熔化金属微粒，阻塞了喷射孔，使混合气体不能畅通地流出。

4）输送气体的软管内壁或焊炬、割炬内部的气体通道上粘附了固体碳质微粒或其他物质，这也增加了气体的流动阻力，降低了气体的流速。

发生回火后火焰从焊嘴、割嘴燃入，此时如果在气体通路上没有东西阻挡的话，火焰就会从焊炬、割炬经软管而一直燃至乙炔发生器的储气室内，引起发生器爆炸，酿成严重事故。

为了防止火焰倒燃进入发生器内，就必须在乙炔软管与乙炔发生器的中间装置专门的防止回火的设备，这个专门的设备就是回火保险器。

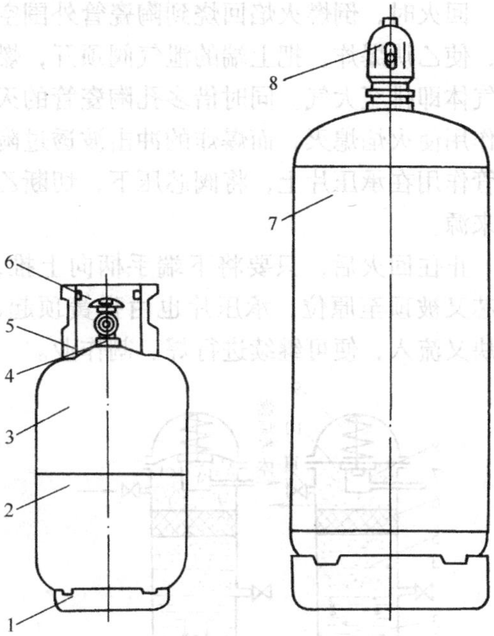

图 8-5　液化石油气弧

1—底座　2—下封头　3—上封头　4—瓶阀座　5—护罩　6—瓶阀　7—筒体　8—瓶帽

回火保险器的作用主要有两个：一个是把倒燃的火焰与乙炔发生器隔绝开来；另一个是在回火发生后立即断绝乙炔的来路，这样待残留在回火保险器内的乙炔烧完后，倒燃的火焰也就自行熄灭了。

回火保险器按通过的乙炔压力不同，可分为低压式（0.01MPa 以下）和中压式（0.01 ~0.05MPa）两种；按作用原理不同，可分为水封式和干式两种；按构造不同，可分为开式和闭式两种；按装置的部位不同又可分为集中式和岗位式两种。

目前国内常用的水封式回火保险器，有低压开式和中压闭式两种类型；常用的干式回火防止器，主要由中压防爆膜式和中压冶金片式等类型。

（一）中压闭式水封回火保险器

国内使用的中压闭式水封回火保险器的种类很多，现选择一种典型的进行介绍。其构造及作用原理如图 8-6 所示。

图 8-6 所示的回火保险器在正常工作时，乙炔由进气管流入，依靠乙炔本身的压力顶开单向阀，从水下冒出，通过分配盘和滤清器后聚集在水筒的上面，经乙炔出口阀向外输出。

发生回火时，倒流的火焰从乙炔出口阀燃入，水筒内的压力就立即增高。此时产生两种作用，一方面水筒内的压力通过水传递到单向阀，将乙炔通道关闭。另一方面由于燃烧气体压力的作用，将弹簧片顶起，使放气活门与弹簧片离开，气体从放气口流出。最后，当水筒内的乙炔烧完后，倒燃的火焰也就自行熄灭。

（二）微孔熄火型干式回火保险器

微孔熄火型干式回火保险器（以GY—76型为例）的构造，如图8-7所示。这种回火保险器采用多孔陶瓷管作为止火元件。

正常工作时，乙炔由进气口进入，经锥形阀芯的外周流至陶瓷管内，再透过管壁微孔到外围空间，然后从出气口输向焊炬、割炬。

回火时，倒燃火焰回烧到陶瓷管外围空间，使乙炔爆炸，把上端的泄气阀顶开，燃烧气体即排至大气。同时借多孔陶瓷管的灭火作用使火焰熄灭，而爆炸的冲击波透过陶瓷管作用在承压片上，将阀芯压下，切断乙炔来源。

止住回火后，只要将下端手柄向上推，阀芯又被顶至原位，承压片也由弹簧顶起，乙炔又流入，便可继续进行焊、割作业。

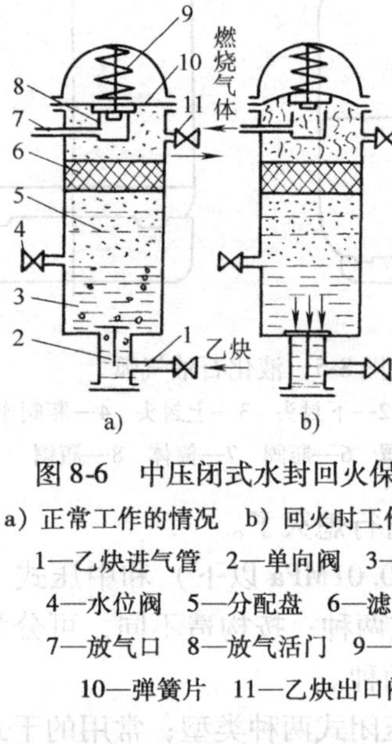

图8-6　中压闭式水封回火保险器

a）正常工作的情况　b）回火时工作的情况

1—乙炔进气管　2—单向阀　3—筒体　4—水位阀　5—分配盘　6—滤清器　7—放气口　8—放气活门　9—弹簧　10—弹簧片　11—乙炔出口阀

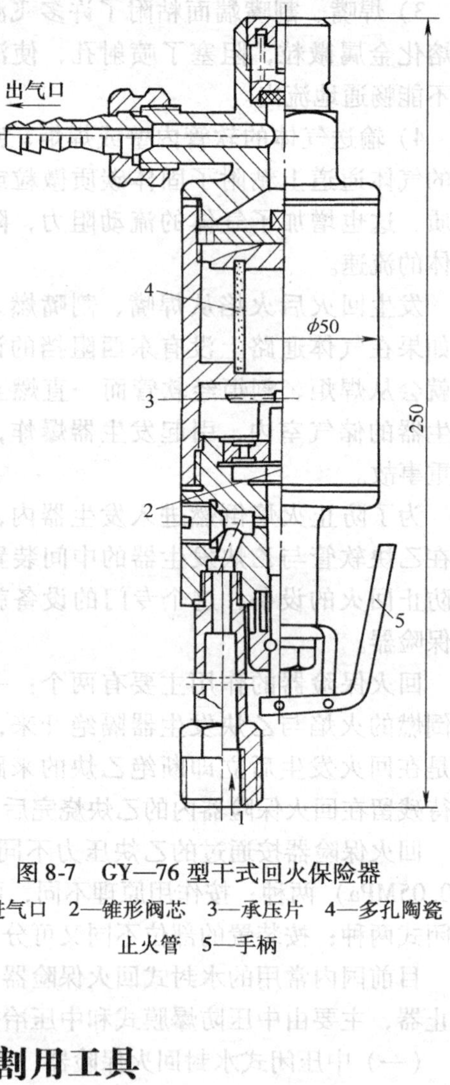

图8-7　GY—76型干式回火保险器

1—进气口　2—锥形阀芯　3—承压片　4—多孔陶瓷止火管　5—手柄

第三节　气焊、气割用工具

一、减压器

（一）减压器的作用与分类

减压器又称为压力调节器，它的作用有如下两个方面：

1. 减压作用　储存在气瓶内的气体都是高压气体，譬如氧气瓶内的氧气压力最高可达15MPa，乙炔瓶内的乙炔压力最高达1.5MPa；而气焊、气割工作中所需的气体工作压力一般都是比较低的，氧气的工作压力要求为0.1~0.4MPa，乙炔的工作压力则更低，最高也不会大于0.15MPa。因此在气焊、气割工作中必须使用减压器，经减压后才能输送给焊炬或割炬供使用。

2. 稳压作用　气瓶内气体的压力是随着气体的消耗而逐渐下降的，也就是说在气焊、气割工作中气瓶内的气体压力是时刻变化着的。但是在气焊、气割工作中所要求的气体工作压力必须是稳定不变的。减压器还具有稳定气体工作压力的作用，使气体工作压力不随气瓶内气体压力的下降而下降。

减压器按用途不同，可分为集中式和岗位式两类；按构造不同，可分为单级式和双级式两类；按工作原理不同又可分为正作用式和反作用式两类。

目前国内生产的减压器主要是单级反作用式和双级混合式两类。常用减压器的主要技术数据见表8-3。

表8-3　减压器的主要技术数据

减压器型号	QD—1	QD—2A	QD—3A	DJ6	SJ7—10	QD—20	QW2—16/0.6
名　称	单级氧气减压器				双级氧气减压器	单级乙炔减压器	单级丙烷减压器
进气口最高压力/MPa	15	15	15	15	15	2.0	1.6
最高工作压力/MPa	2.5	1.0	0.2	2.0	2.0	0.15	0.06
工作压力调节范围/MPa	0.1～2.5	0.1～1.0	0.01～0.2	0.1～2.0	0.1～2.0	0.01～0.15	0.02～0.06
最大放气能力/（m^3/h）	80	40	10	180	—	9	—
出气口孔径/mm	6	5	3	—	5	4	—
压力表规格/MPa	0～25 0～4	0～25 0～1.6	0～25 0～0.4	0～25 0～4	0～25 0～4	0～2.5 0～0.25	0～0.16 0～2.5
安全阀泄气压力/MPa	2.9～3.9	1.15～1.6	—	2.2	2.2	0.18～0.24	0.07～0.12
进口联接螺纹	G⅝″	G⅝″	G⅝″	G⅝″	G⅝″	夹环连接	G⅝″左
重量/kg	4	2	2	2	3	2	2
外形尺寸/（长/mm×宽/mm×高/mm）	200×200×210	165×170×160	165×170×160	170×200×142	220×170×220	170×185×3.5	165×190×160

注：螺纹直径 G⅝″为非法定计量单位制，其核算关系为 1in＝25.4mm，下同。

（二）单级反作用式和单级正作用式减压器

单级反、正作用式减压器的构造分别如图8-8和图8-9所示。

单级反作用式减压器的工作原理如下：氧气从气瓶经入口进入高压室，高压表显示出瓶内气体压力。准备气焊或气割时，转动调节螺钉并压迫主弹簧，通过弹性薄膜，弹簧的压力作用到传动杆，使活门顶开。当高压室内的气体经活门与活门座间的缝隙流入装有弹性薄膜的低压气室时，由于其体积的膨胀而使压力降低，此时低压表显示出低压室内的气体压力。根据低压表读数转动调节螺钉，以调至合适的压力。气体经出口流出送往焊炬、割炬。随着气体的使用，低压室内的气体减少，压力降低，则气体对弹性薄膜的压力减小，传动杆对活门的作用力增加，使活门与活门座之间的缝隙增大，高压室内的气体便流入低压室，从而增大低压室的气体压力。当焊接、气割所需气体减少时，低压室内的气体压力就要升高，气体对弹性薄膜的压力增大，又由于副弹簧从相反的方向压在活门上，使活门与活门座之间的缝隙减小，从而低压气体的压力稳定在一定数值。焊炬、割炬停止工作时，由于低压室气压骤然上升，就使减压活门完全关闭，使低压室内的压力不再继续上升。减压器就是这样维持输出气体的工作压力，稳定的保持。

正作用式减压器与反作用式减压器的工作原理基本上相似、所不同的仅仅是在正作用式减压器内，高压气体有顶开减压活门的趋势。

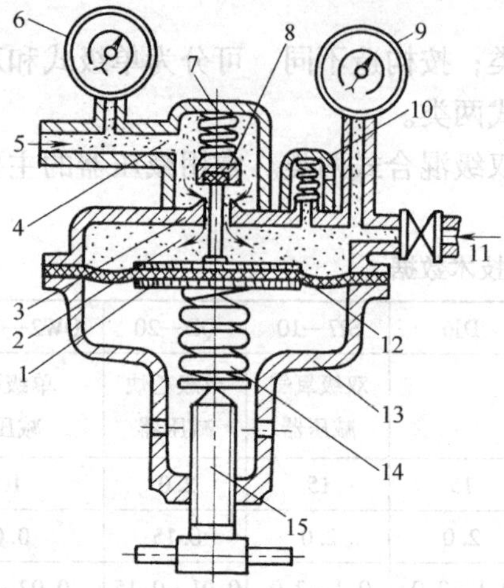

图 8-8　单级反作用式减压器的构造

1—传动杆　2—低压室　3—活门座　4—高压室　5—气体入口　6—高压表　7—副弹簧　8—减压活门　9—低压表　10—安全阀　11—气体出口　12—弹性薄膜　13—外壳　14—主弹簧　15—调节螺钉

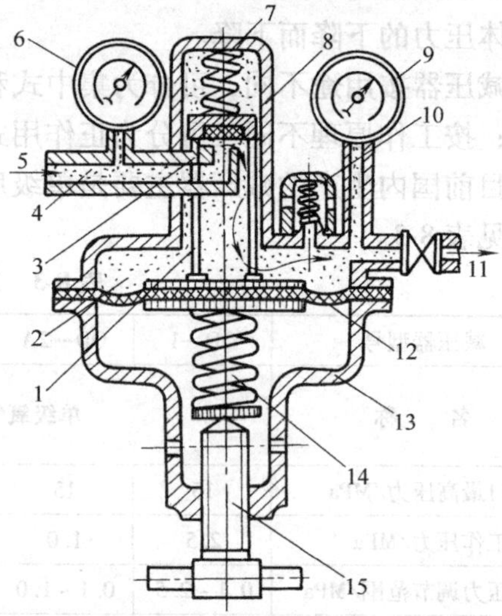

图 8-9　单级正作用式减压器的构造

1—传动杆　2—低压室　3—活门座　4—高压室　5—气体入口　6—高压表　7—副弹簧　8—减压活门　9—低压表　10—安全阀　11—气体出口　12—弹性薄膜　13—外壳　14—主弹簧　15—调节螺钉

单级式减压器不论是正作用式的或者是反作用式的，都只能使低压室也就是输出气体的压力保持基本稳定，而不能保持绝对稳定。这是因为气瓶中高压气体的压力对单级式减压器减压活门的开启与关闭都起着一定的作用，即正作用式减压器内高压气体的压力促使减压活门开启；反作用式减压器内高压气体的压力促使减压活门关闭。而气瓶中高压气体的压力是随着气体的消耗而逐渐降低的，因此在正作用式减压器的工作过程中，促使减压活门开启的作用力必然是逐渐减小的，所以，低压室的气体压力即输出气体的压力会逐渐下降。而在反作用式减压器的工作过程中，输出气体的压力会逐渐上升。因此我们说正作用式减压器具有降压特性，而反作用式减压器具有升压特性，如图 8-10 所示。

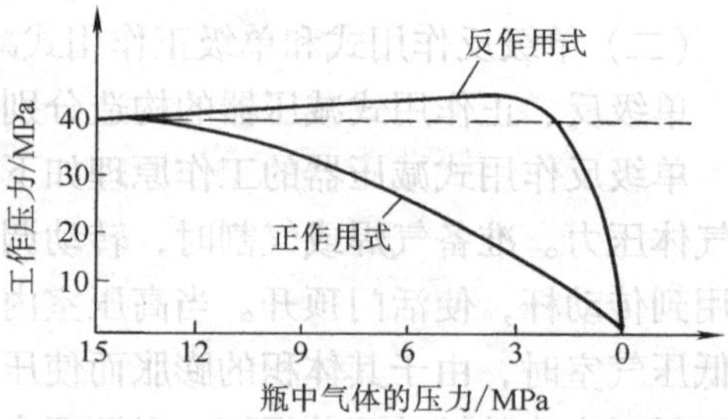

图 8-10　单级式减压器的工作压力曲线

乙炔瓶用的减压器构造及工作原理基本上与氧气瓶用的单级式减压器相似，所不同的是乙炔减压器与乙炔瓶的连接是用特殊的夹环并借紧固螺钉，加以固定的。

（三）减压器的使用及其故障消除

1. 减压器的使用

1）安装减压器之前，要稍微打开氧气瓶阀门，吹去污物，以防灰尘和水分带入减压器。

氧气瓶阀开启时，出气口不能对着人体。减压器出气口与氧气胶管接头处必需用铜丝、铁丝或夹头紧固，以防止送气后胶管脱开伤人。

2）应先检查减压器的调节螺钉是否松开，只有在松开状态下方可打开氧气瓶阀门。打开氧气瓶阀门时要慢慢开启，不要用力过猛，以防气体冲击损坏减压器及压力表。

3）减压器不得附有油脂。如有油脂，应擦洗干净后再使用。

4）减压器冻结时，可用热水或蒸气解冻，不许用火烤。冬天使用时，可在适当距离安装红外线灯加温减压器，以防结冰。

5）用于氧气的减压器应涂蓝色，乙炔减压器应涂白色，不得相互换用。

6）减压器停止使用时，必须把调节螺钉旋松，并把减压器内的气体全部放掉，直到低压表的指针指向零值为止。

2. 减压器的故障消除　减压器由于使用不当或其他原因会产生各种故障，现将其故障特性、可能产生的原因及消除方法列于表8-4。

表8-4　减压器的常见故障及其消除方法

故障特性	可能产生的原因	消除方法
减压器联接部分漏气	1. 螺纹配合松动 2. 垫圈损坏	1. 把螺母扳紧 2. 调换垫圈
安全阀漏气	活门垫料与弹簧产生变形	调整弹簧或更换活门垫料
减压器罩壳漏气	弹性薄膜装置中的膜片损坏	拆开更换膜片
调压螺钉虽已旋松，但低压表有缓慢上升的自流现象（或称直风）	1. 减压活门或活门座上有垃圾 2. 减压活门或活门座损坏 3. 副弹簧损坏	1. 去除垃圾 2. 调换减压活门 3. 调换副弹簧
减压器使用时，遇到压力下降过大	减压活门副密封不良或有垃圾	去除垃圾或调换密封垫料
工作过程中，发现气体供应不上或压力表指针有较大摆动	减压活门产生了冻结现象	用热水或蒸气加热方法消除，切不可以明火加温，以免发生事故
高、低压力表指针不回到零值	压力表损坏	修理或调换后再使用

二、焊炬

（一）焊炬的作用及其分类

焊炬也称气焊枪，它是气焊操作的主要工具。焊炬的作用是使可燃气体（乙炔等）与助燃气体（氧气）以一定比例混合，并以一定的流速喷出燃烧而生成具有一定能量、成分和形状的稳定的焊接火焰，以进行气焊工作。因此，焊炬在使用中应能方便地调节氧气与可燃气体的比例和能量的大小，同时焊炬重量要轻，使用时要安全可靠。

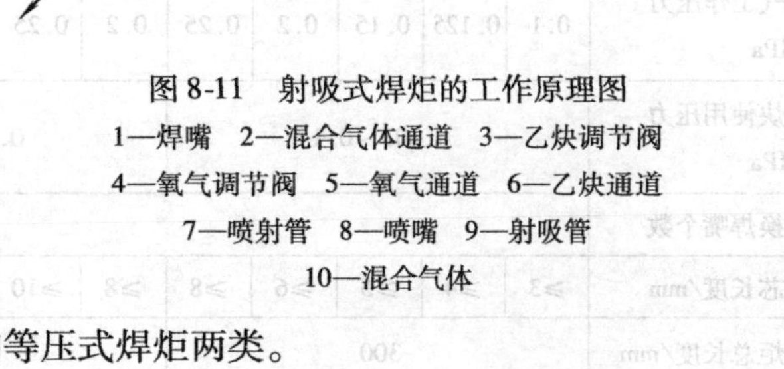

图8-11　射吸式焊炬的工作原理图

1—焊嘴　2—混合气体通道　3—乙炔调节阀
4—氧气调节阀　5—氧气通道　6—乙炔通道
7—喷射管　8—喷嘴　9—射吸管
10—混合气体

焊炬按可燃气体与氧气混合的方式不同，可分为射吸式焊炬（低压焊炬）和等压式焊炬两类。

（二）射吸式焊炬的构造及原理

射吸式焊炬的工作原理如图8-11所示。

氧气由氧气通道进入喷射管，再从直径非常细小的喷嘴喷出。当氧气从喷嘴喷出时，就要吸出聚集在喷嘴周围的低压乙炔。这样氧气与乙炔就按一定比例混合，并以一定的流速经混合气体通道从焊嘴喷出。

射吸式焊炬的最大优点是可使用低压乙炔，而且在使用中压乙炔时也能保证正常工作，乙炔的压力在0.001～0.007MPa范围均可使用。射吸式焊炬的缺点是施焊过程中混合气体的成分不够稳定，这是因为施焊时焊件上的热量反射到焊炬前半部，特别是焊嘴上，使混合气体通道的温度上升，通道内混合气体的压力也相应增高。而混合气体压力的增高就会影响氧气和乙炔的畅通流出，特别是乙炔，因为压力低，所受的影响就极为显著。因此施焊时间越长，混合气体通道内的温度与压力也就越高，则混合气体内的乙炔含量就越低。但是氧气因为压力高，所受影响就很小，其数量几乎不变，这样混合气体内氧气与乙炔的混合比值就增大了，也就是说混合气体的成分改变了，如图8-12所示。

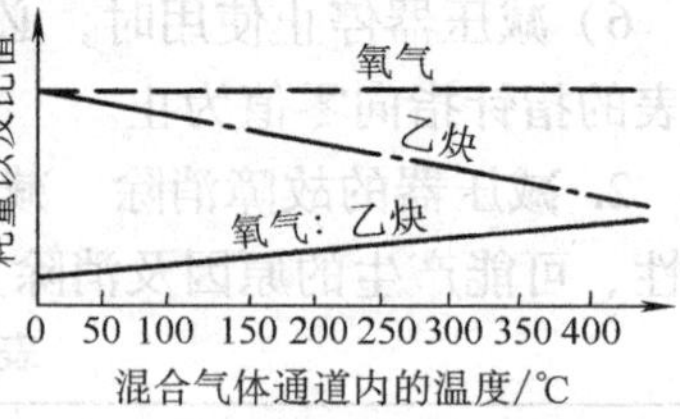

图8-12　射吸式焊炬的混合气体成分与温度的关系

混合气体成分的改变，会严重地影响焊接质量。所以在使用射吸式焊炬时，必须时刻注意火焰的形状与颜色，以判断混合气体的成分，当火焰的形状与颜色变化时，就得停止工作，并重新调整火焰。一般在使用射吸式焊炬时，应经常把焊嘴浸入冷水中冷却，以降低混合气体通道的温度。

现将射吸式焊炬以及等压式焊炬的主要技术数据列于表8-5。射吸式焊炬的构造如图8-13所示。

（三）焊炬的使用

焊炬使用时，一般应按下列步骤进行：

1）根据焊件厚度，可选择适当的焊嘴，并将其装好。

表8-5　焊炬的主要技术数据

型　号	H01—2					H01—6					H01—12				
焊嘴号码	1	2	3	4	5	1	2	3	4	5	1	2	3	4	5
焊嘴孔径/mm	0.5	0.6	0.7	0.8	0.9	0.9	1.0	1.1	1.2	1.3	1.4	1.6	1.8	2.0	2.2
焊接低碳钢厚度/mm	0.2～2					2～6					6～12				
氧气工作压力/MPa	0.1	0.125	0.15	0.2	0.25	0.2	0.25	0.3	0.35	0.4	0.4	0.45	0.5	0.6	0.7
乙炔使用压力/MPa	0.001～0.1					0.001～0.1					0.001～0.1				
可换焊嘴个数	5														
焰芯长度/mm	≥3	≥4	≥5	≥6	≥8	≥8	≥10	≥11	≥12	≥13	≥13	≥15	≥17	≥18	≥19
焊炬总长度/mm	300					400					500				

（续）

型　号	H01—20					H02—12				
焊嘴号码	1	2	3	4	5	1	2	3	4	5
焊嘴孔径/mm	2.4	2.6	2.8	3.0	3.2	0.6	1.0	1.4	1.8	2.2
焊接低碳钢厚度/mm	12～20					0.5～12				
氧气工作压力/MPa	0.6	0.65	0.7	0.75	0.8	0.2	0.25	0.3	0.35	0.4
乙炔使用压力/MPa	0.001～0.1									
可换焊嘴个数	5									
焰芯长度/mm	≥20	≥21	≥21	≥21	≥21	≥4	≥11	≥13	≥17	≥20
焊炬总长度/mm	600					500				

注：焊炬型号的含义：H—焊（Han）的第一个字母；0—手工；1—射吸式；2—等压式；2、6、12、20—能焊接低碳钢的最大厚度分别为2mm、6mm、12mm、20mm。

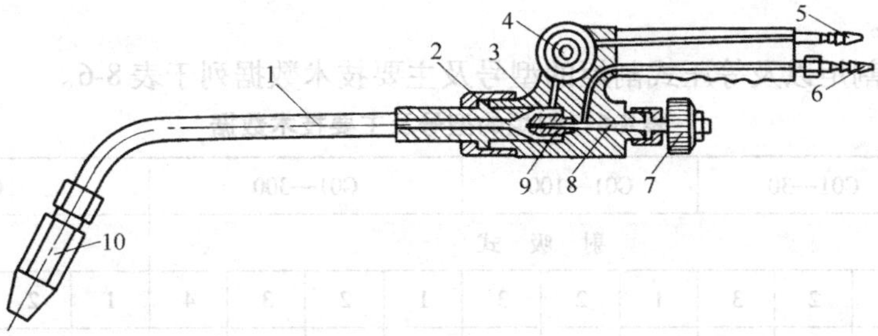

图8-13　射吸式焊炬

1—混合气管　2—射吸管　3—环形乙炔室　4—乙炔调节阀　5—乙炔管

6—氧气管　7—氧气调节阀　8—氧气射流针　9—射流孔座　10—焊嘴

2）焊炬使用前必须检查其射吸情况，先把氧气橡胶管紧接在氧气接头上，使焊炬接通氧气，此时先开启乙炔调节阀，再开启氧气调节阀，用手指按在乙炔接头上，检查乙炔接头处是否有一股吸力，如果有吸力则表示焊炬射吸情况正常。相反，若乙炔接头处没有吸力，则表示焊炬射吸情况不正常，这种焊炬不能使用，必须进行检修。

3）焊炬射吸情况检查正常后，把乙炔橡胶管也紧接在乙炔接头上，一般要求将氧气及乙炔橡胶管用细铁丝扎紧或用夹头夹紧在进气接头上，同时检查焊炬其他各气体通道是否正常。

4）点火时，应先把氧气调节阀稍微打开，再开启乙炔调节阀，用点火枪或火柴点火，点火不宜用废纱头作为引燃源，以免遗留火种造成火灾。点火后应随即调整火焰的大小和形状，调整后的火焰应具有轮廓明显的焰芯以及正常的火焰长度。如果将乙炔调节阀完全开启，但仍不能得到正常的中性焰或出现断火现象时，则应检查焊炬气体通道内是否发生了阻塞和漏气等现象，并进行检修。

5）焊炬停止使用时，应先关闭乙炔调节阀，然后关闭氧气调节阀，这样可以防止发生回火和减少断火时的烟灰。

6）在使用过程中若发生回火现象时，应立即关闭乙炔调节阀，随即关闭氧气调节阀，这样回火就在焊炬内很快熄灭。待回火熄灭后，再开启氧气调节阀，吹灭焊炬内的余焰和吹出残留的炭质微粒，并将焊嘴和混合气管放在水中冷却。

7）焊炬的各气体通道，都不得沾染油脂，以防止氧气遇油脂燃烧和爆炸，同时焊嘴的配合面不得碰伤，防止漏气而影响使用。

8）焊炬的各气体通道均不得漏气，如果有漏气现象应立即关闭各调节阀，经检查调整不漏气后才能使用。焊炬停止使用后应挂在适当的地方，严禁将带有气源的焊炬存放在密封的容器内。

三、割炬

（一）割炬的作用及其分类

割炬是气割操作的主要工具。它的作用是将可燃气体与氧气以一定的比例和方式混合后，形成具有一定热量和形状的预热火焰，并在预热火焰的中心喷射切割氧进行气割。割炬的构造必须简单、重量轻、使用安全可靠。

割炬按可燃气体和氧气混合的方式不同分为：射吸式和等压式两种。目前国内两种形式割炬都有生产，但射吸式割炬使用较多。割炬按用途不同，又可分为普通割炬、重型割炬和焊、割两用炬等。

现将射吸式割炬以及等压式割炬的型号及主要技术数据列于表8-6。

表8-6　割炬的型号及主要技术数据

割炬型号	G01—30			G01—100			G01—300				G02—100				
结构形式	射吸式										等压式				
割嘴号码	1	2	3	1	2	3	1	2	3	4	1	2	3	4	5
割嘴切割氧孔径/mm	0.7	0.9	1.1	1.0	1.3	1.6	1.8	2.2	2.6	3.0	0.7	0.9	1.1	1.3	1.6
切割低碳钢厚度/mm	3~30			10~100			100~300				3~100				
氧气工作压力/MPa	0.2	0.25	0.3	0.3	0.4	0.5	0.5	0.65	0.8	1.0	0.2	0.25	0.3	0.4	0.5
乙炔工作压力/MPa	0.001~0.1										0.04	0.04	0.05	0.05	0.06
可换割嘴个数	3						4								
可见切割氧流长度/mm	≥60	≥70	≥80	≥80	≥90	≥100	≥110	≥130	≥150	≥170	≥60	≥70	≥80	≥90	≥100
割炬总长度/mm	500			550			650				550				

注：割炬型号含义：G—割（Ge）的第一个字母；0—手工；1—射吸式；2—等压式；30、100、300—能切割低碳钢的最大厚度分别为30mm、100mm、300mm。

（二）射吸式割炬的构造及工作原理

射吸式割炬是使用较广的一种割炬，其工作原理如图8-14所示。

1. 构造　射吸式割炬的构造是以射吸式焊炬为基础的。割炬的结构可分为两部分：一为预热部分，其构造与射吸式焊炬相同；另一部分为切割部分，它是由切割氧调节阀，切割氧通道以及割嘴等组成。

割嘴的构造与焊嘴不同，如图 8-15 所示。焊嘴上的喷射孔是小圆孔，所以气焊火焰呈圆锥形；而割嘴上的混合气体喷射孔是环形或梅花形的，因此作为气割预热火焰的外形呈环状分布。

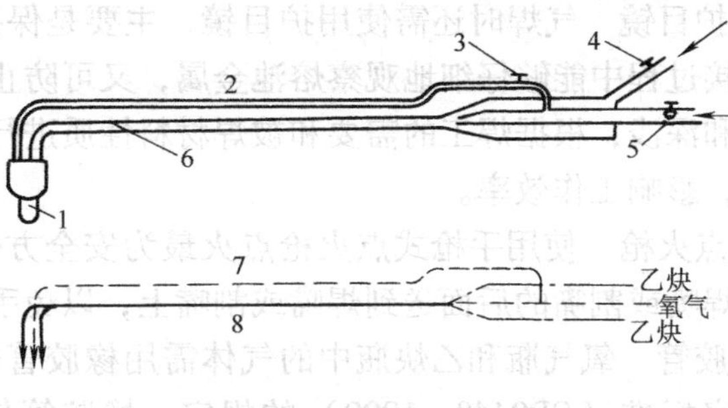

图 8-14　射吸式割炬工作原理图

1—割嘴　2—切割氧通道　3—切割氧开关　4—乙炔调节阀　5—氧气调节阀　6—混合气体通道　7—高压氧　8—混合气体

2. 工作原理　气割时，先逆时针方向稍微开启预热氧调节阀，再打开乙炔调节阀，使氧气与乙炔在喷嘴内混合后，经过混合气体通道从割嘴喷出，并立即点火，经适当调节后形成所需的环形预热火焰，对工件进行预热。待工件预热至燃点时，即逆时针方向开启高压氧调节阀，此时高速氧气流将切口处的金属氧化并吹除，随着割炬的不断移动即在工件上形成切口。

射吸式割炬构造如图 8-16 所示。

（三）割炬的使用

由于割炬的构造、工作原理以及使用方法基本上与焊炬相同，因此焊炬使用的注意事项都完全适用于割炬。此外在使用割炬时还应特别注意下列四点：

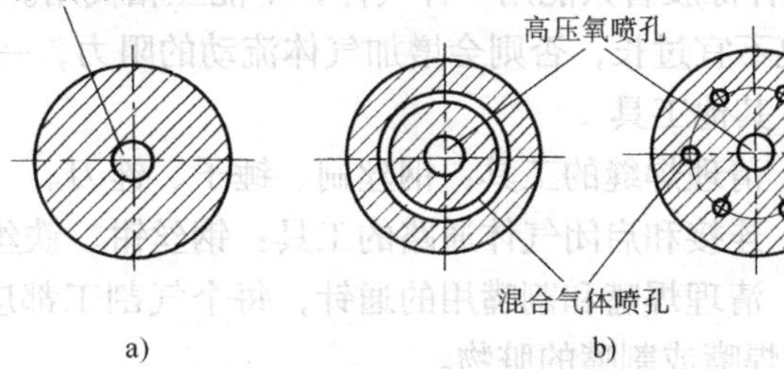

图 8-15　割嘴与焊嘴的横截面比较

a）焊嘴　b）割嘴

1）由于割炬内通有高压氧气，必须特别注意割炬各个部分以及各处接头的紧密性，以免漏气。

2）切割时，飞溅出来的金属微粒与熔渣微粒很多，割嘴的喷孔很容易被堵塞，应该经常使用通针加以通孔去掉堵塞的脏物，以免发生回火。

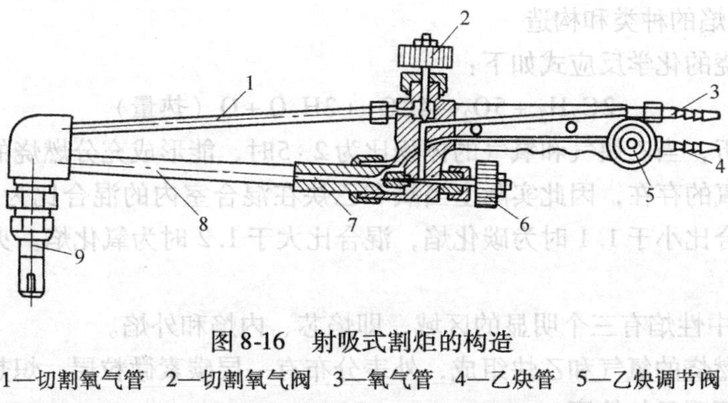

图 8-16　射吸式割炬的构造

1—切割氧气管　2—切割氧气阀　3—氧气管　4—乙炔管　5—乙炔调节阀　6—氧气调节阀　7—射吸管　8—混合气管　9—割嘴

3）在装配割嘴时，必须使内嘴与外嘴严格保持同心，这样才能保证切割用的纯氧射流位于环形预热火焰的中心。

4）内嘴必须与高压氧通道紧密连接，以免高压氧漏入环形通道而把预热火焰吹熄。

四、气焊、气割辅助工具

1. 护目镜　气焊时还需使用护目镜，主要是保护焊工的眼睛不受火焰亮光的刺激，以便在焊接过程中能够仔细地观察熔池金属，又可防止飞溅金属微粒溅入眼睛内。护目镜的镜片颜色和深浅，根据焊工的需要和被焊材料性质进行选用，颜色太深或太浅都会妨碍对熔池的观察，影响工作效率。

2. 点火枪　使用手枪式点火枪点火最为安全方便。当用火柴点火时，必须把划着了的火柴从焊嘴或割嘴的后面送到焊嘴或割嘴上，以免手被烧伤。

3. 胶管　氧气瓶和乙炔瓶中的气体需用橡胶管输送到焊炬或割炬中。根据焊接与切割安全国家标准（GB9448—1999）的规定，橡胶管依照 GB2550—1992 和 GB2551—1992 规定，氧气橡胶管为蓝色，允许工作压力为 1.5MPa；乙炔橡胶管为红色，允许工作压力为 0.3MPa。氧气与乙炔气的橡胶管由内、外胶层和中间棉织纤维层组成，整个橡胶管经过特别的化学加工处理，以防止其高度燃烧性。通常氧气橡胶管用内径为 8mm，乙炔橡胶管用内径为 10mm。目前工厂较普遍采用的仍是 GB9448—1988 规定的橡胶管，氧气管为黑色，乙炔管为红色。

每种橡胶管只能用一种气体，不能互相代用。连接于焊炬或割炬的橡胶管长度不能短于 5m，也不宜过长，否则会增加气体流动的阻力，一般以 10～15m 为宜。

4. 其他工具

1）清理焊缝的工具：钢丝刷、锤子、锉刀。

2）连接和启闭气体通路的工具：钢丝钳、铁丝、扳手等。

3）清理焊嘴和割嘴用的通针，每个气割工都应备有粗细不等的钢质通针一组，以便清除堵塞焊嘴或割嘴的脏物。

第四节　低碳钢的气焊工艺

气焊是利用气体燃烧火焰作为热源的一种熔焊方法。

一、氧乙炔焰概述

（一）氧乙炔焰的种类和构造

乙炔完全燃烧的化学反应式如下：

$$2C_2H_2 + 5O_2 \rightarrow 4CO_2 + 2H_2O + Q\ (\text{热量})$$

从理论上分析，当乙炔气和氧气的体积比为 2∶5时，能形成充分燃烧的中性焰。但由于火焰外围空气中氧的存在，因此实际上当氧和乙炔在混合室内的混合比为 1.1～1.2 时即能形成中性焰。混合比小于 1.1 时为碳化焰，混合比大于 1.2 时为氧化焰。火焰的形状见图 8-17。

1. 中性焰　中性焰有三个明显的区域，即焰芯、内焰和外焰。

焰心由未经燃烧的氧气和乙炔组成，外表分布有一层碳素微粒层，炽热的碳粒发出明亮的白光形成尖亮而明显的轮廓。

内焰由乙炔的不完全燃烧产物（一氧化碳和氢气）组成，具有还原性，呈杏核形的深蓝色线条。

外焰是一氧化碳和氢气与大气中的氧完全燃烧后产生的二氧化碳和水蒸气，具有氧化性，颜色由里向外逐渐由淡紫色变成橙黄色。

2. 氧化焰　氧化焰是在氧乙炔混合气体燃烧后尚有部分过剩的氧气。焰芯形状变尖，内焰很短，几乎看不到，外焰也缩短，呈蓝色。燃烧时有嘶嘶声。

3. 碳化焰　碳化焰是在氧乙炔混合气体燃烧后尚有部分乙炔未燃烧。火焰变长，而且非常明亮，焰芯的轮廓不清，外焰特别长，当乙炔过剩量很大时会冒黑烟。

（二）氧乙炔焰的温度分布

火焰温度的高低主要与混合气体的成分有关。各种组成成分的火焰温度是各不相同的，中性焰的温度分布如图 8-18 所示。焰芯的温度约为 900℃，在距离焰芯末端 2～4mm 的内焰处温度最高，约 3150℃。气焊时应用该处火焰加热焊件进行焊接。外焰温度为 1200～2500℃。火焰在横向断面的温度也是不同的，断面中心的温度最高，越向边缘温度越低。

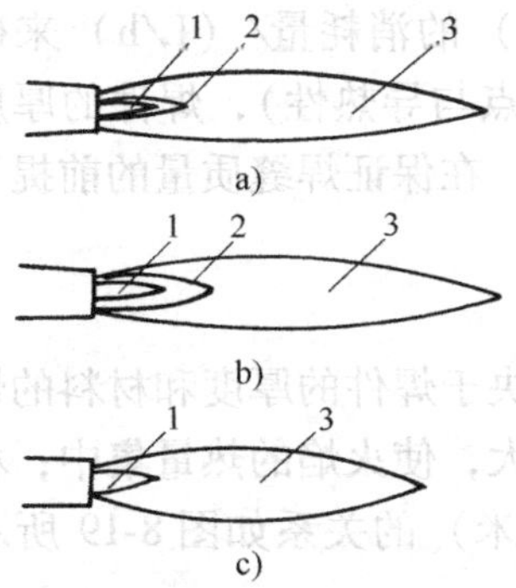

图 8-17　氧乙炔焰的构造和形状

a）中性焰　b）碳化焰　c）氧化焰

1—焰芯　2—内焰　3—外焰

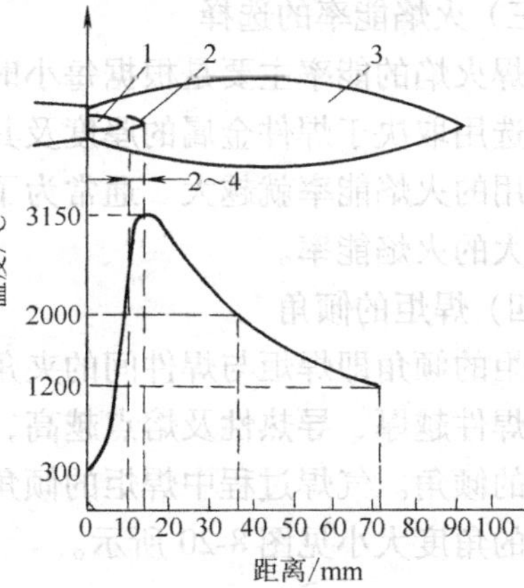

图 8-18　中性焰的温度分布情况

1—焰芯　2—内焰　3—外焰

二、接头形式和焊前准备

气焊可以焊接平、立、横、仰各种空间位置的焊缝。气焊时主要采用对接接头，而角接接头和卷边接头只在焊接薄板时才使用，很少采用搭接接头和 T 形接头，因为这种接头会使焊件焊后产生较大的变形。

对接接头中，当钢板厚度大于 5mm 时，必须开坡口。应该指出，厚焊件只有在不得已的情况下才采用气焊，一般应采用电弧焊。

气焊前，必须重视对焊件的清理工作，清除焊丝和焊接接头处表面的油污、铁锈及水分等，以保证焊接接头质量。

三、气焊焊接参数

气焊焊接参数是气焊工保证焊接质量的主要技术依据。气焊焊接参数通常包括焊丝的成分与直径、火焰的成分与能率、焊炬的倾角、焊接方向和焊接速度等。

（一）焊丝直径

焊丝直径的选用要根据焊件的厚度及焊缝在空间的位置来决定。如果焊丝直径比焊件厚度小得多，则焊接时往往会发生焊件尚未熔化而焊丝却已熔化下滴的现象，这就会造成熔合不良；相反，如果焊丝直径比焊件厚度大得多，则为了使焊丝熔化就必须经较长时间的加热，从而使焊件的热影响区过大，降低了焊缝的质量。

（二）火焰成分的选择

气焊火焰的成分，对焊接质量的关系很大。当混合气体内乙炔量过多时，会引起焊缝金属渗碳，使焊缝的硬度和脆性增加，同时还会产生气孔等缺欠；相反，混合气体内氧气量过多时会引起焊缝金属的氧化而出现脆性，使焊缝金属的强度和塑性降低。

低碳钢气焊时，火焰应为中性焰，其他金属焊接时，火焰成分可参阅表 8-7。

表 8-7　常用材料焊接时应采用的火焰种类

火焰种类	焊 接 金 属
碳化焰	高碳钢、硬质合金、高速钢、铸铁
中性焰	低碳钢、中碳钢、低合金钢、纯铜、铝及铝合金、铅、锡、青铜、不锈钢
氧化焰	黄铜、铬镍钢、锰钢、镀锌铁板

（三）火焰能率的选择

气焊火焰的能率主要是根据每小时可燃气体（乙炔）的消耗量/（L/h）来确定。火焰能率的选用取决于焊件金属的厚度及其热物理性质（熔点与导热性），焊件的厚度越大，焊接时选用的火焰能率就越大。通常为了提高焊接生产率，在保证焊缝质量的前提下，应尽量采用较大的火焰能率。

（四）焊炬的倾角

焊炬的倾角即焊炬与焊件间的夹角。其大小主要取决于焊件的厚度和材料的熔点以及导热性。焊件越厚、导热性及熔点越高，焊炬的倾角应越大，使火焰的热量集中；相反，则采用较小的倾角。气焊过程中焊炬的倾角与焊件厚度（毫米）的关系如图 8-19 所示；焊丝与焊炬间的角度大小见图 8-20 所示。

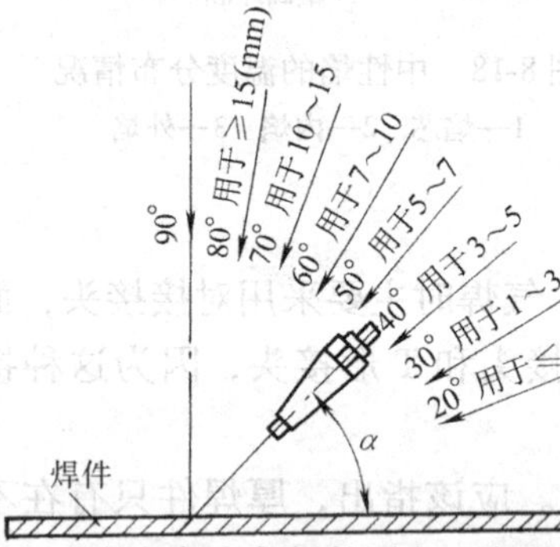

图 8-19　焊炬倾角与焊件厚度（毫米）的关系

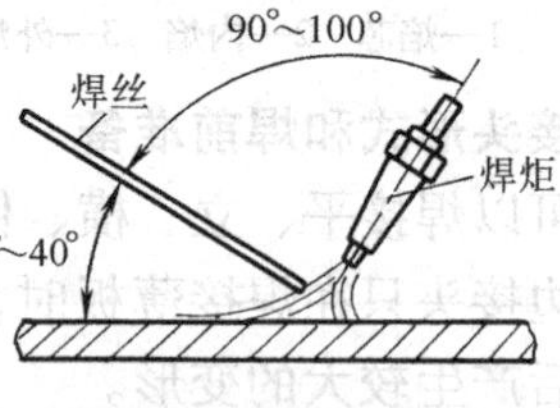

图 8-20　焊炬与焊丝的位置

（五）焊接速度的选择

焊接速度的选用要根据焊工的操作熟练程度、焊缝位置以及其他条件。在保证焊接质量的前提下，应力求提高焊接速度，以提高生产率。

四、气焊操作技术

（一）左焊法及右焊法

气焊时焊炬和焊丝都是从左端向右端移动，或者从右端向左端，前者称为右焊法，而后者称为左焊法。这两种方法对于焊接生产率及焊缝的质量影响很大。

右焊法时（见图 8-21a），焊炬火焰指向焊缝，焊接过程是由左向右，并且焊炬是在焊丝前面移动的。由于焊炬火焰指向焊缝，因此火焰可以遮盖整个熔池，使熔池和周围的空气隔离，能防止焊缝金属的氧化和减少产生气孔的可能性，同时可使已焊好的焊缝缓慢地冷却，改善了焊缝组织。而且火焰热量较为集中，火焰能率的利用率也较高，使熔深增加和生产率提高。

右焊法的缺点主要是不易掌握，操作过程对焊件没有预热作用，所以它只能适用于焊接较厚的焊件。

左焊法时（见图8-21b），焊炬火焰背着焊缝而指向焊件未焊部分，焊接过程是由右向左，并且焊炬跟着焊丝后面运走。焊接时，焊工能够很清楚地看到熔池的上部凝固边缘，并可获得高度和宽度较均匀的焊缝。由于焊炬火焰指向焊件未焊部分，对金属有着预热作用，因此焊接薄板时生产效率较高。

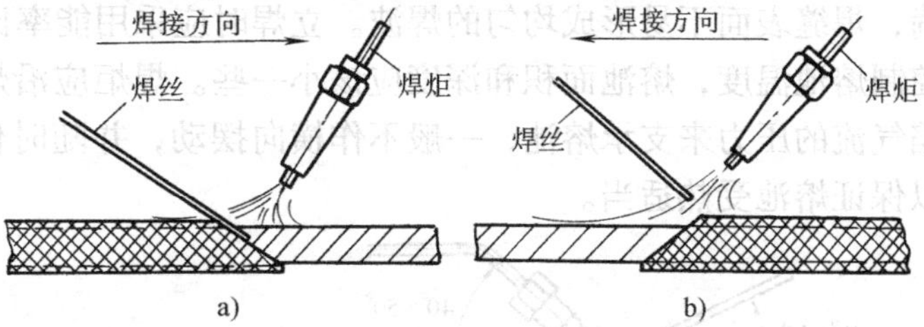

图8-21　右焊法和左焊法
a）右焊法　b）左焊法

这种焊法容易掌握，应用最普遍。缺点是焊缝易氧化，冷却较快，热量利用率较低，因此适用于焊接5mm以下的钢板和低熔点金属。

（二）焊炬与焊丝的摆动

焊接过程中焊炬有两个方向的运动，即沿焊缝纵向的移动和沿焊缝横向的摆动。而焊丝除了这两个运动之外，还有向熔池方向的送进运动。

焊炬与焊丝的横向摆动的作用，在于使坡口边缘能很好地熔合，并控制液体金属的流动，使焊缝成形良好。

焊炬与焊丝的运动必须是均匀而协调的，否则就会出现焊缝高低不平、宽窄不一致的现象。

焊炬与焊丝的摆动方法取决于焊缝的空间位置、焊件的厚度和焊缝的宽度。图8-22表示焊炬与焊丝的各种摆动方法。

图8-22a的摆动方法，用于右焊法焊接厚度大于3mm而开I形坡口的焊件，也有用于左焊法焊接厚度较大，且开坡口的焊件。图8-22b的摆动方法，多用于焊接填角焊缝。图8-22c的摆动方法，用于右焊法焊接厚度大于5mm，且开坡口的焊件。此时焊炬几乎不作横向摆动，而只沿直线均匀移动，但是焊丝作圆弧形的摆动。

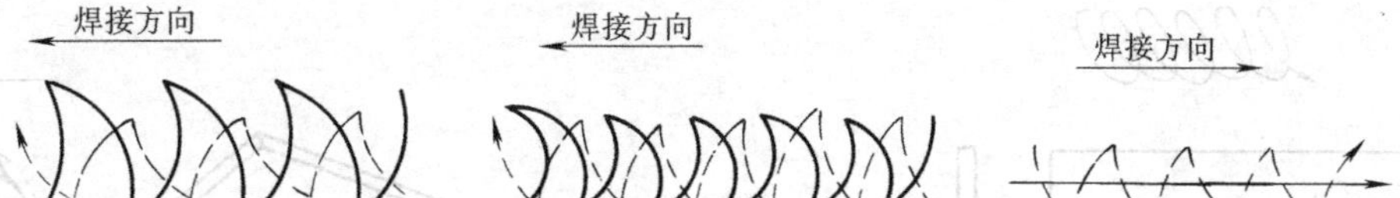

图8-22　焊炬与焊丝的摆动方法（实线表示焊炬；虚线表示焊丝）

（三）各种位置焊接方法

1. 平焊　平焊是气焊最常用的一种焊接方法（见图8-23），平焊采用的主要接头形式是对接，并多用左焊法进行焊接。焊炬与焊件的角度根据焊件厚度来决定。但各种厚度的焊件在刚开始焊接时，焊炬与焊件的角度可以大些，随着焊接过程的进行，由于焊件的温度升高，则焊炬与焊件的角度可以减小些。焊丝始终沉浸在熔池内，并不断地搅拌熔池，在整个施焊过程中，火焰必须始终笼罩着熔池和焊丝末端，以免熔化金属与空气接触而氧化。施焊时应将焊件与焊丝同时烧熔，使焊丝金属与焊件金属在液体状态下均匀地熔合成焊缝。

2. 立焊　立焊如图 8-24 所示，它比平焊要困难一些，原因是熔池中的液体金属易往下淌，焊缝表面不易形成均匀的焊波。立焊时应采用能率比平焊时小的火焰进行焊接，并严格控制熔池温度，熔池面积和深度应该小一些。焊炬应沿焊接方向向上倾斜 60°左右，借助火焰气流的压力来支承熔池，一般不作横向摆动，并随时作上下运动，使熔池有冷却的机会，以保证熔池受热适当。

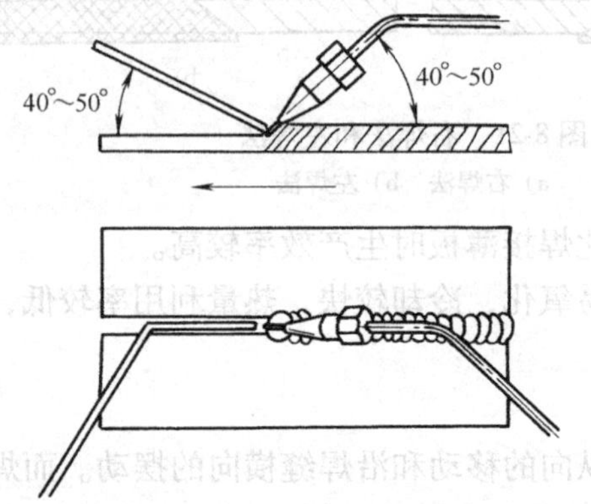

图 8-23　平焊示意图

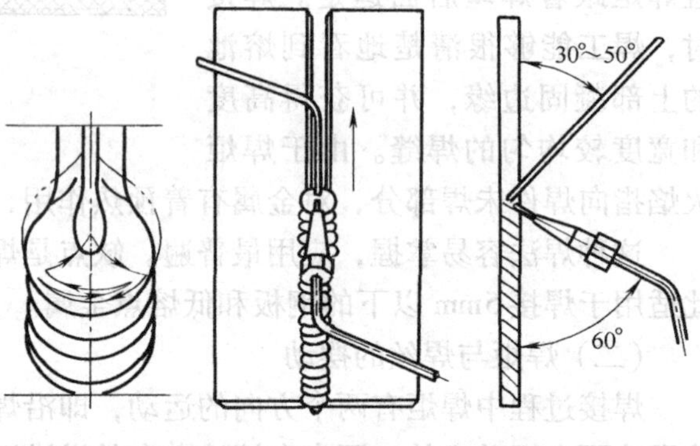

图 8-24　立焊示意图

3. 横焊　横焊见图 8-25。操作时应与立焊一样使用较小的火焰能率来控制熔池温度，采用自右向左的焊接方法。焊炬应向上倾斜一定角度（与焊件保持 65°～75°），使火焰气流直接朝向焊缝，利用气流的压力阻碍熔化金属从熔池中流出。焊炬一般不作摆动，在焊较厚焊件时，可作小环形摆动，使熔池略带一些倾斜，便于控制焊缝成形，同时能防止焊缝产生咬边、焊瘤以及未焊透等缺欠。

4. 仰焊　仰焊是最困难的一种焊接位置，主要是液体金属容易往下流，因此操作时必须严格掌握熔池的大小和温度，要使液体金属始终处于较稠的状态，以防下淌。采用较细的焊丝，以薄层堆敷上去，用右焊法。焊炬与焊件应具有一定的角度，见图 8-26。焊炬可作不间断的运动，焊丝应作月牙形运条，并始终浸在熔池内。

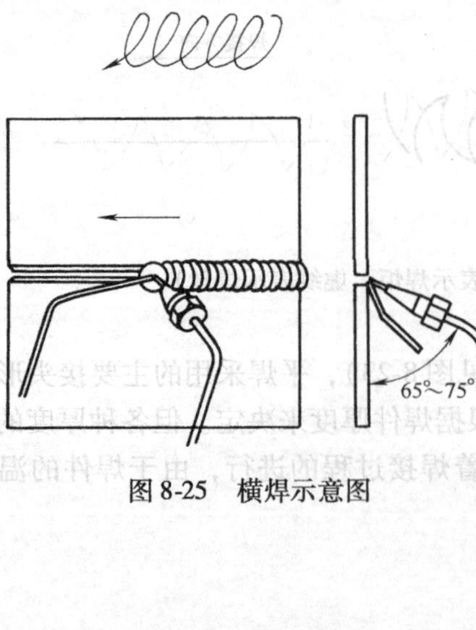

图 8-25　横焊示意图

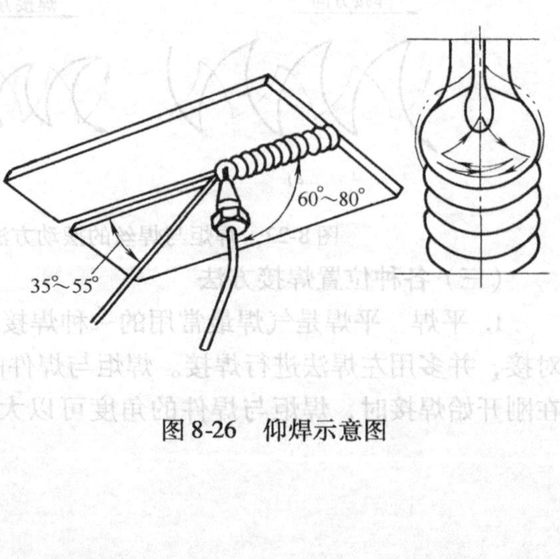

图 8-26　仰焊示意图

5. 薄板的气焊　板材的气焊通常用于薄板，当厚度不超过6mm时，可用I形坡口对接焊。当钢板厚度小于2mm时，最好采用卷边对接接头，此时可不添加焊丝，只需用火焰将卷边部分熔化即可，见图8-27。焊接过程中应正确选用气焊参数（例：火焰能率、焊嘴倾角等），并注意熔池温度。如发现焊缝有下凹现象时，可适当添加些焊丝。如因板材卷边加工有困难，也可采用I形坡口对接接头（见图8-28），在此时施焊应均匀地填充焊丝和掌握焊接速度，注意防止焊件过热及烧穿，焊炬视熔池温度实际情况不断地上下跳动。

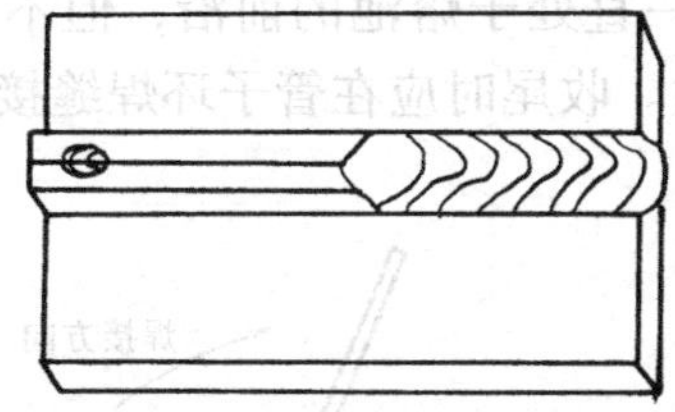
图8-27　薄板的卷边对接焊

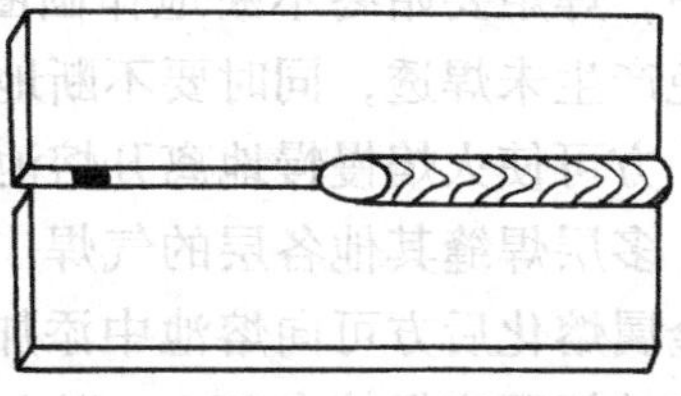
图8-28　薄板的I形坡口对接焊

当焊缝较长时，为了防止始焊端产生裂纹，可在起始处向相反方向施焊20～30mm，然后再向正方向施焊（见图8-29）。为了减少焊接变形，可采用跳焊法和退焊法进行焊接。还为避免出现两板高低不平的现象，焊接时可使用夹具适当夹紧。

6. 管子水平转动的气焊　管子水平转动的气焊应根据管壁厚度的大小施焊，壁厚小于2mm的管子最好在水平位置施焊；壁厚大于2mm的管子应在与管子水平中心线成50°～70°的范围内施焊（见图8-30），不应使之处于水平位置焊接，否则容易产生未焊透和表面成形不良等缺陷。第一层的焊接为保证焊透，可采用“穿孔焊法”或“非穿孔焊法”进行焊接。

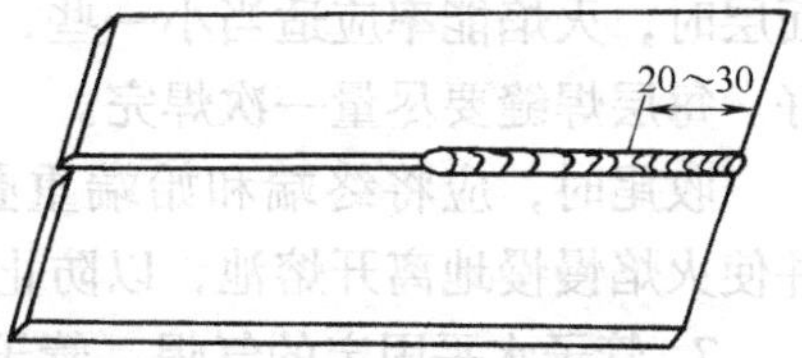

图8-29　反向起头焊法示意图

(1) 穿孔焊法　穿孔焊法就是在焊接过程中使金属熔池的前端始终保持一个小熔孔的焊接方法。

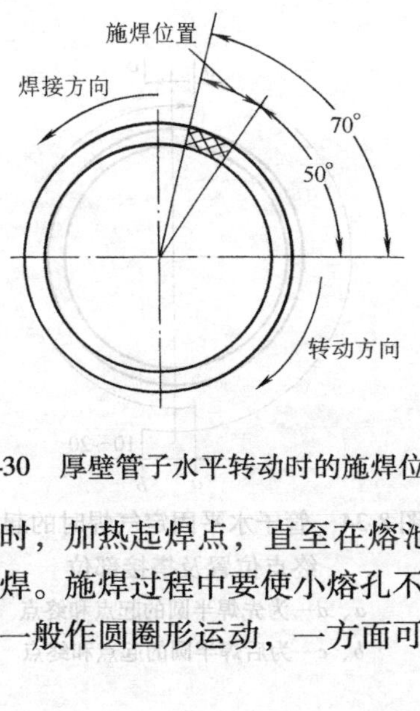

图8-30　厚壁管子水平转动时的施焊位置

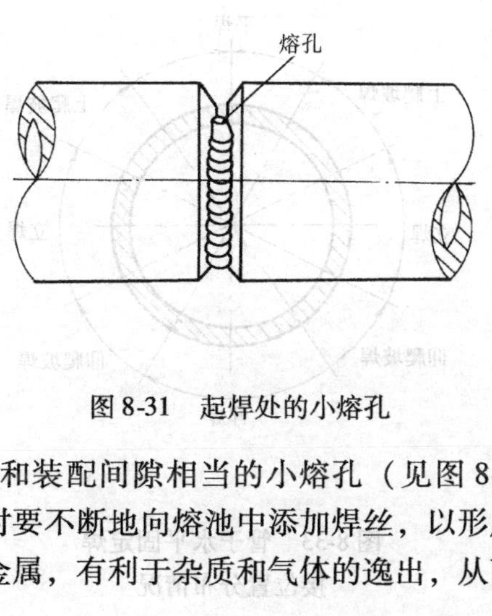

图8-31　起焊处的小熔孔

操作时，加热起焊点，直至在熔池的前沿形成和装配间隙相当的小熔孔（见图8-31）后方可施焊。施焊过程中要使小熔孔不断前移，同时要不断地向熔池中添加焊丝，以形成焊缝。焊炬一般作圆圈形运动，一方面可以搅拌熔池金属，有利于杂质和气体的逸出，从而避免夹渣和气孔等缺陷的产生；另一方面也可以调节并保持熔孔直径。中途停止焊接后，若需要再继续施焊时，必须将前一焊缝的熔坑熔透，然后再用“穿孔焊法”向前施焊。收尾时，可稍稍抬起焊炬，用外焰保护熔池同时不断地添加焊丝，直至收尾处的熔池填满后，方可撤离焊炬。

（2）非穿孔焊法　将焊嘴的中心线与管子焊接处的切线方向成45°左右的倾斜角，如图8-32所示。加热起焊点，当坡口钝边熔化并形成熔池后，应立即向熔池中添加焊丝。焊接过程中，焊炬要始终不断地作圆圈形运动，焊丝要一直处于熔池的前沿，但不要挡住火焰，以免产生未焊透，同时要不断地向熔池中添加焊丝。收尾时应在管子环焊缝接头处重新熔化后，方可使火焰慢慢地离开熔池。

（3）多层焊缝其他各层的气焊　起焊时必须待起焊处的金属熔化后方可向熔池中添加焊丝。层与层之间起焊点的间距应保持在20mm以上。

气焊过程中，焊炬应作适当的横向摆动，而焊丝仅作往复跳动。当焊丝和气焊火焰相遇后，便形成熔滴进入熔池。焊接中间各层时，火焰能率可适当加大一些，并多添加一些焊丝，以提高生产率。但焊接盖面层时，火焰能率应适当小一些，使焊缝表面成形良好。每层焊缝要尽量一次焊完。

收尾时，应将终端和始端重叠10～20mm左右，并使火焰慢慢地离开熔池，以防止熔池金属被氧化。

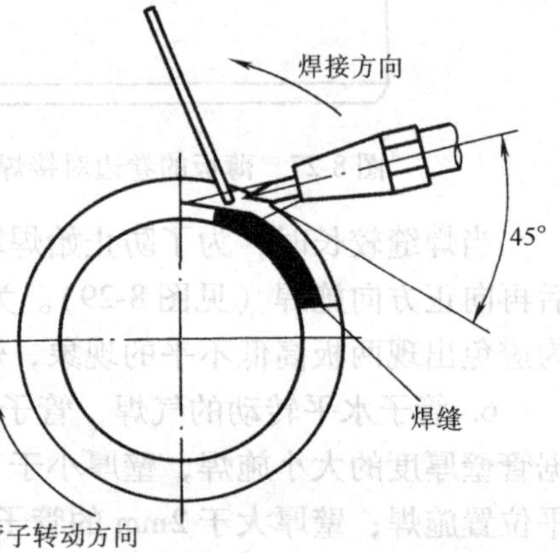

图8-32　非穿孔焊法

7. 管子水平固定的气焊　管子水平固定的气焊在操作上包括所有的焊接位置，如图8-33所示。其操作特点可参照各种位置焊接时的操作方法。

管子水平固定的焊接，应先定位装配，后焊接。当焊接管子的前半圆时，起点、终点都要超过管子的垂直中心线，其超出长度一般为5～10mm。焊后半圆时，起点、终点都要和前段焊缝搭接一段，这样可以防止和避免起焊点和终点火口处产生缺欠。搭接的长度一般为10～20mm如图8-34所示。

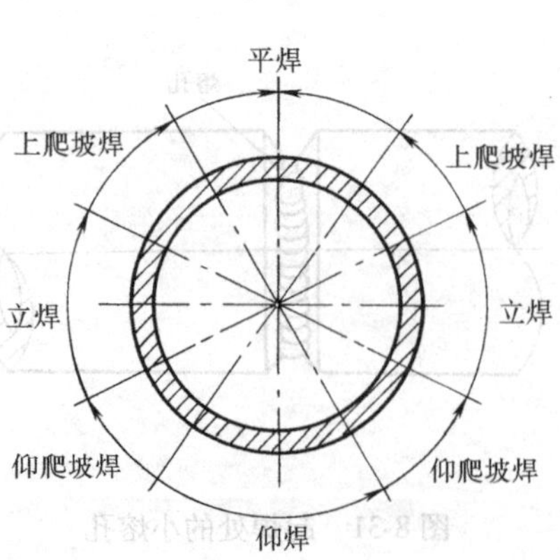

图8-33　管子水平固定焊接位置分布情况

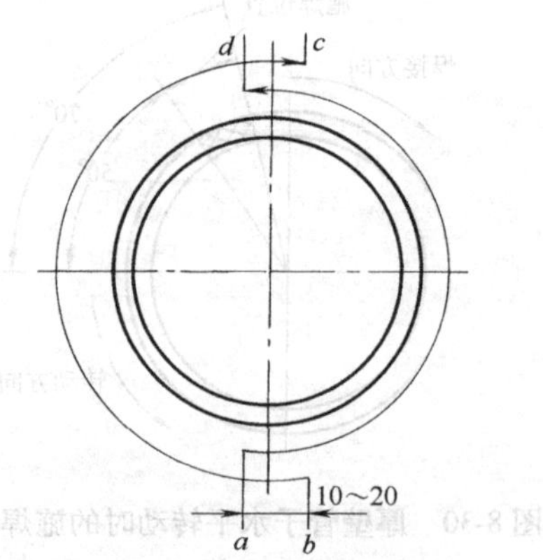

图8-34　管子水平固定气焊时的起点、终点位置及搭接部位

a、*d*—为先焊半圆的起点和终点

b、*c*—为后焊半圆的起点和终点

此外焊缝呈环形，因此其施焊位置会不断地变化，但是焊炬与焊丝的夹角却要始终保持不变，通常为90°，焊炬及焊丝与焊件的夹角为45°。而实际操作中，还应根据管壁的厚薄和熔池形状的变化情况，随时适当地加以调整，以保持不同焊接位置下有合适的熔池形状，达到既能使焊缝根部熔透，又不致产生过烧或烧穿。尤其在仰焊时（特别是仰爬坡位置），焊炬和焊丝更要配合得当，同时焊炬要不断地离开熔池，严格控制熔池温度，使焊缝不至于过烧和形成焊瘤。

8. 管子垂直固定的气焊　管子垂直对接接头为横焊缝，根据管壁厚薄，常用对接接头形成，如图8-35所示。

对开有坡口的管子，若采用左焊法需进行多层焊，其焊接顺序如图8-36所示。

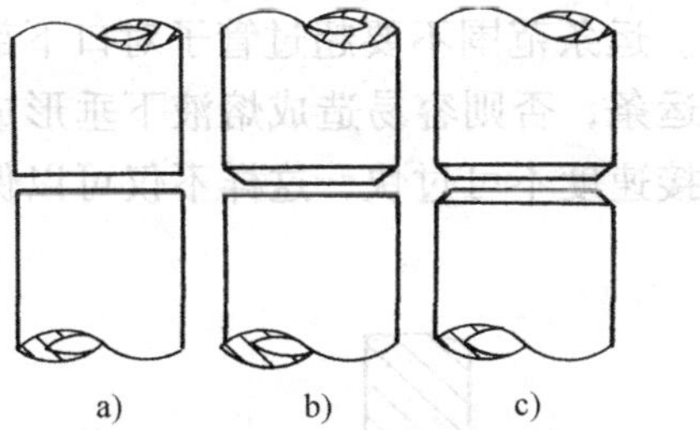

图8-35　管子垂直固定对接接头形式

a）开I形坡口对接接头　b）单边V形坡口对接接头

c）V形坡口对接接头

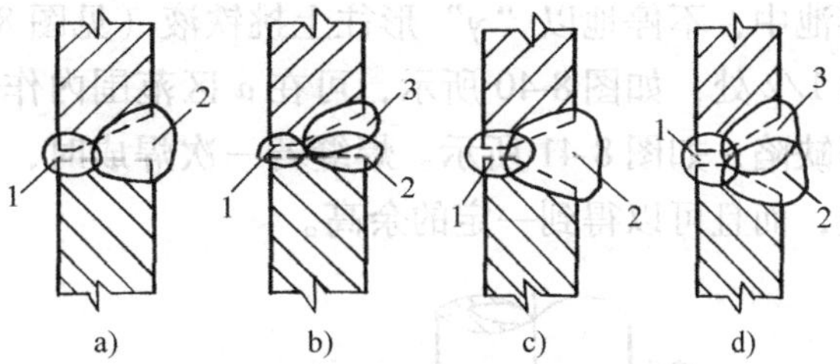

图8-36　多层焊接顺序

a）、b）单边V形坡口多层焊

c）、d）V形坡口多层焊

由于管子垂直立放，接头为横焊，其操作特点与直缝横焊相同。所不同的是应随着环形焊缝的前进而不断地变换位置，以保证焊炬、焊丝和管子切线方向的夹角不变，以便更好地控制焊缝熔池形状。此时焊工也应随着变换操作位置。

若采用右焊法，壁厚在7mm以下的管子垂直固定的横焊缝，对于操作技术熟练的焊工可以做到单面焊双面成形一次焊成。

采用右焊法焊接不同壁厚的管子时，其坡口形式及尺寸见表8-8，操作要点：焊嘴、焊丝与管子的轴向夹角，如图8-37所示。焊丝、焊嘴与管子切线方向的夹角，如图8-38所示。

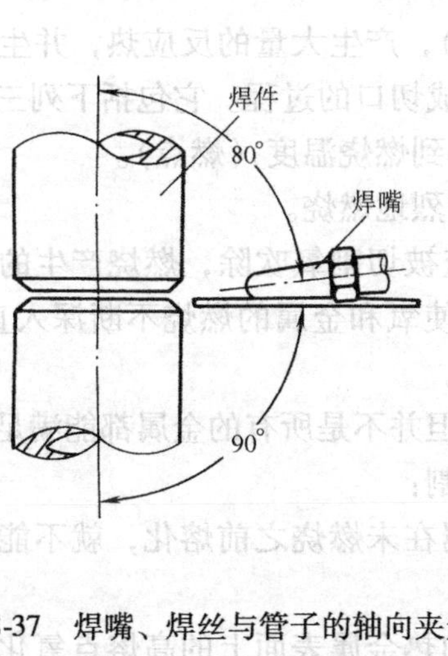

图8-37　焊嘴、焊丝与管子的轴向夹角

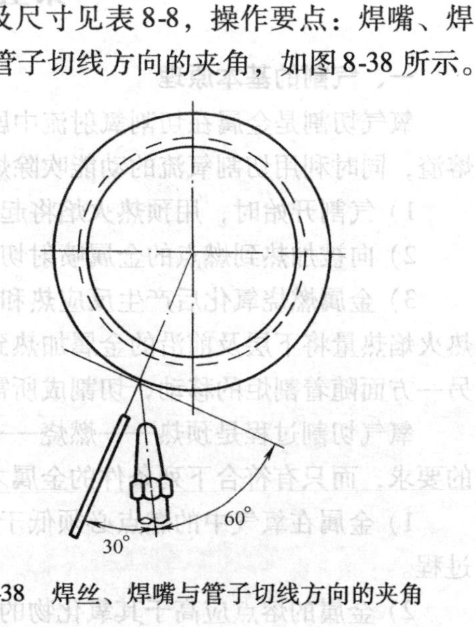

图8-38　焊丝、焊嘴与管子切线方向的夹角

表 8-8　右焊法坡口形式和尺寸

管壁厚度/mm	坡口形式	坡口角度	对接间隙/mm	钝边/mm
2.0		—	2.0	
3.0～4.0	V 形	60°～70°	1.0～2.0	1.0～1.5
5.0～7.0	V 形	60°～70°	2.0～3.5	1.0～2.0

火焰能率与焊接一般焊件相同或稍小。始焊时，先将被焊处适当加热，然后将熔池熔穿，形成一个熔孔。熔孔的大小以控制在等于或稍大于焊丝直径为宜。熔孔形成后，开始填充焊丝。焊接过程中，焊炬不作横向摆动，而只在熔池和熔孔间做微微的前后摆动，以控制熔池温度。焊丝始终浸在熔池中，不停地以"γ"形往上挑铁液（见图 8-39）。运条范围不要超过管子对口下部坡口的 1/2 处，如图 8-40 所示，可在 a 区范围内作上下运条，否则容易造成熔液下垂形成焊瘤等缺陷，如图 8-41 所示。焊缝若一次焊成时，其焊接速度不可过快，这样不仅可以保证焊透，而且可以得到一定的余高。

图 8-39　右焊法双面成形一次焊满运条法

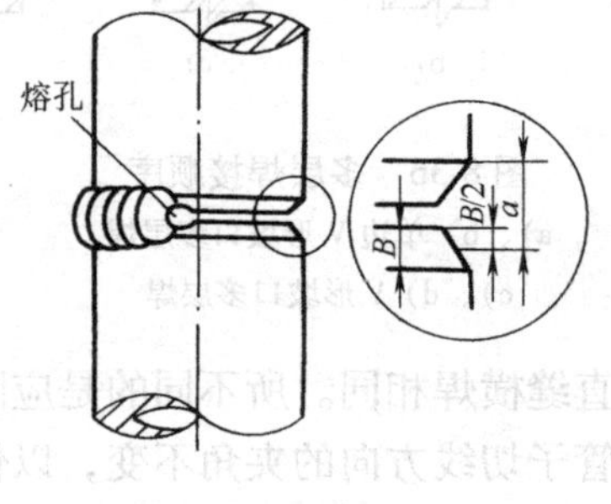

图 8-40　熔孔形状和运条范围

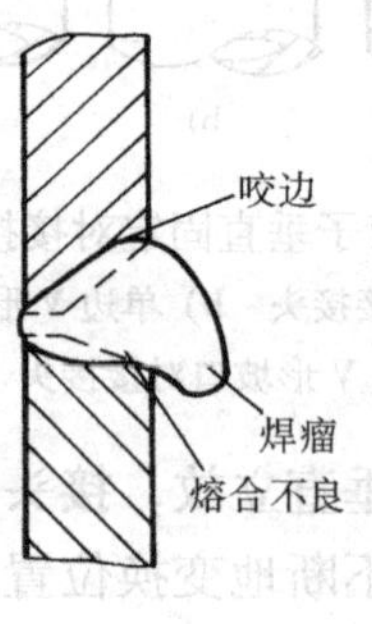

图 8-41　缺陷示意图

第五节　气割工艺

一、气割的基本原理

氧气切割是金属在切割氧射流中剧烈燃烧（氧化），产生大量的反应热，并生成氧化物熔渣，同时利用切割氧流的动能吹除熔渣，使工件形成切口的过程。它包括下列三个阶段：

1）气割开始时，用预热火焰将起割处的金属预热到燃烧温度（燃点）。

2）向被加热到燃点的金属喷射切割氧，使金属剧烈地燃烧。

3）金属燃烧氧化后产生反应热和生成熔渣，熔渣被切割氧吹除，燃烧产生的热量和预热火焰热量将下层及前沿的金属加热到燃点，一方面使氧和金属的燃烧不断深入直至割穿，另一方面随着割炬的移动，切割成所需的形状和尺寸。

氧气切割过程是预热——燃烧——吹渣的过程。但并不是所有的金属都能满足这个过程的要求，而只有符合下列条件的金属才能进行氧气切割：

1）金属在氧气中的燃点必须低于熔点，不然金属在未燃烧之前熔化，就不能实现切割过程。

2）金属的熔点应高于其氧化物的熔点，不然被加热金属表面上的高熔点氧化物，会阻碍下层金属与切割氧射流的接触，而使气割发生困难。

3）金属在切割氧流中燃烧应是放热反应，用此热量来维持切割过程的持续进行。如果金属燃烧是吸热反应，使下层金属得不到预热，切割过程就不能继续进行下去。

4）金属导热性应小，否则如导热太快，切口金属温度很难达到燃点，切割过程就不能进行。

5）在金属中阻碍切割过程和提高钢的可淬性的杂质要少，这样才能保证切割过程的正常进行。同时，切割后在切口表面不应产生裂纹等缺陷。

金属的氧气切割过程取决于上述五个条件，对铁和低碳钢的切割均能满足，所以能顺利地进行气割。

二、气割参数的选择

氧气切割的参数主要包括切割氧压力、切割速度、预热火焰的能率、割嘴与工件之间的倾角以及割嘴离工件表面的距离等。

（一）切割氧压力

气割时，氧气的压力与工件厚度、割嘴号码以及氧气纯度等因素有关。工件越厚，要求氧气的压力越大；工件较薄时，则要求氧气的压力就较低。但氧气的压力有一定范围，如氧气压力过低，会使切割过程氧化反应减慢，同时在切口下缘形成挂渣，甚至不能将工件的全部厚度割穿。相反氧气压力过大，不仅造成浪费，而且对工件产生强烈的冷却作用，使切割面粗糙，切口宽度加大，切割速度反而减慢。

随着工件厚度的增加，选择的割嘴号码应增大，使用的氧气压力也相应地要增大。

（二）切割速度

切割速度是指切割过程中割炬与工件间的相对移动速度。切割速度与工件厚度和使用的割嘴形状有关。工件越厚，切割速度越慢，反之工件越薄，则切割速度越快。切割速度太慢，会使切口产生上缘熔化；速度过快，则会产生很大的后拖量或割不穿如图 8-42 所示。

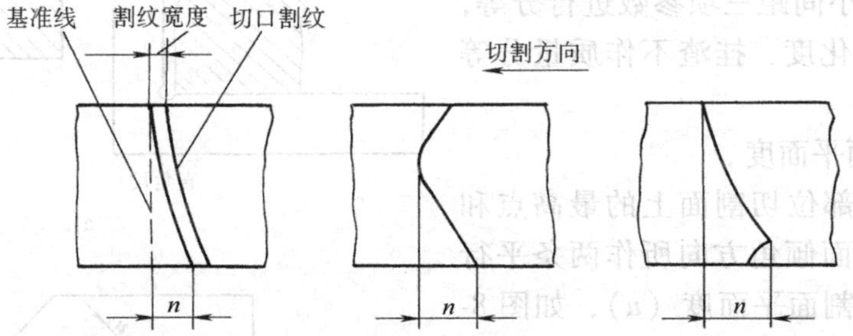

图 8-42　后拖量

切割厚板时，出现后拖量的现象是难免的，但应采用适当的切割速度，使后拖量减小到较低的程度。

（三）预热火焰的性质与能率

切割时，预热火焰应采用中性焰，使用碳化焰时会使切口边缘产生增碳现象。预热火焰的能率应根据工件厚度选择，一般工件越厚，火焰的能率应越大，但不是成正比例。火焰能率过大时，会影响上缘熔化度 r（见图 8-43），即切口上缘形状的尺寸。使 r 增大，同时造成切口下缘的挂渣增多，而影响切割质量。

（四）割嘴与工件的倾角

割嘴倾角的大小，主要根据工件厚度而定。如果倾角选择不当，不但不能提高切割速度，反而使切割发生困难，同时，增加氧气的消耗量。一般工件厚度在10mm以下，割嘴应沿切割方向相反倾斜，与垂直面夹角为20°~30°（见图8-44）；板厚10~30mm时，割嘴应垂直于工件；板厚大于30mm时，开始切割时应将割嘴沿切割方向倾斜20°~30°，待全部厚度割穿后再将割嘴垂直于工件。

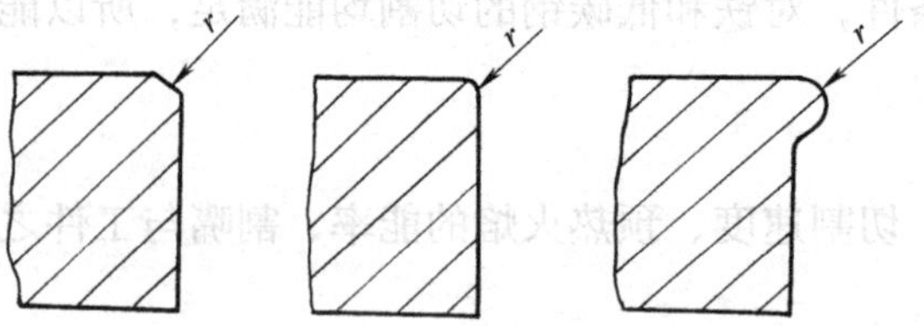

图8-43　上缘熔化度 r

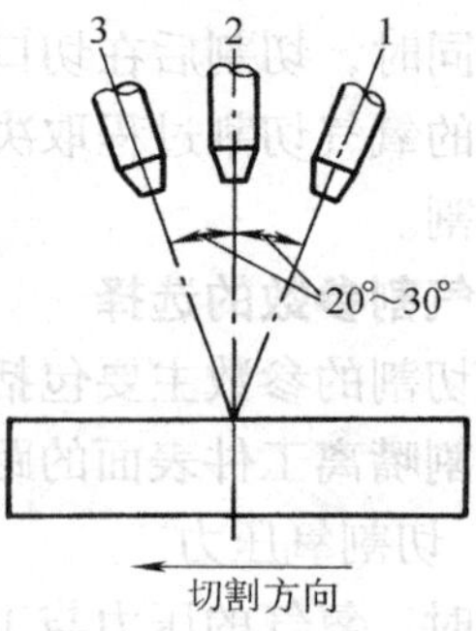

图8-44　工件厚度与割嘴的倾角关系

（五）割嘴离割件表面的距离

割嘴离工件表面的距离，根据预热火焰的长度及工件的厚度而定，一般为3~5mm，因为这样的加热条件好，同时切割面渗碳的可能性最小。如果焰芯触及工件表面，不但会引起切口上缘熔化，而且还使切割面有可能发生渗碳。

三、气割质量的评定

切割面质量是评定气割质量的依据，而切割面质量是根据切割面平面度、割纹深度、缺口的最小间距三项参数进行分等，后拖量、上缘熔化度、挂渣不作质量分等评定。

（一）切割面平面度

是指过所测部位切割面上的最高点和最低点，按切割面倾角方向所作两条平行线的间距，为切割面平面度（u），如图8-45所示。

（二）割纹深度

是指在沿切割方向20mm长的切割面上，以理论切割线为基准的轮廓峰顶线与轮廓谷底线之间的距离（h），如图8-46所示。

（三）缺口的最小间距

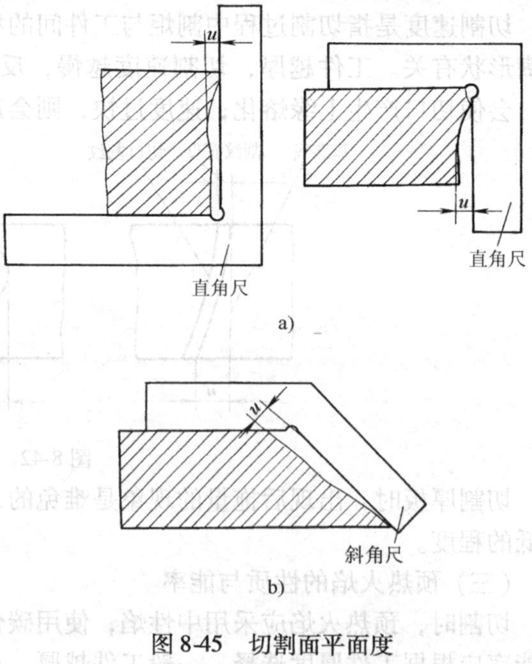

图8-45　切割面平面度

a）垂直切割面　b）斜切割面

在切割面上两缺口之间的最小间距为缺口的最小间距（L）。缺口是指在切割面上形成的宽度、深度及形状不规则的缺欠，见图8-47，它使均匀的切割面产生中断。

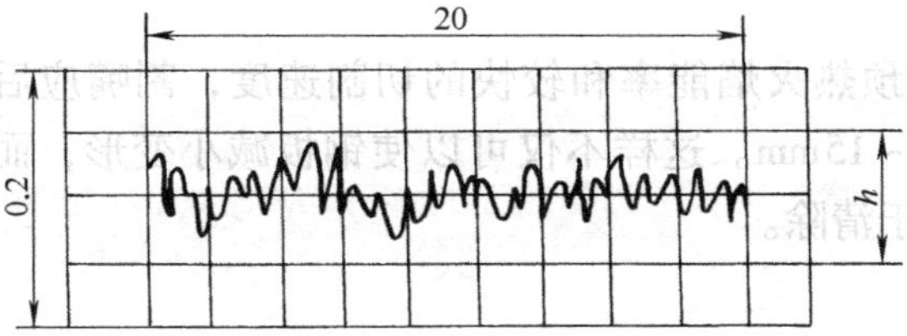

图 8-46　割纹深度

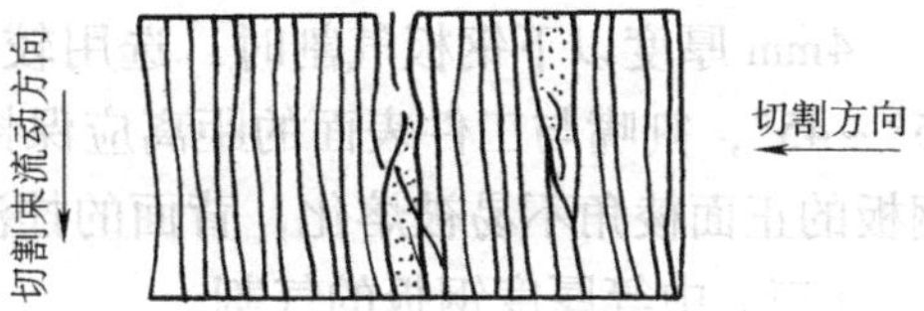

图 8-47　缺口

（四）切割面质量等级

切割面质量等级分Ⅰ、Ⅱ两级，见表 8-9。切割面平面度、割纹深度的分等取值可参阅 JB/T10045.3—1999 标准中的有关内容。Ⅰ级质量中缺口最小间距应大于或等于 2000mm；Ⅱ级质量中缺口最小间距应大于或等于 1000mm。

表 8-9　切割面质量分等

切割面质量	切割面平面度 u	割纹深度 h
Ⅰ级	1 等和 2 等	1 等和 2 等
Ⅱ级	1 等~3 等	1 等~3 等

切割表面质量样板是用作鉴定切割面质量，用样板在现场作对比测量，对比得出的切割面质量等级即作为评定结果。

测量切割面平面度和割纹深度对应在没有缺陷的切割面上进行。测量不应在切割始端及终端进行，并将火焰切割工件的上边视为基准平面，但该平面必须平整和洁净。

测量部位的数目、位置与工件的形状、尺寸有关，有时还与应用目的有关。

1. Ⅰ级　在每米切割长度上应至少有 2 个测量部位。每个测量部位对切割面平面度应测定 3 次，各距离 20mm；对割纹深度应测量 1 次。

2. Ⅱ级　在每米切割长度上应至少有 1 个测量部位。每个测量部位对切割面平面度应测定 3 次，各距离 20mm；对割纹深度应测量 1 次。

上述对割纹深度的测定部位，应距切口上边切口厚度的 2/3 处。

四、手工气割操作技术

（一）气割的基本操作要点

在做好气割前的准备工作后即可点火。因个人习惯不同，操作姿势可以多种多样，一般是双腿成八字形下蹲在工件切割线的一侧，右臂靠住右膝盖，左臂在分开的两膝中间，使割炬移动方便。右手把住割炬手把，并用右手拇指和食指靠住手把下面的预热氧气调节阀，以便随时调节预热火焰，当发生回火时，能及时切断混合管内的氧气。左手的拇指和食指把住切割氧气阀，其余三指平稳地托住割炬混合管，以便掌握方向。呼吸要有节奏，切割方向一般是自右向左。

整个切割过程中割炬运行要均匀，割嘴与割件的距离要保持不变。每割一段后需要移动身体位置，此时应关闭切割氧气阀。气割时较容易发生回火，应及时制止，此时应立即关闭氧气阀及乙炔气阀。切割临近终点时，割嘴应略向沿切割方向相反倾斜些，以保证收尾时的质量。

气割结束时，应迅速关闭切割氧阀，再相继关闭乙炔阀和预热氧阀。

（二）4mm厚度以下薄钢板的气割

4mm厚度以下钢板气割时，选用较小的预热火焰能率和较快的切割速度，割嘴应后倾25°~45°，割嘴与工件表面的距离应保持10~15mm。这样不仅可以使钢板减小变形，而且钢板的正面棱角不易被熔化，背面的挂渣易于清除。

（三）中等厚度钢板的气割

4~20mm中等厚度钢板气割时，从预热火焰的焰芯到工件表面的距离应保持在2~4mm，割嘴应后倾20°~30°，切割氧流的长度应超过板厚的1/3。随着钢板厚度的增加，预热火焰能率适当增大，后倾角应逐渐减小，切割速度要相应随之减慢。

（四）大厚度钢板的气割

20mm厚度以上钢板气割时，应选用切割能力较大的割炬及较大号割嘴，以提高预热火焰能率。

气割前，先调整割嘴和切割线两侧平面的夹角为90°，如图8-48所示，以减少机械加工量。

起割前，先用较大能率的预热火焰加热割件边缘的棱角处，待被预热到燃烧温度时，再慢慢地打开切割氧调节阀，并将割嘴向切割方向倾斜20°~30°，当割件边缘全部被割穿时，即可加大切割氧流，并使割嘴垂直于割件，然后使割嘴沿切割线作横向月牙形摆动，同时沿切割线缓慢向前移动。

在整个气割过程中，必须保持切割速度均匀一致，并应不断地调节预热氧调节阀，以保持一定的预热火焰能率，否则将会影响切口的质量。若遇到割不穿的情况时，应立即停止气割，以免发生气体涡流，使熔渣在切口中旋转，切割面产生凹坑，如图8-49所示。重新起割时应选择另一端作为起割点。

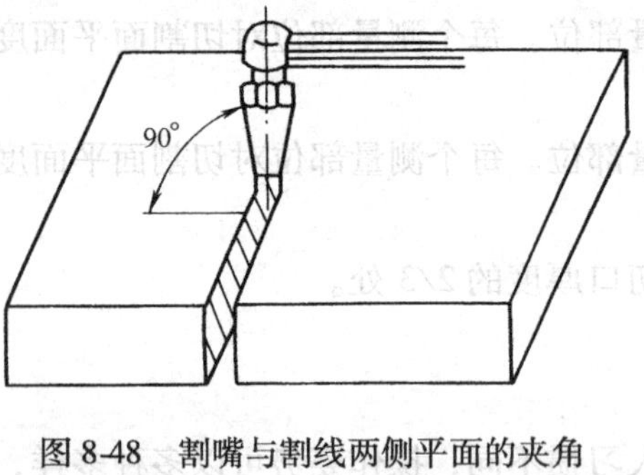

图8-48 割嘴与割线两侧平面的夹角

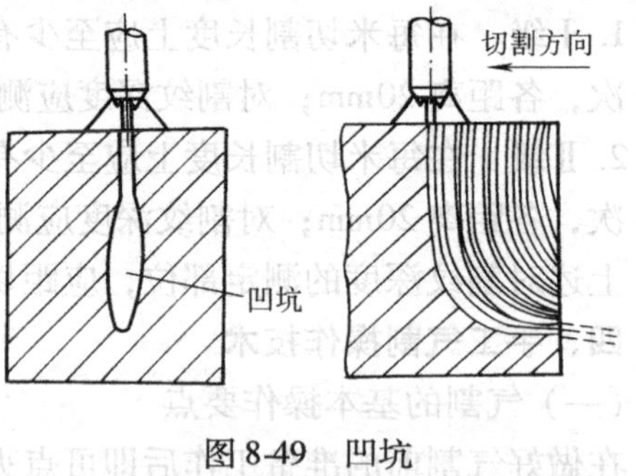

图8-49 凹坑

气割临近结束时，应慢慢地将割嘴向后倾斜20°~30°，并适当地放慢切割速度，以减少后拖量，并使整条切口完全割断。

五、机械气割

（一）CG1—30型气割机

CG1—30型气割机是一种小车式半自动气割机。它能切割板厚为5~60mm的直线和圆形工件。切割速度为50~750mm/min（无级调速），切割圆周直径为200~2000mm。CG1—30型气割机具有构造简单、重量轻、操作维护方便等优点，因此是目前国内使用较广的一种半自动气割机。

1. 气割机构造　CG1—30型气割机的构造如图8-50所示。主要由机身、横移架、升降架、割炬、气体分配器及压力开关、控制板等部分组成。气割机备有两根1800mm长的导轨，供气割时交替使用。切割圆形割件时，可使用半径架。

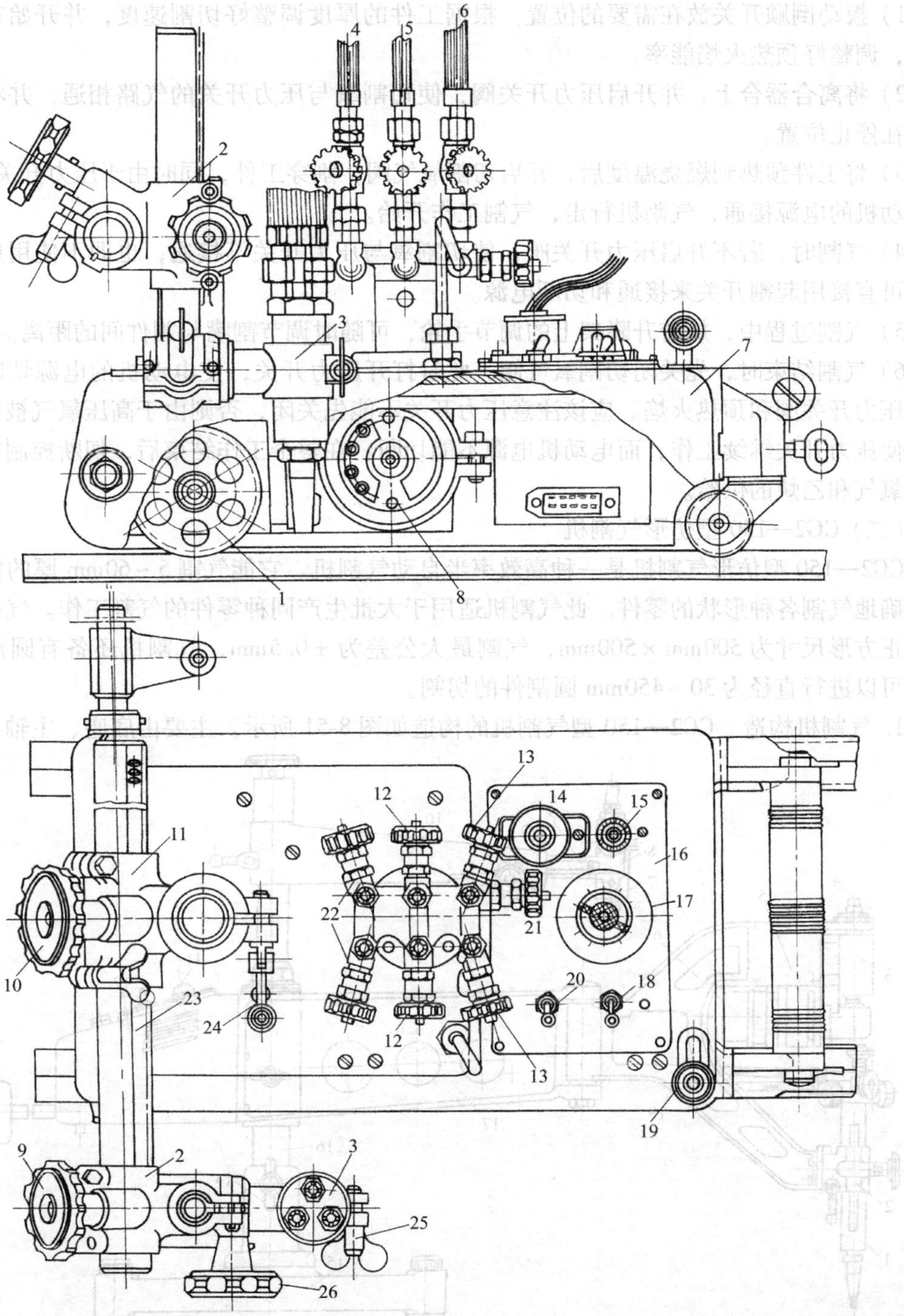

图 8-50　CG1—30 型气割机的构造

1—滚轮　2—升降架　3—割炬　4—乙炔　5—预热氧　6—切割氧　7—机身　8—电动机　9、10—横移手轮　11—横移架　12—预热氧调节阀　13—切割氧调节阀　14—炬形插座　15—指示灯　16—操纵板　17—速度调整器　18—起割开关　19—离合器手柄　20—倒顺开关　21—压力开关阀　22—乙炔调节阀　23—移动杆　24—移动手柄　25—蝶形螺母　26—调节手轮

2. 操作过程

1）扳动倒顺开关放在需要的位置。根据工件的厚度调整好切割速度，并开始在割嘴处点火，调整好预热火焰能率。

2）将离合器合上，并开启压力开关阀，使切割氧与压力开关的气路相通，并将起割开关扳在停止位置。

3）将工件预热到燃烧温度后，开启切割氧气阀，割穿工件，同时由于压力开关的作用，使电动机的电源接通，气割机行走，气割工作开始。

4）气割时，若不开启压力开关阀，使切割氧与压力开关不接通，也即不使用压力开关时，可直接用起割开关来接通和切断电源。

5）气割过程中，旋转升降架上的调节手轮，可随时调节割嘴与割件间的距离。

6）气割结束时，先关闭切割氧气阀，此时打开压力开关，使电动机的电源切断，接着关闭压力开关阀和预热火焰。应该注意压力开关不能先关闭，否则由于高压氧气被封在管路内，使压力开关继续工作，而电动机电源不能切断。在整个工作结束后，切断控制扳电源和停止氧气和乙炔的供给。

（二）CG2—150 型仿形气割机

CG2—150 型仿形气割机是一种高效率半自动气割机。它能气割 5 ~ 60mm 厚的钢板，并能精确地气割各种形状的零件。此气割机适用于大批生产同种零件的气割工作。气割零件的最大正方形尺寸为 500mm × 500mm，气割最大公差为 ± 0.5mm，气割机还备有圆形气割装置，可以进行直径为 30 ~ 450mm 圆割件的切割。

1. 气割机构造　CG2—150 型气割机的构造如图 8-51 所示。主要由底座、主轴、基臂及

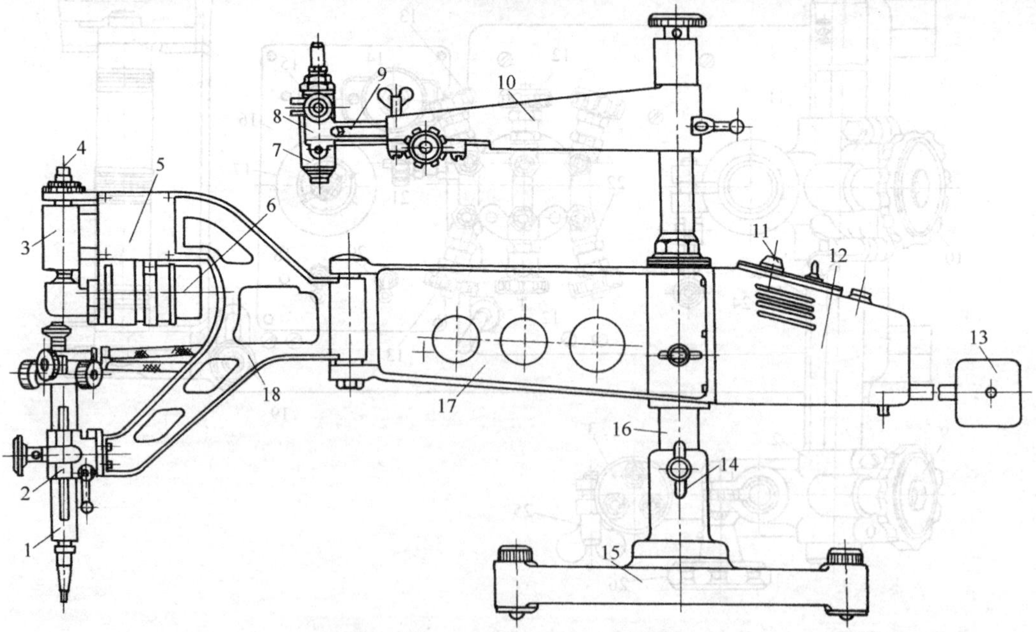

图 8-51　CG2—150 型仿形气割机的构造

1—割炬　2—割炬架　3—永久磁铁装置　4—磁铁滚轮　5—导向机构　6—电动机　7—连接器　8—型板架　9—横移杆　10—样板紧定调整装置　11—控制板　12—速度控制箱　13—平衡锤　14—调节圆棒　15—底座　16—主轴　17—基臂　18—主臂

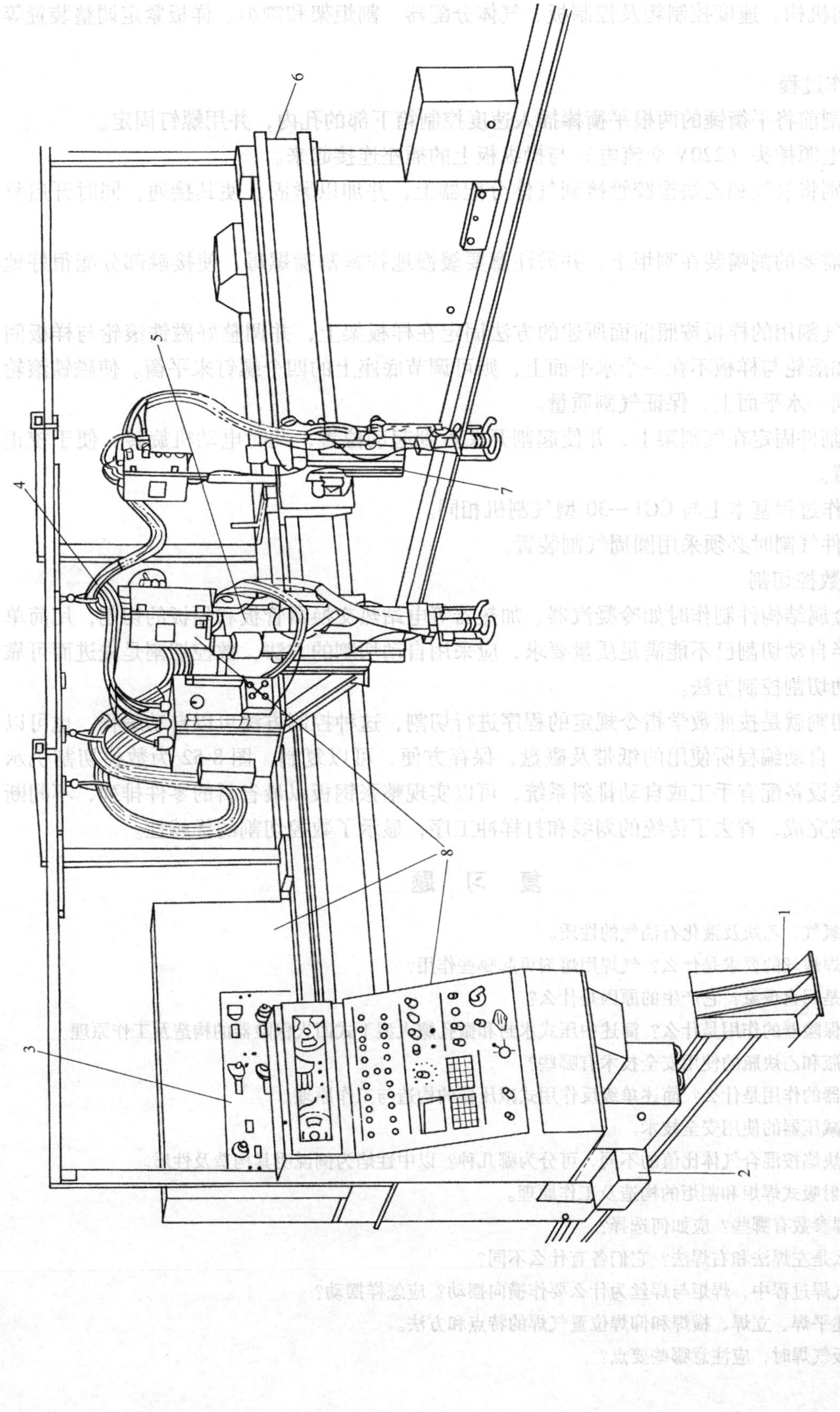

图 8-52　数控切割机示意图

1—导轨和挡板　2—纵向导轨及驱动组件　3—气体及空气集流器　4—管道　5—横向台车及驱动组件

6—横梁及挡板　7—割炬组件及垂直拖板　8—电气箱

主臂、导向机构、速度控制箱及控制板、气体分配器、割炬架和割炬、样板紧定调整装置等部件组成。

2. 操作过程

1）气割前将平衡锤的两根平衡棒插入速度控制箱下部的孔内，并用螺钉固定。

2）将电源插头（220V 交流电）与操纵板上的插座连接起来。

3）分别将氧气和乙炔橡胶管接到气体分配器上，并加以紧固，使其接通，同时开启氧气和乙炔。

4）把需要的割嘴装在割炬上，并需注意要缓慢地拧紧割嘴螺母，使接触部分能很好地贴合。

5）将气割用的样板按照前面所述的方法固定在样板架上，并调整好磁铁滚轮与样板间的位置。如滚轮与样板不在一个水平面上，则可调节底座上的四个螺钉来平衡。使磁铁滚轮与样板在同一水平面上，保证气割质量。

6）将割件固定在气割架上，并使起割开关扳到起动位置，此时电动机旋转，便于校正工件的位置。

7）操作过程基本上与 CG1—30 型气割机相同。

8）圆件气割时必须采用圆周气割装置。

（三）数控切割

复杂金属结构件制作时如冷凝汽器、加热器等电站热交换器管板和隔板的切割，用简单的手工或半自动切割已不能满足质量要求，应采用自动切割的方法，数控切割是先进而可靠的一种自动切割控制方法。

数控切割就是按照数学指令规定的程序进行切割，这种控制方法可以自动编程，也可以手工编程。自动编程所使用的纸带及磁盘，保存方便、可以复制，图 8-52 为数控切割机示意图。这类设备配有手工或自动排斜系统，可以实现整张钢板以最省料的零件排列，不间断地一次切割完成，省去了传统的划线和打样冲工序，显示了数控切割的优越性。

复　习　题

1. 简述氧气、乙炔及液化石油气的性质。
2. 对气焊焊丝的要求是什么？气焊用熔剂可起哪些作用？
3. 什么是回火现象？它产生的原因是什么？
4. 回火保险器的作用是什么？简述中压式水封和微孔熄火型干式回火保险器的构造及工作原理。
5. 氧气瓶和乙炔瓶的使用安全技术有哪些？
6. 减压器的作用是什么？简述单级反作用式减压器的构造与工作原理。
7. 简述减压器的使用安全技术。
8. 氧乙炔焰按混合气体比值的不同，可分为哪几种？以中性焰为例说明其构造及性质。
9. 简述射吸式焊炬和割炬的构造及工作原理。
10. 气焊参数有哪些？应如何选择？
11. 什么是左焊法和右焊法？它们各有什么不同？
12. 在气焊过程中，焊炬与焊丝为什么要作横向摆动？应怎样摆动？
13. 简述平焊、立焊、横焊和仰焊位置气焊的特点和方法。
14. 薄板气焊时，应注意哪些要点？

15. 简述管子水平转动气焊时，采用“穿孔焊”法与“非穿孔焊”法的特点和方法。
16. 管子水平固定气焊时，应注意哪些要点？
17. 氧乙炔切割的原理是什么？
18. 金属是否能用氧乙炔切割，取决于哪些条件？
19. 测定切割面质量有哪些参数？
20. 4mm 以下薄板及 20mm 以上厚板手工气割时，分别应注意哪些要点？
21. 简述 CG1—30 型气割机的构造和使用方法。
22. 简述 CG2—150 型仿形气割机的构造和使用方法。
23. 简述数控切割的优点。数控切割机由哪几个主要部件组成？

第九章　其他焊接及切割方法

本章主要介绍电渣焊、等离子弧切割与焊接，碳弧气刨、电阻焊、钎焊等工艺方法的原理特点、应用及其部分工艺。同时对高能密度焊作一些简要的介绍。

第一节　电渣焊

一、电渣焊的原理

电渣焊是指利用电流通过液体熔渣时所产生的电阻热使电极（焊丝或板极）和焊件熔化而形成焊缝的。

电渣焊过程如图 9-1 所示，其原理是把电源的一端接在电极上，另一端接在焊件上，电流经过电极、渣池和焊件。由于渣池中的液态熔渣电阻较大，通过电流时就产生大量的电阻热将渣池加热到很高的温度，高温的渣池把热量传递给电极与焊件，使电极和焊件与渣池接触的部分熔化，熔化的液态金属沉到下部形成金属熔池，而熔渣始终浮于金属熔池的上部。在整个焊接过程中，焊缝处于垂直位置，焊丝不断地被送进，渣池和熔池不断升高，而熔池金属的底部温度则逐渐降低，并在冷却成形滑块的作用下，强迫凝固形成焊缝。为保证电渣过程的稳定，在焊接过程中，焊丝在渣池内与熔池金属表面保持一定距离而不产生电弧。

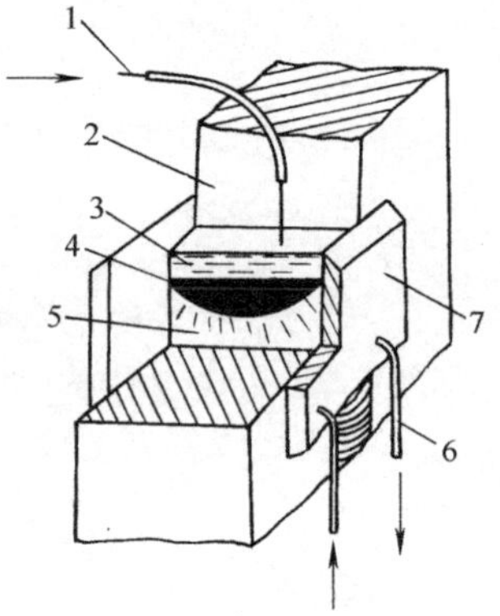

图 9-1　电渣焊原理图
1—电极（焊丝）　2—焊件
3—渣池　4—金属熔池　5—焊缝
6—冷却水管　7—冷却滑块

二、电渣焊的特点

（一）焊接大厚度焊件

电渣焊时，焊件可不开坡口，且能一次焊接很厚的焊件，从而提高了焊接生产率。在实际生产中，因受到设备和电源容量的限制，通常用于焊接板厚 40～2000mm 的焊件，还可以一次焊接焊缝截面变化大的焊件。

（二）经济效果好

电渣焊的焊缝准备工作简单，大厚度焊件不需进行坡口加工，即可进行焊接，因而可以节约大量金属和加工时间。此外，由于在加热过程中，几乎全部电能都经渣池转换成热能，因此电能的损耗量也小。

（三）焊缝缺欠少

电渣焊时，渣池在整个焊接过程中总是覆盖在焊缝上面，一定深度的渣池使液态金属得到良好的保护，以避免空气的有害作用，并对焊件进行预热，使冷却速度缓慢，这有利于熔池中的气体、杂质有充分的时间析出，所以焊缝不易产生气孔、夹渣及裂纹等工艺缺欠。

（四）以焊代铸、代锻

电渣焊的应用从根本上改变了重型机械制造的设计和工艺，为解决铸、锻设备的不足，可利用铸-焊或锻-焊的组合结构来代替巨型的铸、锻整体结构，从而简化铸、锻的工序，并减轻结构的重量。

（五）焊接接头晶粒粗大

接头晶粒粗大是电渣焊的主要缺点。由于电渣焊热过程的特点，造成焊缝和热影响区的晶粒粗大，使焊接接头的塑性和冲击韧度降低，但是通过焊后热处理，能够细化晶粒，满足对力学性能的要求。

三、电渣焊的类型及其应用

为了满足不同焊件的焊接要求，电渣焊的类型较多，主要有丝极电渣焊、板极电渣焊、熔嘴电渣焊、管状熔嘴电渣焊和其他形式电渣焊等。下面对几种类型及应用作一简介。其中最常用的是丝极电渣焊。

（一）丝极电渣焊

丝极电渣焊示意图如图 9-2 所示。它是采用金属丝（焊丝）作为熔化电极，在焊接过程中。焊丝不断地送入渣池，熔化后成为焊缝金属。丝极电渣焊时，根据焊件的厚度不同可采用一根或几根焊丝。当采用单根焊丝，焊接的焊件厚度大于 60mm 时，焊丝要作横向摆动。丝极电渣焊主要用于中、小厚度焊件的较长直缝的焊接。还可用于大型圆形焊件的环缝焊接。但需辅助装置配合。图 9-3 所示为制造大型容器的环缝电渣焊，它是依靠焊接滚轮架旋转焊件而完成环缝的焊接。

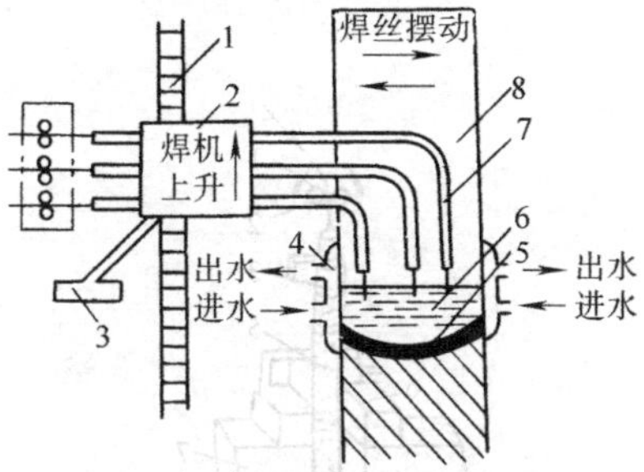

图 9-2　丝极电渣焊示意图

1—导轨　2—焊机机头　3—控制台　4—冷却滑块　5—金属熔池　6—渣池　7—导电嘴　8—焊件

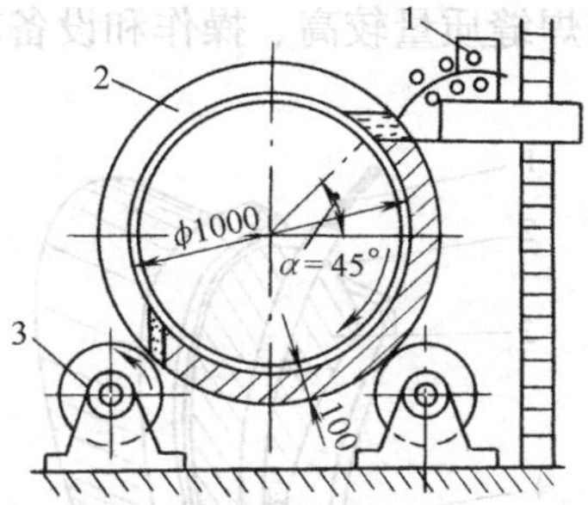

图 9-3　环缝电渣焊示意图

1—送丝机构　2—厚壁容器　3—焊接滚轮架

（二）板极电渣焊

板极电渣焊示意图如图 9-4 所示，它是采用一块或多块板状金属材料作为熔化电极（板极）。其主要特点是取材方便，可利用焊件的边料作焊缝的填充金属，比焊丝的成本要低得多，生产率也高，而且可采用简单的送进机构。焊接时，金属板条直接可从接缝的上端向下输送，由于板极熔化速度较慢（一般为 1～3m/h），所以可采用手动给送机构，这使设备大为简化，但所配用的焊接电源，一般应具有较大的功率。由于过长的板极会给操作上带来困难，因此，焊缝长度一般不超过 1.5m，所选用的板极长度是焊缝长度的 3 倍左右。这种方法适用于大断面短焊缝焊件的焊接。

（三）熔嘴电渣焊

熔嘴电渣焊示意图如图 9-5 所示，它是丝极与板极电渣焊相结合的方法。所谓熔嘴，就是在与焊件断面形状相似的板极上附上钢管或在板极侧面开槽焊上钢管。然后将熔嘴固定在焊缝的间隙之中，并和焊件绝缘，熔嘴上端接焊接电源作为电极。焊接时，焊丝通过钢管送入渣池，连同板极一起熔化而构成填充金属。若焊接大断面的焊件，所需的填充金属较多，可采用多熔嘴的方法。熔嘴电渣焊的设备较简单，主要用于变断面焊件的焊接，也适用大断面焊件的长焊缝焊接，焊件的厚度可达 2m，焊缝长度在 10m 左右。

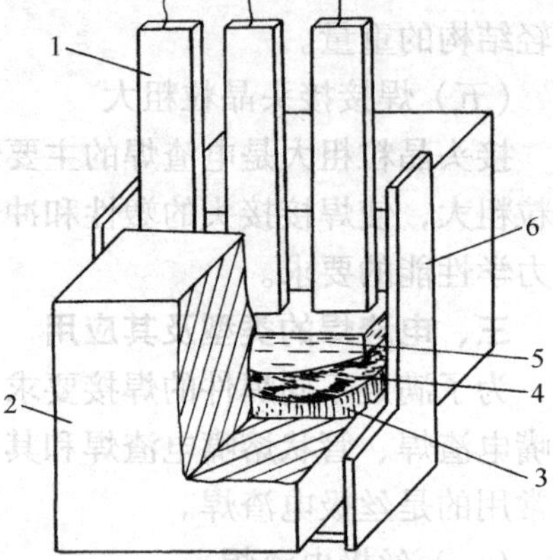

图 9-4　板极电渣焊示意图

1—板极　2—焊件　3—焊缝

4—熔池　5—渣池　6—固定冷却铜块

（四）管状熔嘴电渣焊

管状熔嘴电渣焊是一种新的工艺方法，其示意图如图 9-6 所示，这种电渣焊的原理与单板极熔嘴电渣焊基本相同，而管状熔嘴电渣焊只是用一根外面涂有药皮的钢管代替板状熔嘴，电源的一极接在管状熔嘴的上端。在焊接过程中，钢管和管内不断送进的焊丝一起作为电极而熔化，凝固后形成焊缝。由于熔嘴管外壁所涂的药皮可自动补充熔渣，并向焊缝金属过渡一定的合金元素，所以能方便地调节焊缝的化学成分，改善了焊缝的组织，以提高其力学性能。若焊件厚度较大时，可采用多根管状熔嘴，配用一台多头送丝机构送丝。这种方法适用于厚度为 18 ~ 60mm 焊件的焊接，具有生产率和焊缝质量较高、操作和设备较简单的特点。

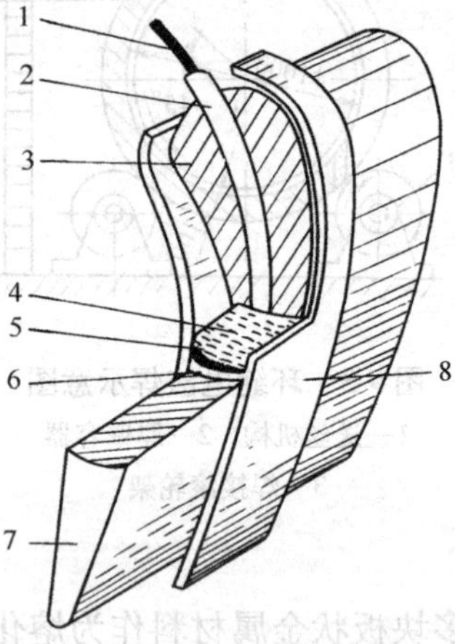

图 9-5　熔嘴电渣焊示意图

1—焊丝　2—钢管　3—熔嘴　4—渣池

5—熔池　6—焊缝　7—焊件　8—固定冷却铜块

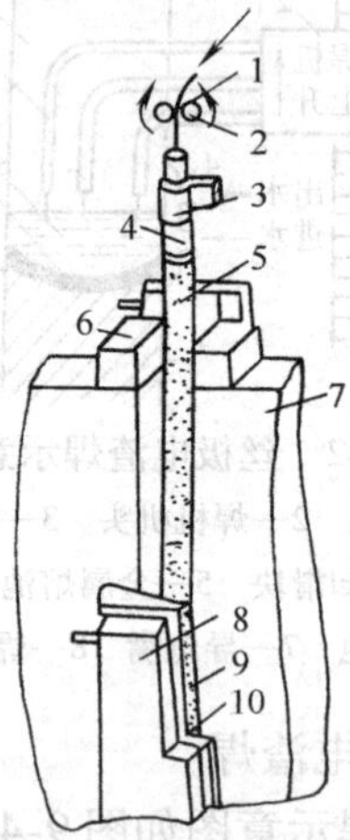

图 9-6　管状熔嘴电渣焊示意图

1—焊丝　2—送丝滚轮　3—电极夹头　4—熔嘴管　5—熔嘴药皮

6—引出板　7—焊件　8—冷却成形板　9—渣池　10—焊缝

（五）其他形式的电渣焊

应用电渣焊的原理与特点，在实际生产中，还有手工电渣焊、接触电渣焊、气体保护电渣焊及电渣堆焊等方法。

电渣焊是一种以小拼大、高效、经济效果好的工艺方法。我国应用电渣焊技术已成功地焊接了大型的轧钢机架、发电机转子、水轮机轴及锻造水压机等结构产品，而且在双层金属产品生产、堆焊及修理大铸件工作方面也取得一定的成效。

四、电渣焊的焊接材料

（一）电渣焊焊剂

1. 焊剂的作用

（1）热作用　电渣焊时，焊剂熔化后形成渣池，起着热源的作用，这些热能大部分用来熔化电极、焊件和添加的焊剂。另外，渣池可以预热金属，延长熔池存在时间和使焊件缓冷。

（2）机械保护作用　渣池机械保护液态金属，避免直接与空气发生氧化和氮化反应。但尚有极少量气体仍能通过渣池与熔滴和熔化金属发生作用，故严格而言，渣池保护并不是十分致密的。

（3）冶金作用　由于电渣焊熔渣与液态金属间的冶金反应比较缓和，当采用一般不含合金元素的焊剂（如 CsF_2-Al_2O_3 渣系）进行焊接时，熔渣的氧化和脱硫的能力还是很强的。各种焊剂所生成的熔渣在不同程度上对液态金属都具有氧化能力，而氧化作用的强弱，主要取决于熔渣的氧化性与气体溶解度。

2. 常用的电渣焊焊剂

电渣焊时，应根据被焊材质来选用焊剂，焊接低碳钢和低合金结构钢时，可选用 SiO_2、MnO 含量较高的焊剂；焊接合金结构钢或含有易氧化的金属和合金时，为了减少合金元素的氧化损失，必须选用 SiO_2、MnO 含量低的焊剂。

电渣焊专用焊剂的牌号为 HJ360，它是熔炼型中锰高硅中氟焊剂，是呈棕色到浅黄色的玻璃状焊剂，可交、直流两用，用直流电源时，电极接正极。使用前焊剂需经 250℃左右烘焙 2h。可焊接大型低碳钢和某些低合金钢结构。

此外，电渣焊还可选用某些埋弧焊焊剂，如 HJ430、HJ431、HJ350 和 HJ250 等。

（二）电渣焊的电极材料

电渣焊的电极材料（焊丝和板极）取决于母材和结构形式。只有与母材和焊剂配合使用，才能获得质量满意的焊接接头。

向焊缝过渡合金元素主要是通过电极材料来解决的。碳素结构钢及低合金结构钢焊接时，为减少气孔和裂纹倾向，提高焊缝力学性能，通常依靠电极向焊缝过渡锰、硅等合金元素。生产中多采用低合金结构钢焊丝或材料作为电极，常用焊丝有 H08Mn2SiA、H10Mn2 等。

五、电渣焊的设备

电渣焊设备主要由电源、机头和滑块或挡板等组成。

（一）丝极电渣焊电源

电渣焊要求电源能够保证在无电弧的电渣过程下稳定进行，故不应具有电弧稳定燃烧的条件，这样才能维持正常的电渣过程。电渣焊要求电源具有平外特性、空载电压低，并具备较大的功率，这样才能满足电渣焊的工艺要求。

目前，广泛采用具有平外特性的弧焊变压器作为电渣焊电源。这种变压器应该是三相供电，次级电压应具有较大的调节范围。由于焊接时间长，中途不停顿，故负载持续率应为100%。通常使用的电渣焊专用电源是 BP1—3×1000 型和 BP1—3×3000 型弧焊变压器。

（二）焊机机头

焊机机头（简称机头）包括送丝机构、摆动机构、行走机构、控制系统和导电嘴等。图 9-7 是典型三丝极电渣焊机机头。

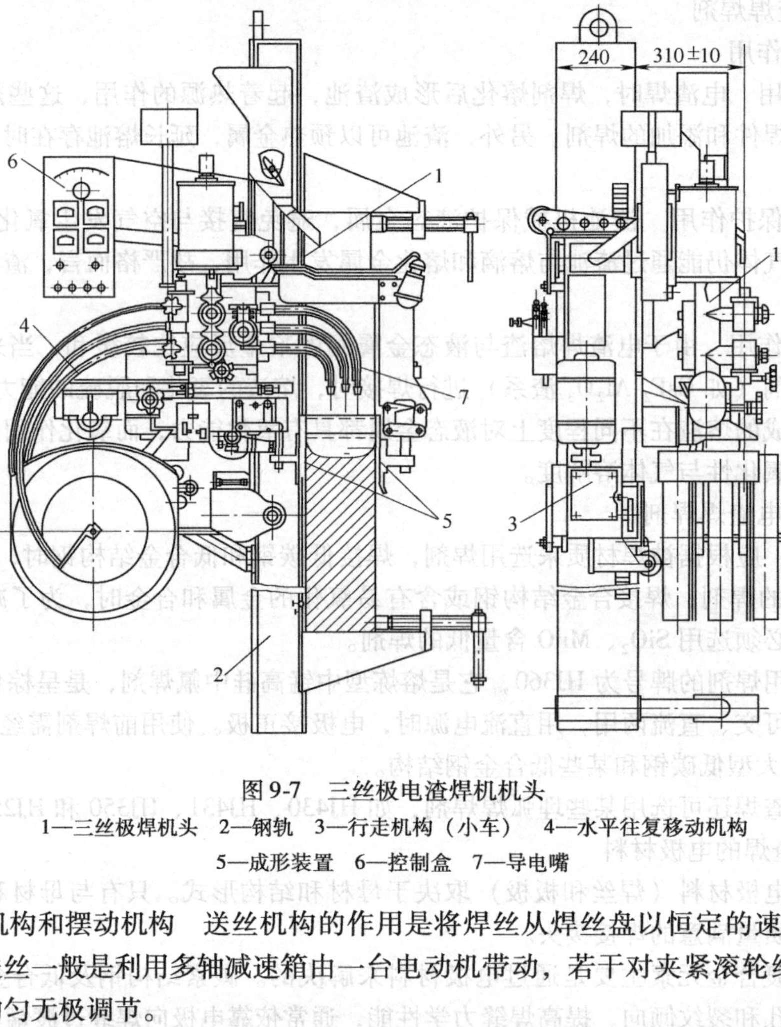

图 9-7　三丝极电渣焊机机头

1—三丝极焊机机头　2—钢轨　3—行走机构（小车）　4—水平往复移动机构

5—成形装置　6—控制盒　7—导电嘴

1. 送丝机构和摆动机构　送丝机构的作用是将焊丝从焊丝盘以恒定的速度经导电嘴送向熔渣池。送丝一般是利用多轴减速箱由一台电动机带动，若干对夹紧滚轮给送多根焊丝。送丝速度可均匀无极调节。

当每根焊丝所占焊接厚度超过 70mm 时，焊丝应作横向摆动，以扩大单根焊丝所焊的焊件厚度，一般采用电子线路来控制摆动动作。

2. 行走机构　电渣焊的行走机构是用来带动整个机头和滑块沿接缝作垂直运动。有有轨式和无轨式两种形式，有轨式行走机构是使整个机头沿与焊缝平行的轨道上移动。无轨式行走机构是由直流电机、减速箱、爬行齿轮和齿条组成，齿条用螺钉固定在专用的立柱上而成为导轨。整个机头要随熔池的升高而自动地沿焊缝向上移动。

3. 导电嘴　丝极电渣焊机上的导电嘴是将焊接电流传递给焊丝，对焊丝导向并把它送入熔渣池。要求导电嘴的结构紧凑、导电可靠，送丝位置准确而不偏移，使用寿命长等。

4. 控制系统　电渣焊接过程中的送丝送进速度、导电嘴横向摆动距离及停留时间、行走机构的垂直移动速度等参数均采用电子开关线路控制和调节。

（三）滑块

滑块是强制焊缝成形的冷却装置。焊接时，这种滑块随机头一起向上移动，其作用是保持熔渣池和金属熔池在焊接区内不至流失，并促使熔池金属冷却形成焊缝。滑块用导热性能良好的纯铜制成前、后两块，并通冷却水。前冷却块悬挂在机头的滑块支架上，滑块支架的另一根支杆通过对接焊缝的间隙与后滑块相连。滑块由弹簧压紧在焊缝上，对不同形状的焊接接头，使用不同形状的滑块，如图 9-8、图 9-9 所示，调整滑块的高低可改变焊丝的伸长度。

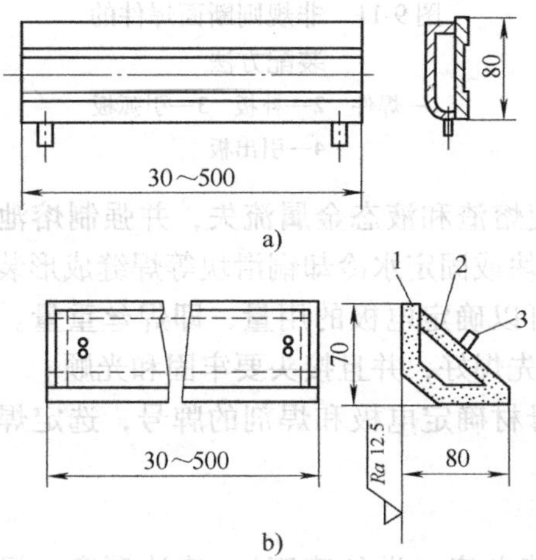

图 9-8　固定式水冷成形滑块

a）对接接头用　b）T 形接头用

1—铜板　2—水冷罩壳　3—管接头

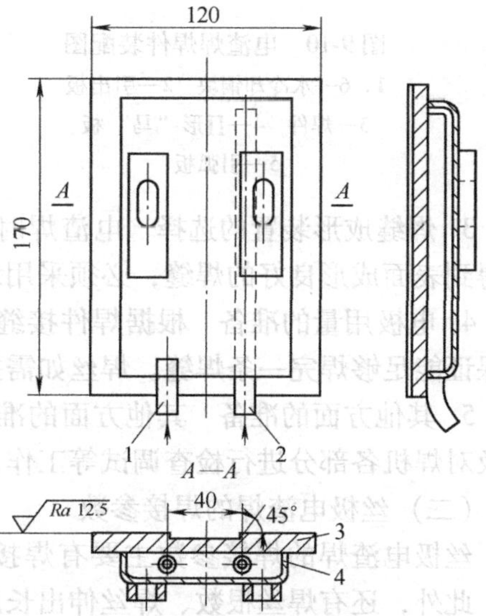

图 9-9　移动式水冷成形滑块

1—进水管　2—出水管　3—铜板　4—水冷罩壳

六、丝极电渣焊工艺

（一）焊前准备

1. 焊件的清理　焊件装配之前，必须将接缝的熔合面及其附近清理干净，不应有铁锈、油污和其他杂质等存在。同时，接缝两侧要求较平整光滑，以使冷却铜块能贴紧焊件并顺利地滑行。

2. 焊件的装配　焊件装配时，为便于冷却铜块的安装与通过，多采用∏形“马”板来固定焊件的位置，如图 9-10 所示。

焊件装配间隙按要求而定，并留有收缩余量和反变形量。一般接缝上端的装配间隙比下端要大些，其差值的大小视焊缝长度而定。总之，必须保证焊后的焊件尺寸及形状符合要求。

电渣焊应在接缝始端装焊 50～70mm 高的引弧板，以建立稳定的渣池和调节焊接参数，并在接缝终端装焊 75～80mm 高的引出板，将容易产生缩孔、裂纹和杂质较多的收尾处引到焊件之外。

另外，对于断面形状复杂的焊件，一般是把熔合面改为矩形断面后，再进行焊接，如图 9-11 所示。

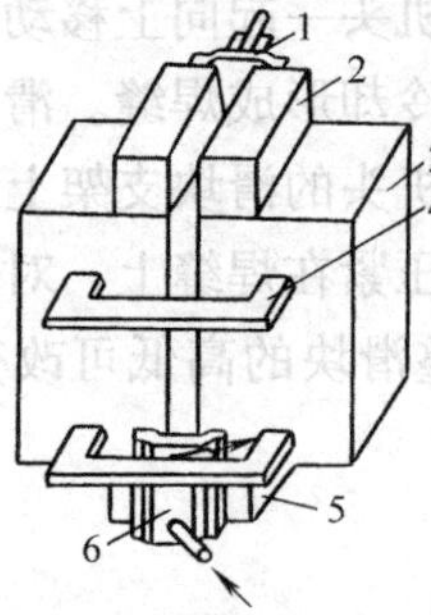

图 9-10　电渣焊焊件装配图

1、6—水冷却铜块　2—引出板

3—焊件　4—∏形“马”板

5—引弧板

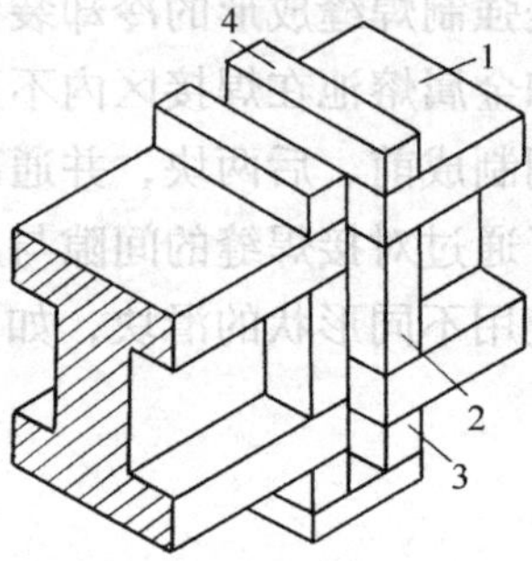

图 9-11　非规则断面焊件的装配方法

1—焊件　2—补板　3—引弧板

4—引出板

3. 焊缝成形装置的选择　电渣焊时，为了不使熔渣和液态金属流失，并强制熔池冷却而得到表面成形良好的焊缝，必须采用水冷却铜滑块或固定水冷却铜滑块等焊缝成形装置。

4. 电极用量的准备　根据焊件接缝的体积，可以确定电极的用量，即焊丝重量。并必须保证能足够焊完一条焊缝。焊丝如需接头，要事先焊好，并且接头要牢固和光顺。

5. 其他方面的准备　其他方面的准备有根据母材确定电极和焊剂的牌号，选定焊接参数及对焊机各部分进行检查调试等工作。

（二）丝极电渣焊的焊接参数

丝极电渣焊的焊接参数主要有焊接电压、焊接电流（送丝速度）、渣池深度、根部间隙。此外，还有焊丝根数、焊丝伸出长度、焊丝摆动速度和冷却水的温度等。

1. 焊接电压和焊接电流（送丝速度）　焊接电压和送丝速度应根据母材的化学成分、单根焊丝所焊的板厚来确定。随着母材含碳量或合金元素的增加，焊接电压和焊接电流必须相应地降低。

Q235 钢对接接头丝极电渣焊的焊接参数见表 9-1，焊接时采用 HJ431 焊剂，H10MnSi 焊丝，焊丝直径为 3mm。

表 9-1　Q235 钢对接接头丝极电渣焊的焊接参数

板厚 /mm	焊丝根数	装配间隙 /mm	焊接电压 /V	焊接电流 /A	渣池深度 /mm	焊丝伸出长度 /mm	焊丝间距 /mm	焊线摆动速度 /(m/h)	焊丝离滑块距离 /mm	焊丝停留时间 /s
50	1	28 ~ 34	48 ~ 50	480 ~ 530	60 ~ 70	60	—	—	25	—
80	2	30 ~ 34	40 ~ 42	400 ~ 450	60 ~ 70	60	50	—	15	—
100	2	30 ~ 37	42 ~ 44	420 ~ 470	60 ~ 70	60	60 ~ 65	—	15	—
100	2	30 ~ 37	42 ~ 44	450 ~ 500	60 ~ 70	60	55 ~ 60	39	10	3
120	2	35 ~ 40	46 ~ 48	450 ~ 500	60 ~ 70	60	60 ~ 65	—	20	—
120	2	35 ~ 40	46 ~ 48	500 ~ 530	60 ~ 70	60	55 ~ 60	39	10	3

2. 渣池深度　渣池深度主要与焊件厚度、送丝速度（焊接电流）有关。通常渣池深度控制在 40 ~ 70mm 范围内。

3. 装配间隙　考虑到焊机导电嘴在间隙内运动的方便及提高生产率等因素，装配间隙一般以 25 ~ 38mm 为宜，最常用的是 28 ~ 34mm。随着焊件厚度和焊缝长度的增加，装配间隙可略为增加。

4. 焊丝的直径与数目

丝极电渣焊的焊丝直径一般取 3mm，焊丝太粗将无法从弯曲的导电嘴中顺利通过，其数目决定于焊件厚度。不同焊件厚度所采用的焊丝根数可参阅表 9-2。

表 9-2　焊丝数目的确定

焊丝数目/根	可焊焊件厚度/mm	
	焊丝不摆动	焊丝摆动
1	≤60	60 ~ 150
2	60 ~ 100	100 ~ 300
3	100 ~ 150	150 ~ 450

5. 焊丝伸出长度与摆动速度　焊丝伸出长度是指导电嘴到渣池表面之间的焊丝长度，焊丝伸出长度通常为 60 ~ 80mm。焊丝摆动速度一般为 30 ~ 40m/h，焊丝停留时间一般为 3 ~ 6s。

6. 焊丝间距离　进行多丝焊时（图 9-12），焊丝间距离 L 可按下式计算确定。

$$L = \frac{\delta + a_1 - 2a_2}{n}$$

式中　n——焊丝数目（根）；

δ——焊件厚度（mm）；

$a_1 = v_R t - 10$（mm），其中 v_R 是焊丝摆动速度（mm/s），t 为焊丝在滑块旁停留的时间（s）；

a_2——焊丝至焊件边缘的距离（mm）。

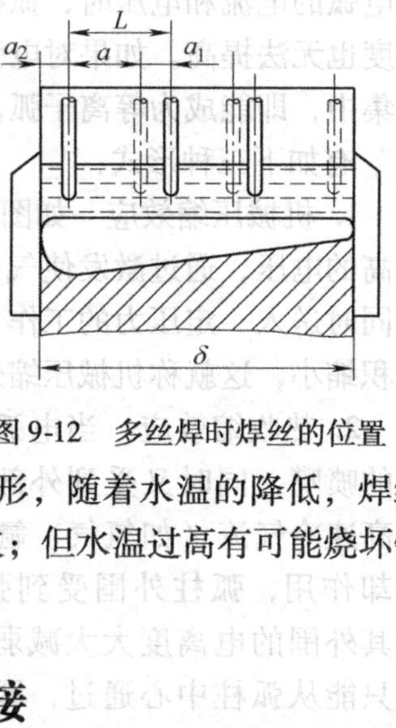

图 9-12　多丝焊时焊丝的位置

7. 冷却滑块的冷却水温度　冷却水温度影响着焊缝表面成形，随着水温的降低，焊缝表面鳞片状粗糙。若水温过低，有可能产生未熔合和咬边等缺欠；但水温过高有可能烧坏铜滑块。通常冷却滑块的出水温度以 40 ~ 50℃ 为宜。

第二节　等离子弧切割与焊接

等离子弧切割与焊接是利用等离子弧的热能来实现切割和焊接的方法，这种工艺方法不仅能切割和焊接常用的材料，而且还能切割或焊接一般工艺方法所难于加工的材料。等离子弧尚可用于多种工艺，如等离子弧喷涂、微束等离子弧焊等，因而它在焊接领域中是一门较有发展前途的先进工艺。

一、等离子弧的特点及产生原理

（一）等离子弧及其特点

气体在获得足够能量后，便会电离，较充分电离了的气体，就称之谓等离子体或等离子态。这是一种特殊的物质形态，在现代物理学上被列为物质第四态。由于实际使用的等离子体是经过“压缩”的电弧，它是借助水冷喷嘴对电弧的拘束作用，获得较高能量密度的电弧，故又称它为压缩电弧或通常所称的等离子弧。因此等离子弧就是对一般电弧进行强迫压缩，使弧柱内的气体全部电离的电弧。等离子弧具有如下几个特点：

1. 能量高度集中　等离子弧有很高的导电性，能承受很大的电流密度，故具有极高的温度；又因其截面很小，则能量高度集中。一般等离子弧在喷嘴出口中心的温度已达20000℃；而用于切割的等离子弧，在喷嘴附近的温度可达30000℃。

2. 极大的温度梯度　由于等离子弧的横截面积很小（直径一般小于3mm），从温度最高的中心到温度低的边沿，温度变化非常大，所以说其温度梯度极大。

3. 具有很强的吹力　等离子弧发生装置内通入的常温压缩气体，由于受到电弧的高温而膨胀，使气体压力增高，通过喷嘴细孔的气体流速甚至可超过声速，故等离子体具有较强的冲刷力。

4. 等离子弧呈中性　由于等离子弧中正离子和电子等带电粒子所带正、负电荷的数量相等，则整个等离子弧呈中性。

由于等离子弧的这些特点，故可用来焊接或切割一些难熔的金属或非金属。

（二）等离子弧的产生原理

一般的焊接电弧称为自由电弧，其电弧区内的气体是未被充分电离的。同时，由于在提高电弧的电流和电压时，弧柱直径也成正比地增加，则电流密度近乎等于常数，因而电弧的温度也无法提高。如果对电弧进行强迫"压缩"，使之获得导电截面收缩得比较小，能量更加集中，即能成为等离子弧。这种强迫压缩的作用通称"压缩效应"。使弧柱产生"压缩效应"有如下三种形式：

1. 机械压缩效应　如图9-13a所示，当在钨极1（负极）和焊件3（正极）之间加上一较高的电压，通过激发使气体电离形成电弧2，此时若弧柱在通过具有特殊孔型的喷嘴4，并同时送入一定压力的工作气体时，使弧柱强迫通过细孔道，便受到了机械压缩，使弧柱截面积缩小，这就称机械压缩效应。

2. 热收缩效应　当电弧通过水冷却的喷嘴，同时又受到外部不断送来的高速冷气流（如氮气、氩气等）的冷却作用，弧柱外围受到强烈冷却，使其外围的电离度大大减弱，电弧电流只能从弧柱中心通过，即导电截面进一步缩小，这时电弧的电流密度急剧增加，这种作用就称为热收缩效应，如图9-13b所示。

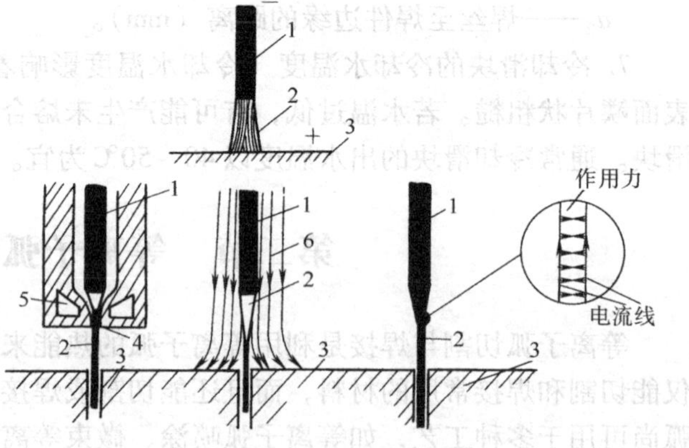

图9-13　等离子弧的压缩效应

a）机械压缩效应　b）热收缩效应　c）磁收缩效应

1—钨极　2—电弧　3—焊件　4—喷嘴　5—冷却水　6—冷却气流

3. 磁收缩效应　带电粒子在弧柱内的运动，可看成是电流在一束平行的导线内移动，由于这些"导线"自身的磁场所产生的电磁力，使这些"导线"相互吸引，因此产生磁收缩效应。由于前述两种效应使电弧中心的电流密度已经很高，使得磁收缩的作用明显增强，从而使电弧更进一步的受到压缩，如图9-13c所示。

在以上三种效应的作用下，弧柱被压缩到很细的范围内，弧柱内的气体也得到了高度的电离，温度也达到极高的程度，逐渐使电弧成为稳定的等离子弧。

等离子弧的产生，在生产实践上是通过如图9-14的发生装置来实现的，即先通过高频振荡器8的激发，使气体电离形成电弧，然后在上述效应的作用下，形成等离子弧弧焰6。

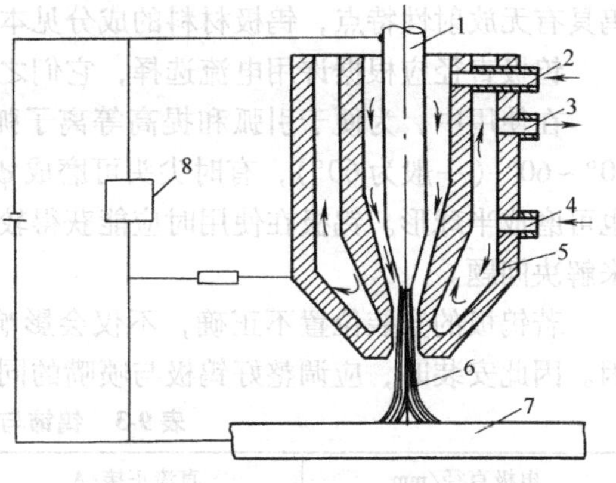

图9-14　等离子弧发生装置原理图

1—钨极　2—进气管　3—出水管　4—进水管　5—喷嘴　6—弧焰　7—工件　8—高频振荡器

（三）等离子弧的类型

根据电源极性的接法，等离子弧可分为：转移弧、非转移弧和联合弧三种类型。

1. 非转移弧　非转移弧是在电极与喷嘴之间建立的等离子弧，如图9-15a所示。采用非转移弧时，利用从喷嘴孔喷出的等离子弧加热和熔化金属。焊件不接在焊接回路中，焊件上接收的热量少，焊件不熔化或熔化不多。而喷嘴受热较多，大量热能通过喷嘴散失。所以喷嘴应更好地冷却，才能延长使用寿命。这种非转移弧主要用于焊接及切割较薄的金属和非金属材料，以及金属表面喷涂。

2. 转移弧　转移弧是在电极与焊件之间建立的等离子弧，如图9-15b所示。等离子弧先在钨极与喷嘴间产生，然后转移到钨极与焊件之间。采用转移弧时，阳极斑点在焊件上，焊件上产生的热量多，热能的有效利用率高，焊件熔化与焊接效率高。转移弧主要用于金属材料的焊接、切割与堆焊。

3. 联合弧　联合弧是转移弧和非转移弧同时存在的等离子弧，如图9-15c所示。其中的转移弧主要用来加热母材（焊件）和填充金属，非转移弧用来协助转移弧的稳定燃烧（小电流时）和对填充金属进行预热（堆焊时）。主要用于微束等离子弧焊和等离子弧喷熔焊）。

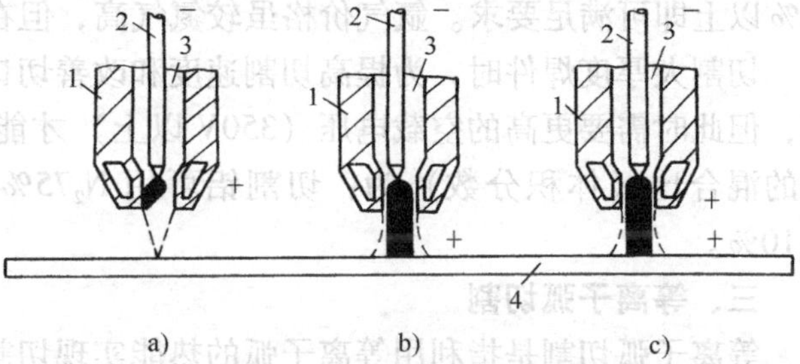

图9-15　等离子弧的类型

a）非转移弧　b）转移弧　c）联合弧

1—喷嘴　2—钨极　3—等离子气　4—焊件

二、等离子弧的电源、电极及工作气体

（一）等离子弧的电源

等离子弧电源与一般弧焊电源相同，具有陡降的外特性。但为了便于引弧，对一般等离子焊接、喷焊、堆焊来说，要求空载电压在80V以上；对于等离子切割和喷涂，一般要求空载电压在180V以上。目前，等离子弧所采用的电源，绝大多数为具有陡降外特性的硅弧焊整流器。根据某种工艺或材料焊接的需要，有的则要求有垂直下降外特性的直流电源（微束等离子弧焊）；有的则需要交流电源（等离子粉末堆焊——喷（熔）焊；用微束等离子弧焊焊接铝及铝合金）。

（二）等离子弧的电极

等离子弧发生器所用的电极是钨极，其作用是发射电子，产生电弧；质量好的钨极应当引弧容易、产生的电弧稳定、使用寿命较长。常用的等离子弧电极材料是钍钨和铈钨，铈钨与钍钨比纯钨的电子发射能力强，在同样直径下可使用较大的工作电流，烧损也较慢，且铈钨具有无放射性特点，钨极材料的成分见本书表7-11。

钨极直径应根据许用电流选择，它们之间的关系可参见表9-3。

在使用中，为便于引弧和提高等离子弧的稳定性，一般把钨极头磨成尖锥形，夹角在30°~60°（一般为60°），有时尖头可磨成ϕ1mm~ϕ1.5mm的平台，对直径较大的电极端部也可磨成半球形。钨极在使用时应能获得较好的冷却，特别是在直流反接时，可用水冷铜板来解决问题。

若钨极的安装位置不正确，不仅会影响焊缝或切口质量，而且也是产生双弧的重要原因。因此安装时，应调整好钨极与喷嘴的同心度及内缩量等。

表9-3　钨铈与钨钍电极的许用电流

电极直径/mm	直流正接/A	直流反接/A	交流/A
1.0	15~80	—	—
1.6	70~150	10~30	20~100
2.5	150~200	20~40	100~140
3.2	200~300	30~50	140~180
4.0	250~400	40~60	150~200
5	300~450	50~80	200~250
6.3	450~500	60~100	250~300

（三）等离子弧的工作气体

常用等离子弧的工作气体是氮、氩、氢以及它们的混合气体。用得最广泛的是氮气，因为氮气的成本很低，化学性能不十分活泼，使用时危险性小。但要求氮气的纯度（体积分数）应不低于99.5%，若其中含氧或水蒸气较多时，会使钨极严重烧损。

氩是惰性气体，在焊接化学活泼性较强的金属时是良好的保护介质。一般氩气纯度在95%以上即可满足要求。氩气价格虽较氮气高，但在惰性气体中，其成本为最低。

切割大厚度焊件时，为提高切割速度和改善切口质量，一般采用氮加氢混合气作为离子气，但此时需要更高的空载电压（350V以上）才能稳定电弧。另外，切割不同材料时氮与氢的混合比（体积分数）为：切割铝可用$N_2$75%+$H_2$25%；切割不锈钢可用$N_2$90%+$H_2$10%。

三、等离子弧切割

等离子弧切割是指利用等离子弧的热能实现切割的方法，但它是先于等离子弧焊接的一种工艺方法，是在钨极氩弧焊的实践基础上形成的。目前等离子弧切割不锈钢的厚度可达180mm，铝合金可切割的厚度为250mm。水下等离子弧切割的工艺及设备，现今也已研制成功。

（一）等离子弧切割的原理及其特点

1. 等离子弧切割的基本原理　等离子弧切割是以高温高速的等离子弧为热源，将被切割的金属或非金属局部熔化，同时用高速气流将已熔化的金属或非金属吹走而形成狭窄切口的一个过程。

在切割金属的过程中，熔化金属的热量主要来自三个方面：

1）切口上部的等离子弧柱中的辐射能量。

2）切口中间部分的阳极斑点（焊件接正极）的能量。

3）切口下部的等离子焰的热传导能量（图9-16），其中以阳极活性斑点的能量对切口的热作用最强烈。在切割过程中，电弧阳极斑点沿着切割面剧烈地作上下跳跃式的移动，且常分布于切口断面的中部。

切割金属用的等离子弧能量集中，温度及热效率都很高，尽管由于在切口断面上、中、下各部分的温度分布是不太均匀的，但是，因工作气体在等离子枪体的喷嘴中受热迅速膨胀，并以非常高的速度从喷嘴中喷出，具有很大的冲刷力。所以，它作为一种切割金属的热源还是比较理想的。

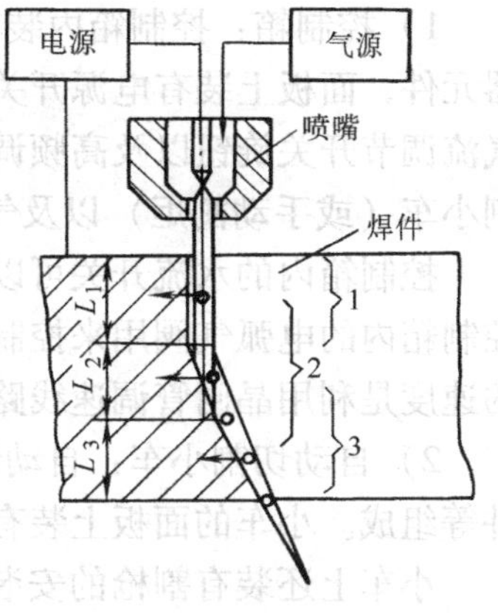

图9-16 等离子弧切割切口能量分布图

L_1—弧切割区的长度 L_2—活性斑点切割区的长度 L_3—等离子弧火焰切割区的长度
1—弧柱作用区 2—活性斑点作用区 3—等离子弧火焰作用区

2. 等离子弧切割的特点

（1）可切割任何黑色或有色金属 等离子弧可以切割各种高熔点金属及其他切割方法不能切割的金属，如不锈钢、耐热钢、钛、钼、钨、铸铁、铜、铝及其合金等。

（2）可切割各种非金属材料 当采用工件不接电的等离子弧时，还能切割各种非导电材料，如耐火砖、混凝土、花岗石、碳化硅等。

（3）切割速度快、生产率高 在目前采用的各种切割方法中，等离子弧切割的速度比较快，生产率比较高。

（4）切割质量高 等离子弧切割时，能得到比较狭窄、光洁、整齐、无粘渣、接近于垂直的切口，而且切口的变形和热影响区较小，其硬度变化也不大。

（二）等离子弧切割设备

1. 等离子弧切割设备的组成

等离子弧切割设备主要由切割电源、割炬以及供气装置等部分组成。水冷割炬还需有冷却循环水装置。自动切割则配有切割小车。

等离子弧切割采用直流正接陡降外特性的电源。为获得满意的引弧和稳弧效果，切割电源的空载电压一般为切割时电弧电压的两倍，为150～400V。常用的有硅整流、晶闸管整流式电源以及逆变电源等。其中逆变电源具有高效、体积小及节能等优点。

等离子弧切割用割炬按操作方式不同，可分为手工割炬和自动割炬两类。具体形式取决于割枪的电流等级，一般60A以下割枪多采用风冷结构，而60A以上多采用水冷结构。割枪的喷嘴结构尺寸对等离子弧的压缩及稳定有直接影响，并关系到切割能力、切口质量及喷嘴寿命。

割炬中的电极常采用铈钨极，但用空气等离子弧切割时，则采用镶嵌式锆或铪电极，有风冷和水冷两种形式。

2. LG—400—2型等离子弧切割机

LG—400—2型等离子弧切割机是利用特殊结构的割炬产生的高温来熔化金属进行切割的。这种切割机可切割钨、钼、不锈钢、纯（紫）铜、铝及其合金等各种耐高温、导热性好、易氧化的金属材料。切口呈直线形和圆形，采用手工割枪可切割任意形状的金属材料。

（1）构造 LG—400—2型等离子弧切割机主要由控制箱、切割小车（含自动等离子弧割炬）、手工割枪及切割电源（ZXG2—400型）等部分组成。

1）控制箱：控制箱内装有自动和手动切割电路、气路和冷却水路系统控制用的各种电器元件，面板上装有电源开关、电源和冷却水的指示灯、控制电源和小车电动机的熔断丝、气流调节开关旋钮以及高频调试开关等。控制箱的侧面装有接线板，用以连接切割电源、切割小车（或手动割炬）以及气源、水源等。

控制箱内的水流开关可以保证在无冷却水或水路被堵塞的情况下不能引弧或停止工作。控制箱内的电弧气阀用来控制气路系统气体的通断。气流的大小由调节阀来调节。切割小车的速度是利用晶闸管调速线路进行调节的。

2）自动切割小车：自动切割小车由小车、割枪及调节机构和装于小车上的电器控制元件等组成。小车的面板上装有自动切割用的控制按钮、开关和小车速度调节旋钮等。

小车上还装有割枪的安装和调节机构，割枪位置可以在大范围内进行左右、高低的调节，并可做前后和左右倾斜。

3）割枪：割枪是产生等离子弧的装置，一般由上枪体、下枪体和喷嘴三部分组成。割枪结构的合理与否，直接关系到切割质量。为保证得到能量集中、火焰稳定的等离子弧，要求割枪的电极与喷嘴之间应有准确的同轴度，气体对电极和喷嘴要有良好的冷却作用，上、下枪体之间绝缘可靠，同时要求枪体结构简单、密封性好、调节操作方便、喷嘴拆装容易等。

手动割枪的构造如图9-17所示。

4）ZXG2—400型切割电源：ZXG2—400型硅整流电源具有陡降的外特性，并能稳定地调节电弧电流。它由三相电源变压器、三相磁放大器、通风机组、输出电抗器、稳压器、过压保护装置、过流保护装置、电位器、转换开关及一些电器元件组成。三相交流电经电源变压器降压后输入三相磁放大器，再经由硅整流元件组成的三相桥式全波整流线路整流，所得到的直流电最后经电抗器输出。

这种切割机的空载电压为300/180V，工作电压为160/50V，额定切割电流为400A，电流调节范围为100～500A。

5）气路和水路系统：枪体内通入的冷却气体除了起压缩电弧的作用外，还可以使电极不被氧化并且不烧坏喷嘴，因此切割时必须保证气路畅通。

为了防止等离子弧割枪的喷嘴不被等离子弧烧坏，割枪必须通水强制冷却。为避免在工作过程中出现断水导致喷嘴烧坏，使切割中断的情况，则水流开关可以保证在无冷却水或水路被堵塞的情况下无法引弧并停止工作。冷却水一般采用自来水，为保证水压不小于0.1MPa，必须安装水泵。

（2）电气控制系统 对电气控制系统有如下的要求：

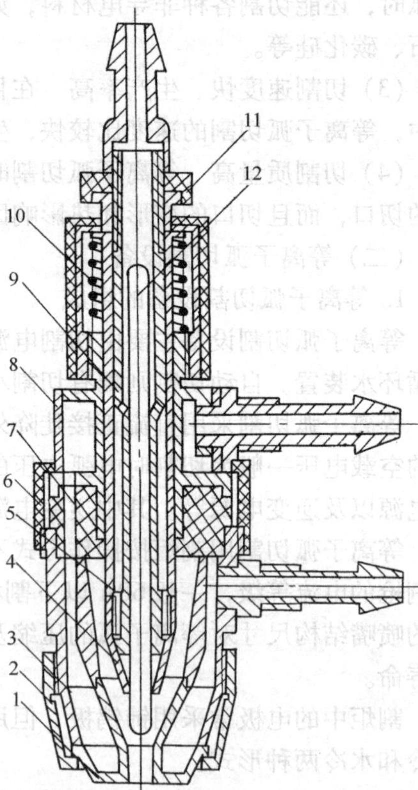

图9-17 等离子弧切割用的手动割枪
1—喷嘴 2—圆螺母 3—下冷却套 4—绝缘柱 5—上冷却套 6—电极夹头 7—上螺母 8—钨极 9—小螺母 10—上出水管（电缆） 11—进水管 12—电极

1）能提前输送及滞后停送气体，以防止钨极氧化。

2）电弧引燃后，高频振荡器会立即自行断开。

3）主气流（切割气流）能够随着主电弧的逐渐形成而缓慢地增加，使等离子弧稳定形成。

4）若冷却水未接通或工作中途断水，切割机会无法起动或立即停止工作，以保证割枪的喷嘴不被烧坏。

5）引弧高频、气体以及切割小车的行走可单独进行调节，在切割电源未接通时，能单独检视高频。

6）当切割结束或断弧时，控制线路能自动断开。

7）当切割电源短路或过载时，过流保护装置动作，自动切断电源。

（三）等离子弧切割工艺

等离子弧切割常用的工作气体是氮气，并采用直流正接电源。

1. 等离子弧切割参数的选择

（1）空载电压　为使等离子弧易于引燃和稳定燃烧，一般空载电压约在150V以上。切割厚度在20～80mm范围内，空载电压必须在200V以上。由于空载电压高，需特别注意操作安全。

（2）切割电流及工作电压　加大切割电流和工作电压，能提高等离子弧的功率，也使切割速度及切割厚度相应增加。但单纯增加切割电流，弧柱变粗，工件切口变宽、喷嘴烧损加剧，它受到最大允许电流的限制（表9-4）。若在增加切割电流的同时，相应地增加气体流量，效果会好些。而增加工作电压，往往比增大切割电流更有效。在增加工作电压的同时，再通过增加气体流量和改变气体成分（加入散热能力强的氢），这样不仅提高了功率，而且不会降低喷嘴的使用寿命。但工作电压不能超过空载电压的2/3，否则会出现电弧不稳定的现象。故提高空载电压才能最大限度地提高工作电压。

表9-4　喷嘴及相应的极限电流

喷嘴孔径/mm	喷嘴截面/mm^2	最大切割电流/A	弧柱电流密度/(A/mm^2)
2.4	4.55	160	35.1
3.0	7.06	240	34.0
3.5	9.42	340	34.9

（3）气体流量和切割速度　气体流量和切割速度选择不当会使工件切口产生挂渣（或称毛刺、粘渣、熔瘤）。

不锈钢切割时，由于熔化金属的流动性差，不易被气流吹掉；又因不锈钢导热性差，切口底部容易过热，没有被吹除的熔化金属与切口底部熔合成一体，从而形成不易剔除的非常坚韧的挂渣。挂渣的形成主要是气体流量和切割速度的影响。

气体流量直接影响着切割质量，增加气体流量，总的来说有利于提高生产率和切割质量。但过大反而会使切割能力减弱，这一方面是因为高速气流带走了部分热量，另一方面也会造成电弧不稳定。

在电弧功率不变的情况下，提高切割速度能提高生产率，并能使切口变窄，热影响区缩小。但切割速度过大，由于后拖量过大，使电弧吹力出现水平分量，导致熔化金属沿切口底部向后流，形成挂渣，甚至造成割不透，见图9-18。而如果切割速度过低，造成切口下端过热甚至熔化，也会造成挂渣，同时还会造成切口表面粗糙及变形较大的缺陷。

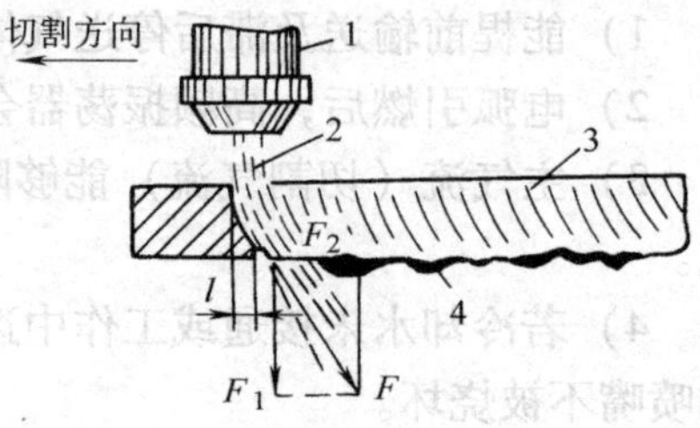

图 9-18　切割速度过大形成挂渣的原因

F—电弧吹力　F_1—电弧吹力的垂直分力　F_2—电弧吹力的水平分力　l—切口的后拖量　1—喷嘴　2—等离子弧　3—工件　4—挂渣

(4) 喷嘴与工件的距离　合适的距离既能充分利用等离子弧功率，也有利于操作。一般不宜过大，应控制在10mm以下。当距离在4~7mm时，能获得较窄的切口，又可保证切割过程的稳定。割枪应与工件表面垂直，有时为有利于排除熔渣，割枪也可采用一定的后倾角。

(5) 钨极端部与喷嘴的距离　钨极端部与喷嘴的距离是关系到电弧是否能得到良好压缩的问题。距离太大，对工件加热的效率降低，甚至破坏电弧的稳定性；距离太小，在切割过程中易造成钨极与喷嘴短路而烧坏喷嘴。这段距离一般取8~11mm。

切割能力和切割质量是上述各种参数综合影响的结果。表9-5、表9-6分别为部分切割不锈钢和铝及铝合金的参数表。表9-7为其他各种材料的切割参数。

表 9-5　不锈钢的切割参数

割件厚度/mm	喷嘴孔径/mm	工作电压/V	切割电流/A	氮气流量/(L/h)	切割速度/(m/h)	割缝宽度/mm
16	2.8	120~130	210~220	2800~3000	85~95	4.5~5.5
30	3.0	125~135	260~280	2500~2700	35~40	5.5~6.5
45	3.2	145	320~340	2400~2500	20~25	6.5~8
100	4.5	140	380	(H_2 和 Ar 混合 35: 65)3000	4.5	—

表 9-6　铝和铝合金的切割参数

割件厚度/mm	喷嘴孔径/mm	空载电压/V	切割电流/A	工作电压/V	氮气流量/(L/h)	切割速度/(m/h)
12	2.8	215	250	125	4400	>84
25	3.0	230	300	130	4400	70
80	3.5	245	350	150	4400	10

表 9-7　其他各种材料的切割参数

材料	割件厚度/mm	喷嘴孔径/mm	工作电压/V	切割电流/A	氮气流量/(L/h)	切割速度/(m/h)
紫铜	18	3.5	96	330	1570	30
紫铜	38	3.5	106	364	1570	11.3
铬钼钢	85	3.5	110	300	1050 (H_2: Ar = 15: 85)	5
铸铁	130	4.5	160	355	2300	3.6
钼板	5	2.4	85	190	2200	75
钨板	3	2.4	80	160	1760	30

2. 等离子弧切割的操作步骤

1) 工件放在工作台上后，使接地线与工件接触良好，开启排尘装置。

2) 根据切割对象，调整好切割电流、工作电压，检查冷却水系统是否畅通和有否漏水。

3）检查控制系统情况，接通控制电源，检查高频振荡器的工作情况，调整电极和喷嘴的同心度。

4）检查气体流通情况，并调节好气体的压力和流量。

5）按起动引弧按钮。产生“小电弧”，使之与工件接触。

6）按切割按钮，产生大电弧（切割电弧），待在工件上形成切口后使割枪移动，进行正常切割。若切割内圆或内部轮廓时，应在板材上预先钻直径为12～16mm的小孔，切割由小孔处开始。

7）切割结束，按停止按钮，切断电源。

（四）空气等离子弧切割

空气等离子弧切割方法如图9-19所示。此法以空气作为工作气体，空气经压缩后直接通入喷嘴。压缩空气在电弧的高温下分解和电离，分解出的氧与工件产生强烈反应，提供附加热量。充分电离了的空气等离子体热值高，因而电弧能量大，以高速冲刷切割处，切割速度快。此法特别适用于切割厚度30mm以下的黑色金属，也可切割铜、不锈钢、铝及其他材料。但一般形式的电极会受到强烈氧化，不能采用纯钨电极或氧化物钨电极（例如铈钨、钍钨），若采用一般的镶嵌式纯锆或纯铪电极，电极的工作寿命一般也只有5-10h。

为了提高电极的工作寿命，电极一般做成直接水冷的镶嵌式（图9-20b），小电流切割时，也可不用水冷却（图9-20a）。

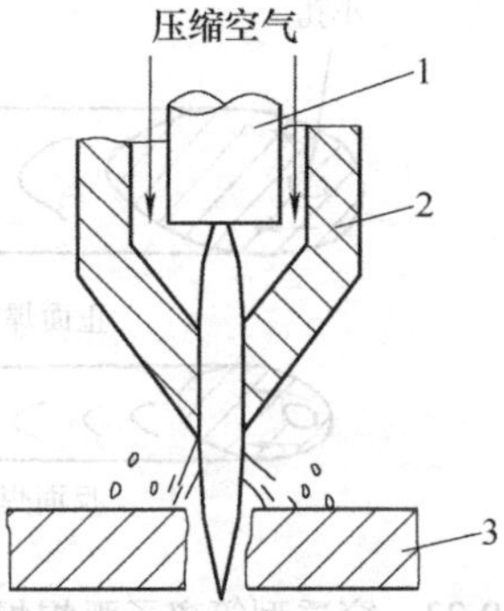

图9-19　空气等离子弧切割方法

1—电极　2—喷嘴　3—工件

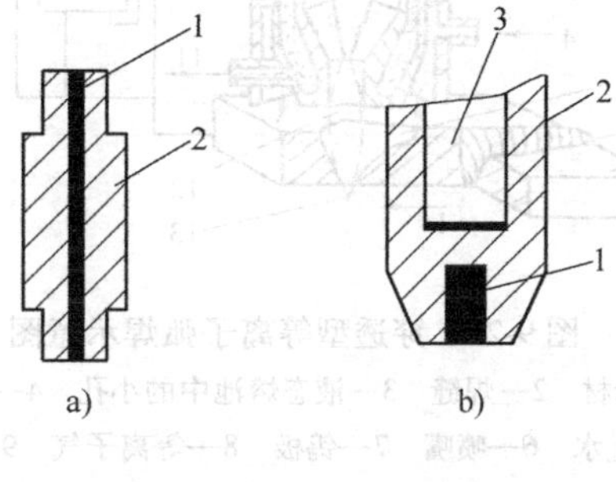

图9-20　镶嵌式电极

a）风冷式　b）水冷式

1—钨　2—铜　3—水槽

空气等离子弧切割按所使用切割电流的大小，一般分大电流切割法和小电流切割法两种。

大电流空气等离子弧切割的工作电流在100A以上，实践中多在150～300A之间。采用水冷式割枪，其尺寸和重量较大，主要装在大型切割机上，可切割厚度为30mm以下的碳钢和不锈钢等。小电流空气等离子弧切割的切割电流小于100A，可小至10A。能切割0.1mm厚的薄金属板。因切割电流小，割枪受热大为减少。一般不需要水冷却，由空气冷却即可，因而割矩结构简单，体积小，质量轻。既可手持操作，又可安装在小型切割机上使用。由于碳钢、不锈钢和有色金属都能用同一把割枪切割，其适应性强，故特别适合多品种、小批量生产的小企业使用。

空气等离子弧切割的主要缺点是切割面上附有氮化层，焊接时焊缝中会产生气孔。因此用于焊接的切割边时，焊前需用砂轮打磨，费工时；此外是电极和喷嘴易损耗，使用寿命短。

四、等离子弧焊

等离子弧焊是指利用等离子弧作为焊接热源的熔焊方法。它是在钨极氩弧焊的基础上发展起来的一种焊接方法。它几乎可以焊接电弧焊所能焊接的所有材料和多种难熔金属及特种金属材料，并具有很多优越性。在极薄金属焊接方面，它解决了氩弧焊所不能进行焊接的材料和焊件的焊接。

(一) 等离子弧焊的原理和特点

1. 等离子弧焊的基本原理　等离子弧焊是利用特殊构造的等离子弧焊枪所产生的高温等离子弧，并在保护气体的保护下，熔合金属的一种焊接方法。

它所采用的工作气体可分为离子气和保护气两种，一般是纯氩或加入少量氢气，见图9-21。焊接等离子弧的功率一般不大于15kW（切割等离子弧的功率最大可达200kW）。离子气流远比切割要小，其电弧柔软。

根据焊缝成形原理，等离子弧焊可分为穿透型等离子弧焊、熔透型等离子弧焊和微束等离子弧焊三类。

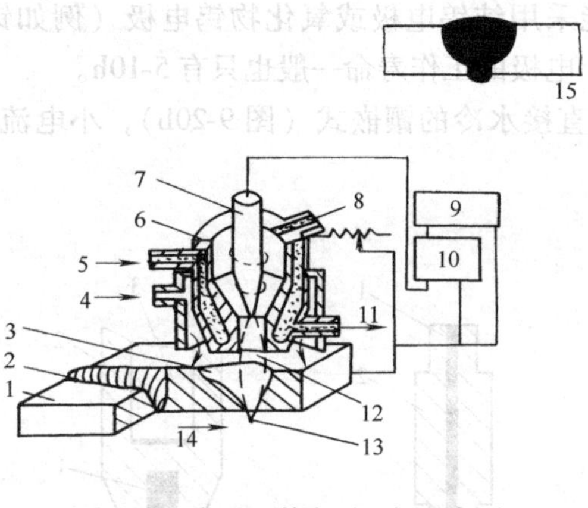

图9-21　穿透型等离子弧焊示意图

1—母材　2—焊缝　3—液态熔池中的小孔　4—保护气　5—进水　6—喷嘴　7—钨极　8—等离子气　9—焊接电源　10—高频发生器　11—出水　12—等离子弧　13—尾焰　14—焊接方向　15—焊接接头断面

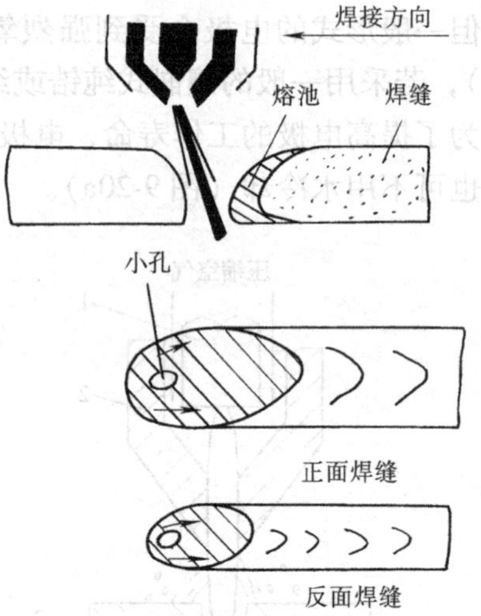

图9-22　穿透型等离子弧焊焊接过程

（1）穿透型等离子弧焊　穿透型等离子弧焊也称小孔型等离子弧焊，它是利用小孔效应实现等离子弧焊的一种方法。所谓小孔效应，即等离子弧焊时，随着等离子弧向前移动，弧柱在熔池前缘穿透焊件形成小孔的现象。

穿透型等离子弧焊，依靠等离子弧本身的高温和冲力，穿透焊缝上的熔融金属而形成小孔，并由母材背面喷出。随着焊枪向前移动，熔融金属依靠其表面张力的承托，沿着等离子弧周围的固体壁向后流动，在母材正背两面形成熔池，就好像在正、背两面同时有电弧进行焊接一样，母材在背面也形成有焊波的焊道，见图9-22。由于这类电弧刚柔适中，虽然能穿透焊件（厚度8~10mm以下）但不会造成切割，只在焊接部位穿透一个小孔（小孔面积保持在7~8mm^2以下）。

穿透型等离子弧焊多用于开I形坡口一次焊透和多层焊第一道焊缝的场合。

（2）熔透型等离子弧焊　熔透型等离子弧焊，（亦称熔透型焊接法）它是采用压缩程度较弱的等离子弧。焊接过程中，等离子弧不穿透母材，不形成小孔，不产生小孔效应，母材背面无“尾焰”，液态金属熔池在弧柱的下面，而靠熔池金属的热传导作用熔透母材，实现焊透。焊缝断面形状呈碗状，见图9-23。这种方式多用于厚度较薄材料的焊接。

（3）微束等离子弧焊　微束等离子弧焊是利用小电流（通常小于30A）进行焊接的等离子弧焊。由于其焊接电流较小，为了使电弧稳定，采用了联合弧。产生联合弧的机理是指钨极接负极，焊件与喷嘴接正极，此时等离子弧同时产生在钨极与焊件、钨极与喷嘴之间。一般把钨极与焊件间的等离子弧称为转移弧或直接弧；把钨极与喷嘴之间的等离子弧称为非转移弧或间接弧。在联合弧中，间接弧不仅能引出直接弧，更重要的是在焊接过程中能不断地给直接弧提供足够数量电离子的气体，以维持直接弧，故间接弧也称为“维持电弧”，见图9-24。

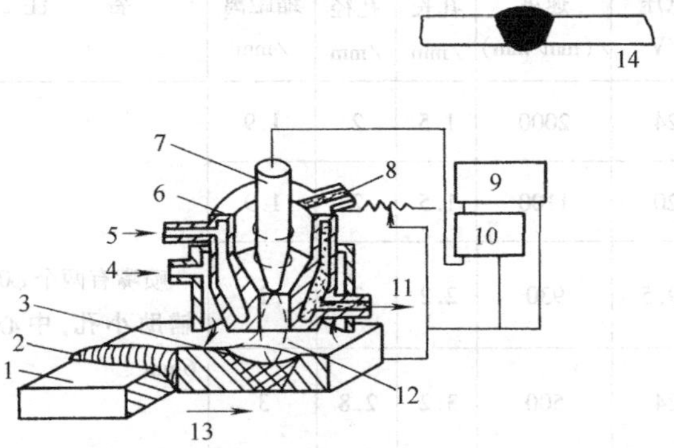

图9-23　熔透型等离子弧焊接

1—母材　2—焊缝　3—液态熔池　4—保护气　5—进水　6—喷嘴　7—钨极　8—等离子气　9—焊接电源　10—高频发生器　11—出水　12—等离子弧　13—焊接方向　14—焊接接头断面

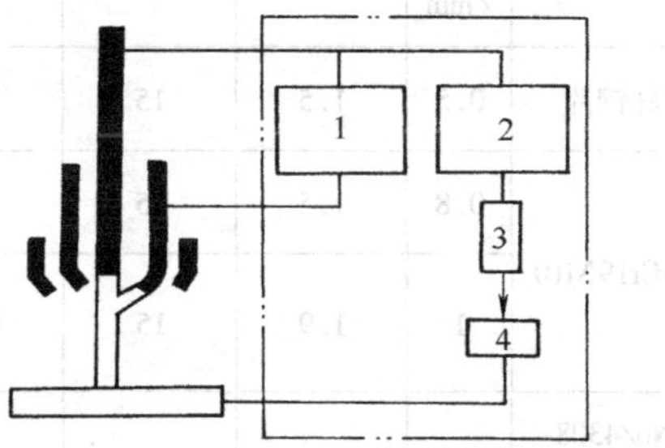

图9-24　微束等离子弧焊接的联合弧

1—维持电弧电源　2—转移弧电源　3—电流调节器　4—接触器

微束等离子弧焊的焊缝形成过程，仅是一般的熔化-凝固过程，而没有弧的穿透过程，即无“小孔效应”。目前直流微束等离子弧焊已能焊接0.01mm的金属箔。

2. 等离子弧焊接的特点

1）由于等离子弧的穿透性强，故对小于8mm或更厚一些金属的焊接I形开坡口，不加填充金属，从而减少了填充金属的消耗。穿透型等离子弧焊，目前可一次焊透12mm对接坡口的不锈钢；垂直位置时，可焊透20mm；水平位置的钛板一次焊透20mm。

2）可在任意位置焊接不锈钢，钛、镍、铜、钨、钼、钴等金属及蒙乃尔、因科镍等特种金属。微束等离子弧焊是焊接极薄金属最有效的方法。

3）等离子弧焊的焊接速度快，在焊厚板多层焊时可减少层数。特别是在焊接连续成形的不锈钢管方面显示出更大的优越性。

4）由于有保护气体的保护，焊后焊缝质量好，热影响区小，变形小。

5）等离子弧焊设备较复杂和昂贵，工作地需适当通风和保护。另外，焊件装配要求高，仅适用于一般对接形式和薄焊件的搭接（微束等离子弧焊），其他接头形式则不适宜。

（二）等离子弧焊工艺

1. 等离子弧的稳定性　由于等离子弧焊的离子气流远比等离子弧切割气流小，电弧柔软，所以要求钨极与喷嘴的同心度较高，一般不同心度要求小于0.05mm。另外，焊接电流的波动和离子气流不稳定都会导致等离子弧不稳，故要求焊接电流和离子气流量必须互相匹配好。钨极端头到喷嘴端面的距离，一般为3～6mm，钨极形状最好为30°尖形。

2. 不同板材焊接参数的选择　等离子弧焊的主要焊接参数是焊接电流、焊接速度和离子气流量。离子气流量主要影响等离子弧的穿透能力。焊接电流、焊接速度主要是影响焊缝成形，特别是焊接速度对焊缝外形的影响更显著。表9-8列出了各种不同材料等离子弧焊的焊接参数。其中1mm以下板材，电极直径为2.5mm，在焊接过程中不产生“小孔效应”，焊接时需采用铜垫板及对焊件进行刚性固定。

表9-8　不同材料等离子弧焊的焊接参数

材料牌号	材料厚度/mm	氩气流量/(L/min)		焊接电流/A	电弧电压/V	焊接速度/(mm/min)	喷嘴		钨极内缩距离/mm	备　注
		离子气	保护气				孔长/mm	孔径/mm		
硅钢片	0.5	1.5	15	65	24	2000	1.5	2	1.9	喷嘴有两个 ϕ0.8 辅助小孔，中心距 6mm
06Cr19Ni10	0.8	1.5	15	85	20	1100	1.5	2	1.9	
	1	1.9	15	100	19.5	930	2.2	2	2	
No/4308 (SUS29CP)	3	3.2	15	160	24	500	3.2	2.8	3	
832MVT	6	4.0	25	230	32.5	333	3.4	2.9	3	
30CrMnSiA	6.5	6.0	20	190～200	31～33	180	3.7	3.4	5.2	—

需说明的是：上表中3～6mm板材，电极直径为4.5mm，而6.5mm板材，电极直径为4mm。这些板材在焊接过程中，只有在产生“小孔效应”时才能获得满意的单面焊双面成形的焊缝。在焊接某些耐热钢等材料时，反面焊缝必须采用气体保护，以免焊缝氧化。而一般不锈钢反面，则不需采用气体保护。

第三节　碳弧气刨

一、碳弧气刨概述

碳弧气刨是被广泛应用在机械制造、造船、金属结构制造等部门加工焊接坡口、清除焊接缺陷的一种工艺方法。其原理是利用石墨棒或炭棒与工件间产生的电弧热将金属熔化，并用压缩空气又将这些熔化金属吹掉，从而实现在金属表面上刨削沟槽的一种热加工工艺，如图9-25所示。碳弧气刨除手工外，还有半自动和自动碳弧气刨，但以手工碳弧气刨应用最为广泛。

（一）特点

1）采用碳弧气刨比采用风铲可提高生产率4倍，在仰位或竖位操作时尤有优越性。

2）与风铲相比，没有振耳的噪声，并减轻了劳动强度，易实现机械化。

3）在对封底焊进行碳弧气刨挑焊根时易发现细小缺欠，并可克服风铲由于位置狭窄而无法使用的缺点。

在碳弧气刨的过程中，会产生一些烟雾，在通风不良之处工作，对健康有影响，但只要做好通风等安全防护措施，这也是可以避免和克服的。

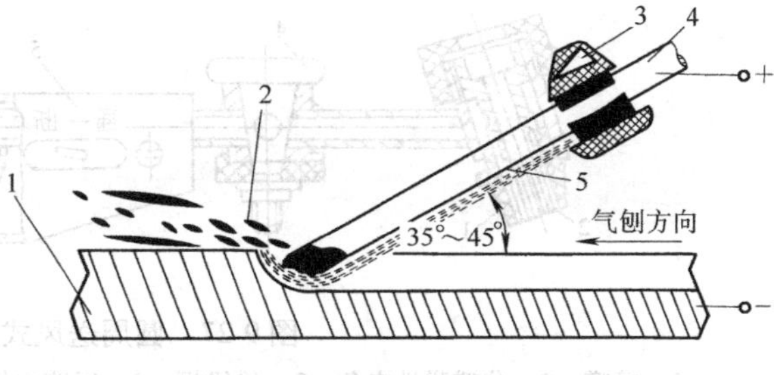

图 9-25　碳弧气刨示意图

1—工件　2—铁液　3—夹钳　4—炭棒　5—压缩空气

（二）应用

1）可用碳弧气刨挑焊根。

2）焊接缺欠需返修时，可用碳弧气刨清除缺陷。

3）利用碳弧气刨开焊接坡口。

4）清理铸件的飞边、毛刺、浇冒口以及铸件中的缺陷。

5）对不锈钢等材料的中薄板进行切割。

二、碳弧气刨工具、炭棒及电源设备

（一）碳弧气刨工具

碳弧气刨工具即碳弧气刨枪，对其要求是导电性良好；压缩空气吹出来集中而准确；电极夹持牢固，更换方便；外壳绝缘良好；重量轻，使用方便。

1. 钳式侧面送风气刨枪　钳式侧面送风气刨枪如图 9-26 所示。在钳口端部装有喷嘴，喷嘴钻有小孔，压缩空气从小孔喷出，并集中吹在炭棒电弧的后侧。

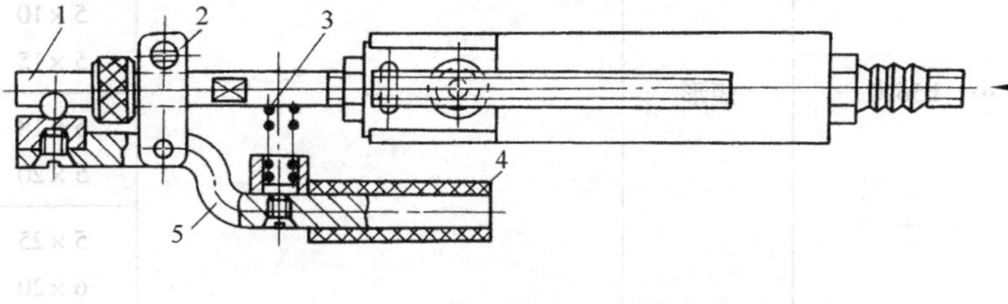

图 9-26　钳式侧面送风气刨枪

1—钳口　2—夹箍　3—弹簧　4—橡胶管　5—杠杆

钳式侧面送风气刨枪的优点：压缩空气紧贴着炭棒吹出，当炭棒伸出长度在较大范围变化时，始终能吹到熔化的铁液上，使铁液被吹走；同时炭棒前面的金属不受压缩空气的冷却；炭棒伸出长度调节方便，各种直径或扁形炭棒都能使用。

而缺点是只能向单一方向进行气刨，因此在有些使用场合显得不够灵活；另外，大多背面钳口无绝缘，易与工件短路而烧坏。

2. 圆周送风式气刨枪　这种气刨枪如图 9-27 所示。在枪体头部有分瓣弹性夹头（可根据炭棒的不同而调换）、圆周方向有若干方形出风槽，压缩空气由出风槽沿炭棒四周吹出，炭棒冷却均匀。刨削时熔渣从刨槽的两侧吹出，刨槽的前端无熔渣堆积，易看清刨削方向。枪体重量轻，使用灵活。

（二）炭棒

炭棒（即电极）用于传导电流和引燃电弧。一般常用镀铜实芯炭棒，其断面形状有圆形和扁形两种。圆炭棒用于焊缝背面挑焊根；扁炭棒用于刨宽槽、开坡口、刨焊瘤及钢板表面的焊疤，适用于大面积的刨削。

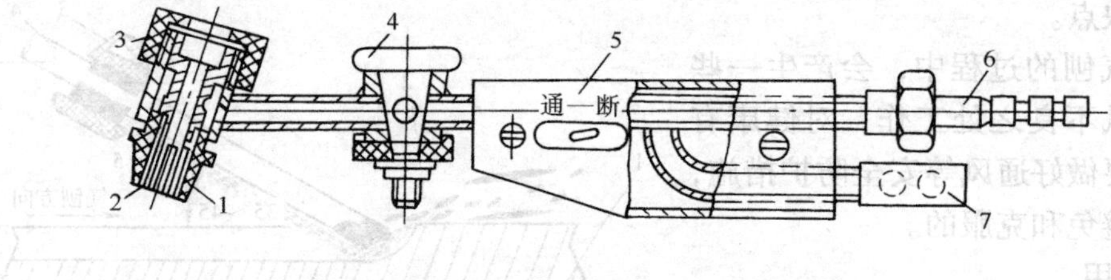

图 9-27 圆周送风式气刨枪结构图

1—喷嘴 2—分瓣弹性夹角 3—绝缘帽 4—压缩空气开关 5—手柄 6—气管接头 7—电缆接头

对炭棒的要求是导电良好、耐高温、不易折断和价格低廉等，为了更好地传导电流，一般采用镀铜实芯炭棒，镀铜层厚 0.3～0.4mm。炭棒的质量和规格由国家标准规定，常用炭棒的型号和规格见表 9-9。各种规格炭棒的额定工作电流见表 9-10。

表 9-9 炭棒的型号和规格

型 号	截面形状	规格尺寸/mm		
		直 径	截面	长度
B505，B506，…，B514	圆形	5，6，7，8，9，10，12，14	—	305 355
B5412，B5413，…，B5620	矩形		4×12 5×12	305
			5×10 5×15	
			5×18 5×20	355
			5×25 6×20	

表 9-10 炭棒的额定工作电流量

圆形炭棒直径/mm	—	5	6	7	8	9	10	12	14
额定电流值/A		225	325	350	400	500	550	850	1000
矩形炭棒规格/mm	4×12	5×12	5×12	5×15	5×18	5×20	5×25	6×20	—
额定电流值/A	200	250	300	350	400	450	500	600	—

（三）电源设备

碳弧气刨对电源外特性的要求与焊条电弧焊相同。即要求具有陡降外特性，故一般具有陡降外特性的直流弧焊设备均可作为碳弧气刨电源。但因碳弧气刨一般所需电流较大，连续工作时间长、应选用功率较大的弧焊整流器，如 ZXG500 型、ZXG630 型和 ZXG1000 型。

（四）软管和附属设备

碳弧气刨所需的压缩空气由气刨软管进行输送，目前应用较多的是风电合一的碳弧气刨软管，如图 9-28 所示。

气刨过程中需要不断利用空气的吹力将熔化金属吹掉。压缩空气可由空气站提供，也可利用小型压缩机来提供，要求空气压力在 0.4～1MPa 范围内。碳弧气刨使用的主要工具和设备如图 9-29 所示。

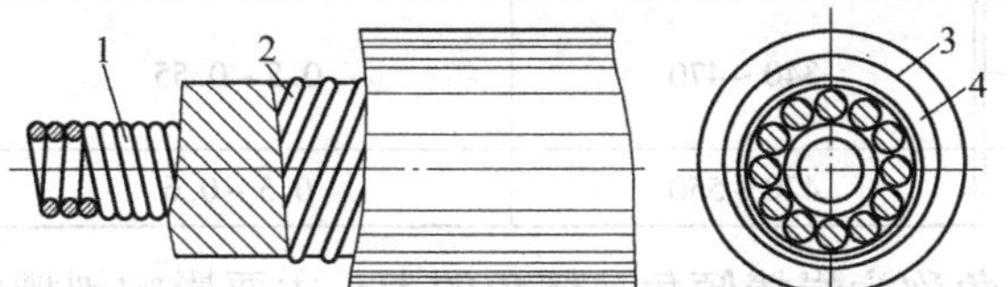

图 9-28 风电合一软管
1—弹簧管 2—外附加钢丝 3—夹线胶管 4—多股导线

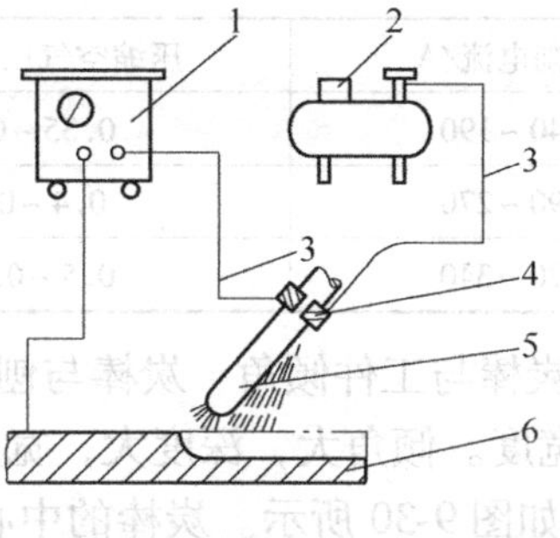

图 9-29 碳弧气刨设备示意图
1—焊机 2—空压机 3—电缆气管
4—碳弧气刨枪 5—炭棒 6—工件

三、碳弧气刨工艺

（一）碳弧气刨的参数及其对气刨的影响

碳弧气刨的参数主要是指电源极性、电流与炭棒直径、刨削速度、压缩空气压力、电弧长度以及炭棒的伸出长度等。

1. 电源极性 碳弧气刨一般采用直流电源，电源的接法根据被刨金属材料来确定，一般碳钢、低合金钢、不锈钢采用直流反接，铸钢、铜及其合金采用直流正接。

2. 炭棒直径与刨削电流 炭棒直径与刨削电流值的选择主要根据被刨钢板的厚度和刨槽宽度来决定，被刨金属越厚，炭棒直径越大，则刨槽越宽。被刨钢板厚度越大，散热越快。为了加快金属的刨削速度，刨削电流也相应增大。对于不同直径和形状的炭棒，可参照下列 经验公式计算刨削电流：

$$I = (30 - 50)d$$

式中 I——刨削电流（A）；

d——炭棒直径（mm）。

炭棒直径还与刨槽宽度有关，刨槽越宽炭棒直径应增大。炭棒直径一般应比所要求的槽宽小 2 ~ 4mm。

3. 刨削速度 刨削速度对刨槽尺寸、表面质量都有一定的影响。刨削速度太快，使刨槽宽的前端形成所谓“夹碳” 的缺陷。刨削速度必须与刨削电流大小和刨槽深度相匹配，一般刨削速度 0.5 ~ 1.2m/min 较为合适。

4. 压缩空气的压力 压缩空气的作用是用来吹走已熔化的金属。压缩空气压力高，能迅速吹走液体金属，刨削有力，使碳刨过程顺利进行。压力低，则造成刨槽表面粘渣。因此，适当地提高压缩空气压力，能够提高刨削速度。常用压缩空气的压力为 0.4 ~ 0.6MPa。

压缩空气的压力主要取决于刨削电流的大小。刨削电流增大时，压缩空气的压力也相应增高，刨削电流与压缩空气压力的关系见表 9-11。压缩空气中的水分和油分应适当控制，水分和油分过多会使刨槽表面质量变坏。

5. 电弧长度 碳弧气刨的电弧长度一般保持在 1 ~ 2mm 较好，当弧长 ≥3mm 时，电弧不易稳定，甚至熄弧。短弧不仅使气刨能顺利进行，而且可以提高生产率和电极的利用率。但电弧太短，容易引起“夹碳”缺陷。因此，在刨削过程中应尽量保持弧长不变，以保证刨槽尺寸均匀。

表9-11　刨削电流与压缩空气压力的关系

刨削电流/A	压缩空气压力/MPa	刨削电流/A	压缩空气压力/MPa
140～190	0.35～0.4	340～470	0.5～0.55
190～270	0.4～0.5		
270～340	0.5～0.55	470～550	0.5～0.6

6. 炭棒与工件倾角　炭棒与刨件间的夹角称为炭棒倾角。倾角的大小主要影响刨槽的深度和宽度。倾角大，深度大，宽度小，反之，倾角小，深度小，宽度大。一般倾角为30°～45°，如图9-30所示。炭棒的中心线要与刨槽的中心线重合，合则会造成刨槽的形状不对称，影响槽宽质量，如图9-31所示。

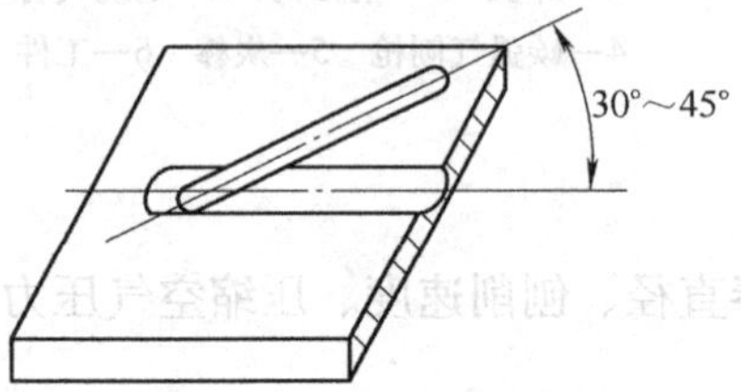

图9-30　炭棒与刨件的夹角

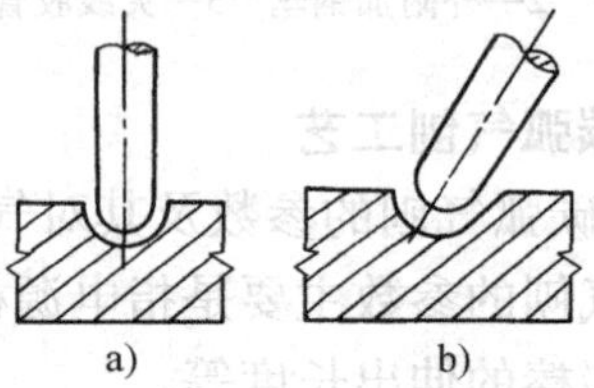

图9-31　刨槽的形状

a）刨槽形状对称　b）刨槽形状不对称

7. 炭棒的伸出长度　炭棒从钳口的导电嘴到电弧端的长度为炭棒的伸出长度，如图9-32所示。钳口离电弧越远，炭棒伸出长度越长，而压缩空气吹力不足，影响熔化金属吹走的速度，同时炭棒的电阻增加，烧毁也就快。如果炭棒伸出长度短，则会引起操作不便。一般伸出长度以80～100mm较为合适。当炭棒伸出长度烧剩20～30mm时，应进行调整。

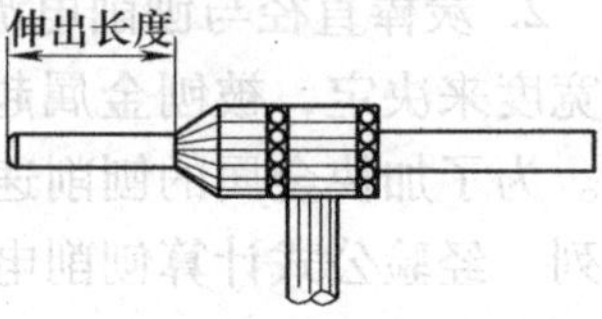

图9-32　炭棒伸出长度

（二）碳弧气刨的操作及安全技术

1. 基本操作

（1）准确工作　刨削前首先要检查电源极性是否正确，一般都采用直流反接。开启电源，根据炭棒直径选择刨削电流。调节炭棒伸出长度80～100mm。检查压缩空气管路。调节好出风口和压力，使风口正好对准刨槽。

（2）引弧　引弧前应先送风，因炭棒与刨件接触引弧造成短路，如不预先送风冷却，很大的短路电流会使炭棒烧红。在电弧引燃的一瞬间。电弧不要拉得太长。以免熄弧。引弧成功后，开始只将炭棒向下进给，暂时不往前运行，待刨到要求的槽深时，再将炭棒平稳地向前移动。

（3）刨削过程　引弧后，控制电弧长度1～2mm，炭棒与刨件之间的倾角保持30°～45°。

开始刨削时，速度要慢些，因为钢板温度较低，不能很快熔化，但也不能太慢，否则会加深渗碳层。在刨削过程中，手要握稳，眼睛看准刨削轨迹，炭棒的轴线中心要与刨槽的中心线重合。如图9-31所示。倾角大小基本保持不变，炭棒不做横向摆动，也不能前后摆动，只能沿刨槽的方向做直线移动。保持均匀的刨削速度和等距离的弧长，当听到均匀清脆的

"刷刷"声时，表示电弧稳定，能得到光滑均匀的刨槽。每段刨槽衔接时，应在原来的弧坑上引弧，防止触伤刨槽或产生严重凹痕。当炭棒烧损到需要调整伸出长度时，不要停止送风，使炭棒得到很好的冷却。

（4）收弧　碳弧气刨收弧时，要先断弧，过几秒钟后再关闭送风阀门，使炭棒得到冷却。

2. 刨坡口　刨坡口是碳弧气刨的用途之一。首先要根据板厚选择U形槽的宽度，然后确定炭棒的直径和刨削电流，注意炭棒中心线应与坡口的中心线重合，如果这两条中心线不重合，则被刨削的坡口形状不对称。

3. 清焊根　在焊件需要双面焊接时，为了保证焊缝质量，通常在正面焊接完成后，将正面焊缝的根部清除干净，再进行反面焊接。清除焊根是碳弧气刨工艺的主要用途之一。

焊工应根据不同的材料、不同的板厚，选择合适的工艺参数。筒体焊缝一般先焊内侧焊缝，这样可以避免碳弧气刨清除内侧焊缝的焊根。在筒体外侧清除焊根时，要使熔化金属向下被吹掉。

对较厚板进行清除焊根时，需要多次刨削才能达到要求。

4. 刨削焊缝缺欠　焊接重要金属结构件、常压容器和压力容器时，由于原材料的原因、技术上的原因或操作者技术水平等原因，焊缝中难免存在各种各样不符合技术标准的缺欠，必须彻底清除后，按返修工艺进行补焊。虽然清除焊缝缺欠方法很多，但由于碳弧气刨具有许多优点，容易发现气孔、裂纹等细小的焊接缺欠，所以在清除焊缝缺欠的操作中得到了广泛的应用。

焊缝经无损检测发现超标缺陷后，焊工应当根据检测记录，判断缺陷在焊缝中的位置和深浅程度，划出的缺陷位置进行刨削缺陷。

需要注意，在清除焊缝缺欠时，使用刨削电流适当小一些。在刨削过程中，当看到缺欠露出来时，应当浅浅地再刨一次，直到缺欠全部刨掉为止。

5. 安全技术

1）操作时，应尽可能顺风向操作，防止铁液及熔渣烧损操作者的工作服及烫伤皮肤，并应注意场地防火。

2）在容器或舱室内部操作时，内部尺寸不能过于窄小，且必须加强抽风及排除烟尘措施。

3）气刨时若使用的刨削电流较大，则应注意防止焊机的过载和过于连续使用而发热。

第四节　电　阻　焊

电阻焊就是焊件组合后，通过电极施加压力，利用电流通过接头的接触面及邻近区域产生的电阻热进行焊接的方法。由于它具有很多优点，如生产率高、易于实现机械化和自动化。因此被广泛应用于各工业部门，尤其是在汽车、拖拉机、飞机以及电真空器件制造等工业中。电阻焊主要用于薄件搭接、杆件和管件的对接等。

一、电阻焊的分类、原理及特点

（一）电阻焊的分类

一般就电阻焊的焊接方式可分为4种，即点焊、缝焊、凸焊和对焊。

1. 点焊　点焊时（图9-33a），将焊件搭接装配后，压紧在两圆柱形电极间，并通以很大的电流，使两焊件接触处加热到熔化温度，形成似透镜状的液态熔池。断电后，在压力的作用下，凝固形成焊点。

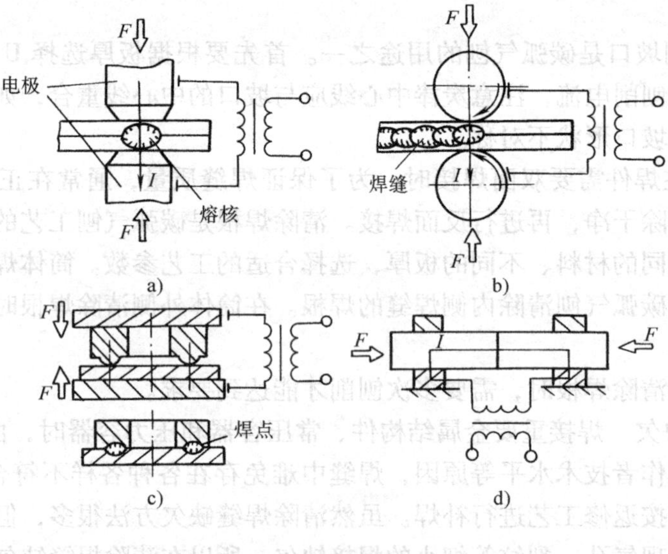

图9-33　主要电阻焊方法

a）点焊　b）缝焊　c）凸焊　d）对焊

2. 缝焊　缝焊与点焊相似，但在焊接时（图9-33b）以旋转的滚盘代替点焊时的圆柱形电极，焊件在转动的滚盘间借摩擦力向前移动，当电流断续或连续地由滚盘流过焊件时，即形成一条焊点前后搭接的连续焊缝。因此缝焊焊缝实质上是由许多彼此相重迭的焊点所组成。

3. 凸焊　是指在一焊件的贴合面上预先加工出一个或多个凸起点，使其与另一焊件表面相接触，加压并通电加热，凸起点压塌后，使这些接触点形成焊点的电阻焊方法，见图9-33c。

4. 对焊　对焊可以分为电阻对焊和闪光对焊两种。电阻对焊是将焊件装配成对接接头（图9-33d），使其端面紧紧接触，利用电阻热加热至塑性状态，然后迅速施加顶锻力完成焊接的方法；闪光对焊则是将焊件装配成对接接头，接通电源，并使其端面逐渐移近达到局部接触，利用电阻热加热这些接触点（产生闪光），使端面金属熔化，直至端部在一定深度范围内达到预定温度时，迅速施加顶锻力完成焊接的方法。闪光对焊又可分为连续闪光焊和预热闪光焊。

（二）电阻焊的特点

电阻焊与电弧焊、气焊等其他焊接方法比较，有如下一些特点：

1）电阻焊在接合处加热的时间相当短，焊接速度快，特别对点焊来说，甚至1s可焊接4~5个焊点，因此生产率高。

2）除消耗电能外，电阻焊不同于电弧焊、气焊等方法，它不需要消耗焊条、氧气、乙炔、焊剂等，因此可节省材料成本较低。

3）操作简单，易于实现机械化、自动化。

4）与电弧焊等比较，电阻焊所产生的烟尘、有害气体等不多，焊工的劳动条件较好。

5）由于焊接在短时间内完成，需要用大的焊接电流、高电极压力，因此焊机容量要大，其价格比一般焊机贵。

6）但电阻焊操作时，不如焊条电弧焊或气焊等灵活。

尽管电阻焊也存在一些缺点，可是这些问题通过采取相应的措施是可以得到解决的。因此对于大批量薄板结构的生产来说，电阻焊还是一种成本最低和最适宜的、不可缺少的方法而被广泛地使用。

（三）电阻焊电源变压器的特点

由于电阻焊工艺的特殊要求，电阻焊电源变压器有以下特点：

1. 焊接电流大、电压低　电阻焊是用电阻热作为热源，由于焊件和焊机的电阻都很小（一般小于100μΩ），因而必须有足够大的电源才能获得应有的热量。常用的焊接电流为2～40kA，铝合金构件点焊和钢轨对焊中可用到更大的焊接电流（150～200kA）。因焊件和焊接回路电阻均在微欧数量级范围内，故变压器二次电压不高，固定式焊机通常在10V以内，悬挂式焊机在24V左右。

2. 功率大、可调节　因焊件电阻小，焊接电流大，故电阻焊变压器容量皆大于50kVA，大功率焊机变压器达1200kVA。

3. 工作不连续　无空载运行　一般情况下，电阻焊变压器的开关置于一次绕组与电源线之间，将一次绕组接入网络前，焊件已被压紧在电极之中，焊接回路已经闭合，电源一旦接通，变压器便在负载状态下运行，故一般无空载状态（闪光对焊例外）。焊接时，焊件装卸、夹紧、焊接位置移动和焊接循环中的预压、锻压、休止等程序，一般都需要接通电源，因此电阻焊变压器通电工作时间多是断续的。

（四）电阻焊原理

焊接组合后，通过电极施加压力利用电流通过接头的接触面积及邻近区域产生的电阻热进行焊接。若改变电阻就能调整其发热强度，电阻点焊时，电流通过焊件发热量的大小按下式确定：

$$Q = I^2Rt$$

式中　Q——所产生的热量（J）；

I——焊接电流（A）；

R——两电极之间的电阻（Ω）；

t——通电时间（s）。

应该指出，采用不同的电阻焊方法时，两电极之间的电阻 R 也是不同的。例如，点焊时的电阻 R 是由焊件内部电阻 $R_{件}$、焊件与焊件间的接触电阻 $R_{触}$ 以及电极与焊件间的接触电阻 $R_{极}$ 组成的（图9-34），即：

$$R = 2R_{件} + R_{触} + 2R_{极}$$

1. 接触电阻的概念　当两焊件互相压紧时不可能沿整个平面相接触，而只在凸出点上接触（图9-35）。如果在焊件间通以电流，则电流只能沿这些实际接触点通过。这样，使电流通过的截面显著减小，同时迫使电力线在接触点附近产生弯曲和收缩，从而形成了接触电阻。

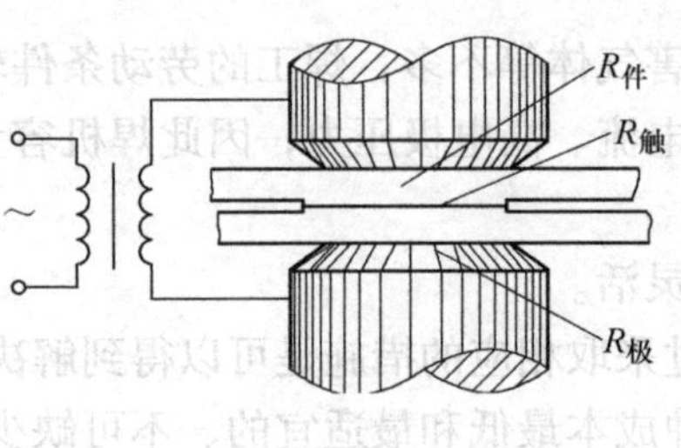

图 9-34　点焊时电阻的分布

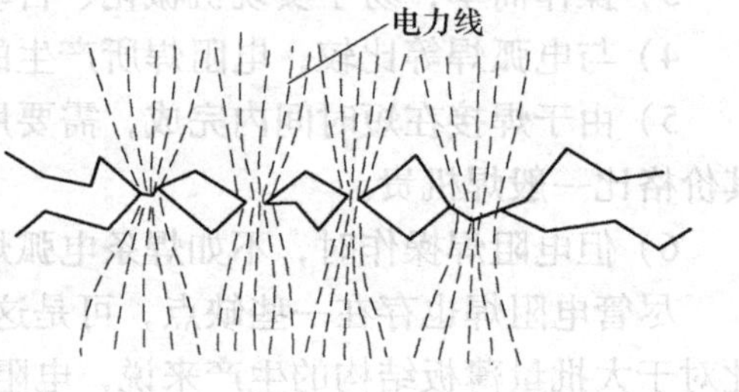

图 9-35　电流通过焊件间接触点的情况

接触电阻的大小与电极压力、材料性质与表面状况有关。

2. 焊件的内部电阻　假设用细小的电力线表示电流流通情况，并以线分布的密度来表示电流密度的大小，则在点焊时，焊接电流按图 9-36 所示情况流过焊件。由图可知，焊接电流不是直线形通过焊件，并且电流密度的分布是不均匀的，它直接影响着焊件的内部电阻值。

焊件的内部电阻与焊件厚度、电极与焊件间的接触面直径、焊件材料的电阻系数等有关。

3. 电阻焊时的电流分流现象

（1）分流及其对焊接的影响　电阻焊时，绕过焊接区的一部分电流叫做分流。对点焊而言，分流将通过已焊好的焊点或除焊接区以外的两焊件的接触处（见图 9-37）。由于分流的存在使经过焊接区的电流大大减小，以致加热不足，造成焊点强度显著下降。因此，为了使焊接区获得足够的热量，选用的焊接电流应比没有分流时大一些。

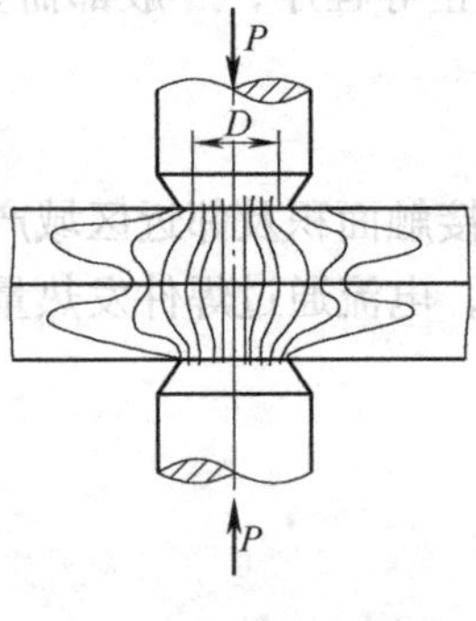

图 9-36　点焊时电力线的分布

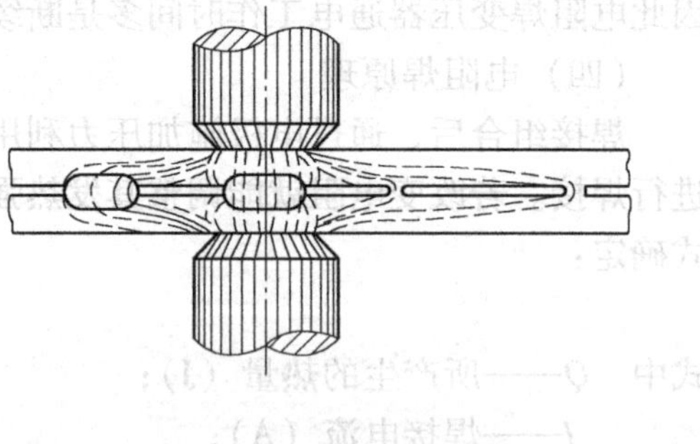

图 9-37　点焊时的分流现象

（2）影响分流程度的因素

1）焊件厚度和焊点间距：随着点距的增加，使分路电阻增大，因此分流程度减小。当采用 30 ~ 50mm 的常用点距时，分流电流占总电流的 25% ~ 40%；并且随着焊件厚度的减小，分流程度也随之减小。相反，当焊点间距减小或焊件厚度增大时，分流程度就增大。

2）焊件层数：焊件层数增多，由于焊接区的电阻增大，分流电路电阻相对减小，所以分流程度相应增大。如焊接 3 块 2mm 厚的焊件时，其分流程度就要比焊接两块 2mm 厚的焊件大。因此，当焊接多层焊件时，为减小分流，焊点间距应相应加大。

3）焊件表面状况：焊件表面状况对分流影响很大。当焊件表面存在氧化膜或脏物时，两焊件间的接触电阻增大，通过焊接区的焊接电流减小，也即分流程度增大。

一个好的焊点，从外观上，要求压坑深度浅、平滑呈均匀过渡，无明显凸肩或局部挤压的表面鼓起；不准许外表有环状或径向裂纹；表面不得有熔化或粘附的铜合金。从内部看，焊点核心形状应规则、均匀，焊点核心直径应满足结构和强度的要求；核心内部无贯穿性或超越规定值的裂纹，核心周围无严重过热组织及不允许的缺陷。

二、部分材料电阻焊的焊接参数

部分材料电阻焊的焊接参数见表 9-12 ~ 表 9-14

表 9-12 10 和 20 钢点焊焊接参数

焊件厚度/mm	电极工作表面直径/mm	焊接时间/s	电极压力/N	焊接电流/A
0.3+0.3	3.0	0.06~0.2	300~400	3000~4000
0.5+0.5	3.5~4.0	0.08~0.3	400~500	3500~5000
0.8+0.8	4.0~4.5	0.1~0.3	500~600	5000~6000
1.0+1.0	5.0~6.0	0.2~0.5	800~900	6000~8000
1.5+1.5	6.0~7.0	0.3~0.7	1400~1600	7000~9000
2.0+2.0	7.0~9.0	0.4~0.8	2500~2800	8000~10000
3.0+3.0	9.0~10.0	0.8~1.5	5000~5500	12000~16000

表 9-13 25CrMnSiA 和 30CrMnSiA 钢点焊焊接参数

焊件厚度/mm	电极工作表面直径/mm	焊接时间/s	电极压力/N	焊接电流/A
0.3+0.3	3.0	0.2~0.5	250~300	2000~3000
0.5+0.5	3.5~4.0	0.3~0.7	300~400	2500~4000
0.8+0.8	4.0~4.5	0.5~0.8	450~550	3000~5000
1.0+1.0	5.0~6.0	0.8~1.2	700~800	4000~6000
1.5+1.5	6.0~7.0	1.0~1.5	1200~1400	5000~7000
2.0+2.0	7.0~9.0	1.4~2.0	1900~2200	6000~8000
3.0+3.0	9.0~10.0	1.5~2.5	3800~4200	9000~12000

表 9-14 低碳钢缝焊焊接参数

焊件厚度/mm	平面滚盘工作面宽度/mm	球面滚盘		滚盘压力/N	焊接时间/s	间隔时间/s	焊接速度/(m/min)	焊接电流/A
		球面半径/mm	滚盘宽度/mm					
0.3+0.3	3.0~3.5	40	5	1800~2200	0.02	0.02~0.06	1.0~2.0	4500~5500
0.5+0.5	3.5~4.0	40	6	2800~3200	0.02~0.04	0.04~0.06	1.0~1.8	7000~8000
0.8+0.8	5.0~6.0	60	8	3800~4500	0.04~0.06	0.06~0.08	0.8~1.5	9000~10000
1.0+1.0	6.0~7.0	80	10	5000~6000	0.06~0.08	0.08~0.10	0.6~1.2	11000~12500
1.5+1.5	8.0~9.0	80	12	7500~8500	0.08~0.10	0.10~0.14	0.5~0.8	14000~15000
2.0+2.0	9.0~10.0	80	15	10000~11000	0.12~0.16	0.14~0.18	0.5~0.8	15500~17000
2.5+2.5	10.0~11.0	80	15	11500~12500	0.16~0.20	0.16~0.22	0.4~0.8	16000~18000
3.0+3.0	11.0~12.5	80	20	13000~14000	0.20~0.30	0.30~0.50	0.3~0.5	16500~18500

第五节 钎 焊

钎焊是焊接方法的另一种类，早在我国古代战国时期就有使用钎焊的实例。现在的机电、家电、医疗器械、电子、仪器仪表、各类车辆、动力机械、热交换器、航空工业以及微电子、动力装置、飞机、导弹、各类航天器等高精尖端产品的制造业中仍被广泛应用。

一、钎焊的原理

钎焊是采用比母材熔点低的金属材料作钎料，将焊件和钎料加热到高于钎料熔点，低于母材熔化温度，利用液态钎料润湿母材，填充接头间隙并与母材相互扩散实现连接焊件的方法。钎焊时被焊金属不熔化，只有钎料熔化，液态钎料依靠润湿作用和毛细管作用进入两焊件之间的间隙内，依靠液态钎料和固态金属的相互扩散而达到原子间的结合。

二、钎焊的特点及分类

（一）钎焊的特点

与熔焊相比，钎焊有很多优点，但也有明显的不足之处。

1. 优点

1）钎焊接头外形美观，光滑平整。

2）钎焊时母材不熔化，只有钎料熔化，由于母材的加热温度较低，因此对母材的组织和性能影响较小。

3）焊件变形小，尤其是采用整体加热的钎焊方法，其变形可减小到最低程度（如炉中钎焊）。

4）异种金属或金属与非金属之间均可采用钎焊方法连接。

2. 不足之处

1）钎接接头以搭接形式为主，使其结构重量增加。

2）钎焊接头强度低，耐高温性能差。

3）装配要求高。

（二）分类

钎焊的种类很多，通常采用的分类方法如下：

1. 按钎焊加热温度分　可分为如下几种：

（1）低温钎焊　加热温度在450℃以下进行的钎焊。

（2）中温钎焊　加热温度在450~950℃范围内进行的钎焊。

（3）高温钎焊　加热温度在950℃以上温度时进行的钎焊。

通常将加热温度在450℃以下的钎焊称为软钎焊，加热温度在450℃以上的称为硬钎焊。

2. 按钎焊的加热方法分

（1）按热传导方式加热的钎焊　有烙铁（用火焰烧热）钎焊、火焰钎焊、炉中钎焊。

（2）按电加热方式的钎焊　有电阻钎焊、感应钎焊、电烙铁钎焊和电弧钎焊等。

此外，如激光钎焊、红外线钎焊和波峰钎焊等也得到了推广应用。表9-15是以加热方法为依据所作的钎焊方法分类。主要钎焊方法的特点及应用范围见表9-16。

表 9-15 钎焊方法分类

分类依据	钎焊方法	分类依据	钎焊方法
电子组装钎焊	浸沾钎焊	利用声能	红外线钎焊
	波峰钎焊		超声波钎焊
	载流焊		氙灯钎焊
利用热传导	熔化钎料中钎焊	利用电能	高频感应钎焊
	熔化钎剂中钎焊		中频感应钎焊
	盐浴钎焊		电阻钎焊
	火焰钎焊		等离子弧钎焊
	炉中钎焊		真空电子束钎焊
	烙铁钎焊	利用热辐射	激光钎焊

表 9-16 主要钎焊方法的特点及应用范围

钎焊方法	优 点	缺 点	应用范围
烙铁钎焊	设备简单，灵活性好，适用于微细件钎焊	需使用钎剂	只能用于软钎焊，且只能焊细小件
火焰钎焊	设备简单，灵活性好	控制温度困难，操作技术要求高	钎焊小件
感应钎焊	加热快，钎焊质量好	温度不能精确控制，焊件形状受限制	批量钎焊小件
电阻钎焊	加热快，生产率高，成本较低	控制温度困难，焊件形状、尺寸受限制	钎焊小件
炉中钎焊	能精确控制温度且加热均匀，变形小，钎焊质量好	设备费用高，钎料和焊件不易含较多易挥发元素	大、小件的批量生产，多焊缝焊件的钎焊
金属浴钎焊	加热快，能精确控制温度	消耗钎料多，钎后处理复杂	用于批量生产软钎焊
盐浴钎焊		设备价高，钎后需良好清洗	用于非密闭件批量生产
气相钎焊	加热均匀，能精确地控制温度，质量高	生产成本高	用于批量生产软钎焊
波峰钎焊	可流水线作业，生产率高，质量高	钎料消耗多	电子元件和集成电路板
保护气体炉中钎焊	加热均匀，控温精确，变形小，可不使用钎剂，接头质量好	成本高，加热慢，钎料及焊件不应含较多易挥发元素	多钎缝工件及大、小工件批量生产
真空炉中钎焊	加热均匀，控温精确，变形小，可不使用钎剂，接头质量更好	成本更高，加热慢，钎料及焊件不应含较多易挥发元素	用于易氧化及重要焊件的钎焊
超声波钎焊	钎温低，变形小，不用钎剂	设备价高	仅用于软钎焊

三、钎焊的焊接材料

钎料是钎焊时用于填充钎缝间隙，形成钎缝及可靠钎焊接头所不可少的填充材料。根据钎料的熔化温度有硬钎焊与软钎焊之分。硬钎焊所使用的钎料称为难熔钎料或高温钎料（也称硬钎料），所使用的钎剂称为硬钎焊钎剂；软钎焊所使用的钎料称为易熔钎料（也称软钎料），所使用的钎剂称为软钎焊钎剂。

（一）钎料

1. 对钎料的要求　对钎料的基本要求有如下几点：

1）合适的熔化温度，要低于被焊金属熔点几十度。

2）与被焊金属有相互扩散作用，能很好地润湿被钎焊的金属，并易于填充钎缝的间隙。

3）能满足钎焊接头的力学、物理及化学性能的要求，以获得牢固的接头。

4）成分稳定并且均匀，不含对被焊金属有害的元素。应尽量少用或不用稀有金属和贵重金属。

2. 钎料的分类　钎料的分类基本有按钎料的熔点和化学成分区分为两类。

（1）按钎料的熔点分

1）硬钎料：熔点在450℃以上的为硬钎料，分别为铝、铜、镁、银、锰、钼、钛等为基的金属合金。

2）软钎料：熔点在450℃以下的为软钎料，分别为锡、铅、铋、镉、锌等为基的金属合金。

（2）按钎料的化学成分分

软钎料有锡基、铅基、铟基及锌基、镉基钎料等（属易熔钎料），硬钎料有铜基、金基、银基、铝基、锰基及镍基钎料（属难熔钎料）等。

（3）按钎料的钎焊工艺性能分　可分为自由性钎料、电真空钎料和复合钎料等。

（4）按钎料的制成形状分　可分为丝状、棒状、片状、箔粉状和复合钎料等。

3. 钎料的型号　根据GB/T 6208—1995《钎料型号表示方法》的规定，型号由两部分组成，并用短划-将其分开。

钎料的第一部分用大写字母表示钎料的类型，其中“S”表示软钎料；“B”表示硬钎料。

电子行业用软钎料将符号“E”标在第二部分后面。

钎料的第二部分由主要合金组分的元素符号组成。

1）这一部分中的第一个化学元素符号表示钎料的基本组分，其他化学元素符号按其含量，由大到小顺序排列，若几种元素具有相同质量分数时，则应按原子序数顺序排列。

2）软钎料每个化学元素符号后都要标出其公称质量百分数（质量分数）；硬钎料仅第一个化学元素符号后标出公称质量百分数。

每个型号中最多只能标出六个化学元素符号。

型号表示方法及示例

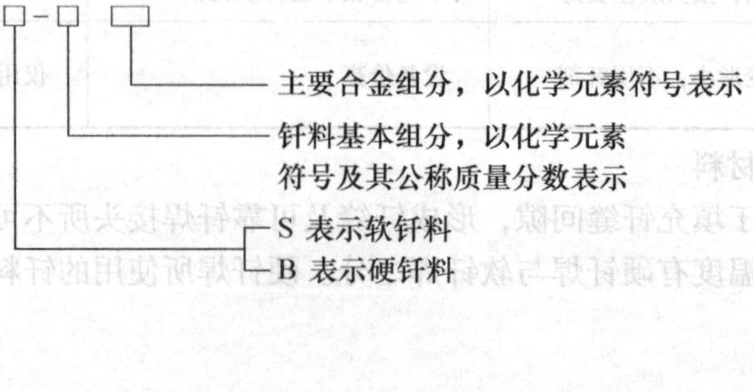

型号示例

1）一种质量分数为：Sn60%、Pb39%、Sb0.4%的软钎料，其型号为S-Sn60Pb39Sb。

2）一种质量分数为：Sn63%、Pb37%电子工业用软钎料，其型号为S-Sn63Pb37E。

3）一种二元共晶钎料的质量分数为：Ag72%、Cu28%，其型号为B-Ag72Cu。

4. 钎料的牌号

根据原机械工业部编写的《焊接材料产品样本》一书中提供的标准资料表明，钎料牌号的编制方法如下：

1）字母“HL”表示钎料。

2）牌号的第1位数字，表示钎料的化学组成类型，见表9-17。

3）牌号的第2、3位数字，表示同一类钎料的不同牌号。

示例

HL 3 03
- 03——牌号编号为03
- 3——钎料的化学组成类型为银合金
- HL——钎料代号

表9-17　钎料牌号中第1位数字的含义

牌　　号	化学组成类型	牌　　号	化学组成类型
HL1××（料1××）	铜锌合金	HL5××（料5××）	锌合金
HL2××（料2××）	铜磷合金	HL6××（料6××）	锡铅合金
HL3××（料3××）	银合金	HL7××（料7××）	镍基合金
HL4××（料4××）	铝合金		

（二）钎剂

钎剂是钎焊用的熔剂或称为焊剂，是保证钎焊过程顺利进行和获得致密接头所必不可少的。钎剂起下列作用：

1）清除液态钎料表面的氧化物和净化钎焊金属表面。

2）保护焊件和液态钎料在钎焊过程中免于氧化。

3）改善液态钎料对焊件的润湿作用。

1. 钎剂的分类

钎剂按使用温度的不同，可分为软钎剂和硬钎剂；按使用用途不同可分为普通钎剂和专用钎剂；考虑钎剂作用状态的特征不同，又可分出气体钎剂等。

（1）软钎剂　供450℃以下钎焊用的钎剂，按其成分可分为有机软钎剂和无机软钎剂两类。有机软钎剂可分为水溶性有机软钎剂和松香类有机软钎剂；无机软钎剂又可分为无机盐类软钎剂和无机酸类软钎剂。按腐蚀性可分为非腐蚀性软钎剂和腐蚀性钎剂。

（2）硬钎剂　供450℃以上钎焊用的钎剂。黑色金属常用硬钎剂是硼砂、硼酸及其混合物，钎剂的粘度大、活性温度相当高，必须在800℃以上使用，而且钎剂的残渣难于清除。如果在硼化物中加入碱金属和碱土金属的氟化物、氯化物，可以改善硼砂、硼酸的润湿能力，能提高去除氧化物的效果，以及降低钎剂熔化温度及活性温度。

（3）专用钎剂　供难于清除氧化膜的金属材料进行钎焊用的钎剂。如铝用钎剂和钛用钎剂等。铝用钎剂又可分为铝用软钎剂和铝用硬钎剂两类，而铝用软钎剂还可以分为铝用有机钎剂和铝用反应钎剂。

（4）气体钎剂

气体钎剂是一种特殊类型的钎剂，按钎焊方法不同；又可以分为炉中钎焊用的钎剂和火焰钎焊用的钎剂两类。钎焊后无固体残渣，焊件也不用清洗。

炉中钎焊常用的气体钎剂是三氟化硼，主要应用在高温下钎焊不锈钢等材料。所有用作气体钎剂的化合物，其气化产物均有毒性，使用时必须采用相应的安全措施。

2. 钎剂牌号的表示方法　钎剂用“QJ”拼音字母的第一个字母表示，牌号后的第一位数字表示钎剂的用途类型，如：“1”为铜基和银基钎料用钎剂，“2”为铝及铝合金钎料用钎剂。牌号后第二、三位数字表示同一类钎剂的不同牌号。

钎剂的选配与钎料、母材有直接关系，不同的钎料和钎焊方法要用不同的钎剂。

钎焊各种金属和合金时，常用钎剂的选配，可参阅表9-18。

表9-18　钎焊各种金属时应用的钎料和钎剂

钎焊金属	钎　料	钎　剂
碳钢	铜或铜锌钎料（如HL103）	硼砂或硼砂、硼酐
	银钎料	硼氟酸钾、硼酐等，如QJ102等
	锡铅钎料（如HL603、料604）	氯化锌、氯化铵溶液
不锈钢	铜锌钎料（如HL102）	硼砂或硼砂、硼酐等
	银钎料（如HL311、料312等）	硼氟酸钾、硼酐等，如QJ102（银铜锂钎料可不用熔剂）
	锡铅钎料	氯化锌、盐酸水溶液
铸铁	铜锌钎料（如HL103等）	硼砂或硼砂、硼酐
	银钎料	硼氟酸钾、硼酐等，如QJ101、QJ102
	锡铅钎料	氯化锌、氯化铵溶液
硬质合金	铜锌钎料（如HL104等）	硼砂或硼砂、硼酐
	银钎料（如HL301等）	硼氟酸钾、硼酐等，如QJ102
铝及铝合金	铝基钎料（如HL401）	氯化物、氟化物，如QJ201、QJ202
	锌铝钎料	
	锡锌钎料（如HL501）	氯化锌、氯化亚锡，如QJ203
	锡铅钎料（如HL504）	氯化锌、氯化亚锡，如QJ203或三乙醇铵及重金属硼化物，如QJ204
铜及铜合金	铜磷钎料	钎焊纯铜时不用熔剂，钎焊铜合金时用硼砂或硼砂、硼酐熔剂
	铜锌钎料	硼砂或硼砂、硼酐
	银钎料	硼氟酸钾、硼酐等，如QJ101、QJ102
	锡铅钎料	氯化锌或氯化锌、氯化铵溶液，如焊件怕腐蚀可用松香酒精溶液

四、钎焊工艺

（一）钎焊的接头形式

1. 钎焊的接头形式　钎焊经常使用的有搭接、对接、斜接及T形接头等四种基本形式，如图9-38所示。搭接接头的强度最高，其次是斜接接头，最差的是对接接头，所以承受载荷的零件，一般采用搭接接头。

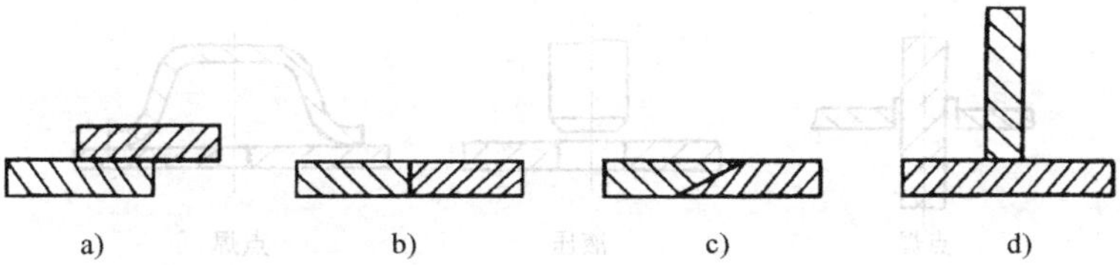

图 9-38　钎焊接头的基本形式
a）搭接　b）对接　c）斜接　d）T形

2. 钎焊接头的装配与固定　钎焊接头在钎焊过程中，特别是当钎料开始熔化流动时，必须保持设计时的正确位置，并保证在钎焊温度下有适当的间隙（该间隙与室温时不一定相同）。

接头的装配间隙大小是影响钎缝致密性和接头强度的关键因素之一。间隙过小，会妨碍钎料的流动；间隙过大，钎料不能填满接头的间隙，钎料的毛细管作用被破坏，致使接头强度降低。

间隙的大小对钎料与钎焊金属有无合金化、钎焊温度、钎焊时间、钎料的安置等有直接关系。部分材料钎焊时推荐的接头间隙参见表 9-19。

表 9-19　部分材料钎焊接头推荐的间隙　（单位：mm）

母材种类	钎料种类	钎焊接头间隙	母材种类	钎料种类	钎焊接头间隙
碳钢	铜钎料	0.01～0.05	铜及铜合金	黄铜钎料	0.07～0.25
	黄铜钎料	0.05～0.20		银基钎料	0.05～0.25
	银基钎料	0.02～0.15		锡钎料	0.05～0.20
	锡钎料	0.05～0.20		铜磷钎料	0.05～0.25
不锈钢	铜钎料	0.02～0.07	铝及铝合金	铝基钎料	0.10～0.30
	黄铜钎料	0.05～0.10		锡锌钎料	0.10～0.30
	银基钎料	0.07～0.25			
	锡钎料	0.05～0.20			

在钎焊装配时要用各种方法固定焊件，如紧配合、点焊及夹具定位等。常用接头的固定方法，如图 9-39 所示。

（二）钎件的表面处理

钎焊前焊件的表面处理包括去油、除氧化膜及在钎件表面镀覆镀层。钎件表面镀覆镀层是为了改善钎料对某些基体材料表面的润湿性，防止钎料与母材间相互作用而导致对接头质量产生不良影响。

（三）钎焊焊接参数

钎焊的焊接参数主要指钎焊温度和保温时间。

1. 钎焊温度　钎焊温度应根据钎料而定，通常选择略高于钎料液相线温度，以保证间隙能被钎料填满。

2. 保温时间　保温时间应根据焊件大小和钎料与母材的相互作用剧烈程度而定。一般情况下，焊件越大，钎料与母材作用越弱，保温时间应越长些。

钎焊时，为了改善钎焊性，有时需要使用钎剂，钎剂残渣对钎焊接头有腐蚀作用。因此，焊后需要将接头清洗干净，其方法视使用钎剂而定。

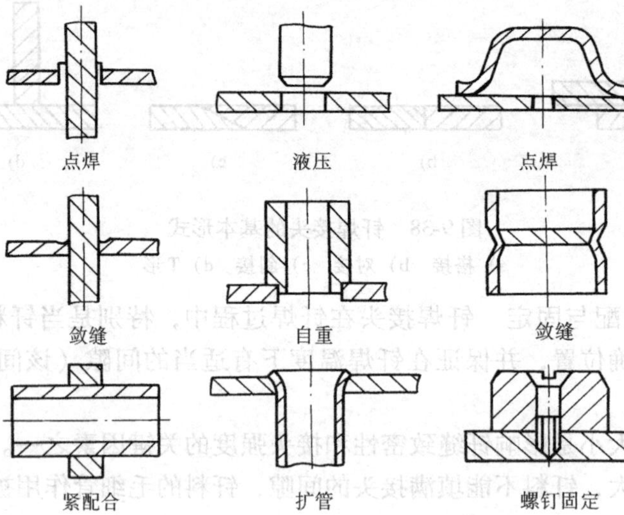

图9-39　钎焊接头的固定方法

第六节　高能密度焊

高能密度焊有时又简称高能焊，是指功率密度（或能量密度）比通常的气体保护焊高的一类焊接方法。

一、高能密度焊特点及其应用

（一）能量密度与功率密度

能量密度是指单位面积上的能量；功率密度是指单位时间单位面积上的能量。属于高能量密度的热源有等离子弧、电子束与激光束，尤其是电子束与激光束的能量密度特别高，所以将电子束焊、激光束焊称为高能量密度焊。

（二）高能密度焊的特点

1）功率密度高、加热集中、热效率高，完成单位长度、单位厚度焊件焊接所需的热输入低，因而产生的变形极小，且热影响区很窄，特别适宜于精密焊接和微型焊接。

2）可获得深宽比大的焊缝，焊接厚度大的焊件可不开坡口一次成形。激光焊接时焊缝的深宽比可达12∶1，不开坡口单道焊接钢板的厚度达50mm；真空电子束焊接时焊缝的深宽比可达50∶1，采用真空电子束不开I形坡口单道焊接钢板的厚度可达300mm。

3）可用于难熔金属、热敏感性强的金属以及热物理性能差异悬殊材料的焊接。

4）高能密度焊的焊接参数均能单独进行调节，而且可调范围宽，因而所焊的材料厚度范围大。一台电子束焊机不需作任何改动，通过调节参数，它既能焊透100mm的钢材，又可焊接厚度仅为0.05mm的箔片。

5）生产效率高，在大批量生产条件下，焊接成本低，大约为气体保护焊成本的一半或更低一些。

除上述优点外，与其他焊接工艺相比，高能密度焊的设备价格较昂贵，以及对焊件的加工精度、接头间隙的控制有较严格的要求。

（三）高能密度焊的应用

电子束焊接与激光焊接分别始于20世纪50年代与60年代，随着科学技术不断发展，均已进入成熟阶段，因而在工业上应用较广泛，表9-20、表9-21分别为电子束焊接与激光焊接的部分应用实例。

表9-20 电子束焊接部分应用实例

工业部门	应用实例
航空	压气机转子、涡轮盘、飞机起落架、燃料箱、发动机喷管、叶片、齿轮组等
宇航	火箭部件、导弹外壳、宇宙站安装（宇航员采用手提式电子枪）等
原子能	反应堆压力容器、管道等
汽车	齿轮组、汽车大梁、减震器、旋转轴、发动机外壳等
电子	集成电路、微型继电器、薄膜电阻、磁芯存储器等
化工	压力容器、球形油罐、热交换器、环形传动带等
电力	电动机整流子片、汽轮机定子、双金属式整流子等

表9-21 激光焊接部分应用实例

工业部门	应用实例
航空	发动机壳体、机翼隔架、膜盒等
电子仪表	集成电路内引线、显像管电子枪、全钽电容、速调管、仪表游丝等
机械	精密弹簧、针式打印机零件、金属薄壁波纹管、热电偶、电液伺服阀等
钢铁	焊接厚度0.2～8mm、宽度为0.5～1.8m的硅钢，高中低碳钢和不锈钢，焊接速度为100～1 000 cm/min
汽车	汽车底架、传动装置、齿轮、点火器中轴与拨板组合件等
医疗	心脏起搏器以及心脏起搏器所用的锂碘电池等
食品	食品罐（用激光焊代替了传统的锡焊或接触高频焊，具有无毒、焊接速度快、节省材料以及接头美观、性能优良等特点）等

二、真空电子束焊

（一）电子束焊接原理

电子束焊接是利用电子枪产生的电子束流在强电场作用下以极高的速度撞击焊件表面，具有极大动能的电子将其大部分能量转化为热能使焊件熔化而形成焊缝。

电子束是在高真空环境中由电子枪产生的。电子枪一般是由阴极、聚束极和阳极组成。当阴极被加热后，由于热发射效应，表面就发射电子且在电场作用下连续不断地加速飞向焊件。但这样的电子束密度低，能量不集中，当通过电子光学系统把电子束会聚起来，其能量密度提高后，就能达到熔化焊接金属的目的。

这种会聚后功率密度很高的电子束撞击到焊件表面，电子的动能就转变为热能，使金属熔化迅速甚至蒸发。在高压金属蒸汽的作用下熔化的金属被排开，电子束就能继续撞击深处的固态金属，同时很快在被焊件上“钻”出一个锁形小孔，小孔的周围被液态金属包围。随着电子束与焊件的相对移动，液态金属沿小孔周围流向熔池后部，逐渐冷却、凝固形成了焊缝，如图9-40所示。

（二）电子束焊接方法分类

1. 按被焊件所处环境的真空度进行分类

（1）高真空电子束焊接　高真空电子束焊接是在10^{-4}～10^{-1}Pa的压强下进行的。在这样良好的真空条件下，电子束很少发生散射，能有效地防止熔池金属元素的氧化和烧损，适用于活性金属、难熔金属和质量要求高的焊件焊接。

（2）低真空电子束焊接　低真空电子束焊接是在 10^{-1} ~10Pa 压强下进行的，而电子枪仍处在 10^{-3}Pa 的高真空条件下工作。电子束通过隔离阀及气阻通道进入工作室。焊接过程是在低真空工作室内完成的。电子束进入低真空工作室后，虽然有些散射，但只要适当提高束流的加速电压，仍能保持电子束功率密度高的特点。

（3）非真空电子束焊接　非真空电子束焊接中，电子束仍是在高真空条件下产生的，然后通过一组光阑、气阻通道和若干级预真空小室，引入到大气压力下的环境中来对焊件进行施焊。

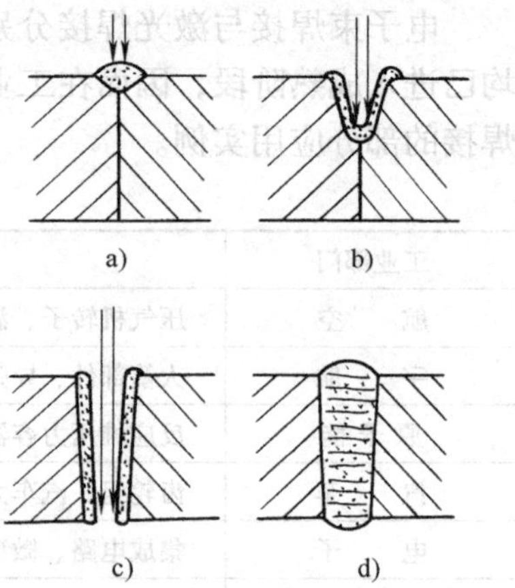

图9-40　电子束焊接焊缝形成原理
a）接头局部出现熔化、蒸发　b）金属蒸气排开液体金属，电子束深入“母材”　c）电子束穿透焊件，小孔由液态金属包围　d）电子束后方形成焊缝

2. 按电子枪加速电压的高低进行分类

（1）高压电子束焊接　高压电子束焊接时，电子枪的加速电压一般为 60 ~150kV。在相同功率情况下，高压电子束焊接所需的束流小，加速电压高，这样就易于获得直径小、功率密度大的束斑和深宽比大的焊缝。高压电子束焊接特别适用于大厚度板材的单道焊及难熔金属和热敏性强的材料的焊接。

（2）中压电子束焊接　中压电子束焊接时，电子枪的加速电压一般为 40 ~60kV。当电子束的功率不超过 30kW 时，电子束斑直径小于 0.4mm，除极薄材料外，这样的束斑尺寸完全能满足焊接要求。

（3）低压电子束焊接　当焊接时所用的加速电压低于 40kV 时称为低压电子束焊接。在相同功率情况下，低压电子束的束流大，加速电压低，束流会聚困难，束斑直径一般难于达到 1mm 以下，其功率也限于 10kW 以内，这就决定了低压电子束焊接只适用于焊缝深宽比不高的薄板材料的焊接。

（三）真空电子束焊机

目前国内外真空电子束焊机形式多种多样，自动化程度也越来越高，但其基本工作原理都无例外地包括：主机（电子枪、真空工作室等）、控制系统、高压电源、真空抽气系统及一些辅助设备，如图 9-41 所示。

三、激光焊

（一）概述

激光是 20 世纪 60 年代初开始发展起来的一种新能源。激光可以用来焊接、切割、打孔或其他加工。激光焊是以聚焦的激光束作为能源轰击焊件所产生的热量进行焊接的方法。

激光焊的特点：

1）能准确聚焦为很小的光点（直径 10μm），故焊缝可以极为窄小。

2）辐射能极大，能量极为集中，穿透深度深（美国某研究中心，用 90kW CO_2 激光器焊接，熔深可达 51mm），加热温度可达 5000 ~9000℃，可以熔化和焊接所有金属。

3）作用时间极短（1s 左右），故焊件不易氧化。另外，不论是在真空、保护气体或空

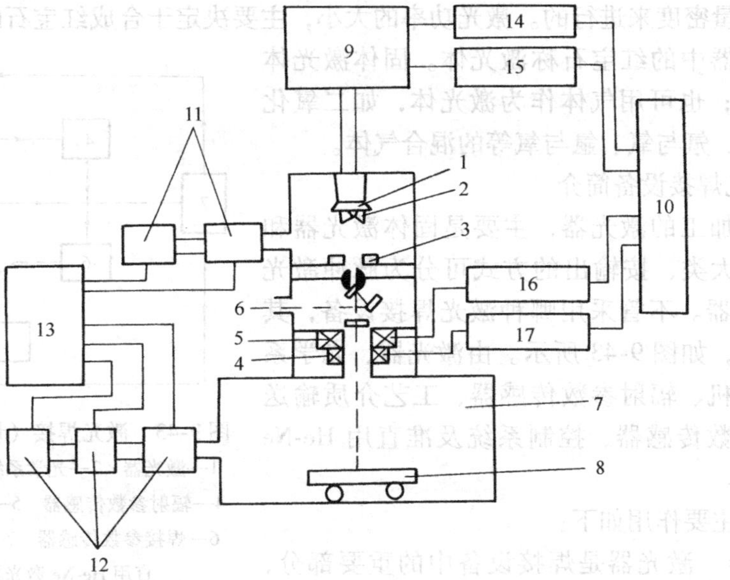

图 9-41 真空电子束焊机主要组成示意图

1—阴极 2—聚束极 3—阳极 4—偏转线圈 5—聚焦线圈 6—光学观察系统 7—真空工作室 8—工作台及传动系统 9—高压电源 10—电气控制系统 11—电子枪真空系统 12—工作室真空系统 13—真空控制及监测系统 14—阴极加热控制器 15—束流控制器 16—聚焦电源 17—偏转电源

气中焊接，效果几乎是同等的，亦即能在任何空间进行焊接。

4）整个焊接过程（包括加热、熔化、冷却、凝固）都非常快，其凝固速度为其他熔焊方法的 10～100 倍，故焊接热影响区极小，几乎看不出。晶粒为很细的树枝状结晶。

由于激光焊具有上述特殊的优点，故被应用在同种金属或异种金属的焊接，如铝、铜、银、不锈钢、可伐合金、钽、镍、锆、铌以及高熔点难熔金属钼、钨等材料的焊接，甚至可以焊接玻璃钢等非金属。

（二）激光发生器的工作原理

进行激光焊的核心装置是激光发生器。激光装置最基本的组成元件是一只闪光灯和一根合成红宝石圆棒。闪光灯通常是充氙气的灯管，做成螺旋状。而红宝石圆棒置于其中（图 9-42），红宝石圆棒的两端镀银。

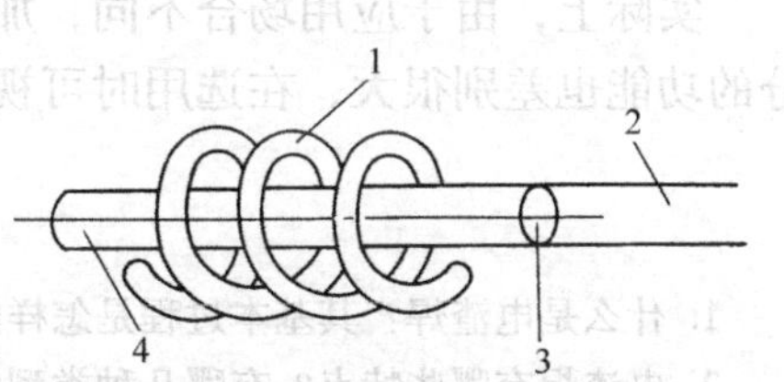

图 9-42 产生激光的示意图

1—光源 2—激光 3—涂银层 4—红宝石棒

闪光灯是激发能源，当它通入脉冲电流时，就发生强烈的闪光，并经聚光器集中反射到红宝石棒上，激发了红宝石晶体中的原子（铬），使之发射出红色射线。激光发出的红色射线，遇到红宝石圆棒两端的银层而多次来回反射（共振作用），并逐渐加强，最终即可获得相当强烈的脉冲光束，突破镀银层的一端，成为红色的激射光，沿红宝石轴线射出。经过红宝石强化而发射出的激射光即激光。激光是一种波长均一（单色）、方向一致以及强度非常高的光束。经过适当的光学系统，将其聚焦在直径为 10μm 的焦点上，能量密度达 $10^5 W/cm^2$ 整个作用过程只有数毫秒。焊接就是利用聚焦后激光的高能量密度来进行的。激光功率的大小，主要决定于合成红宝石的大小。

激光发生器中的红宝石称激光体。固体激光体还有铷玻璃等；也可用气体作为激光体，如二氧化碳以及氦与氖、氖与氧、氩与氧等的混合气体。

（三）激光焊接设备简介

进行工业加工的激光器，主要是固体激光器和气体激光器两大类，按输出的方式可分为脉冲激光器和连续激光器。不管采用哪种激光焊接设备，其组成大都相似，如图9-43所示。由激光器、光学系统、激光加工机、辐射参数传感器、工艺介质输送系统、焊接参数传感器、控制系统及准直用He-Ne激光器等组成。

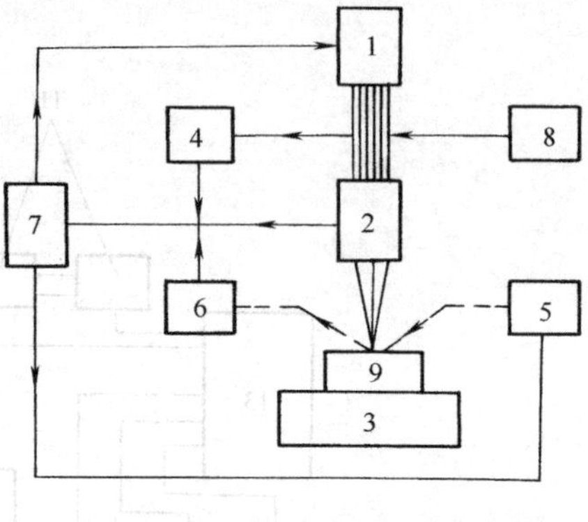

图9-43　激光焊接（切割）设备的组成
1—激光器　2—光学系统　3—激光加工机　4—辐射参数传感器　5—工艺介质输送系统　6—焊接参数传感器　7—控制系统　8—准直用He-Ne激光器　9—焊件

它们各自主要作用如下：

1. 激光器　激光器是焊接设备中的重要部分，提供加工所需的光能。

2. 光学系统　光学系统用以进行光束的传输和聚焦。

3. 激光加工机　加工机用以产生加工所必须的焊件与光束间的相对运动。

4. 辐射参数传感器　主要用于检测激光器的输出功率，并通过控制系统进行实时控制。

5. 工艺介质输送系统　该系统最主要功能是输送惰性气体，保护焊缝；并根据不同情况调节和控制熔深。

6. 焊接参数传感器　主要用于检测加工区域的温度、焊件的表面状况以及等离子体的亮度等参数，并通过控制系统进行必要的调整。

7. 控制系统　主要是输入参数并对参数进行实时显示、控制、进行程序间的互锁、保护以及报警等。

8. 准直用He-Ne激光器　主要进行光路的调整和焊件的对中。

实际上，由于应用场合不同，加工要求不同，设备各部分部件不一定均具备，且各个部分的功能也差别很大，在选用时可视具体需要酌情而定。

复　习　题

1. 什么是电渣焊？其基本过程是怎样的？
2. 电渣焊有哪些特点？有哪几种类型？
3. 电渣焊焊剂有哪些作用？专用焊剂采用什么牌号？
4. 对电渣焊焊接电源有哪些要求？机头包括哪些部分？
5. 电渣焊焊前的准备工作有哪些？
6. 丝极电渣焊的主要焊接参数有哪些？
7. 什么是等离子弧？它有哪些特点？
8. 等离子弧是怎样产生的？有哪几种类型？各种类型的特点及应用如何？
9. 等离子弧对电源及电极的要求是什么？等离子切割或焊接用得最广泛的气体是哪一种？为什么？
10. 等离子弧切割的原理和特点是什么？
11. 等离子弧切割设备有哪些部分组成？

12. 等离子弧切割时有哪些主要的参数？它们对切割过程及切割质量的影响如何？
13. 空气等离子切割按使用电流的大小可分为哪两种？使用什么电极？
14. 等离子弧焊接的原理和特点是什么？
15. 什么是碳弧气刨？它有什么特点？
16. 碳弧气刨应用在哪些情况下？气刨枪有哪几种形式？
17. 碳弧气刨的参数及其对气刨质量的影响如何？
18. 电阻焊的分类和特点如何？
19. 电阻焊用变压器有什么特点？
20. 简述电阻焊的原理。
21. 点焊时什么叫分流？影响分流的因素有哪些？
22. 什么是钎焊？它有哪些特点？
23. 钎料是怎样分类的？钎焊时钎剂起什么作用？
24. 什么是高能密度焊？它有什么特点？
25. 什么是真空电子束焊？它是如何分类？
26. 什么是激光焊？它有哪些优点？

第十章　焊接应力及变形

在焊接时，由于焊接热源的加热和焊接热过程的特点，使焊件受到不均匀的加热，因此焊接金属受热膨胀及冷却收缩的程度也不同，这样，在焊件内部就产生了应力和变形。焊接应力往往是造成裂纹的直接原因，同时也大大降低了焊接结构的承载能力和使用寿命；变形造成尺寸、形状的变化，使之在焊后要进行大量复杂的矫正工作，甚至使焊件报废。

本章主要讨论产生焊接应力与变形的原因、各种变形的现象，防止和减少焊接应力及变形的措施。

第一节　焊接应力及变形的种类

一、焊接应力及变形的基本形式

（一）焊接应力及变形概念

在物体受到外力作用发生变形的同时，其内部会出现一种抵抗变形的力，这种力就称为内力。物体由于受到外力的作用，在单位截面积上出现的内力就称为应力。

但应力并不都是由外加机械力引起的，如物体在加热膨胀或冷却收缩过程中受到阻碍，就会在其内部出现应力，这种情况在不均匀加热或冷却过程中就会出现。当没有外力存在时，物体内所存在的应力称做内应力。

焊接应力是指在焊接过程中，焊件内产生的应力。焊接应力按作用的时间，可分为焊接瞬时应力和焊接残留应力。焊接瞬时应力为焊接过程中，某一瞬时的焊接应力，它随着时间而变化。而焊后，焊接热过程结束后仍残留在焊件内的焊接应力，则称为焊接残留应力。

物体在受到外力的作用时，会出现形状、尺寸的变化，这就称为变形。若在外力去除后，物体能回复到原来的形状和尺寸，这种变形就称为弹性变形，反之就称为塑性变形。

焊接变形就是指在焊接过程中，焊件产生的变形。焊后，焊件残留的焊接变形，则称为焊接残留变形。

（二）焊接应力及变形的分类

按照焊接应力及焊接变形存在的时间，有两种情况：在焊接过程中，焊件受到热源的不均匀加热，由此而产生的内应力及变形是暂时的；当焊件完全冷却后，仍然残留在焊件中的内应力及变形，即焊接残留应力及焊接残留变形。我们所说的焊接应力及焊接变形，一般是指焊接残留应力和焊接残留变形。

1. 焊接应力的分类

（1）按照焊接应力形成的原因分

1）温度应力：在焊接时，由于加热不均匀，使各部分热膨胀不一样所引起的应力，也称热应力。

2）组织应力：在焊接时，由于不同的焊接热循环的作用，引起局部金属的金相组织发生转变。随着金相组织发生变化而出现体积变化，当这种体积变化受到阻碍时便产生了应力，这种由于组织转变而引起的内应力称为组织应力。

3）凝缩应力：在焊接时，由于金属熔池从液态冷凝成固体，其体积发生收缩受到限制而形成的应力，称为凝缩应力。

4）拘束应力（“反作用”残留应力）：在焊接过程中，由于结构的刚度，或受到外界的约束，而引起的应力一般称为拘束应力，或称为“反作用”残留应力。

5）氢致应力：焊接过程中由于扩散氢聚集在显微缺陷处而引起的集中应力。

（2）按照焊接应力在焊接结构中的作用方向分

1）线应力：应力在焊件中只沿其一个方向发生。如焊接薄板的对接焊缝及在焊件表面上堆焊时，焊件存在的应力是单方向的，也称单向应力，如图 10-1a 所示。

2）平面应力：应力存在于焊件中一个平面的不同方向上。如在焊接较厚板的对接焊缝时，焊件存在的应力虽不同向，但均在一个平面内，所以也称双向应力，见图 10-1b。薄板上的交叉焊缝中也有平面应力存在。

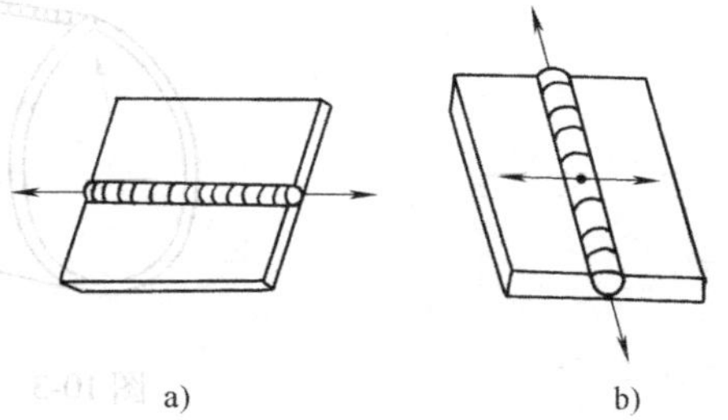

图 10-1 应力状态类型
a）焊接线应力 b）焊接平面应力

3）体积应力：焊接应力在焊件中沿空间三个方向上发生。如焊接厚大焊件的对接焊缝和三个方向焊缝的交叉处，都存在着体积应力。这种应力也称为三向应力，如图 10-2 所示。

（3）按照焊接应力相对于焊缝的方向分

1）纵向应力：方向平行于焊缝轴线的应力。

2）横向应力：方向垂直于焊缝轴线的应力。

2. 焊接变形的分类 焊接变形因焊接接头的形式、钢板的厚薄、焊缝的长短、焊件的形状、焊缝的位置等原因，会出现各种不同形式的变形。按基本变形的形式可分为纵向变形、横向变形、弯曲变形、角变形及波浪变形和扭曲变形等。

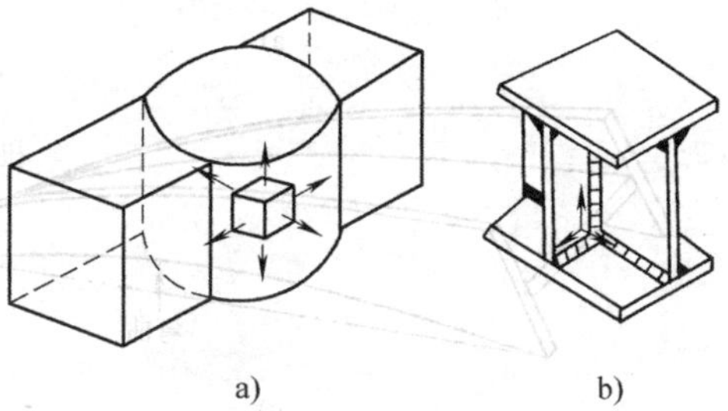

图 10-2 焊接体积应力
a）焊接厚金属时 b）焊接三向交叉焊缝时

按焊接结构的残留变形可分为；

（1）局部变形 这是指结构的某部分发生变形。它主要包括角变形和波浪变形两种。这种变形对结构影响较小，同时也较易于矫正。如图 10-3 所示。

（2）整体变形 这是指整个结构的形状或尺寸发生变化，是由于焊缝在各个方向收缩所引起的。它包括直线变形、弯曲变形、扭曲变形等。直线变形即是由焊缝的纵向和横向变形造成整个结构长、宽、高尺寸的改变。整体变形如图 10-4 所示。

二、焊接残留应力对焊接结构的影响

1. 焊接残留应力对结构强度的影响 一般情况下，焊接结构所使用的材料如果塑性较好（如低碳钢、低合金钢等），焊接残留应力对其静载荷强度没有不良影响，但焊接残留应力将消耗材料部分塑性变形能力。而在材料处于脆性状态时，随着外力的增加，残留应力与外力叠加在一起，致使材料中的应力峰值增加，直至达到并超越材料的强度极限，就会从局部破坏开始，最后导致整个结构断裂。

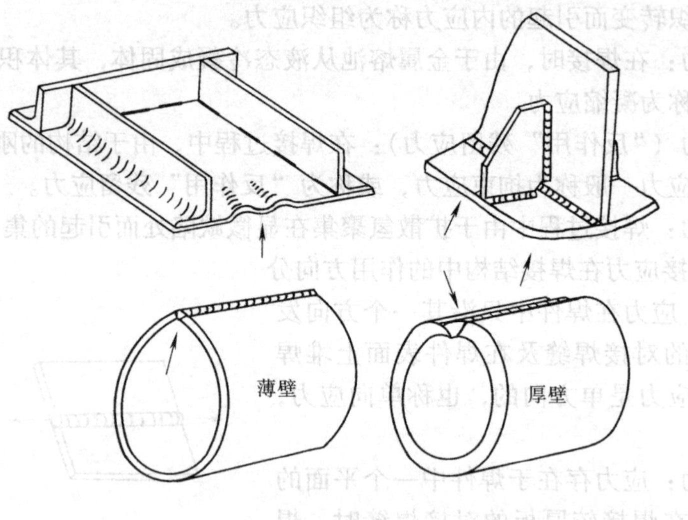

图 10-3　焊接结构的残留局部变形

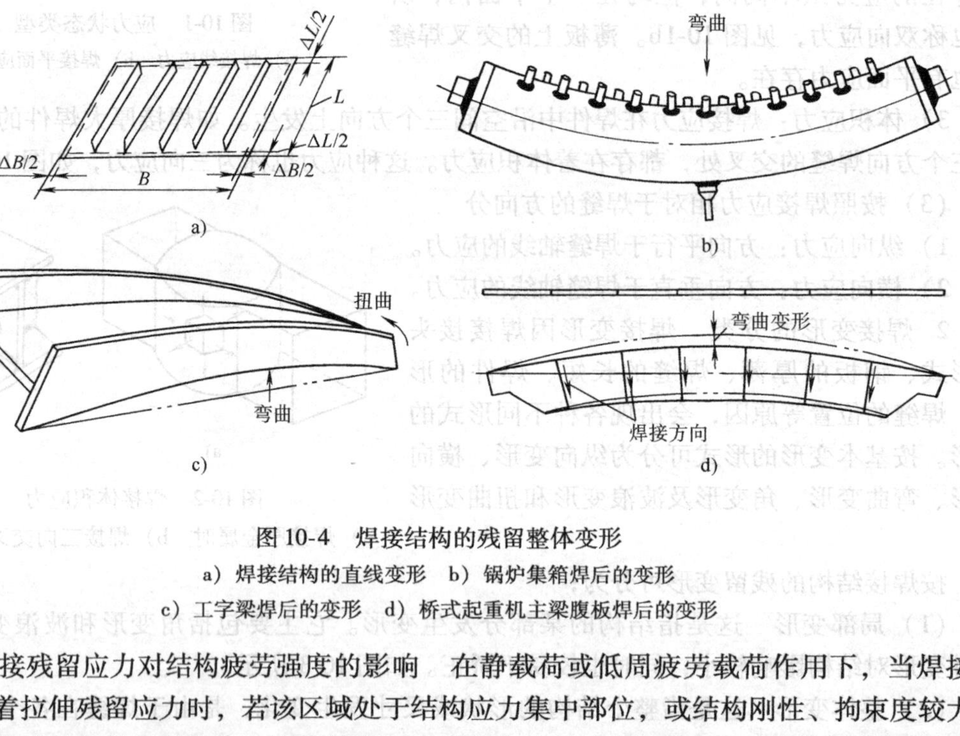

图 10-4　焊接结构的残留整体变形

a）焊接结构的直线变形　b）锅炉集箱焊后的变形

c）工字梁焊后的变形　d）桥式起重机主梁腹板焊后的变形

2. 焊接残留应力对结构疲劳强度的影响　在静载荷或低周疲劳载荷作用下，当焊接接头区存在着拉伸残留应力时，若该区域处于结构应力集中部位，或结构刚性、拘束度较大的部位，或焊接缺欠较多的部位，则拉伸残留应力的存在是十分危险的，它不仅会使结构的使用寿命下降，还会导致低应力脆断事故的发生。大量的疲劳强度试验表明，压应力有可能阻止疲劳裂纹的扩展，因此对于承受交变载荷的构件，若在其表面造成压应力层，则可防止疲劳断裂。

3. 焊接残留应力对机械加工精度的影响　焊件中如果存在残留应力，则在机械加工中随着材料的切除，原来存在于这部分材料中的内应力也一起消失，它破坏了原来焊件中内应力的平衡关系，当加工好的焊件卸去夹具后，不平衡的内应力就会使焊件产生新的变形，导致焊件的最终加工精度受到影响。

保证焊件的加工精度最有效的办法有两种：一是消除残留应力（去应力退火）后再进行机加工，但生产周期长，成本偏高；二是采用分层加工法，即对所要加工的材料表面分层切割，逐步释放应力，分层的厚度（即加工量）逐渐减少，最终的加工精度就会越高，这种方法也能满足一般结构的精度要求。

4. 焊接残留应力对受压构件稳定性的影响　当焊后构件存在残余压应力区，则在与外加压应力叠加后，压应力便迅速增长到失稳的临界应力状态，可导致薄板结构产生波浪变形。对受焊接残留应力作用已产生局部失稳的构件来说，更容易出现失稳现象。

5. 焊接残留应力对构件应力腐蚀开裂的影响　应力腐蚀开裂是拉应力和腐蚀共同作用下产生裂纹的一种现象。应力腐蚀开裂过程大致可分为三个阶段：第一阶段，局部腐蚀逐渐发展成微小裂纹；第二阶段，微小裂纹在拉应力和腐蚀应力的共同作用下形成裂纹新界面，新界面又被腐蚀，这样裂纹不断扩展；第三阶段，当扩展到临界值时，裂纹就会在拉应力的作用下以极快的速度迅速扩展而造成脆性断裂。第三阶段在某些结构中不一定发生，例如容器，当裂纹扩展到一定时候就发生泄漏，而应力不再增加，此时裂纹也可能停止扩展。

焊接残留拉应力降低了构件抗应力腐蚀的能力，所以在某些应力腐蚀介质中工作的结构要采取消除残留应力的措施。

三、焊接残留变形对焊接结构的影响

1. 焊接残留变形给装配带来了困难　如筒体纵缝横向收缩，与封头装配时就会产生错边，使装配发生困难。错边量大的焊件，在外力作用下将产生应力集中和附加应力，使结构安全性下降。焊接结构严重的局部变形，不仅使结构形状尺寸不符合要求，严重时还会造成产品报废。

2. 增加制造成本、降低接头性能　焊后一旦产生焊接残留变形，常需矫形后才能组装。因此使成本增加、生产率下降。冷矫还会使材料发生冷加工硬化，使塑性下降。

3. 降低结构承载能力　焊接残留变形不但影响结构的外形美观，而且有可能降低结构的承载能力，引起事故。

第二节　焊接残留应力及焊接残留变形产生的原因

焊接应力与变形产生的根本原因是，由于焊件在焊接过程中经受了不均匀的加热及冷却，致使焊接热过程对焊件的作用，在焊接构件中产生了应力状态及尺寸形状的变化。

一、纵向焊接应力及变形

焊件沿平行于焊缝轴线方向上的焊接应力及变形称为纵向焊接应力及变形。

（一）焊缝在焊件单边的纵向焊接应力及变形

我们在物理和金属工艺学中学过，金属在加热时的伸长量与温度成正比。钢板假设是由平行于焊缝的许许多多可以自由伸缩的小板条组成的，那么在焊接过程中，它们各自由于受热情况的不同，将按温度分布情况伸长，见图 10-5a 中虚线所示。同样，在冷却时，各小板条又将收缩回原处，这样也就不会有内应力出现。然而我们假想的小板条之间是互相结合，互相牵制的。因此，温度高、伸长大的板条就受到温度低、伸长小的板条压缩；而温度低、伸长小的板条却受到温度高、伸长大的板条的拉伸。焊件受热时的实际伸长情况如图 10-5a 中实线所示。从焊件受热时的应力情况来看，温度高的部分产生压应力，温度低的部分产生拉应力。

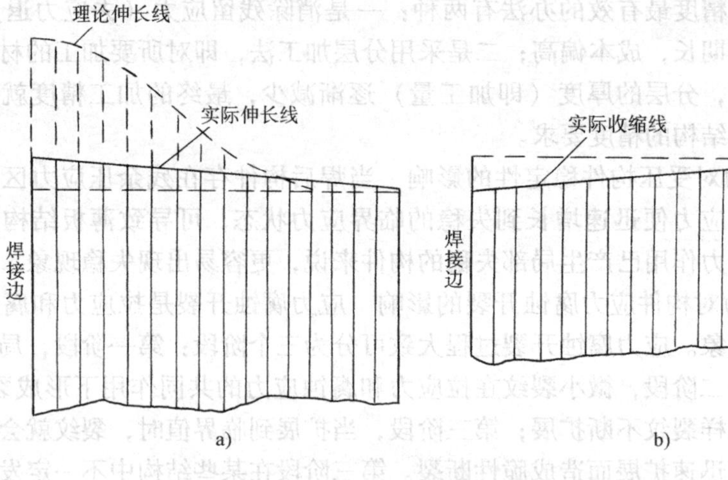

图 10-5　焊缝在焊件单边的纵向焊接应力与变形

a）焊件受热时理论及实际伸长情况　b）焊件冷却后的实际变形

当焊件在冷却时，互相牵制的小板条都在收缩，由于原来温度高的部分被“压缩”的伸长量最大，因此在冷却时的收缩也最大，其余部分逐次减小，结果出现如图 10-5b 的实际变形的情况。由于收缩是在受阻碍的情况下进行的，所以焊件在冷却后，原来温度高的部分产生拉应力，温度低的部分产生压应力。最后，上述单边施焊的焊件，除去敷焊边纵向缩短外还有弯曲变形产生。

（二）钢板平面焊缝上的纵向焊接应力及变形

在对接或在钢板上堆焊焊缝时，也可将钢板看作是由许多能自由伸缩的小板条组成的。在焊接过程中，板条受热伸长的情况将如图 10-6a 中虚线所示。而实际上由于假想小板条是相互结合，相互牵制的，因此实际伸长情况就如图 10-6a 中实线所示。从图中可以看出，钢板的边缘被拉伸了 ΔL，在边缘上就出现了拉应力，在钢板中间被“压缩”了在实际变形线外的虚线围绕部分。除去画平行实线的压缩弹性变形部分以外，虚线所围绕的空白部分是已产生了塑性变形的部分。可见钢板中间焊缝区，不仅是产生了压应力，而且还产生了压缩塑性变形。

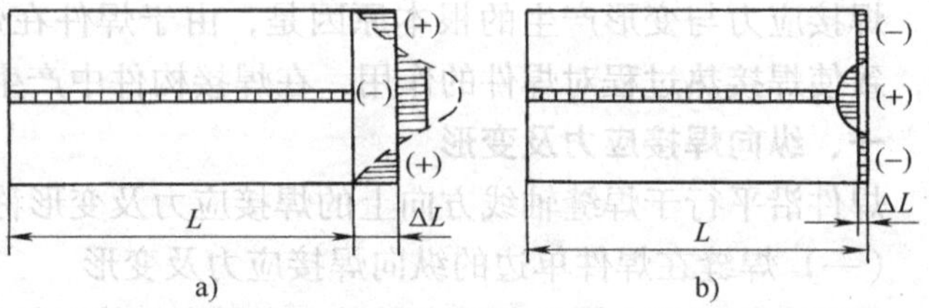

图 10-6　钢板中间堆焊时应力及变形

a）加热时　b）冷却时　（+）表示拉应力　（−）表示压应力

当冷却时，由于钢板中间在加热时产生压缩塑性变形的缘故，所以最后的长度要比原来的短些。所短少的长度从理论上来说，应等于压缩塑性变形的长度，见图 10-6a 中虚线。但由于中间部分的收缩受到两边的牵制，实际收缩变形如图 10-6b中实线所示。这样，钢板边缘比原来缩短 ΔL，出现压应力。钢板中间由于没有能完全收缩，则出现了拉应力。这就是钢板纵向焊接应力及变形的实际情况。

二、横向焊接应力及变形

横向焊接应力及变形是指焊件在垂直于焊缝轴线方向上的焊接应力及变形。

焊接结构的横向焊接应力及变形是比较复杂的，它往往是几种收缩情况的合成，现分如下几种情况来讨论。

（一）由纵向变形引起的横向应力及变形

在钢板单边施焊时，除焊后焊接边长度缩短，出现纵向焊接应力及变形外，同时还会使焊件向焊接边发生侧向弯曲，见图10-7a。如果焊缝位于焊件中心时，焊接应力及变形将会怎样呢？此时我们可假设沿焊缝中心将钢板切开，这时切开的两块焊件便成了在边缘堆焊时一样的情况，焊后焊缝边缘区发生纵向收缩，这样的收缩就使焊件的变形有如图10-7a的趋势。但是，实际上焊缝是将这假设的两块板连接在一起的，因此在焊缝的中部出现了横向的拉应力，在焊缝的两端则出现了横向压应力，见图10-7b。这就是由于纵向变形而引起的横向应力及变形的情况。

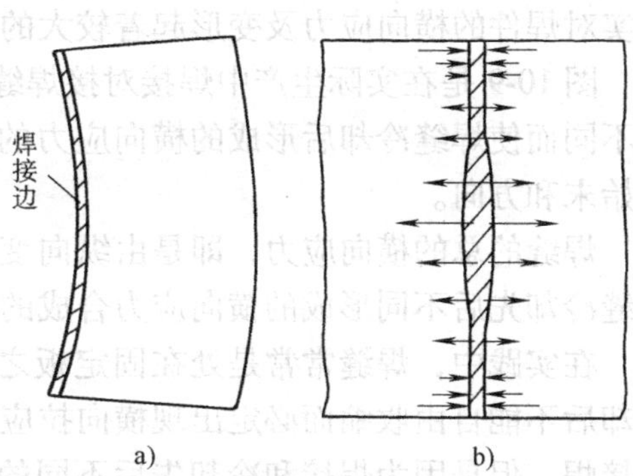

图10-7 由纵向变形引起的横向应力及变形
a）钢板单边施焊后的变形 b）焊缝位于钢板中心的横向应力及变形

（二）由焊缝冷却先后不同形成的横向应力及变形

在生产实践中，同样焊接一条直缝，如果在焊接次序和方向上不同，会出现不同的横向焊接应力及变形的情况，这主要是由于焊缝冷却次序先后的不同而造成的。为了说明这个问题，应先在对接焊缝中焊接三个点的情况加以分析。

如图10-8所示，在两块留有一定间隙而未被固定的钢板的一端，焊上第一个焊点*A*，当*A*焊点冷却后，钢板的间隙变化不大。这是因为在焊*A*点时，钢板是可自由伸缩的，见图10-8a。在焊第二点*B*时，由于钢板的上端尚能移动（因此时钢板可以*A*为支点转动），在受热膨胀时，上端间隙被撑大，在*B*点附近的金属没有受到明显的压缩变形，所以在冷却收缩后、间隙也没有什么明显的缩小，见图10-8b。又将第三点*C*焊上去时，由于焊点*C*附近的金属受热膨胀已不能像焊前两点那样较自由的伸缩，它受到*A*、*B*两焊点的阻碍。因此，此时*C*点受到压应力，*B*点受到拉应力。同时因为*B*点起了杠杆的支点作用，所以*A*点也受到了压应力，见图10-8d。当第三点焊点*C*在冷却过程中发生收缩时，由于它在焊接时处于红软状态被压缩产生塑性变形的缘故，焊点*C*处的间隙将缩小，但它也受到*A*、*B*两点的阻碍，结果造成在*C*点出现拉应力，*B*点出现压应力，*A*点也出现拉应力，见图10-8d。通过上述实例，可说明焊缝由于冷却次序先后的不同，

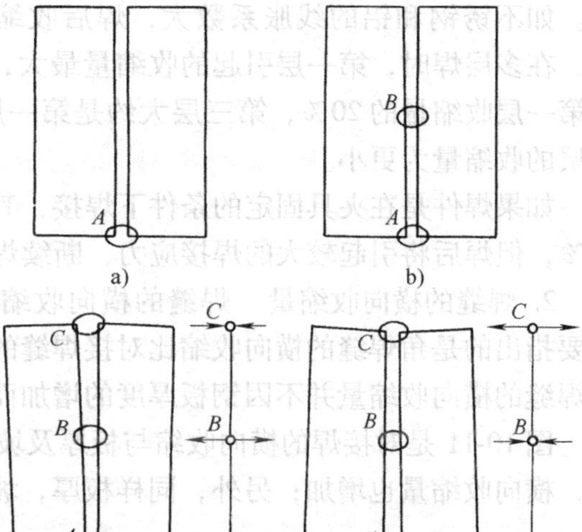

图10-8 三焊点先后冷却对焊件横向应力及变形的影响
a）第一个焊点*A*的情况 b）第二个焊点*B*的情况
c）第三个焊点*C*在焊接时焊件的横向应力及变形
d）第三个焊点*C*在冷却后焊件的横向应力及变形

确实对焊件的横向应力及变形起着较大的作用。

图 10-9 是在实际生产中焊接对接焊缝时，由于焊接次序和方向的不同而使焊缝冷却后形成的横向应力的图例。图中箭头表示焊接的始末和方向。

焊缝的总的横向应力，即是由纵向变形而引起的横向应力和由焊缝冷却先后不同形成的横向应力合成的结果。

在实践中，焊缝常常是处在固定板之间，在这种情况下，由于冷却后不能自由收缩而必定出现横向拉应力，如图 10-10a 中钢板的对接焊。但是因为焊接和冷却先后不同的原因，后焊部分膨胀和收缩的阻碍大，冷却后的拉应力也大。同时由于后焊部分对先焊部分的压缩作用，也减少了先焊部分焊后的拉应力，所以在这种情况下，焊缝的横向拉应力不是全部一样的，如图 10-10b 所示。

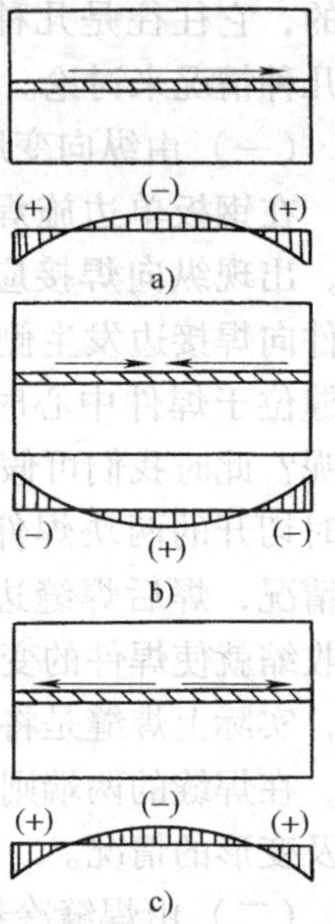

图 10-9　按不同焊接次序和方向焊后焊缝形成的横向应力

a）连续单向焊

b）两端向中间焊

c）中间向两端焊

（三）焊缝的纵向收缩量和横向收缩量

1. 焊缝的纵向收缩量　焊缝的纵向收缩量一般随着焊缝长度的增加而增加。据宽度大约为 15 倍板厚的低碳钢焊缝区域的测量，纵向收缩近似值，对接焊缝为 0. 15 ~0. 3mm/m；连续角焊缝为 0. 2 ~0. 4mm/m。另外，母材线胀系数大的，焊后的焊缝纵向收缩量也大。如不锈钢和铝的线胀系数大，焊后收缩量也就比碳钢大。再者，在多层焊时，第一层引起的收缩量最大，第二层的收缩量大约是第一层收缩量的 20%，第三层大约是第一层的 5% ~10%，最后几层的收缩量为更小。

如果焊件是在夹具固定的条件下焊接，其收缩量可减小 40% ~70%，但焊后将引起较大的焊接应力，断续焊缝的收缩也较连续焊缝为小。

2. 焊缝的横向收缩量　焊缝的横向收缩量同焊缝的纵向收缩量的影响因素大致相似。但要指出的是角焊缝的横向收缩比对接焊缝的横向收缩要小，从实际测得的数据可知，单面角焊缝的横向收缩量并不因钢板厚度的增加而增加。

图 10-11 是对接焊的横向收缩与板厚及坡口形式的关系图。由图中可知，随着板厚的增加，横向收缩量也增加；另外，同样板厚，坡口角度越大，横向收缩量也越大。

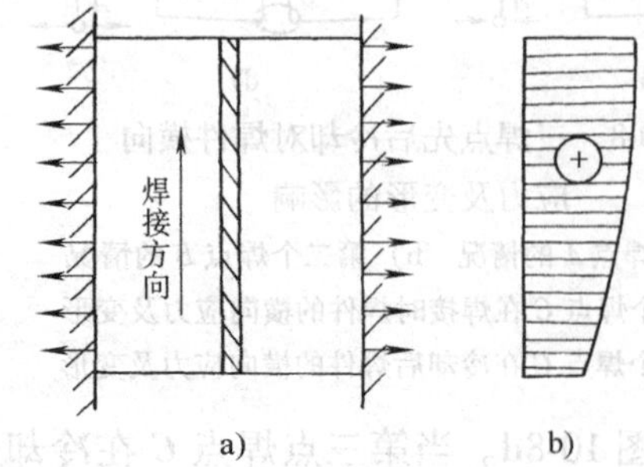

图 10-10　钢板固定对接时的横向应力图

a）焊缝位置　b）应力图

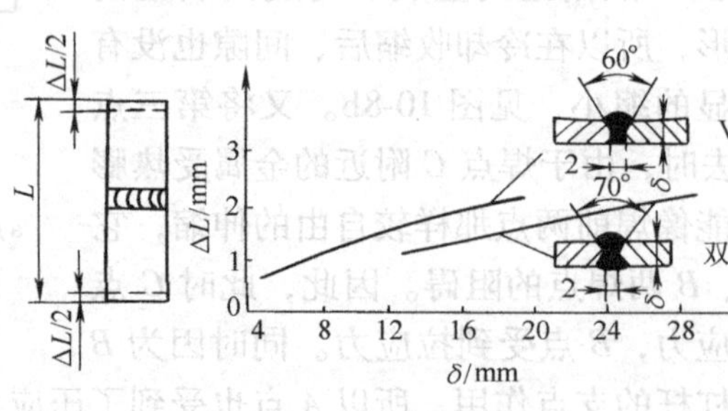

图 10-11　对接焊时的横向收缩

当两板自由对接、焊缝又不长、横向没有约束时，焊缝横向收缩量要比纵向收缩量大得多。

三、弯曲变形

在生产实践中，焊件的变形往往是由许多变形综合而成的。如在钢板边缘堆焊时，除去焊缝的纵向收缩，同时也使焊件出现弯曲变形。

弯曲变形也是焊接变形中经常出现的基本变形形式，特别是在焊接梁、柱、管道等焊件时尤为常见，对这类焊接结构的生产造成较大的危害。为了更好的防止或减少弯曲变形，我们必须对产生弯曲变形的情况和原因有一个简单的了解。

弯曲变形及其产生的原因。焊件弯曲变形是以挠度f数值的大小来度量的，f是指焊后焊件的中心轴偏离原焊件中心轴的最大距离，见图10-12。f越大，即说明焊件弯曲变形越大，弯曲程度越严重（以同一类焊件相比）。反之，挠度f值越小，说明焊件弯曲变形越小，程度越轻。一般来说，用同一种焊接方法和同一种焊接顺序生产的焊件，其挠度的大小和焊件的长度成正比。

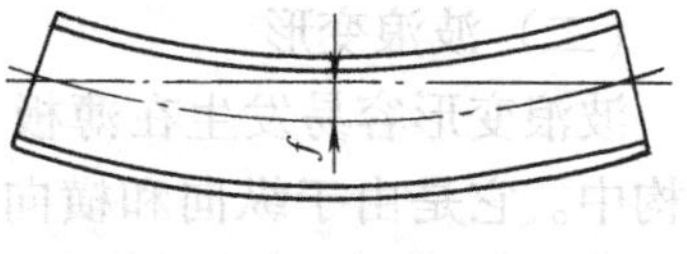

图10-12 弯曲变形的量度

（一）由纵向收缩变形引起的弯曲变形

为了需解纵向收缩造成的弯曲变形，我们先来看看理想情况下的弯曲变形是怎样的。

图10-13a是一块不太大的焊件，在一边开一长腰圆形孔，使边缘留下一条较窄的金属条。假使对焊件的加热就集中在这样一个边缘内（见图10-13b有斜线的区域），并且加热很均匀，而且无热的传导，即与加热区邻接的金属是冷的，这种情况就如同钢杆在两端固定的状态下加热相同。加热时，金属条膨胀受阻，产生压缩塑性变形，同时因焊件不太大，就会在膨胀力的作用下产生向下弯曲。冷却后，由于加热区金属力求收缩到比原来短的长度，结果受到了拉应力作用，它的反作用力也就使焊件发生向上弯曲，如图10-13c所示。

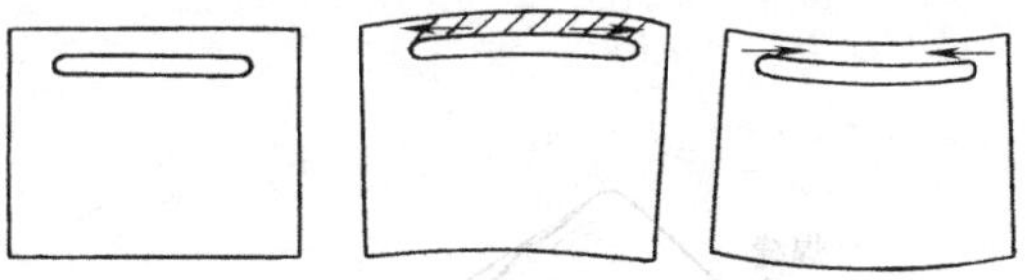
a) b) c)

图10-13 理想情况下的弯曲变形
a）焊接前 b）焊接时 c）冷却后
（图中箭头表示膨胀或收缩的方向）

上面讲的是理想情况下的弯曲变形，实际在整块钢板边缘施焊时，焊接加热的热量有相当一部分被传递到邻近金属中去，但是它的基本原理是相仿的。

（二）由横向收缩变形引起的弯曲变形

除纵向收缩外，在有些情况下，横向收缩变形也可造成弯曲变形。图10-14所示是一工字梁下部焊肋板的构件，由于肋板角焊缝造成的横向收缩，就使焊件发生向下弯曲。

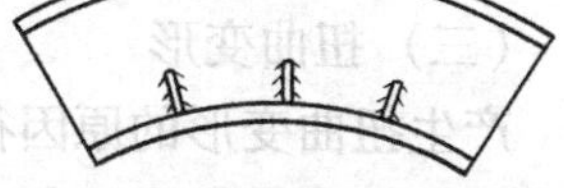
图10-14 焊缝横向收缩所造成的弯曲变形

四、角变形、波浪变形及扭曲变形

（一）角变形

在叙述焊缝的纵向、横向和弯曲变形的时候，我们是假设在焊接时从焊缝表面到钢板底部的温度是均匀的，这样，在钢板厚度方向上的受热区的膨胀和收缩也可看作是一样的了，即在厚度方向上的纵向和横向的变形也可视作是均匀的了。但是这种假设仅仅对较薄钢板适用，在较厚钢板的单面焊接时，这种假设就不适用了。当厚板焊接时，焊接的一面温度高，另一面温度低。因此温度高的一面受热膨胀较大，另一面膨胀小甚至不膨胀，见图10-15a。由于焊接面膨胀受阻，出现了压应力，并使它产生较大的横向压缩塑性变形。这样，在冷却时就产生了在钢板厚度方向上收缩不均匀的现象，焊接的一面收缩大，另一面收缩小，出现了如图10-15b所示的变形情况，并在焊接面内部产生横向拉应力。这种在焊后由于焊缝的横向收缩使两连接件间相对角度发生变化的变形就称为角变形。

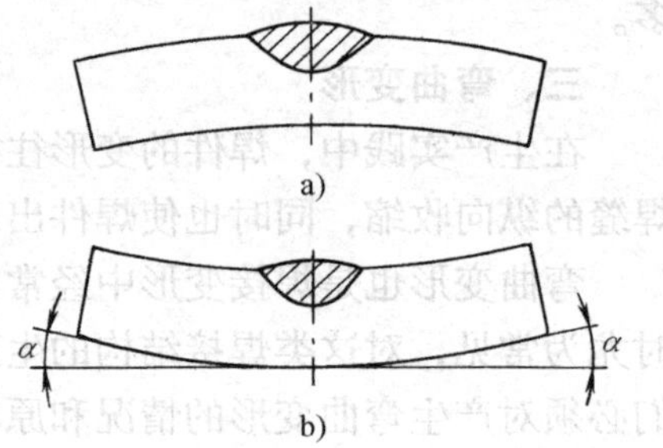

图10-15　焊件在厚度方向上的温度分布不均匀造成的焊后角变形
a）焊接时　b）冷却后

（二）波浪变形

波浪变形容易发生在薄板（厚度小于6mm）焊接结构中。它是由于纵向和横向的压应力使薄板失去稳定而造成的，又称为失稳变形。大面积的平板拼接，如船体甲板、大型油罐底板等，极易产生波浪变形。图10-16为焊缝纵向应力所引起的薄板波浪形变形，但这种变形不会穿越受拉应力作用的焊缝区域。也有的结构因众多的角变形彼此衔接，在外观上产生类似的波浪形，如图10-17所示的船体隔仓板结构中，角钢与薄板间角焊缝的横向收缩造成角变形，这些角变形连贯起来就形成了波浪变形。

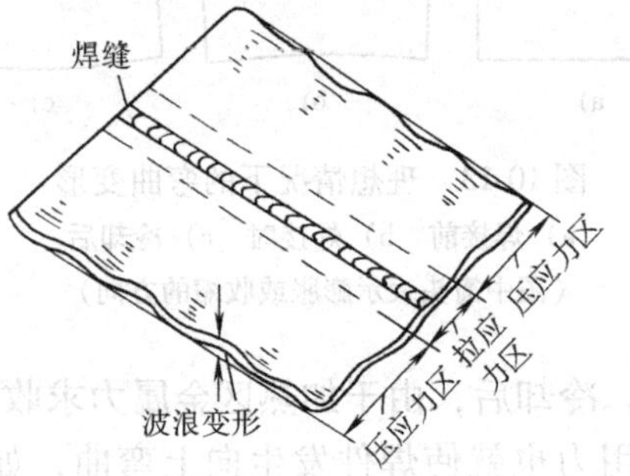

图10-16　焊接纵向应力引起薄板的波浪变形

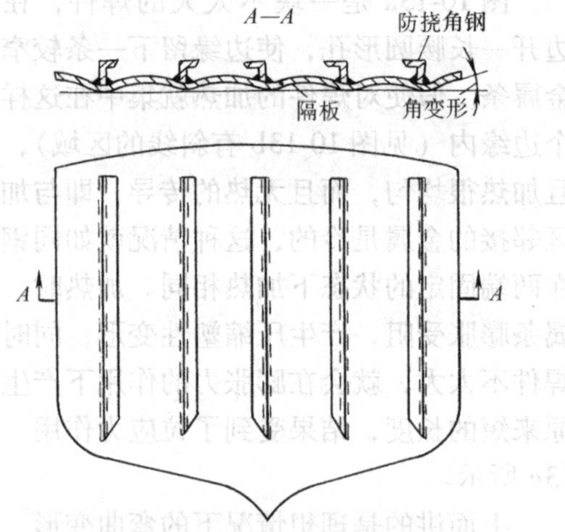

图10-17　船体隔仓板焊后由角变形引起的波浪变形

（三）扭曲变形

产生扭曲变形的原因很多，主要是装配质量不好、焊接时焊件搁置不当以及焊接顺序和焊接方向不合理等原因造成的。图10-18是扭曲变形的实例。

装配质量不好，是指装配之后焊接之前的焊件位置、尺寸不符合图样的要求。或者由于构件的零、部件形状不正而强行装配引起整个构件歪扭，这样必然会增加扭曲变形的可能性。至于焊件在焊接时搁置位置不当，即焊接时焊件就处在扭曲状态，也能增加扭曲变形的可能性。焊接顺序和方向不合理也会造成扭曲变形，如图10-19所示工字梁的扭曲变形，这主要是角变形沿焊缝长度方向逐渐增大的结果，若将两条焊缝同时同方向进行或采用夹具对梁进行刚性固定，则可减小或防止梁的变形。

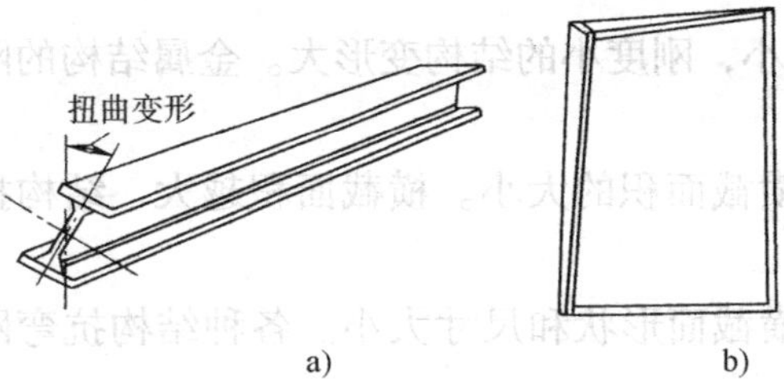

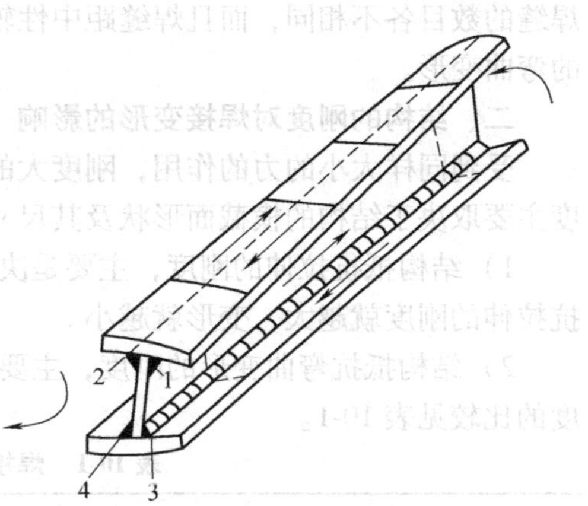

图 10-18　扭曲变形实例

a）工字梁的扭曲变形　b）薄板门板的扭曲变形

图 10-19　工字梁的扭曲变形

通过对上述几种基本变形形式的分析，说明了焊后焊缝的纵向及横向应力和变形是引起各种变形和应力的根本原因。

第三节　影响焊接结构残留变形的因素

我们对焊接应力和变形的基本形式及其产生的原因已经有了初步的了解，本节着重介绍影响焊接结构残留变形的设计和工艺方面的因素。

一、焊缝在结构中的位置对焊接变形的影响

焊接结构的整体弯曲变形，绝大多数的原因是由于焊缝在结构上布置不对称造成的。如图 11-20 所示，当焊缝处在焊件断面中性轴的一侧时，焊后，焊件将向焊缝一侧弯曲，即如果焊缝在 x-x 轴上面，则焊后焊件向下弯如图 10-20a 所示；若在下面，则焊件向上弯如图 10-20b 所示。同样，焊缝在 y-y 轴左面，则向右弯；在右面，则向左弯。总之，焊件是朝焊缝所处位置的相反方向弯曲。

另外，焊缝距焊件的断面中性轴的距离，也是影响弯曲变形的重要因素，如图 10-21 所示，焊缝距焊件的中性轴越远，则焊件就越易产生弯曲变形。

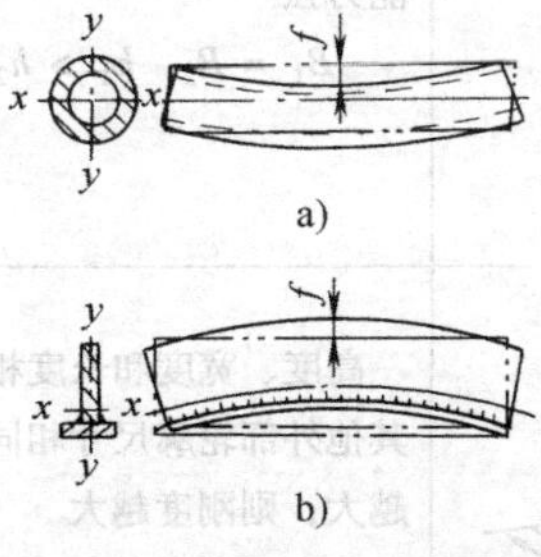

图 10-20　焊缝布置不对称造成的弯曲变形

a）单道焊缝钢管焊接　b）T 形梁的焊接

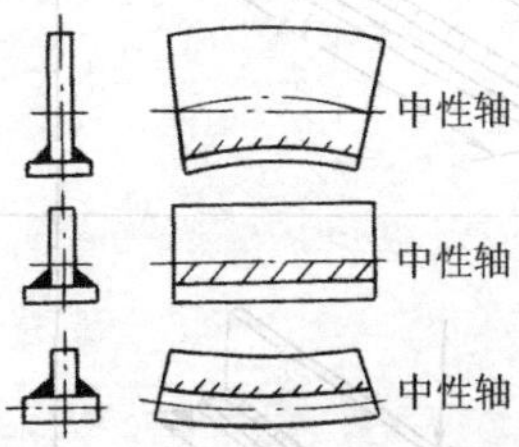

图 10-21　焊缝与焊件中性轴相对位置对弯曲变形的影响

对大的焊接构件来说，往往在整个焊接结构的中性轴两侧都有许多焊缝，但是由于两侧

焊缝的数目各不相同，而且焊缝距中性轴的距离也各不相同，因此也会使焊接构件发生整体的弯曲变形。

二、结构的刚度对焊接变形的影响

受到同样大小的力的作用，刚度大的结构变形小，刚度小的结构变形大。金属结构的刚度主要取决于结构的横截面形状及其尺寸的大小。

1）结构抵抗拉伸的刚度，主要是决定于结构横截面积的大小。横截面积越大，结构抵抗拉伸的刚度就越大，变形就越小。

2）结构抵抗弯曲变形的刚度，主要看结构的横截面形状和尺寸大小。各种结构抗弯刚度的比较见表 10-1。

表 10-1　焊接结构抗弯刚度大小的比较

图例		说明
刚性大，弯曲挠度小	刚性小，弯曲挠度大	
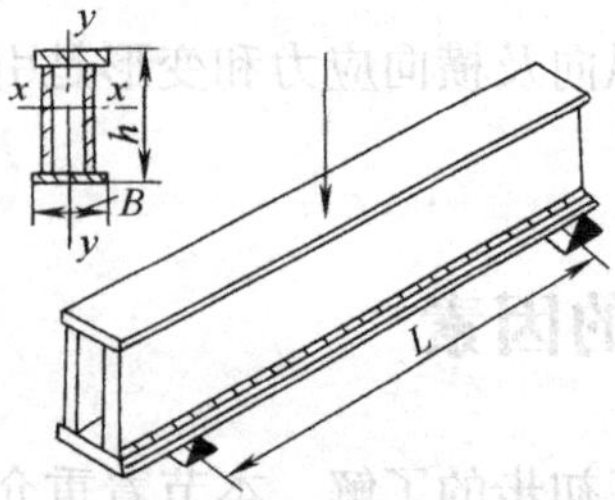	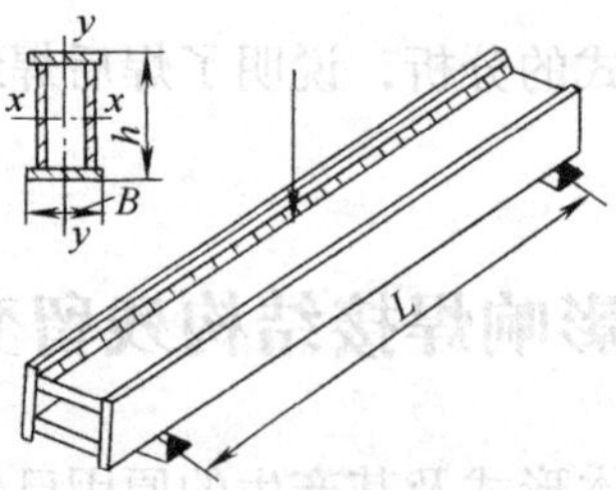	尺寸完全相同的长方形截面箱形梁，立着受力弯曲变形小，躺着受相同的力变形大，这是因为两个方向的抗弯刚度不同 $h > B$
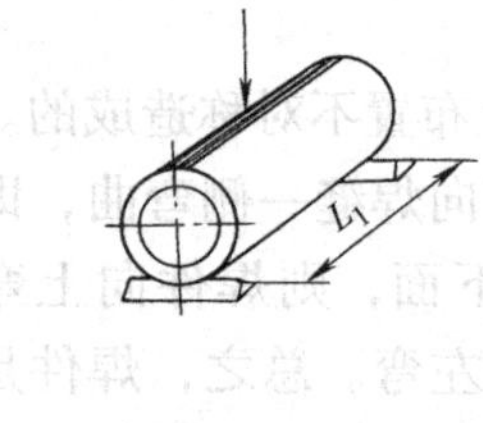	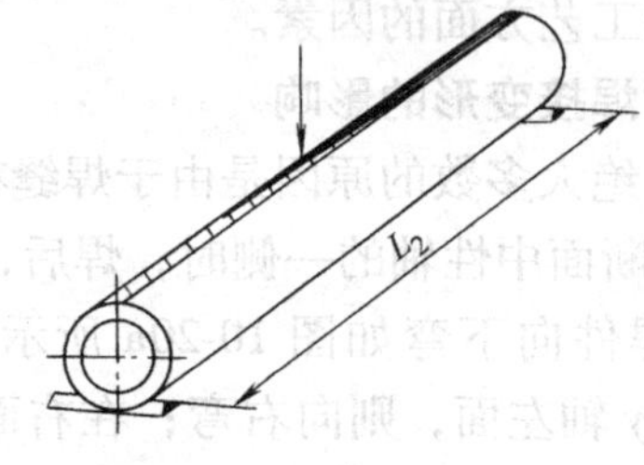	横截面完全相同的管子和其他结构，只是长度不同，长度越大时，抗弯曲变形能力越小 $L_1 < L_2$
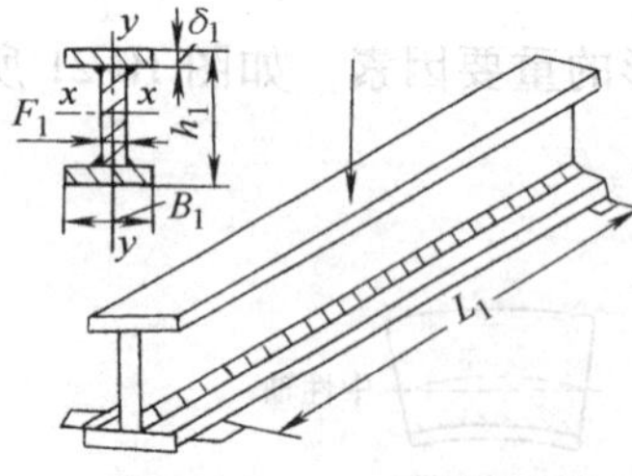	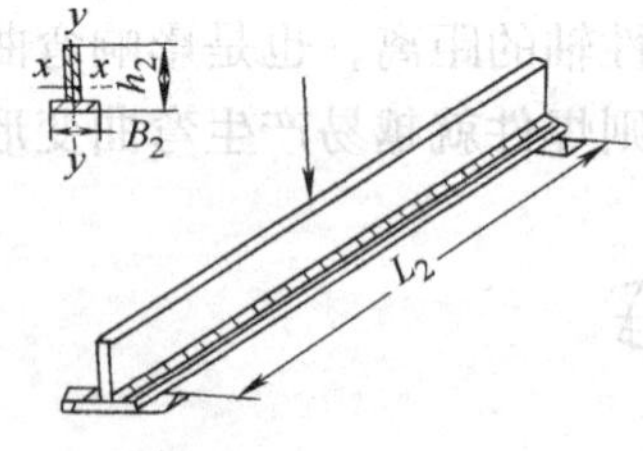	板厚相同的 T 形梁（或工字梁箱形梁），腹板高度大时，抗弯曲变形能力强 $B_1 = B_2 \quad h_1 > h_2 \quad L_1 = L_2$
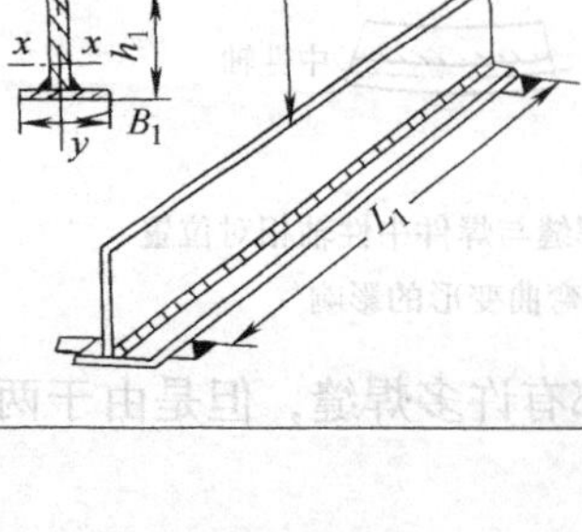	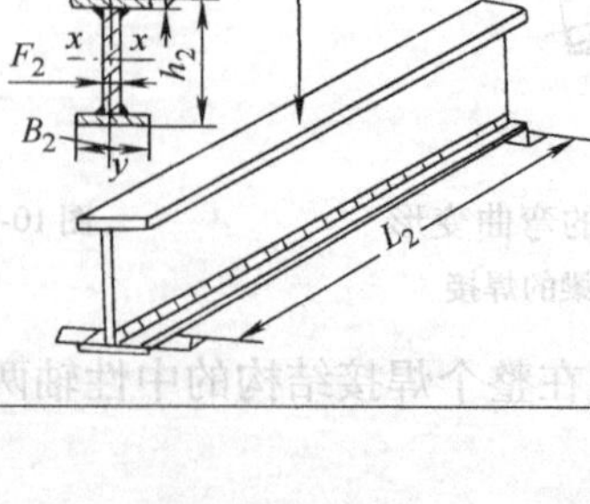	高度、宽度和长度相同的工字梁或其他外部轮廓尺寸相同的结构，板厚越大，则刚度越大 $h_1 = h_2 \quad B_1 = B_2 \quad \delta_1 > \delta_2$ $F_1 > F_2 \quad L_1 = L_2$

3）结构抵抗扭曲的刚度除决定于结构尺寸大小外，最主要还是结构的横截面形状。如结构横截面是封闭形式的，则抗扭曲变形能力就较强；不封闭的则抗扭能力弱。图 10-22 是几种梁的横截面形状，图 10-22 中 a、b 是封闭形的横截面，抗扭能力就比后几种强。

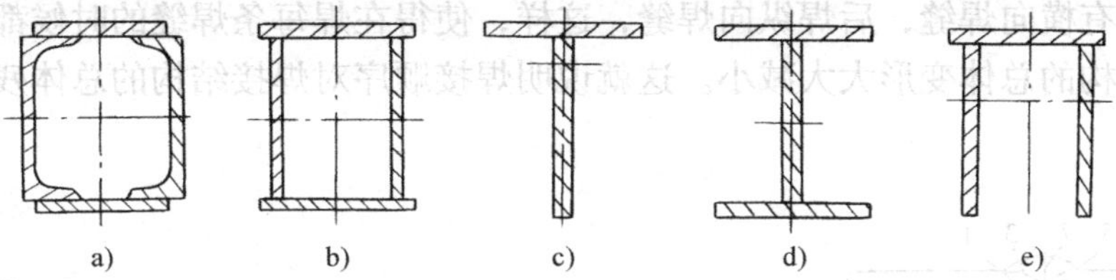

图 10-22 几种梁的横截面形状

一般说来，对于短而粗的焊接结构，刚度较大；细而长的构件，抗弯刚度小，焊后容易产生弯曲变形。对于焊接结构由于刚度的影响而产生的变形，必须要综合考虑上述的几个方面，才能得出较符合实际的估计。

三、装配及焊接顺序对结构变形的影响

一个焊接结构的刚度是在装配、焊接过程中逐渐增大的，结构整体的刚度总比它的零件或部件的刚度大。所以对于横截面对称、焊缝布置也对称的简单结构，采用先装配成整体，然后再焊接的顺序进行生产，就可以减少变形。图 10-23 是工字梁的两种装焊顺序图，若按图中 b 所示的边装边焊的顺序进行生产，焊后就会产生较大的上拱弯曲变形。若采用图中 c 所示整体装配后再焊接的顺序，焊后工字梁的弯曲变形就可减小。

但是，并不是说所有焊接结构都可以采用先总装后焊接的顺序，一定要视具体情况而定。

同时，有了合理的装配顺序还需要有合理的焊接顺序配合。因为即使焊缝布置对称的结构，在相同的焊接条件下进行焊接，每道焊缝所引起的变形并非相互抵消，而是先焊的焊缝引起的变形最大，最后的变形方向总是和最先焊的焊缝引起的变形方向一致。例如，工字梁当整体装配好以后（见图 10-23c），按图先焊 1′和 2′，然后焊接 3′和 4′，焊后同样还会发生上拱的弯曲变形。而如果按 1′、4′、2′、3′的顺序进行焊接，焊后弯曲变形将会减小。又如图 10-24 中的对接接头，尽管是采用对称的双 V 形坡口，但是由于焊接顺序不合理，同样会产生变形。

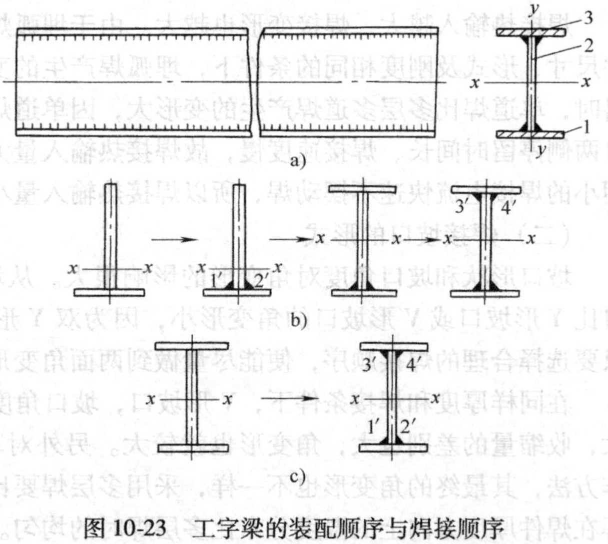

图 10-23 工字梁的装配顺序与焊接顺序
a）工字梁的结构形式 b）边装边焊顺序 c）整装后焊顺序
1—下盖板 2—腹板 3—上盖板

对焊缝布置不对称的焊接结构，也有可能利用调整焊接顺序来控制变形。如在拼接大面积的平板时，由于焊接顺序不当，往往会引起波浪变形。这种情况在石油容器、船体制造中是经常遇到的。图 10-25 所示是大面积平板拼接时的两种焊接顺序图，若按图 10-25a 所示的焊接顺序先焊所有的纵向焊缝，那么所有的横向焊缝的装配间隙、位置全被刚性地固定了，这样，在焊接横向焊缝的时候，横向焊缝就没有自由收缩的可能，就会产生较大的内应力，以致引起波浪变形。严重时，在焊缝处可能产生裂纹。相反，如果按图10-25b所示的顺序焊接，先焊所有横向焊缝，后焊纵向焊缝，这样，使得在焊每条焊缝的时候都能较自由地伸缩，就可使结构的总体变形大大减小。这就说明焊接顺序对焊接结构的总体残余变形的影响是较大的。

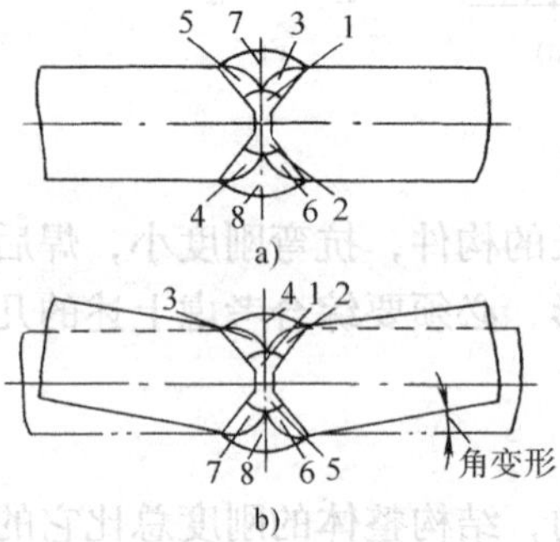

图10-24 双V形坡口对接接头的角变形
a）合理的焊接顺序 b）不合理的焊接顺序

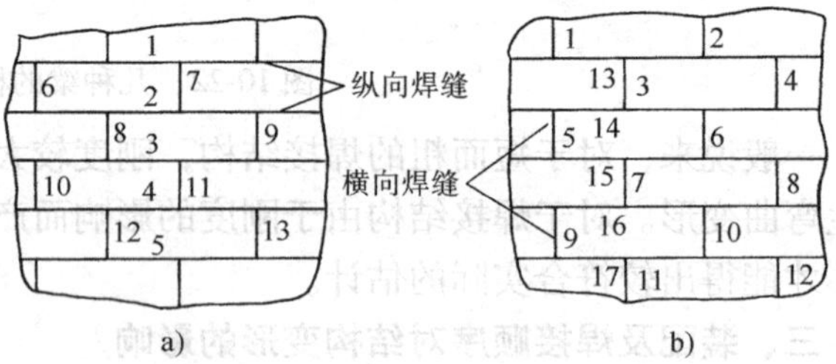

图10-25 大面积平板拼接时的焊接顺序
a）先焊所有纵向焊缝，后焊横向焊缝
b）先焊所有横向焊缝，后焊纵向焊缝

四、影响焊接变形的其他因素

（一）焊接热输入

焊接热输入越大，焊接变形也越大。由于埋弧焊比焊条电弧焊的热输入大，因此，在焊件尺寸、形式及刚度相同的条件下，埋弧焊产生的变形比焊条电弧焊大。焊接同样厚度的材料时，单道焊比多层多道焊产生的变形大，因单道焊焊接电流大、焊条摆动慢、摆幅大、坡口两侧停留时间长、焊接速度慢，故焊接热输入量大，产生的变形就大；而多层多道焊是采用小的焊接电流快速不摆动焊，所以焊接热输入量小，焊后变形也小。

（二）焊接坡口的形式

坡口形状和坡口角度对角变形的影响很大。从坡口形状来看，双Y形坡口或双V形坡口比Y形坡口或V形坡口的角变形小，因为双Y形坡口或双V形坡口是两面进行焊接的，只要选择合理的焊接顺序，便能尽量做到两面角变形互相抵消。

在同样厚度和焊接条件下，V形坡口，坡口角度大，焊缝上下部分熔敷金属体积相差较大，收缩量的差别也大，角变形也就较大。另外对单面V形坡口来说，采用不同的焊接操作方法，其最终的角变形也不一样，采用多层焊要比单层焊时的角变形大，这主要因为单层焊在焊件厚度方向上的温度分布比多层焊时的均匀。

在对接多层焊时，角变形的角度 α 随着焊接层数的增多而增加。U形坡口较V形坡口的角变形小，但一般比双V形坡口大。

（三）焊缝长度

焊缝越长，则焊接变形越大。

（四）焊接方向

对于直通焊（即对一条对接焊缝，按同一方向从头到尾的焊接方法），不管焊缝有多么长，其横向受力的分布都是在焊缝末端产生大的拉应力，中段受到大的压应力。而且焊缝越长，直通焊末端的拉应力和中段的压应力就越大，由此而产生的变形也就越大，图 10-4d 中的焊接变形情况就是朝一个方向的直通焊所引起的。

（五）金属材料的线胀系数 α

线胀系数 α 大，则金属材料焊后的收缩变形也大。如铝、不锈钢、碳钢的 α 依次减小，则铝的收缩变形最大，其次为不锈钢，碳钢的变形最小。

（六）焊接方法

在焊接过程中，焊件受热越多，焊件扭曲和变形的程度也就越严重。一般说，采用气焊的变形大于电弧焊，这是因为尽管电弧焊热能大，但其焊接速度也大，故受热面较气焊小。

另外，焊件的自重、装配间隙的大小等都会影响着变形量。

总之，各种影响焊接变形的因素并不是孤立地起作用，而是共同起作用的。这就要求在分析焊接结构的应力和变形时，要考虑各种影响因素，以便能制定出较合理防止变形的措施。

第四节　控制和矫正焊接残留变形的方法

在焊接结构中，焊接应力和焊接变形并不是孤立的两种现象，它们往往既是同时存在，又是相互制约的。如在焊接过程中，常采用焊接夹具等刚性固定法施焊，这样焊接变形虽减小了，而焊接应力却增加了；反之，为使焊接应力减小，就要允许焊件有一定程度的焊接变形。但在生产中，我们往往要求焊接结构既不存在大的焊接残留变形，又不允许存在较大的焊接应力。

为了减少焊接残留应力及焊接残留变形，可以从设计和工艺两个方面着手解决。

一、控制焊接残留变形的措施

（一）设计措施

焊接残留变形的控制，首先要从设计上进行考虑，正确的设计方案是控制焊接残留变形的根本措施。

1. 选用合理的焊缝尺寸　焊缝尺寸增加，焊接残留变形也随之加大。但过小的焊缝尺寸，将会降低结构的承载能力，并使接头的冷却速度加快，容易产生裂纹、热影响区硬度增高等缺陷。因此，应该在满足结构的承载能力和保证质量的前提下，依据钢板的厚度来选取工艺上可能采用的最小焊缝尺寸，不同厚度低碳钢的最小角焊缝尺寸，见表 10-2。

表 10-2　低碳钢板角焊缝的最小焊缝尺寸　（单位：mm）

板　厚	$\delta \leqslant 6$	7～18	19～30	31～50	51～100
最小焊脚尺寸	3	4	6	8	10

2. 尽可能地减少焊缝的数量　适当选取板壁的厚度，可减少肋板的数量，从而减少焊缝和焊后的整体变形矫正量。对自重要求不严格的焊缝，这样做即使重量较大，但仍是比较经济的。

对于薄板结构，可以用压型结构来代替肋板结构，以减少焊缝数量，防止变形，如图 10-26 所示。

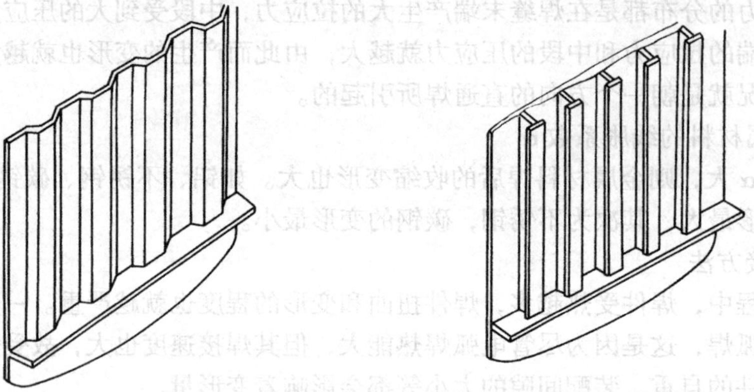

a)　　b)

图 10-26　减少焊缝数量

a）压型板　b）拼焊板

3. 合理安排焊缝位置　焊缝对称于构件横截面的中性轴，或使焊缝接近中性轴，可减少弯曲变形，见图 10-27。图 10-27a 弯曲变形最大，图 10-27b、c 均可减少弯曲变形。

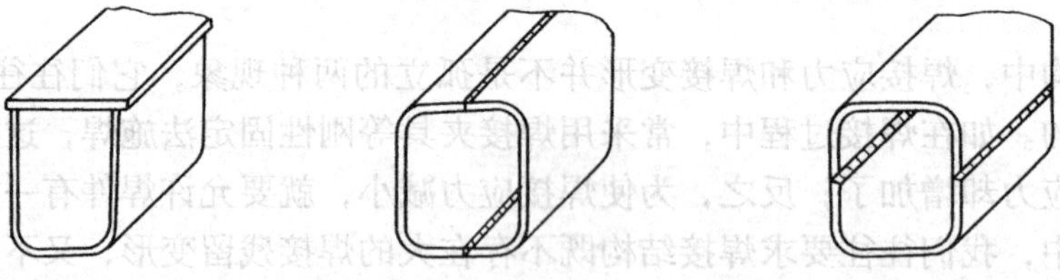

a)　　b)　　c)

图 10-27　合理安排焊缝位置

4. 预留收缩余量　焊件焊后产生的纵向和横向收缩变形，可通过对焊缝收缩量的估算，在设计时应预先留出收缩余量进行控制。

5. 留出装焊卡具的位置　在结构上可留有装焊卡具的位置，以使在焊接过程中，可以利用夹具来控制减少变形。

（二）工艺措施

正确的设计并不能完全控制焊接残留变形，只有利用正确的工艺方法才是控制焊接残留变形的重要措施。

1. 选择合理的装焊顺序　装焊顺序对焊接结构变形的影响是很大的，由于装焊顺序不当，往往会影响到整个工序的顺利进行，并使整个焊接结构产生较大变形。

在焊接内部有大小肋板的封闭箱形梁时（见图 10-28），不能先总装后焊接，必须先制成“Π”形梁以后才能制成箱形梁如图 10-29 所示。

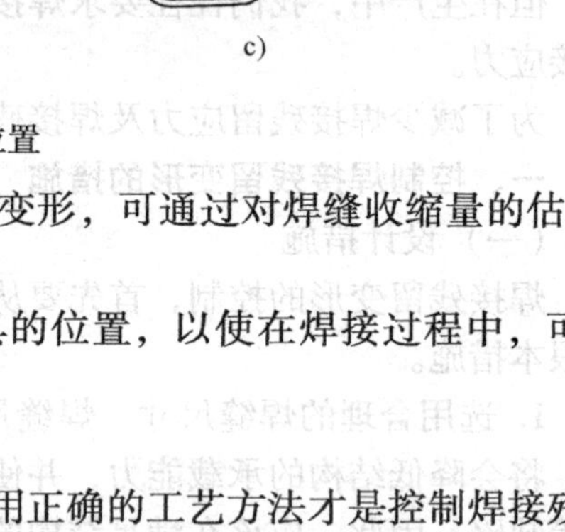

图 10-28　封闭的箱形梁结构

1—腹板　2—下盖板

3—上盖板　4—大小肋板

图 10-29 是两种装焊方案，图 10-29a 是属于边装边焊的装焊顺序，先是箱形梁上盖板与大小肋板装配，焊接 1 缝，然后同时装配两块腹板，焊接 2 缝和

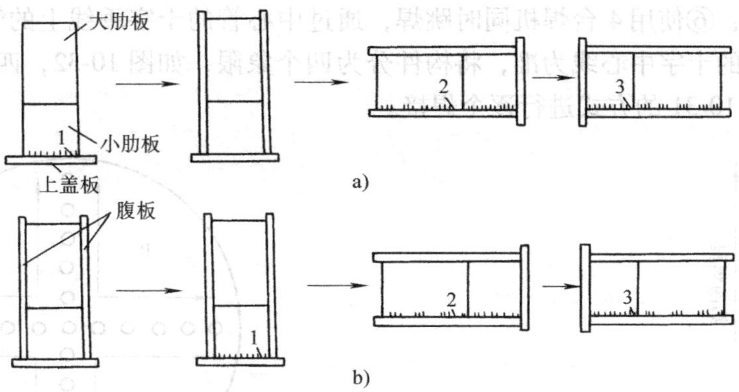

图 10-29　“П”形梁的两种装焊方案

3 缝；图 10-29b 是属于整装后焊的装焊顺序，先把“П”形梁全部装配好，然后焊接 1 缝，接着焊接 2 缝和 3 缝。比较结果是图 10-29a 所示的边装边焊的装焊方案焊后产生的弯曲变形最小。这是因为按这个方案焊接时，焊缝 1 的位置几乎与上盖板截面重心重合，焊接 1 缝时对“П”形梁的弯曲变形没有影响，此后再焊接 2、3 焊缝时，一方面结构刚度大了，另一方面焊缝 2、3 距整个结构断面重心尚较对称。而按 b 方案装焊，焊缝 1 的位置距结构断面重心较远，即在“П”形梁截面上偏心较大，因而焊后整个梁易向焊缝 1 方向弯曲。这个实例说明，对于结构不对称的焊缝更应注意合理安排装焊顺序。

又如某大型管子管板结构如图 10-30 所示，上栅板直径为 13000mm，下栅板直径 10300mm，在栅板上焊接 2000 多根不锈钢管，由于工程上的使用要求，规定在不锈钢管焊接以后必须满足上下栅板的径向收缩不大于 8mm，回转变形量不大于 3.5mm，对于焊接有许多管子的大型构件，要保证达到上述焊接变形量的要求，在技术上是有很大难度的，只有制定合理的装焊顺序，最终才能满足技术要求。

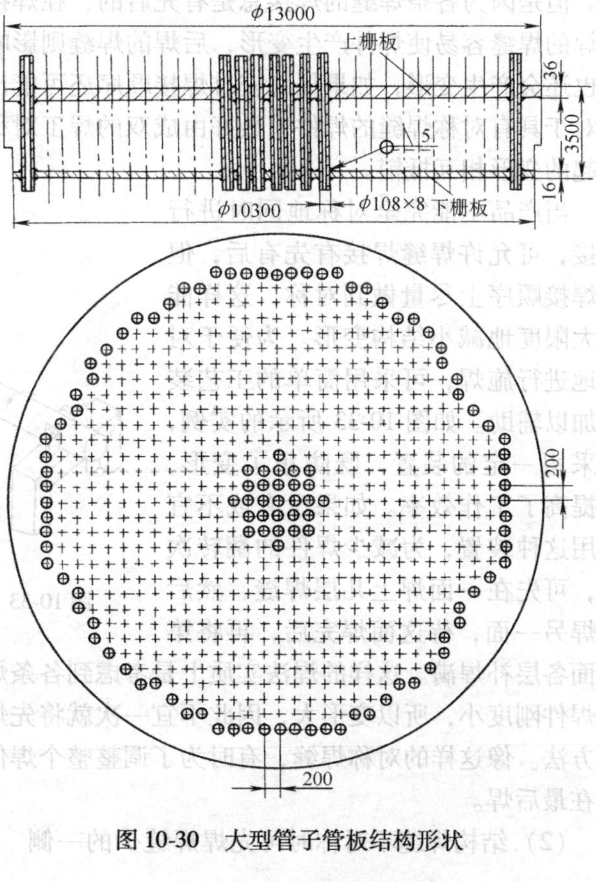

图 10-30　大型管子管板结构形状

其装配焊接顺序是：①在上下栅板之间相对应的位置上同时焊接；②先焊接构件内的中心管；③装配的定位焊通过中心管的十字垂线上的两排管子；④为增加下栅板的刚度，应将该板边缘均匀的 32 根管子先行焊接完毕；⑤在下栅板下面焊接 8 个径向滑槽，使下栅板在焊接过程中只能作径向收缩，不能作周向回转，以防止其扭曲变形过大；⑥使用4台焊机同时跳焊，通过中心管的十字垂线上的管子，如图10-31所示；⑦以构件的十字中心线为准，将构件分为四个象限，如图10-32，四个象限中的管接头分别同时按图10-31的方式进行逐个焊接。

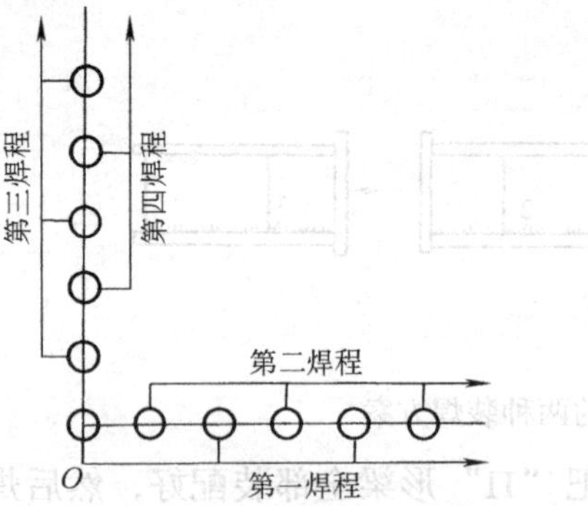

图10-31 焊接位置顺序

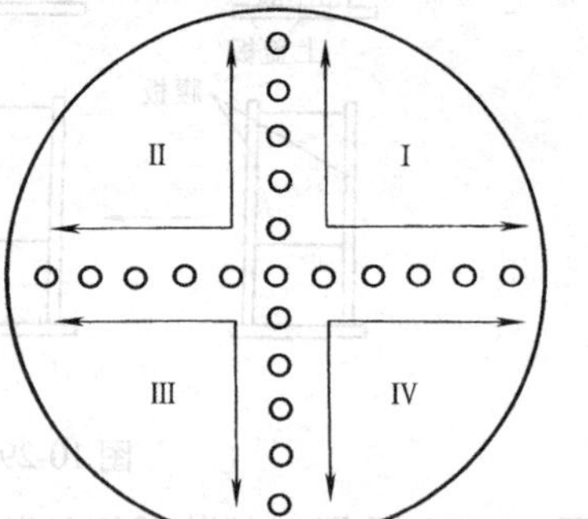

图10-32 焊接方式

2. 选择合理的焊接顺序　有了合理的装焊顺序，如果没有合理的焊接顺序，变形照样会发生，前面所讲工字梁的焊接就是一例。在实践中，为了减少结构变形，合理安排焊接顺序有如下几个原则：

（1）采用对称焊接　在生产中会遇到很多结构设计对称的焊件，它具有对称布置的焊缝。但是因为各条焊缝的焊接总是有先后的，在焊接过程中焊件所出现的刚度也不同，一般先焊的焊缝容易使焊件产生变形，后焊的焊缝则影响小些。往往对于焊缝对称的焊件，在焊后也还会产生变形，如果任意安排焊接顺序还可能出现更严重的变形。为解决这个问题，我们对于具有对称焊缝的焊件，最好由成双的焊工对称地进行焊接，这样可以使由各焊缝所能引起的变形相互抵销。

当产品不能完全对称地同时进行焊接，可允许焊缝焊接有先有后，但在焊接顺序上尽量做到对称，这样能最大限度地减小结构变形。为便于对称地进行施焊，可采用简单的工艺装备加以辅助。如图10-33所示的实例，它采用一定的装置，既防止了变形，又提高了工作效率。如果没有或不宜采用这种装置，为减少焊件的翻转次数，可先在一面焊上几层焊缝，然后再焊另一面，待这面焊完后，再将第一面各层补焊满。这样的焊法实质上是考虑到各条焊缝对变形的影响，即先焊的焊缝由于当时焊件刚度小，所以变形大，因此不宜一次就将先焊的焊缝焊满。实际上这还属于对称焊接的方法。像这样的对称焊缝，有时为了调整整个焊件的变形情况，可将第一面最后几层焊缝留在最后焊。

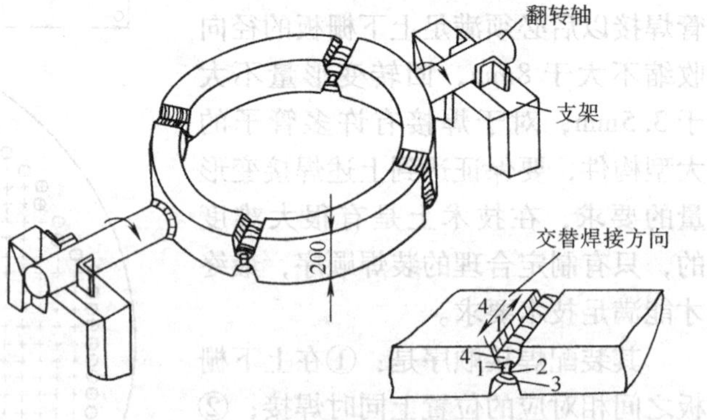

图10-33 3.6m^3煤气炉钢圈焊接装置及焊接顺序

（2）结构焊缝不对称时可先焊焊缝少的一侧　在实际生产中，遇到的往往是焊缝不对称的焊接结构。

如图 10-34a 所示为一压力机用的压型上模，由于焊缝不对称，即断面重心线以上的焊缝多于断面重心线以下的焊缝，所以在焊后往往产生下挠弯曲变形（即焊件向着焊缝多的一侧发生弯曲）。解决的办法就是采用两人对称地先焊只有两条焊缝的一侧，即先焊焊缝少的一边（图 10-34c 中的焊缝 1 和 1′），这样，焊后就造成了如图 10-34b 的上拱变形。由于这两条焊缝焊后增加了焊件的刚度，当在焊接另一侧的四条焊缝时（图 10-34d 所示先焊 2 和2′，再焊 3 和 3′），焊缝的收缩变形受到了较大的阻碍，故四条焊缝收缩引起的变形也就较小。同时，由焊缝 1 和 1′及 2 和 2′、3 和 3′所引起的弯曲变形的方向正好相反，而且基本上相互抵消，这样焊后就基本上防止了下挠变形。

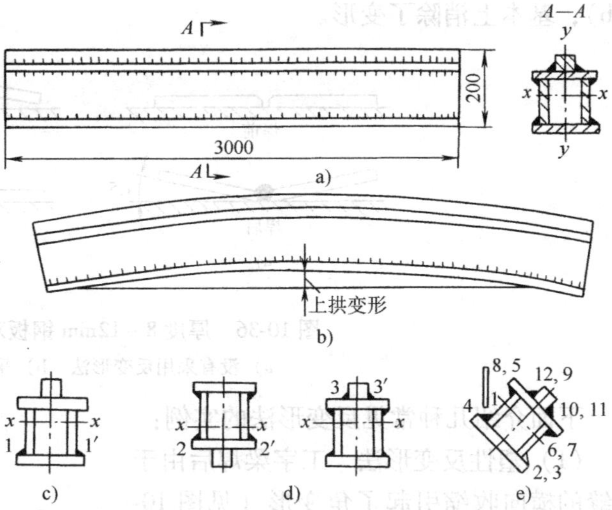

图 10-34　压力机用的压型上模的焊接顺序

a）压型上模结构图　b）、c）、d）两人对称焊接顺序

e）单人“船形”焊接顺序

当只有一个焊工操作时，则采用“船形”位置进行焊接（图 10-34e），由于是多层焊，焊接顺序应按图中所示进行，总的规律也还是焊缝少的一侧先焊，这样焊后变形最小。

（3）采用不同的焊接顺序　对焊件上的长焊缝，如采用连续的直通焊法，将会使焊件产生较大的变形，这是由于连续焊接对焊接结构长时间加热的结果。在可能的情况下，将连续焊缝改成断续焊缝，则可减少焊缝和焊件由于受热而产生的塑性变形。或者采用不同的焊接方向和顺序，可使局部焊缝变形适当减小或相互抵消，从而达到减小总体变形的目的。

当焊缝长在1m 以上时，可采用分段退焊法、分中分段退焊法、跳焊法、交替焊法，对中等长度（0.5～1m）的焊缝，可采用分中对称焊法。以上方法见图 10-35。

一般退焊法和跳焊法，每一段焊缝长度约为 100～350mm 较适宜。交替焊法因工作位置移动次数太多，故较少采用。

要注意的是，在焊接重要焊缝时（如压力容器和承载较大的结构的主要焊缝），若采用不同焊接顺序的焊接方法，由于焊缝接头增多，必须认真操作，保证焊缝质量。

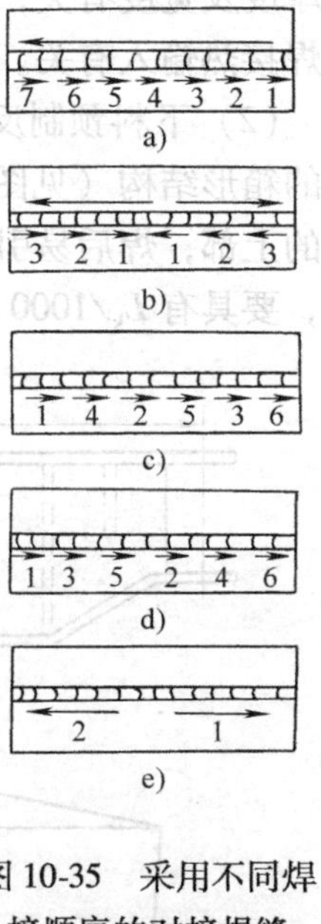

图 10-35　采用不同焊接顺序的对接焊缝

a）分段退焊法

b）分中分段退焊法

c）跳焊法

d）交替焊法

e）分中对称焊法

3. 反变形法　为了抵消（补偿）焊接变形，在焊前进行装配时，先将焊件向与焊接变形相反的方向进行人为的变形，这种方法叫做反变形法。实践表明，这种方法是切实可行的。如图 10-36a 所

示是厚度为 8～12mm 的钢板 V 形坡口单面对接焊的变形情况。当采用反变形法后见图 10-36b)，基本上消除了变形。

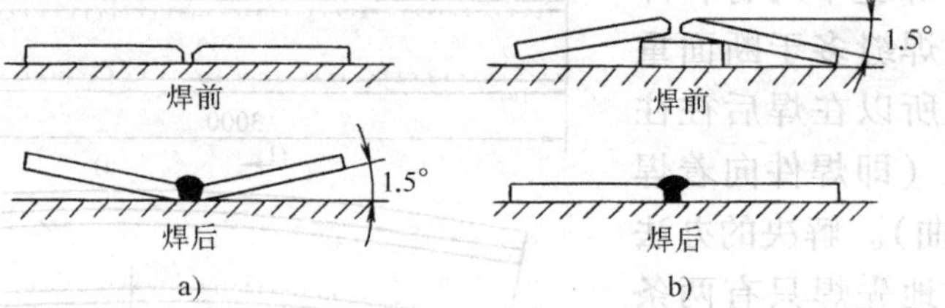

图 10-36　厚度 8～12mm 钢板对接焊的反变形

a) 没有采用反变形法　b) 采用反变形法

下面介绍几种常见反变形法的实例：

(1) 塑性反变形法　工字梁焊后由于焊缝的横向收缩引起了角变形（见图 10-37a)，如果采取在焊前预先把上下盖板压出如图 10-37c 所示的反变形（塑性反变形)，然后装配成图 10-37b 所示的形状进行焊接，即可消除盖板的焊后变形。工字梁上下盖板的变形量 a 的大小主要与翼板的厚度及宽度有关，此外还与腹板的厚度及焊接热输入有关。

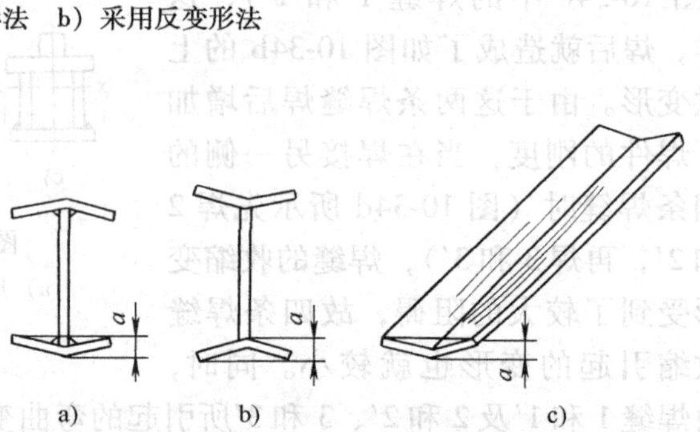

图 10-37　焊接工字梁的反变形法

(2) 下料预制反变形法　桥式起重机的主梁（两根）是由左右腹板和上下两块盖板组成的箱形结构（见图 10-38a)，为了提高刚度，梁内设有大小隔板。由于焊缝大部分集中在梁的上部，焊后易引起下挠的弯曲变形。但该起重机的技术要求是当两根主梁装焊成桥架后，要具有 $L_k/1000$ 的上挠（L_k——桥式起重机的跨度）。为解决焊后变形与技术要求的矛

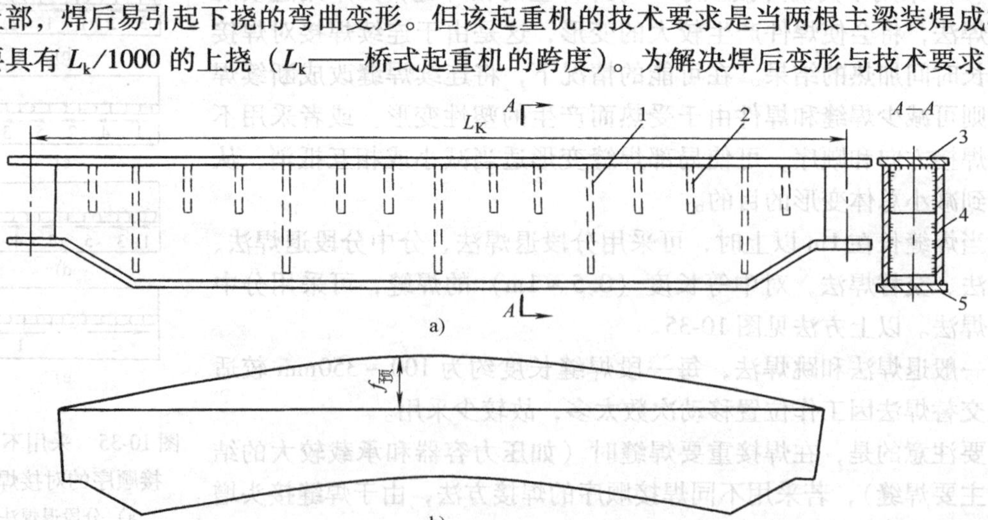

图 10-38　桥式起重机主梁防止下挠焊接变形的反变形法

a) 结构示意图　b) 主梁腹板下料预制上拱示意图

1—大肋板　2—小肋板　3—上盖板　4—腹板　5—下盖板

盾，常采用腹板预制上拱度的方法，即在备料时，预先使两块腹板在拼接时具有大于 $L_K/1000$ 的上拱（见图 10-38b）。腹板预制上挠值 $f_{预}$ 的大小，不仅与梁的结构形状和尺寸大小有关，而且与装配顺序和焊接顺序等有很大关系，必须根据不同实际情况予以确定。

4. 刚性固定法　刚性固定法是采用强制的手段来减小焊后的变形。如在焊接薄板时，可将板的四周用定位焊与平台焊牢，在焊接时易出现波浪变形的区域用重物压住，这样在焊后可减小变形。定位焊等均应在焊缝全部冷却后拆除，否则会影响刚度固定的效果。

在钢板对接焊时，也可采用加“马”的方法来控制变形，如图 10-39 所示。这种方法应用较广。

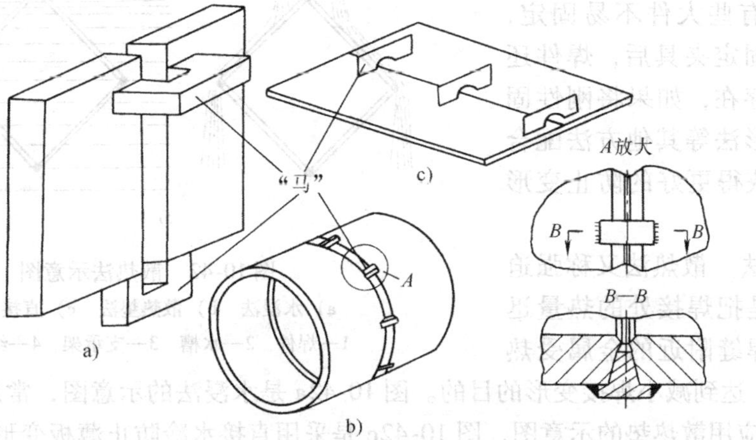

图 10-39　钢板对接焊时加“马”刚性固定

a）厚板电渣焊对接　b）厚板环缝对接　c）一般钢板对接

对于一般小型焊件可采用临时支撑的刚性固定法，如图 10-40 所示即为这种方法的实例。

图 10-41 所示是起重机小车行走轮支承弯板的焊接。由于焊缝的不对称，在单个支承弯板焊接后必定会产生较大的变形。但设计上要求每个支承弯板的形状尺寸都相同。此时可将四个支承组成如图 10-41b 所示的对称组合件，则可显著地提高了刚度，对单个支承的焊接来说即被刚性固定了。然后对称地焊接所有的立板与弯板之间的焊缝，焊后从中心线切割出四个支承来。这样既保证了焊件形状和尺寸一定，又减小了变形。同时一次装焊四件，提高了生产率。

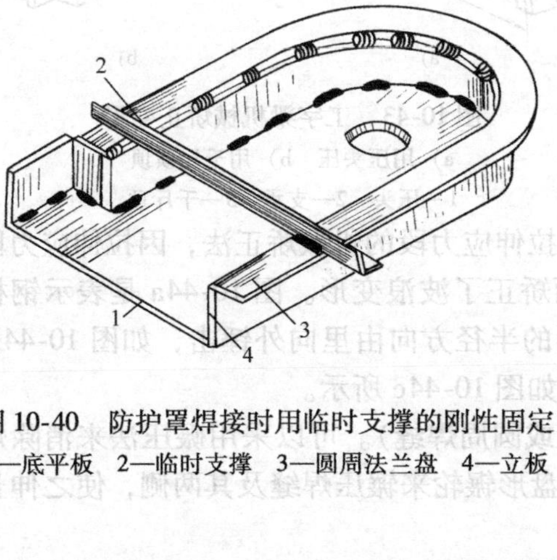

图 10-40　防护罩焊接时用临时支撑的刚性固定

1—底平板　2—临时支撑　3—圆周法兰盘　4—立板

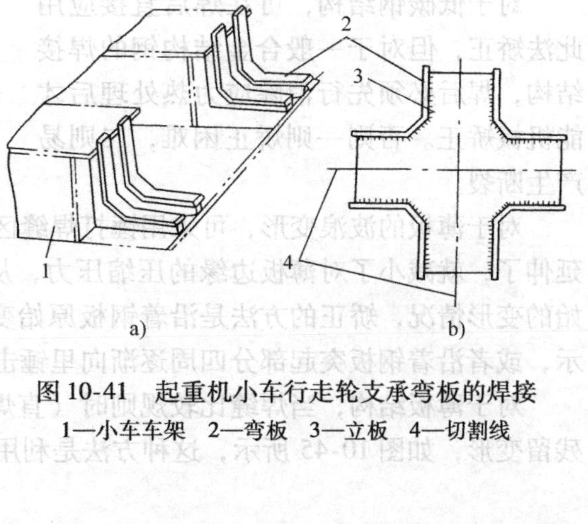

图 10-41　起重机小车行走轮支承弯板的焊接

1—小车车架　2—弯板　3—立板　4—切割线

刚性固定法对减小变形很有效，在焊接时不必过分考虑焊接顺序。但在应用刚性固定法的同时，还必须考虑到材料的性能，因为刚性固定阻碍了焊件的自由收缩，将会在结构中出现较大的应力。对脆性较大的铸铁及易淬火的中碳钢等材料，则可能导致裂纹。另外有些大件不易固定，在焊后撤消固定夹具后，焊件还有少许变形存在，如果将刚性固定法和反变形法等其他方法配合使用，就会获得更好的防止变形的效果。

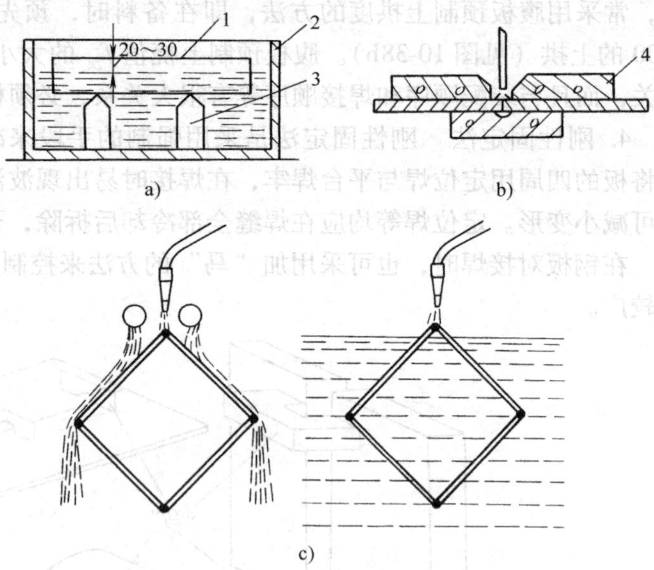

图 10-42　散热法示意图

a）水浸法　b）散热垫法　c）直接水冷

1—焊件　2—水槽　3—支承架　4—纯铜板

5. 散热法　散热法又称强迫冷却法，就是把焊接处的热量迅速散走，使焊缝附近的金属受热区大大减小，达到减小焊接变形的目的。图 10-42a 是水浸法的示意图，常用于堆焊和补焊，图 10-42b 是应用散热垫的示意图，图 10-42c 是采用直接水冷防止薄板变形的示意图，散热法对具有淬火倾向的钢材是不宜采用的，否则易产生裂纹。

二、焊接残留变形的矫正

焊接残留变形，大部分是可以矫正的。各种矫正变形的方法其实质都是设法造成新的变形去抵消残留变形。生产上常用机械矫正法和火焰矫正法两种。

（一）机械矫正法

机械矫正法就是利用机械力的作用来矫正变形，如用千斤顶及压力机等。图 10-43 是利用压力机来矫正工字梁变形的实例。

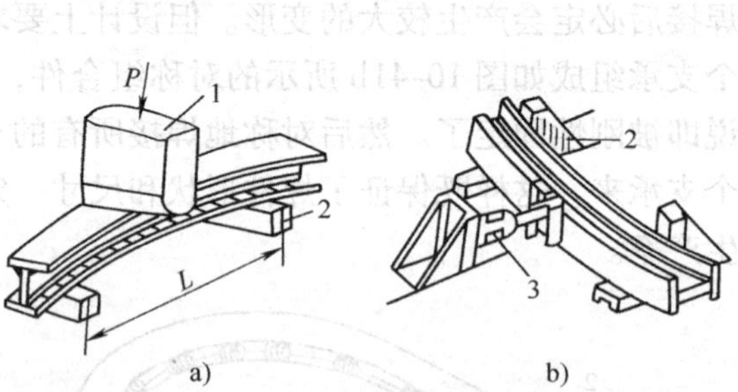

图 10-43　工字梁机械矫正变形

a）用压头压　b）用千斤顶顶

1—压头　2—支承　3—千斤顶

对于低碳钢结构，可在焊后直接应用此法矫正，但对于一般合金结构钢的焊接结构，焊后必须先行消除应力热处理后才能机械矫正。否则一则矫正困难，二则易产生断裂。

对于薄板的波浪变形，可采用锤打焊缝区的拉伸应力段的机械矫正法，因拉伸应力段如延伸了，就减小了对薄板边缘的压缩压力，从而矫正了波浪变形。图 10-44a 是表示钢板原始的变形情况，矫正的方法是沿着钢板原始变形的半径方向由里向外锤击，如图 10-44b 所示，或者沿着钢板突起部分四周逐渐向里锤击，如图 10-44c 所示。

对于薄板结构，当焊缝比较规则时（直焊缝或圆周焊缝）。可以采用碾压法来消除焊接残留变形，如图 10-45 所示，这种方法是利用圆盘形辗轮来辗压焊缝及其两侧，使之伸长来达到消除变形的目的，这种方法具有效率高、质量好等优点。

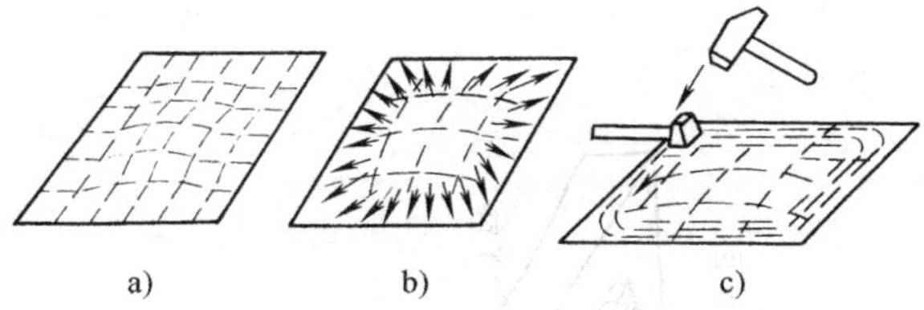

图 10-44 手工矫正薄板波浪变形

（二）气体火焰矫正法

气体火焰矫正法即是用氧乙炔火焰或其他气体火焰，以不均匀加热的方式引起结构变形来矫正原有的残留变形。这种矫正法的关键是掌握火焰局部加热引起变形的规律，以便定出正确的加热位置，然后将变形构件的局部加热到600～800℃的温度（钢板呈褐红色至樱红色之间），再经加力和自然冷却或强制冷却，使这些局部产生变形，来抵消原有的变形。火焰矫正法不仅适用于低碳钢，而且还适用于部分强度级别较低的低合金钢结构，下面介绍几种以不同加热方式进行火焰矫正的实例。

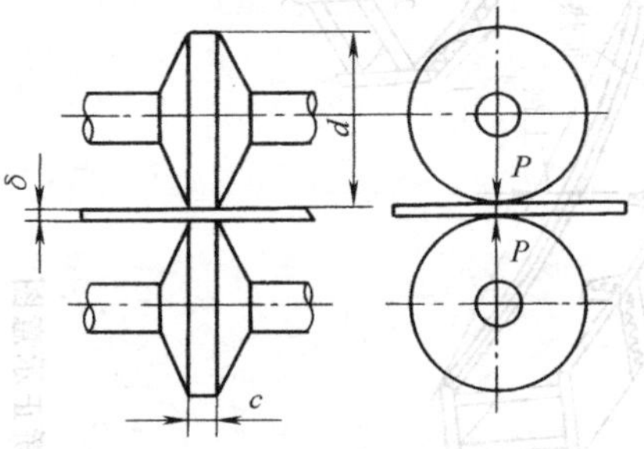

图 10-45 薄板碾压矫正变形

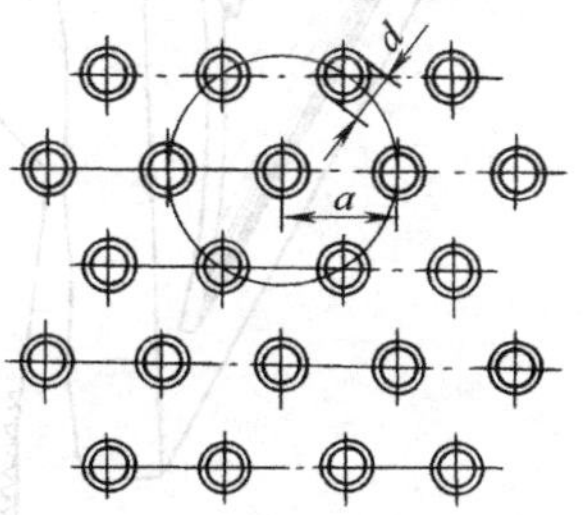

图 10-46 梅花式点状加热

1. 点状加热矫正　图 10-46 就是用点状加热矫平钢板的形式，这是多点加热的方式，加热点直径 d 一般不小于 15mm，加热时，点与点距离 a 应随变形量的大小而变，残余变形越大，a 越小，一般在 50～100mm 之间。为提高矫正速度和避免冷却后在加热处产生小泡突起，往往在加热完每一个点后，立即用木锤锤打加热点及其周围，然后浇水冷却。此法常用于矫正厚度在 8mm 以下的钢板的波浪变形。

点状加热也可用于钢管的弯曲矫正，加热点分布如图 10-47 所示，加热温度为 800℃，加热速度要快，加热一点后迅速移到另一点加热。经同样方法加热、冷却一到二次，即能校直。

2. 线状加热矫正　火焰沿着直线方向移动，或者同时在宽度方向作横向摆动，形成带状加热，见图 10-48。加热线的横向收缩大于纵向收缩，应尽可能发挥加热线横向收缩的作用。加热线的宽度越大，横向收缩也越大，加热线宽度一般取钢板厚度的 0.5～2 倍左右。线状加热多用于变形较大或刚度较大的结构，也可矫平钢板。图 10-49 所示是应用线状加热矫正的示意图。

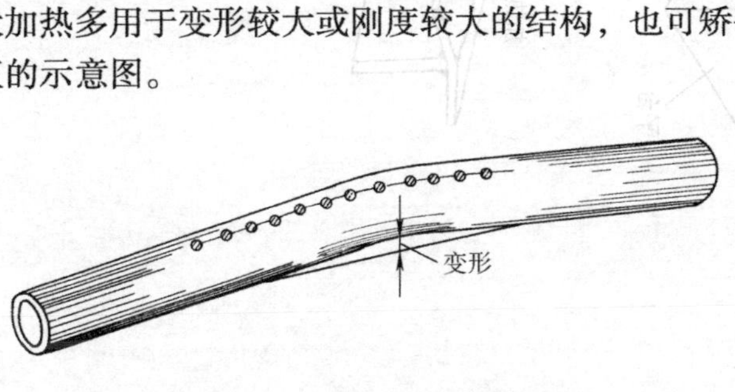

图 10-47 钢管局部弯曲矫直

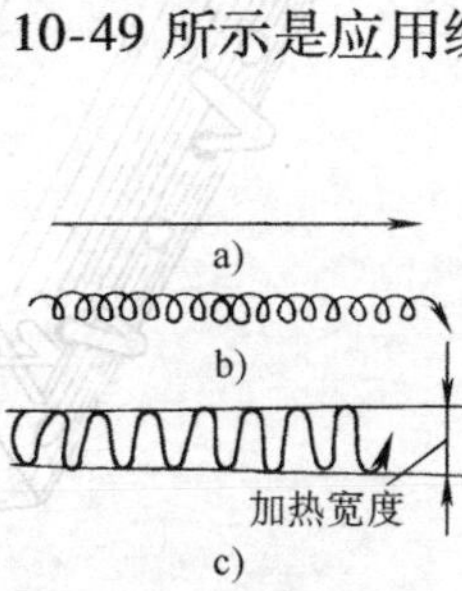

图 10-48 线状加热

a）直通加热　b）链状加热　c）带状加热

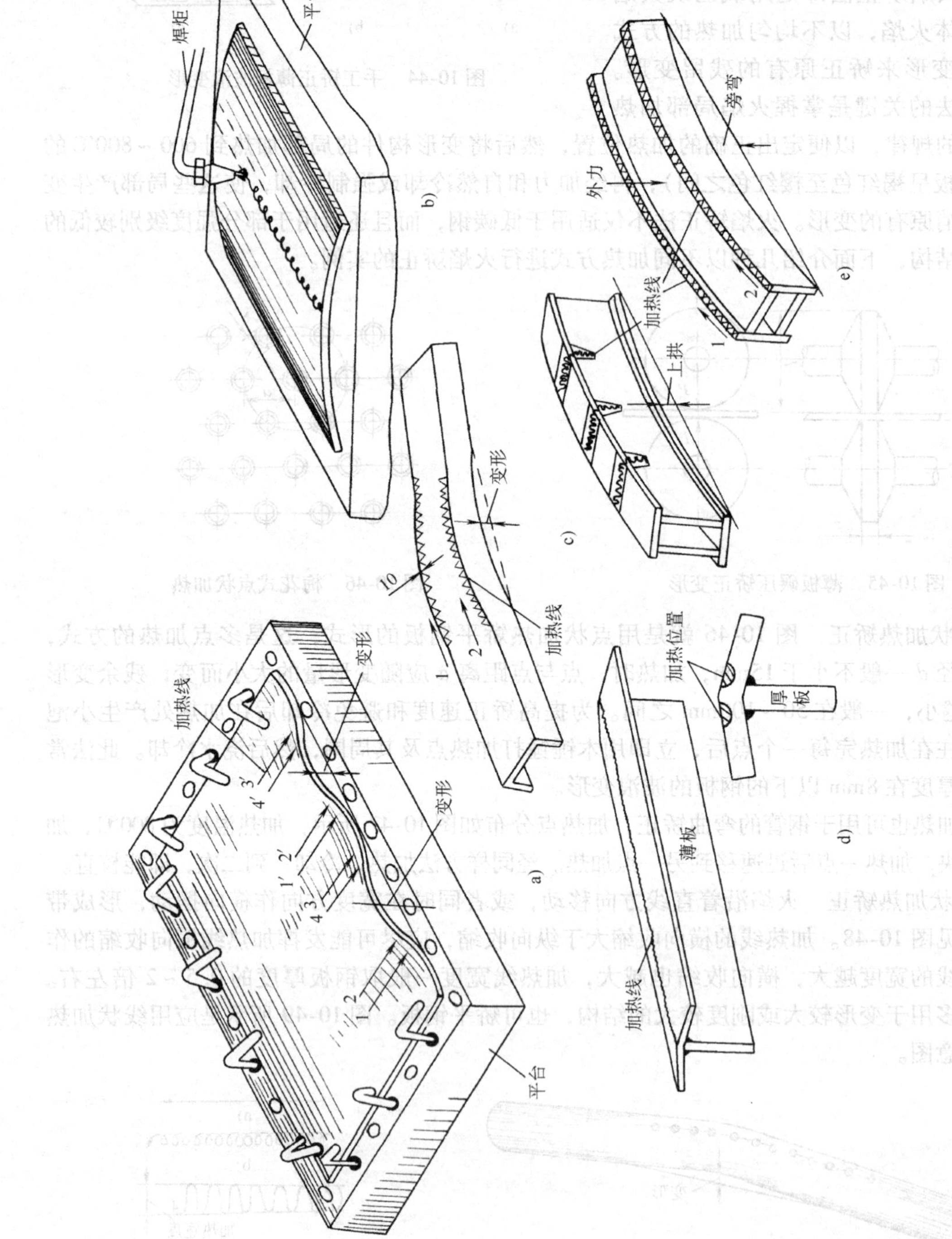

图10-49 线状加热矫正示意图
a)薄钢板 b)厚钢板 c)槽钢 d)T形梁 e)箱形梁

线状加热矫正还可同时用水冷却，则称为水火矫正，如图 10-50 所示。水火距离通常在 25 ~ 30mm 左右。这种方法一般用于厚度小于 8mm 以下的钢板。对于允许用水火矫正的低合金钢，在矫正时应根据不同钢种把水火距离拉得远些。

3. 三角形加热矫正　三角形加热即加热区域呈三角形状，多用于矫正弯曲变形。加热在弯曲构件的凸缘，而三角形的底边在被矫正构件的边缘，顶点朝内。由于三角形加热面积较大，因而收缩量也较大，故用于矫正厚度较大、刚度较强的构件的弯曲变形。可以用两个或更多个焊炬同时加热。在加热过程中可视结构具体情况加外力或用水急冷。图 10-51 为 T 形梁的三角形加热矫正。

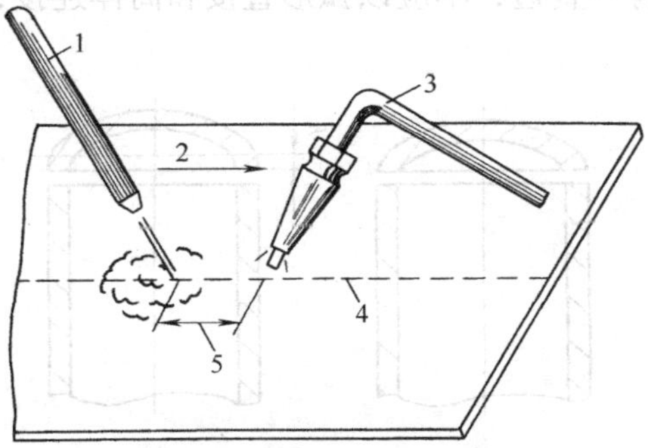

图 10-50　水火矫正
1—水管　2—加热方向　3—焊炬
4—加热线　5—水火距离

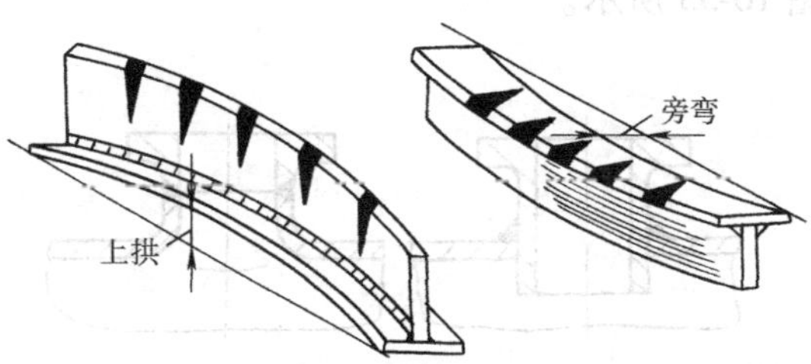

图 10-51　T 形梁的三角形加热矫正

4. 气体火焰矫正的注意事项

1）首先应了解被矫正结构的材质，矫正后性能有显著下降的，不宜采用火焰矫正。一般情况下，焊接性较好的材料，如低碳钢，强度级别较低的低合金铜等均可采用，而且当板厚不大时，还可用水火矫正。

火焰矫正时的加热温度最低可到 300℃，最高温度要严格控制，碳钢的加热温度不宜超过 850℃（呈淡樱红色），而低合金钢的加热温度不宜超过 Ac_1（呈褐红色至暗樱红色）。采用水火矫正时，要等钢材温度稍冷却到失去红态时，再进行浇水。

2）加热用火焰一般采用中性焰，如果要求加热深度小，可采用氧化焰。

3）薄板变形的火焰矫正过程中需要锤击时，应使用木锤锤击。

第五节　减小和消除焊接残留应力的方法

由于焊接残留应力会直接影响到焊接结构焊后的承载能力或抵抗破坏的能力，故防止或减少、进而消除焊接残留应力也是极为重要的课题。为了减小焊接残留应力，也可从设计和工艺两个方面着手加以解决。

一、减小焊接残留应力的措施

（一）设计措施

焊接残留应力的控制首先要从设计上进行考虑，正确的设计方案是控制其应力的根本措施。

1. 减少焊缝的数量及尺寸　应尽量减少焊缝的数量和尺寸。

2. 避免焊缝过分集中　焊缝过分集中将使应力叠加在一起，因此设计时应尽量使焊缝分开。如压力容器制造标准规定，相邻的两筒节间的纵缝和封头与相邻筒节的纵缝应错开，错开的间距应大于筒体厚度的3倍，且要求不小于100mm，并且不允许采用十字焊缝，因为十字焊缝交叉处会产生体积应力，降低材料塑性。

3. 采用刚度较小的接头形式　结构刚度增加时，焊接应力亦随之增大。因此，为减小焊接应力，应尽量采用刚度较小的接头形式。如用翻边连接代替插入式管连接，可以降低焊缝的刚度，减小应力，如图10-52所示。

4. 避免应力集中　在焊缝四周应尽量保持几何形状的连续性，避免突然的转变以引起应力集中。如容器封头与筒体的连接处，封头应有一直边，不应以弧形直接和筒体连接，如图10-53所示。

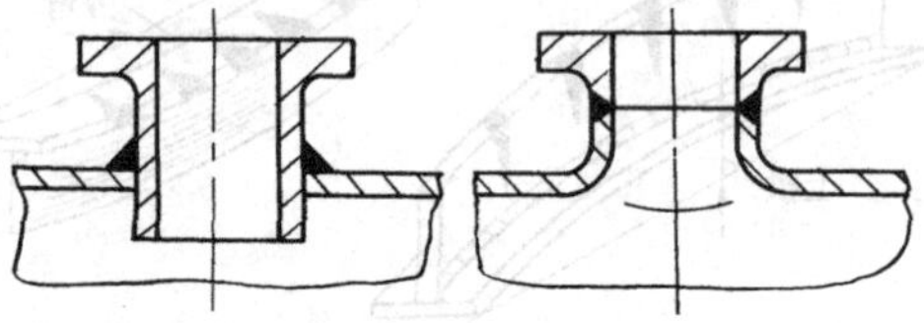

图10-52　焊接管连接
a）插入式　b）翻边式

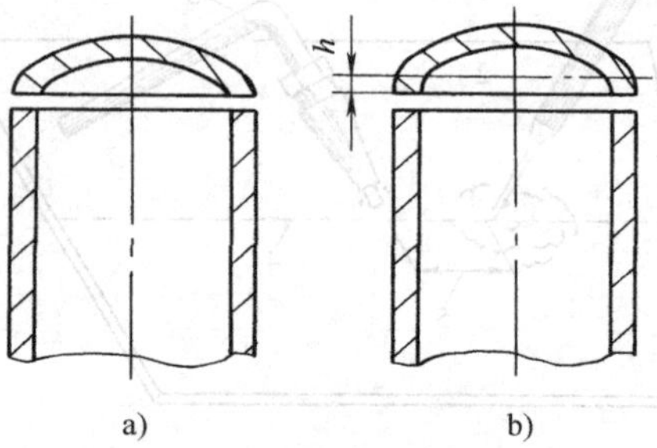

图10-53　容器封头与筒体联接
a）不正确　b）正确

（二）工艺措施

正确的设计并不能完全控制焊接残留应力，只有利用正确的工艺方法才是控制焊接残留应力的重要措施。

1. 选择合理的焊接顺序　为防止和减少焊接结构的残留应力，在合理安排焊接顺序时有几个原则：

（1）尽可能考虑焊缝能自由收缩　对大型的焊接结构来说，焊接应从中间向四周进行，如图10-54中箭头所示。因为只有这样才能使焊缝由中间向外依次收缩，减小焊接残留应力。

如图10-55所示带肋板的工字梁，若先进行盖板和腹板的焊接，再焊肋板和腹板的焊缝，由于角焊缝的横向收缩，会在盖板和腹板间角焊缝内造成很大的焊接残留应力。而按图10-55中所示顺序逐格并两边对称地焊接，使构件能自由收缩，焊接残留应力就会大大减小。

图10-54　大型容器底部拼板焊接顺序

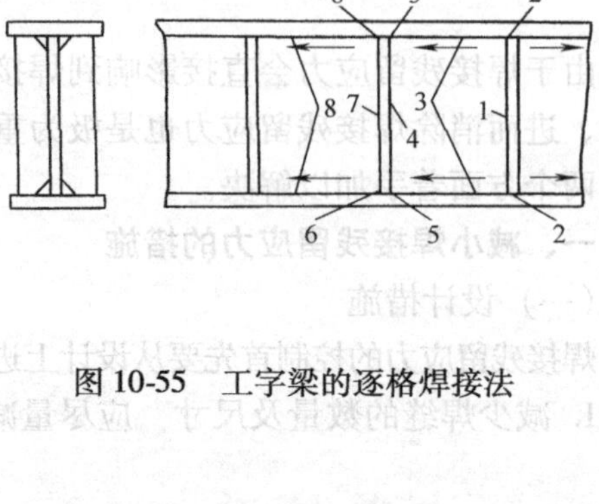

图10-55　工字梁的逐格焊接法

（2）收缩量最大的焊缝应当先焊　一般对焊接结构来说，先焊的焊缝受阻小，故焊后产生的焊接残留应力较小。而收缩量大的焊缝，容易产生较大的焊接残留应力，因此构件上收缩量最大的焊缝先焊就可以减小焊接残留应力。图 10-56 是一个带盖板的双工字钢构件，焊件上既有对接焊缝，也有角接焊缝时，应尽量先焊对接焊缝，因为对接焊缝的收缩量较大。

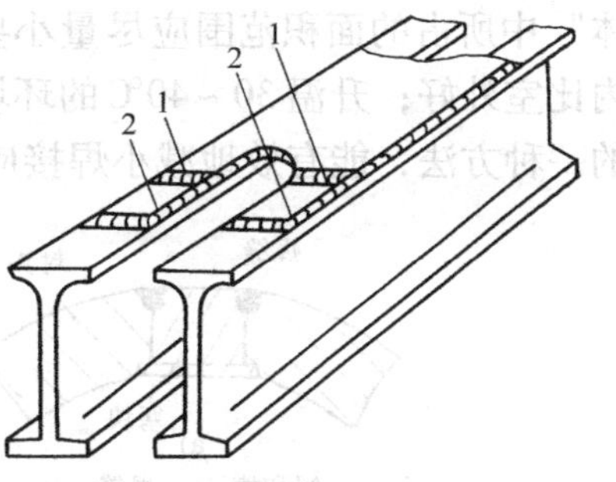

图 10-56　按收缩量大小确定焊接顺序
1—对接焊缝　2—角接焊缝

（3）在焊接平面上带有交叉焊缝的接头　焊接时必须采用保证交叉点部位不易产生缺陷的焊接顺序，例如 T 形焊缝和十字焊缝应按图 10-57 所示的顺序焊接，才能使横向收缩比较自由，有助于避免在焊缝的交叉点处产生裂纹。同时焊缝的起弧和收尾也可避开交叉点或虽然在交点上，但在焊接相交的另一条焊缝时，起弧或收尾处事先应被铲掉。

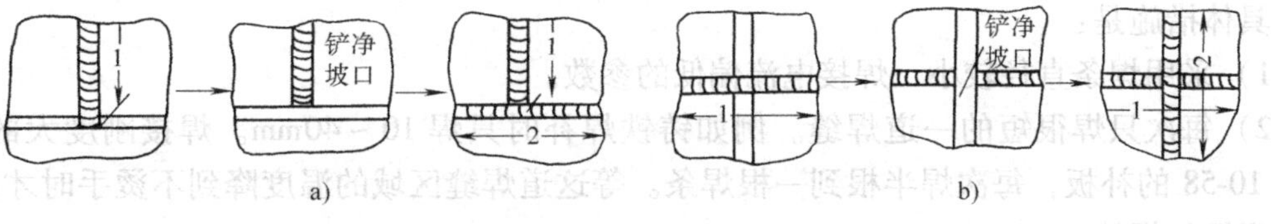

图 10-57　交叉焊缝的焊接顺序
a）T 形焊缝的焊接顺序　b）十字交叉焊缝的焊接顺序

2. 事先留出保证焊缝自由收缩的余量　船体或某些容器上，常常要将已有的孔用钢板堵焊起来，如图 10-58a 所示，这种环焊缝沿着纵向和横向均不能自由收缩。因此产生很大的焊接残留应力，在焊缝区特别是在焊第一、二层焊缝时，很容易产生被应力撕裂的热应力裂纹。这种裂纹产生在温度下降的过程中，总是沿着薄弱的断面开裂。克服的方法之一，是将补板边缘压出一定的凹鼓形，如图 10-58b 所示，焊后补板由于焊缝收缩而被拉成平直形，起到减小焊接残留应力，避免产生裂纹的作用。

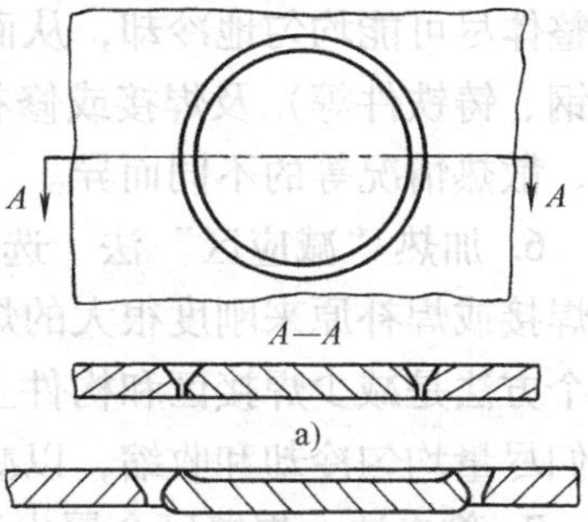

图 10-58　降低局部刚度法

3. 开缓和槽减小应力　厚度大的焊件刚度大，焊接时容易产生裂纹。在不影响结构强度性能的前提下，可以采用在焊缝附近开缓和槽的方法。这种方法的实质是减小结构刚度，尽量使焊缝有自由收缩的可能，图 10-59a 所示是一个圆形封头，需焊补上一塞块。因钢板较厚，又是封闭焊缝，焊后易裂。在这种情况下，可采取在靠近焊缝的地方开缓和槽的方法（图 10-59b）以减小该处的刚度，焊接时可避免裂纹。图 10-60 所示是锻焊结构，锻制的圆环套在轴上，焊接角焊缝。因为材料是合金钢，而且很厚，焊接时采用预热有困难。若采取如图 10-60 所示的开缓和槽后，则局部预热容易进行，焊接时可避免产生裂纹。

4. 采用“冷焊”的方法　这种方法的原则是使整个结构上的温度分布尽可能均匀。即要求焊接部位这个“局部”的温度应尽量控制得低些，同时这个“局部”在结构这一“整体”中所占的面积范围应尽量小些。与此同时，结构的整体温度则越高越好。例如冬季室内比室外好；升温 30 ~ 40℃的环境温度比一般室温好。这是使结构中温度差别尽可能缩小的一种方法，能有效地减小焊接应力和由此而引起的热应力裂纹。

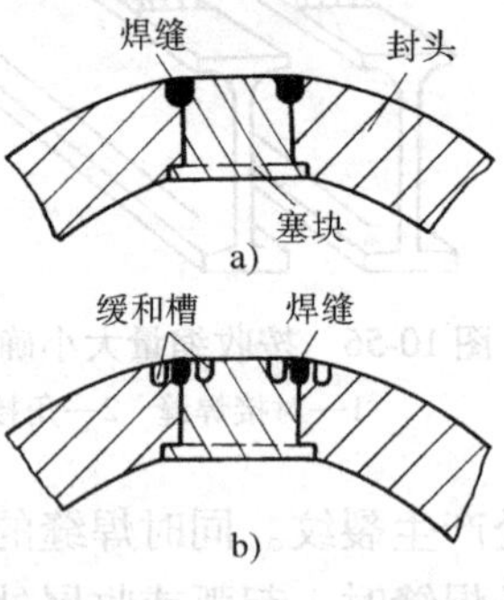

图 10-59　圆形封头焊补

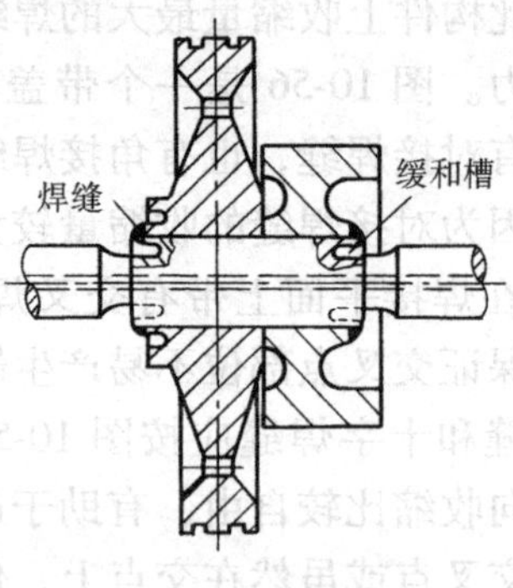

图 10-60　汽轮机转子的焊接

具体措施是：

1）采用焊条直径较小，焊接电流偏低的参数。

2）每次只焊很短的一道焊缝。例如铸铁焊补时只焊 10 ~ 40mm。焊接刚度大的构件，如图 10-58 的补板，每次焊半根到一根焊条。等这道焊缝区域的温度降到不烫手时才能焊下一道很短的焊缝。

5. 预热法　预热是指在焊前对焊件的全部（或局部）进行加热的工艺措施。一般加热到 150 ~ 350℃。其目的是减小焊接区和结构整体的温度差，温差越小，越能使焊缝区与结构整体尽可能均匀地冷却，从而减少内应力。对于易裂的焊接材料（中、高碳钢、合金结构钢、铸铁件等）及焊接或修补刚度较大的焊件常用此法。预热温度视金属材料、结构刚度、散热情况等的不同而异。

6. 加热“减应区”法　选择构件的适当部位进行加热使之伸长。加热这些部位以后再去焊接或焊补原来刚度很大的焊缝时，焊接应力可大大减小。这个加热部位就叫“减应区”这个方法是减少焊接区和构件上阻碍焊接区自由收缩的部位（减应区）之间的温度差，使它们尽量均匀冷却和收缩，以减小内应力，如图 10-61 所示。

7. 敲击法　焊缝区金属由于在冷却收缩时受阻而产生拉应力。若在焊后冷却过程中用手锤或风锤敲击焊缝金属，促使焊缝金属产生塑性变形，抵消了一些焊缝的收缩，起到减小焊接残留应力的作用，这就是敲击法的原理。实验证明，敲击第一层焊缝金属就能使内应力几乎全部消除。为防止产生裂纹，应在焊缝塑性较好的热态时进行敲击。另外，为保持焊缝的美观，表层焊缝一般不锤击。

二、焊接结构焊接残留应力的消除

（一）整体高温回火法

对于残留在焊接结构中的应力的最终消除方法，目前常用的是消除应力热处理，即是将焊件的整体加热到 600 ~ 650℃左右的温度，此时，金属虽未发生相变，但在这样的温度下，其屈服点降低，使它内部由于残余应力的作用而产生一定的塑性变形，然后再缓慢冷却下来，从而使应力得到消除。整体焊后热处理，一般可将 80% ~ 90% 以上的残留应力消除掉，并可改善焊缝热影响区的组织性能。

在进行消除残留应力热处理时，要注意结构的均匀加热和冷却，以免引起更严重的应力。通常升温速度可根据焊件厚度确定，一般升温速度小于 220℃/h。同时结构内外（如容器内外壁）的温度要保持均匀。为了使结构有充分的消除应力时间，当结构到达一定温度后要有适当的保温时间，一般钢材按每毫米厚度保温 2.5min 计算，超过 50mm，每增加 25mm 加 15min。但不少于 15min。整体加热一般在炉内进行，冷却时随炉冷却。

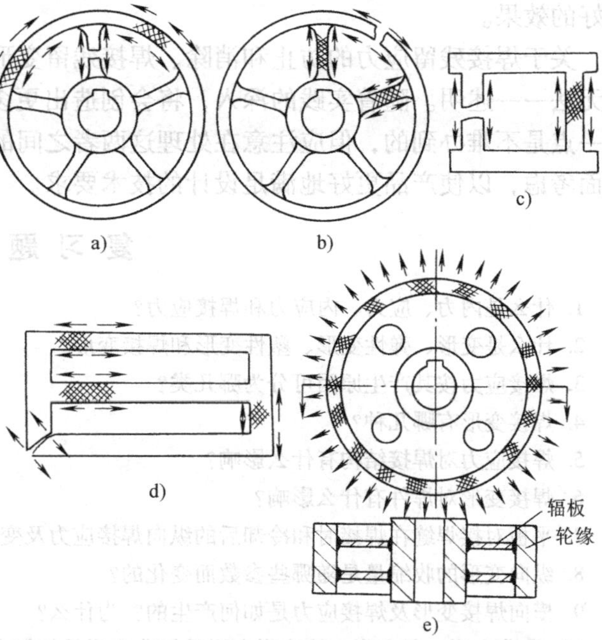

图 10-61　几种简单结构加热“减应区”法示意图

（网纹是减应区，→为热膨胀方向）

（二）局部高温回火法

这种处理方法是把焊缝周围的一个局部区域进行加热，然后缓慢冷却。加热的方法有红外线、火焰和感应加热等。局部高温回火消除应力的效果不如整体高温回火，但它可以降低应力峰值，改善焊接接头的力学性能。冷却时用绝热材料包裹加热区，以降低冷却速度。对于某些构件不允许或不能进炉加热的，可采用局部高温回火法。

（三）机械拉伸法

对焊接结构进行加载，使焊接塑性变形区得到拉伸，以减小由焊接引起的局部压缩塑性变形量，使内应力降低。消除掉的焊接残余应力值与加载时产生的应力值大小有关。加载应力越高，压缩塑性变形就抵消得越多，内应力也就消除得越彻底。

机械拉伸消除应力特别适用于一些焊接容器，它可以通过水压试验起到机械拉伸的作用。水压试验应采取一定的过载系数，试验时应控制水的温度，使之高于材料的脆性转变温度，以免加载时发生脆断事故。

（四）温差拉伸法

将焊缝两侧各加热到 150 ~ 200℃，然后用水冷却，使焊缝区域受到拉伸塑性变形，从而消除焊缝纵向的残留应力。其具体方法是：在焊缝两侧各用一个适当宽度的氧乙炔火焰加热，在火焰后一定的距离处喷水冷却，火焰和喷水管以相同的速度向前移动，如图 10-62 所示。如果技术参数选择恰当，可以取得较好的消除应力效果。

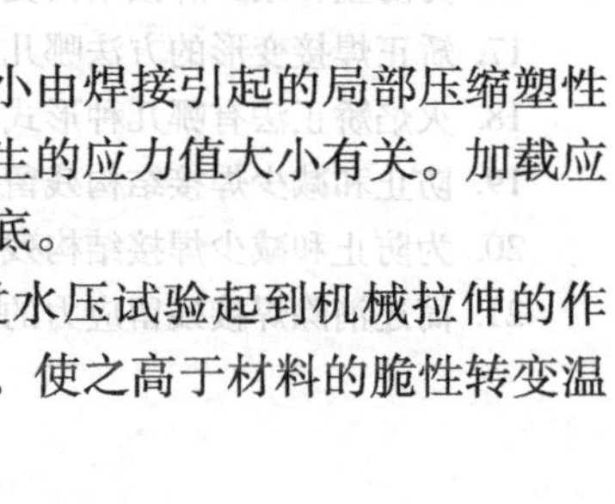

图 10-62　温差拉伸法

（五）振动法

对焊缝区域施加振动载荷，使振源与结构发生稳定的共振，利用稳定共振产生的变载应力，使焊缝区域产生塑性变形，达到消除焊接残余应力的目的。用振动法消除碳钢、不锈钢的焊接残留应力可取得较好的效果。

关于焊接残留应力的防止和消除、焊接残留变形的减少和矫正，方法是多种多样的，这里无法一一述明。随着实践的深入，将会创造出更多更好的方法，只要我们善于总结经验，这一点是不难办到的，但应注意在处理这两者之间的关系时，必须根据产品的实际情况给予全面考虑，以使产品更好地满足设计的技术要求。

复 习 题

1. 什么是内力、应力、内应力和焊接应力？
2. 什么是变形、弹性变形、塑性变形和焊接变形？
3. 焊接应力按其产生原因可分为哪几类？
4. 焊接变形有哪几种？
5. 焊接应力对焊接结构有什么影响？
6. 焊接变形对焊件有什么影响？
7. 平板对接焊缝在焊接时和冷却后的纵向焊接应力及变形如何产生的？为什么？
8. 纵向变形的收缩量是随哪些参数而变化的？
9. 横向焊接变形及焊接应力是如何产生的？为什么？
10. 弯曲变形、角变形、波浪形变形及扭曲变形是如何产生的？
11. 影响焊接结构变形的因素有哪些？
12. 如何根据焊缝的位置来判断焊后变形的方向？
13. 焊接结构的刚度对焊件变形有什么影响？
14. 焊接方向、焊接参数、焊接坡口对焊接变形有什么影响？
15. 防止和减小焊接结构变形的方法有哪些？
16. 为防止和减少焊接结构变形，合理安排焊接顺序的原则有哪些？
17. 矫正焊接变形的方法哪几种？它们的原理是什么？
18. 火焰矫正法有哪几种形式？要注意哪些事项？
19. 防止和减少焊接结构残留应力的方法有哪些？
20. 为防止和减少焊接结构残留应力，合理安排焊接顺序的原则有哪些？
21. 简述消除焊接残留应力的方法和原理。

第十一章　常用金属材料的焊接

随着生产的发展，需要制造越来越多各种不同金属材料的焊接结构。本章主要对钢材焊接时的冶金和金相组织方面所具有的一些特点，以及焊接时出现的问题进行分析和讨论。

第一节　钢的焊接性

一、焊接性的概念

焊接时，焊缝和热影响区金属经受了复杂的热过程。从冶金的观点来看，在焊接接头范围内，几乎所有的冶金现象都会出现，对金属材料的性能将产生很大的影响。此外，焊接时焊缝与热影响区还会产生很大的内应力，甚至可能导致各种形式的裂纹。金属的焊接性是指材料在限定的施工条件下焊接成规定设计要求的构件，并满足预定服役要求的能力，即金属材料对焊接加工的适应性。焊接性受材料、焊接方法、构件类型及使用要求四个因素的影响。

焊接性概念包括两个方面：一是金属在经受焊接加工时对缺陷的敏感性；二是焊成的接头在一定的使用条件下可靠运行的能力。对于不同材料、不同工作条件下的焊件，焊接性的主要内容是不同的。例如，低合金高强度钢，对于淬硬和冷裂纹是比较敏感的，因此在焊接这种材料时，如何解决淬硬和冷裂纹问题就成为低合金高强度钢焊接性的主要内容；又如奥氏体型不锈钢焊接时，其主要问题则是晶间腐蚀和热裂纹问题。即使对于同一金属材料，当采用不同焊接方法、焊接材料及不同的工作条件时，其焊接性也可能有很大差别。

二、影响焊接性的因素

（一）材料因素

材料因素包括母材本身和使用的焊接材料等。如：焊条电弧焊时的焊条；埋弧焊时的焊丝和焊剂；气体保护焊时焊丝和保护气体等。它们在焊接时都直接参与熔池或熔合区的冶金过程，影响焊接质量。母材或焊接材料选用不当时，会造成焊缝金属化学成分不合格，力学性能和其他使用性能降低，还会出现气孔、裂纹等缺陷，也就是使接合性能变差。由此可见，正确选用母材和焊接材料是保证焊接性良好的重要基础，必须十分重视。

（二）焊接方法

对于同一母材，当采用不同的工艺方法和工艺措施时，所表现的焊接性也不同。例如，钛合金对氧、氮、氢极为敏感，用气焊和焊条电弧焊不可能焊好，而用氩弧焊或真空电子束焊，能防止氧、氮、氢等的侵入，使之容易焊接。

焊接方法对焊接性的影响，主要表现在焊接热源能量密度的大小，温度的高低以及热输入的多少上。对于有过热敏感的高强钢，从防止过热敏感出发，宜选用窄间隙焊接、等离子弧焊接、电子束焊接等方法，有利于改善焊接性。相反地，对于容易产生白口的铸铁来说，从防止白口出发，应选用气焊、电渣焊等方法为宜。

工艺措施对防止焊接接头缺陷的产生，提高使用性能也有重要的作用。最常见的工艺措施是焊前预热、焊后缓冷和作消氢处理，它们对防止热影响区淬硬变脆，降低焊接应力，避免氢致冷裂纹是比较有效的措施。

（三）构件类型

焊接接头和结构设计会影响应力状态，从而对焊接性也发生影响。这里主要应从结构的刚度、应力集中和多向应力等方面来考虑。使焊接接头处于刚度较小的状态，能够自由收缩，有利于防止焊接裂纹。缺口、截面突变、焊缝余高过大、交叉焊缝等容易引起应力集中，要尽量避免。不必要地增大母材厚度或焊缝体积，会产生多向应力，也应注意防止。

（四）使用要求

焊接结构的使用要求是多种多样的，有在高温或低温下工作，腐蚀介质中工作以及在静载或动载条件下工作等。当在高温工作时，可能产生蠕变；低温工作或冲击载荷工作时，容易发生脆性破坏；在腐蚀介质中工作时，接头要求具有耐腐蚀性。总之，使用条件越不利，焊接性就越不容易保证。

三、焊接性试验的内容

评定母材焊接性的试验，称为焊接性试验。例如，焊接裂纹、接头力学性能和接头晶间腐蚀试验等。由于焊接裂纹是焊接接头中最危险的缺陷，所以用得最多的是焊接裂纹试验。

通过焊接性试验，可以用较小的代价达到以下几个目的：第一是选择适用于母材的焊接材料；第二是确定合适的焊接参数，包括焊接电流、焊接速度以及预热温度、层间保温、焊后缓冷及热处理方面的要求；第三是发展和研究新型材料。

焊接性试验的内容主要有：

1. 焊接热裂纹试验　焊缝金属的热裂纹（主要是结晶裂纹）是焊缝中最常见的严重缺陷，它与焊缝金属的冶金条件有密切关系。因此，常以焊缝金属的抗热裂能力作为衡量某些金属材料冶金焊接性的重要标志。

2. 焊接冷裂纹试验　对一些冷裂纹敏感性较强的材料，焊缝和热影响区的抗冷裂能力，则是衡量材料焊接性的重要标准之一。

3. 其他裂纹试验　焊接再热裂纹和层状撕裂试验。

4. 焊接接头的使用性能　包括常温、高温力学性能、低温韧性、耐蚀性及产品技术条件中所规定的其他性能要求。

四、焊接性间接判断法

在进行焊接性试验时，不论是热裂纹试验，还是冷裂纹试验或再热裂纹试验，都有间接判断法和直接试验法。

1. 碳当量判断法　碳当量判断法是判断焊接性的最简便的间接法，常用作焊接冷裂纹的间接评定。

碳当量是指把钢中合金元素（包括碳）的含量按其作用换算成碳的相当含量。可作为评定钢材焊接性的一种参考指标。由于钢材的化学成分是决定焊接热影响区是否淬硬的基本条件，碳又是引起钢材淬硬的主要元素，其他合金元素对淬硬也有一定的影响。换算成碳当量后，则碳当量越高，焊接性越差。由于这种方法使用简便，所以目前被广泛应用于低合金结构钢焊接性的估算。

碳当量计算公式很多，常用的是国际焊接学会推荐的公式：

$$C_{eq}=w(C)+\frac{w(Mn)}{6}+\frac{w(Cr)+w(Mo)+w(V)}{5}+\frac{w(Ni)+w(Cu)}{15}$$

式中元素符号表示该元素在钢中的质量分数，余同。

根据经验：当 $C_{eq}<0.4\%$ 时，钢材的淬硬倾向不明显，焊接性优良，焊接时不必预热；当 $C_{eq}=0.4\%\sim0.6\%$ 时，焊接性较差。钢材的淬硬倾向逐渐明显，需要采用适当预热等工艺措施；当 $C_{eq}>0.6\%$ 时，焊接性差到低劣。淬硬倾向更强，属于较难焊的材料，需采用较高的预热温度和严格的工艺措施。

必须指出，用这种方法来判断钢材的焊接性只能作近似的估计，并不能完全代表材料实际的焊接性。例如 Q345（16Mn）钢的碳当量约在 0.34% ~0.44%，焊接性尚好，但厚度增大，焊接性就会变差。如某电站锅炉材料为 Q345（16Mn）钢大梁，腹板厚 25mm，翼板厚 70mm、梁高 3.8m，长 24m，定位焊处就有许多开裂。因此对于钢材的焊接性，一般可根据焊件的实际情况，通过直接试验法来确定。

2. 中村关系式和伊藤关系式

中村关系式和伊藤关系式是判断再热裂纹敏感性的间接试验方法。

对于低合金高强度钢的压力容器及类似的构件，焊后常常进行消除应力热处理，它不但能消除构件中大部分残留应力，还可以改善整个焊接接头的性能。但对于某些钢种来说，焊接接头经过消除应力处理后在熔合线附近的热影响区有可能产生再热裂纹。

大量试验结果表明，钢中的合金元素对钢材的再热裂纹敏感性有很大影响，尤其是 Cr、Mo、V、Nb 和 Ti 等强烈碳化物形成元素，明显地增加了钢的热裂纹敏感性。

日本人中村提出了再热裂纹敏感性公式：

$$\Delta G=w(\mathrm{Cr})+3.3w(\mathrm{Mo})+8.1w(\mathrm{V})-2\ (\%)$$

当 $\Delta G\geqslant0$ 时，该钢对再热裂纹敏感。当 $\Delta G<0$ 时，则说明钢对再热裂纹不敏感。

日本的伊藤等人考虑到钢中的 Cr、Nb、Ti 等元素的影响，指出了估算钢中的的消除应力热处理敏感性 P_{SR} 公式：

$$P_{SR}=\mathrm{Cr}+\mathrm{Cu}+2\mathrm{Mo}+10\mathrm{V}+7\mathrm{Nb}+5\mathrm{Ti}-2\ (\%)$$

当 $P_{SR}\geqslant0$ 时，该钢种对再热裂纹敏感。当 $P_{SR}<0$ 时，该钢种对再热裂纹不敏感。

五、焊接性直接试验法

焊接性直接试验方法很多，这些方法可分为两大类：一类是自拘束试验，即试样焊接时，由于试样本身的巨大刚度造成焊缝和热影响区产生巨大的拘束应力，试验时不必另外施加外力；另一类是外拘束试验，试验过程中，必须外加巨大的拘束应力，来模拟焊接接头施焊时的应力状态、应变形态，甚至氢和组织状态。这种试验方法需要有较好的加力装置和控制系统。这里介绍一种自拘束冷裂纹倾向试验方法。

1. 斜 y 形坡口焊接裂纹试验　试样的形状和尺寸如图 11-1 所示。试验焊缝在坡口中部、两侧为拘束焊缝。试验焊缝的坡口形式如图中 *A—A* 断面，拘束焊缝的坡口如 *B—B* 断面。

试验时，在斜 y 形坡口的对接接头上施焊，焊接参数为：焊条直径 4mm，焊接电流（170 ±10）A，电弧电压（24 ±2）V，焊接速度（150 ±10）mm/min。可在三个试样上重复进行试验。也可取不同的焊接参数、预热温度进行试验。

焊后将试样放置 24h 作裂纹检查，其产生的裂纹可分为表面裂纹、根部裂纹和断面裂纹三种形式。表面裂纹可用放大镜观察或用磁力探伤检查，断面裂纹要通过截取断面检查，要求观察五个断面。断面的截取及裂纹率的计算方法按图 11-2 所示的进行，计算式为：

$$表面裂纹率 = \frac{\sum L_f}{L} \times 100\%$$

$$根部裂纹率 = \frac{\sum L_r}{L} \times 100\%$$

$$断面裂纹率 = \frac{H_c}{H} \times 100\%$$

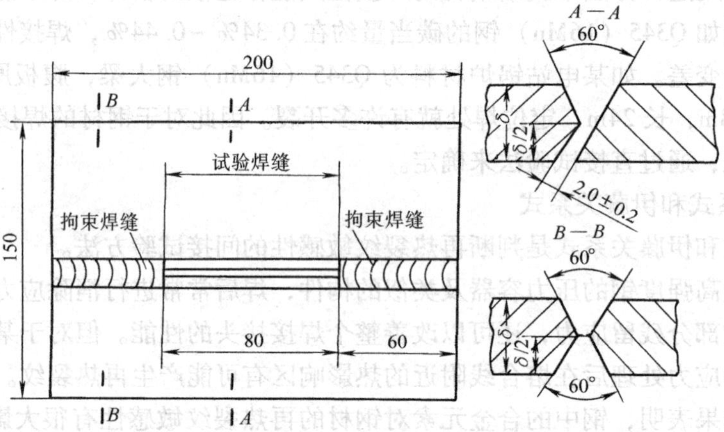

图 11-1　斜 y 形坡口裂纹试验

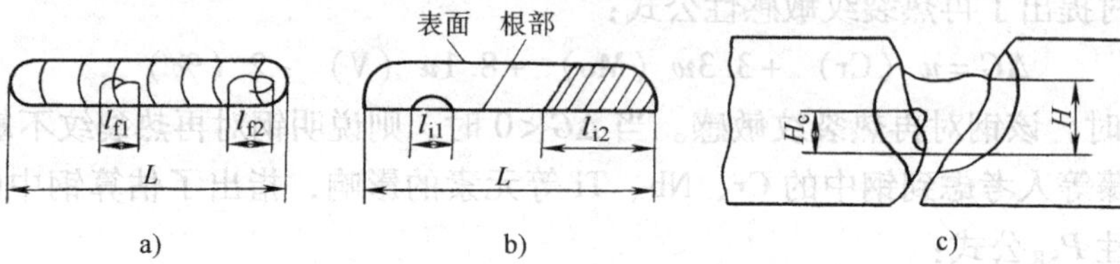

图 11-2　试样裂纹长度计算

a）表面裂纹　b）根部裂纹　c）断面裂纹

由于试样的拘束度很大，根部又有明显的缺口效应，所以冷裂纹敏感性很高。对于低合金结构钢的一般表面裂纹率不超过 20%，用于实际生产时，可以认为是安全的。

2. 压板对接焊接裂纹试验　试验所采用的装置及试件装配位置如图 11-3 所示。主要用于低碳钢、低合金高强度钢及不锈钢等焊条的焊接裂纹试验，对测定焊缝热裂纹敏感性较为灵敏。

试件的尺寸及试验时焊缝位置如图 11-4 所示。试件的坡口为 I 形，系采用机械切削加工而成，试验前先将试件安装在试验装置里，并在坡口内装入相应尺寸的塞片，以保证坡口间隙可在 0 ~6mm 范围内变化。然后将水平方向螺栓紧固到顶住试件即可。垂直方向的螺栓要用测力扳手以 1 200N · cm 的扭矩紧固好，这样可顺次焊接长度为 40mm、间距约为 10mm 的 4 条试验焊缝，焊接弧坑可不填满。

焊接结束后约 10min，将试件从装置中取出，待冷却后将试件焊缝作轴向弯断，并分别观察和测量 4 条焊缝断面上的裂纹长度，按如下公式计算裂纹率：

$$C = \frac{\sum l_i}{\sum L_i} \times 100\%$$

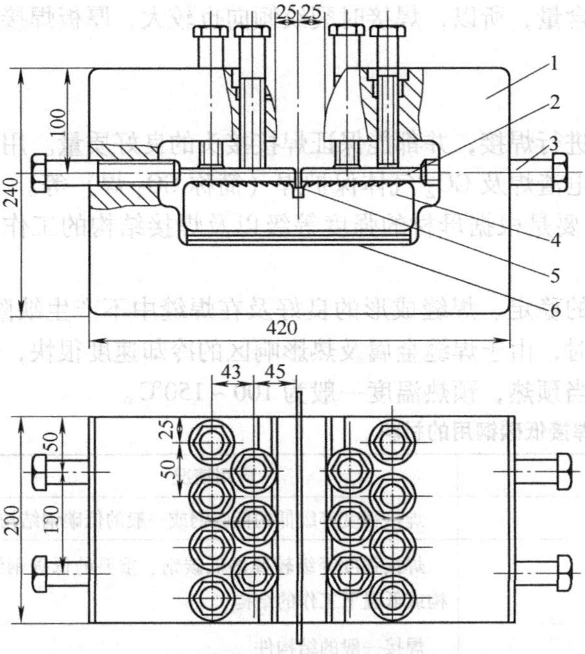

图 11-3　压板对接焊接裂纹的试验装置图

1—C 形拘束框架　2—试件　3—紧固螺栓

4—齿形底座　5—塞片　6—调整板

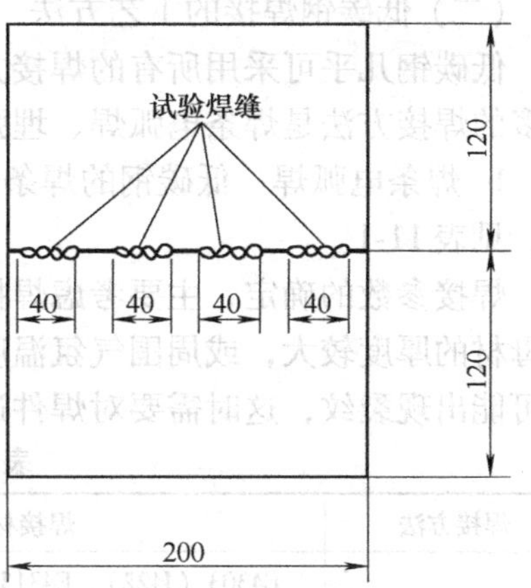

图 11-4　试件尺寸及试验焊缝位置

式中　C——裂纹率（%）；

Σl_i——4 条试验焊缝的裂纹长度之和（mm）；

ΣL_i——4 条试验焊缝长度之和（mm）。

第二节　碳素钢的焊接

碳素钢（简称为碳钢）是以铁为基体，以碳为主要合金元素的铁碳合金，碳素钢是工业中应用最广的金属材料。

一、低碳钢的焊接

（一）低碳钢的焊接特点

碳的质量分数 w（C）<0.25%的钢，称为低碳钢。由于低碳钢中含碳及其他合金元素少，焊接性比其他类型的钢好，低碳钢焊接具有下列特点：

1）可装配成各种不同接头，适应各种不同位置施焊，且焊接工艺和技术比较简单，容易掌握。

2）焊前一般不需预热。若在寒冷地区焊接，始焊处在 100mm 范围内预热到手能感觉温暖的程度（约 15℃）。

3）塑性较好，焊缝产生裂纹和气孔的倾向小，可制造各类大型的构架及受压容器。

4）不需要使用特殊和复杂的设备　交流、直流弧焊机都可焊接。

5）焊接熔池可能受到空气中氧和氮的侵袭，使焊缝金属氧化和氮化。

6）沸腾钢焊接时，由于沸腾钢脱氧不完全，其含氧量较高，同时，硫、磷等杂质分布很不均匀，以致局部区域会大大超过平均含量，所以，焊接时裂纹倾向也较大，厚板焊接时还有层状撕裂的倾向。

（二）低碳钢焊接的工艺方法

低碳钢几乎可采用所有的焊接方法来进行焊接，并都能保证焊接接头的良好质量。用得最多的焊接方法是焊条电弧焊、埋弧焊、电渣焊及CO_2气体保护焊（简称CO_2焊）等。

1. 焊条电弧焊　低碳钢的焊条选择主要是根据母材的强度等级以及焊接结构的工作条件，见表11-1。

焊接参数的确定，主要考虑焊接过程的稳定、焊缝成形的良好及在焊缝中不产生缺陷。当母材的厚度较大，或周围气氛温度较低时，由于焊缝金属及热影响区的冷却速度很快，也有可能出现裂纹，这时需要对焊件进行适当预热，预热温度一般为100～150℃。

表11-1　焊接低碳钢用的材料

焊接方法	焊接材料	应用情况
焊条电弧焊	E4303（J422）、E4315（J427）	焊接强度等级低的低碳钢或一般的低碳钢结构
	E5016（J506）、E5015（J507）	焊接强度等级较高的低碳钢、重要的低碳钢结构或低温下工作的结构
埋弧焊	H08、H08A、HJ430、HJ431	焊接一般的结构件
	H08MnA、HJ431	焊接重要的低碳钢结构件
CO_2气体保护焊	H08Mn2Si、H08Mn2SiA、ER49-1、ER50-6	是国内应用最广的CO_2气体保护焊焊丝之一

2. 埋弧焊　低碳钢埋弧焊接头的等强度，主要靠选择相应的焊丝和焊剂来获得。焊丝和焊剂见表11-1。

比起焊条电弧焊，埋弧焊可以采用较大的热输入，生产效率较高，熔池也较大。在生产实践当中，采用埋弧焊焊接较厚焊件时，可以用一道或多道焊来完成。在多层埋弧焊时，焊第一道焊缝是值得注意的。因为焊第一道时，母材的熔入比例较大，若母材的含碳量处于规定范围的上限，焊缝金属的含碳量就略有升高，同时，第一道的埋弧焊容易形成不利的焊缝断面形状（如所谓O形截面），易产生热裂纹。因此在多层埋弧焊焊接厚板时，要求在坡口根部焊第一道焊缝时采用的焊接热输入要小些。如采用焊条电弧焊打底的埋弧焊，上述情况可基本避免。

3. CO_2气体保护焊　低碳钢采用CO_2气体保护焊，为使焊缝金属具有足够的力学性能及良好的抗晶间裂纹和气孔的能力，采用含锰和硅的焊丝，如H08Mn2SiA、ER50-6等。除选择适当的焊丝外，起保护作用的CO_2气体质量也很重要，若在CO_2气体中，氮和氢的含量过高，焊接时即使焊缝被保护得很好，以及锰和硅的数量也足够，还是有可能在焊缝中出现气孔。

低碳钢的焊接，一般不会遇到什么特殊困难，焊后是否进行热处理，应根据母材牌号、焊件厚度、焊件的刚度大小，以及焊件是否低温使用等条件来决定。例如锅炉锅筒，即使采用如Q245R等焊接性能良好的低碳钢板材，由于板厚较大，仍要进行600～650℃的焊后热处理。

二、中碳钢的焊接

（一）中碳钢的焊接特点

碳的质量分数w（C）为0.25%～0.60%的钢称为中碳钢。中碳钢与低碳钢相比较，由于含碳量较高，其强度也较高，常见的有35钢、45钢及55钢等。中碳钢焊条电弧焊的主要特点如下：

1）热影响区容易产生低塑性的淬硬组织。含碳量越高，板厚越大，这种淬硬倾向也越大。焊件刚度较大和焊条选用不当时，容易产生冷裂纹。

2）在一般情况下，焊条电弧焊焊缝的熔合比为30%～40%，所以焊缝的含碳量比较高，其结果是容易产生热裂纹。

（二）中碳钢的焊接工艺

为了保证中碳钢焊后不产生裂纹和得到满意的力学性能，通常采取以下措施：

1. 尽可能选用碱性低氢型焊条　这类焊条的抗冷裂及抗热裂能力较高，个别情况下，通过严格控制预热温度和尽量减小熔深（即减小熔合比以减少焊缝中的含碳量）等工艺措施，采用钛钙型焊条也可能得到满意的效果。

当焊接接头的强度不要求与母材相等时，应选用强度低的碱性低氢型焊条，如E4316（J426）、E4315（J427）。表11-2可供选用焊条时参考。

表11-2　中碳钢焊接及补焊用焊条的选择

牌　号	母材含碳量 w(C)(%)	焊接性	选用焊条牌号	
			不要求强度或不要求等强度	要求等强度
35	0.32～0.40	较好	E4303(J422)、E4301(J423)	E5016(J506)
ZG270-500	0.32～0.42	较好	E4316(J426)、E4315(J427)	E5015(J507)
45	0.42～0.50	较差	E4303(J422)、E4301(J423) E4316(J426)、E4315(J427)	E5516-G(J556)
ZG310-570	0.42～0.50	较差	E5016(J506)、E5015(J507)	E5515-G(J557)
55	0.52～0.60	较差	E4303(J422)、E4301(J423) E4316(J426)、E4315(J427)	E6016-D1(J606)
ZG340-640	0.52～0.62	较差	E5016(J506)、E5015(J507)	E6015-D1(J607)

特殊情况下，可采用铬镍不锈钢焊条如E309-16（A302）、E309-15（A307）、E310-16（A402）、E310-15（A407）等焊接或补焊中碳钢。其特点是焊前可不预热，不易产生冷裂纹。但焊接电流要小，焊接层数要多，熔深要浅，由于焊条成本高，一般不常采用。

2. 预热　预热是焊接和补焊中碳钢的主要工艺措施。尤其焊件的厚度、刚度较大时，预热有利于减低热影响区最高硬度，防止产生冷裂纹，并能改善焊接接头的塑性。整体预热和恰当的局部预热还能减小焊后残留应力。各种含碳量的中碳钢焊接和补焊的预热温度不仅由焊件的含碳量来决定，而且还受很多其他因素的影响，例如焊件大小及厚度、焊条类型、焊接参数以及结构的刚度等。

一般情况下，35钢和45钢（包括铸钢）预热温度可选用150～250℃。含碳量再高或者因厚度和刚度很大，裂纹倾向大时可将预热温度提高到250～400℃。

局部预热的加热范围为坡口两侧各150～200mm。

3. 焊接坡口　最好开成带钝边的U形坡口。坡口外形应圆滑，以减少母材熔入焊缝金属中的比例，防止产生裂纹。

4. 焊接要点

1）焊条使用前要按规定烘干，烘干温度等详见本书第三章第四节中有关内容。

2）焊接第一道焊缝时，应尽量采用小的焊接电流，慢的焊接速度。

3）在焊接中，可以采用轻敲焊缝金属表面的方法，以减少焊接残留应力，细化晶粒。

4）每层焊缝应清理干净，特别是粘附在焊缝周围的飞溅，必须铲除。

5）如焊件几何形状复杂或焊缝过长，可分成若干小段，分段跳焊，使其热量分布均匀。

6）收尾时，电弧慢慢拉长，将熔池填满防止收尾处裂纹。

7）焊后，焊件要注意缓慢冷却，并根据需要及时进行消氢处理或消除应力热处理。

第三节 低合金结构钢的焊接

低合金结构钢是在碳素结构钢的基础上加入一种或几种合金元素冶炼而成的。焊接结构生产中，低合金结构钢主要用于制造船舶、容器、桥梁及大型金属构架。

习惯上，把屈服强度在290MPa以上，抗拉强度在450MPa以上的钢，称为高强度钢。按强度等级与热处理状态，高强度钢一般可分为三类：热轧、正火钢，这类钢的屈服强度在290～490MPa之间，低合金结构钢（又称低合金高强度结构钢）都属此类钢，是非热处理强化钢，根据其使用状态的不同，分别为热轧钢和正火钢；低碳低合金调质钢，这类钢的屈服强度在500～1000MPa之间，w（C）为0.25%以下，一般在调质状态下供货，属于热处理强化钢。低碳低合金调质钢具有良好的焊接性，调质后既有较高的强度，又有良好的塑性和韧性，且具有较好的焊接性；中碳调质钢，这类钢的屈服强度一般在900～1200MPa以上，w（C）在0.25%～0.45%之间，一般用于要求高强度但对塑性要求不高的场合。其焊接性较差。

一、热轧、正火钢（低合金高强度结构钢）的焊接

这类钢是从我国实际情况出发，充分利用我国资源，利用普通的炼钢设备和炼钢方法炼成的钢种。它的主要特点是强度高，塑性、韧性良好，焊接及其他加工性能较好，由于化学成分不同，性能上的差异也很大，焊接性的差别也是比较显著的。例如强度级别较低的低合金结构钢，具有良好的焊接性，焊接过程中，不需要采取复杂的工艺措施，便可获得性能良好的焊接接头。

（一）热轧、正火钢的焊接特点

1. 热影响区的淬硬倾向 低合金结构钢焊接的重要特点，是热影响区有比较大的淬硬倾向。对于强度等级较低且含碳量很低的一些低合金高强度结构钢，如Q295（09Mn2、09MnV）钢等，其淬硬倾向很小，随着强度等级的提高，热影响区的淬硬倾向也随着变大。

影响热影响区淬硬程度的因素很多，大致可以归纳为三个方面：第一是设计因素、包括钢材的化学成分，钢材品种、钢材厚度、接头形式及焊缝尺寸等。第二是焊接方法及所选定的焊接参数（焊接电流、焊接速度以及焊条摆动的手法等）。第三是焊接时钢板坡口附近的初始温度（相当于周围的气温或预热温度，也有将这个温度叫做起焊温度的）。以上诸因素的不同配合，可以得到不同的热影响区最高硬度。

为了避免淬硬，应选用较大的热输入进行焊接，并在焊前预热，以降低焊接接头的冷却速度，减少淬硬组织，提高热影响区的塑性。预热还有利于加速氢的扩散和减少焊接应力的

作用。

2. 焊接接头的冷裂纹　随着钢材强度等级的提高，这种裂纹的倾向也加剧。冷裂倾向主要发生在高强度钢厚板中。产生冷裂纹原因主要有：焊缝及热影响区的含氢量；热影响区的淬硬程度；接头的刚度所决定的焊接残留内应力。

为了避免冷裂纹，必须综合参考各种因素的影响。例如，对于强度较低的 Q345（16Mn）钢，一般用酸性焊条已能成功地焊接壁厚不大的受压容器；但是Q345（16Mn）钢重要的厚板结构就要采用碱性低氢型焊条，有时焊前还需预热。对于强度级别较高，淬硬倾向较大的钢种（如18MnMoNb等），有时即使选用了低氢型焊条，并进行了预热，在刚度很大的焊接结构中仍有可能产生冷裂纹。因此，对刚度大的焊接结构，焊后必须及时进行消氢或消除应力处理。

为了防止冷裂纹的产生，可以减少焊接接头的含氢量；降低热影响区的淬硬程度；可从焊后及时进行热处理等几个途径着手。

（二）焊接材料的选择

选择焊接材料，必须根据母材的化学成分、力学性能、接头对裂纹的敏感性、焊后是否需要热处理，以及耐腐蚀、耐高温、低温等使用条件进行综合考虑，并经试验符合要求后予以确定。

焊接材料必须要满足焊缝金属与母材等强度以及其他力学性能指标要求。必须提出，焊缝金属的强度不宜超过母材过多，否则将使焊件塑性降低，严重时甚至会造成横向裂纹。因此，焊缝强度一般只要稍高于母材即可。另外，焊缝强度与焊接材料、钢材厚度及坡口形式有关，故对于不同板厚及坡口形式可选择不同等级的焊接材料，以达到要求的焊缝强度。

除专门技术标准之外，低合金结构钢焊接材料的选用可参照表11-3。

表11-3　低合金结构钢焊接材料的选用

屈服强度等级/MPa	牌号	焊条电弧焊	埋弧焊		CO_2 气体保护焊	
		选用焊条	焊丝	焊剂	焊丝	保护气体
295	09Mn2	E4303(J422)	H08A	HJ430	ER49-1	CO_2
	09MnV	E4301(J423)	H08MnA	HJ431	ER50-2	
	12Mn	E4316(J426)		SJ301		
	09MnNb	E4315(J427)				
345	16Mn	E5003(J502)	I形坡口 H08A	HJ431	ER49-1	CO_2
	16MnR	E5001(J503)	中板开坡口 H08MnA	HJ431	ER50-2	
	16MnCu	E5016(J506)	H10Mn2	HJ330	ER50-6、7	
	14MnNb	E5015(J507)	厚板开坡口 H10Mn2	HJ350		
	16MnRe					
390	15MnV	E5016(J506)	I形坡口 H08MnA	HJ431		CO_2
	15MnVR	E5015(J507)	中板开坡口 H10Mn2	HJ330		
	15MnVR·E	E5501-G(J553)	H10MnMoA			
	15MnTi	E5516-G(J556)	厚板深坡口	HJ350	ER50-2	
	15MnVNb	E5515-G(J557)	H10MnMoA	HJ250	ER50-6、7	
	16MnNb					

（续）

屈服强度等级/MPa	牌号	焊条电弧焊选用焊条	埋弧焊		CO_2 气体保护焊	
			焊丝	焊剂	焊丝	保护气体
440	15MnVN 15MnVNR 15MnVTiR · E	E5516-G(J556) E5515-G(J557) E6016-D1(J606) E6015-D1(J607)	H08MnMoA	HJ431 HJ350	ER49-1 ER50-2 ER55-D2	CO_2 或 Ar + $CO_2$20%
490	18MnMoNb 14MnMoV 14MnMoVN	E6015-D1(J607) E7015-D2(J707)	H08Mn2MoA H08MnMoVA	HJ350 HJ250	ER35-D2 H08Mn2SiMoA	CO_2 或 Ar + $CO_2$20%

（三）Q345(16Mn)钢的焊接

Q345(16Mn)钢是含有锰和硅的低合金高强度结构钢，它比Q235类型的低碳钢只多加些锰，但其强度却增加了35%左右。此钢种具有良好的焊接性，但由于它含有一定量的C和Mn等元素，焊接时的淬硬倾向比Q235碳钢稍大些，冷裂倾向也就稍大。在气温较低的情况下，或在焊件刚度和板厚都较大的结构上焊接时，如果选用较小的热输入焊接一些短焊缝(或焊脚尺寸较小的角焊缝)，焊接接头中就有可能产生淬硬组织或冷裂纹。例如，某300MW电站锅炉大梁，材料为16MnCu钢，腹板厚25mm，翼板厚70mm，梁高3.8m，长达24m。由于焊件大，板又厚，焊接条件比较苛刻，尤其在进行装配定位焊时，由于焊条电弧焊的热输入不够大，热影响区金属的冷却速度甚快，翼板的热影响区出现了马氏体淬硬组织，在焊接应力和强制装配的应力共同作用下，发生了定位焊处的开裂。裂纹主要发生在上翼板的焊缝热影响区，后经用割炬进行焊前预热，定位焊时不再产生裂纹。

1. 焊条电弧焊　根据焊缝强度方面的要求，通常选用低氢型焊条E5016(J506)或E5015(J507)，同时，酸性焊条E5003(J502)、E5001(J503)等也完全能满足此钢性能上的要求。

焊接Q345(16Mn)钢，只有当气温较低时，为了防止淬硬组织或冷裂纹的产生，焊件才进行适当的预热，预热温度可参考表11-4。一般如果气温不低于-10℃，就不需要预热；但对于刚度较大的结构，即使在常温下，也应该注意采取一定的措施，如预热，合理的焊接顺序和操作工艺，以及较好的焊缝成形系数等。

表11-4　Q345(16Mn)钢的预热条件

焊件厚度/mm	预热温度/℃	焊接环境
30~50 50~100	≥100 ≥150	当焊件低于0℃时，在始焊处100mm范围内预热到手感觉温暖的程度(约15℃)

焊后是否需要热处理，主要根据钢板的厚度、结构刚度、焊接方法及使用条件等因素进行考虑。对于要求抗应力腐蚀的容器或低温下使用的焊件，尽可能进行焊后消除应力热处理，焊后热处理温度为600~650℃，保温2h。

当Q345(16Mn)钢与低碳钢焊接时，焊接材料与焊接工艺均按Q345(16Mn)钢的要求进行，对于非受压部件，可按低碳钢要求进行。

2. 埋弧焊　埋弧焊时，焊剂多选用高锰高硅型的HJ431和HJ350等，配合H08A、H08MnA、H10Mn2等焊丝，可以得到很好的效果。当焊件开I形坡口时，一般可选用H08A焊丝；对于开坡口焊件的焊接，选用合金元素含量较高的H08MnA、H10Mn2焊丝，对于大厚度深坡口的焊件，可选用 H10Mn2 焊丝，这样都可保证得到力学性能较高的焊接接头。焊剂在使用前要经过 250℃，1 ~2h 烘干，坡口在焊前要认真清理。

二、低碳低合金调质钢的焊接

低碳低合金调质钢属于热处理强化钢。通过淬火可获得低碳马氏体，再进行高温或低温回火后得到低碳索氏体或回火马氏体。低碳低合金调质钢的含碳量是由强度要求决定的。为了保证良好的综合性能，要求 w(C)在0.25%以下，一般不超过0.22%，加入合金元素主要是为了保证淬透性，提高钢的抗回火性，还应使马氏体转变温度降低得最少，以减少淬火裂纹和焊接裂纹。为此这类钢中加入了多种合金元素，如 Cr、Ni、Mn、Mo、V、Nb、Ti、B 等，故低碳调质钢的合金系统比较复杂。

（一）低碳低合金调质钢的焊接特点

1. 冷裂纹　冷裂纹是低合金结构钢焊接时最常见、最为严重的缺陷，随着母材强度级别的提高，冷裂纹的敏感性增大。低碳低合金调质钢中为了提高热处理强化效果，加入了较多的提高淬硬性的元素，因此淬透性较大，对氢比较敏感，在对氢控制不严时，冷裂纹倾向是相当强的。

2. 热影响区性能的变化

（1）热影响区的脆化　热影响区脆化是造成接头或结构破坏的主要原因之一。在整个焊接接头中，过热区的脆化则是较为普遍而突出的问题。低碳低合金调质钢奥氏体冷却转变时，如冷却速度较低，首先析出铁素体，使周围的剩余奥氏体富碳，这一部与高碳奥氏体在继续冷却时将转变为高碳马氏体或高碳贝氏体。这种由铁素体、高碳马氏体或高碳贝氏体组成的混合物组织，使过热区严重脆化。冷却速度越低，脆化越严重。若提高冷却速度，则铁素体的析出会受到抑制，韧性有所改善，但进一步提高冷却速度对改善韧性并无明显效果，相反会使塑性下降或产生冷裂纹。因此对于低碳低合金调质钢，要求有一个既能得到良好的塑性、又能防止冷裂纹的最佳冷却速度范围。为了达到这个冷却速度，在焊接时应采用较小的热输入。

（2）热影响区的软化现象　热影响区的软化现象，出现在调质状态下焊接时，软化部位位于在回火温度 ~Ac_1之间的区域。钢材经淬火后得到的马氏体和残余奥氏体处于亚稳定状态，回火时随回火温度，强度、硬度将有不同程度的下降。由钢材力学性能与回火温度之间的关系可知，在回火温度 ~Ac_1的部位，必然出现软化现象。而且焊前回火温度越低，软化区的范围越宽，强度降低的幅度也越大。

（二）低碳低合金调质钢的焊接工艺

低碳低合金调质钢在调质状态下焊接，为了使回火区的软化降到最低程度，应采用比较集中的热源。可用焊条电弧焊、埋弧焊、钨极或熔化极气体保护焊等方法。对于强度级别高的材料，最好采用钨极氩弧焊或熔化极气体保护焊。

对于屈服强度在 600MPa 以上的低碳低合金调质钢来说，焊缝的分布及接头的应力集中程度都会对接头的质量有明显的影响，焊缝应尽量避免布置在断面突然变化的部位，并要考虑便于施焊。一般说来，对接焊缝比角焊缝更为合理，坡口形式以双 V 形或双 U 形为佳。无论何种形式的接头或坡口，都必须要求焊缝与母材交界处平滑过渡。

低碳低合金调质钢的坡口可以用氧乙炔火焰切割，但切割边缘有硬化层，应通过回火消除或用机械加工方法去除。板材较厚的，应进行 100 ~150℃预热，强度等级较高的钢，不宜用氧乙炔火焰切割，应用电弧或等离子弧切割。

焊接材料选用的原则，应按母材的热处理状态的不同而异。母材在调质状态下焊接时，选用的焊接材料应该保证焊态的焊缝金属与调质状态的母材具有相同的力学性能；当接头拘束度很大时，为了防止冷裂纹，可选用强度略低的填充金属。

焊条电弧焊可用国标 E85 系列的焊条，如 E8515-×、E8518-×（J857、J857Fe）等或 AWS 中 E110 系列的焊条。埋弧焊则用 Mn-Mo、Mn-Cr-Ni-Mo 或 Mn-Mo-V 系列焊丝。焊接材料选用示例见表 11-5。

表 11-5　低碳低合金调质钢焊接材料选择示例

牌号或名称	焊条电弧焊		埋弧焊		气体保护焊		
	焊条型号	焊条牌号	焊丝	焊剂	焊丝型号	焊丝牌号	保护气体（体积分数）
07MnCrMoVR(DR) 07MnCrMoV-D、E WCF-62	GB E6015-G AWS E9016-G	PPJ607RH①			AWS A5.28 ER80S-G②	HS-60Ni③	$Ar+CO_2$20%
HQ60、14MnMo	GB E6016-G GB E6015H	J606RH J607H	H08MnMoTiA	SJ104	GB/T 8110 ER60-G AWS A5.28 ER80-C	HS-60	$Ar+CO_2$20% 或 CO_2
HQ70、15MnMoVN 12Ni3CrMoV HY-80	GB E7015 AWS E11015-G	J507Ni J707RH J707NiW	H08Mn2NiMoA	HJ350	GB/T 8110 ER69-1,-2,-3 ASW A5.28 ER100-C	HS-70③ HGS-70	$Ar+CO_2$20% 或 CO_2
HQ80C、HY-100	GB E8015-G AWS E11015-G	J807RH	H08Mn2MoA	HJ350	GB/T 8110 ER76-1 AWS A5.28 ER110-G	HS80③ GHS-80④	$Ar+CO_2$20% 或 $Ar+CO_2$2% ~5%
14MnMoNbB	E8515-G	J857	H08Mn2MoA	HJ350	GB/T 8110 ER76-1 AWS A5.28 ER110-G	HS80 GHS-80	$Ar+O_2$2% ~5%或 $Ar+CO_2$20%
HQ100、HY-130	GB E10015-G	J107			—	HS-110 GHS100	$Ar+O_2$2% ~5%或 $Ar+CO_2$20%

注：① 上海电力修造厂研制生产。
② 美国焊接协会研制。
③ 哈尔滨焊接研究所研制生产。
④ 北京钢铁研究总院研制生产。

低碳低合金调质钢焊接时，氢的危害更加突出，必须严加控制，焊条按规定进行烘焙，烘干后应置于保温筒内。

母材在退火（或正火）状态下进行焊接时，焊后需进行调质处理。选用的焊接材料应保证焊缝金属经过与母材相同的热处理后，具有与母材相同的力学性能。为此，要求焊缝与母材的合金成分相同或相近。

预热的目的是防止冷裂纹的产生，对改善低碳低合金调质钢的组织无明显效果。但为了防止在高温阶段冷却速度过低而产生脆性的混合组织，要求预热温度一般不超过200℃，层间温度一般与预热温度相同。

选用热输入的一般原则是在保证热影响区韧性的前提下，采用允许的最大热输入。如果此时的冷却速度仍高于防止冷裂纹的下限，可通过预热予以调整。

实践经验证明，低碳低合金调质钢焊后没有必要进行消除应力处理，若在510~690℃温度间进行退火处理，反而使缺口韧性恶化。此外，低碳调质钢中不少钢种对再热裂纹敏感，故一般不进行消除应力热处理。

（三）14MnMoNbB钢的焊接

14MnMoNbB钢为$\sigma_s \geqslant 686$MPa的低碳低合金调质钢。主要用于机械、石油化工设备中的中温高压容器的制造。

该钢种在调质状态下使用，调质处理的工艺为900~950℃水淬+600~650℃回火空冷。在热加工成形时，加热温度1000~1100℃，终压温度不得低于800℃。

在厚壁容器制造中，纵缝可以采用电渣焊，环缝用钨极氩弧焊打底，然后用埋弧焊填满，表11-6是14MnMoNbB钢的焊接参数示例。

表11-6　14MnMoNbB钢的焊接参数示例

焊接方法	焊接材料		焊接电流/A	电弧电压/V	焊接速度/(m/h)	预热温度和层间温度/℃	后热
	名称	直径/mm					
焊条电弧焊	J857焊条	4	160~180	24~26	—	150	150℃保温1~2h
		5	230~250				
埋弧焊	H08Mn2MoA焊丝 HJ350	3	380~400	33~35	21~24	150	150℃保温2h
		4	650~700	35~37	23~26		
电渣焊	H10Mn2MoA HJ431	3	500~550	38~42	1,4	焊后920℃正火+920℃水淬+630℃(空冷)	

三、中碳低合金调质钢的焊接

中碳调质钢中，通常$w(\mathrm{C})$在0.25%~0.45%之间，由于提高了碳的含量，屈服强度有了明显提高。但随着含碳量的增加，韧性和塑性急剧降低。为此，一般将碳的质量分数控制在0.30%~0.40%的范围内。中碳调质钢的屈服强度可达900~1200MPa，合金元素含量不高，合金系统比某些低碳低合金调质钢还要简单些。

由于中碳调质钢随着含碳量的增加，使其淬硬性和热处理强化效果均高于低碳调质钢，但韧性则比低碳调质钢要差。高的碳当量和淬硬倾向也给焊接造成较大困难，故对这种钢一般不推荐用于焊接结构，除非是一些高负载荷、大截面重要机械零件和需要减轻自重的高强度结构，如汽轮机、喷气涡轮机叶轮、主轴、火箭壳体和飞机起落架等的制造。

（一）中碳调质钢的焊接特点

1. 冷裂纹　中碳调质钢含碳量高，淬硬性和淬透性都比较大，焊接性能差，焊接工艺复杂，一般只有在退火或正火状态下焊接，焊接时容易产生对冷裂纹很敏感的淬硬组织，为此，中碳调质钢焊接时，为了防止冷裂纹，必须提高预热温度，并在焊后及时进行消除应力处理。

2. 热影响区的脆化和软化　中碳调质钢的热影响区很容易出现硬脆的淬火组织——高碳马氏体组织。冷却速度越高，马氏体数量越多，脆化也越严重。为此，一般需采用预热、缓冷等措施与适当的热输入相配合，以获得韧性较高的组织。

中碳调质钢的热影响区软化现象与低碳调质钢相类似，出现在调质状态下进行焊接时，可采用集中热源有利于防止软化。

(二) 中碳调质钢的焊接工艺

中碳调质钢主要用于要求强度高而对塑性要求不高的场合，其应用范围远不如热轧、正火钢或低碳调质钢那样广泛。这类钢的焊接性较差，不仅对焊接冷裂纹很敏感，而且焊后若不进行热处理就难以保证热影响区的性能。这些特点就决定了其合理的焊接方案是：在退火(正火)状态下进行焊接，焊后整体结构需进行淬火＋回火处理。

在退火状态下进行焊接，主要的问题是防止冷、热裂纹的产生，而接头的性能则由焊接材料和焊后热处理予以保证。因此，在选择焊接材料时，应保证焊缝在热处理后能达到母材的性能，在制定工艺时还需采取必要的防裂措施。

在焊接方法的选用上，由于不强调热输入对接头性能的影响，因此，常用的焊接方法均可适用。

由于不必顾虑回火区的软化，可以采用较大的热输入并适当提高预热温度，从而能有效地防止冷裂的产生，一般预热温度及层间温度控制在200～300℃之间。

为了保证焊缝与母材在相同的热处理条件下获得相同的性能，焊接材料应保证熔敷金属的成分与母材基本一致。同时为了防止焊缝产生裂纹，还应对杂质及促使金属脆化的元素(如 S、P、C、Si 等)的含量加以严格限制，常用焊接材料示例见表 11-7。

表 11-7 中碳调质钢焊接材料选用示例

钢号	焊条电弧焊焊条	气体保护焊		埋弧焊		备注
		CO_2	Ar	焊丝	焊剂	
30CrMnSiA	E8515-G(J857 铬) J107 铬 HT-1(H08A 焊芯) HT-1(H08CrMoA 焊芯) HT-3(H08A 焊芯) HT-3(H18CrMoA 焊芯)	H08Mn2SiMoA H08Mn2SiA	H18CrMoA	H20CrMoA H18CrMoA	HJ431 HJ431 HJ260	HT 型焊条为航空用牌号 HT-4 为用于调质状态下焊接的镍基合金焊条
30CrMnSiNi2A	HT-3(H18CrMoA 焊芯)		H18CrMoA	H18CrMoA	HJ350-1 HJ260	HJ350-1 为 80%～82% HJ350 和 18%～20% 陶质焊剂 1 号的混合物
40CrMnSiMoVA	J107 铬 HT-3(H18CrMoA 焊芯) HT-2(H18CrMoA 焊芯)					
35CrMoA	J107Cr		H20CrMoA	H20CrMoA	HJ260	
35CrMoVA	E5515-B2-VNb(R337) E8515-G(J857) J107Cr		H20CrMoA			
34CrNi3MoA	E8515-G(J857) R817		H20Cr3MoNiA			

注：本表中“%”均指该类物质的质量分数(%)，下同。

为了防止延迟裂纹产生，焊后应及时进行热处理。若不能及时进行调质处理，可进行中间退火或后热，以清除扩散氢并软化热影响区组织，中间退火还能消除残余应力。

对结构复杂，焊缝较多的产品，为了防止因焊接过程过长而产生延迟裂纹，可在焊完一定数量的焊缝后，进行一次中间热处理。

（三）30CrMnSi 钢的焊接

30CrMnSi 钢是一种广泛使用的钢种，如飞机上大部分钢制零部件均是用这种钢制造的。此种钢之所以得到广泛应用的主要原因是，它不含贵重元素镍，综合性能优良，价格还便宜，其次是具有较好的焊接性。

30CrMoSi 钢一般在退火状态下焊接，在焊件厚度大于 3mm 时，应进行 250～350℃ 的预热，层间亦应保持此温度。所用焊接材料见表 11-7。

焊后应进行调质处理，其热处理工艺为：880℃加热油淬＋650℃回火，也可根据需要改变回火温度。如需进行中间退火处理，或焊后无法及时进行调质处理时，应进行 680℃ 回火处理。

第四节　专业用合金结构钢的焊接

铬钼珠光体耐热钢和低温用钢是最有代表性的专业用钢。

一、铬钼珠光体耐热钢的焊接

耐热钢中以铬钼珠光体耐热钢应用最为广泛，这是由于这一类耐热钢适用于 350～550℃温度场合，石油、化工、锅炉、制药、内燃机等机件又多半在承受这样高的温度下服役。

（一）铬钼珠光体耐热钢的焊接特点

铬钼珠光体耐热钢与碳素钢相比，有两个特殊性能：一是高温强度（又叫抗热性）；二是高温抗氧化性（又叫热稳定性）。与高合金钢相比，有较好的冷热加工性，在工作温度范围内，力学性能也不低于高合金钢。

铬钼珠光体耐热钢是以 CrMo 为基本合金元素的低合金钢，其中 Mo 本身的熔点很高，因而能显著地提高金属的高温强度。由于 Cr 和氧的亲和力大，高温时，在金属表面形成氧化铬，致密的氧化铬在金属表面形成一层保护膜，从而防止内部金属受到氧化。Cr 除了能提高钢材的高温氧化性以外，还可以提高钢材的高温耐蚀性。

铬钼珠光体耐热钢中常加入一些 V，组成铬钼钒钢。加入 V 后，能强烈地形成碳化钒。它呈弥散状分布，阻碍高温时金属的塑性变形。另外加入 V 后，由于 C 与 V 化合，保证了 Mo 能全部进入固溶体中。V 的这两个作用都能提高高温强度。有些珠光体铬钼耐热钢为提高高温强度还加入少量 W、Al、B 等元素。

1. 热影响区的冷裂纹　铬钼珠光体耐热钢由于含有铬和钼，会给焊接带来一定的困难。原因是这类钢加热以后，在空气中冷却，会有明显的淬硬倾向。焊接时，在焊缝和热影响区就易出现硬而脆的马氏体组织。这不仅影响焊接接头的力学性能，而且还产生很大的内应力，常常导致焊缝和热影响区产生冷裂纹。

一般情况下，焊缝金属的含碳量常控制得比母材低，在母材热影响区中的奥氏体尚未转变时，焊缝中的奥氏体已开始转变，如果熔池中含有较多的氢，在奥氏体发生组织转变时，氢的溶解度要降低，这时焊缝中的氢力图向近缝区尚未转变的奥氏体部位扩散，待近缝区的奥氏体转变为马氏体时，由于温度已很低，氢已无法向外逸出，只能在马氏体中呈过饱和状态存在。这时氢就在近缝区造成很大的静压力，并使马氏体脆化。再加上钢中各种组织的比体积和热胀系数不同，焊接的加热，冷却过程中，会在近缝区产生较大的组织应力和热应力。

综上所述，近缝区被淬硬，形成马氏体组织，氢扩散到近缝区并聚集，再加上焊接时的残留应力，使近缝区容易引起冷裂纹。

2. 焊缝金属的合金化 铬钼珠光体耐热钢在高温时和室温时的性能有很大的差别。在选择焊条时，不仅要考虑焊缝金属的室温性能，而更主要的是需满足高温性能的要求，而影响高温性能和组织稳定性的主要因素就是钢中合金元素的含量。所以耐热钢焊接时，焊缝金属化学成分应最大限度接近被焊钢材的化学成分。否则，因在长期高温条件下运行，焊接接头内的合金元素发生扩散，特别是熔合区碳的迁移，而使焊接接头的持久强度和塑性降低。为了减少焊缝金属形成裂纹的倾向，尽量减少焊缝中的含碳量，但是，随着焊缝金属中含碳量的减少，其持久强度又有较大的降低，为此，焊缝金属中的 w（C）不允许低于0.07%。同时，在焊缝中往往还应加入多种合金元素，以获得优良的综合性能。

（二）铬钼珠光体耐热钢的焊接工艺

1. 焊条选择 铬钼珠光体耐热钢的焊接，其接头性能好坏首先取决于焊条的选择正确与否。选择焊条时，焊缝的化学成分应与母材相接近。使用铬钼耐热钢焊条应严格遵守使用低氢型焊条的各项规则。铬钼珠光体耐热钢的部分焊接工艺见表11-8。

2. 预热 预热是降低焊后冷却速度最有效的措施，另外，预热在一定程度上也降低了焊件的残留应力，避免出现裂纹，同时也保证了焊接接头的力学性能，除了很薄的板和管子外，都需要预热。对于不同的钢材，要选择不同的预热温度。表11-8为推荐常用铬钼钢的预热温度。

3. 焊条电弧焊操作要点 无论是定位焊还是正式焊接，焊前均按图样工艺进行预热。预热可采用感应加热或火焰加热，温度测量可用测温笔或测温仪表测定。焊接过程中，应使焊缝附近150~200mm范围内保持足够的温度。

焊接时，尽量一次焊完，最好不要中断，如果需中间暂停时，也应使已焊部分缓慢冷却，必要时要进行消氢或中间热处理。再进行焊接之前，必须仔细清理检查，并重新预热。焊接应在自由状态下进行，由于珠光体铬钼耐热钢裂纹倾向较大，故在焊接时焊缝的拘束度不能过大。

4. 焊后缓冷 焊后缓冷是焊接珠光体铬钼钢必须严格遵循的原则，即使在炎热的夏季也必须做到这一点。一般是焊后立即用石棉布覆盖焊缝及近缝区。小的焊件可以直接放在石棉灰中。覆盖必须严实，以确保焊后缓冷。

5. 焊后热处理 焊后热处理的工艺主要是指高温回火。是否需要先正火，这要看使用的是什么金属材料，也要看焊前钢板的状态及焊接条件。例如含钒钢及含铬量高的钢一般要正火加回火。但仅从焊接的观点出发，焊后一般只要求高温回火。几种常用的热处理温度见表11-8。铬钼耐热钢焊后必须进行热处理，如条件许可，应在焊后立即送到炉子里处理。这是因为铬钼钢易产生延迟裂纹。焊后立即热处理是避免延迟裂纹的最有效措施。如果条件不许可，则要进行焊后消氢处理。

表 11-8　铬钼珠光体耐热钢的部分焊接工艺

牌号	焊条电弧焊		埋弧焊		气体保护焊		预热（层间）温度/℃	推荐焊后回火温度①/℃
	焊条牌号	焊条型号	焊丝	焊剂	焊丝	气体成分（体积分数）		
16Mo	R102	E5003 A1	H08MnMoA	HJ350	H08MnSiMo		150～250	
12CrMo ZG20CrMo	R202 R207 R307	E5503-B1 E5515-B1 E5515-B2	H10MoCrA	HJ350 HJ250	H08CrMnSiMo H08Mn2SiCrMo		200～300	
15CrMo ZG15CrMo	R307 A507	E5515-B2 E-16-25Mo6N-15	H08CrMoA H12CrMo	HJ350 HJ260 HJ250	ER55-B_2 ER55-B_2L		150～250 150～300	630～710
12Cr2Mo1 2G15Cr2Mo1	R407	B6015-B3	H08Cr2Mo1 H08Cr3MoMnSi	HJ350 HJ260 HJ250	H08Cr2Mo1A H08Cr3MoMnSi H08Cr2Mo1MnSi	CO_2 或 Ar+1%+5% O_2 或 Ar+20% CO_2	200～350	680～750
12CrMoV 12Cr1MoV 2G20CrMoV	R317 A507	E5515-B2-V E16-25-Mo6N-15	H08CrMoVA	HJ350 HJ250	H08Mn2SiCrMoVA H08CrMoVA ER55-B_2-MnV		200～300 250～350	700～740
15Cr1Mo1V ZG15Cr1Mo1V	R327 R337 A507	E5515-B2-VW E5515-B2-Vno E16-25-Mo6N-15	—	—	—		300～400	710～740
12Cr2MoWVTiB	R347	E5515-B3-VWB			H08Cr2MoWVNoE ER62-B3-ER62-B31		250～350	750～780
12Cr3MoVSiTiB	R417 R407VNb	E5515-B3-VNb	—	—	—		300～350	750～780

① 以高温抗拉强度为主选下限温度，以持久强度为主选中间温度，为软化焊接接头选上限温度。

（三）铬钼珠光体耐热钢焊接实例

12Cr1MoV 钢焊接时，具有较高的热强性和持久塑性，焊接性能良好，在580℃以下抗氧化性良好，腐蚀深度为0.05mm/年。该钢材主要用作蒸汽参数540℃的锅炉用导管，壁温小于580℃的锅炉过热器及锻件的制造。

12Cr1MoV 钢焊条电弧焊时，采用 E5515-B2-V（R317）焊条，焊前需预热至 100～150℃（对于小口径薄壁管可以不预热）。焊后经 710～750℃回火。

如管壁小于6mm，采用钨极氩弧焊施焊，选用 ER55B2MnV（TIG-R31）焊丝。当管壁大于6mm 时，采用钨极氩弧焊打底，焊条电弧焊或焊条电弧焊＋埋弧焊焊接其他层次，并按规定进行焊前预热及热处理。

如厚壁集箱对接、端盖与本体焊接等，可采用钨极氩弧焊打底，焊条电弧焊焊接第 2、3 层，然后用埋弧焊焊妥，埋弧焊焊丝和焊剂可采用 H08CrMoVA＋HJ350，焊前需要预热 100～150℃，施焊过程中控制层间温度不要超过 350℃，焊后经 710～750℃高温回火。如果不能及时热处理，应进行去氢或后热处理。

二、低温用钢的焊接

低温用钢用于低温(-20℃以下)工作的焊接构件，如液化石油气、液化天然气、液氧、液氮等贮罐、槽车、船舶及其他低温装置。

低温用钢按合金元素可分为无镍、铬低温钢和有镍、铬低温钢两大类。按使用温度可分为-40℃、-70℃等数个级别。低温用钢因为显微组织对低温韧性有明显的影响，因而也常按显微组织进行分类。分为铁素体型、低碳马氏体型和奥氏体型。铁素体型这一类钢都是低合金钢，其显微组织为铁素体加少量珠光体，含碳量都很低，且对S、P控制比较严，常用的有Q345(16MnR)、$09Mn_2VR$等。低碳马氏体型以9Ni钢最具代表性，适用于温度为-196℃的工作环境，主要是用于制取和贮存液氮的设备制造。奥氏体型低温用钢应用最早的是Cr-Ni奥氏体型钢，其中以18-8型06Cr19Ni10、12Cr19Ni9钢应用最广泛。无铬镍奥氏体，如15Mn26Al4、20Mn23Al钢在生产中也有应用。

(一) 对低温用钢性能的要求

低温下具有足够的韧性这是对低温用钢的主要要求。低温用钢最重要的力学性能指标是在工作温度下的缺口韧性，通常是对使用温度下的冲击韧度作出规定。

影响低温韧性的因素很多，有化学成分、显微组织、晶粒度与热处理状态等。

对低温韧性影响较大的合金元素有C、Mn与Ni等。碳会降低低温韧性，为了保证低温韧性与焊接性，低温用钢中w(C)控制在0.22%以下，Mn是提高韧性的元素之一，Ni是提高低温韧性的重要元素，低温用钢中Mn和Ni是用得最多的合金元素。

热处理可以改变钢的组织特征，而组织类型、形状、分布和大小是决定钢低温韧性的重要因素。正火是低温用钢使用最多的热处理工艺，再结晶退火在低温用钢中应用较少。

钢中碳化物分布状态也会影响其低温韧性。碳化物以细小的粒状分布，比片状分布时的低温韧性高。

低温用钢除有足够的韧性外，还应有足够的强度。为减轻自重并节约钢材，在保证结构的刚度和韧性，并易于加工制造的前提下，应尽可能选用高强度，特别是高屈服强度的钢。

另外，低温用钢还应具有相应的耐蚀性和优良的焊接性，以及要求小的体胀系数和热导率。

(二) 低温用钢的焊接性

低温用钢大部分是接近铁素体的低碳合金钢，其含碳量低，S、P含量也限制在较低的范围内，因此焊接接头近缝区的淬硬倾向小，不易出现冷裂纹，焊接性好。有些低温用钢虽然通过加入Ni[w(Ni)2.5%~3.5%]来提高钢的淬透性，而由于含C量较低，冷裂倾向亦不严重。但是，焊接低温用钢的主要问题是防止焊缝和过热区出现粗晶过热组织，保证焊缝和过热区(粗晶区)的低温韧性；此外，还要注意焊接含Ni的钢会出现液化裂纹问题，因为Ni能促成热裂纹。

(三) 低温用钢的焊接工艺

1. 焊接材料的选择 低温用钢焊接时，要正确选择焊接材料，以确保焊缝和过热区的低温韧性。焊缝及热影响区的低温韧性直接与焊缝金属成分有关。由于焊缝金属是铸态组织，其力学性能尤其是低温韧性要低于同样成分的母材，故焊缝成分不能与母材完全一样。首先，低温用钢使用的焊接材料必须保证焊缝中有害杂质(P、S、O_2、N)最少、特别对含镍钢更应严格控制杂质含量，以保证焊缝金属具有良好的韧性。因此，对不同类型的低温用钢，应选择不同的焊接材料。

当采用焊条电弧焊焊接铁素体型低温用低合金高强度钢时，可选择与母材成分相同的低碳钢和 C-Mn 钢焊条，其焊缝金属在 -30℃ 仍具有足够的冲击韧度，若选用质量分数为 0.5%~1.5% Ni 的低 Ni 焊条（W707Ni 或 W907Ni 焊条）更可靠，如使用 MIG、TIG 焊方法，要选质量分数为 1.5%~2.5% Ni 的焊丝。埋弧焊时，可采用 C-Mn 焊丝配合烧结焊剂，其目的是通过向焊缝过渡微量的 Ti 和 B 来细化铁素体晶粒，抑制共析体的析出，再则由于碱性焊剂焊缝含氢量低，从而可获得高韧性的焊缝。16MnDR、09Mn2VDR、09MnTiCuREDR 钢焊接材料的选择见表 11-9。

表 11-9　常用低温用钢的焊接材料

温度级别/℃	牌号	热处理	焊条电弧焊		埋弧焊		气体保护焊
			焊条型号	焊条牌号	焊丝	焊剂	焊丝
-40	16MnDR	热轧	E5015-G E5016-G	J507NiTiB J507GR J507RH J506R J506RH	H10MnNiMoA H06MnNiMoA H08MnNiA	SJ101 SJ603 HJ250	ER55-GI
-70	09MnTiCuREDR 09Mn2VDR	正火	E5015-G E5015-C_1 E5515-C_1 E5515-G	W607 W607H W707 W707Ni W807	H08MnA H08Mn2 H08Mn2MoVA	SJ102 SJ603 HJ250	ER55-C2 MGS-2N
-90	06MnNbDR 06AlNbCuR	正火	E5515-C_2 E5015-C_2L	W907Ni W107 W107Ni	H08Mn2Ni2A	SJ603	ER55-C3 MG5-3N TGS-3N
-120	3.5Ni	正火	E5515-C_1 E5515-C_2 E5015-C_2L	W707Ni W907Ni W107Ni NB-3N①	H08Mn2Ni2A H05Ni3A	SJ603	
-196	9Ni	淬火 + 回火	—	NIC-70S① NIC-70E NIC-1S	Ni67Cr16Mn3Ti Ni58Cr22Mo9W	HJ131	
-253	15Mn26Al4	固溶	E315-15	A407	12Mn27Al6	HJ173	

① 日本焊条。

铁素体型低镍钢焊接时，焊条电弧焊所选用焊条的含 Ni 量应与母材相同或略高于母材，但 w(Ni) 不得超过 2.5%，否则会使焊缝出现粗大的板条贝氏体或马氏体组织，韧性明显地下降。焊接 3.5Ni 钢时，为改善焊缝韧性，除了尽量减少 C、S、P、O_2、N 等杂质含量外，还应限制焊缝中 Si 和 Mn 的含量，因为 Si 和 Mn 会形成明显的条状组织，使韧性下降。采用

MIG、TIG 焊或埋弧焊时，选用的焊丝中应加微量 Ti，可起到细化晶粒、改善焊缝低温韧性的作用。为降低由于 Ni 引起的回火脆性，在焊丝中加入少量 Mo 有利于减少回火脆性。如 MIG 和 TIG 焊可选用与母材相似的低碳的 3.5Ni-0.15Mo 焊丝；埋弧焊可采用 3.5Ni-0.3Ti 焊丝配合烧结焊剂。

2. 控制热输入　低温用钢焊接如采用过大热输入，会导致高温受热区扩大，高温延续时间较长，使焊缝和过热区形成粗大组织，从而降低了整个焊接接头的低温韧性和塑性。因此焊接时要使用较小的热输入，在保证熔透和熔合的前提下，采用小的焊接电流、快焊速、窄焊道、控制层间温度及不预热等措施。

3. 焊接工艺要点

1）低温用钢焊前一般均不需预热，板厚和刚度较大时，焊前需要预热至 100℃ ~150℃；对于 3.5Ni 钢需预热至 150℃；Ni9 钢需预热至 100 ~150℃ 范围内。

2）焊条使用前必须进行 350 ~400℃ 保温 2h 的烘干。

3）焊前去除焊缝周围表面的锈、油等污物。

4）采用小电流、快焊速，无摆动快速多层、多道焊，层间温度控制在 200℃ 左右。

5）清除各种焊接缺欠，填满弧坑，焊缝要圆滑过渡，清除焊件表面所留各种焊疤。

4. 焊后热处理

焊接板厚 16mm 以下的钢材时，一般不需预热和焊后热处理。厚板、大刚度结构，在低温环境下焊接时，需适当预热和焊后进行消除应力回火。

第五节　不锈钢的焊接

不锈钢在航空、化工和核工业中等，得到了广泛应用。

不锈钢是指主要合金元素铬的质量分数为 12% 以上，且具有不锈、耐酸等特性的钢。

一般泛指的“不锈钢”是不锈钢、耐酸钢和耐热钢的通称。严格的区分，不锈钢只是空气中能够抵抗腐蚀的钢；耐酸钢是在某些化学浸蚀介质中能够抵抗腐蚀的钢；而耐热钢是在高温下能抗氧化、抗蠕变、抗破断，并能抵抗有一定腐蚀介质的钢。耐酸钢和耐热钢一般具有不锈的性能，而不锈钢一般的耐酸和耐热性能却较差。

不锈钢一般可按化学成分和组织分类：

按化学成分，可分为铬不锈钢和铬镍不锈钢两大类：

铬不锈钢：如 12Cr13(1Cr13)、20Cr13(2Cr13)、30Cr13(3Cr13)、10Cr17(1Cr17) 等

铬镍不锈钢：如 06Cr19Ni10(0Cr18Ni9)、12Cr19Ni9(1Cr18Ni9)、06Cr18Ni12Mo2Cu2(0Cr18Ni12Mo2Cu2) 等

按组织分，可分为铁素体型不锈钢、马氏体型不锈钢、奥氏体型不锈钢、奥氏体-铁素体双相型不锈钢及沉淀硬化型不锈钢。

铁素体型不锈钢：如 10Cr17(1Cr17)、10Cr17Mo(1Cr17Mo)

马氏体型不锈钢：如 20Cr13(2Cr13)、30Cr13(3Cr13)、40Cr13(4Cr13)

奥氏体型不锈钢：如 06Cr18Ni11Ti(0Cr18Ni10Ti)、06Cr17Ni12Mo2Ti(0Cr18Ni12Mo3Ti)、06Cr19Ni10(0Cr18Ni9)、06Cr18Ni11Nb(0Cr18Ni11Nb)、16Cr20Ni14Si2(1Cr20Ni14Si2)

奥氏体-铁素体双相型不锈钢：如 14Cr18Ni11Si4AlTi（1Cr18Ni11Si4AlTi）、022Cr19Ni5Mo3Si2（00Cr18Ni5Mo3Si2）

沉淀硬化型不锈钢：如 05Cr17Ni4Cu4Nb（0Cr17Ni4Cu4Nb）、07Cr17Ni7Al（0Cr17Ni7Al）

以下仅对奥氏体型不锈钢、铁素体型不锈钢和马氏体型不锈钢的焊接作些介绍：

一、奥氏体型不锈钢的焊接

（一）奥氏体型不锈钢的组织和性能

奥氏体型不锈钢所含主要合金元素为 Cr、Ni，当钢中含 w(Ni)达到 18%以上，再加入质量分数不少于 8%的 Ni 时，从常温到熔点的组织是没有相变的奥氏体组织。

奥氏体型不锈钢在氧化性和某些还原性酸液中有良好的耐腐蚀性，有良好的加工性和焊接性。但不能进行热处理强化。在化工、炼油、食品加工、医疗器械及纺织印染等设备中获得广泛的应用。一般多用于温度低于 350℃条件下的工作。

根据奥氏体型不锈钢中 Cr、Ni 含量的不同可分为三类：

1. 18-8 型　这是应用最广的一类奥氏体型不锈钢，如 06Cr19Ni10 钢。在此基础上，为细化钢的晶粒及改善焊接性，克服晶界腐蚀等问题，在不锈钢中加入 Ti、Nb 等稳定化元素，如 06Cr18Ni11Ti 钢等。为提高钢的耐腐蚀性能，发展了超低碳不锈钢，如 022Cr19Ni10（00Cr18Ni10）钢等。

2. 18-12 型　这类钢除了提高 Ni 的含量外，一般加入质量分数为 2% ~4%的 Mo 或 Cu 等合金元素，使其耐腐蚀性、耐点蚀性能有所提高，使这类钢形成基本上是单相的奥氏体组织。这类钢的 w(Ni)需提高到 10%以上，主要用做（非氧化性酸液中）耐酸不锈钢，如 06Cr17Ni12Mo3Ti 钢等。

3. 25-20 型　这类钢的 Cr、Ni 的含量很高，因而具有很好的耐腐蚀性能和耐热性能。由于含镍量高，奥氏体组织十分稳定，如 06Cr25Ni20（0Cr25Ni20）钢等。

（二）奥氏体型不锈钢的焊接特点

奥氏体型不锈钢焊接性能良好，但如果焊条选用不当或焊接工艺不正确时，也会产生下列问题：

1. 晶间腐蚀问题　晶间腐蚀是 18-8 型奥氏体钢（例如 12Cr18Ni9）最危险的破坏形式之一。室温下碳元素在奥氏体的溶解度很小，w(C)约 0.02% ~0.03%，而一般奥氏体钢中 w(C)均超过 0.02% ~0.03%，因此只能在淬火状态中使碳固溶在奥氏体中（固溶处理），以保证钢材具有较高的化学稳定性。但是这种经固溶处理的奥氏体钢当加热到 450 ~850℃（敏化温度）或在该温度下长期使用时，就会在腐蚀介质中产生晶间腐蚀。

奥氏体钢产生晶间腐蚀一般认为是由于晶粒边界形成贫铬层造成的，其原因是在 450 ~850℃温度下，碳在奥氏体中的扩散速度大于铬在奥氏体中的扩散速度。当奥氏体中含碳量超过在室温的溶解度[w(C)0.02% ~0.03%]后，碳就不断地向奥氏体晶粒边界扩散，并和铬化合，析出碳化铬 $Cr_{23}C_6$。但是铬的原子半径较大，扩散速度较小，来不及向边界扩散，晶界附近大量的铬和碳化合成碳化铬，造成奥氏体边界贫铬，当晶界附近的金属 w(Cr)低于 12%时就失去了耐腐蚀的能力，在腐蚀介质作用下，即产生晶间腐蚀。

受到晶间腐蚀的不锈钢，从表面上看来没有痕迹，但在受到应力时即会沿晶界断裂，几乎完全丧失强度。

奥氏体型不锈钢焊接不当时，不仅会在焊缝和热影响区造成晶间腐蚀（见图 11-5a、b），且在焊接接头近缝区的一个狭带上(通常宽度小于1mm)也会发生这种腐蚀，因晶间腐蚀的破坏形式类似刀的切口，故称为刀状腐蚀(见图 11-5c)。

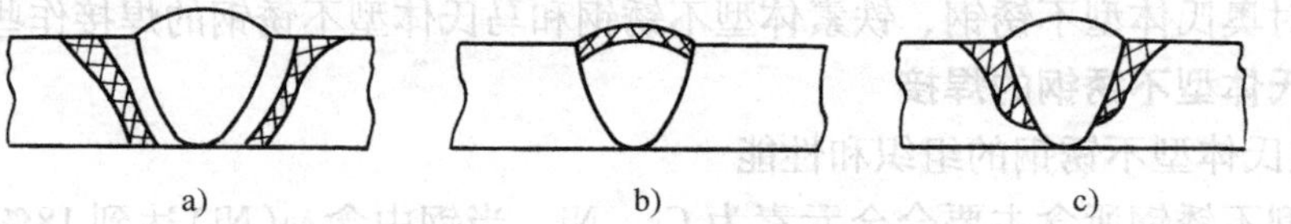

图 11-5　奥氏体型钢焊接接头的晶间腐蚀

a)发生在热影响区　b)发生在焊缝表面　c)发生在熔合线

刀状腐蚀一般发生在焊后再次处于敏化温度区间加热的情况下，产生的原因也与 $Cr_{23}C_6$ 析出后形成的贫铬层有关。

在奥氏体不锈钢焊接时，可用下列措施防止和减少焊件产生晶间腐蚀：

(1) 控制含碳量　碳是造成晶间腐蚀的主要元素，w(C)在 0.08% 以下时，能够析出碳的数量较少，w(C)在 0.08% 以上时，能够析出碳的数量迅速增加。所以常控制母材金属和焊条的 w(C)在 0.08% 以下，如 06Cr19Ni10 钢板、E308-15(A107)焊条等。另外，若奥氏体钢中的 w(C)小于 0.02% ~0.03% 时，则全部碳都溶解在奥氏体中，即使在 450 ~850℃加热也不会形成贫铬层，故不会产生晶间腐蚀。通常所说的超低碳不锈钢(如 022Cr19Ni10、022Cr17Ni12Mo2、E308L-16(A002)焊条)w(C)小于 0.03%，因此不易产生晶间腐蚀。

(2) 添加稳定剂　在钢材和焊接材料中加入 Ti、Nb 等与 C 的亲和力比 Cr 强的元素，能够与碳结合成稳定的碳化物，从而避免在奥氏体晶界造成贫铬，对提高抗晶间腐蚀能力起十分良好的作用。常用的不锈钢材和焊接材料都含有 Ti 或 Nb，如 06Cr18Ni11Ti、07Cr18Ni11Nb 钢材、E347-15(A137)焊条、H08Cr19Ni10Ti 焊丝等。

(3) 进行固溶处理　将焊接接头进行固溶处理，方法是在焊后把焊接接头加热到 1050 ~1100℃，此时碳又重新溶入奥氏体中，然后迅速冷却，稳定了奥氏体组织。另外，也可以进行 850 ~900℃，保温 2h 的稳定化热处理，此时奥氏体晶粒内部的 Cr 逐步扩散到晶界，晶界处的 w(Cr)又重新恢复到多于 12%，这样就不会产生晶间腐蚀。

(4) 采用双相组织　在焊缝中加入铁素体形成元素，如 Cr、Si、Al、Mo 等，以使焊缝造成奥氏体加铁素体的双相组织。这是双相组织中的奥氏体，其碳的浓度较大，所以碳原子有向铁素体扩散的趋势，而铁素体中 Cr 的浓度较大，Cr 就有向奥氏体中扩散的趋势。奥氏体中的碳和铁素体中的 Cr 都向两相交界处扩散，由于 C 的扩散速度很大，有可能碳原子首先从奥氏体越过边界与 Cr 形成碳化铬；又由于 Cr 在铁素体里的扩散速度要比在奥氏体中快得多，所以一旦在晶界处出现贫铬层，Cr 能够较快地从铁素体内部得到补充，从而使贫铬层消失。

(5) 减小焊接热输入　在焊接工艺方面，可采用小的焊接电流，大的焊接速度，短弧，多道焊，待先焊一层完全冷却后再焊下一层。或用铜垫板，甚至用冷水浇等措施来加速焊缝的冷却，以尽量减少焊接接头在危险温度的停留时间。

(6) 合理安排焊接顺序　防止刀状腐蚀的产生还应注意合理安排焊接顺序，这是因为刀状腐蚀除产生于焊后在敏化温度再次受热外，在多层焊和双面焊时，后一条焊缝的热作用可能对先焊焊缝的过热区起到敏化温度加热的作用(见图 11-6b)。为此，双面焊缝与腐蚀介质接触的一面的焊缝应尽可能最后焊接。焊缝布局上应尽量避免交叉焊缝，减少焊缝接头。若与腐蚀介质接触的焊缝无法最后焊接时，则应调整焊接参数，使后焊焊缝的敏化区不要与第一面焊缝表面的过热区重合（见图11-6a）。

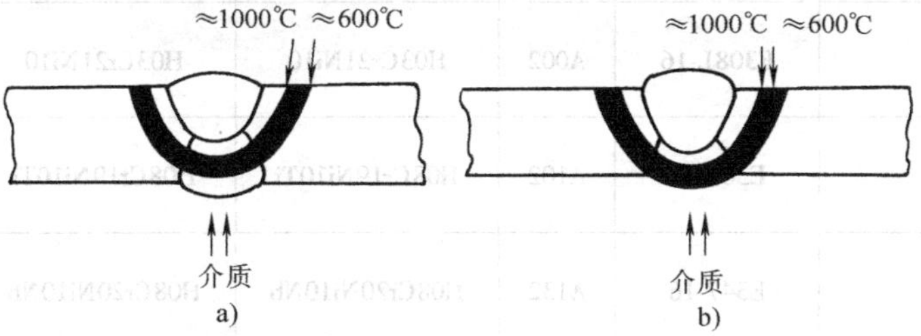

图11-6　第二面焊缝的敏化区对刀状腐蚀的影响

a）敏化区与腐蚀介质不接触，双面焊　b）敏化区与腐蚀介质接触，多层焊

2. 焊接热裂纹　热裂纹是不锈钢焊接时比较容易产生的一种缺欠，特别是含Ni量较高的奥氏体型不锈钢（如25-20型）焊接时更易产生。

（1）奥氏体型不锈钢产生热裂纹的主要原因有：

1）奥氏体型不锈钢的热导率不到低碳钢的1/3，而线胀系数却大得多，所以焊后在接头中会产生较大的焊接应力。

2）铬镍奥氏体型不锈钢成分复杂，内部往往含有较多的能够形成低熔点共晶的合金元素和杂质，同时奥氏体结晶的枝晶方向性强，因此也造成偏析聚集的严重发展。

3）不锈钢的液、固相线距离较大，结晶时间较长，杂质偏析现象比较严重。

（2）铬镍奥氏体型不锈钢防止热裂纹的主要措施有：

1）形成双相组织。双相组织的焊缝比单相奥氏体组织的焊缝具有较高的抗热裂纹能力。因为少量的铁素体可以细化晶粒、打乱柱状晶的方向和防止杂质的聚集。另外，铁素体还可以比奥氏体溶解更多的杂质，从而可以减少偏析现象，但是过多的铁素体将使焊缝变脆，反而不利，通常铁素体体积分数应控制在5%以内。

2）在焊接工艺上，采用碱性焊条，采用小电流、快速焊，收弧时尽量填满弧坑以及采用氩弧焊打底等工艺。

（三）铬镍奥氏体型不锈钢的焊接工艺

1. 焊条电弧焊　焊条电弧焊是奥氏体型不锈钢焊接中应用最广的一种焊接方法。用于焊接厚度大于1mm的钢板，对1mm以下的薄板因容易烧穿，而不采用。

焊机可用交流弧焊机或直流弧焊机，但使用交流弧焊机时电弧不稳定，故焊接时一般多用直流弧焊整流器，并用反接。

（1）焊前准备　根据钢板厚度及接头形式，用机械加工、等离子弧切割或碳弧气刨等方法下料和加工坡口。对接接头板厚超过3mm需开除I形外的坡口，为了避免焊接时碳和杂质混入焊缝，在焊前应将焊缝两侧各20～30mm范围内用丙酮擦净，并涂白粉浆，以避免表面被飞溅金属损伤。

（2）焊条选用　常用奥氏体型不锈钢焊接时焊条的选用见表11-10。

（3）焊接工艺　18-8型铬镍奥氏体型不锈钢的焊接性良好，只要正确地选用焊接工艺就能获得质量满意的焊接接头。

表 11-10 常用奥氏体型不锈钢焊接时选用的焊接材料

牌号 (GB/T 20878—2007)	焊条		氩弧焊焊丝	埋弧焊焊丝	
	型号	牌号	YB/T 5092-2005	焊丝	焊剂
06Cr19Ni10 (0Cr19Ni10)	E308L-16	A002	H03Cr21Ni10	H03Cr21Ni10	SJ604-SJ608
06Cr18Ni11Ti (0Cr18Ni9Ti)	E308-16	A102	H08Cr19Ni10Ti	H08Cr19Ni10Ti	HJ172、SJ608
07Cr18Ni11Nb (1Cr18Ni11Nb)	E347-16	A132	H08Cr20Ni10Nb	H08Cr20Ni10Nb	HJ172
06Cr18Ni12Mo3Ti (0Cr18Ni12Mo3Ti)	E316L-16	A022	H06Cr19Ni12Mo2	H06Cr19Ni12Mo2	HJ260、HJ172、SJ601
022Cr17Ni12Mo2 (00Cr17Ni14Mo2)	E316L-16	A022	H03Cr19Ni12Mo2	H03Cr19Ni12Mo2	HJ260、HJ172、SJ601
06Cr18Ni12Mo2Cu2 (0Cr18Ni14Mo2Cu2)	E308L-16	A002			
022Cr19Ni10 (00Cr18Ni10)	E308L-16	A002	H03Cr21Ni10	H03Cr21Ni10	SJ601

为了防止焊接接头在敏化温度(450～850℃)范围内停留时间过长而产生晶间腐蚀，并防止接头过热而产生热裂纹，焊接铬镍奥氏体型不锈钢时，要采用快速焊和减小焊缝。焊条最好不作横向摆动，一次焊成的焊缝不宜超过焊条直径的3倍，运条要稳，收弧时填满弧坑。

铬镍奥氏体型不锈钢的焊接电流比低碳钢焊接时降低20%左右，其数值一般是(25～30)d，d为焊条直径(mm)。

为尽量避免焊缝重复加热，故一般不宜采用多层焊，如果必须进行多层焊时，每焊完一层需彻底清除熔渣，并对焊缝进行仔细检查，确无缺欠，并且等到前层焊缝冷却后(小于60℃)，再焊接下一层。与腐蚀介质接触的焊缝尽量最后焊接。

为防止过热而产生晶间腐蚀，条件允许时焊后可采用强制冷却措施。

不得在焊件上随便引弧，地线也应紧密与焊件接触，以免损伤焊件表面，影响耐腐蚀性能。

2. 埋弧焊 奥氏体型不锈钢的埋弧焊一般用于中等厚度以上6～50mm的钢板，采用埋弧焊可提高生产率，也能提高焊缝质量。但是由于埋弧焊热输入大，易破坏奥氏体型不锈钢的耐腐蚀性和出现热裂纹，故应慎重选用。

奥氏体不锈钢焊接时，为了避免产生裂纹，必须选择适当的焊接参数，使焊缝中有体积分数为5%左右的铁素体。常用的焊丝有H08Cr19Ni10Ti、H03Cr21Ni10、H06Cr19Ni12Mo2等。焊剂有HJ172、HJ260、SJ601等。

3. 氩弧焊 手工钨极氩弧焊(TIG)用于焊接0.5～3mm的不锈钢薄板，焊丝的成分一般与母材相同，也可以根据化学成分和使用焊件选取。部分奥氏体型不锈钢焊丝选用见表11-10。焊接时的速度适当地快一些，这可以减少焊件的变形，但过快会造成焊缝不均匀和未焊透等缺欠，焊接时应尽量避免焊抢作横向摆动。

对于厚度大于3mm的不锈钢，可采用熔化极氩弧焊(MIG焊)。熔化极氩弧焊的优点是生产率高，焊缝的热影响区小，焊件的变形小和耐腐蚀性好，易实现焊接自动化。

二、铁素体型不锈钢的焊接

(一) 铁素体型不锈钢的组织和性能

这类钢具有足够的Cr，或Cr加一些铁素体形成元素(如Mo、Al或Ti)，在固溶状态下为铁素体组织，退火及时效状态下为铁素体组织含少量碳化物和少量金属间化合物的组织，如10Cr17，10Cr17Mo，019Cr19Mo2NbTi(00Cr18Mo2)等。这类钢的耐腐蚀性能以及包括焊接性在内的工艺性能都不如奥氏体钢，只能用于300℃以下的不锈钢或抗氧化钢。

(二) 铁素体型不锈钢的焊接性

铁素体型不锈钢的焊接性比奥氏体型不锈钢差些，焊接中的主要问题是脆性与晶间腐蚀倾向。脆化往往还会导致焊接接头产生裂纹。

1. 焊接接头的脆性

(1) σ相脆化。铁素体型或奥氏体型不锈钢在高温(375～875℃)长时间保温(几小时到几百小时)就会形成一种Fe-Cr金属间化合物，即σ相。σ相的性能极硬而脆，且分布在晶界处，使不锈钢的冲击韧度大大下降而脆化。为了消除已经生成的σ相，恢复焊接接头的韧度，可以把焊接接头加热到1000～1050℃，然后快速冷却。

σ相析出需长时间加热，在焊接条件下一般不会出现。

(2) 475℃脆性　主要出现于w(Cr)>15%的铁素体不锈钢中，这种钢在350～500℃内长期停留(几个小时到几十个小时)，就会使焊缝出现脆化，冲击韧度大大下降。由于475℃时的脆化速度最快，故称为475℃脆化。焊接过程中不可避免地要经历这个温度。已产生475℃脆化的焊缝，可经900℃淬火消除。

铁素体型不锈钢加热时无固态相变，因此晶粒一旦粗化，就无法用热处理消除。为了防止晶粒粗化，焊接时应尽可能采用较小的热输入，以减少接头过热。另外，在母材和焊缝中加入适量的Ti、Nb、Al等能够细化晶粒的元素，亦可收到一定的效果。

2. 晶间腐蚀　铁素体型不锈钢的晶间腐蚀倾向产生的原因与奥氏体型不锈钢基本相同，也是$Cr_{23}C_6$析出后形成贫铬层的结果。

铁素体型不锈钢的接头出现晶间腐蚀的位置在接头熔合线附近(1000℃以上)，而且只有在快冷的条件下才会发生。焊后若经650～850℃加热并缓冷，接头的耐晶间腐蚀能力可以恢复。

铁素体型不锈钢焊接时除了焊接接头脆化和晶间腐蚀以外，由于在室温下韧性很低，很容易在冷却到室温时产生冷裂纹。为此，在使用铬钢焊条焊接时，常常要求低温预热以使接头在韧性较高的状态下收缩，可以有效地防止冷裂纹的产生。

(三) 铁素体型不锈钢的焊接工艺

1. 焊接方法　铁素体型不锈钢通常采用焊条电弧焊、TIG焊和MIG焊。有时也采用埋弧焊，但是对耐蚀性和韧性要求高的铁素体钢不推荐使用埋弧焊，以防过热。

2. 焊条选用　铁素体型不锈钢焊接时可选用与母材成分相近的焊条，也可选用奥氏体型不锈钢焊条，其焊接材料、预热及焊后热处理，见表11-11。

3. 焊接工艺要点　为了防止脆化，铁素体不锈钢焊接时应采用小电流、大焊速，焊条最好不要摆动，尽量减小焊缝横截面，不要连续焊，待前一道焊缝冷却到预热温度时再焊下一道焊缝，并注意控制层间温度不得过高。为防止冷裂纹而预热时，预热温度一般不希望超过 150℃。

表 11-11　铁素体型不锈钢的焊接材料、预热及焊后热处理

牌号（GB/T 20878—2007）	焊条		氩弧焊焊丝（YB/T 5092—2005）	埋弧焊		预热温度层间温度/℃	焊后热处理温度/℃	焊接接头性能
	型号	牌号		焊丝	焊剂			
06Cr13（0Cr13）	E430-16 E430-15	G202 G207	H06Cr14	H06Cr14	HJ150	—	700-760 回火	耐蚀 耐热
	E308-16 E308-15 E309-16 E309-15	A102 A107 A302 A307	H06Cr21Ni10 H03Cr24Ni13	H06Cr21Ni10 H03Cr24Ni13	HJ260 SJ610	—	—	具有良好的塑性和韧性
10Cr17（1Cr17） 10Cr17Mo（1Cr17Mo）	E430-16 E430-15	G302 G307	H10Cr17	/	/	70-150	700-760 回火	耐蚀 耐热
	E308-16 E308-15 E309-16 E309-15	A102 A107 A302 A307	H06Cr21Ni10 H03Cr24Ni13	H06Cr21Ni10 H03Cr24Ni13	HJ260 SJ610	70-150	—	具有良好的塑性和韧性

多层焊的层间温度应低于预热温度。对于厚大焊件，为降低应力，可在每焊完一层后用锤轻击焊缝表面。

4. 焊后热处理　焊后热处理的目的在于使接头的组织均匀，提高韧性和耐蚀性。一般采用高温回火，为了防止脆化，要求空冷。有时为了消除脆化相，也可在 900℃ 以下加热、水淬，以得到均匀的铁素体组织。

三、马氏体型不锈钢的焊接

（一）马氏体型不锈钢的组织和性能

这类钢加热到高温时组织为奥氏体，冷却到室温时，组织为马氏体，故可以热处理强化，如 12Cr13（1Cr13）、20Cr13（2Cr13）、30Cr13（3Cr13）。

这类钢在各类不锈钢及耐热钢中有最高的力学性能，但其耐腐蚀性能和焊接性能要比奥氏体型不锈钢和铁素体型不锈钢差。主要用做制造冲击载荷零件，如汽轮机叶片、水压机阀等。

（二）马氏体型不锈钢的焊接性

马氏体型不锈钢在焊接过程中主要的问题是存在冷裂纹与接头脆化的倾向。

1. 冷裂纹　马氏体型不锈钢产生冷裂纹的根本原因是，焊缝和热影响区在冷却过程中形成了淬硬组织。钢中含碳量越高，冷裂纹的敏感性越强。除合金的化学成分外，马氏体型不锈钢的裂纹还与产品的结构形式和扩散氢有关。结构的拘束度较大时，焊接时就会产生较大的内应力，使冷裂倾向增大。扩散氢的作用也比较明显，有氢存在时，马氏体型不锈钢延迟裂纹的倾向增大。

2. 焊接接头的脆化　这更是与钢材的成分有关，多数马氏体型不锈钢的成分特点，使其组织往往处在马氏体-铁素体组织的边界上，在快速冷却时，近缝区将形成粗大的马氏体，塑性韧性急剧下降。当冷却速度较小时，则可能出现粗大的铁素体和碳化物组织，也会导致脆化。

马氏体型不锈钢晶间腐蚀倾向很小。

（三）马氏体型不锈钢的焊接工艺

1. 焊前预热　为使焊缝能防止冷裂的产生，并具有良好的力学性能（包括高温力学性能），应进行焊前预热。预热温度在 150～400℃之间，具体温度视母材的成分、结构的拘束度及焊接方法等因素而定。但一般不超过 400℃。预热温度过高，会使接头中发生碳化物沿晶界沉淀并形成铁素体，对韧性很不利。

2. 焊条的选用　焊条可选用两种类型：一种为与母材成分相近的焊条；另一种为奥氏体型不锈钢焊条。马氏体型不锈钢的焊接材料、预热及热处理，见表 11-12。

表 11-12　马氏体不锈钢的焊接材料、预热及热处理

<table>
<tr><th rowspan="2">钢号
（GB/T 20878—2007）</th><th colspan="2">焊条</th><th rowspan="2">氩弧焊焊丝
（YB/T 5092—2005）</th><th colspan="2">埋弧焊</th><th rowspan="2">预热温度
层间温度</th><th rowspan="2">焊后热
处理</th><th rowspan="2">焊接接
头性能</th></tr>
<tr><th>型号</th><th>牌号</th><th>焊丝</th><th>焊剂</th></tr>
<tr><td rowspan="3">12Cr13（1Cr13）
20Cr13（2Cr13）</td><td>E410-16
E410-15</td><td>G202
G207</td><td>H06Cr14</td><td>H06Cr14</td><td>HJ150</td><td>300-350℃</td><td>700-750℃回火</td><td>耐大气腐蚀</td></tr>
<tr><td>E309-16
E309-15
E310-16
E310-15</td><td>A302
A307
A402
A407</td><td>H12Cr24Ni13Si
H12Cr24Ni21Si</td><td>H12Cr24Ni13Si
H12Cr24Ni21Si</td><td>HJ260
SJ610</td><td>200-300℃</td><td>/</td><td>具有良好的塑性和韧性</td></tr>
<tr><td>E403-16
E403-15</td><td>G302
G307</td><td>/</td><td>/</td><td>/</td><td>300-350℃</td><td>700-750℃回火</td><td>耐蚀、耐热</td></tr>
<tr><td>14Cr17Ni2
（1Cr17Ni2）</td><td>E308-16
E308-15
E309-15
E309-16
E410-16
E410-15</td><td>A102
A107
A302
A307
A402
A407</td><td>H06Cr21Ni10
H12Cr24Ni13Si</td><td>H06Cr21Ni10
H12Cr24Ni13Si</td><td>HJ260
SJ610</td><td>200-300℃</td><td>/</td><td>具有良好的塑性和韧性</td></tr>
</table>

Cr13 类型的马氏体钢选用与母材成分相近的焊条，焊前要求预热，焊后要进行高温回火。由于焊缝与母材的成分、性能基本相同，焊后经回火处理，可获得性能比较均匀的接头，并能比较彻底地消除应力。

在不允许预热的条件下，可选用 25-20 型焊条，焊后也不需要热处理。此时焊缝为奥氏体组织，具有较高的塑性和韧性，可松弛焊接应力，并能溶解较多的氢，从而能有效地防止冷裂纹。但奥氏体焊缝与马氏体的母材热胀系数差别比较大，在温度交变的条件下工作时，熔合区可能因收缩量的差别而产生剪应力，导致接头断裂。

使用奥氏体不锈钢焊条焊接，热影响区还是有淬硬倾向的。

3. 高温回火　马氏体型不锈钢一般要求焊后高温回火，Cr13 型钢焊后应立即进行回火处理。但多元合金的马氏体型不锈钢焊后不宜立即回火。为了防止完全冷却到室温产生延迟裂纹，这类钢最好在焊后冷却到一定温度（一般为 100～150℃）后保温 0.5～1h，然后升温回火。离上述温度偏低或过高，都达不到预期的效果。

四、不锈复合钢板的焊接

不锈复合钢板是由覆层(不锈钢)和基层(碳钢、低合金钢)组成的(见图11-7)。通常覆层只有1.5~3.5mm厚，相对一般的不锈钢板来说，可节省60%~70%的不锈钢，具有很大的经济意义。

不锈复合钢板热导率比一般不锈钢板高1.5~2倍，因此特别适用于既要求耐腐蚀又要求传热效率高的设备，可用来制造化工、石油等工业部门的容器和管道。

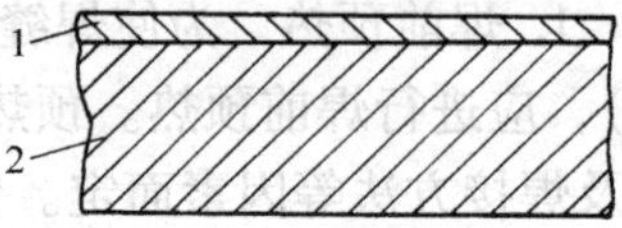

图11-7　不锈复合钢板
1—覆层(不锈钢)
2—基层(碳钢、低合金钢)

(一) 不锈复合钢板的焊接特点

不锈复合钢板是由两层不同性质的钢板复合而成，故在焊接时有它的特殊性，既要满足基层的焊接结构强度，又要使较薄的覆层满足耐腐蚀性能要求。对于基层要避免Cr、Ni等合金含量增高，因Cr、Ni含量增高，基层焊缝中会形成硬脆组织，容易产生裂纹，影响焊缝强度；对于覆层要避免增碳，因覆层焊缝增碳就大大降低其耐腐蚀性。因此，为满足上述要求，在基层与覆层的交界面上应增加一层过渡层(隔离层)，以避免基层与覆层焊接在一起，要求过渡层的焊缝不使覆层不锈钢的合金元素稀释，尽量减少马氏体组织的形成。

基层钢与覆层钢的物理性能也有极大差异：18-8型不锈钢的热导率为碳钢的1/3；电阻为碳钢的4倍之多；线胀系数比碳钢大40%，随着温度的升高，线胀系数的差值也相应地增加。由于这两种材料的热导率和线胀系数有很大差异，会产生很大的应力。加之焊接过程中，由于加热和冷却不均匀，在基层的厚度方向上就会产生很大的残留应力，这种残留应力在覆层不锈钢表面上形成拉应力。这两种应力的叠加，是不锈复合钢板焊接时产生裂纹的主要原因。

(二) 不锈复合钢板的焊接工艺

1. 焊接材料的选择　由于复合钢板焊接的特殊性，在焊条的选用上，要采用三种不同的焊条来焊接同一焊缝，以保证焊缝质量。

基层与基层焊接采用与基层材质相应的碳钢焊条，覆层与覆层的焊接采用与覆层材质相应的焊条，基层与覆层交界处——过渡层的焊接可采用Cr、Ni含量高的Cr25Ni20或Cr25Ni13型焊条，如E309-16(A302)、E309-15(A307)以减少碳钢对不锈钢合金成分的稀释作用和补充焊接过程中合金成分的烧损。

焊接各种不锈复合钢板的焊条选用可参照表11-13。

2. 坡口形式和尺寸　不锈复合钢板对接焊缝的坡口形式和尺寸，见表11-14。坡口分为外坡口和内坡口两种，其中以外坡口应用最为普遍。

3. 装配定位焊　不锈复合钢板装配时，一定要以覆层钢为基准对齐，尤其在不同厚度组对时，更应注意这一点(见图11-8)，如果覆层之间错边过大，若减薄了错边对接处的不锈钢厚度，会降低其使用寿命，同时基层根部焊缝有可能熔化部分不锈钢，使基层根部金属合金元素增加，导致焊缝变得硬而脆。

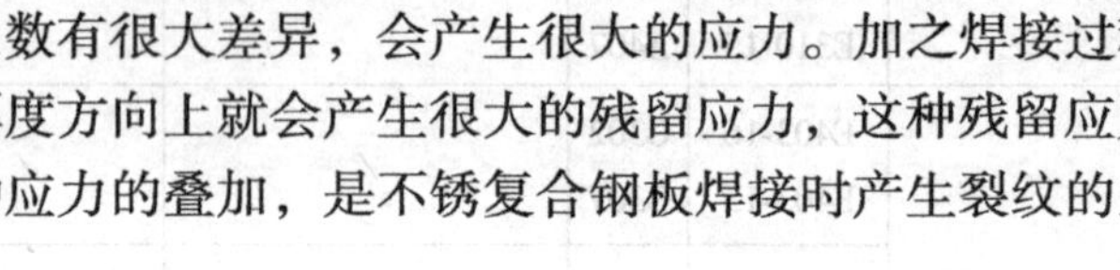

图11-8　不锈复合钢板的组对
a)不正确　b)正确

表 11-13 不锈复合钢板焊接材料选用表

钢材牌号（GB/T 20878—2007）	焊条电弧焊			埋弧焊	
	基层	过渡层	覆层	焊丝牌号	焊剂牌号
06Cr13 + Q235	E4303(J422) E4315(J427)	E309-16(A302) E309-15(A307)	E308-16(A102) E308-15(A107)	基层：H08MnA H08A	HJ431
06Cr13 + Q345 或 + Q390	E5003(J502) E5015(J507)			H10Mn2 基层：H10MnSi (H08MnMoA)	HJ431 HJ330 (HJ250)
06Cr13 + 12CrMo	E5015-B1(R207)			基层：H12CrMo	HJ260 HJ250
06Cr18Ni11Ti + Q235	E4303(J422) E4315(J427)		E347-16(A132) E347-15(A137)	基层：H08MnA H08A	HJ431
06Cr18Ni11Ti + Q345 或 + Q390	E5003(J502) E5015(J507)			H10Mn2 基层：H10MnSi (H08MnMoA)	HJ431 HJ330 (HJ250)
06Cr18Ni12Mo3Ti + Q235	E4303(J422) E4315(J427)	E309Mo-16(A312)	E318-16(A212)	基层：H08MnA H08A	HJ431
06Cr18Ni12Mo3Ti + Q345	E5003(J502) E5015(J507)			H10Mn2 基层：H10MnSi (H08MnMoA)	HJ431 HJ330 (HJ250)

表 11-14 不锈复合钢板对接焊缝的坡口形式和尺寸

板厚 δ /mm	6 ~ 20	20 ~ 32	32 以上
外坡口	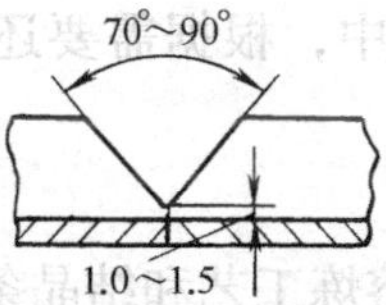	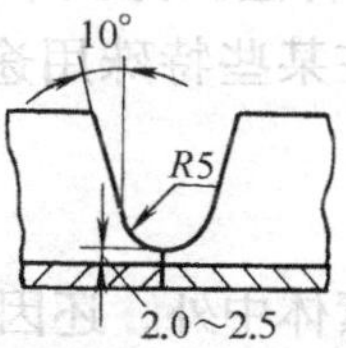	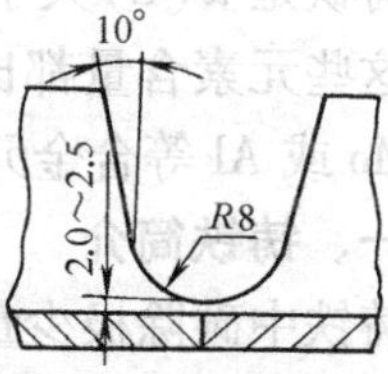
内坡口	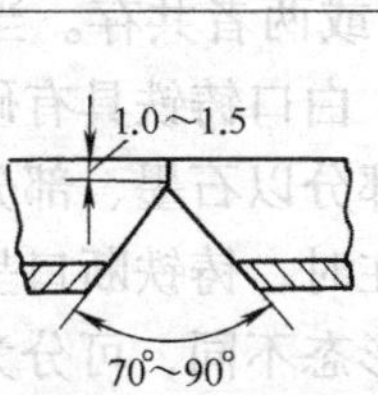	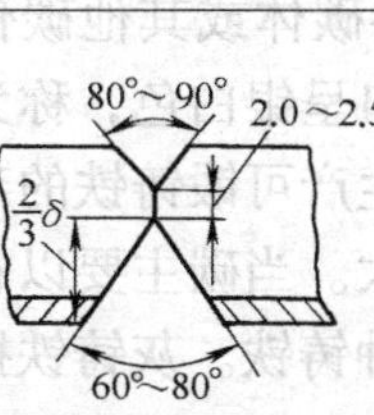	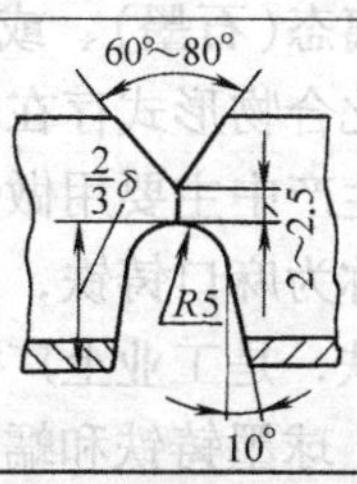

定位焊一定要焊在基层面上，所选用的焊条应与焊接基层的相一致，决不允许用基层的焊条在覆层面上进行定位焊，以保证覆层的焊缝质量。同样，也不允许覆层的焊条在基层上定位焊。一般定位焊缝的长度控制在 10 ~ 30mm 内。

4. 焊接顺序 不锈复合钢板对接焊缝的焊接次序，如图 11-9 所示。先将开好坡口的不锈复合钢板装配好，首先焊接基层碳钢。基层焊接完毕，要对其焊缝进行全面检查，确认焊缝内部质量达到要求后，再开始做焊接过渡层的准备工作。先将覆层不锈钢板一侧进行铲削成圆弧，一直铲到暴露出基层的第一层焊缝为止，并打磨干净。然后焊接过渡层，其焊缝要熔化覆层不锈钢钢板的一定厚度，才能起到隔离作用，最后在过渡层上焊接覆层。

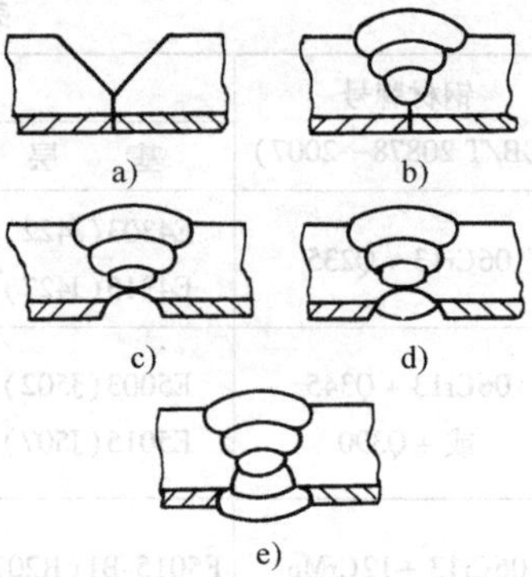

图 11-9 不锈复合钢板对接焊缝的焊接次序

a) 装配定位焊 b) 焊接基层低碳钢 c) 将覆层一侧加工 d) 在覆层一侧施焊过渡层 e) 在过渡层上焊完覆层焊缝

5. 注意事项

1）绝对禁止用焊接基层的焊接材料焊接过渡层或焊接覆层；同时也要防止覆层的焊接材料错用在焊接过渡层和基层的焊缝上。

2）碳钢焊条的飞溅落在覆层的坡口面上时，要仔细清除干净。

3）焊接电流应严格按照规定进行控制，不能随便变更。

4）焊前若发现不锈复合钢板有分层情况，不允许进行焊接。如果在焊接坡口边缘发现有分层时，一定要对不锈复合钢板全部进行无损检测，并实施补焊(用堆焊)，修复后才可焊接。

5）基层一侧和覆层一侧应分别使用专用的砂轮和钢丝刷等工具清理，基层必须使用碳钢钢丝刷，而覆层则必须使用不锈钢的钢丝刷清理。

6）覆层不锈钢焊接后，仍要进行酸洗和纯化处理，或对覆层焊缝区进行局部酸洗的化学处理去掉氧化膜。

第六节 铸铁补焊

铸铁是 $w(C)$ 大于 2% 的铁碳合金。铸铁中除了铁和碳以外，含有 Si、Mn、P、S 等元素，这些元素含量都比碳钢高，在某些特殊用途的合金铸铁中，根据需要还加入 Cu、Mg、Ni、Mo 或 Al 等合金元素。

一、铸铁简介

铸铁中碳除极少量固溶于铁素体中外，还因铸铁成分、熔炼工艺和结晶条件的不同，或以游离态(石墨)、或以化合态(渗碳体或其他碳化物)存在，或两者共存。当碳主要以渗碳体等化合物形式存在时，铸铁断口呈银白色，称为白口铸铁。白口铸铁具有硬而脆的基本特性，生产中主要用做炼钢原料和生产可锻铸铁的毛坯。当碳部分以石墨、部分以渗碳体存在时，称为麻口铸铁，工业用途不大。当碳主要以石墨形式存在时，铸铁断口呈暗灰色，称为灰铸铁，是工业上广泛应用的一种铸铁。灰铸铁按石墨形成形态不同，可分为灰铸铁、可锻铸铁、球墨铸铁和蠕墨铸铁。

1. 灰铸铁 灰铸铁中的碳基本上以片状石墨存在，铸件的断口呈灰黑色，故称灰铸铁。在灰铸铁中，由于石墨的含量、形状和大小是在一个比较大的范围内变化的，所以灰铸铁的种类也比较多。

灰铸铁的牌号用“HT + 数字”表示，其中 HT 是“灰铁”两字汉语拼音字母的字头，数字表示最低抗拉强度，如HT200表示最低抗拉强度为200MPa的灰铸铁。

2. 可锻铸铁　可锻铸铁是由白口铸铁经长时间高温石墨化(铸铁中的碳以石墨形式析出的过程称为石墨化)退火，使渗碳体分解而形成团絮状石墨的一种高强度铸铁。由于可锻铸铁石墨形态的改善，与灰铸铁相比，具有较高的强度、塑性和韧性。可锻铸铁只是代表一类铸铁的名称，并不是可锻造的铸铁。

3. 球墨铸铁　球墨铸铁中自由状态的石墨多以圆球形态存在，这样由片状石墨所引起的应力集中作用将随石墨球化程度的加大而逐步减少，使球墨铸铁的强度、塑性和韧性得到很大的提高。另外，球墨铸铁还可以通过热处理来改善其组织和性能，从而进一步提高其力学性能。

球墨铸铁中使用最多的球化剂为稀土镁合金。

球墨铸铁牌号用“QT＋两组数字”表示，QT是“球铁”两字汉语拼音字母字头，两组数字分别表示最低抗拉强度和最小断后伸长率。例如，QT400-15表示最低抗拉强度为400MPa，最小断后伸长率为15%的球墨铸铁。

4. 蠕墨铸铁　蠕墨铸铁的生产与球墨铸铁相似，是向一定成分的铁液中加入蠕化剂(稀土硅铁、稀土硅钙铁等)而制得的。其石墨形态介于片状和球状之间，呈蠕虫状。石墨片短、粗，端部呈球形。其强度接近于球墨铸铁，有一定的韧性和较高的耐磨性。

二、灰铸铁的焊接

灰铸铁是一种价格便宜的结构材料，在工业生产上应用很广泛。

由于石墨的力学性能很低，使金属基体承受载荷的有效面积减小，而且片状石墨会使应力集中严重，使得灰铸铁的强度和韧性远不如钢，但由于石墨的存在也使灰铸铁获得了一些钢所不及的优异性能，如良好的切削加工性、铸造性、耐磨性、减振性以及极低的缺口敏感性。

常用灰铸铁的化学成分(质量分数)：C为2.6%～3.8%，Si为1.2%～3.0%，Mn为0.4%～1.2%，P≤0.4%，S≤0.15%。

(一) 灰铸铁的焊接特点

铸铁的焊接性是不良的，特别是在焊条电弧焊时，如果焊条选用不当，或者没有采取一些特殊的工艺措施，则在焊接过程中会产生一系列的缺陷。这些缺陷大致有以下几种：

1. 白口　在补焊灰铸铁时，往往会在熔合线处生成一层白口铸铁，严重时会使整个焊接断面全部白口化，由于白口铸铁硬而脆，极难进行机械加工。因此，对于焊后需要进行机械加工的焊接接头，将会带来很大的困难。

产生白口的原因主要是由于冷却速度快和石墨化元素不足。在一般的焊接条件下，补焊区冷却速度比铸造时快得多，特别是熔合区的成分和母材相近，在快冷条件下很容易产生白口。

预防的措施有：

1）改变化学成分，增加焊缝中石墨化元素的含量，可以在一定条件下防止焊缝金属产生白口。可在焊条或焊丝中加入大量的C、Si元素，以便在一定的焊接工艺条件配合下，使焊缝形成灰口组织。此外，还可采用非铸铁焊接材料(镍基、铜钢、高钒钢)来避免产生白口或其他脆硬组织的可能性。

2）减慢冷却速度，延长熔合区处于红热状态的时间，以使石墨充分地析出，这是避免熔合区产生白口的主要工艺途径。例如气焊时焊补区的冷却速度较慢，容易防止焊缝及熔合区产生白口。电弧焊前将焊件整体或焊补区局部预热至600～700℃或400℃左右，减慢冷却速度，也可防止白口的产生。

3）采用钎焊焊接法，由于钎焊过程中焊件不熔化，也可避免熔合区产生白口。

2. 裂纹　铸铁补焊时出现的裂纹有焊缝中的冷裂纹、近缝区的冷裂纹、热裂纹和母材开裂。

（1）焊缝中的冷裂纹　灰铸铁焊接时，最容易在焊缝中产生所谓“热应力裂纹”，这种裂纹多为横向分布，位置可能在焊缝上，也可能在近缝区。这种裂纹是在焊缝完全凝固后，一般在400℃以下时产生，故属于冷裂纹。它主要出现于铸铁型焊缝冷焊时，裂纹产生时常伴随着清脆的金属开裂声响，这是由于焊接收缩应力较大所引起的。因此，铸铁的冷裂纹和钢的冷裂纹形成机理大不相同，当焊接接头的拘束力较大时（如焊缝较长或接头刚度大时），即使不出现渗碳体及马氏体淬硬组织，裂纹也会产生。

铸铁焊接冷裂纹的产生，主要与铸铁的性能和组织有关。灰铸铁焊缝的力学性能较低，尤其是塑性很差，特别是它的内部有石墨片存在，这不仅削弱了焊缝的有效工作截面，且相当于在焊缝中存在着许多微观小裂纹，形成焊缝裂源。在焊接过程中，由于接头局部不均匀加热，使焊缝在冷却过程中因收缩而产生较大的拉应力，这种应力是随温度的降低而增大的，会造成片状石墨的两端呈严重的应力集中状态。当应力值超过铸铁强度极限时，就可能会发展成为宏观裂纹，并扩大到整个截面。因此，这种冷裂纹的产生，关键是取决于焊接区的应力状态。在焊接接头刚度大，或者焊补体积较大时，将会促使焊接应力增大，导至铸铁冷裂纹的产生。

（2）近缝区冷裂纹　当采用低碳钢焊条焊接时，或者母材与焊缝强度级别相差较大时，还容易产生近缝区裂纹。这种裂纹大多沿纵向分布，也有横向或斜向分布的，裂纹多发生于半熔化区或半熔化区与奥氏体区交界处，常沿熔合线开裂，严重时会造成整个焊缝剥离。其产生原因主要与焊缝强度高、收缩率大以及半熔化区的性质有关。碳钢焊缝的收缩率是2.17%，半熔化区是白口组织，其收缩率为2.3%，奥氏体区是石墨化不完全的半白口组织，其收缩率为1.1%。因此，在冷却过程中，焊缝附近的半熔化区与奥氏体之间存在着很大的切应力（见图11-10），由于铸铁母材的强度低，牵制不住焊缝的收缩，因而导致在半熔化区与奥氏体区之间产生纵向裂纹，严重时将会造成整个焊缝沿半熔化区从母材上剥离。当工件越厚或焊道越多时，焊接应力就越大，焊缝的剥离也就越容易产生。

（3）热裂纹　当使用镍基焊条、氧化铁型焊条或其他一些非铸铁型焊条时，还有可能在焊缝中产生热裂纹，这主要是由于过多的母材熔入焊缝金属，以致造成非铁组织的焊缝中C、S、P等成分增高；或者由于镍基焊条焊接时，Ni与S、P等元素容易形成低熔点共晶，因此对热裂纹也比较敏感。

（4）母材开裂　在灰铸铁焊接中，有时还有可能在焊接区以外的母材上出现裂纹。其原因是由于局部加热后应力增大，同时铸铁薄厚不均匀所致。当焊接加热不当时，因母材塑性很差，局部应力过大会把母材的薄弱处拉断，断裂部位往往是铸件的薄壁处及断面形状突变处。

3. 防止裂纹的措施　为防止裂纹产生，主要是减小焊接应力，并通过调整焊缝的化学成分，使其具有一定的塑性。

从减小应力的角度来看，采用适当温度下的热焊，或者加热减应区焊，都有利于改善接头的应力分布状态；在冷焊时采用严格的工艺措施，如小电流、分段、断续焊，也有利于减小接头中的焊接应力。

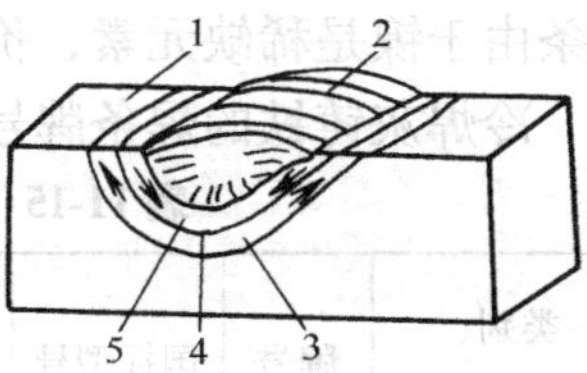

图 11-10　沿半熔化区与奥氏体交界处产生剪应力而引起的冷裂纹

1—母材　2—焊缝　3—奥氏体区　4—冷裂纹　5—半熔化区

通过改变焊缝的化学成分或合金系统，使其成为具有较高塑性的非铸铁组织（如镍基、高钒钢、铜钢组织等），增加了焊缝的塑性变形能力，将使近缝区的焊接应力得以松弛，故使焊接接头的裂纹倾向大为降低。

为防止热裂纹产生，可通过增加药皮的碱度及适当加入脱硫元素来降低杂质的危害。同时，在工艺方面还应采取措施来减少熔合比，以免母材中碳、硫、磷大量进入熔池。

（二）铸铁补焊方法的选择

选择补焊方法时应考虑下列因素：

（1）待焊铸件的大小、厚薄、复杂程度、缺陷类型、尺寸、所处部位的刚度、铸铁材质等。

（2）对焊补质量的切削加工性、硬度、强度、颜色、密封性等方面的要求。

铸铁的焊补方法很多，但每种方法各有其特点，只能适应某些类型铸件中某些缺陷的焊补。铸铁焊补方法如下所列：

补焊方法
- 气焊
  - 热焊法：采用铸铁填充材料，焊前预热至褐红色（600℃左右），在400℃以上焊接，焊后650～700℃保温消除应力。焊后可加工，硬度、强度及颜色与母材相同。
  - 不预热焊法：采用铸铁填充材料，不预热或适当地加热减应区，焊后可加工，硬度，强度及颜色与母材相同
- 钎焊：用气焊火焰加热，一般用黄铜做钎料，焊后可加工，强度较差，常兼做磨损表面的堆焊，也可用特配的铸铁或锡合金、锌锡合金做为钎料。
- 焊条电弧焊
  - 冷焊法：采用非铸铁组织的焊条，应严格执行冷焊工艺要点。其中镍基焊条焊后可加工，其他焊条焊后加工性较差，焊缝强度和颜色各不相同，其中有的与母材相同。
  - 半热焊法：一般采用钢芯石墨化型铸铁焊条，多数预热400℃左右。焊缝加工性不稳定，强度与母材相近。
  - 不预热焊法：采用大直径铸铁芯焊条及大电流。严格执行不预热焊操作法，焊后可加工，硬度强度及颜色与母材相同。缺陷四周的刚度大时，焊后易裂。
  - 热焊法：采用铸铁芯焊条，温度控制与气焊热焊法同，焊后可加工，硬度、强度及颜色与母材同。缺陷四周刚度大时，用此法不易开裂。

（三）灰铸铁的补焊

1. 焊条电弧焊冷焊法　冷焊法就是焊前不预热，焊接过程中不辅助加热，因此可以大大提高补焊生产率，降低焊补成本，改善劳动条件，因此，在尽可能的条件下应尽量采用冷焊法。但是冷焊法在焊接后，焊缝及热影响区的冷却速度都很快，极易形成白口组织。此外，因焊件受热不均，常形成较大的内应力，引起裂纹。

（1）焊条选择　常用的冷焊焊条按焊后焊缝的可加工性分为两类：一类用于焊后不需要机械加工的铸件，如铜铁铸铁焊条、高钒铸铁焊条、氧化型钢芯铸铁焊条和低碳钢焊条；另一类用于焊后需要机械加工的铸件，如纯镍焊条、镍铜合金焊条和镍铁合金铸铁焊条。这类

焊条由于镍是稀缺元素，价格昂贵。

冷焊灰铸铁的焊条牌号、性能及用途，见表 11-15。

表 11-15　灰铸铁、球墨铸铁的焊接材料及相应焊接方法与特点

类别、名称	牌号	国标型号	焊缝合金类型(质量分数,%)	焊接方法	适应铸铁种类、接头强度 σ_b/MPa	可加工性	抗裂性、其他特点
纯镍铸铁焊条	Z308	EZNi-1 EZNi-2	镍≥ 90 85 硅≤ 2.5 4.0	电弧冷焊	灰铸铁 147～196	好	好，但焊球墨铸铁易裂
镍铁铸铁焊条接	Z408 Z438	EZNiFe-1 EZNiFe-2 EZNiFe-3	镍 45～60 铁	电弧冷焊	球墨铸铁 294～496	较好	好，适应多种铸铁
镍钛铜铸铁焊条	Z408A	EZNiFeCu	镍 45～60 铜 7 铁	电弧冷焊	球墨铸铁	较好	好，适应多种铸铁，焊芯镀铜是提高石墨型药皮保存期的方法之一
镍铜铸铁焊条	Z508	EZNiCu-1 EZNiCu-2	镍 60～70 铜 镍 50～60 铜	电弧冷焊	灰铸铁 78～167	较好	焊缝收缩率大、易裂，但锤击效果显著可防止开裂
纯铁芯及碳钢铸铁焊条	Z112 Z100	EZFe-1 EZFe-2	碳钢	电弧冷焊	灰铸铁	很差	易产生热裂纹及剥离，熔合性好
高钒焊条	Z116 Z117	EZV	钒 8～13 钢	电弧冷焊	高强灰铸铁 球墨铸铁	尚可	较好，焊缝不产生热裂纹，但含硅高时易脆裂
灰铸铁焊条	Z208 Z248	EZC	灰铸铁	半热焊、热焊、不预热焊	普通灰铸铁基本等强度	较好、很好与工艺有关	大刚度部位的大缺陷易裂
球墨铸铁焊条	Z258	EZCQ	球墨铸铁	预热焊	球墨铸铁	—	铸芯、药皮含钇基重稀土球化剂
	Z238F	EZCQ	球墨铸铁	通常可不预热焊	较低强度球墨铸铁	可加工	较好，钢芯、药皮含铋，焊缝为铁素体、白口倾向较低
	Z268	EZCQ	球墨铸铁	通常可不预热焊	常用球墨铸铁 σ_b、δ 达到标准	可加工	较好、钢芯、药皮含多量钡、钙脱氧脱硫、球化稳定、白口倾向较低
灰铸铁焊丝	HS401	RZC $\frac{-1}{-2}$	灰铸铁	气焊热焊、不预热焊	灰铸铁等强度	好	大刚度长焊缝易裂
球墨铸铁焊丝	HS402	RZCQ $\frac{-1}{-2}$	球墨铸铁	气焊	常用球墨铸铁接近母材	好	较好，不适于厚大件大缺陷长时间焊接，以免球化衰退

（2）补焊工艺　焊前将铸件缺陷周围的型砂、油污清除干净。补焊裂纹时，须在裂纹两端钻止裂孔。然后将裂纹、气孔等缺陷除去，开成坡口。对于深坡口的焊件，当母材材质差、而焊缝强度高时（如用氧化型钢芯焊条、高钒焊条、镍铁焊条等），为防止焊缝剥离，可在坡口两侧拧入钢质螺柱，如图 11-11 所示。焊接时，先绕螺柱焊接，再焊螺柱之间的空隙。由于螺柱承担了部分焊接应力，所以能够防止母材剥离，并提高焊接接头的强度。

操作时要采用小电流断续焊、分散焊，在尽量窄的坡口中采用多层焊，以减少焊补区的热输入，减小与整体之间的温度差。为减小热应力，每次焊 15mm 左右后，立即用小锤锤击焊缝，待焊道冷却到 50～60℃时再焊下一段焊缝。

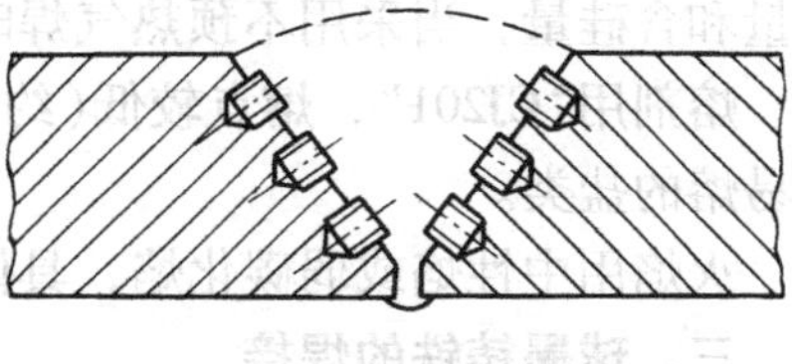

图 11-11　螺柱分布示意图

补焊过程中，焊缝附近的局部过热会引起焊缝剥离，为防止局部过热和提高工效，可以用水或蘸水棉纱，在每一段焊道焊后立即冷却焊缝，把输入的热量引出来，急冷一般就不会引起裂纹。

为改善焊缝的加工性能，施焊退火焊道。如果焊补时只需采用单层焊道，则焊道底部熔合区比较硬，这时可在焊成的焊道上部铲去一层，再焊一道，此焊道称为退火焊道。退火焊道能使先焊焊道的底部受到退火作用而变得较软，以改善加工性能。

2. 焊条电弧焊热焊法　热焊法焊接时，焊件冷却缓慢、均匀，有利于消除白口组织，减小应力、防止裂纹。但热焊法成本高，工艺复杂，生产周期长，焊接时劳动条件差，因此应尽量少用。一般用于补焊缺陷被四周刚度大的部位所固定，焊接时不能自由地热胀冷缩，用冷焊法会造成焊件产生裂纹。

（1）焊条　为铸铁芯铸铁焊条。

（2）焊前准备

1）补焊前将铸件缺陷部位的铁渣、熔渣、油脂及残留型砂等清除至显示出金属光泽。

2）根据缺陷性质，用钻孔、錾挖等方法在缺陷处修制必要的坡口。为保证焊接后的几何形状，不使熔融金属外流，可在铸件待补焊处简单造型。

3）根据焊件形状及材料厚度进行焊前预热，预热温度最好在 650～750℃之间。

（3）热焊工艺

1）焊接时，最好在平焊位置，要始终保持焊件温度不低于 400～500℃。

2）每条焊缝应一次焊成，焊缝体积大时，可轮流操作，保证焊接连续进行，直至完全填满为止。更换焊条动作要迅速，避免熔池过快冷却。如进行间断焊，应彻底清除在接头处残留的石墨及熔渣等污物后再继续焊。为保证焊缝相接处充分熔透，当焊条运走到接头处要延长停留时间。

3）焊接中，为减少热量损失，使操作者不受高温辐射，除焊接部位留在外面，其余部分均用石棉板或其他隔热材料盖上，同时不要在有风的地方进行焊接。

4）焊后零件应放在稻草灰或石棉粉中缓冷，厚大焊件可放在炉内加温后随炉冷却。

5）为消除焊接应力，应进行焊后退火处理。

3. 灰铸铁的气焊　气焊火焰温度比电弧温度低得多，因而对焊件的加热和冷却都比较缓慢，这对防止产生白口和裂纹是很有利的。用气焊补焊的铸件质量一般都比较好，而且焊后易于切削加工。但用气焊补焊铸铁生产率低，成本高。劳动强度大，产品变形大，对大型铸件难以焊透。尽管有这些不足之处，但由于焊缝质量好，仍应用较多。

如果补焊的零件结构简单，在焊接过程中可以自由膨胀和收缩，或缺陷很小，一般可不预热。如果结构复杂，补焊区刚度很大，估计补焊过程中会产生很大应力，则需要整体预热或局部预热，预热温度为600~700℃。

为保证气焊的焊接处不产生白口组织并有良好的切削加工性，铸铁焊丝成分应有高的含碳量和含硅量，当采用不预热气焊时，含硅量应更高，常用的焊丝有HS401。

熔剂用“CJ201”，熔点较低(约650℃)呈碱性。能与气焊铸铁时产生的高熔点SiO_2化合成易熔的盐类。

火焰用中性焰或弱碳化焰，具体选用应根据补焊的情况，一般可选用中性焰。

三、球墨铸铁的焊接

球墨铸铁与灰铸铁相比，具有强度高、塑性和韧性好的特点，在生产中也得到了广泛的应用。

(一) 球墨铸铁的焊接性

球墨铸铁与灰铸铁的不同之处，是在浇铸前向铁液中加入一定量的Mg、Ce(铈)、Y(钇)等球化剂进行球化处理，使石墨以球状析出。由于球化元素Mg、Ce及Y等都是强烈阻碍石墨化元素，焊接时会使焊接区的过冷倾向很大，焊缝及半熔化区更容易出现白口组织，过热奥氏体区的淬硬倾向也更大，更容易出现马氏体淬硬组织。

另外，球墨铸铁在生产中主要用于制造强度和塑性要求较高的零部件，故对焊接接头的力学性能要求也较高。但是因焊接结晶的特征及焊缝成分的特点，往往使接头不容易实现与母材在金相组织、力学性能及切削加工性能等方面相匹配。所以球墨铸铁比灰铸铁的焊接性更差。

由于球墨铸铁具有较高的强度和一定的塑性，母材能承受较大的焊接应力，使其裂纹倾向减小。所以球墨铸铁的焊接，除了要防止白口及淬硬组织产生外，为了保证焊接接头的力学性能，还应考虑到焊缝中的石墨球化及焊后热处理问题。

(二) 球墨铸铁的焊条电弧焊

用焊条电弧焊补焊球墨铸铁时，按所用的焊条不同，可分为异质和同质焊缝两类。

1. 异质焊缝的焊条电弧焊(冷焊)　补焊球墨铸铁时，异质焊缝多为强度较高的金属，如补焊非加工面时，可采用高钒铸铁焊条EZV(Z117)，获得高钒钢焊缝；补焊加工面则采用镍铁焊条EZNiFe-1(Z408)，获得镍基焊缝。

补焊工艺与灰铸铁冷焊工艺基本相同。因球墨铸铁的淬硬倾向较大，在气温较低或焊件厚度较大时，应适当预热，预热温度为100~200℃焊接时，焊接电流尽量小些。

采用EZNiFe-1(Z408)焊条焊接球墨铸铁，接头的力学性能往往低于母材，焊后需要退火处理。

2. 同质焊缝的焊条电弧焊(热焊)　同质焊缝即球墨铸铁焊缝，采用含有球化及石墨化剂的钢芯铸铁焊条EZCQ(Z238)，配合一定的工艺而获得。

焊前的清理方法与灰铸铁基本相同，电源采用直流反接或交流。焊接时要预热，铸件较小时预热温度在500℃左右，对于大件，预热温度则应提高到700℃，其焊接电流应略低于灰铸铁热焊时的电流值，焊后也应保温缓冷。

焊后应根据要求进行正火或退火处理。正火是将铸件加热至900~920℃，保温后随炉冷至730~750℃，取出空冷。退火是将铸件加热至900~920℃，保温后随炉冷却。

采用Z238焊条进行热焊后，其焊缝为球墨铸铁组织，再经过焊后热处理，基本上可使接头的组织、性能及色泽等都与母材接近。但是铸铁热焊劳动条件差，因而受到了一定的限制。

（三）球墨铸铁的气焊

气焊火焰的温度较低，会使焊缝中镁的蒸发量减少，有利于石墨球化；同时由于加热和冷却过程都比较缓慢，故可减小白口及淬硬倾向，对石墨化过程也较为有利。因此气焊方法适合于球墨铸铁焊接。

气焊球墨铸铁一般要使用球墨铸铁焊丝，这种焊丝有很强的球化和石墨化能力，以保证焊缝获得球墨铸铁组织。常用的有钇基重稀土球墨铸铁气焊丝（HS402）和稀土镁球墨铸铁气焊丝，熔剂为CJ201。

气焊时为减少母材及焊丝中球化元素的烧损，一般采用中性焰或弱碳化焰。因球墨铸铁接头的白口及淬硬倾向大，焊接前要对焊接区进行预热，一般预热温度为600℃，刚度大的铸件应在较大范围预热或整体预热。

由于气焊加热速度慢，焊接效率低，而且厚大件需要预热，故球墨铸铁气焊一般用于壁厚不大铸件的焊接。在生产中，常用于壁厚小于50mm，或者缺欠不大且接头质量要求较高的中小铸件的补焊。

第七节 铝、铜及其合金的焊接

一、铝及铝合金的焊接

铝是银白色的轻金属，具有良好的塑性，较高的导电性和导热性，同时还具有抗氧化和耐各种介质腐蚀的能力。由于铝合金的强度较好，重量轻（密度约为钢的1/3），加工性能好，适宜压制、焊接、锻造、铸造等多种工艺加工，可制造电缆、化工耐蚀容器、油箱、以及家用器皿等。

（一）铝及铝合金的焊接特点

1. 容易氧化　铝和氧的亲和力很大，在常温下，铝表面就能被氧化成氧化铝薄膜。这层氧化铝薄膜比较致密，能防止金属的继续氧化，对自然防腐有利，但是给焊接带来困难。这是由于氧化铝的熔点（2050℃）远远超过铝合金的熔点（一般为600℃左右），而且密度大，在焊接过程中，会阻碍金属之间的熔合，容易形成夹渣，而且氧化铝薄膜还吸附了较多的水分，焊接时会促使焊缝生成气孔。

为了保证焊接质量，必须除去表面的氧化物，并防止在焊接过程中再氧化，这是铝和铝合金熔化焊的重要特点。解决的办法有用机械或化学法去除焊件坡口和焊丝表面的氧化物，采用氩气保护焊接，气焊时采用熔剂，并在焊接过程中不断地用焊丝挑破熔池表面的氧化膜。

2. 容易烧穿　当温度提高时，铝的机械强度降低，在370℃时强度仅为1MPa，加之铝熔化后，表面颜色无明显变化，所以不易判断熔池温度的变化情况，极易因熔池温度过高，导致烧穿。采用垫板的方法可以防止烧穿。

3. 容易产生气孔　氮不溶于液态铝，铝也不含碳，因此不会产生氮和一氧化碳气孔。

铝合金焊接时，使焊缝产生气孔的气体是氢气，氢能大量地溶于液态铝，但几乎不溶于固态铝，因此熔池结晶时，原来溶于液态铝中的氢几乎全部析出，形成气泡。同时铝和铝合金的密度小，气泡在熔池里的浮升速度较小，加上铝的导热性强，冷凝快，因此在铝合金焊接时，焊缝产生气孔的倾向很大。

铝合金焊接时为了减少氢的来源，焊前对焊件、焊丝、焊条等都应认真清除氧化膜、潮气和油污。焊接过程尽可能少中断，以防止气孔的形成。另外在选择焊接参数时采用较强的热输入，则使氢以过饱和状态固溶在固体铝中，减少了氢气孔的产生。

4. 焊接的热裂倾向　纯铝及大部分非热处理强化铝合金在熔焊时，很少产生裂纹，只有在杂质含量超过规定或刚度很大的不利条件下，才会产生裂纹。而对热处理强化的铝合金熔焊时，经常会产生热裂纹问题，尤其是在焊接刚度夹紧的焊件或大厚度焊件时，产生热裂倾向更大。

铝和铝合金产生热裂纹的原因与焊接应力有关，由于铝的线胀系数比铁将近大1倍，而其凝固时的收缩率又比铁大2倍，因此铝合金焊件的焊接应力大。此外合金的成分对热裂纹的产生有很大的影响，当合金的液相线和固相线的距离大或杂质过多形成低熔点共晶时，都容易造成热裂纹。

铝及铝合金焊接时防止热裂纹的措施，仍然是从减少焊接应力，调节熔池金属成分，改善熔池结晶条件，正确选择焊接方法及控制焊接参数等几方面来考虑。

（二）铝及铝合金的焊接工艺

1. 气焊　由于气焊设备简单，使用灵活方便和较经济，故常用于焊接铝和铝合金构件，并特别适用于薄板(0.5～2.0mm)构件的焊接和铸铝件的补焊。

(1) 气焊工艺　气焊铝时采用中性焰，氧化焰会使熔池氧化严重，碳化焰会使焊缝出现气孔。

焊嘴大小应根据焊件厚度来选择，气焊薄铝件时为防止烧穿，要选择比气焊碳钢时小一些的焊嘴，对于大厚度的焊件由于散热快，要选择比气焊碳钢大一些的焊嘴。

当气焊3mm以下的薄板时，采用左焊法，当气焊厚度大于5mm的焊件时，采用右焊法，以便于观察熔池的温度和流动情况。焊嘴倾角一般为30°～50°，气焊薄板时较小，气焊厚板时较大。焊丝的倾角为40°～50°。

(2) 气焊熔剂和焊丝　铝及铝合金气焊时必须使用熔剂，以溶解和消除覆盖在熔池表面的氧化膜并在熔池表面形成一层较薄的熔渣，保护熔池金属不被氧化，排除熔池中的气体、氧化物及其他夹杂物，改善熔池的流动性。

目前常用的熔剂为“CJ401”，熔点为560℃，为白色粉状混合物，极易吸潮和氧化，使用时用水调成糊状涂于焊丝和焊件表面。

焊丝一般可选用与母材化学成分相同的焊丝和切条。常用铝及铝合金焊丝见表11-16。

2. 焊条电弧焊　一般铝板厚度在4mm以上采用焊条电弧焊。由于铝焊条药皮成分中有氯、氟，焊条稳弧性不好，要求使用直流反接电源。铝焊条极易吸潮，为防止气孔的产生，必须严格烘干(150℃左右烘1～2h)。国产铝及铝合金焊条牌号、焊芯成分、力学性能及用途见表11-17。焊接时焊条不宜摆动，焊接速度比钢焊条快2～3倍，并在保持稳定燃烧的前提下采用短弧焊，以防止金属氧化，减小飞溅和增加熔深。焊后应仔细清除焊渣，以防焊件被腐蚀。

表 11-16　铝及铝合金焊丝(摘自 GB/T 10858—2008)

焊丝型号	化学成分代号	名称	化学成分(质量分数,%)					
			Si	Fe	Cu	Mn	Mg	Al
SAl 1070	Al99.7	纯铝焊丝	0.20	0.25	0.04	0.03	0.03	99.70
SAl 1200	Al99.0		Si + Fe1.00		0.05	0.05	—	99.00
SAl 2319	AlCu6MnZrTi	铝铜合金焊丝	0.20	0.30	5.8 ~ 6.8	0.20 ~ 0.40	0.02	余量
SAl 3103	AlMn1	铝锰合金焊丝	0.50	0.7	0.10	0.9 ~ 1.5	0.30	
SAl 4043	AlSi5	铝硅合金焊丝	4.5 ~ 6.0	0.8	0.30	0.05	0.05	
SAl 4047	AlSi12		11.0 ~ 13.0	0.8		0.15	0.20	
SAl 5356	AlMg5Cr(A)	铝镁合金焊丝	0.25	0.40	0.10	0.05 ~ 0.20	4.5 ~ 5.5	
SAl 5183	AlMg4.5Mn0.7(A)		0.40			0.50 ~ 1.0	4.3 ~ 5.2	

表 11-17　铝及铝合金焊条(摘自 GB/T 3669—2001)

型号	焊条牌号	焊芯成分(质量分数,%)			焊接接头抗拉强度 (σ_b/MPa)	用　途
		Si	Mn	Pb		
E1100 (TAl)	Al109	—	0.05	≥99	≥80	用于焊接 1100 和其他工业用途纯铝合金
E4043 (TAlSi)	Al209	4.5-6	0.05	余量	≥95	用于焊接 6×××、5×××系列铝合金和铝-硅铸造合金，以及 1100、3003 铝合金
E3003 (AlMn)	Al 309	0.6	1-1.5	余量	≥95	用于焊接 1100 和 3003 铝合金

注：括弧中型号为已被代替的旧型号，在此列入以供参考。

3. 氩弧焊　对质量要求高的铝及铝合金构件常用氩弧焊焊接。由于氩弧焊焊接时在氩气的保护作用下，以及使用适当的电源极性，对熔池表面氧化膜产生“阴极破碎”作用，故在焊接时可以不用熔剂。

钨极氩弧焊一般适用于焊接薄板，厚板一般用熔化极氩弧焊。

钨极氩弧焊应采用交流电源，这样既对熔池表面铝的氧化膜有“阴极破碎”作用，又可采用较高的电流密度。

熔化极氩弧焊适用于焊接厚度大于 8mm 以上的铝或铝合金板材，可选用大的电流密度和高的焊接速度，因此生产率比钨极氩弧焊提高 3 ~ 5 倍，焊件越厚，生产率提高越显著。

熔化极氩弧焊应采用直流反接电源，对熔池表面的氧化膜有“阴极破碎”作用；焊接时电弧比较稳定，电弧的自身调节作用强，焊接电流应尽量选大些，以达到射流过渡。焊接电弧不宜过短，否则会引起严重飞溅；但也不宜过长，以致出现电弧飘移和氩气的保护作用变差的情况。

二、铜及铜合金的焊接

根据所含的合金元素，铜及其合金可分为纯铜、黄铜、青铜及白铜。

(一) 铜及铜合金的焊接特点

1. 铜及铜合金焊接的主要问题

（1）铜的氧化　铜在常温时不易被氧化。但当超过300℃时，其氧化能力很快增大，当温度接近熔点时，其氧化能力最强，氧化的结果生成氧化亚铜。焊缝金属结晶时，氧化亚铜与铜形成的低熔点共晶，分布在铜的晶界上，大大降低了焊接接头的力学性能，所以，铜的焊接接头性能一般低于母材，耐腐蚀性能也有所降低。

（2）气孔　焊缝和熔合区常出现大量的气孔，其原因是：

1）氢气熔入量大：铜在液态时能溶解较多的氢，而在凝固和冷却过程中，氢在铜中的溶解度会大大降低，如果焊缝金属冷却较快，过剩的氢来不及逸出，便会在焊缝和熔合区产生大量气孔。

2）溶解在熔池中的氢会与氧化亚铜产生反应，生成水蒸气，而水蒸气不溶于铜液中，在焊缝金属凝固时，如果未能及时逸出，便会在焊缝中形成气孔。

（3）焊缝和热影响区易产生裂纹　产生裂纹的原因主要有以下几点：

1）铜及铜合金的线胀系数几乎比低碳钢大50%以上。由液态转变到固态时的收缩率也较大，对于刚度大的焊件，焊接时会产生较大的内应力。

2）由于铜的氧化，在焊缝结晶过程中，晶界易形成低熔点的氧化亚铜-铜的共晶物。

3）由于氢的熔入，焊缝金属在凝固和冷却过程中，过饱和氢向金属微晶隙中扩散，造成很大的压力。另外，熔池中氢与氧化亚铜生成的水蒸气，也会造成很大的压力。

4）母材中的铋、铅等低熔点杂质易在晶界上形成偏析。

（4）未焊透　焊接纯铜及某些铜合金时，由于铜的导热性能极好，如果采用与焊接低碳钢相同的焊接参数，则焊件难以熔化，填充金属和母材不能良好熔入坡口，造成未焊透。

2. 解决上述问题的途径　根据上述分析，除针对铜及铜合金的导热性强，采用较强的热源，以及针对热胀冷缩性大、高温时强度及塑性低等特点，采用焊前预热，适当的焊接顺序及焊后锤击等工艺措施，以减小应力，防止变形外，纯铜焊接时，还应解决铜的氧化和氢的溶解问题。在铜合金焊接时，还应解决合金元素的烧损问题。

（1）防止铜的氧化　一方面焊前彻底清理坡口，除去氧化物以及焊件表面和焊接材料中吸附的水分，以减少氧的来源；另一方面，在焊接过程中，对熔池进行脱氧。

（2）防止氢的溶解　主要途径是，去除焊件表面和焊接材料中吸附的水分，保持焊接区有适宜的气氛，在焊条药皮中加入适量的氟石增强去氢作用，降低熔池冷却速度，以利氢的析出。

（3）防止合金元素的氧化和蒸发　黄铜焊接时，可采用含硅的填充金属。焊接时在熔池表面会形成一层致密的氧化硅薄膜，阻碍锌的蒸发和氧化，并有效地防止氢的溶入。工艺上可适当地降低焊接时的温度，提高焊接速度，尽量减少熔池处于高温的时间，以减少锌的蒸发和氧化；锡青铜焊接时，为防止锡的氧化，可采用含硅、磷等脱氧剂的焊丝，并用硼砂和硼酸作熔剂，或在焊条电弧焊焊条药皮中加入脱氧剂；铝青铜焊接时，可采用由氯化盐和氟化盐组成的熔剂，为防止黄铜铸件补焊后产生“自裂”现象，必须在焊后进行350～400℃的退火。

（二）纯铜的焊接

1. 气焊　纯铜气焊为了获得优质焊缝，可采用两种焊丝，一种为含有脱氧剂的SCu1898（纯铜焊丝）；另一种为一般纯铜丝或母材的剪条，而把脱氧剂放到熔剂中去。熔剂可采用“CJ301”，铜及铜合金的焊丝见表11-18。

表 11-18　铜及铜合金焊丝(摘自 GB/T 9460—2008)

焊丝型号	化学成分代号	焊丝名称	主要化学成分(质量分数,%)	用途
SCu1898	CuSn1	纯铜焊丝	Cu≥98、Sn≤1、Mn≤0.5、Al≤0.01、Pb≤0.02	通常用于脱氧铜或电解铜的焊接
SCu4700	CuZn40Sn	黄铜焊丝	Cu57-61、Su0.25-1.0、Pb≤0.05、其他 Zn	用于铜、铜镍合金的熔化极气体保护焊和惰性气体保护焊
SCu6560	CuSi3Mn	硅青铜	Zn≤1.0、Sn≤1.0、Mn≤1.5、Fe≤0.5、Si2.8-4.0、Al<0.05、Pb≤0.02 其余 Cu	用于钨极气体保护焊，焊接铜硅和铜锌母材以及它们与铜的焊接
SCu5180	CuSn5P	锡青铜	Sn40-60、Al≤0.01、P<0.1-0.4、其余 Cu	用于焊接青铜和黄铜，如果焊缝中含有 Sn 也可用于焊接纯铜
SCu610	CuAl7	铝青铜	Cu≤0.2、Mn≤0.5、Si≤0.1、Al6-8.5、其余 Cu	是耐腐蚀介质，如盐或微碱水的堆焊材料
SCu7061	CuNi10	白铜	Fe0.5-2.0、Si≤0.2、Ni+Cu9-1.14、Pb≤0.02、Ti<1.2-0.5、S<0.02 其余为铜	用于焊接绝大多数铜镍合金

焊前应仔细清理焊丝表面及焊件坡口的脏物，清理的方法可用钢丝刷或砂纸打。

火焰应选用中性焰。氧化焰会使熔池氧化，在焊缝中生成脆性的氧化亚铜，碳化焰会使焊缝产生气孔。

由于纯铜的导热性高，因此气焊时应选择较大的火焰功率，即焊嘴的号码比焊接碳钢时选得大些。

在气焊过程中，可以通过改变焊矩和焊件的高度及倾斜角度来控制好熔池温度。为了保证焊缝成形，可以采用垫板。纯铜气焊前，一般必须预热。厚度较小的中、小焊件，预热温度为 400～500 ℃，厚大焊件的预热温度为 600～700 ℃，预热可以采用局部预热，也可以在炉中整体预热，根据结构大小及形状而定。

气焊时为了防止热量散失焊件最好放在绝热材料(如石棉板之类)的衬垫上焊接。由于高温的铜液容易吸收气体，容易使热影响区的晶粒长大、变脆，因此气焊的次数越少越好，最好进行单道焊。另外，为了改善接头的性能，焊后用平头锤敲击焊缝和进行热处理。

2. 焊条电弧焊　焊条可选用 T107 或 T227，其中 T107 的焊条，芯是纯铜的，T227 焊条芯的成分是磷青铜，T237 则为铝青铜焊条，焊条药皮都是低氢型的，电源用直流反接。铜及铜合金焊条见表 11-19。

表 11-19　铜及铜合金焊条(摘自 GB/T 3670—1995)

型号	牌号	药皮类型	焊接电源	焊缝主要成分(质量分数,%)	用　途
ECu	T107	低氢型	直流	纯铜 Cu>99	主要用来焊接导电铜排，铜制热交换器，船舶用海水导管等铜结构件，也可以用于耐海水腐蚀的碳钢零件的堆焊

（续）

型号	牌号	药皮类型	焊接电源	焊缝主要成分（质量分数,%）	用途
ECuSn-B	T227	低氢型	直流	磷青铜 Sn～8，P≤0.3 Cu余量	适用于焊接纯铜、黄铜、磷青铜等同种及异种金属，也可用于堆焊磷青铜轴衬，船舶推进器叶片等，还用于铸铁补焊及堆焊
ECuNi-B	T237	低氢型	直流	铝青铜 Al～8，Mu≤2 Cu余量	广泛用于铝青铜及其他铜合金，铜合金和钢的焊接及铸铁的补焊

焊接前应清理坡口边缘。纯铜焊件厚度大于4mm时，焊前必须预热。随着焊件厚度和外形尺寸的增大，预热温度应当相应提高，预热温度一般在400～500℃范围内。

焊接时采用短弧，焊条不作横向摆动，而作直线往返形运条，以改善焊缝成形。长焊缝应采用逐步退焊法，焊接速度尽可能大。多层焊时，必须彻底清除层间的熔渣。

焊接操作应当在空气流通的地方进行，或者采用人工通风，防止铜中毒现象。

焊后锤击焊缝，消除应力和改善焊缝质量。

3. 钨极氩弧焊　手工钨极氩弧焊（手工TIG焊）焊接纯铜，可以获得高质量的焊接接头，并有利于减小焊接变形。

焊缝两侧边缘和焊丝表面的氧化膜、油等脏物，在焊前必须用机械法或化学法清除干净，以免引起气孔、夹渣等缺欠。根据板厚的情况，可开I形坡口，或开V形坡口及双V形坡口，并进行装配。定位焊时力求焊透，为防止裂纹产生需适当预热。焊丝的选择应保证焊接接头的力学性能、致密性和产品的具体要求，一般用SCu1898纯铜焊丝。焊接电源用直流正接。为了保证根部可靠的熔合和焊透，常采用大电流高速度进行焊接，以减少氩气消耗，并预热焊件。预热温度不宜过高，否则不仅使劳动条件恶化，并使焊接热影响区扩大，降低焊接接头的力学性能。

（三）黄铜的焊接

1. 气焊　由于气焊的火焰温度底，焊接时黄铜中锌的蒸发要比电弧焊时少，因此气焊是最常用的焊接方法。可采用SCu4701、SCu6810、SCu6810A等黄铜焊丝。这些焊丝中含有Si、Sn和Fe等元素，能够防止和减少熔池中锌的蒸发和烧损，有利于保证焊缝的力学性能，防止焊缝中产生气孔。也可用母材剪条作填充金属。焊前必须仔细清理焊件坡口及焊丝表面。黄铜气焊所用熔剂为CJ301。气焊较厚大的焊件应预热到400～500℃，厚度15mm以上的焊件应预热到500℃左右，黄铜铸件补焊前必须局部或整体预热。焊接时采用轻微的氧化焰，可使熔池表面覆盖一层氧化锌薄膜，防止了锌的蒸发。

气焊后可在500～650℃温度下进行退火，以消除焊接应力和改善接头的性能。

2. 焊条电弧焊　黄铜焊接时一般不用黄铜芯焊条，因其工艺性能差，焊接时锌会大量蒸发和随之引起的严重飞溅，故一般采用青铜芯的焊条，如ECuSn-B及ECuAl-C。对补焊要求不高的黄铜铸件可采用纯铜焊条ECu。

焊前表面应作仔细清理。焊件厚度超过14mm时，为改善焊缝成形，要预热150～250℃。

操作时用短弧，不作横向摆动，此外，焊接时会产生严重烟雾，为避免影响焊工健康和妨碍操作，必须有通风装置。

3. 钨极氩弧焊　黄铜的手工钨极氩弧焊与纯铜的焊接相似，但是黄铜的导热性和熔点比纯铜低，以及含有容易蒸发的元素锌等特点，在焊丝和焊接参数等方面有所不同。

由于 SCu4701、SCu6810、SCu6810A 焊丝的含锌量较高，焊接过程中烟雾很大，不仅影响焊工健康，而且还妨碍焊接操作的顺利进行。故一般采用 SCu6560 硅青铜焊丝。

焊接电源可以用直流正接，也可以用交流电源。用交流电源时，锌的蒸发量较少，焊接时通常不预热，但对板厚大于 12mm 的焊件和焊接边缘厚度相差比较大的接头仍需预热。焊接速度应尽可能快些，板厚小于 5mm 的接头最好一次焊成。焊件在焊后应进行 300 ~ 400 ℃ 消除应力热处理，防止在使用时产生断裂。

复　习　题

1. 什么是金属材料的焊接性？影响焊接性的因素有哪些？
2. 为什么焊接性试验中用得最多的是焊接裂纹试验？焊接性试验的主要内容有哪些？
3. 根据 Q345(16Mn)钢、18MnMoNb 钢的化学成分如何计算它们的碳当量？并判断它们的焊接性？
4. 低碳钢的焊条电弧焊、埋弧焊、电渣焊、CO_2 气体保护焊常使用哪些焊接材料？
5. 中碳钢焊接时有哪些特点？为得到满意的焊接质量通常需要采取哪些措施？
6. 低合金结构钢焊接时有哪些特点？选择焊条时应注意些什么？
7. Q345(16Mn)钢有哪些焊接特点？焊条电弧焊和埋弧焊使用哪些焊接材料？
8. 合金结构钢按强度等级和热处理状态是怎样分类的？调质钢有哪些焊接特点？
9. 低碳调质钢在坡口形式、坡口面加工时有何要求？
10. 低碳调质钢焊接时，在焊接热输入，焊后热处理方面有什么特殊性？
11. 中碳调质钢应该在什么状态下焊接？在焊后热处理方面有何特殊要求？
12. 铬钼珠光体耐热钢焊接接头有哪些要求？如何来满足这些要求？
13. 铬钼珠光体耐热钢的焊接特点如何？焊接中要采取哪些工艺措施？
14. 对低温用钢的性能有什么要求？影响因素有哪些？
15. 铁素体型低温用钢焊接时的工艺要求有哪些？
16. 什么是晶间腐蚀？是怎样产生的？
17. 为防止奥氏体型不锈钢产生晶间腐蚀，可采取哪些措施？
18. 什么是刀状腐蚀？为防止产生刀状腐蚀，在焊接时还应注意些什么？
19. 为什么铬镍奥氏体型不锈钢焊缝金属产生热裂纹的倾向比碳钢大？防止措施有哪些？
20. 铬镍奥氏体型不锈钢焊条电弧焊的工艺要点有哪些？
21. 铁素体型不锈钢有哪些焊接特点？采用什么焊接方法？焊接时要采取哪些措施？
22. 马氏体型不锈钢有哪些焊接特点？怎样选用焊条？焊接时要采取哪些工艺措施？
23. 不锈复合钢板的焊接有哪些特殊性？焊接中主要困难是什么？为什么？
24. 焊接不锈复合钢板时如何选用焊条？
25. 不锈复合钢板组对时有什么特殊要求？焊接次序如何？
26. 铸铁补焊时易出现哪些问题？如何防止白口的产生？
27. 铸铁补焊时为什么在焊缝中和近缝区都易产生冷裂纹？如何防止？
28. 铸铁可用哪些方法补焊？各有什么特点？
29. 灰铸铁电弧冷焊用的焊条可分为哪几类？非铸铁焊缝电弧冷焊时要注意些什么？
30. 灰铸铁电弧热焊有哪些要点？

31. 球墨铸铁与灰铸铁相比、在产生白口和裂纹倾向方面有什么不同？为什么焊接性还差？
32. 球墨铸铁焊条电弧焊、气焊通常选用什么焊条、焊丝和熔剂？
33. 铝及铝合金焊接时易出现哪些问题？如何克服？
34. 铜及铜合金焊接时易出现哪些问题？如何克服？

第十二章　焊接结构生产工艺简介

焊接结构的制造，除了焊接外，还需经过许多道工序，才能把钢厂生产的各种类型的钢材（钢板与型钢）制成符合设计要求的结构，从而达到使用性能的要求。尽管焊接结构形式繁多，但其生产工艺的一般过程基本上如图 12-1 所示。

焊接结构生产的工艺过程主要是备料（材料矫正、放样、下料）、装配、焊接、变形矫正及质量检验等工序。

由于在结构制造过程中，各工序之间都有密切关系，特别是切割、装配等工序对焊接质量的影响很大，通过了解各有关工序的基本特点，以对焊接结构生产工艺有一个总的认识。

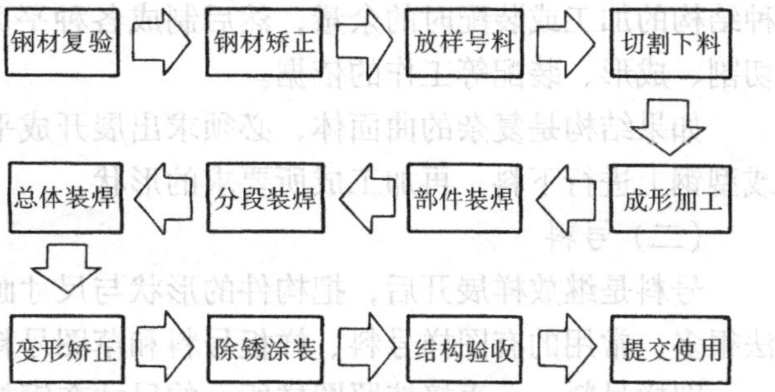

图 12-1　焊接结构生产工艺顺序框图

第一节　构件的备料工序

为了确保焊接质量，在备料前，应检查所用的每一批钢材，或按有关规定对所用钢材进行必要的化学成分、力学性能复验，保证符合其牌号所规定的要求，然后才可供使用。

一、钢材矫正

钢材在轧制及运输、堆放过程中，常会产生表面凹凸不平或弯曲、扭曲等现象，特别是薄钢板及截面积小的型钢。这对于要求平直的构件来说，会影响到各道工序的正常进行，因此必须矫平钢板和矫直型钢，这个工序称为钢材矫正。

钢板的矫平，通常是在 5～11 辊的辊式矫直机上进行的。钢板越薄，其不平整度也往往越大，进行矫正时所用的工作辊数目也越多。型钢矫直一般用型钢矫正机进行矫正。

矫正的基本原理是利用钢材的塑性，使其缩短的部分伸长。辊式矫直机和型钢矫正机的作用就是使钢材发生这样的塑性变形。如图 12-2 所示，不平整的钢板通过多根工作辊时产生波浪形变形，由于连续几次的弯曲，使缩短部分伸长，从而达到平整的目的。

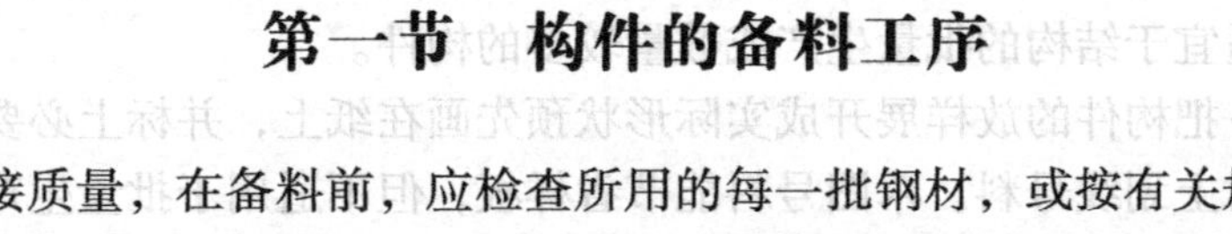

图 12-2　钢板的矫平

1—上辊　2—下辊

经过剪切或切割加工后发生变形的构件，也需要进行矫正。对较小的构件，可放在预先矫平的厚钢板上，一起放入辊式矫直机内将变形构件矫平，如图 12-3 所示。

二、放样号料

(一) 放样

放样是整个结构制造过程的第一道工序，应具有高度的精确性，否则会影响到结构的加工质量。

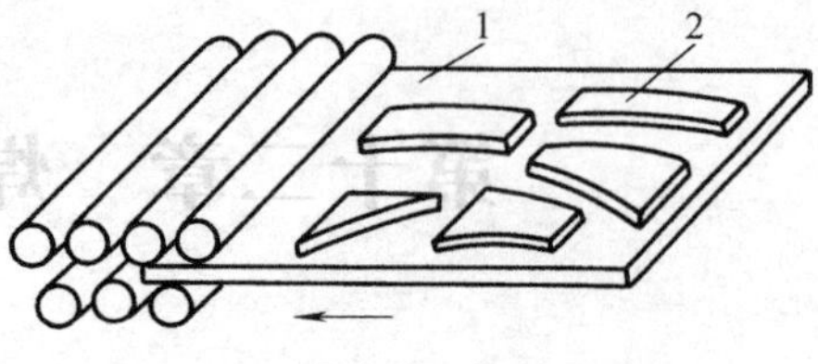

图 12-3　变形构件的矫平
1—垫板　2—小构件

放样是按照设计的结构线型和结构的图示尺寸，运用投影几何的原理以 1∶1 的比例在放样台上画出其平面形状，并根据不同的情况和要求确定各种结构的加工或装配时的余量，然后制成各种平面样板、样棒、立体样箱，作为构件号料、切割、成形、装配等工作的依据。

如果结构是复杂的曲面体，必须求出展开成平面后的形状和实长，以便于在平直的钢板或型钢上进行下料，再加工成所要求的形状。

(二) 号料

号料是继放样展开后，把构件的形状与尺寸画到钢材上去，并标注加工符号。号料的方法很多，常用的有图样号料、样板号料和草图号料等。

图样号料——直接按照图样所示的尺寸在钢材上划线号料，这适用于与结构线型无关的平直部分构件。

样板号料——根据放样展开时所得到的样板，覆在钢材上面划出轮廓线进行号料。样板一般用松木板、层压板或金属板制成，对批量少而小的构件也有采用纸板、塑料板等软性材料的。样板号料适宜于结构的批量生产或数量较多的构件。

草图号料——把构件的放样展开成实际形状预先画在纸上，并标上必要的尺寸和加工符号，据此再在钢材上划线号料。草图号料能节省样板，但不适用于批量生产。

用上述方法号料时，都需要进行手工划线与打样冲的操作。最近几年来发展使用自动号料的新工艺，如电印号料，它是利用静电照相的原理，使表面涂有感光剂的钢板通过充电、曝光、显影、定影等几个程序，即自动显示出图形，所以号料的生产效率较高，每块钢板只需 4～7min，可完全进行自动化操作。

三、切割下料

沿着号料线把钢材切割成所需外形的构件，称为切割下料。按构件厚度及外形的不同，切割下料的方法主要是剪切、气割和等离子弧切割。此外，型钢还可采用锯割。

(一) 剪切

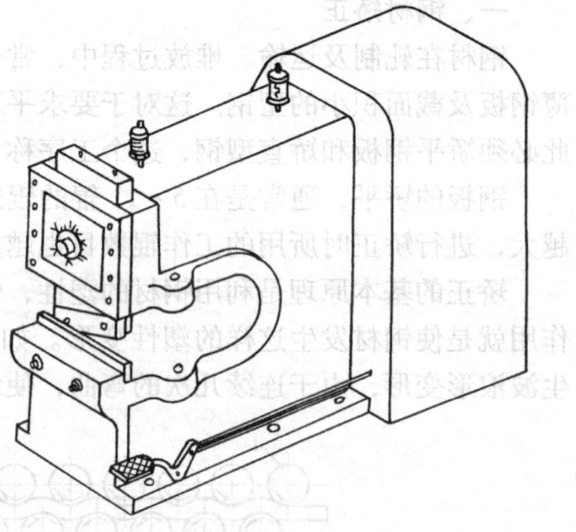
图 12-4　斜口剪床

剪切是利用各种剪切机来进行的，如压力剪切机、龙门剪切机、圆盘剪切机和型钢剪切机等，可按剪切要求选用。图 12-4 为斜口剪床的外形图。

(二) 冲裁

利用冲模使板料相互分离的工序叫做冲裁。如图 12-5 所示。

冲裁可分为落料和冲孔两种。如果冲裁时沿封闭曲线以内被分离的板料是零件，称为落料；反之，封闭曲线以外的板料为零件时，称为冲孔。例如，冲制一个平板垫圈，冲其外形时称为落料，冲其孔时称为冲孔。

冲裁的基本原理与剪切相同，只不过是裁剪时的直线刀刃改变成封闭的圆形或其他形式的刀刃。

（三）气割

目前主要应用氧乙炔焰气割。与剪切相比，其特点是可切割的厚度较大，且无论形状如何复杂都能切割，但切割薄板及直线形构件的生产效率和经济性不如剪切。

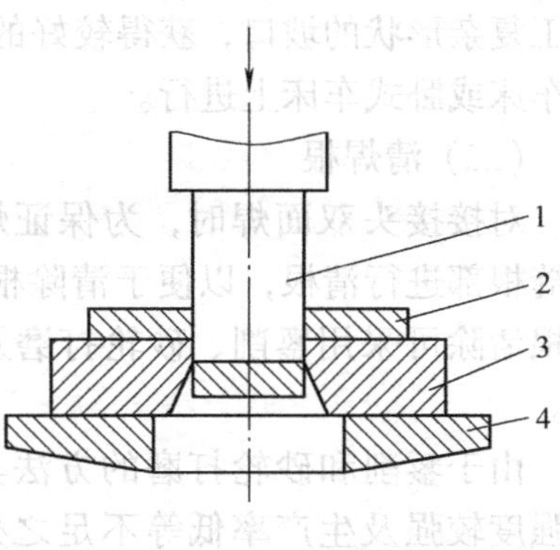

图 12-5　冲裁
1—凸模　2—板料　3—凹模　4—冲床工作台

（四）等离子弧切割

这是利用等离子弧的热能实现切割的方法，它常用于不能采用一般气割方法加工的材料，如不锈钢、有色金属等。

四、焊接接头的坡口加工

焊接接头的坡口加工，主要包括焊前坡口成形加工及焊缝根部处理的封底挑焊根等工序。

（一）焊前坡口成形加工

焊前坡口成形加工即对焊件的坡口进行边缘加工，常用的有錾削、气割及机械加工等方法。

錾削工作主要用在不便于机械加工的场合，当焊件的体积大，难以在金属切削设备上进行加工时，可用錾削加工。錾削分为手工和机械两种，手工錾削是利用锤子敲击錾子进行切削加工的方法；机械錾削大多是用风铲进行的，它是利用压缩空气推动风铲气缸内的活塞，使其产生往复运动，来锤击錾子顶部进行工作的。

气割是利用改变割嘴的倾斜度来加工焊接坡口的，一般多采用半自动气割机。

用机械方法的焊前坡口加工，通常采用刨边机或铣边机完成，可以得到较小的表面粗糙度值和较高的精确度。刨边机长度一般为 3 ~15m，当刨削长度较短时，可将很多焊件同时进行刨削，如图 12-6 所示。铣边机加工时用圆盘铣刀进行铣削，不但生产效率高，而且能

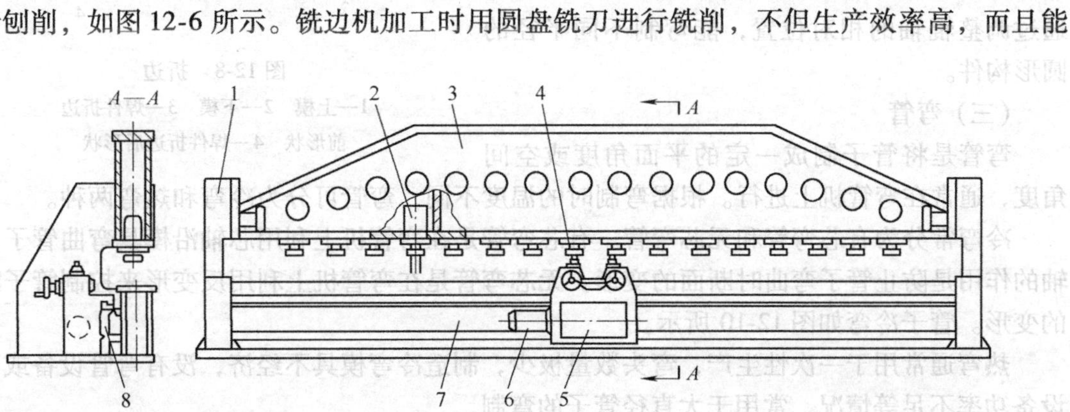

图 12-6　刨边机结构图
1—立柱　2—液压压紧装置　3—横梁　4—刀架　5—走刀箱　6—电动机　7—床身　8—导轨

加工复杂形状的坡口，获得较好的质量，如图12-7所示。圆形构件的端面坡口加工可在立式车床或卧式车床上进行。

（二）清焊根

对接接头双面焊时，为保证焊缝质量，需对焊缝根部进行清根，以便于清除根部的焊接缺陷。焊根清除可采用錾削、砂轮打磨及碳弧气刨等方法。

由于錾削和砂轮打磨的方法具有噪声大、劳动强度较强及生产率低等不足之处，目前清焊根基本上多采用碳弧气刨，特别是在返修有焊接缺陷的焊缝时，使用碳弧气刨容易发现焊缝中各种细小的缺陷。

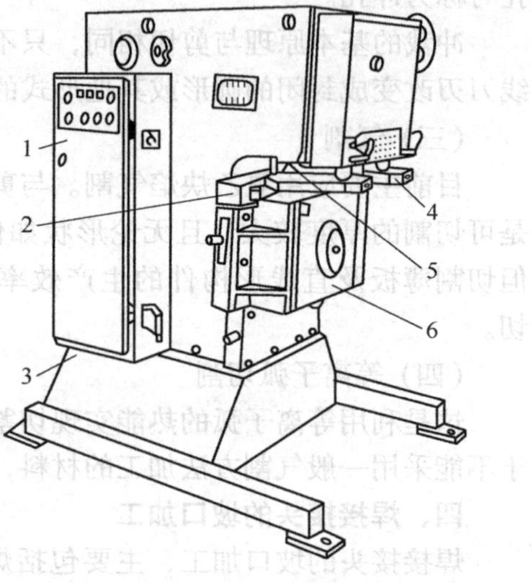

图12-7　铣边机

1—控制柜　2—导向装置　3—床身　4—压紧和防翘装置　5—铣切刀　6—升降工作台

五、成形加工

对有不同角度或曲面要求的构件，选择折边、弯板、压制、线状加热等方法，使钢材产生塑性变形，以达到所需的形状，这个工序就是成形加工。一般都在常温下对切割后的构件进行成形加工，即称为冷成形。如果构件变形度或刚度较大，冷成形无法进行，则需把钢材加热到800～1000℃高温才能进行加工，这就称为热成形。

（一）折边

折边是把构件折个角度，折边加工可在专用的折边机或液压机上进行，如图12-8所示。

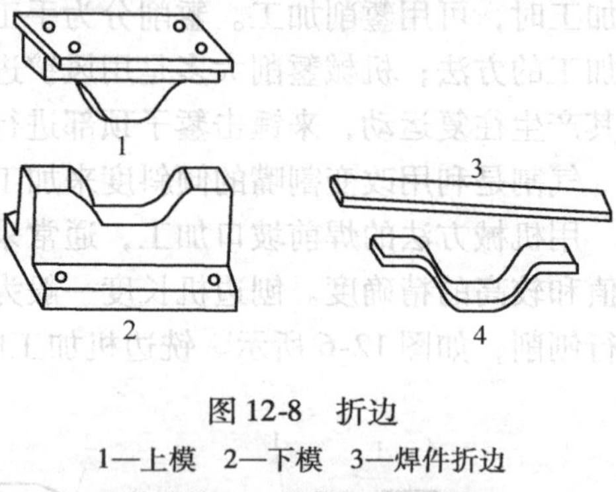

图12-8　折边

1—上模　2—下模　3—焊件折边前形状　4—焊件折边后形状

（二）卷板

卷板是把构件弯制成圆柱或圆锥形，通常是在三辊或四辊卷板机上进行的，如图12-9所示。其原理与钢板矫平相同，但作用刚好相反。通过调整辊轴的相对位置，能弯制不同半径的圆形构件。

（三）弯管

弯管是将管子制成一定的平面角度或空间角度，通常在弯管机上进行。根据弯制时的温度不同，弯管可分为冷弯和热弯两种。

冷弯常分为有芯弯管和无芯弯管。有芯弯管是在弯管机上利用芯轴沿模具弯曲管子，芯轴的作用是防止管子弯曲时断面的变形。无芯弯管是在弯管机上利用反变形来控制管子断面的变形。管子冷弯如图12-10所示。

热弯通常用于一次性生产，弯头数量极少，制造冷弯模具不经济，没有弯管设备或弯管设备功率不足等情况，常用于大直径管子的弯制。

（四）型钢弯曲

型钢弯曲常用的方法有滚弯和压弯，滚弯是在专用的型钢机上进行的，也可在卷板机上进行，如图12-11所示。压弯可在压力机或撑直机上进行。

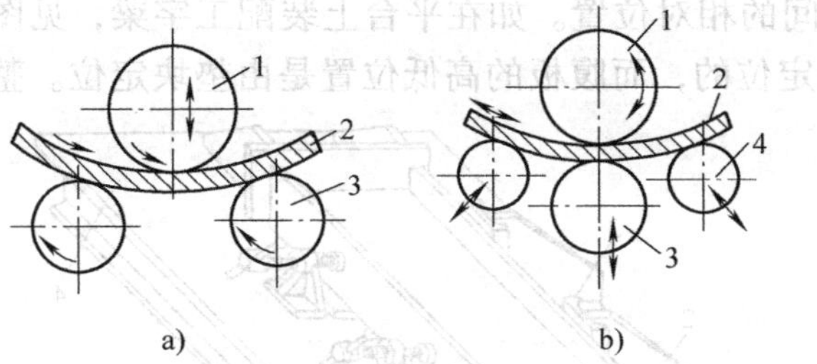

图 12-9　卷板

a）三辊卷板机　b）四辊卷板机

1—上辊　2—板材　3—下辊　4—侧辊

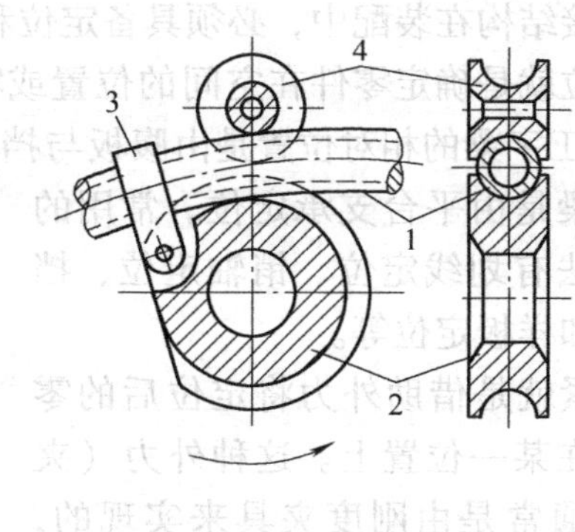

图 12-10　管子冷弯

1—管子　2—工作扇轮　3—夹头　4—滚轮

（五）压制

压制法是在压力机上利用模具使材料成型的一种工艺方法。模压法用于球面、椭圆球面及其他复杂曲面的成型，由于模具成本较高，适用于批量生产，如图 12-12 所示为压制成型的压模。压制法除模压法以外，还有不用模具的压弯法，主要用于型钢的弯曲成型。

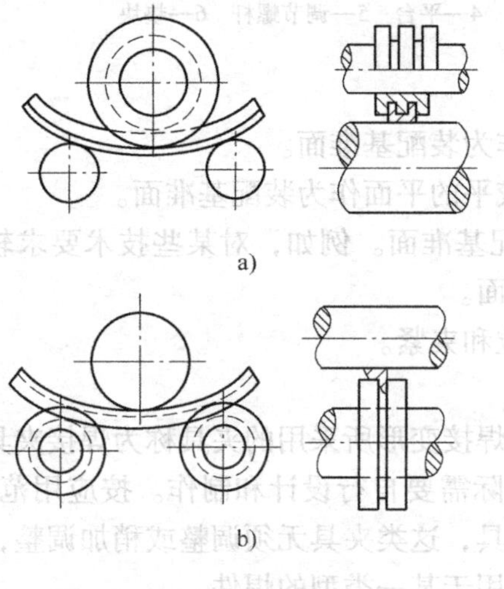

图 12-11　滚弯型钢

a）槽钢外滚弯　b）角钢内滚弯

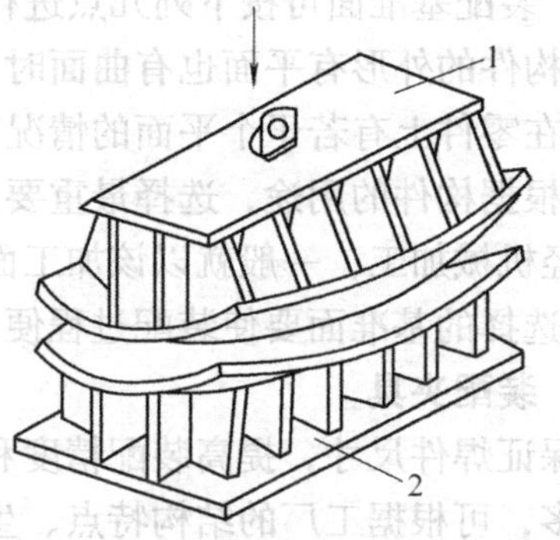

图 12-12　压制成型的压模

1—上模　2—下模

（六）水火成型

水火成型是指用氧乙炔焰进行局部加热，并在周围用水加以冷却，利用不均匀加热而产生变形的原理使钢材形成所需的形状。

第二节　结构的装配焊接

一、装配原理

装配的原理就是利用定位焊或紧固装置（螺栓、铁楔等），将加工好的构件（或已制成的部件），按图样要求连接成部件（或整体结构）。

焊接结构在装配中，必须具备定位和夹紧两个基本条件。

定位就是确定零件在空间的位置或零件间的相对位置。如在平台上装配工字梁，见图12-13，工字梁的相对位置是由腹板与挡板来定位的，而腹板的高低位置是由垫块定位。整个工字梁是由平台支承定位。常用的定位方法有划线定位、销轴定位、挡铁定位和样板定位等。

夹紧就是借助外力将定位后的零件固定在某一位置上。这种外力（夹紧力）通常是由刚度夹具来实现的，也可以利用气压力或液压力进行夹紧。图12-13中翼板与腹板间的夹紧力是由调节螺杆产生的。

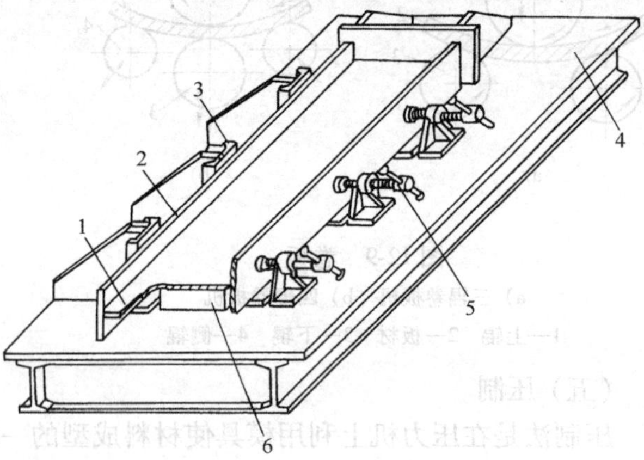

图12-13 工字梁装配时的定位
1—腹板 2—翼板 3—挡板
4—平台 5—调节螺杆 6—垫块

装配工序的基本要求是：不应使构件在安装定位后出现移动、倾斜和扭转等现象；保证装配的正确性及结构符合图样尺寸；接缝应满足焊接工艺的要求。为此，装配时必须选择好基准面。装配基准面可按下列几点进行选择：

1）构件的外形有平面也有曲面时，应以平面作为装配基准面。

2）在零件上有若干个平面的情况下，应选择较平的平面作为装配基准面。

3）根据构件的用途，选择最重要的面作为装配基准面。例如，对某些技术要求较高的加工面经机械加工，一般就以该加工面为装配基准面。

4）选择的基准面要使装配过程便于对零件定位和夹紧。

二、装配夹具

为保证焊件尺寸，提高装配精度和效率，防止焊接变形所采用的夹具称为焊接夹具。其类型很多，可根据工厂的结构特点、生产条件和实际需要自行设计和制作。按应用范围分，有通用夹具和专用夹具两种。通用夹具又称万能夹具，这类夹具无须调整或稍加调整，就能适用于不同焊件的装配或焊接工作。专用夹具只适用于某一类型的焊件。

（一）对焊接夹具的要求

1）应保证装配的尺寸，形状的正确性。

2）使用与调整简便，且安全可靠。

3）结构简单，制造方便，成本低。

（二）焊条电弧焊常用的装配夹具。

焊条电弧焊常用的装配夹具有夹紧工具、压紧工具、拉紧工具和推撑工具等。

1. 夹紧工具　夹紧工具用于装配时固定焊件的位置，不使它在焊接过程中发生移动。常用夹紧工具如图12-14所示，用于紧固装配零件。

2. 压紧工具　压紧工具是指用于装配时压紧焊件。使用时夹具的一部分往往要进行定位焊，在被装配的焊件上焊接后可再除去，如图12-15所示。

3. 拉紧工具　拉紧工具是装配时拉紧两个或几个零部件的辅助工具。生产中拉紧焊件

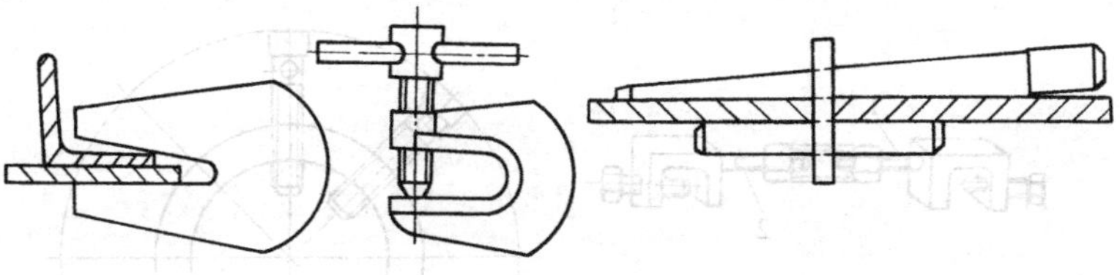

图 12-14　夹紧工具

a）楔口夹板　b）螺旋弓形夹　c）带压板的楔口收紧夹

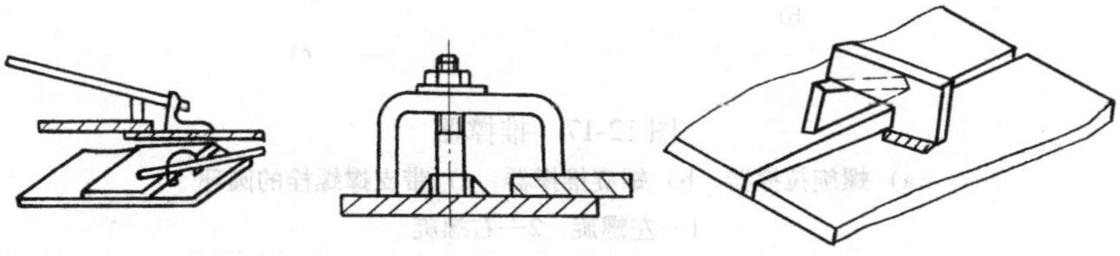

图 12-15　压紧工具

a）带铁棒的压紧夹板　b）带压板的紧固螺栓　c）带楔条的压紧夹板

用的是螺旋拉紧器（又称花篮螺栓），如图 12-16 所示。拉紧工具由具有左、右旋螺纹的两根推杆和中间连接器组成。

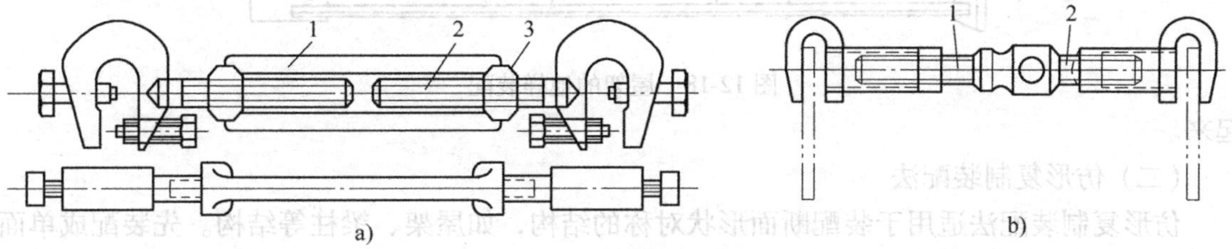

图 12-16　螺旋拉紧器

a）转动螺母把焊件拉紧或松开　b）旋转螺杆使焊件靠拢或分开

1—左螺纹　2—右螺纹　3—螺母

4. 推撑工具　把两个焊件顶紧或撑开，而本身受压力的装置称做推撑工具。日常使用的千斤顶就是一种推撑工具。在焊接过程中，经常需要矫正焊件形状，消除对接偏差及防止焊接过程中的变形。例如，为了消除焊接圆筒节和圆筒形制品中的椭圆、凹陷及其他类似的缺陷，可以采用带有几个径向配置螺旋千斤顶的环形推撑工具，如图 12-17 所示。

三、装配方法

装配的方法是根据产品结构的特点，利用定位焊或紧固装置将众多的零部件按照图样的技术要求，连接成部件或整体结构的工艺措施。常用的装配方法有地样装配法、仿形复制装配法、立装、卧装和胎具装配法。

（一）地样装配法

地样装配法是将构件的形状按 1∶1 的实际尺寸直接绘制在装配平台上，然后利用挡铁，根据零件间接合线的位置进行装配。它适用于桁架或框架类结构的装配，图 12-18 是屋架地样装配示意图，装配时先在平台或地面上放出地样，然后利用档铁根据地样将零件先后组合

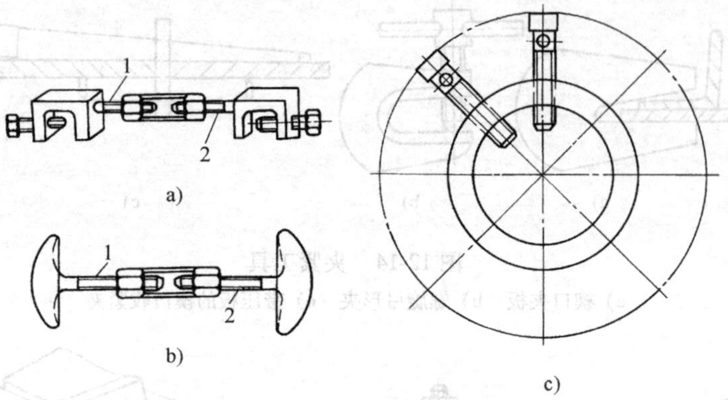

图 12-17 推撑器

a）螺旋拉撑器 b）螺旋推撑器 c）带支撑螺栓的圆环

1—左螺旋 2—右螺旋

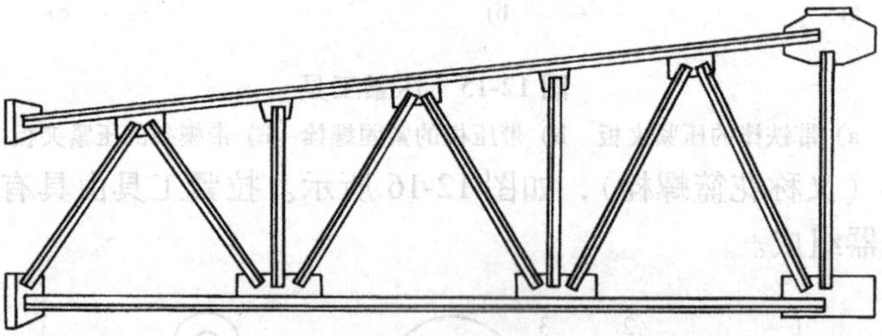

图 12-18 屋架的地样装配

起来。

（二）仿形复制装配法

仿形复制装配法适用于装配断面形状对称的结构，如屋架、梁柱等结构。先装配成单面结构，然后以此为样板装配另一面。现以图 12-19a 所示的简单结构说明其装配方法，在平台上先装配角钢和连接板（图 12-19b），连接板和角钢间可采用定位焊固定，这样成为单面结构，以此种结构作为仿形靠模进行复制。装配另一单面结构如图 12-19c 所示，再卸下上半个单面结构后，装配另一角钢如图 12-19d 所示，从而完成了整个产品的装配。

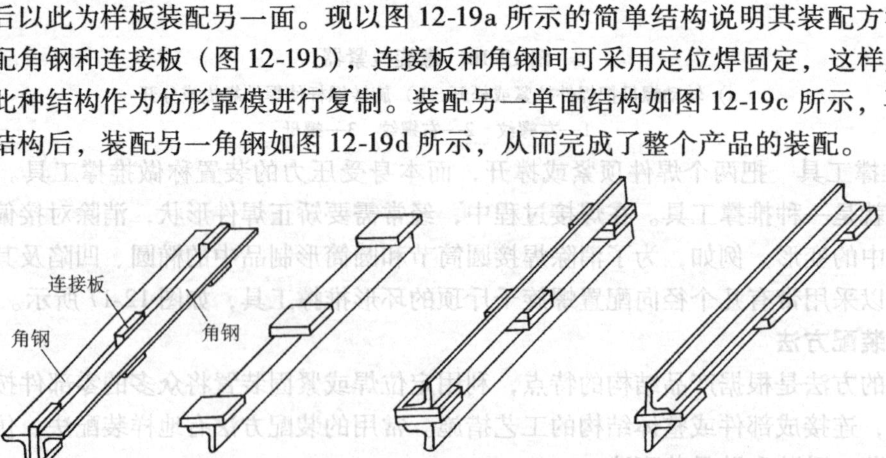

图 12-19 仿形复制装配法

（三）立装

立装是指将结构件自下而上进行装配的一种装配方法，适用于装配高度不大的结构。

立装分为正装和倒装两种方法。正装是按产品使用时的位置自下而上地进行装配。这种方法适用于结构下部的基础较大，且易放置平稳的结构。倒装是把结构按使用的方向倒过来进行装配。这种方法适用于结构上部体积比下部大或正装时不易放稳的结构。

图 12-20a 所示为电动机底座，上部平面比下部大，倒装比正装的稳定性好，所以采用倒装为宜。倒装时以上部的面板为基准，按所划的位置线装配各立板和肋板（图 12-20b），最后装配底板。

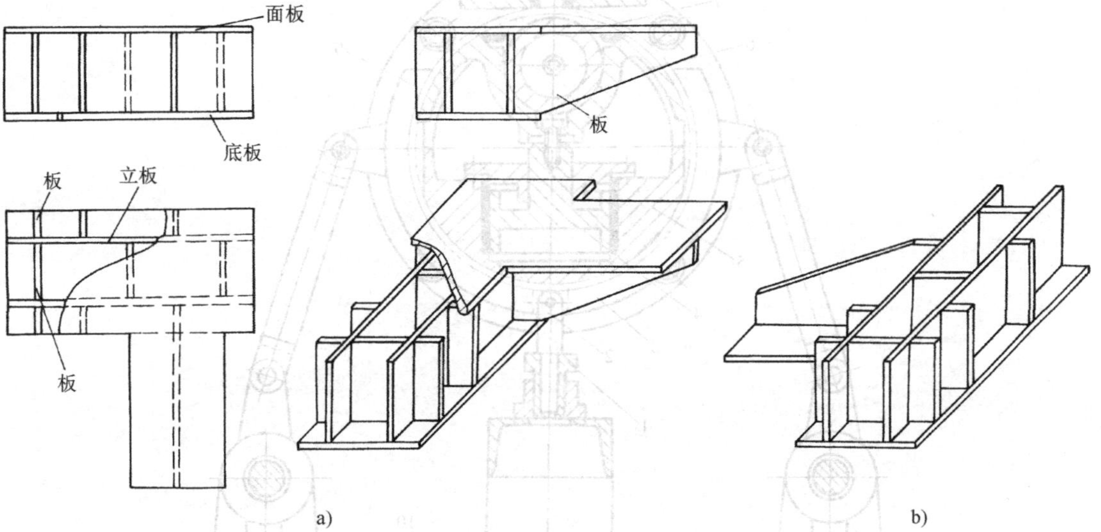

图 12-20　电动机底座的倒装法

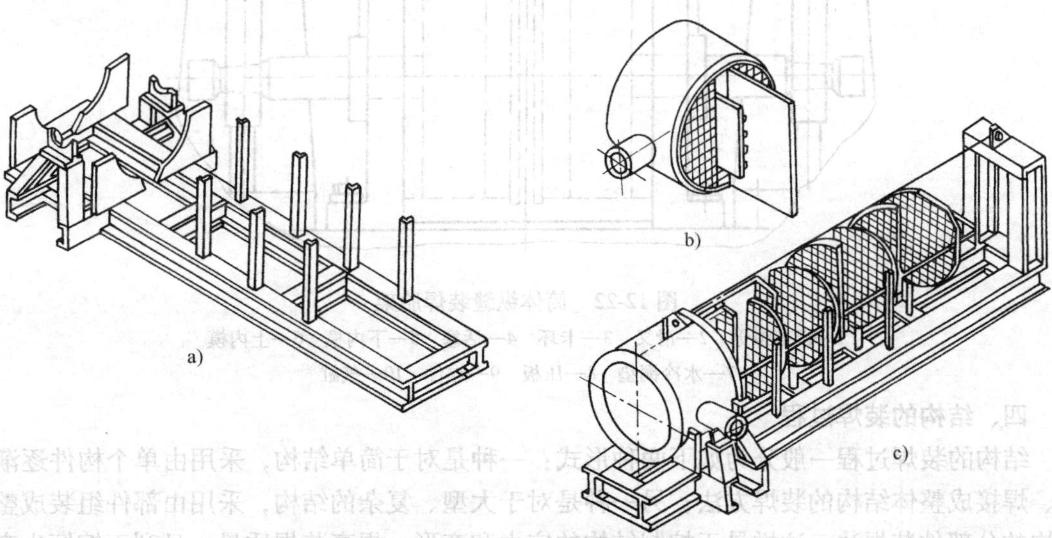

图 12-21　高压加热器的卧装

（四）卧装

卧装又称平装，适用于断面不大，但长度略长的构件。如高压锅炉的锅筒、电站设备中的高压加热器等压力容器一般都采用卧式装配，如图 12-21 所示。

(五) 胎具装配法

胎具装配法适用于产量大和定型产品的装配。装配时，零件的相互位置是靠胎具定位，所以大大提高了装配工作效率，保证了产品质量，同时也易于实现机械化和自动化。图 12-22 是筒体纵缝装焊胎架。

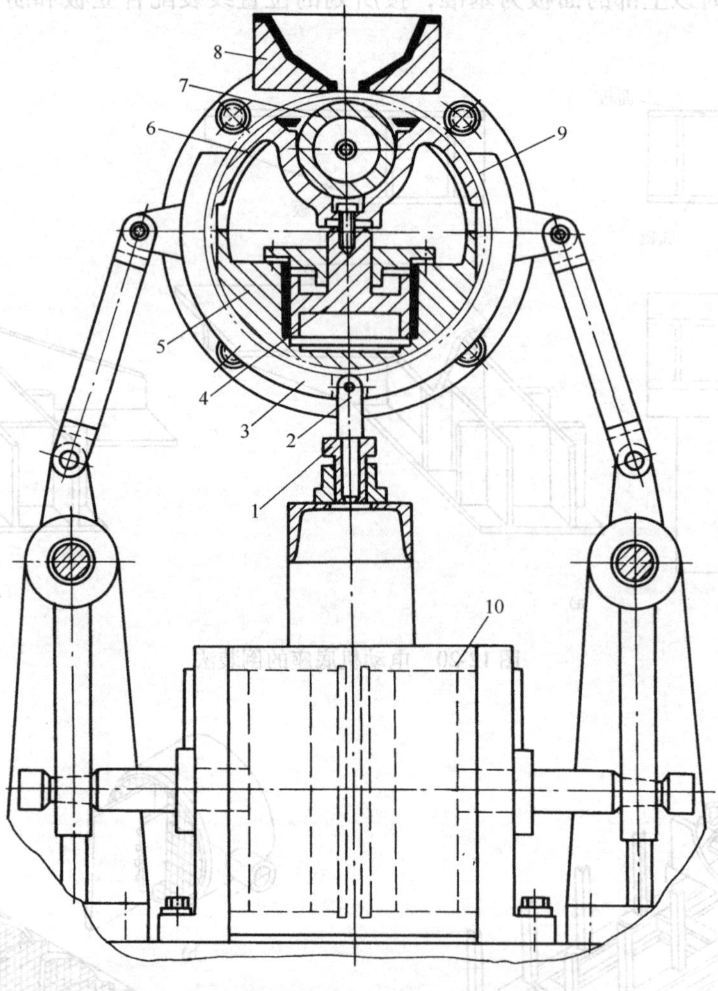

图 12-22　筒体纵缝装焊胎架

1—调节螺母　2—滑叉　3—卡环　4—活塞　5—下内模　6—上内模　7—水冷铜垫　8—压板　9—焊件　10—气缸

四、结构的装焊过程

结构的装焊过程一般分为如下两种形式：一种是对于简单结构，采用由单个构件逐渐组装、焊接成整体结构的装焊方法；另一种是对于大型、复杂的结构，采用由部件组装成整体结构的分部件装焊法，这样易于控制结构的应力和变形，提高装焊质量，且利于缩短生产周期，但部件的划分法应按结构特点、工艺要求、起重能力等条件综合考虑。现将零部件装焊过程分成三个阶段简述如下：

(一) 部件装焊

将切割或成形加工好的构件装焊成部件。部件形状随着结构类型的不同而变化，尽管形式多样，大小各异，但把它们分解开来，基本上都是由钢板及型钢组合成的。

（二）分段装焊

把部分部件组合装焊成分段。分段实际上也是部件，其尺寸与体积要大些，构造也较为复杂。如高压锅筒（见图12-23）是由封头、筒体、人孔装置、管接头等几个部件组焊而成的。

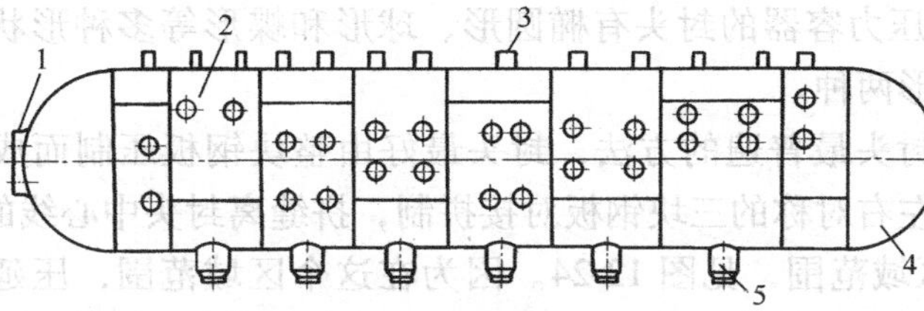

图12-23　高压锅筒示意图

1—人孔装置　2—筒体　3—管接头　4—封头　5—下降管接头

结构分段的划分要考虑施工的方便性与合理性，并保证分段本身的结构强度，不致于因自重而产生永久变形，有利于分段装配与吊运。

小型结构可以不采用分段装焊形式，直接把部件进行总体装焊。

（三）总体装焊

将各分段组合装焊成整体结构。分段经焊接及质量检验后，吊运至现场或在平台上进行总装。总装时必须确定合理的装配、焊接工艺，以减少焊接变形，使结构形状与尺寸符合图样要求。

第三节　典型焊接结构的制造工艺

一、压力容器的焊接

所谓压力容器，是指最高工作压力大于或等于0.1MPa；工作压力与容积的乘积大于或等于2.5MPa·L；工作介质为气体、液化气体以及介质最高工作温度高于或等于其标准沸点的液体，这三个条件同时满足的容器，否则称为常压容器。上述条件外，如果容器内介质为最高工作温度低于其标准沸点的液体时，气相空间的容积与工作压力的乘积大于或等于2.5MPa·L时，该容器也属于压力容器。

（一）压力容器的特点及分类

压力容器多数制成圆柱形或球形，它除了承受内部盛放的介质压力（工作压力）外，还需承受自重和其他附加设备重量的作用力，更多的是将受到高温或者低温的作用。随着使用的场合及工作压力的不同，容器可制成不同的形状和尺寸。

球形容器各点的应力均匀，所以各条拼接焊缝所受到的力基本相等，同样的容积它所用的材料最少（表面积最小），强度又最好。由于球形容器制造比较复杂，除特殊场合应用外，一般都以圆柱形代替，圆柱形容器的受力不均匀，纵向焊缝所受到应力要比环向焊缝的应力大1倍。圆柱形容器一般由筒体、封头、人孔装置和接管等部件组成，参见图12-24。

根据容器设计压力 p 的大小不同，容器可分为低压、中压、高压和超高压容器。根据容器压力、介质危害程度以及该容器在运行中的重要作用，又将容器分为一类容器、二类容器和三类容器，其中三类容器压力最大，介质危害程度最严重，在生产中的重要性最大。根据容器在实际运行过程中的作用原理不同，容器还可分为反应容器、换热容器、分离容器和贮运容器。

（二）压力容器制造工艺分析

1. 封头的制造　压力容器的封头有椭圆形、球形和蝶形等多种形状。制造封头的方法有冲压成形和旋压成形两种。

冲压成形是制造封头最普遍的方法，封头最好由整块钢板压制而成，如果没有整块材料，允许由二块或由左右对称的三块钢板对接拼制，拼缝离封头中心线的距离不应超过 $D/4$（D 为封头直径）的区域范围，见图 12-24。因为在这个区域范围，压延时受到的拉应力比转角处小些。另外由于毛坯较薄，为了减少在冲压时产生的皱折和鼓起，除采用压边圈外，还应将毛坯边缘的拼缝余高磨平，如图 12-25 所示。

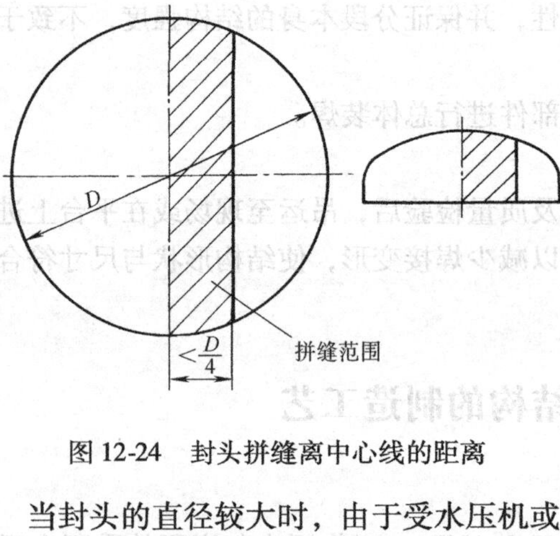

图 12-24　封头拼缝离中心线的距离

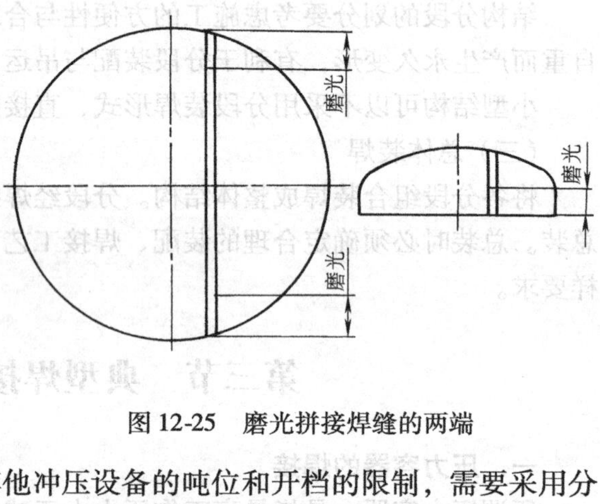

图 12-25　磨光拼接焊缝的两端

当封头的直径较大时，由于受水压机或其他冲压设备的吨位和开档的限制，需要采用分瓣制造。为了避免分瓣焊缝在顶部集中于一点，封头顶部应采用顶圆板，且顶圆板直径小于 $D/2$（D 为封头直径）。

2. 筒体的制造　压力容器的筒体随着壁厚的不同，可分为单层结构和多层结构两种形式。

单层压力容器是使用最普遍的一种容器结构，其制造方法有钢板圆柱筒体卷焊法，钢板半爿筒体拼焊法以及锻-焊法。圆柱筒体卷焊法是制造筒体的主要方法，它是将钢板在冷态或热态下通过卷板机卷制成筒形，这种方法的优点是只需焊接一条纵缝，但是往往难以达到理想的圆度。半爿筒体拼焊法是钢板在水压机上压成二个瓦爿片，然后焊接两条纵缝，这种方法容易达到理想的圆度，并且可以制造厚度不同的筒体，常用于厚壁压力容器和小直径容器的制造。锻-焊法的筒体是整体的锻件，没有纵焊缝，它是该容器的主要制造方法。

多层压力容器常用于厚壁压力容器制造中，应用的方法有绕带法、层板包扎法、绕板法、热套法。多层压力容器每层都存在径向压应力，它与容器内的工作应力方向相反，降低了整个容器的受力水平，并且应力状态比单层的均匀，脆性破坏的危险性减小，更具有安全性。但缺点是结构比较复杂，制造周期长。

3. 筒体的选配　由于冷作加工的零件精度低，互换性差，在环缝搭装前，要对封头和每个筒体进行编号，测量周长，并标注测得的尺寸，然后根据测量的结果进行选配，特别是对两块钢板拼制的筒体，还应注意筒体的纵缝位置，避免将纵缝布置在禁忌的位置上，造成废品。

（三）压力容器纵缝和环缝的焊接

压力容器的筒体与筒体、筒体与封头的组焊应避免采用十字焊缝，以免使焊缝接头处材料变脆。相邻两筒节间的纵缝以及封头与相邻筒节的纵缝应错开，错开间距应大于筒体厚度的3倍，且不小于100mm。

筒节纵缝可以采用电渣焊或埋弧焊。环缝由于采用电渣焊收尾有困难，均采用埋弧焊，焊接技术与焊纵缝时相同。由于工业生产的需要，容器的厚度日益增加，因此深坡口窄间隙焊接在容器环缝焊接中得到广泛应用。

接管焊缝是容器的主要受压焊缝之一，它和容器的纵、环焊缝具有同等重要的意义，经验指出，接管焊缝在受压状态下，往往是更容易发生破坏的薄弱区域。

为保证压力容器的壳体和受压元件的焊接质量，凡从事压力容器制造的工作人员和焊工必须严格执行TSG Z6001—2010《特种设备焊接操作人员考核细则》的有关规定，凡从事焊条电弧焊、气焊、钨极氩弧焊、熔化极气保护焊、自动埋弧焊的焊工，必须取得基本知识和操作技能考试合格后才能担任受压元件的焊接工作。

压力容器焊缝表面不得有裂纹、气孔、弧坑和夹渣等缺欠，焊缝咬边不得大于0.5mm，咬边连续长度不应大于100mm，焊缝两侧咬边的总长不得超过该焊缝长度的10%，低温容器焊缝不得有咬边；角焊缝应有圆滑过渡至母材的几何形状；打磨焊缝表面消除缺欠或机械损伤后的厚度应不小于母材的厚度。

（四）高压锅炉锅筒的制造工艺流程

高压锅炉锅筒的主要制造工艺流程，如图12-26所示。

锅筒总装焊接分两个阶段。第一阶段，把一个封头与数段筒节各自分两段装配焊接完毕；第二阶段，即组合装配，把已装焊成的两大段筒体连接起来，焊接终接环缝，使之成为一个整体的锅筒。

二、钢结构件的焊接

梁和柱是最有代表性的结构件，通常是由钢板和型钢拼焊而成。其制造工艺和圆筒结构不一样，通常零件下料后即能进行拼装，焊后主要是焊缝和产品外观尺寸的检查，一般不需要进行探伤检测。

（一）梁的基本知识

工作时承受弯曲的杆件称为梁。

常用焊接梁的外形有等断面梁（见图12-27a）和变断面梁（见图12-27b～j）。等断面梁结构简单、制造方便易于实现自动化焊接，但材料耗量较大。为了合理使用金属材料，可按受力情况设计成不同形式的变断面梁。

梁的断面形状有工字形和箱形两类（见图11-22、图11-23）。工字梁由三块钢板组成，结构简单，焊接工作量小，应用最为广泛。箱形梁的断面形状为封闭形，整体结构刚度大，可以承受较大的外力，主要用于同时受到水平和垂直弯矩或扭矩作用时的工作状况。

梁通常是由低碳钢制成，钢板厚度也不大，所以焊接变形是制造梁的主要工艺问题，梁

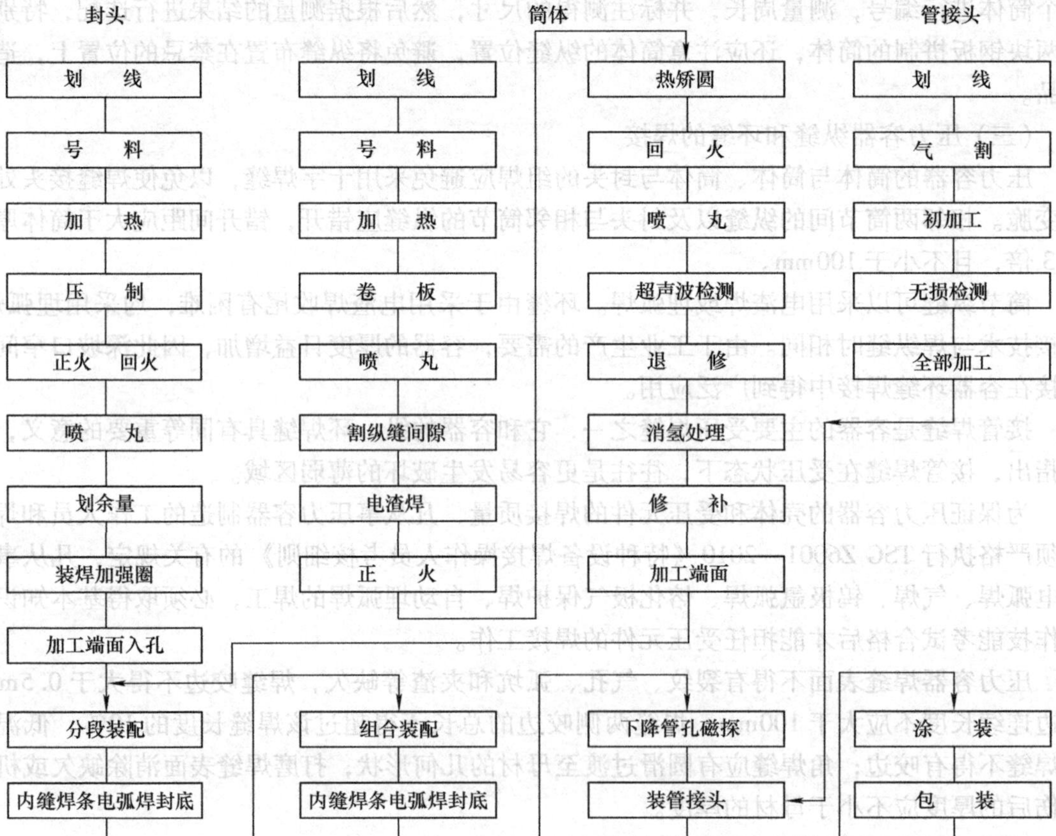

图12-26　高压锅炉锅筒的制造工艺流程

的长度与高度之比较大，焊后的变形主要是弯曲变形，当焊接方向不正确时，也会产生扭曲变形。控制梁的焊接变形参见本书第十一章第四节有关内容。

（二）柱的基本知识

工作时承受纵向压缩的杆件称为柱，见图 12-28 所示。

焊接柱按其断面形状分为等断面柱和变断面柱两种。按外形有实腹柱（见图 12-29a、b）和格构柱（见图 12-29c、d）两种，大型钢结构中（如高层建筑，桥梁）实腹柱的横截面则为正方形，如图 12-29 所示。

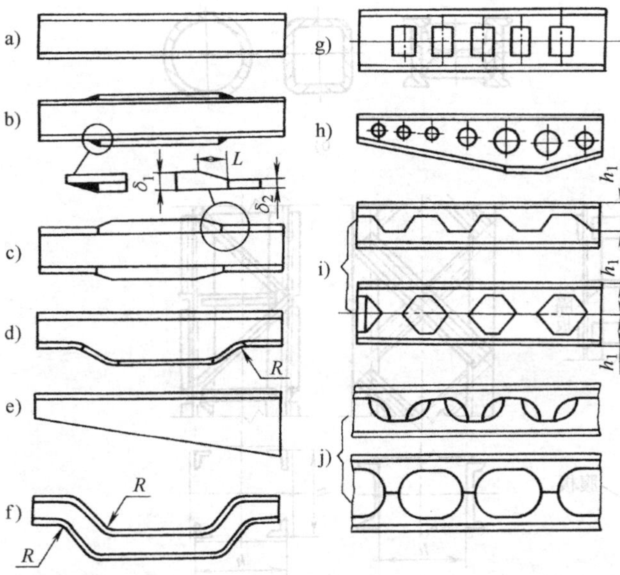

图 12-27　梁的外形

a）等断面梁　b）多翼板梁　c）不等厚翼板对接梁　d）鱼腹梁　e）悬臂梁　f）曲形梁　g）等高空腹梁　h）不等高空腹梁　i）、j）锯齿梁

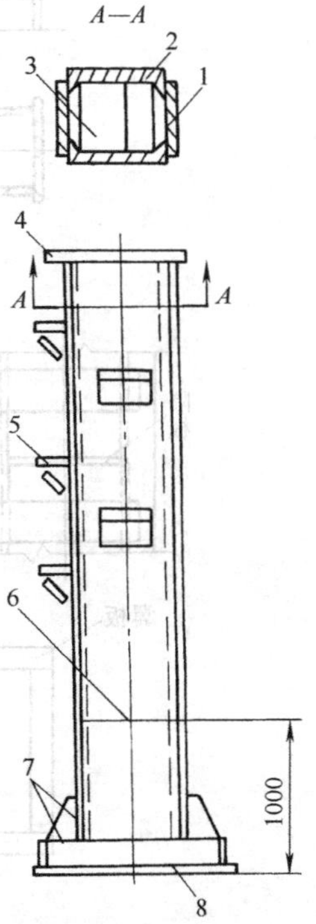

图 12-28　型钢实腹柱结构示意图

1—盖板　2—主型钢　3—隔板　4—柱顶板　5—托架　6—标记线　7—肋板　8—柱脚板

（三）梁、柱的自动焊装置

梁、柱往往都有较长的直角焊缝，所以给自动焊创造了有利条件。焊接位置有船形和非船形的直角焊两种，前者有较大的熔深，焊缝表面的成形良好，但需要有专门的焊接装置施焊。

1. 通用梁、柱的焊接装置　焊接梁、柱的直缝有两种方式：一种是采用自动焊接小车及梁、柱焊接斜架，见图 12-30，这种方法适用范围广，应用最为普遍，但焊丝伸出长度变化大，焊丝易于偏离坡口；另一种是焊接小车直接在焊件上行走，此时常用体积较小的 MZ-1000 型焊接小车，这种方法一般用于较大梁、柱的焊接，如图 12-31 所示。

2. 专用梁、柱自动焊机　这是工厂根据本厂产品特点自行设计的梁、柱自动焊接装置。例如 T 形梁装焊机床，四头 CO_2 气体保护自动焊机床。

3. 柱的制造工艺流程

柱的典型结构，见图 12-28。柱的装配工艺流程，如图 12-32 所示。

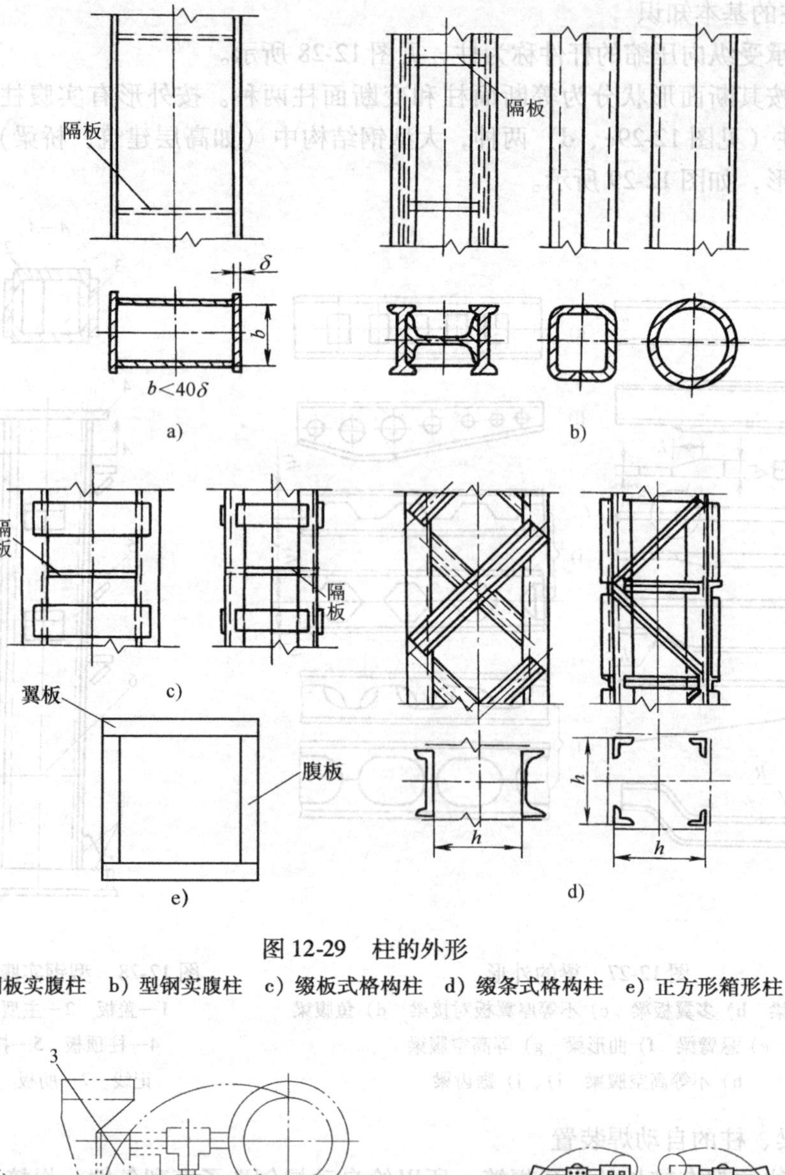

图 12-29　柱的外形

a）钢板实腹柱　b）型钢实腹柱　c）缀板式格构柱　d）缀条式格构柱　e）正方形箱形柱

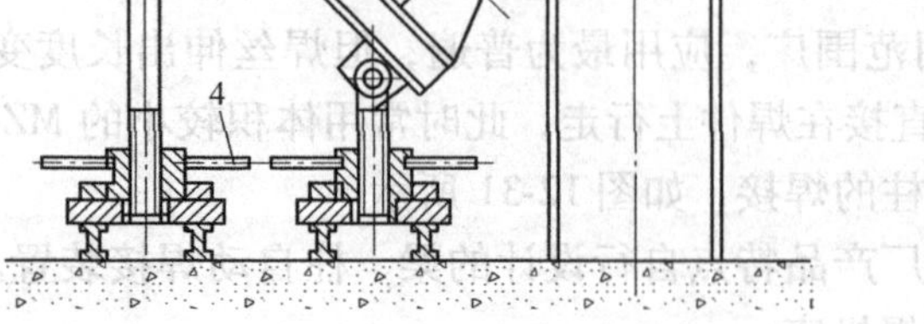

图 12-30　梁、柱焊接斜架

1—可调式斜架　2—焊件　3—焊接小车　4—调节手轮

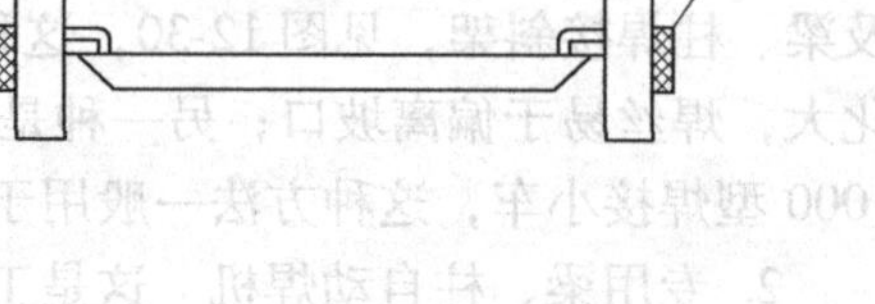

图 12-31　水平位置埋弧自动角焊

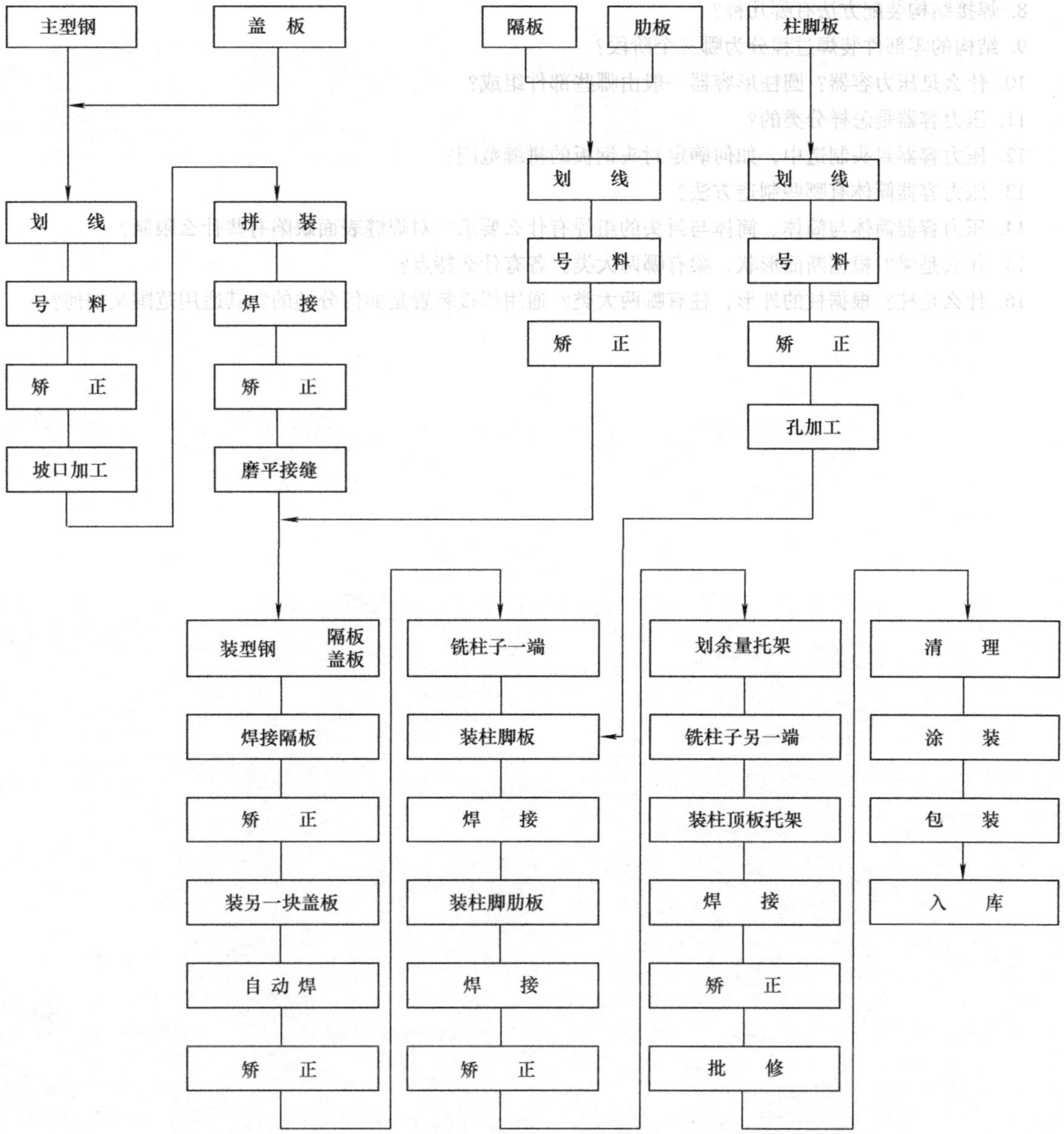

图 12-32　柱制造工艺流程

复　习　题

1. 焊接结构生产工艺的一般过程有哪几个工序？
2. 为什么要进行钢材矫正？其原理是什么？
3. 什么是放样号料？有哪几种号料的方法？
4. 什么是切割下料与成形加工？分别有哪几种方法？
5. 装配的原理是什么？有哪些基本要求？
6. 焊接结构在装配的过程中，装配基准面如何选择？
7. 焊条电弧焊常用的装配夹具有哪几类？

8. 焊接结构装配方法有哪几种？
9. 结构的零部件装焊过程分为哪三个阶段？
10. 什么是压力容器？圆柱形容器一般由哪些部件组成？
11. 压力容器是怎样分类的？
12. 压力容器封头制造中，如何确定封头钢板的拼缝范围？
13. 压力容器筒体有哪些制造方法？
14. 压力容器筒体与筒体、筒体与封头的组焊有什么要求？对焊缝表面缺陷有些什么限制？
15. 什么是梁？根据断面形状，梁有哪两大类？各有什么特点？
16. 什么是柱？根据柱的外形，柱有哪两大类？通用焊接装置是如何分类的？其适用范围又如何？

第十三章　焊接质量的检验与控制

焊接缺欠的存在，将直接影响焊接结构的安全使用。因此，必须了解焊接缺欠的性质、产生的原因和防止方法；而且还必须了解焊缝质量的检验方法，通过对焊接接头进行必要的检验，作出客观的评定，以便及时地消除各种缺欠，从而保证焊接产品的质量。

为保证焊接产品质量，在做好焊接工艺评定的基础上，制定合理的焊接工艺规程，同时加强对焊工的培训和考试，从而建立比较完善的质量体系。

第一节　焊接接头常见缺欠的分析

在焊接接头中因焊接而出现的金属不连续性、不致密或连接不良的现象，称为焊接缺欠。超过规定限值的缺欠，指不符合焊接产品使用性能要求的焊接缺欠，即为焊接缺陷。焊接缺欠的存在，直接关系到焊缝强度及产品质量，并可能危及焊接结构的使用安全。

根据 GB/T 6417. 1—2005《金属熔化焊接头缺欠分类及说明》中指出，焊接缺欠分为六类：裂纹、孔穴、固体夹杂、未熔合及未焊透、形状和尺寸不良及其他缺欠。

在焊条电弧焊和埋弧焊等各种焊接方法中，夹渣、气孔、未焊透是较常见的缺欠，对于各种缺欠，首先要知道其危害性，了解其产生原因，然后采取相应的措施，防止缺欠产生和消除已出现的缺欠，才能保证产品质量。

关于孔穴和裂纹的产生原因等，已在本教材第四章第六节、第七节中详述，其余缺欠分述如下：

一、形状和尺寸不良

形状和尺寸不良是指：焊缝的表面形状与原设计的几何形状有偏差的现象。其主要表现为出现咬边、下塌、焊瘤、错边、角度偏差、烧穿、焊缝尺寸及形状不符合要求等缺欠。

（一）焊缝形状和尺寸不符合要求

焊缝外表形状高低不平，波形粗劣；焊缝宽度不齐，太宽或太窄；焊缝余高过高或高低不均；角焊缝焊脚尺寸不均等都属于焊缝尺寸及形状不符合要求如图 13-1 所示。

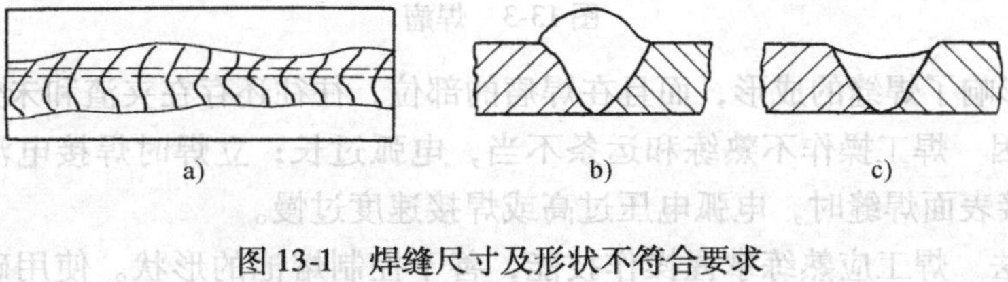

图 13-1　焊缝尺寸及形状不符合要求

a）焊缝高低不平、宽度不齐、波形粗劣　b）余高过高　c）焊缝低于母材

焊缝宽度不一致，除了造成焊缝成形不美观外，还影响焊缝与母材的结合强度；焊缝余高太高，使焊缝与母材交界突变，形成应力集中，而焊缝低于母材，就不能得到足够的接头

强度；角焊缝的焊脚尺寸不均，且无圆滑过渡也易造成应力集中。

1. 产生原因　焊接坡口角度不当或装配间隙不均匀；焊接电流过大或过小；焊接速度不当或运条手法不正确；焊条角度选择不合适；埋弧焊焊接参数选择不当。

2. 防止方法　选择适当的坡口角度和装配间隙；正确地选择焊接参数，特别是焊接电流值；焊工应熟练掌握运条方法及运条速度，随时适应焊件装配间隙的变化，以保持焊缝形状尺寸的均匀；且在焊接角焊缝时要注意保持正确的焊条角度、运条速度及手法。

(二) 咬边

咬边是沿焊趾的母材部位产生的沟槽或凹陷，咬边有连续咬边和间断咬边。咬边如图13-2所示。

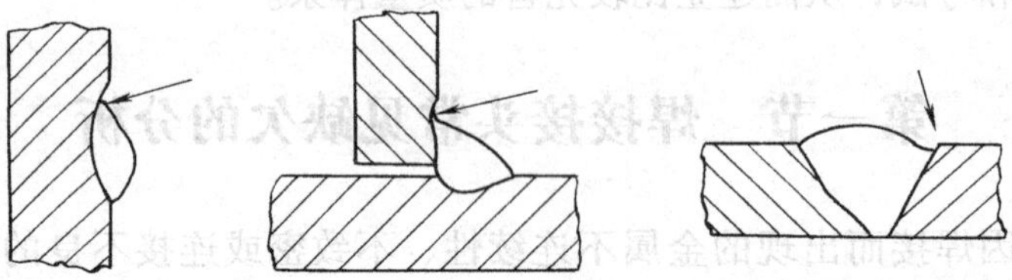

图 13-2　咬边

咬边不仅减弱了母材的有效面积，降低了焊接接头的强度，而且在咬边处形成应力集中，焊缝承载后有可能在咬边处产生裂纹。

1. 产生原因　平焊时焊接电流太大以及运条速度不合适；角焊缝时焊条角度或电弧长度不适当；埋弧焊时焊接速度过大。

2. 防止方法　选择适当的焊接电流、保持运条均匀；角焊缝时焊条要采用合适的角度和保持一定的电弧长度；埋弧焊时要正确地选择焊接参数。

(三) 焊瘤

焊瘤是在焊接过程中，熔化金属流淌到焊缝之外未熔化的母材上，所形成的金属瘤如图13-3所示。

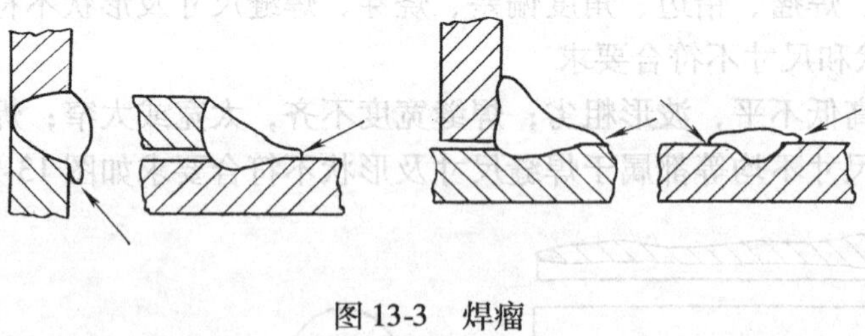

图 13-3　焊瘤

焊瘤不仅影响了焊缝的成形，而且在焊瘤的部位，往往还存在夹渣和未焊透。

1. 产生原因　焊工操作不熟练和运条不当，电弧过长；立焊时焊接电流过大且操作不当；埋弧焊焊接表面焊缝时，电弧电压过高或焊接速度过慢。

2. 防止方法　焊工应熟练掌握操作技能，善于控制熔池的形状。使用碱性焊条时宜采用短弧焊接，运条速度要均匀；正确地选用焊接电流；埋弧焊时，选用适当的焊接参数。

(四) 凹坑与弧坑

凹坑是焊后在焊缝表面或焊缝背面形成的低于母材表面的局部低洼部分（图13-4a）。

弧坑也是凹坑的一种，它是指弧焊时，由于断弧或收弧不当，在焊道末端形成的低洼部分（见图 13-4b）。

凹坑与弧坑都使焊缝的有效断面被削弱，降低了焊缝的承载能力。对弧坑来说，由于杂质的集中，会导致产生弧坑裂纹。

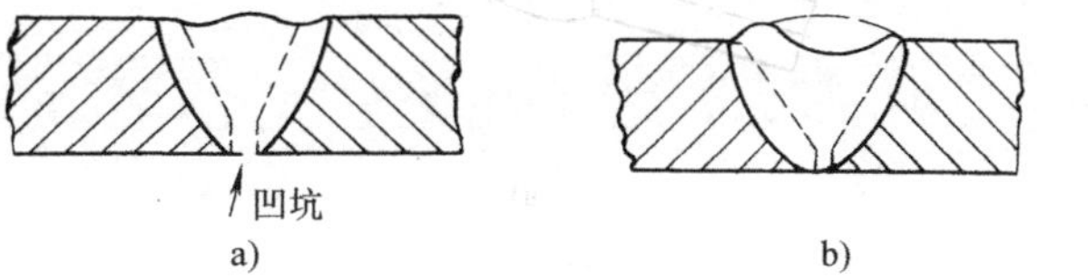

图 13-4　凹坑与弧坑

a）凹坑　b）弧坑

1. 产生原因　操作技能不熟练，不善于控制熔池的形状；焊接表面焊缝时，焊接电流过大，焊条又未适当摆动，熄弧过快；过早地进行表面焊缝焊接或中心偏移等都会导致凹坑；埋弧焊时，导电嘴压得过低，造成导电嘴粘渣，也会使表面焊缝两侧凹陷或按停止开关时，未分两次按下，导致弧坑未能填满而产生弧坑。

2. 防止方法　焊工必须熟练地掌握操作技能。如避免弧坑的产生，在焊条电弧焊时，焊条必须在收尾处作短时间的停留或作几次环形运条；在埋弧焊时，要分两步按下“停止”按钮，以填满弧坑。

（五）下塌与烧穿

下塌是指单面熔焊时，由于焊接工艺不当，造成焊缝金属过量透过背面，而使焊缝正面塌陷，从背面凸起的现象，亦称塌陷（见图 13-5a）；烧穿即是在焊接过程中，熔化金属自坡口背面流出造成穿孔的现象（见图 13-5b）。

下塌和烧穿是焊条电弧焊和埋弧焊中常见的一种缺欠。前者削弱了焊接接头的承载能力；后者则可能使焊接接头完全失去了承载能力，是一种绝对不允许存在的缺欠即缺陷。

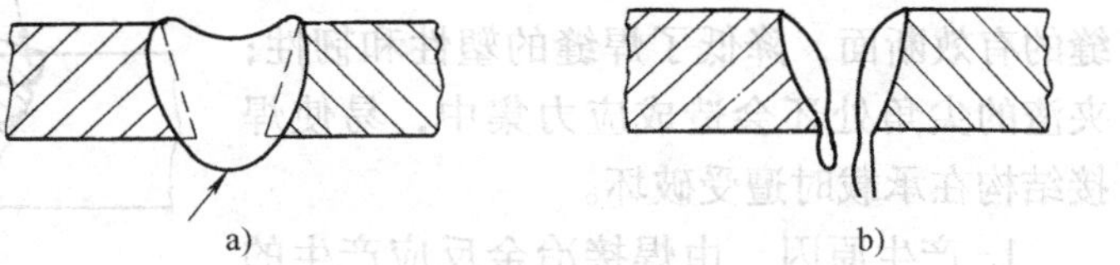

图 13-5　下塌与烧穿

a）下塌　b）烧穿

1. 产生原因　焊接时的热输入过大。如焊接电流过大，焊接速度过慢以及电弧在焊缝某处停留时间过长。另外，若焊件间隙太大，而操作工艺又不当，则也会产生上述缺欠。

2. 防止措施　正确选择焊接电流和焊接速度，减少熔池在每一部位的停留时间，严格地控制焊件的装配间隙。

除前述各种缺欠外，还有力学性能以及耐腐蚀性能上的缺欠；各种不同焊接方法的特有缺欠，如钨极氩弧焊时的夹钨、明弧焊接时的严重飞溅等。

（六）角度偏差与错边

角度偏差是指两个焊件没有对正而使它们的表面不平行（或不成规定的角度），见图 13-6a。

错边是指由于两个焊件没有对正而造成的板的中心线之间平行偏差，如图 13-6b 所示。

角度偏差和错边会使焊件形状发生变化，造成形状不符合要求，并且会造成未焊透等缺欠。

1. 产生原因　焊件装配不准确，焊接顺序不合理，焊接热输入过大，导致焊接变形过

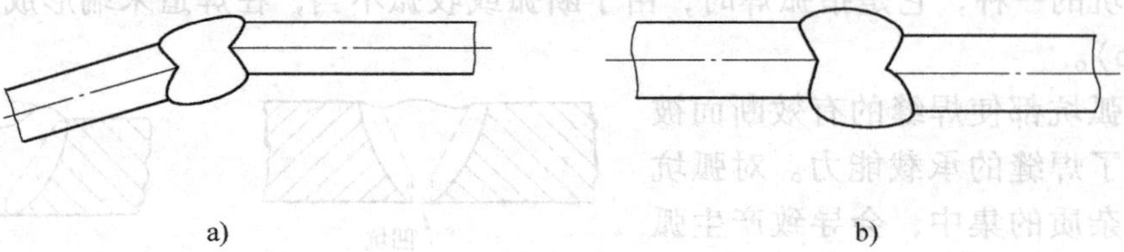

图 13-6　角度偏差与错边

a）角度偏差　b）错边

大。另外焊接夹具的质量问题也是造成角度偏差和错边的原因之一。

2. 防止方法　提高焊件装配质量，选择合理的焊接顺序，采取控制焊接变形的措施，提高焊接夹具的刚度和精度。

二、固体夹杂

在焊缝金属中残留的固体杂物称为固体夹杂。根据固体夹杂的成因不同，可分为：夹渣、氧化物夹杂、皱褶与金属夹杂等。

固体夹杂不仅削弱了焊缝的有效断面，降低了焊缝的力学性能，而且还会引起应力集中，易使焊接结构在承载时遭受破坏。

（一）夹渣

夹渣是指焊后残留在焊缝中的焊渣，如图 13-7 所示。

夹渣尺寸较大，且不规划，削弱了焊缝的有效断面，降低了焊缝的塑性和韧性；夹渣的尖角处还会造成应力集中，易使焊接结构在承载时遭受破坏。

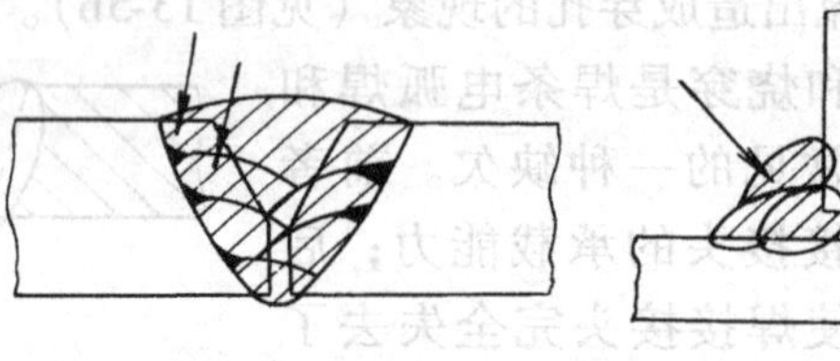

图 13-7　夹渣

1. 产生原因　由焊接冶金反应产生的以及焊件边缘及焊道、焊层之间清理不干净；焊接电流太小，焊接速度过大，使熔渣残留而来不及浮出；运条不当，熔渣和铁液分离不清，以致阻碍了熔渣的上浮。

2. 防止方法　采用具有良好工艺性能的焊条，焊条直径必须与焊接接头的坡口、深度相适应，坡口角度不宜过小，并选择适当的焊接参数；焊前在焊层之间要认真地做好清理工作，清除残留的锈皮和熔渣等。此外，在操作过程中尚需注意熔渣的流动方向，特别是在采用酸性焊条焊接时，必须使熔渣在熔池的后面，若熔渣流到熔池的前面，就很易产生夹渣，特别是在平角焊时更为严重。当使用碱性焊条焊接立角焊时，需正确地选用焊接电流，并采用短弧焊接，同时运条要均匀，避免产生焊瘤，这是因为立角焊缝的焊瘤下面常有夹渣产生。

（二）金属夹杂

金属夹杂是指残留在焊缝金属中的来自外部的金属颗粒，这种金属颗粒可能是钨、铜或其他金属。

1. 产生原因　氩弧焊时，采用接触引弧，由于焊工操作不熟练，而产生夹钨。另外焊接时，钨棒与熔池或焊丝短路，也会引起金属夹杂。当焊接时，焊接电流过大，钨棒严重烧损而造成夹钨。

2. 防止方法　提高操作者的技能。氩弧焊时，尽量采用高频引弧，焊接时，选用合理的焊接参数。

三、未熔合及未焊透

未焊透是指焊接时接头根部未完全熔透的现象；未熔合则是指熔焊时，焊道与母材之间或焊道与焊道之间，未完全熔化结合的部分（见图13-8）。电阻点焊时指母材与母材之间未完全熔化结合的部分。

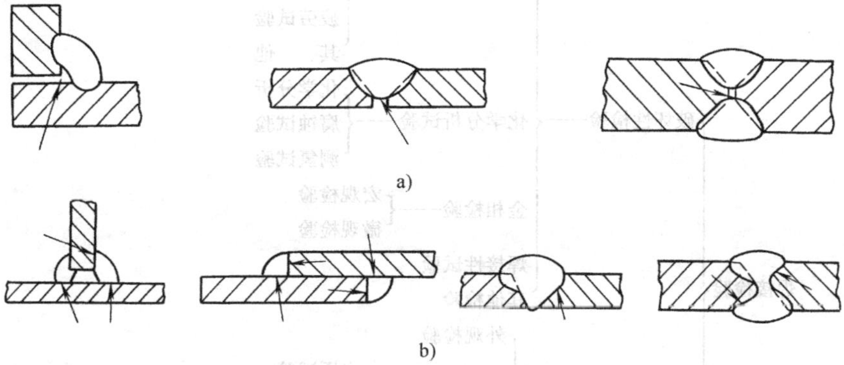

图13-8　未焊透与未熔合

未焊透与未熔合，直接降低了接头的力学性能。同时，未焊透处的缺口及端部是应力集中点，焊接结构承载后，最易引起裂纹；严重的未熔合会使焊接结构根本无法承载。

1. 产生原因　焊接电流太小，焊接速度太快；坡口角度太小、钝边太厚、间隙太窄；焊条直径选择不当、焊条角度不对以及电弧偏吹、电弧热能散失或偏于一边等。未熔合的产生原因除焊接电流太小和焊接速度太快外，焊件表面或前一焊道表面有氧化皮或焊渣存在，以及焊件边缘加热不充分，而熔化金属却已覆盖在上面，这样，焊件边缘和焊缝金属未能熔合在一起而造成“假焊”。另外，对一定直径的焊条，使用过大的焊接电流，以致焊条发红而造成焊条熔化太快，也会出现未熔合现象。

2. 防止方法　正确地选用坡口形式和装配间隙，注意坡口两侧及焊层之间的清理，正确选择焊接电流的大小，运条中随时注意调整焊条角度，使熔化金属之间及熔化金属与母材之间充分熔合。同时要认真操作，防止焊偏。

第二节　焊接质量检验

焊接接头常见缺欠的检验方法很多，基本上可分成破坏性检验和非破坏性检验两大类，见表13-1。

在整个焊接结构生产中，检验工作占着相当重要的地位，这是因为焊缝的质量反映了焊接结构产品的质量，诸如在电站锅炉、化工容器等重要结构的制造中，焊接检验则更具重要意义。

整个焊接检验工作包括焊前检验、焊接生产中检验和成品检验。

焊前检验的内容有检验技术文件（图样工艺规程）是否齐备，焊接材料（焊条、焊剂等）和原材料的质量检验，构件装配和焊接件边缘质量的检验，焊接设备是否完善，以及焊工操作水平的鉴定。其目的是预先防止和减少焊接时产生缺欠的可能性。

表 13-1　焊接检验方法的分类

- 焊接检验
  - 破坏性检验
    - 力学性能试验
      - 拉伸试验
      - 弯曲试验
      - 硬度试验
      - 冲击试验
      - 断裂韧性试验
      - 疲劳试验
      - 其　他
    - 化学分析试验
      - 化学分析
      - 腐蚀试验
      - 测氢试验
    - 金相检验
      - 宏观检验
      - 微观检验
    - 焊接性试验
    - 其他检验
  - 非破坏性检验
    - 外观检验
    - 耐压检验
      - 水压试验
      - 气压试验
    - 密封性检验
      - 气密性检验
      - 煤油检验
    - 无损检测
      - 射线检测
        - X 射线检测
        - γ 或高能射线检测
      - 超声波检测
      - 磁粉检测
      - 渗透检测
        - 荧光检测
        - 着色检测

焊接生产中的检验包括对焊接设备运行情况，焊接参数的正确与否，以及多层焊过程中对夹渣、未焊透等缺欠的自检等。目的是防止焊接过程中缺欠的形成和及时发现缺欠。

成品检验（包括零部件）是焊接检验的最后步骤。全部焊接工作（包括必要的焊后热处理）完毕后，即可进行成品（包括零部件）检验。

一、破坏性检验

破坏性检验是从焊件或试件上切取试样，或以产品（或模拟件）的整体做破坏试验，以检查其各种力学性能的试验法及接头金相检验、焊缝金属化学分析和晶间腐蚀检查等。

（一）力学性能试验

焊接接头的力学性能试验，可按 GB/T 2649—2008 ~ GB/T 2655—2008 或其他专业标准进行。根据产品的具体要求，一般进行拉伸、冲击、硬度、压扁和弯曲等试验，以检查焊缝金属及焊

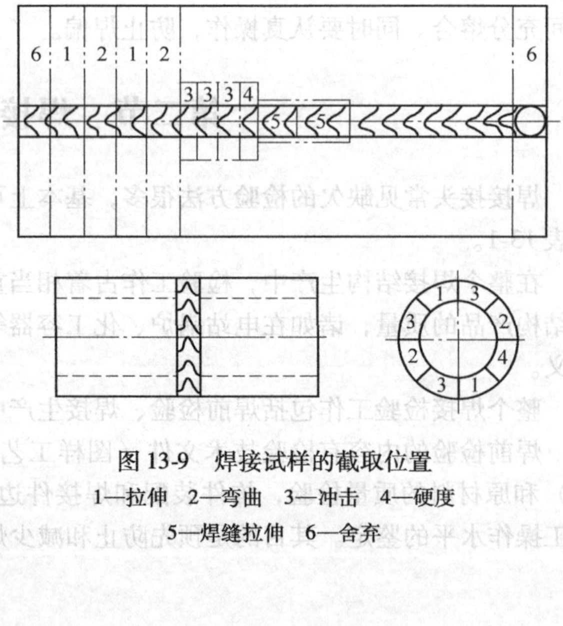

图 13-9　焊接试样的截取位置

1—拉伸　2—弯曲　3—冲击　4—硬度

5—焊缝拉伸　6—舍弃

接接头的力学性能。试样的截取位置如图 13-9 所示。

1. 拉伸试验

（1）拉伸试验的目的　将被试验的焊接接头或焊缝金属，按规定制成一定形状和尺寸的试样，放在专用的拉力机上，按标准规定加上轴向载荷，随着载荷的增加，试样出现伸长变形直至被拉断为止。这种试验方法称为拉伸试验。

拉伸试验的目的是测定焊缝金属或焊接接头的强度，而且可以发现断口上的某些缺欠。

（2）焊接接头的拉伸试验方法（GB/T 2651—2008）　拉伸试验试样的形状主要有板状、整管和圆形三种。板接头的板状试样及管接头板状试样，可选用如图 13-10 及表 13-2 所示的试样。

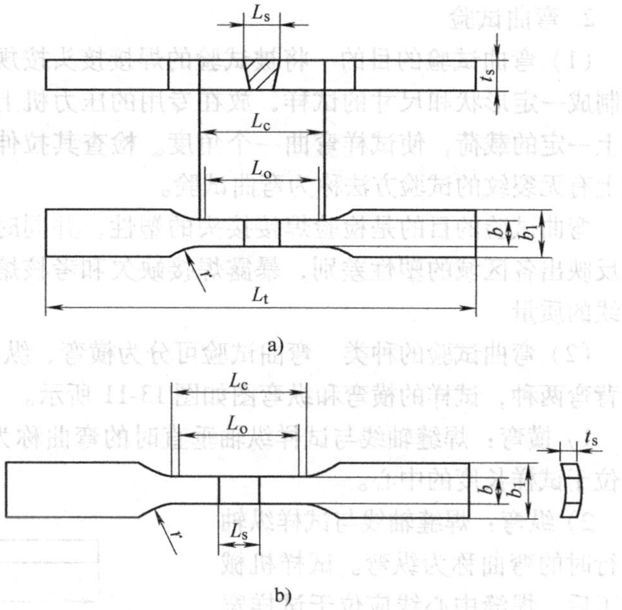

图 13-10　板接头试样和管接头试样

a）板接头　b）管接头

表 13-2　板及管板状试样的尺寸　（单位：mm）

名　称		符　号	尺　寸
试样总长度		L_t	适合于所使用的试验机
夹持端宽度		b_1	$b+12$
平行长度部分宽度	板	b	12（$t_s \leqslant 2$）
			25（$t_s > 2$）
	管子	b	6（$D \leqslant 50$）
			12（$50 < D \leqslant 168$）
			25（$D > 168$）
平行长度		L_c	$\geqslant L_s + 60$
过渡弧半径		r	$\geqslant 25$

注：1. 对于压焊及高能束焊接头而言（根据 GB/T 5185—2005，其工艺方法代号为 2.4.51 和 52），焊缝宽度为零（$L_s = 0$）。

2. 对于某些金属材料（如铝、铜及其合金）可以要求 $L_c \geqslant L_s + 100$。

3. D 为管子外径。

通常试样厚度 t_s 应为焊接接头的试样厚度。如果试样厚度超过 30mm 时，则可从接头的不同厚度区取若干试样以取代接头全厚度的单个试样，但每个试样的厚度应不小于 30mm。

外径小于等于 38mm 的管接头，取整管拉伸。

（3）焊缝及熔敷金属拉伸试验方法（GB/T 2652）　试样分单肩圆形、双肩圆形和螺纹圆形三种，其形状、尺寸、极限偏差及表面粗糙度，见 GB/T 228—2009 金属材料室温拉伸试验方法的规定。

2. 弯曲试验

（1）弯曲试验的目的　将被试验的焊接接头按规定制成一定形状和尺寸的试样，放在专用的压力机上加上一定的载荷，使试样弯曲一个角度。检查其拉伸面上有无裂纹的试验方法称为弯曲试验。

弯曲试验的目的是检验焊接接头的塑性，并同时可反映出各区域的塑性差别，暴露焊接缺欠和考核熔合线的质量。

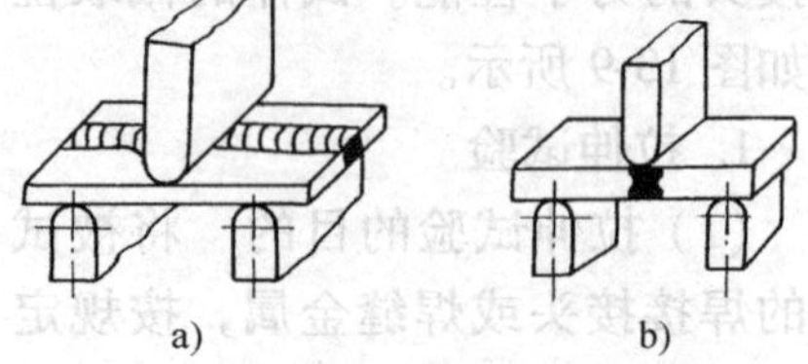

图 13-11　焊接接头的弯曲试验

a）纵向弯曲　b）横向弯曲

（2）弯曲试验的种类　弯曲试验可分为横弯、纵弯和侧弯三种，横弯和纵弯又分为正弯和背弯两种，试样的横弯和纵弯图如图 13-11 所示。

1）横弯：焊缝轴线与试样纵轴垂直时的弯曲称为横弯。试样机械加工后，焊缝中心线应位于试样长度的中心。

2）纵弯：焊缝轴线与试样纵轴平行时的弯曲称为纵弯。试样机械加工后，焊缝中心线应位于试样宽度的中心。

3）正弯：试样弯曲后，其正面成为弯曲后的拉伸面，正弯可考核焊缝的塑性、正面焊缝和母材交界处熔合区的结合质量。

4）背弯：试样弯曲后，其背面成为弯曲的拉伸面，背弯可考核单面焊缝如管子对接，小直径容器纵、环缝的根部质量。

5）侧弯：试样弯曲后，其一个侧面成为弯曲后的拉伸面，侧弯能考核焊层与母材之间的结合强度，堆焊衬里的过渡层、双金属焊接接头过渡层及异种钢接头的脆性、多层焊时的层间缺欠（如层间夹渣、裂纹、气孔）等。

（3）弯曲试验的试样（GB/T 2653—2008）　试样可分为板材和管材两种形式。

横弯试样见图 13-12a，其尺寸对于板材试件，试样的宽度应不小于厚度 t_s 的 1.5 倍，至少为 20mm，对于管材试样，试样的宽度应随管壁厚度和管子外径而定。

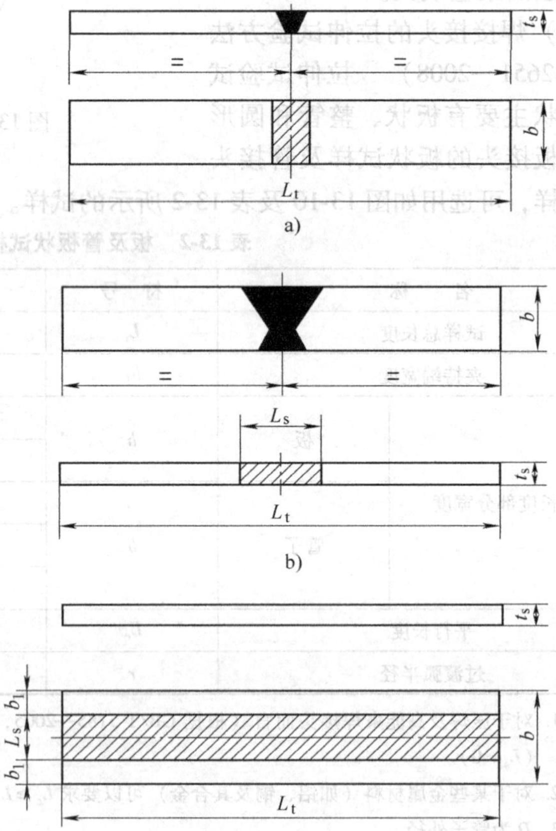

图 13-12　对接接头的弯曲试样

a）对接接头横向弯曲试样（FBB 和 RBB）　b）对接接头侧弯试样（SBB）　c）对接接头纵向弯曲试样（FBB 和 RBB）

b—试样宽度　b_1—熔合线外宽度 $(b_1 = b - L_s)/2$　L_s—加工后试样上焊缝的最大宽度　L_t—试样总长度　t_s—试样厚度

侧弯试样见图 13-12b，试样厚度 t_s 应大于或等于 10mm，宽度 b 应大于或等于试样厚度的 1.5 倍。

纵弯试样见图 13-12c，纵向弯曲试样宽度见表 13-3。

表 13-3 纵向弯曲试样宽度

材料	试样厚度 t_s	试样宽度 b（见图 13-13c）
钢	≤20	$L_s+2\times10$
	>20	$L_s+2\times15$
铝、铜及其合金	≤20	$L_s+2\times15$
	>20	$L_s+2\times25$

注：其他金属材料试样宽度按协议要求。

（4）弯曲试验的合格标准　弯曲试验的数值用弯曲角度来度量，见图 13-13。这种试验的合格标准，是以试样在任何部位出现第一条裂纹的弯曲角度作为评定标准，如试验时未出现裂纹，试验可进行到与试样面平行为止。也可以将试样弯到技术条件规定的角度后（如 50°、90°、100°或 180°）再检查有无裂纹。

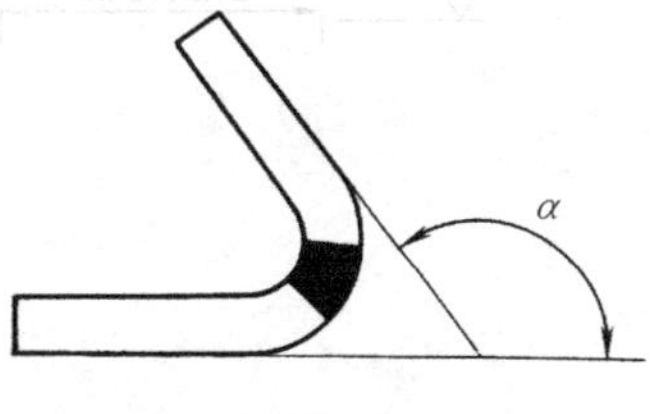

图 13-13　弯曲角度

3. 冲击试验　冲击试验可以用来测定焊接接头的冲击韧度和缺口敏感性，作为评定材料断裂韧度和冷作时效敏感性的一个指标。

冲击试验的试样根据 GB/T 2650—2008《焊接接头冲击试验方法》及 GB/T 229—2007《金属夏比缺口冲击试验方法》标准的规定，以 10mm×10mm×55mm 带有 V 形缺口或 U 形缺口的试样为标准试样。U 形缺口试样由于缺口太钝，对缺口韧性反应不敏感，不能充分反映焊件上如裂纹等尖锐缺欠破坏的特征，而 V 形缺口试样的实际结构破坏之间的关系比 U 形好，特别用来测定材料的脆性转变温度时，比 U 形要明显得多，是目前推广应用的一种冲击试样。图 13-14 为冲击试验试样。

冲击试样根据试验的要求，其缺口可开在焊缝、熔合线或热影响区上。

4. 硬度试验　硬度试验的目的是测量焊缝和热影响区金属材料的硬度，并可间接判断材料的焊接性。

焊接接头的硬度试验应在其横截面上进行，在横截面上划上标线及测点位置，进行试验，见图 13-15。

硬度试验分为布氏硬度（HBW）、洛氏硬度（HRB、HRC）和维氏硬度（HV）三种，三种硬度值之间可以通过查表互相进行换算。

5. 压扁试验　压扁试验的目的是测定管子焊接接头的塑性。

对于某些小直径薄壁焊接管，因难以取样作弯曲试验，可按 GB/T 2653—2008《焊接接头弯曲试验方法》标准进行管段压扁试验。

压扁试验的试管分纵缝压扁和环缝压扁两种（见图 13-16）。试验时，将管子压至 H 值时，检查焊缝拉伸部位有无裂纹或焊接缺欠，其尺寸按相应标准或产品的技术条件评定。

（二）焊接接头的金相检验

焊接接头的金相检验是用来检查焊缝、热影响区及母材的金相组织以及确定内部缺欠的。也是对产品焊接接头无损检测的验证和补充。主要用来检查接头中无损检测不易发现

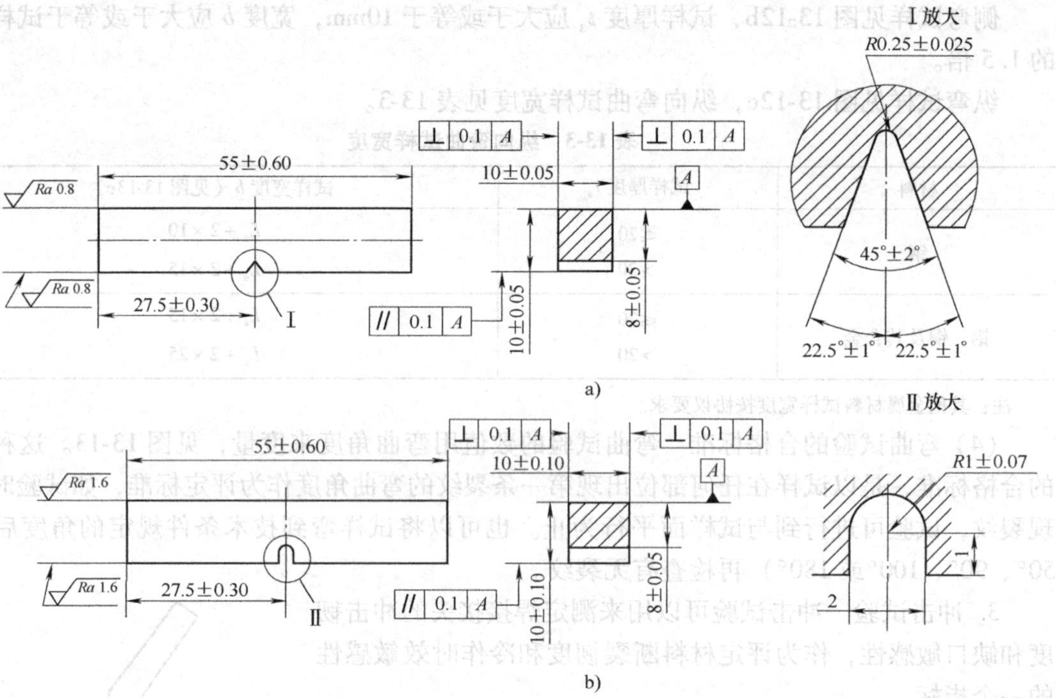

图 13-14 冲击试验试样

a）V形缺口试样 b）U形缺口试样

的，不容许的焊接缺陷，如微裂纹和疏松组织等。金相试验可分为宏观和微观金相检验两种。

1. 宏观金相检验 检验时可直接用肉眼或低倍放大镜进行检查，具体检验方法有如下几种：

（1）粗晶分析 用以了解焊缝一次结晶组织的粗细程度和方向性；熔池形状、尺寸；焊接接头各区域的界限和尺寸，各种焊接缺欠的存在情况。

（2）断口检验 检验方法是在焊缝表面沿焊波方向车一条沟槽，用拉力机将试样拉断，即可用肉眼或5~10倍放大镜观察在断口处存在的缺欠种类和大小。

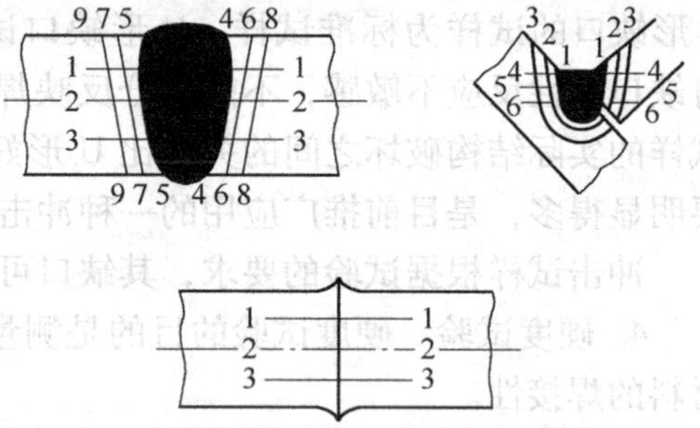

图 13-15 硬度测定位置

（3）钻孔检验 对焊缝进行局部钻孔，可检查焊缝内部的气孔、裂纹、夹渣等缺欠。

2. 微观金相检验 是指用100~1500倍显微镜观察金属的显微组织，确定焊缝金属中的显微缺欠和金相组织，作为质量分析及检验研究的手段。

焊接接头的金相组织检验法是，首先在焊接试样上截取试样，经过刨削，再用砂纸打磨、抛光，然后进行腐蚀、吹干，最后放在金相显微镜下观察，必要时可以把典型的金相组织通过照相制成金相照片。

（三）焊缝金属的化学分析

焊缝的化学分析是检查焊缝的化学成分。焊缝金属化学分析的试样，应从堆焊层内或焊缝金属内取得。为了在堆焊层内取得试样，堆焊层必须具有规定的长度、宽度和厚度。从焊

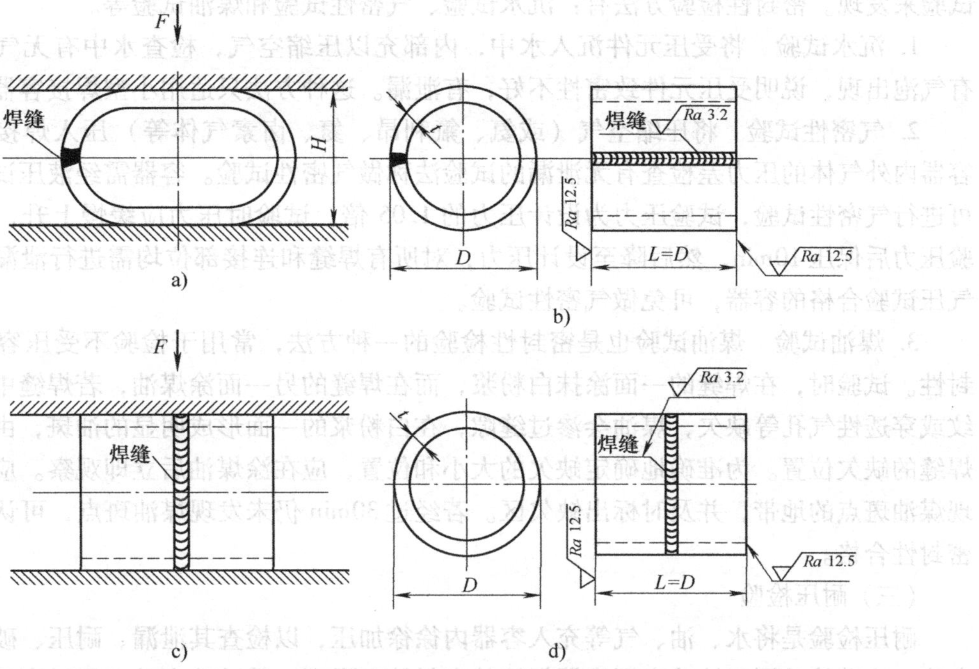

图13-16 压扁试验

a）纵焊缝压扁试验 b）纵缝压扁试样 c）环焊缝压扁试验 d）环缝压扁试样

缝中取样，一般用直径为6mm左右的钻头钻取。采集试样的工具应干燥纯净，样品的数量根据所分析的化学元素多少而定，一般常规分析需试样50～60g。经常被分析的元素有C、Mn、Si、S和P等。对一些合金钢或不锈钢中含的Ni、Cr、Mo、Ti、V、Cu作分析，要多取一些试样，如果同时还要测定N、O、H，则需取更多的试样。

（四）耐酸不锈钢晶间腐蚀试验和铁素体含量的测定

耐酸不锈钢工作时，被破坏的一种主要形式是晶间腐蚀。为了保证耐酸不锈钢焊接接头有良好的耐晶间腐蚀性能，要进行晶间腐蚀试验，其晶间腐蚀倾向的试验方法，可参见GB/T 4334—2008《不锈钢腐蚀试验方法》系列标准的规定进行。

耐酸不锈钢焊缝中含有一定量的铁素体，能提高焊缝金属的抗裂性能和耐晶间腐蚀性能。但是铁素体含量过多，会导致焊缝金属在温度较高的工作条件下形成σ相，也可以促使在非氧化性介质中的化学耐腐蚀性能的降低，通常要求焊缝中的铁素体的体积分数控制在5%以内。常用铁素体含量的检查方法有“金相法”和“磁性法”两种。

二、非破坏性检验

非破坏性检验是不损坏被检查材料或成品的性能和完整性，而检测其缺欠的一种方法。

（一）外观检查

外观检查是用肉眼或借助样板或低倍放大镜观察焊件，以发现焊缝处存在气孔、咬边、焊瘤以及焊接裂纹等表面缺欠的方法。采用这种检验方法的另一目的是测定焊缝的外表尺寸。

（二）密封性检验

密封性检验是检查有无漏水、漏气和渗油等现象的试验。贮存液体或气体的焊接容器，其焊缝的不致密缺欠，如贯穿性的裂纹、气孔、夹渣、未焊透以及疏松组织等，可用密封性试验来发现。密封性检验方法有：沉水试验、气密性试验和煤油试验等。

1. 沉水试验　将受压元件沉入水中，内部充以压缩空气，检查水中有无气泡出现，如有气泡出现，说明受压元件致密性不好，有泄漏。这种方法只适用小型焊接容器的试验。

2. 气密性试验　将压缩空气（或氨、氟利昂、氦、卤素气体等）压入焊接容器，利用容器内外气体的压力差检查有无泄漏的试验法称做气密性试验。容器需经液压试验合格后方可进行气密性试验，试验压力为设计压力的1.05倍。试验时压力应缓慢上升，达到规定试验压力后保压10min，然后降至设计压力，对所有焊缝和连接部位均需进行泄漏检查。对于气压试验合格的容器，可免做气密性试验。

3. 煤油试验　煤油试验也是密封性检验的一种方法，常用于检验不受压容器焊缝的密封性。试验时，在焊缝的一面涂抹白粉浆，而在焊缝的另一面涂煤油，若焊缝中有细微的裂纹或穿透性气孔等缺欠，煤油会渗过缝隙，在白粉浆的一面形成明显的油斑，由此即可确定焊缝的缺欠位置。为准确地确定缺欠的大小和位置，应在涂煤油后立即观察。应注意首先出现煤油斑点的地带，并及时标出缺欠区。若经过30min仍未发现煤油斑点，可认为此焊缝的密封性合格。

（三）耐压检验

耐压检验是将水、油、气等充入容器内徐徐加压，以检查其泄漏、耐压、破坏等的试验方法。这种检验用于检验高压容器焊缝的密封性和强度。受试验产品必要时应经消除应力热处理后才能进行试验。常用方法有水压试验和气压试验。

1. 水压试验　用水作为介质的耐压试验称为水压试验，是焊接容器中用得最多的一种耐压检验方法。

水压试验的压力可按下式确定：

$$p_T = \begin{cases} 1.25p\dfrac{[\sigma]}{[\sigma]^t} \\ p + 0.1 \end{cases}$$

取两者中的较大值。

式中　p_T——水压试验压力（MPa）；

p——设计压力（MPa）；

$[\sigma]$——试验温度下的材料许用应力（MPa）；

$[\sigma]^t$——设计温度下的材料许用应力（MPa）；

当$\dfrac{[\sigma]}{[\sigma]^t}$的比值大于1.8时，按1.8计算。

水压试验温度对于碳素钢、16MnRE和15MnVRE钢制容器，试验用的水温应不低于5℃；其他低合金钢制容器，水温不低于15℃。

试验时，将被试容器灌满水，彻底排尽空气并密封，用压力泵徐徐向容器内加压。升压过程应缓慢上升，当水压达到规定试验压力后，停止加压，关闭进水阀，并保持一定时间，以视压力是否有下降现象。此后，再将压力缓慢降至规定压力的80%。并保持足够长的时间以对所有焊缝和连接部位进行检查。如有渗漏，修补后重新试验。

2. 气压试验　气压试验是比水压试验更为灵敏和迅速的试验，但其危险性比较大。气压试验应有安全措施。该安全措施需经试验单位技术总负责人批准，并经本单位安全部门检查监督。试验用的应为干燥、洁净的空气和氮气或其他惰性气体。

气压试验压力 p_T 按下式确定：

$$p_T = \begin{cases} 1.15p\dfrac{[\sigma]}{[\sigma]^t} \\ p + 0.1 \end{cases}$$

取两者中的较大值。

式中 p_T——气压试验压力（MPa）；

p——设计压力（MPa）；

$[\sigma]$——试验温度下的材料许用应力（MPa）；

$[\sigma]^t$——设计温度下的材料许用应力（MPa）；

当 $\dfrac{[\sigma]}{[\sigma]^t}$ 的比值大于1.8时，按1.8计算。

气压试验时介质温度不得低于15℃。

试验时，缓慢升压至规定压力的10%，保持5min，然后对所有焊缝作初次检查；合格后继续升压到规定试验压力的50%，其后按每级升压10%至规定试验压力，保持10min，然后再降压到规定试验压力的87%，并保持足够长的时间，同时进行检查，直至试验合格。

（四）无损检测

1. 射线检测　射线检测即采用X射线或γ射线照射焊接接头，检查接头内部缺欠的无损检测法。

（1）射线的产生和射线检测的原理　射线检测是检验焊缝内部缺欠准确而又可靠的方法之一，它可以无损地显示出缺欠在焊缝内部的形状、位置和大小。射线检测有X射线、γ射线及其他高能射线等检测方法。X射线是在X光管的两极接上高电压（150～400kV），使阴极放出的热电子获得很高的能量，撞击在阳极上而放出波长很短的X射线（见图13-17），这种射线的特性是能够透过很厚的金属及其他物体。γ射线是利用镭、铀或钴等放射性元素放射出的γ射线，它的波长比X射线更短，能够透过更厚的金属。γ射线源是放在铅盒内，使用时将开口的面向着被检验的焊缝（见图13-18）。

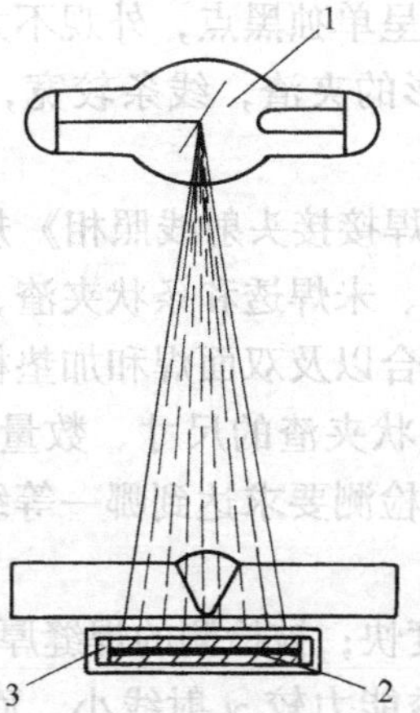

图13-17　X射线检测原理
1—X射线管　2—底片　3—底片夹

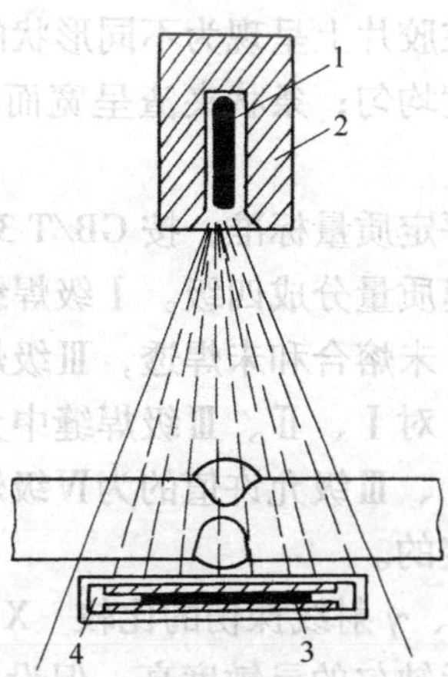

图13-18　γ射线检测原理
1—射线源　2—铅盒　3—底片　4—底片夹

X 射线和 γ 射线都是电磁波，都能程度不同地透过不透明的物体，能使照相胶片感光和使某些化学元素和化合物产生荧光等。射线检测主要是利用射线的上述性能。由于射线通过不同物质被吸收的程度不同，金属密度越大，厚度越大，射线被吸收得越多。因此射线通过被检查的焊缝时，在缺欠处和无缺欠处被吸收的程度不同，使得射线透过接头后，强度的衰减有明显的差异，作用在胶片上，使胶片感光程度也不一样。通过缺欠处（如气孔或裂纹）的射线对胶片感光较强，冲洗后颜色较深，无缺欠处则底片感光弱，冲洗后颜色较淡，这样观察底片上的影像，就能发现焊缝内有无缺欠及缺欠的种类、大小与分布。

（2）射线检测时对缺欠的识别，用 X 射线和 γ 射线对焊缝进行检验，一般只使用在重要结构上。这种检验是由专业人员进行的，但作为焊工应具备一定评定焊缝透视底片的知识，能够正确判定缺欠的种类和部位，对返修工作是有很大好处的。检验后所得到的照相胶片上较黑的斑点和线条即是缺欠，其尺寸、形状与焊缝所具有的内部缺欠相当（如图 13-19 所示）。

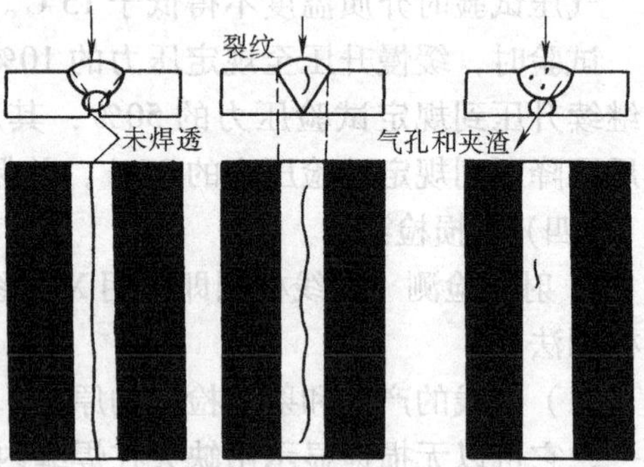

图 13-19　缺欠的显露

存在裂纹的胶片上多呈现略带曲折的、波浪状的黑色细条纹，有时也成直线细纹，轮廓较为分明；两端较为尖细，中部稍宽，不大有分枝；两端黑度逐渐变浅，最后消失。

未焊透在胶片上是一条断续或连续的黑直线状。在不开坡口对接焊缝中，宽度常是较均匀的；V 形坡口焊缝中的未焊透在胶片上的位置多是偏离焊道中心呈断续的线状，即使连续也不会太长，宽度不一致，黑度不太均匀，线状条纹一边较直而黑；V 形及双 V 形坡口双面焊中的中部或底部未焊透，在胶片上呈现为黑色的较规则的线状。角接头、T 形接头、搭接接头中的未焊透呈断续线状。

气孔在胶片上多呈现圆形或椭圆形黑点，其黑度一般是中心处较大而均匀地向边缘减小。分布不一致，有稠密的，也有稀疏的。

夹渣在胶片上呈现为不同形状的点或条状。点状夹渣呈单独黑点，外观不太规则，带有棱角，黑度均匀；条状夹渣呈宽而短的粗线条状；长条形的夹渣，线条较宽，宽度不太一致。

射线评定质量标准，按 GB/T 3323—2005《金属熔化焊接接头射线照相》规定执行。该标准对焊缝质量分成四级。Ⅰ级焊缝内应无裂纹、未熔合、未焊透和条状夹渣，Ⅱ级焊缝内应无裂纹、未熔合和未焊透，Ⅲ级焊缝内应无裂纹、未熔合以及双面焊和加垫板的单面焊中的未焊透。对Ⅰ、Ⅱ、Ⅲ级焊缝中允许存在的气孔包括点状夹渣的尺寸、数量等都有规定，大于Ⅰ、Ⅱ、Ⅲ级允许值的为Ⅳ级焊缝。各种产品的射线检测要求达到哪一等级是由产品设计部门规定的。

（3）X、γ 射线探伤的比较　X 射线透照时间短，速度快；被检测的焊缝厚度小于 30mm 时，其显示缺欠的灵敏度高；但设备复杂，费用大，穿透能力较 γ 射线小，而 γ 射线设备轻便，操作简便，有可能在 X 射线装置不可能达到的地方应用它；穿透能力大，能透照 300mm 厚的钢板；透视时不需要电源，野外工作比较方便；在检查环焊缝时，可采用一次曝光；但透视时间较长，透视小于50mm的焊缝时，显示缺欠的灵敏度小。

2. 超声波检测　超声波检测是利用超声波探测材料内部缺欠的无损检测法。

超声波是一种人耳听不见的高频率音波（频率超过20000Hz）。它能在金属的内部传播，并在遇到两种介质的界面上时，会发生反射和折射。以此原理来检测焊缝中缺欠的方法，就是超声波检测。

（1）超声波的产生和超声波的性质　超声波产生的方法很多，在检验中使用的超声波是利用压电效应产生的。当对某些晶体（压电晶体）施加一定方向的机械力（拉、压），使其产生弹性变形时，在晶体受力方向的两面上，就会产生符号相反的电荷，形成电场。当机械力大小改变时，晶体表面的电荷数量也就改变；当机械力方向改变时，则表面电荷的极性也改变，这种现象叫做压电效应。压电晶体还具有逆压电效应，即在晶体上加上一个交变电压时，在电场作用下，晶体的体积将起伸长和压缩的变化，形成机械振动。若所加电压的频率在20000Hz以上时，即产生超声振动，形成超声波。石英、钛酸钡、硫酸锂等均为压电晶体。

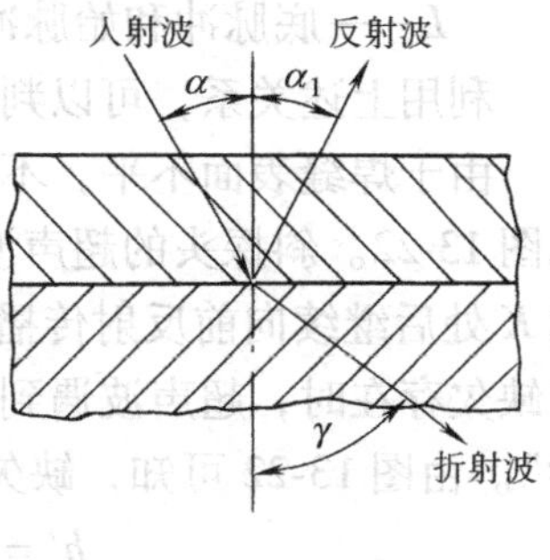

图13-20　超声波的反射和折射

超声波是依靠介质传播的，在气体和液体中，以纵波形式向前传送。在固体介质中除了以纵波传播以外，还会以横波传播，但横波声速约为纵波声速的50%。超声波在金属中有良好的穿透能力。

超声波从一介质传播到另一介质时，在两介质的界面上会发生反射和折射现象（见图13-20），且都符合反射定律和折射定律。当超声波从固体传到气体时，则几乎全部反射。

（2）超声波探伤仪原理　超声波脉冲反射式探伤仪是超声波检验设备的全称。它包括超声频电发生器——产生高频脉冲电压；接收机——放大接收信号；换能器（探头）——产生与接收超声波；指示器——将放大信号显示出来四大部分。

现将高频脉冲式探伤仪的工作原理介绍如下：高频脉冲式探伤仪工作原理见图13-21，扫描发生器发出一个信号，作用在高频脉冲发生器上，产生一个高频电流脉冲，它同时作用在超声波发射探头上和接收放大器上。作用在接收放大器上的高频脉冲信号，经放大后，加在示波器的垂直偏向板上，荧光屏上便形成第一个脉冲（始脉冲）图像。高频电流脉冲作用在探头上，由于探头内装有压电晶体，能把接受的高频交变电压脉冲变成超声波，射向焊件并在其中传播。在传播方向上遇到缺欠时引起反射，一部分未遇到缺欠的超声波传到焊件底面也同样引起反射。接收探头接收到这些反射后，就把这两个波束转变成两个高频电流脉冲，通过接收放大器的放大作用，加到示波器的垂直偏向板上，便在荧光屏上形成第二（缺陷）脉冲，第三个脉冲（底脉

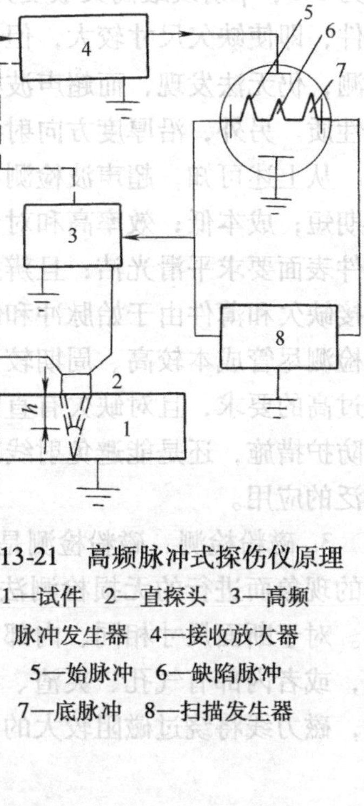

图13-21　高频脉冲式探伤仪原理
1—试件　2—直探头　3—高频脉冲发生器　4—接收放大器　5—始脉冲　6—缺陷脉冲　7—底脉冲　8—扫描发生器

冲)。检验时就可以根据荧光屏上是否有缺欠脉冲发生，以及三个脉冲之间的位置，确定焊件上是否有缺欠和缺欠在厚度方向的位置。缺欠深度 h 和焊件厚度 δ 有以下比例关系：

$$h=\delta\frac{l}{L}$$

式中　l——缺欠脉冲和始脉冲的距离（mm）；

L——底脉冲和始脉冲的距离（mm）。

利用上述关系，可以判断缺欠的深度。

由于焊缝表面不平，不能用直探头来探测其内部缺欠，一般都选用斜探头，其探伤原理见图13-22。斜探头的超声波以某一角度 α 射入焊件，若超声波没有碰到焊缝中缺欠，传播到 K 处后继续向前反射传播，探头接收不到反射波，故荧光屏仅有“始脉冲”。但当工件中有缺欠存在时，超声波遇到缺欠即反射回来，探头接收后，在荧光屏上就会出现“缺欠脉冲”。由图13-22可知，缺欠位置可以按下式计算：

$$h'=AC\cos\alpha$$

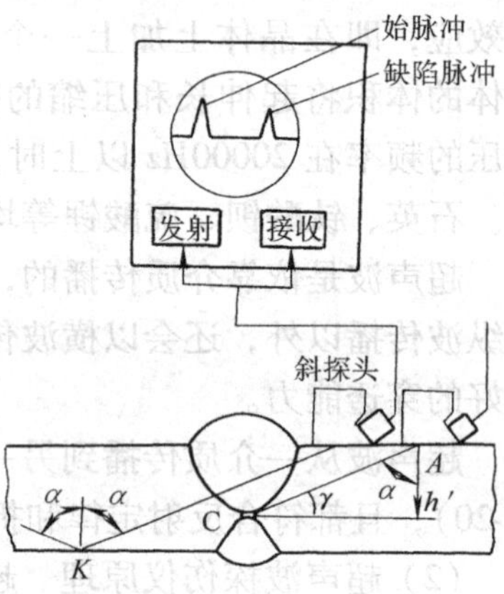

图13-22　斜探头检测示意图

在进行超声波检测时，即使探头和焊件表面能很好地接触，实际上的接触面处总存在着一层极薄的空气膜，即使这层空气膜的厚度只有1/1000mm，超声波仍会100%地被这层空气膜所反射，不能进入焊件。因此，在探头和焊件之间必须使用耦合剂，常用的耦合剂有机油、水、水玻璃等。使用时将耦合剂涂在焊件表面，就可排除空气膜，使超声波能顺利地进入焊件内部。

(3) 射线检测与超声波检测的比较　超声波检测显示缺欠存在的灵敏度要比射线检测高得多，X射线最高灵敏度为1%，γ射线最高灵敏度为2%。这样对于厚度较大的焊件，即使缺欠尺寸较大，但由于受灵敏度的限制，射线检测，仍无法发现，而超声波检测则由于其反射界面很大，却很容易发现，但无法辨别缺欠的性质。另外，沿厚度方向射线检测不能发现两个缺欠，超声波检测较能正确地发现。

从上述可知，超声波检测在发现缺欠方面比射线检测具有较高的灵敏度；且灵活方便；周期短；成本低；效率高和对人体无害；特别适合于厚大的焊缝或焊件的检测。其缺点是对焊件表面要求平滑光洁；且辨别缺欠性质的能力较差；对于缺欠没有直观性；对于近表面的焊接缺欠和薄件由于始脉冲和缺欠脉冲距离太近，互相干扰，不易分清，常无法探出。而射线检测尽管成本较高、周期较长些，又有射线影响的存在，但由于它在检测时对焊件表面没有过高的要求，且对缺欠有直观性，辨别缺欠的能力较强，并且射线检测时，只要采取一定的防护措施，还是能避免射线对人体的伤害的，因此在焊接质量的检验上，射线检测还是被广泛的应用。

3. 磁粉检测　磁粉检测是利用在强磁场中，铁磁性材料表层缺欠产生的漏磁场吸附磁粉的现象而进行的无损检测法。检测时，首先将焊缝两侧局部充磁，焊缝中便有磁力线通过。对于断面尺寸相同、内部材料均匀的焊缝，磁力线的分布是均匀的。而对于断面形状不同，或者内部有气孔、夹渣、裂纹等缺欠存在的焊缝，则磁力线因各段磁阻不同而产生弯曲，磁力线将绕过磁阻较大的缺欠。如果缺欠位于焊缝表面或接近于表面，则磁力线不但在焊缝内部弯曲，而且将穿过焊缝表面形成漏磁（见图13-23）。这时在焊缝表面撒布细的针状铁粉，由于缺欠处漏磁的作用，铁粉就会被吸附在缺欠上，根据被吸附铁粉的形状、多少、厚薄程度来判断缺欠的大小和位置。缺欠的显露和缺欠与磁力线的相对位置有关。与磁力线相垂直的缺欠，显现得最清楚。如果缺欠和磁力线平行则显露不出来。所以显露横向缺欠时，应使焊缝充磁后产生的磁力线是沿焊缝的轴向方向；显现纵向缺欠时，应使焊缝充磁后产生的磁力线与焊缝垂直（见图13-24）。

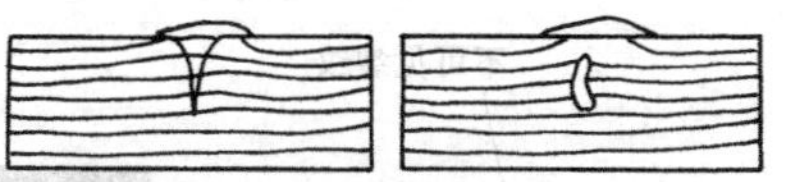

图13-23　焊缝中有缺欠时产生漏磁的情况

磁粉检测适用于薄壁件或焊缝表面裂纹的检验。它能很好地显露焊缝和母材表面的裂纹，也能显露出一定深度和大小的未焊透。但难于发现气孔和夹渣，以及隐藏在深处的缺欠。磁粉检测有干法和湿法两种。用干法时，零件充磁后撒上磁粉；湿法是在磁化的焊缝表面涂上磁粉混浊液，这两种方法都能很好地显露缺欠。经磁粉检测后构件中有剩磁，这对于某些构件来说是不允许的，应采取去磁措施。

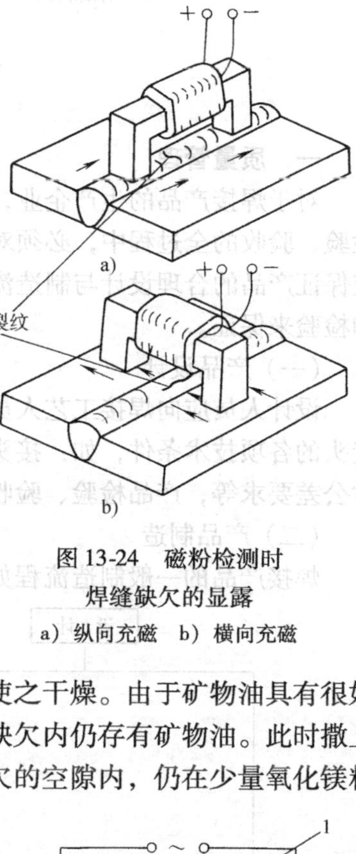

图13-24　磁粉检测时焊缝缺欠的显露

a）纵向充磁　b）横向充磁

4. 渗透检测　渗透检测是采用带有荧光染料（荧光法）或红色染料（着色法）的渗透剂的渗透作用，显示缺欠痕迹的无损检测法，即常用的有荧光检测和着色检测。

（1）荧光检测　荧光检测是用来发现焊件表面缺欠的一种方法。检查对象是不锈钢、铜、铝及镁合金等非磁性材料。

荧光检测是利用浸透矿物油的氧化镁粉在紫外线的照射下，能发出黄绿色荧光的特性而进行检查的。将被检验的焊件预先浸在煤油和矿物油的混合液中数分钟，然后取出使之干燥。由于矿物油具有很好的渗透能力，极细微的裂纹也能渗入，当焊件表面干燥后，缺欠内仍存有矿物油。此时撒上氧化镁粉末，然后将焊件表面的氧化镁粉清除干净，而在缺欠的空隙内，仍在少量氧化镁粉存在，在暗室内用紫外线灯照射，在紫外线的辐射下，渗入缺欠内的荧光粉发光，缺欠就被显现。荧光检测法的示意图见图13-25。

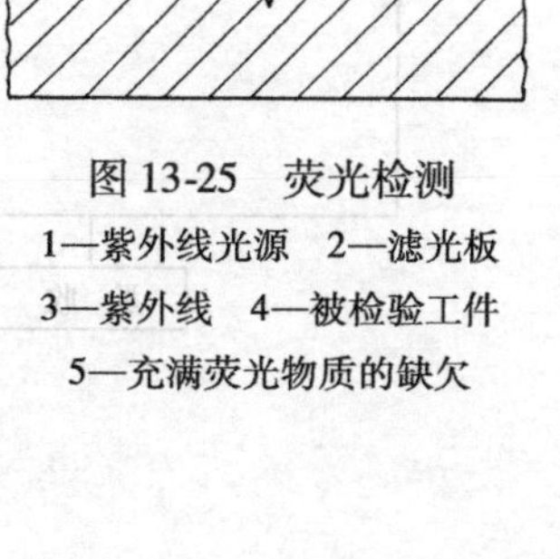

图13-25　荧光检测

1—紫外线光源　2—滤光板
3—紫外线　4—被检验工件
5—充满荧光物质的缺欠

（2）着色检测　着色检测的原理与荧光检测相似，不同点只是着色检测不用荧光液作发光材料，而是用着色剂来显示缺欠。

着色检测时，先用清洗剂去除焊件表面油脂、污垢，干燥后施加渗透剂。施加方法可用浸沾、刷涂或喷射，但用刷涂法时，刷涂次数不得少于3次，受检表面保持在湿润状态下的时间不得少于10min。然后用清洗剂除去多余的渗透剂，再施加显示剂，稍许片刻，检查焊缝表面缺欠。着色检测的示意图如图13-26所示。

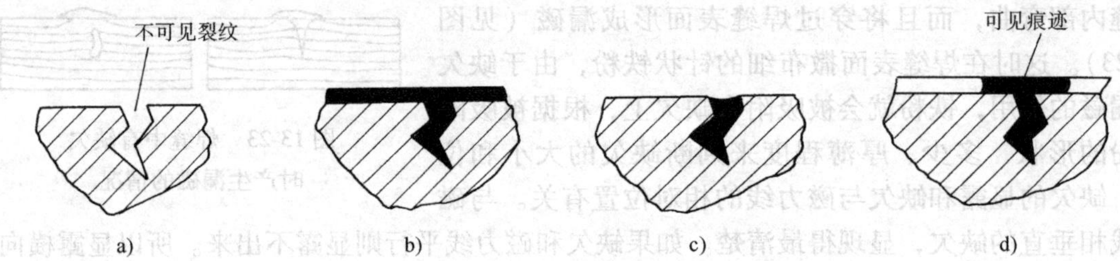

图 13-26　着色检测

a）清洁表面　b）涂上渗透剂　c）清除多余的渗透剂　d）涂上显影剂

第三节　焊接质量控制

一、质量管理

对于焊接产品的生产企业，必须建立一套完整的质量保证体系。在产品的设计、制造、检验、验收的全过程中，必须对企业的技术装备、人员素质、技术管理等提出严格的规定，应保证产品的合理设计与制造流程的合理安排。对焊接接头的质量要求，应通过可靠的试验和检验来保证。

（一）产品设计

设计人员应向焊接工艺人员及焊工提供产品设计的全套焊接结构图样；产品制造中焊接接头的各项技术条件，如：接头的等级要求、力学性能指标、耐腐蚀及耐磨损性能、结构尺寸公差要求等；产品检验、验收所依据的标准与规则。

（二）产品制造

焊接产品的一般制造流程如图 13-27 所示。

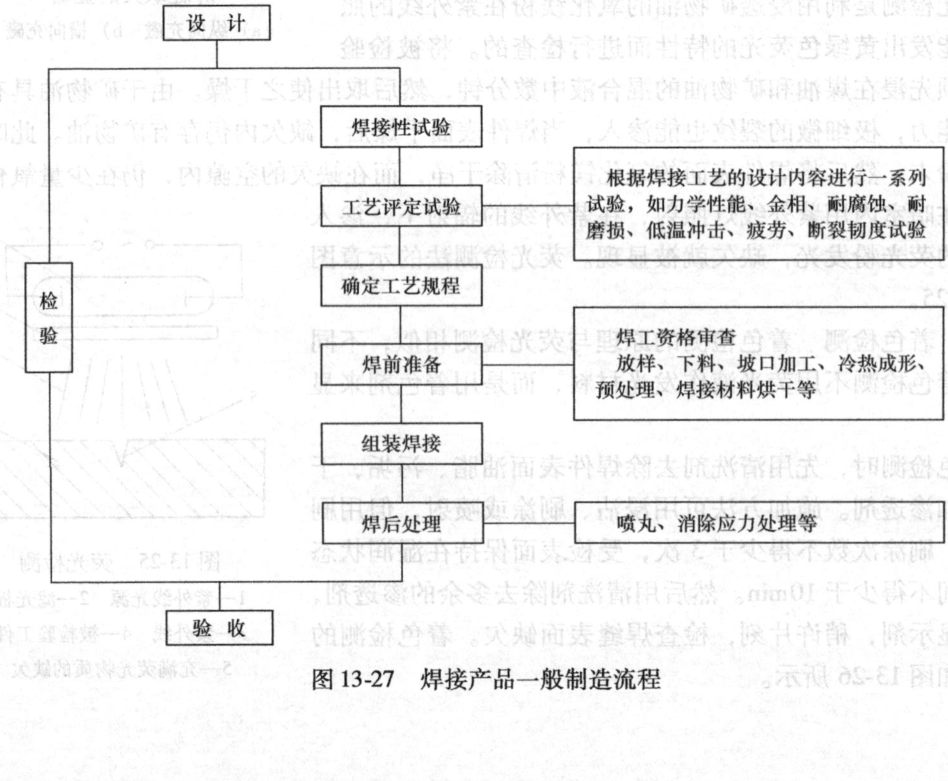

图 13-27　焊接产品一般制造流程

1. 焊接性试验　对于某些钢材，在工艺评定前，应按规定和要求进行焊接性试验。

2. 工艺评定试验　产品制造单位应按产品相应的技术规程和技术要求，以及工艺评定标准的规定，对设计工艺评定试验内容，工艺评定的试验条件必须与产品生产条件相对应。工艺评定所使用的母材及焊接材料应与实际生产相同，工艺评定试验必须由熟练焊工进行。此外，在评定试验时，还须考虑焊接方法、钢材的种类与规格、焊接材料、预热温度、焊接电流类别与极性、层间温度、多层焊或单道焊、焊接热输入、接头形式及焊接位置等。

3. 确定工艺规程文件　工艺规程文件由制造单位的技术部门根据工艺评定试验的结果确定，对于重要产品，还应通过产品模拟件的复核验证后再最终确定。工艺规程是产品生产中必须遵循的法规。

4. 焊前准备　产品制造中的放样、下料等应按有关工艺要求进行。坡口形式、尺寸、公差及表面质量须符合有关标准。

5. 组装焊接　参加施焊的焊工应按焊接工艺规程取得相应资格。在生产现场应有必要的技术资料。焊接与拆除装配定位板应严格、仔细，并按工艺要求作适当的焊后修理。

6. 焊后处理　当产品技术条件中要求进行焊后处理（如消除应力处理）时，应按产品的热处理工艺进行。

7. 焊接修复　应根据有关标准及法规，认真制订修复程序及修复工艺，并严格执行。

（三）产品检验与验收

应按有关标准、规则进行。若检验不合格，应按规定复验。复验不合格，则判定为不合格。检验应贯穿于整个制造过程。检验内容如图 13-28 所示。

检验—
- 材料证书与材料核对
- 材料复验（化学成分、力学性能等）
- 焊接工艺文件的确认
- 焊工资格审查
- 焊接时检验（如坡口、焊接材料、设备、管理、环境、焊接参数等）
- 焊接施工记录检查
- 焊后热处理记录检查
- 外观检验
- 尺寸检验
- 耐压、密封性等试验
- 钢印
- 检测检验
- 质量证书检查
- 制造厂结果报告检查
- 许可出厂

图 13-28　焊接检验一般内容

二、焊接工艺评定

（一）焊接工艺评定的作用

焊接工艺评定是用以评定施焊单位是否有能力焊出符合本规程和产品技术条件所要求的焊接接头，验证施焊单位制订的焊接工艺指导书是否合格。

（二）焊接工艺评定的目的

在于获得焊接接头力学性能符合要求的焊接工艺；通过焊接工艺评定，验证焊接工艺的正确性和可靠性；掌握按拟定的焊接工艺焊接的接头性能是否符合设计要求；同时也反映了工厂焊接制造该产品的能力。

目前，国内开展焊接工艺评定用得较多的标准是：NB/T 47014—2011《承压设备焊接工艺评定》。其他产品在进行焊接工艺评定时，大都参照这个标准中的有关规定执行。

应当指出，焊接工艺评定不同于产品焊接试件，两者虽然都能得到焊接接头的力学性能，但焊接工艺评定是在产品正式生产前进行的，对影响焊接接头性能的焊接参数进行充分试验、评定，最后得出性能符合规范标准要求的焊接工艺，主动地指导焊接生产；而焊接试件是在产品生产之后，起着了解产品焊接接头性能的作用，若不合格则要考虑返修焊缝和报废产品。

焊接工艺评定也不同于焊接性试验。焊接性试验是评定母材焊接性能的试验，以确定能否正式用于焊接生产，获得没有焊接缺欠（主要是裂纹）的焊接接头。因此，焊接性试验是焊接工艺评定的前提，只有通过焊接性试验证实是属于焊接性良好的母材，才有必要进行焊接工艺评定，看其能否焊出力学性能符合要求的焊接接头。

（三）焊接工艺评定的程序

焊接工艺评定的实施过程一般按图 13-29 所示的程序进行。

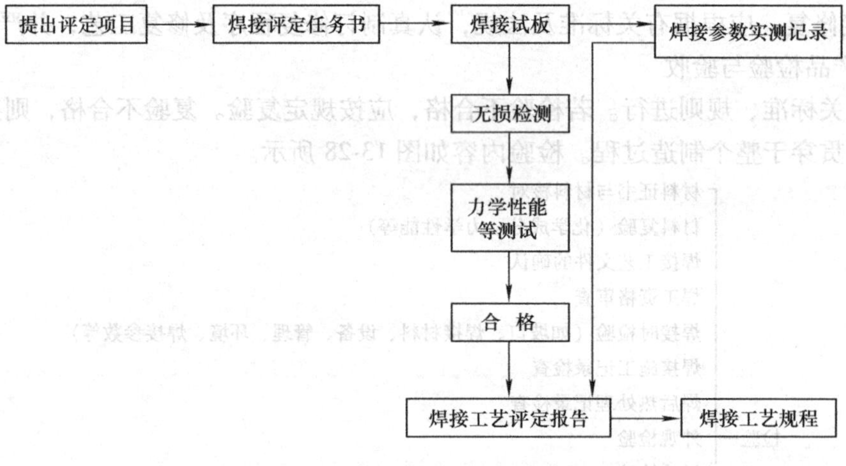

图 13-29　焊接工艺评定的程序

1. 编制焊接工艺评定任务书　施工单位的焊接工程技术人员应根据产品结构、图样和技术条件，通过金属焊接性试验和查阅有关该材料焊接性能的技术资料以及根据经验，参照有关工艺评定的标准，编制焊接工艺评定任务书。

焊接工艺评定任务书中，应列出焊接接头和坡口形式，选用的焊接材料牌号、规格，焊接位置，预热及焊后热处理参数，初步拟定出指导性焊接参数以及焊后进行测试的方法和要求，并应详细地列出施焊时的技术措施，如摆动焊或不摆动焊、清理方法、清根方法、单道焊或多道焊等。

为了避免重复或者漏评，应统计产品中所有焊接接头的类型及各项有关数据，如材质、板厚、焊接位置、焊接方法、管子直径与壁厚等，进行分类归纳，确定出应进行焊接工艺评定的焊接接头类型，得出需要进行焊接工艺评定的接头一览表。

2. 焊接试件　焊接工艺评定任务书需经工厂技术负责人进行审核、批准后，下达到焊接试验室。施焊人员必须是本单位的焊工，因为焊接工艺评定试件是考核本单位焊接该种产品的能力，如本单位无人施焊，则表示本单位无焊接该种产品的技术力量，即无法制造该种产品。因此，施焊的焊工必须是技能熟练的操作者。

在焊接试件前，应检查试件的材质，焊接材料必须符合相应的标准，并要求焊接设备和仪表都处于正常工作状态。焊接过程中应有专人做好焊接参数的记录工作。

3. 无损检测和理化试验　试件焊毕，应首先进行外观检验。试件接头表面不得有裂纹、未焊透和未熔合。焊缝尺寸及形状应符合任务书中提出的要求。经外观检验合格的对接焊缝试件要进行射线检测或超声波检测。射线检测和超声波检测应按 JB 4730—2005《承压设备无损检测》标准进行。

理化试验包括对接焊缝的力学性能试验和角焊缝的金相试验。力学性能试验包括拉伸、弯曲和冲击试验。

此外，对于耐蚀层堆焊试件，还要进行渗透检测和化学分析试验等项目。

4. 编制焊接工艺评定报告　焊接工艺评定报告是按有关评定标准的规定，通过焊接试件和检验试样评定焊接工艺后，将焊接工艺因素和试验记录整理成综合性报告。

焊接工艺评定报告根据评定标准的要求，应包括以下内容：

1）焊接工艺评定报告和日期。

2）相应的焊接工艺评定任务书的编号。

3）焊接方法。

4）焊接接头和坡口形式。

5）焊接试件母材金属的钢号、分类号、厚度、直径、质量证明书和复验报告。

6）焊接材料的牌号、类型、直径和质量证明书号。

7）焊接位置。

8）实际施焊环境温度、相对湿度。

9）预热温度、层间温度。

10）焊后热处理温度和保温时间。

11）每条焊道实际的焊接参数和施焊要求。

12）焊接接头外观和无损检测的结果。

13）对接接头的拉伸、弯曲、冲击韧度的试验报告编号和角焊缝金相试验报告编号、试验方法的标准和试验结果数据记录。

14）焊接工艺评定的结论。

15）施焊焊工姓名和钢印号。

16）试验人员和报告审批人的签定和日期。

5. 焊接工艺指导书与焊接工艺评定报告的对应　每一份焊接工艺指导书应有相应的一份或多份焊接工艺评定报告。一份焊接工艺评定报告可对应一份或多份焊接工艺指导书。

经过验证的焊接工艺指导书，可直接用于生产，也可以根据它和焊接工艺评定报告，编制焊接工艺卡用于生产。

三、焊工考试

焊接产品和结构质量的好坏，除了与产品设计、材料的选择、工艺的制订、焊接检验等因素密切相关外，还有操作者即焊工个人的因素。在当前焊条电弧焊仍占有很大比例的情况下，焊接质量在很大程度上决定于焊工的操作技能。即使在机械化焊接或自动焊时，焊接设备仍需靠焊工来操纵、焊接参数也得靠焊工来选用，因此焊工的作用是不能忽视的。

为了保证焊接产品和结构的质量，各种施工规程都明确地规定了焊接重要产品的焊工，必须经过培训和考核，取得合格证后才能担任该产品的焊接工作。

（一）焊工考试的重要性

焊接产品制造质量的好坏对于产品的安全使用影响很大。导致焊接产品和结构发生质量事故的原因很多，其中有设计问题、选材问题、检验问题、管理问题及焊接操作等，尤其是焊工操作技能水平低是一个重要的原因。因为产品上每条焊缝的施焊、焊接设备的使用、焊接工艺的实施均是由焊工完成的。因此，焊工的责任心、理论水平、操作技能会对焊接质量产生直接影响。

为此，国家对焊工考试一直非常重视，相继颁布了有关焊工考试和管理的具体内容和法规。目前正在使用的是：TSG Z6002—2010《特种设备焊接操作人员考核细则》。

（二）特种设备焊工的考试内容和方法

焊工考试内容包括基本知识和焊接操作技能两部分。基本知识考试内容应与焊工所从事焊接工作范围相适应，焊接操作技能考试分为手工焊焊工和焊机操作工考试。

1. 焊工基本知识考试的规定

（1）在焊工考试时，属下列情况之一的，应当进行相应基本知识考试

1）首次申请考试的。

2）改变或者增加焊接方法的。

3）改变或者增加母材种类（如钢、铝、钛等）的。

4）被吊销《特种设备作业人员证》的焊工重新申请考试的。

（2）焊工基本知识考试合格后才能参加焊接操作技能的考试，焊工基本知识考试成绩有效期为1年。

（3）焊工基本知识考试应包括以下方面内容：

1）特种设备的分类、特点和焊接要求。

2）金属材料的分类、牌号、化学成分、使用性能、焊接特点和焊后热处理。

3）焊接材料（包括焊条、焊丝、焊剂和气体等）类型、型号、牌号、性能、使用和保管。

4）焊接设备、工具和测量仪表的种类、名称、使用和维护。

5）常用焊接方法的特点、焊接参数、焊接顺序、操作方法与焊接质量的影响因素。

6）焊缝形式、接头形式、坡口形式、焊缝符号与图样识别。

7）焊接缺欠的产生原因、危害、预防方法和返修。

8）焊缝外观检查方法和要求，无损检测方法的特点、适用范围。

9）焊接应力和变形的产生原因和防止方法。

10）焊接质量控制系统、规章制度、工艺纪律基本要求。

11）焊接作业指导书、焊接工艺评定。

12）焊接安全和规定。

13）特种设备法律、法规和标准。

14）法规、安全技术规范有关焊接作业人员考核和管理规定。

2. 焊接操作技能考试的要素　焊接操作技能考试规范了与焊接操作技能有关的九个要

素是：

1）焊接方法。

2）焊接方法的机动化程度。

3）金属材料类别。

4）填充金属类别。

5）试件位置。

6）衬垫。

7）焊缝金属厚度。

8）管材外径。

9）焊接工艺因素。

（1）焊接方法　见表13-4。

表13-4　焊接方法与代号

焊接方法	代　号	焊接方法	代　号
焊条电弧焊	SMAW	电渣焊	ESW
气焊	OFW	等离子弧焊	PAW
钨极气体保护焊	GTAW	气电立焊	EGW
熔化极气体保护焊	GMAW（含药芯焊丝电弧焊 FCAW）	摩擦焊	FRW
埋弧焊	SAW	螺柱电弧焊	SW

（2）金属材料类别与示例　见表13-5。

表13-5　金属材料类别与示例

种类	类别	代号	型号、牌号、级别				
钢	低碳钢	Fe Ⅰ	Q195	10	HP245	L175	S205
			Q215	15	HP265	L210	
			Q235	20		WCA	
			Q245R	25			
			Q275	20G			
	低合金钢	Fe Ⅱ	HP295	L245	Q345R	15MoG	09MnD
			HP325	L290	Q345（16Mn）	20MoG	09MnNiD
			HP345	L320	Q370R	12CrMo	09MnNiDR
			HP365	L360	Q390（15MnV）	12CrMoG	16MnD
			Q295	L415	20MnMo	15CrMo	16MnDR
			Q345	L450	10MoWVNb	15CrMoR	16MnDG
			Q390	L485	13MnNiMoR	15CrMoG	15MnNiDR
			Q420	L555	20MnMoNb	14Cr1Mo	15MnNiNbDR
				S240	07MnMoVR	14Cr1MoR	20MnMoD
				S290	12MnNiVR	12Cr1MoV	07MnNiVDR
				S315	20MnG	12CrMoVG	08MnNiMoVD
				S360	10MnDG	12Cr2Mo	10Ni3MoVD
				S385		12Cr2Mo1	06Ni3MoDG
				S415		12Cr2Mo1R	ZG230-450
				S450		12Cr2MoG	ZG20CrMo
				S480		12CrMoWVTiB	ZG15Cr1Mo1V
						12Cr3MoVSiTiB	ZG12Cr2Mo1G

（续）

种类	类别	代号	型号、牌号、级别
钢	w(Cr)≥5%铬钼钢、铁素体钢、马氏体钢	FeⅢ	1Cr5Mo 06Cr13 12Cr13 10Cr17 1Cr9Mo1 10Cr9MoVNb 00Cr27Mo 06Cr13Al ZG16Cr5MoG
	奥氏体钢、奥氏体与铁素体双相钢	FeⅣ	06Cr19Ni10 06Cr17Ni12Mo2 06Cr23Ni13 06Cr19Ni11Ti 06Cr17Ni12Mo2Ti 06Cr25Ni20 022Cr19Ni10 06Cr19Ni13Mo3 12Cr18Ni9 CF3 022Cr17Ni12Mo2 CF8 022Cr19Ni13Mo3 022Cr23Ni5Mo3N
铜与铜合金	纯铜	CuⅠ	T2 TU1 TU2 TP1 TP2
	铜锌合金、铜锌锡合金	CuⅡ	H62 HA177-2 HSn70-1 HSn62-1
	铜硅合金	CuⅢ	QSi3-1
	铜镍合金	CuⅣ	B19 BFe10-1-1 BFe30-1-1
	铜铝合金	CuⅤ	QA15 QA19-4 ZCuAL10Fe3
镍与镍合金	纯镍	NiⅠ	N5 N6 N7
	镍铜合金	NiⅡ	NCu30
	镍铬铁合金、镍铬钼合金	NiⅢ	NS312 NS315 NS334 NS335 NS336
	镍钼铁合金	NiⅣ	NS321 NS322
	镍铁铬合金	NiⅤ	NS111 NS112 NS142 NS143
铝与铝合金	纯铝，铝锰合金	AlⅠ	1A85 1060 1050A 1200 3003
	铝镁合金［w(Mg)≤4%］	AlⅡ	3004 5052 5A03 5454
	铝镁硅合金	AlⅢ	6061 6063 6A02
	铝镁合金［w(Mg)>4%］	AlⅤ	5A05 5083 5086
钛与钛合金	低强纯钛、钛钯合金	TiⅠ	TA0 TA1 TA9 TA1-A ZTi1
	高强纯钛、钛钼镍合金	TiⅡ	TA2 TA3 TA10 ZTi2

（3）填充金属类别 示例与适用范围 见表13-6。

表 13-6　填充金属类别、示例与适用范围

填充金属		试件用填充金属类别代号	相应型号、牌号	适用于焊件填充金属类别范围	相应标准
种类	类别				
钢	碳钢焊条、低合金钢焊条、马氏体钢焊条、铁素体钢焊条	Fef1 （钛钙型）	EXX03	Fef1	JB/T 4747 [GB/T 5117　GB/T 5118　GB/T 983(奥氏体、奥氏体与铁素体双相钢焊条除外)]
		Fef2 （纤维素型）	EXX10　EXX11 EXX10-X　EXX11-X	Fef1 Fef2	
		Fef3 （钛型、钛钙型）	EXXX(X)-16 EXXX(X)-17	Fef1 Fef3	
		Fef3J （低氢型、碱性）	EXX15　EXX16 EXX18　EXX48 EXX15-X　EXX16-X EXX18-X　EXX48-X EXXX(X)-15 EXXX(X)-16 EXXX(X)-17	Fef1 Fef3 Fef3J	
	奥氏体钢焊条、奥氏体与铁素体双相钢焊条	Fef4 （钛型、钛钙型）	EXXX(X)-16 EXXX(X)-17	Fef4	JB/T 4747 [GB/T 983(奥氏体、奥氏体与铁素体双相钢焊条)]
		Fef4J （碱性）	EXXX(X)-15 EXXX(X)-16 EXXX(X)-17	Fef4 Fef4J	
	全部钢焊丝	FefS	全部实芯焊丝和药芯焊丝	FefS	JB/T 4747
铜与铜合金	纯铜焊条	Cuf1	ECu	Cuf1	GB/T 3670
	铜硅合金焊条	Cuf2	ECuSi-A　ECuSi-B	Cuf2	GB/T 3670
	铜锡合金焊条	Cuf3	ECuSn-A　ECuSn-B	Cuf3	GB/T 3670
	铜镍合金焊条	Cuf4	ECuNi-A　ECuNi-B	Cuf4 NifX	GB/T 3670 GB/T 13814
	铜铝合金焊条	Cuf6	ECuAl-A2　ECuAl-B ECuAl-C	Cuf6	GB/T 3670
	铜镍铝合金焊条	Cuf7	ECuAlNi　ECuMnAlNi	Cuf7	GB/T 3670
	纯铜焊丝	CufS1	HSCu	CufS1	GB/T 9460
	铜硅合金焊丝	CufS2	HSCuSi	CufS2	GB/T 9460
	铜锡合金焊丝	CufS3	HSCuSn	CufS3	GB/T 9460
	铜镍合金焊丝	CufS4	HSCuNi	CufS4 NifSX	GB/T 9460 GB/T 15620
	铜铝合金焊丝	CufS6	HSCuAl	CufS6	GB/T 9460
	铜镍铝合金焊丝	CufS7	HSCuAlNi	CufS7	GB/T 9460

（续）

填充金属		试件用填充金属类别代号	相应型号、牌号	适用于焊件填充金属类别范围	相应标准
种类	类别				
镍与镍合金	纯镍焊条	Nif1	ENi-1	Nif1 Nif2 Nif3 Nif4 Nif5 Cuf4	GB/T 13814
	镍铜合金焊条	Nif2	ENiCu-7		
	镍基类 镍铬铁合金焊条 镍铬钼合金焊条	Nif3	ENiCrFe-1　ENiCrFe-2 ENiCrFe-3　ENiCrFe-4 ENiCrMo-2　ENiCrMo-3 ENiCrMo-4　ENiCrMo-5 ENiCrMo-6　ENiCrMo-7		
	镍钼合金焊条	Nif4	ENiMo-1　ENiMo-3 ENiMo-7		
	铁镍基 镍铬钼合金焊条	Nif5	ENiCrMo-1　ENiCrMo-9		
	纯镍焊丝	NifS1	ERNi-1	NifS1 NifS2 NifS3 NifS4 NifS5 CufS4	GB/T 15620
	镍铜合金焊丝	NifS2	ERNiCu-7		
	镍基类 镍铬铁合金焊丝 镍铬钼合金焊丝	NifS3	ERNiCr-3 ERNiCrFe-5　ERNiCrFe-6 ERNiCrMo-2 ERNiCrMo-3 ERNiCrMo-4 ERNiCrMo-7		
	镍钼合金焊丝	NifS4	ERNiMo-1　ERNiMo-2 ERNiMo-3　ERNiMo-7		
	铁镍基类 镍铬钼合金焊丝 镍铬铁合金焊丝	NifS5	ERNiCrMo-1　ERNiCrMo-8 ERNiCrMo-9　ERNiFeCr-1		
铝与铝合金	纯铝焊丝	AlfS1	ER1100　ER1188	AlfS1 AlfS2 AlfS3	JB/T 4747
	铝镁合金焊丝	AlfS2	ER5183　ER5356、ER5554 ER5556　ER5654		
	铝硅合金焊丝	AlfS3	ER4145　ER4047 ER4043		
钛与钛合金	纯钛焊丝	TifS1	ERTi-1　ERTi-2 ERTi-3　ERTi-4	TifS1 TifS2 TifS4	JB/T 4747
	钛钯合金焊丝	TifS2	ERTi7		
	钛钼镍合金焊丝	TifS4	ERTi-12		

（4）试件位置　焊缝位置基本上由试件位置决定。试件类别、位置与其代号见表13-7、图13-30和图13-31。

摩擦焊试件形式应当与任一通过焊接工艺评定的试件或者焊件相同。

表13-7　试件类别、位置与代号

试件类别	试件位置		代　号
板材对接焊缝试件	平焊试件		1G
	横焊试件		2G
	立焊试件		3G
	仰焊试件		4G
板材角焊缝试件	平焊试件		1F
	横焊试件		2F
	立焊试件		3F
	仰焊试件		4F
管材对接焊缝试件	水平转动试件		1G（转动）
	垂直固定试件		2G
	水平固定试件	向上焊	5G
		向下焊	5GX（向下焊）
	45°固定试件	向上焊	6G
		向下焊	6GX（向下焊）
管材角焊缝试件（分管－板角焊缝试件和管－管角焊缝试件两种）	45°转动试件		1F（转动）
	垂直固定横焊试件		2F
	水平转动试件		2FR（转动）
	垂直固定仰焊试件		4F
	水平固定试件		5F
管板角接头试件	水平转动试件		2FRG（转动）
	垂直固定平焊试件		2FG
	垂直固定仰焊试件		4FG
	水平固定试件		5FG
	45°固定试件		6FG
螺柱焊试件	平焊试件		1S
	横焊试件		2S
	仰焊试件		4S

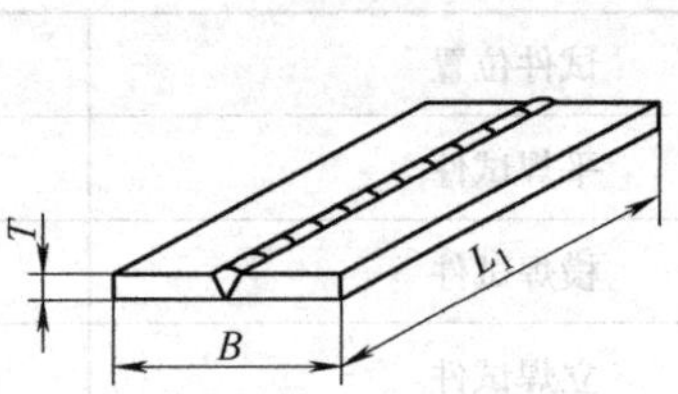

a) 平焊试件代号1G

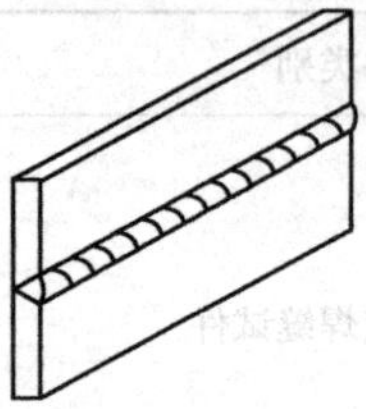

b) 横焊试件代号2G

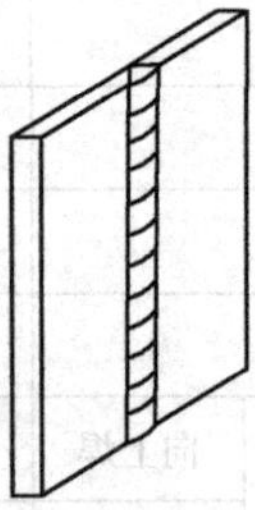

c) 立焊试件代号3G

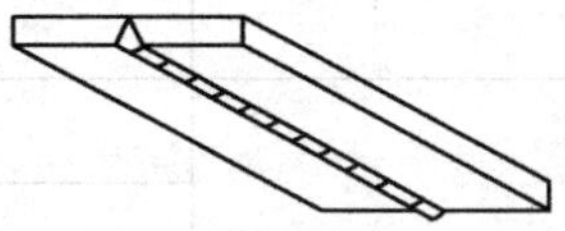

d) 仰焊试件代号4G

A) 板材对接焊缝试件(无坡口时为堆焊试件)

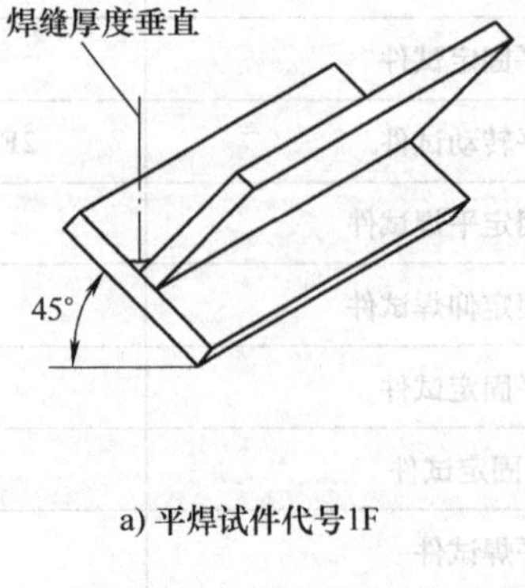

a) 平焊试件代号1F

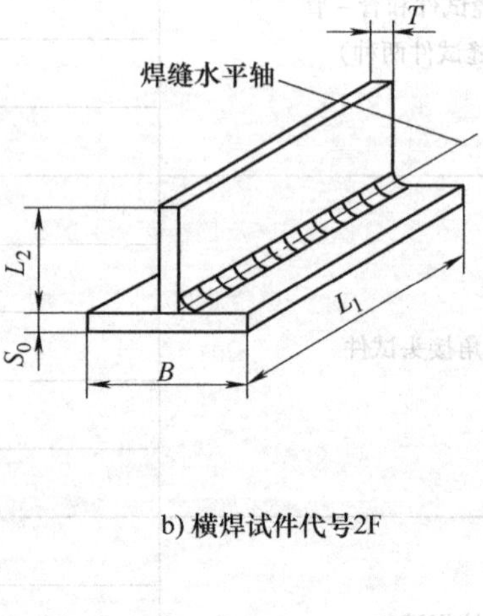

b) 横焊试件代号2F

图 13-30 焊工考试试件类别

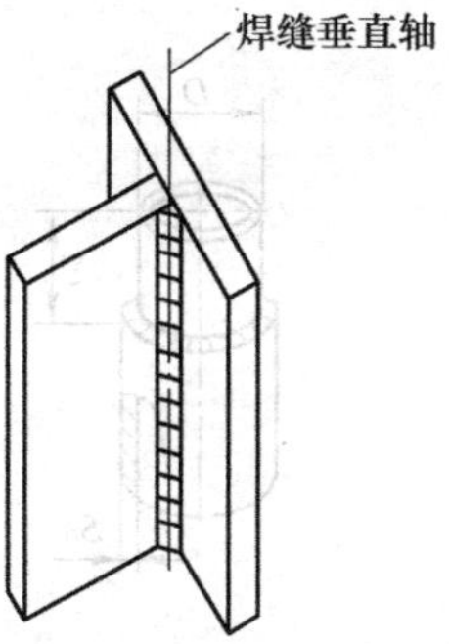

c) 立焊试件代号3F

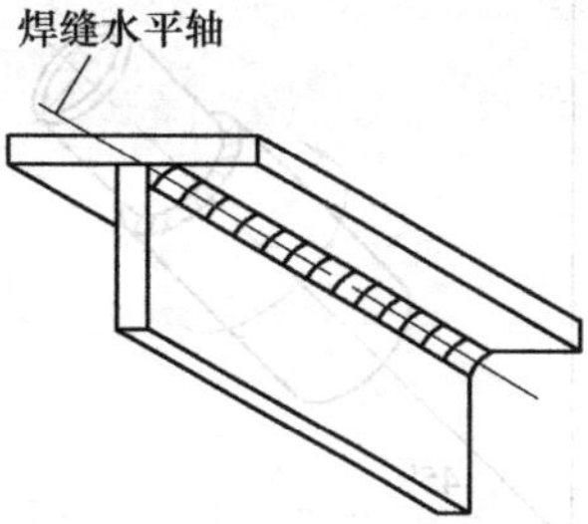

d) 仰焊试件代号4F

B) 板材角焊缝试件

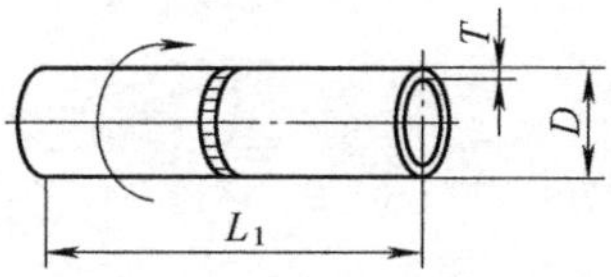

a) 水平转动试件代号1G(转动)

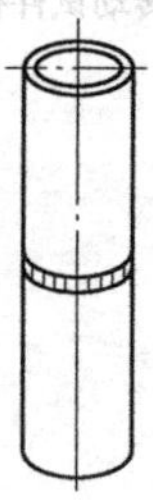

b) 垂直固定试件代号2G

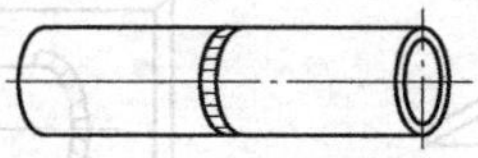

c) 水平固定试件
代号5G、5GX(向下焊)

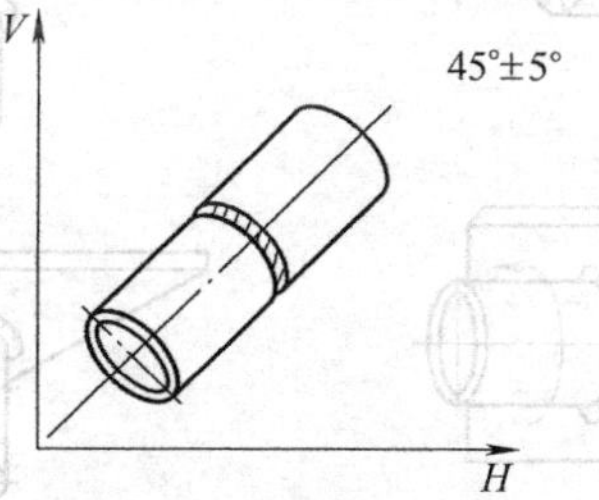

d) 45°固定试件
代号6G、6GX(向下焊)

C) 管材对接焊缝试件(无坡口时为堆焊试件)

图 13-30 (续)

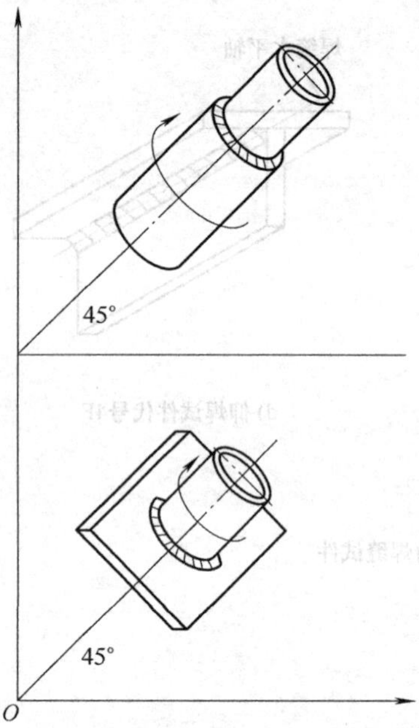

a) 45°转动试件代号1F

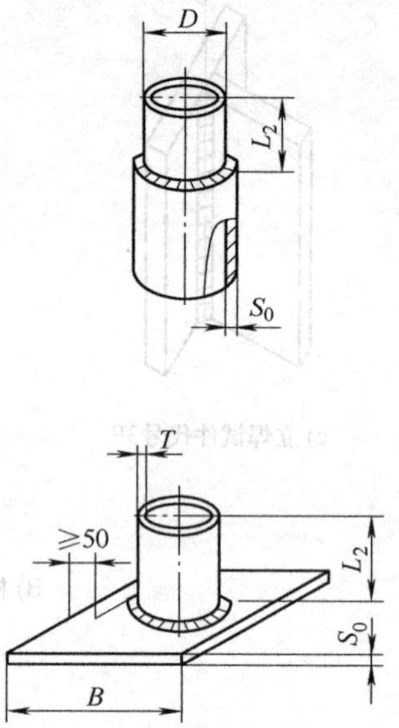

b) 垂直固定横焊试件代号2F

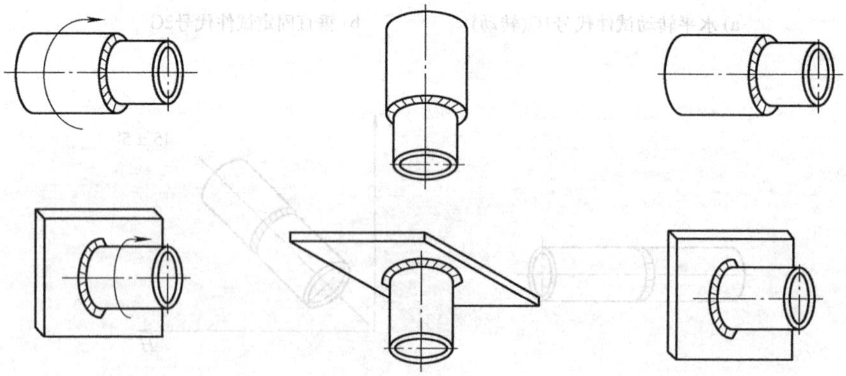

c) 水平转动试件代号2FR(转动)

c) 垂直固定仰焊试件代号4F

e) 水平固定试件代号5F

D) 管材角焊缝试件

图13-30 （续）

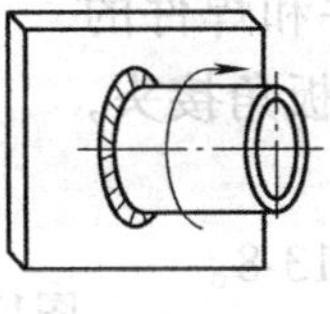

a) 水平转动试件
代号2FRG(转动)

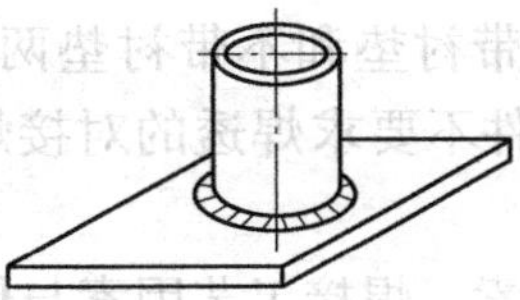

b) 垂直固定平焊试件
代号2FG

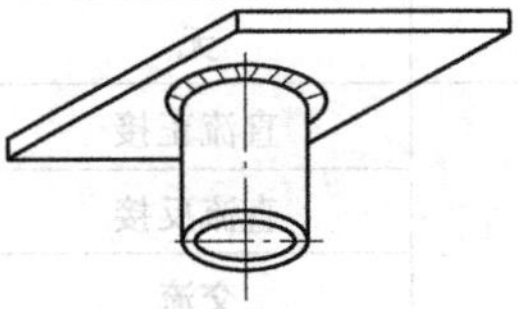

c) 垂直固定仰焊试件
代号4FG

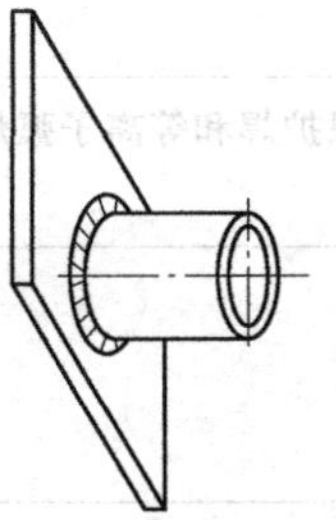

d) 水平固定试件
代号5FG

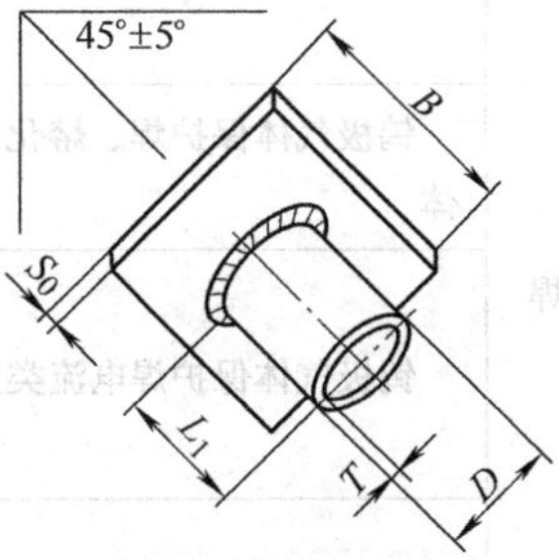

e) 45°固定试件
代号6FG

E) 管板角接头试件

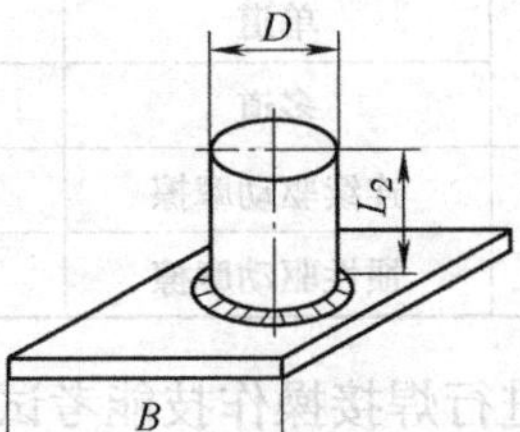

a) 平焊试件代号1S

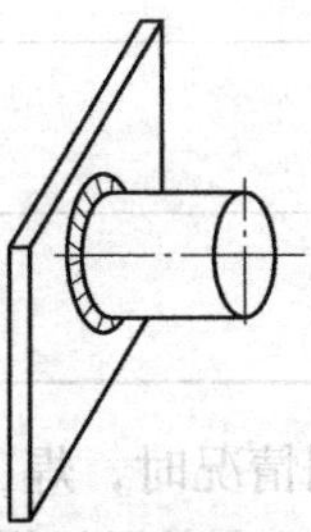

b) 横焊试件代号2S

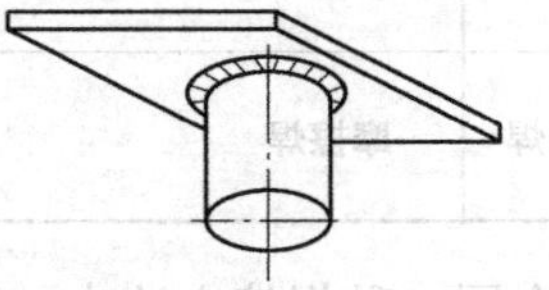

c) 仰焊试件代号4S

F) 螺柱焊试件

图 13-30　（续）

（5）衬垫　板材对接焊缝试件、管材对接焊缝试件和管板角接头试件，分为带衬垫和不带衬垫两种。试件和焊件的双面焊、角焊缝、焊件不要求焊透的对接焊缝和管板角接头，均视为带衬垫。

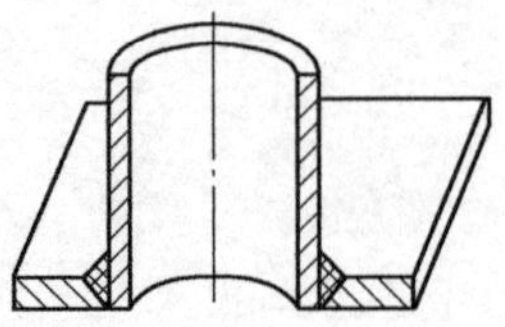

图13-31　管板角接头试件接头形式

（6）焊接工艺因素　焊接工艺因素与代号见表13-8。

3. 焊接操作技能考试规定

（1）焊接方法　变更焊接方法，焊工需要重新进行焊接操作技能考试。

表13-8　焊接工艺因素与代号

机动化程度	焊接工艺因素		焊接工艺因素代号
手工焊	气焊、钨极气体保护焊、等离子弧焊用填充金属丝	无	01
		实芯	02
		药芯	03
	钨极气体保护焊、熔化极气体保护焊和等离子弧焊时，背面保护气体	有	10
		无	11
	钨极气体保护焊电流类别与极性	直流正接	12
		直流反接	13
		交流	14
	熔化极气体保护焊	喷射弧、熔滴弧、脉冲弧	15
		短路弧	16
机动焊	钨极气体保护焊自动稳压系统	有	04
		无	05
	各种焊接方法	目视观察、控制	19
		遥控	20
	各种焊接方法自动跟踪系统	有	06
		无	07
	各种焊接方法每面坡口内焊道	单道	08
		多道	09
自动焊	摩擦焊	连续驱动摩擦	21
		惯性驱动摩擦	22

在同一种焊接方法中，当发生下列情况时，焊工也需重新进行焊接操作技能考试：

1）手工焊焊工变更为焊机操作工，或者焊机操作工变更为手工焊焊工。

2）自动焊焊工变更为机动焊焊工。

（2）金属材料的类别

1）钢

①　钢号　焊工采用某类别任一钢号，经过焊接操作技能考试合格后，当发生下列情况时，不需重新进行焊接操作技能考试：

（a）手工焊焊工焊接该类别其他钢号；

（b）手工焊焊工焊接该类别钢号与类别号较低钢号所组成的异种钢号焊接接头；

（c）除 FeⅣ类外，手工焊焊工焊接类别号较低钢号；

（d）焊机操作工焊接各类别中的钢号。

② 异类别钢号　手工焊焊工采用异类别钢号组成的管板角接头（或者管材角焊缝）试件，经焊接操作技能考试合格后，视为该焊工已通过试件中较高类别钢的焊接操作技能考试，当焊接钢制管板角接头（或者管材角焊缝）焊件时，可执行上述（a）～（c）的规定。

2）铜与铜合金：焊工采用铜与铜合金中某类别任一牌号材料，经焊接操作技能考试合格后，手工焊焊工焊接该类别其他牌号材料时，不需重新进行焊接操作技能考试；焊机操作工焊接各类别中的其他牌号材料时，不需重新进行焊接操作技能考试。

3）镍与镍合金：焊工采用镍与镍合金中某类别任一牌号材料，经焊接操作技能考试合格后，焊接各类别中的其他牌号材料时，不需重新进行焊接操作技能考试。

焊工进行焊接操作技能考试时，试件母材可以用奥氏体型不锈钢代替。

4）铝与铝合金、钛与钛合金：

焊工采用铝与铝合金或者钛与钛合金中某类别任一牌号材料，经焊接操作技能考试合格后，焊接各类别铝及铝合金或者钛及钛合金中的其他牌号材料时，不需重新进行焊接操作技能考试。

（3）填充金属的类别

1）手工焊焊工采用某类别填充金属材料，经焊接操作技能考试合格后，适用于焊件相应种类的填充金属材料类别范围，按照表 13-6 的规定；

2）焊机操作工采用某类别填充金属材料，经焊接操作技能考试合格后，适用于焊件相应种类的各类别填充金属材料。

（4）焊剂、保护气体、钨极　焊接操作技能考试合格的焊工，当变更焊剂型号、保护气体种类、钨极种类时，不需要重新进行焊接操作技能考试。

（5）试件位置

1）手工焊焊工或者焊机操作工，采用对接焊缝试件、角焊缝试件和管板角接头试件，经过焊接操作技能考试合格后，适用于焊件的焊缝和焊件位置见表 13-9。

2）管材角焊缝试件焊接操作技能考试时，可在管-板角焊缝试件与管-管角焊缝试件中任选一种。

3）手工焊焊工向下立焊试件考试合格后，不能免考向上立焊，反之也不可。

4）焊机操作工采用螺柱焊试件，经过仰焊位置考试合格后，适用于任何位置的螺柱焊焊件；其他位置考试合格后，只适用于相应位置的焊件如图 13-32 所示。

（6）衬垫

1）手工焊焊工或者焊机操作工采用不带衬垫对接焊缝试件或者管板角接头试件，经焊接操作技能考试合格后，分别适用于带衬垫对接焊缝焊件或者管板角接头焊件，反之不适用。

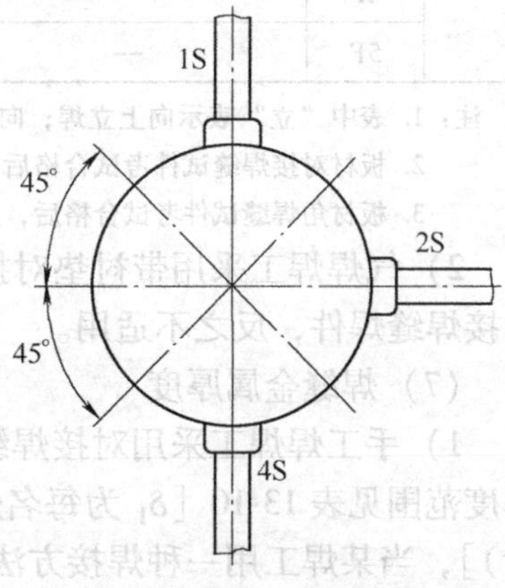

图 13-32　螺柱焊焊件焊接位置范围

表13-9 试件适用焊件焊缝和焊件位置

试件		适用焊件范围			
		对接焊缝位置			
类别	代号	板材和外径大于600mm的管材	外径小于或等于600mm的管材	角焊缝位置	管板角接头焊件位置
板材对接焊缝试件	1G	平	平（注2）	平	—
	2G	平、横	平、横（注2）	平、横	—
	3G	平、立（注1）	平（注2）	平、横、立	—
	4G	平、仰	平（注2）	平、横、仰	—
管材对接焊缝试件	1G	平	平	平	—
	2G	平、横	平、横	平、横	—
	5G	平、立、仰	平、立、仰	平、立、仰	—
	5GX	平、立向下、仰	平、立向下、仰	平、立向下、仰	—
	6G	平、横、立、仰	平、横、立、仰	平、横、立、仰	—
	6GX	平、立向下、横、仰	平、立向下、横、仰	平、立向下、横、仰	—
管板角接头试件	2FG	—	—	平、横	2FG
	2FRG	—	—	平、横	2FRG、2FG
	4FG	—	—	平、横、仰	4FG、2FG
	5FG	—	—	平、横、立、仰	5FG、2FRG、2FG
	6FG	—	—	平、横、立、仰	所有位置
板材角焊缝试件	1F	—	—	平（注3）	—
	2F	—	—	平、横（注3）	—
	3F	—	—	平、横、立（注3）	—
	4F	—	—	平、横、仰（注3）	—
管材角焊缝试件	1F	—	—	平	—
	2F	—	—	平、横	—
	2FR	—	—	平、横	—
	4F	—	—	平、横、仰	—
	5F	—	—	平、立、横、仰	—

注：1. 表中“立”表示向上立焊；向下立焊表示为“立向下”焊。

2. 板材对接焊缝试件考试合格后，适用于管材对接焊缝焊件时，管外径应大于或等于76mm。

3. 板材角焊缝试件考试合格后，适用于管材角焊缝焊件时，管外径应大于或等于76mm。

2）气焊焊工采用带衬垫对接焊缝试件，经焊接操作技能考试合格后，适用于不带衬垫对接焊缝焊件，反之不适用。

（7）焊缝金属厚度

1）手工焊焊工采用对接焊缝试件，经焊接操作技能考试合格后，适用于焊件焊缝金属厚度范围见表13-10［δ_1 为每名焊工、每种焊接方法在试件上的对接焊缝金属厚度（余高不计）］，当某焊工用一种焊接方法考试且试件截面全焊透时，δ_1 与试件母材厚度 δ 相等（δ_1 不得小于12mm，且焊缝不得少于3层）。

表 13-10 手工焊对接焊缝试件适用于对接焊缝焊件焊缝金属厚度范围（单位：mm）

试件母材厚度 δ	适用于焊件焊缝金属厚度	
	最小值	最大值
<12	不限	$2\delta_1$
≥12	不限	不限

2）手工焊焊工采用半自动熔化极气体保护焊，短路弧焊接对接焊缝试件，焊缝金属厚度 $\delta_1 < 12$mm，经焊接操作技能考试合格后，适用于焊件焊缝金属厚度为小于或者等于 $1.1\delta_1$；若当试件焊缝金属厚度 $t \geqslant 12$mm，且焊缝不得少于 3 层，经焊接操作技能考试合格后，适用于焊件焊缝金属厚度为大于 $1.1\delta_1$。

3）焊机操作工采用对接焊缝试件或者管板角接头试件考试时，母材厚度 δ 与 S_0 由考试机构自定，经焊接操技能作考试合格后，适用于焊件焊缝金属厚度不限。

4）气焊焊工焊接操作技能考试合格后，适用于焊件母材厚度与焊缝金属厚度不大于试件母材和焊缝金属厚度。

（8）管材外径

1）对接焊缝和管板角接头

① 手工焊焊工采用管材对接焊缝试件，经焊接操作技能考试合格后，适用于管材对接焊缝焊件外径范围见表 13-11，适用于焊缝金属厚度范围见表 13-10。

表 13-11 手工焊管材对接焊缝试件适用于对接焊缝焊件外径范围 （单位：mm）

管材试件外径 D	适用于管材焊件外径范围	
	最小值	最大值
<25	D	不限
$25 \leqslant D < 76$	25	不限
≥76	76	不限
≥300①	76	不限

① 管材向下焊试件。

② 手工焊焊工采用管板角接头试件时，经焊接操作技能考试合格后，适用于管板角接头焊件尺寸范围见表 13-12；当某焊工用一种焊接方法考试且试件截面全焊透时，δ_1 与试件板材厚度 δ_0 相等；当 $\delta_0 \geqslant 12$ 时，δ_1 应不小于 12mm，且焊缝不得少于 3 层。

表 13-12 手工焊管板角接头试件适用于管板角接头焊件尺寸范围 （单位：mm）

试件管外径 D	适用于管板角接头焊件尺寸范围				
	管外径		管壁厚度	焊件焊缝金属厚度	
	最小值	最大值		最小值	最大值
<25	D	不限	不限	不限	当 $\delta_0 < 12$ 时，$2\delta_1$；当 $\delta_0 \geqslant 12$ 时，不限
$25 \leqslant D < 76$	25	不限	不限		
≥76	76	不限	不限		

③ 焊机操作工采用管材对接焊缝试件或者管板角接头试件考试时，管外径由考试机构自定，经焊接操作技能考试合格后，适用于管材对接焊缝焊件外径或者管板角接头焊件管外径不限。

2）角焊缝

① 手工焊焊工或者焊机操作工采用对接焊缝试件或者管板角接头试件时，经焊接操作技能考试合格后，除其他条款规定需要重新考试外，适用于角焊缝焊件，且母材厚度和管径不限。

② 手工焊焊工或者焊机操作工采用管材角焊缝试件时，经焊接操作技能考试合格后，除其他条款规定需要重新考试外，手工焊焊工适用于管材角焊缝焊件尺寸范围见表13-13，焊机操作工不限。

表13-13 手工焊焊工管材角焊缝试件适用于管材角焊缝焊件尺寸范围（单位：mm）

管材试件外径 D	适用管材焊件尺寸范围		
	外径最小值	外径最大值	管壁厚度
<25	D	不限	不限
25≤D<76	25	不限	不限
≥76	76	不限	不限

③ 手工焊焊工或者焊机操作工采用板材角焊缝试件，经焊接操作技能考试合格后，除其他条款规定需要重新考试外，手工焊焊工适用于角焊缝焊件范围见表13-14，焊机操作工不限。

表13-14 手工焊焊工板材角焊缝试件适用于角焊缝焊件范围（单位：mm）

试件母材厚度 δ	适用于角焊缝焊件范围	
	母材厚度	焊件类别
5~10	不限	板材角焊缝 外径 D≥76 管材角焊缝
<5	δ~2δ	

（9）焊接工艺因素　当表13-8中焊接工艺因素代号01、02、03、04、06、08、10、12、13、14、15、16、19、20、21、22中某一代号因素变更时，焊工需重新进行焊接操作技能考试。

（10）耐蚀堆焊

1）各种焊接方法的焊接操作技能考试规定也适用于耐蚀堆焊。

2）手工焊焊工或者焊机操作工采用堆焊试件考试合格后，适用于焊件的堆焊层厚度不限，适用焊件母材厚度范围见表13-15。

表13-15 堆焊试件适用焊件母材厚度范围（单位：mm）

试件母材厚度 δ	适用于堆焊焊件母材厚度范围	
	最小值	最大值
<25	δ	不限
≥25	25	不限

3）焊接不锈钢复合钢的复层之间焊缝及过渡焊缝的焊工，应当取得耐蚀堆焊资格。

4. 焊接操作技能考试方法

（1）单独考试与组合考试　焊接操作技能考试可以由一名焊工在同一试件上采用一种焊接方法进行，也可以由一名焊工在同一试件上采用不同焊接方法进行组合考试，或者由两名以上（含两名）焊工在同一试件上采用相同焊接方法或者不同焊接方法进行组合考试，但是由3名以上（含3名）焊工的组合考试，试件厚度不得小于20mm。

（2）试件

1）考试试件的尺寸和数量。

考试试件的尺寸和数量见表13-16。

表13-16 试件尺寸与数量

试件类别	试件形式		试件尺寸/mm						试件数量/个
			L_1	L_2	B	T	D	S_0	
对接焊缝试件	板	手工焊	≥300	—	≥200	自定	—	—	1
		机动焊、自动焊	≥400	—	≥240				
	管	手工焊、机动焊、自动焊	≥200	—	—	自定	<25	—	3
							25≤D<76	—	3
							≥76		1
		手工向下焊	≥200	—		自定	≥300		1
角焊缝试件	板	手工焊	≥300	≥75	≥100	≤10	—	≥T	1
		机动焊、自动焊	≥400	≥75	≥100		—	≥T	1
	管与板（管）	手工焊	—	≥75	≥D+100	自定	<76	≥T	2
		机动焊、自动焊	—	≥5			≥76		1
管板角接头试件	管与板	手工焊		≥75	≥D+100	自定	<76	≥T	2
		机动焊、自动焊		≥5			≥76		1
堆焊试件	板		≥250	—	≥150	<25或≥25		—	A-5①
	管		≥200	—	—				
螺柱焊试件	板与柱		—	8D~10D	≥50				5

① A-5试件：管材堆焊试件最少数量应当满足取样要求。

2）试件加工：试件坡口形式与尺寸应当按照焊工考试用焊接作业指导书制备。

（3）施焊要求

1）焊接操作技能考试前，由考试机构负责编制焊工考试编号，并且在监考人员与焊工共同确认的情况下，在试件上标注焊工考试编号和考试项目代号。

2）焊工应当按照考试机构提供的焊接作业指导书焊接考试试件。

3）考试用试件的坡口表面与两侧必须清除干净，焊条和焊剂必须按照规定要求烘干，焊丝必须去除油、锈。

4）手工焊焊工的所有考试试件，第一层焊缝长度中部附近至少有一个停弧再焊接头，焊机操作工考试时，中间不得停弧。

5）采用不带衬垫试件进行焊接操作技能考试时，必须从单面焊接。

6）焊机操作工考试时，允许加引弧板和引出板。

7）表13-5中FeⅠ类钢材的试件，除管材角焊缝、对接焊缝试件和管板角接头试件的第一道焊缝在换焊条时允许修磨接头部位外，其他焊道不允许修磨和返修，其他材料（使用镍质焊条除外）除第一层和中间层焊道在换焊条时允许修磨接头部位外，其他焊道不允许修磨和返修。

8）焊接操作技能考试时，试件的焊接位置不得改变。管材对接焊缝和管板角接头45°

固定试件，管轴线与水平面的夹角应为45°±5°，见图13-30。

9）水平固定试件和45°固定试件，应当在试件上标注焊接位置的钟点标记，定位焊缝不得在“6点”标记处；焊工在进行管材向下焊试件操作技能考试时，严格按照钟点标记固定试件位置，并且只能从“12点”标记处起弧，“6点”标记处收弧；其他操作应当符合本条相关要求。

10）手工焊焊工考试板材试件厚度大于10mm时，不允许用焊接卡具或者其他办法将板材试件刚性固定，但是允许试件在定位时预留反变形量，厚度小于或者等于10mm的板材试件允许刚性固定。

11）对接焊缝试件、角焊缝试件和管板角接头试件，均要求全焊透。

12）堆焊试件焊道熔敷金属宽度应当大于12mm，首层至少堆焊3条并列焊道，总宽度大于或者等于38mm。

13）螺柱焊焊接操作考试时，应当采用机动焊或自动焊焊接（手工引弧除外）。

14）试件数量应当符合表13-15的要求，并且不得多焊试件从中挑选。

复 习 题

1. 焊缝外表缺陷有哪些？产生的原因是什么？如何防止？
2. 焊接接头的缺陷按照它的性质可以分为哪三类？
3. 什么是夹渣？对产品质量有何影响？如何防止？
4. 什么是未焊透与未熔合？对产品质量有何影响？如何防止？
5. 焊接检验可分为哪几个阶段？具体内容有哪些？
6. 破坏性检验一般有哪些试验方法？非破坏性检验又有哪些方法？
7. 常用焊接接头力学性能试验内容有哪些？其目的各是什么？
8. 焊接接头金相试验的目的是什么？有哪些方法？
9. 密封性检验的目的是什么？简述气密性检验和煤油检验的原理。
10. 水压试验的压力是多少？试验时为什么要控制水温和环境温度？
11. 着色探伤的工艺过程如何？
12. 磁粉探伤的原理是什么？适用于怎样的焊件？
13. 超声波探伤是利用了什么原理？利用哪些性质对焊缝进行探伤？
14. 简述射线探伤的原理。射线探伤的焊缝质量分为几个等级？
15. 比较超声波探伤与射线探伤的优缺点？比较X射线和γ射线探伤的优缺点？
16. 为什么要进行焊工考试？特种设备金属材料焊工考试的内容与方法如何？
17. 焊接工艺评定的目的和内容是什么？

参 考 文 献

[1] 人力资源和社会保障部教材办公室，中国就业培训技术指导中心上海分中心，上海市职业培训研究发展中心等.1+x职业技术培训教材：电焊工［M］.2版.北京：中国劳动社会保障出版社，2012.

[2] 尹士科.焊接材料手册［M］.北京：中国标准出版社，2010.

[3] 徐卫东.焊接检验与质量管理［M］.北京：机械工业出版社，2008.

[4] 上海焊接协会.现代焊接生产手册［M］.上海：上海科学技术出版社，2007.

[5] 杨松.锅炉压力容器焊接技术培训教材［M］.北京：机械工业出版社，2005.

[6] 陈祝年.焊接工程师手册［M］.2版.北京：机械工业出版社，2010.

[7] 中国机械工程学会焊接学会.焊接手册：1，2卷.［M］.3版.北京：机械工业出版社，2010.

[8] 简明焊工手册编写组.简明焊工手册［M］.3版.北京：机械工业出版社，2000.

[9] 中国机械工程学会焊接学会，等.焊工手册［M］.2版.北京：机械工业出版社，1998.